나합격
제강기능사
필기 X 실기 X 무료특강

나만의 합격비법
나합격은 다르다!

나합격 독자만을 위한
무료 동영상강의

공부가 어려우신가요?
합격을 위한 모든 동영상 강의를 무료로 시청할 수 있습니다.
지금 바로 나합격 쌤을 만나보세요.

> 오리엔테이션 > 필기 특강 > 실기 특강

모든 시험정보가 한곳에!
나합격 수험생지원센터

이제 혼자서 공부하지 마세요.
합격후기, 시험정보, Q&A 등 나합격 독자분들을 위한
다양한 서비스를 네이버 카페를 통해 지원받을 수 있습니다.

> 시험자료 > 질의응답 > 합격후기

본서의 정오사항은 상시 업데이트 해드리고 있습니다.
정오표 확인 및 오류문의는 네이버 카페를 이용해 주세요.

나합격 교재인증 & 무료 동영상 수강방법

1. 나합격 카페 가입하기

공부하는 자격증에 해당하는 카페에 가입합니다.

바로가기

https://cafe.naver.com/napass1   search

2. 교재인증페이지에 닉네임 작성

교재 맨 뒤페이지의 교재인증페이지에
가입하신 카페 닉네임을 지워지지 않는 펜으로 작성합니다.

3. 교재인증페이지 촬영하기

교재인증페이지 전체가 나오게 촬영합니다.
중고도서 및 보정의 여지가 보일 경우 등업이 불가합니다.

4. 나합격 카페에 게시물 작성하기

등업게시판에 촬영한 이미지를 업로드합니다.
평일 1일 3회(오전 9시 ~ 오후 6시 사이) 등업을 진행됩니다.

5. 무료 동영상 시청하기

카페 등업이 완료된 후 해당 카페에서 무료 동영상 시청이 가능합니다.

NOTICE

교재인증 및 무료 강의 수강 방법에 대한 자세한 설명을
QR코드를 찍어 영상으로 확인해보세요!

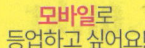
모바일로 등업하고 싶어요!

PC로 등업하고 싶어요!

시험접수부터
자격증발급까지
응시절차

01
시험일정 &
응시자격조건 확인

- 큐넷 시험일정 안내에서 응시 종목의 접수기간과 시험일을 확인합니다.
- 큐넷 자격정보에서 응시 종목의 자격조건을 확인합니다(기능사 제외).

04
필기시험
합격자 발표

- 인터넷, ARS 또는 접수한 지사에서 공고됩니다.
- CBT의 경우 큐넷 합격자 발표조회에서 바로 확인이 가능합니다.

www.Q-net.or.kr 큐넷은 한국산업인력공단에서 운영하는 국가 자격증 포털 사이트입니다.

02
필기시험
원서접수

- 큐넷 www.Q-net.or.kr에 로그인합니다.
  (회원가입 시 반명함판 사진 등록 필수)
- 큐넷 원서접수에서 신청 순서에 따라 접수하면 됩니다.
- 시험일자 및 장소는 현재 접수 가능인원을 반드시
  확인 후 선택해야 합니다.
- 결제하기에서 검정수수료 확인 후 결제를 진행합니다.

03
필기시험
응시 및 유의사항

- 신분증은 반드시 지참해야 하며, 기타 준비물은
  큐넷 수험자 준비물에서 확인하시면 됩니다.
- 시험시간 20분 전부터 입실이 가능합니다.
  (시험시간 미준수 시 시험 응시 불가)

05
실기시험
원서접수

- 인터넷 접수 www.Q-net.or.kr 만 가능하며,
  필기시험 합격자에 한하여 실기접수기간에 접수합니다.
- 최종합격여부는 큐넷 홈페이지를 통해 확인할 수 있습니다.

06
자격증
신청 및 수령

- 큐넷 자격증 발급 신청에서 상장형, 수첩형 자격증 선택
- 상장형 - 무료 / 수첩형 수수료 - 6,110원

콕!집어~ 꼭!필요한 제강기능사 오리엔테이션

제강기능사 시험정보

제강기능사는 고철 및 용선을 제강로(전로, 전기로) 등에 장입한 후 성분조정 금속을 첨가하여 탈탄, 탈인, 탈산, 탈황 반응에 의하여 용해, 산화, 환원을 하고 조괴 및 연속주조 공정을 거쳐 양질의 강과 특수강 등을 제조하는 직무를 수행하는데 필수적인 국가기술자격증입니다.
시행처 : 한국산업인력공단

[시험과목]
필기 : 1. 금속재료 2. 금속제도 3. 전로제강 4. 전기로제강 5. 연속주조
실기 : 제강 실무

[검정방법]
필기 : 객관식 4지 택일형 60문항(60분)
실기 : 필답형(1시간 30분, 100점)

[합격기준]
100점 만점으로 하여 60점 이상 득점자

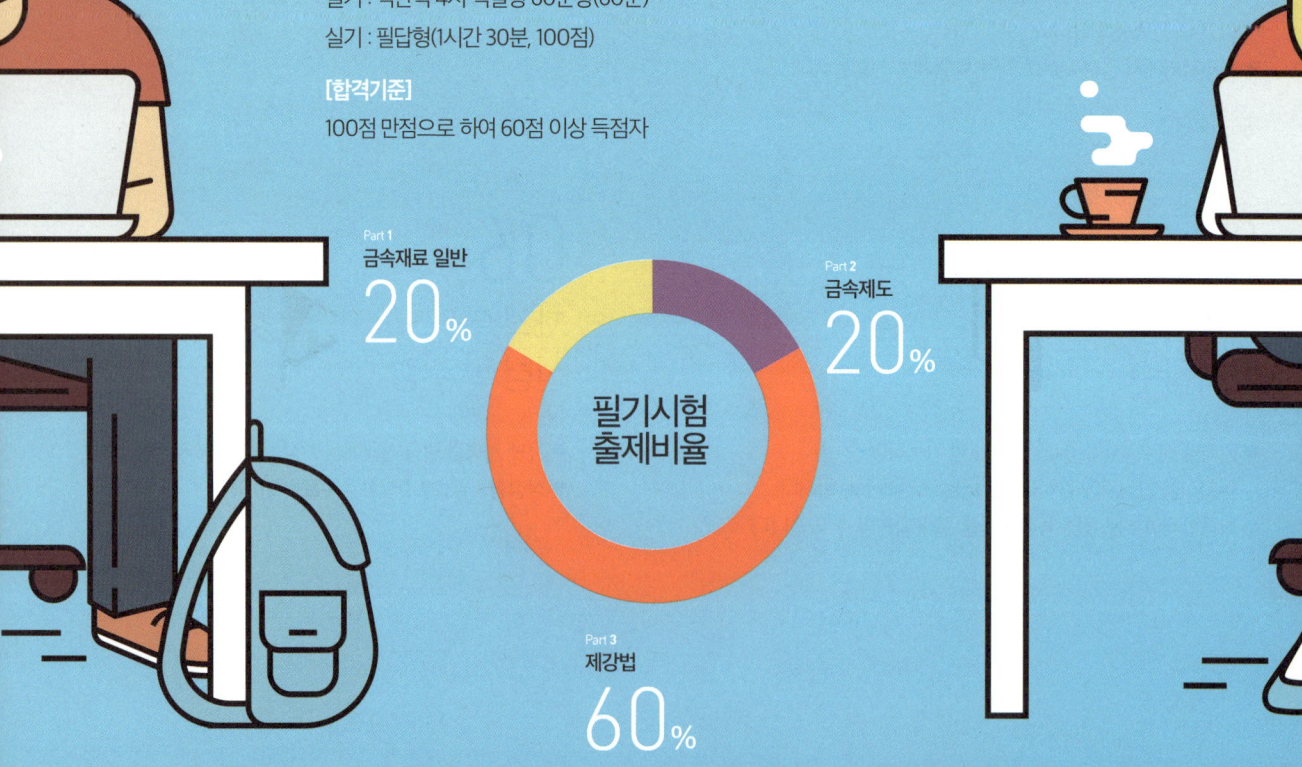

Part 1 금속재료 일반 20%
Part 2 금속제도 20%
Part 3 제강법 60%

필기시험 출제비율

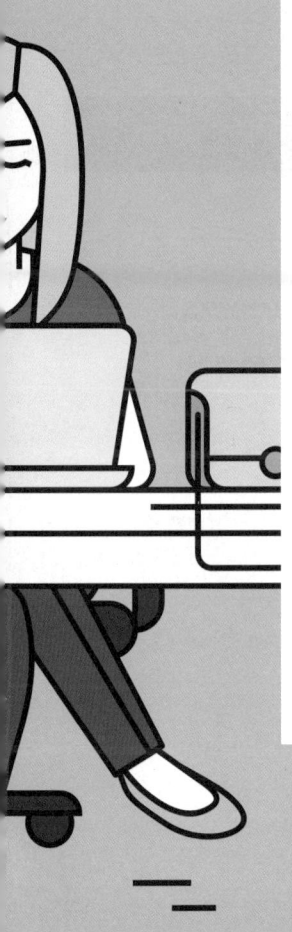

필기시험

01 제강작업(제강법, 전로제강, 전기로제강, 노외정련, 조괴, 연속주조, 품질관리)을 완벽히 암기

02 핵심 족보 정리 완벽 암기하기

03 기출문제 풀면서 본문 내용 정리하기

04 모의고사 풀면서 기출문제 완벽 정리하기

이 책은 최근 기출문제를 바탕으로 출제된 내용들을 파트별로 정리하여 본문으로 정리하였으며, 그 중 가장 출제 빈도가 높은 부분을 강조하여 표시하였습니다.
필기는 기출문제를 중심으로 공부하되 문제의 정답이 되는 근거를 본문에서 찾아가며 공부하는 방법으로 기출문제를 모두 독파한다면 단순한 정답 암기가 아닌 전체적으로 흐름을 이해할 수 있게 될 것 입니다. 이렇게 해야 필답형 공부하는 것이 훨씬 수월합니다.

실기시험

01 본문의 제강조업에 관한 내용을 다시 한번 정리하기

02 예상문제 암기하기

03 새로운 문제 숙지하기

04 그림을 보면서 설비에 대한 이해하기

개념잡는 핵심이론 나합격만의 본문구성

NEW DESIGN
나합격만의 아이덴티티를 강조한
새로운 디자인과 함께 최신 출제 경향을
완벽히 반영한 최신 개정판입니다.

본문의 이론을 유기적인 보충설명을 통해
지루하지 않고 탄탄하게 흡수하도록 구성하였습니다.

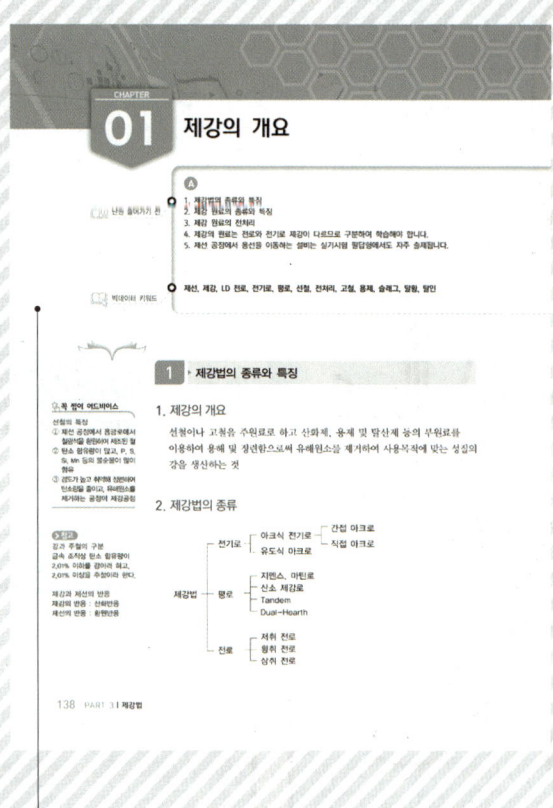

NEW DESIGN

KEYWORD
빅데이터 키워드를 통해
시험에 중요한 키워드를
확인하세요.

본문 날개 구성

독창적인 날개 구성을 통해
이론학습에 도움을 주는
다양한 콘텐츠를 제공합니다.

핵심 KEY

용어정리부터 핵심KEY까지
다양한 보충 설명과 정보로
학습에 도움을 드립니다.

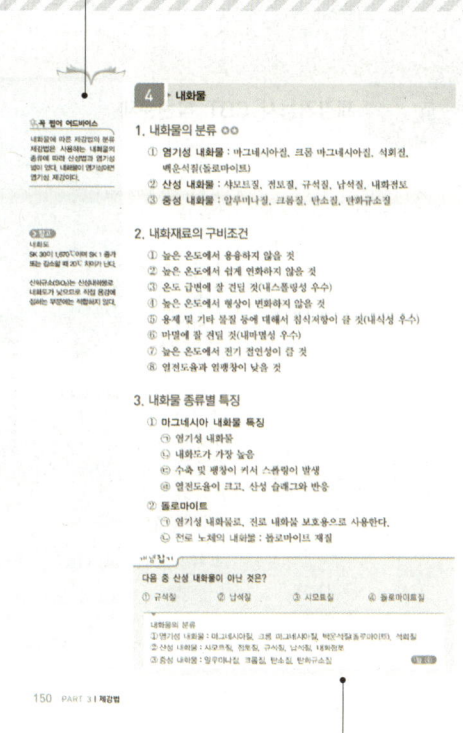

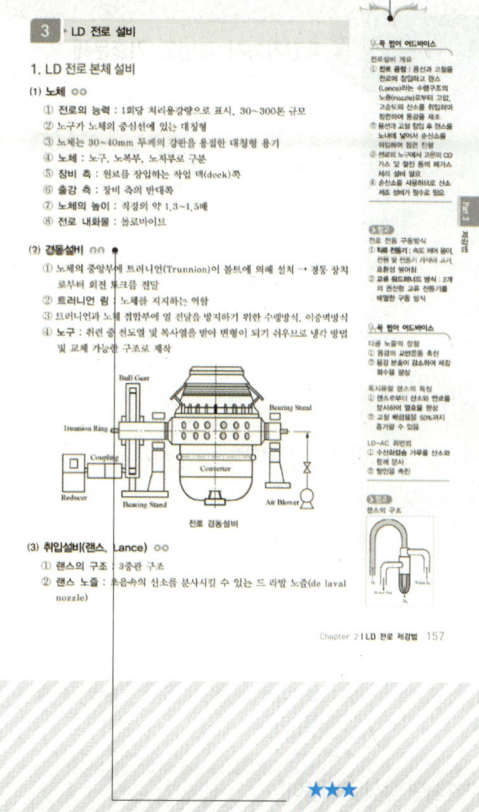

개념잡기

지루한 본문의 흐름을 피하고
문제의 개념잡기를 위해 바로바로
예제를 배치했습니다.

★★★

출제되는 정도에 따라
중요도를 별표로
표기하였습니다.

과년도 기출문제 &
CBT기출 복원문제

과년도 기출문제
[2013년 ~ 2016년]

최신 CBT 복원문제
[2017년 ~ 2024년]

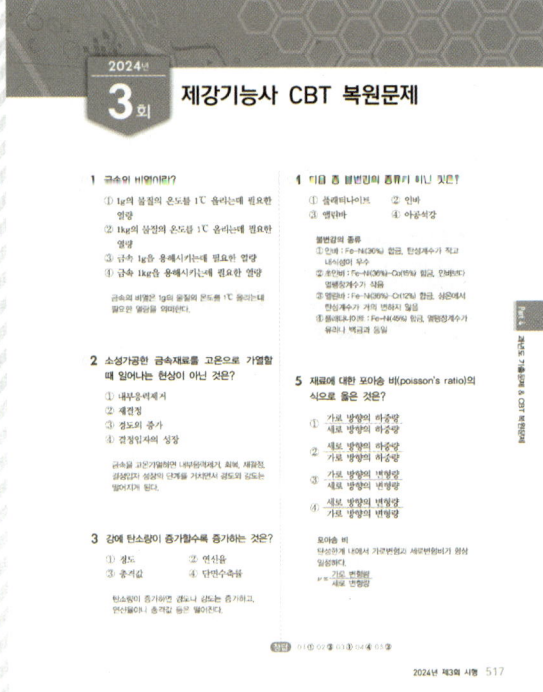

PBT[지면 방식 문제풀이]

실제 지면방식으로 출제되었던 기출문제를
연도별로 구성하였습니다.
완벽히 정리된 해설을 통해 해당 이론을 익혀보세요.

CBT[컴퓨터 방식 문제풀이]

2016년 5회부터 CBT 방식이 전면 시행됨에 따라
복원을 토대로 문제를 구성하였습니다.
최신 문제를 풀어보고 최신 경향을 파악해 보세요.

시험의 흐름을 잡는 나합격만의 합격도우미

합격족보는 핵심 이론 요약집으로, 기출문제를 풀거나 시험장을 가기 전까지도 유용한 합격도우미입니다.

반드시 알아야 할 제강계산식을 따로 정리하였으며, 시험에 자주 출제되는 문제를 분석하여 실기[필답형]문제를 구성하였습니다.

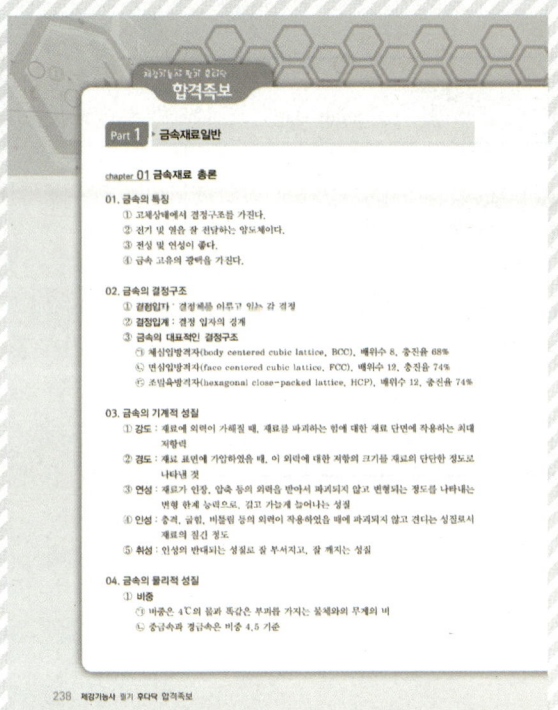

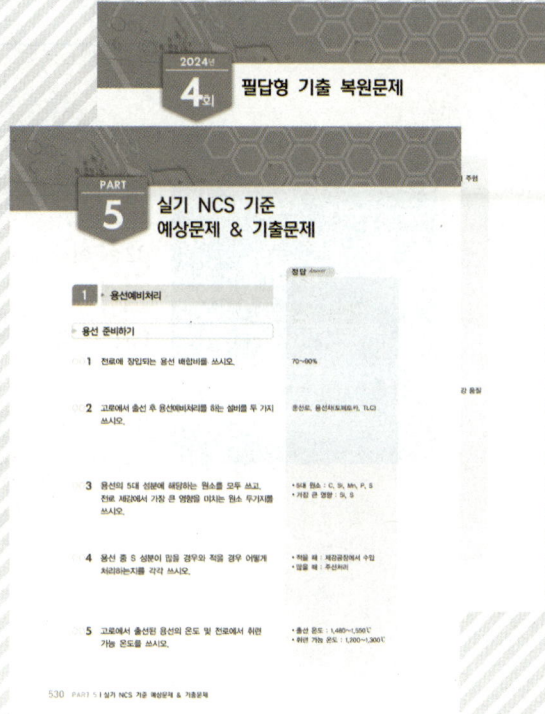

핵심이론 수록

가장 중요한 핵심이론을 파트별, 챕터별로 정리하여 수록하였으며, 필기핵심이론은 기출문제를 풀기 전에 배치하여 독자의 편의를 도왔습니다.

실기[필답형] 수록

필답형 문제를 유형별로 구성하여 출제되는 문제에 대한 이해를 도왔으며, 신유형 문제를 통해 신경향 문제를 파악할 수 있습니다.

SELF-STUDY PLANNER

시험 당일까지 공부 일정 및 계획을 짜는 것은 매우 중요합니다.
셀프스터디 합격 플래너를 통해 스스로의 합격을 만들어 보세요.

나의 목표		시험일	
		/	

				Study Day	Check
PART 01 금속재료 일반	01	금속재료 총론	18	/	
	02	철과 강	34	/	
	03	비철 금속재료와 특수 금속재료	61	/	
	04	신소재 및 그 밖의 합금	80	/	

				Study Day	Check
PART 02 금속제도	01	제도의 기본	88	/	
	02	제도의 응용	94	/	
	03	제도의 응용 및 기계요소의 제도	113	/	

				Study Day	Check
PART 03 제강법	01	제강의 개요	138	/	
	02	LD 전로 제강법	151	/	
	03	전기로 제강법	174	/	
	04	기타 제강법 및 2차 정련법	195	/	
	05	조괴법	205	/	
	06	연속주조법	216	/	
	07	산업안전 및 제강의 계산	228	/	

				Study Day	Check
PART 04 과년도 기출문제 & CBT 복원문제	2013년 1회	과년도 기출문제	266	/	
	2013년 2회	과년도 기출문제	277	/	
	2014년 1회	과년도 기출문제	288	/	
	2014년 2회	과년도 기출문제	300	/	
	2015년 1회	과년도 기출문제	311	/	
	2015년 2회	과년도 기출문제	322	/	
	2015년 3회	과년도 기출문제	332	/	
	2016년 1회	과년도 기출문제	342	/	
	2017년 1회	CBT 복원문제	351	/	
	2017년 3회	CBT 복원문제	362	/	
	2018년 1회	CBT 복원문제	373	/	
	2018년 3회	CBT 복원문제	384	/	
	2019년 1회	CBT 복원문제	395	/	
	2019년 3회	CBT 복원문제	405	/	
	2020년 1회	CBT 복원문제	416	/	
	2020년 3회	CBT 복원문제	427	/	
	2021년 1회	CBT 복원문제	439	/	
	2021년 3회	CBT 복원문제	450	/	
	2022년 1회	CBT 복원문제	461	/	
	2022년 3회	CBT 복원문제	473	/	
	2023년 1회	CBT 복원문제	484	/	
	2023년 3회	CBT 복원문제	496	/	
	2024년 1회	CBT 복원문제	507	/	
	2024년 3회	CBT 복원문제	517	/	

* 2016년 5회부터 CBT 방식으로 전면 시행됨에 따라 실제 수험생 분들의 복원을 토대로 문제를 구성하였습니다.
  최신 문제를 풀어보고 최신 경향을 파악해 보세요.

				Study Day	Check
PART 05 실기 NCS 기준 예상문제 & 기출문제	01	용선예비처리	530	/	
	02	전로조업	542	/	
	03	전기로조업준비	552	/	
	04	LF 정련	564	/	
	05	연속주조준비	578	/	
	06	제강 품질검사	589	/	
	07	제강 환경안전관리	607	/	
	08	제강 원료, 부원료 입고관리	615	/	
	09	제강 설비관리	629	/	
	10	실기[필답형] 기출문제	637	/	

			Study Day	Check
PART 06 필답형 기출 복원문제	2023년 1회 필답형 기출 복원문제	678	/	
	2023년 3회 필답형 기출 복원문제	683	/	
	2024년 1회 필답형 기출 복원문제	688	/	
	2024년 3회 필답형 기출 복원문제	694	/	
	2024년 4회 필답형 기출 복원문제	700	/	

PART 01 금속재료 일반

CHAPTER 01   금속재료 총론
CHAPTER 02   철과 강
CHAPTER 03   비철 금속재료와 특수 금속재료
CHAPTER 04   신소재 및 그 밖의 합금

CHAPTER 01 금속재료 총론

📖 **단원 들어가기 전**

Ⓐ
1. 현대 사회는 과학·기술의 발달로 첨단 산업에서 요구되는 신소재 개발에 주력하여 수많은 공업 재료를 개발하여 우리 사회를 크게 변화시키고 있다.
2. 산업 현장에서 가장 널리 활용하고 있는 금속재료의 성질과 특성 및 재료의 중요성을 알아본다.

📖 **빅데이터 키워드**

결정 구조, 변태, 상태도, 기계적 성질, 소성 변형, 가공 일반적 성질, 재료 시험

1. 금속의 특성과 결정 구조

(5년간 12문항 출제, 회당 평균 0.9 문항 출제, 출제율 92.3%)

1. 금속의 특성

① 일반적 특성
  ㉠ 상온에서 고체상태로 존재(수은(Hg) 제외) → 결정 구조를 형성
  ㉡ 특유의 광택을 띠며, 열과 전기를 잘 전달하는 **도체**
  ㉢ 연성과 전성이 우수
  ㉣ 다른 물질보다 비중이 큼

② 금속이 비금속과 구별되는 중요한 특성 : 고체상태의 결정 구조에 따라 달라지며, 전기와 열의 **양도체**이다.

③ **융점** : 수은 −38.4℃로 가장 낮고, 텅스텐 3,410℃로 가장 높다.

④ **비중**
  ㉠ 리튬(Li) 0.53으로 가장 작고, 이리듐(Ir) 22.5로 가장 크다.
  ㉡ 경금속 : 비중이 4.5 이하인 금속 (알루미늄, 마그네슘, 타이타늄 등)
  ㉢ 중금속 : 비중이 4.5 이상인 금속 (구리, 철, 납, 니켈, 주석 등 대부분)

 **참고**
- 준(아)금속 : 금속의 일반적 특성을 부분적으로 지니고 있는 금속
- 비금속 : 금속의 특성이 전혀 없는 것

★ **용어정의**
양도체
전기나 열이 잘 흐르는 물체. 은, 구리 등이 있다.

⑤ 합금
  ㉠ 한 금속에 다른 금속 또는 비금속 원소를 첨가하여 얻은 금속성 물질이다.
  ㉡ 합금을 하면 용융점이 내려간다.
  ㉢ 합금은 강도 및 경도가 증가한다.

2. 금속의 결정 구조

① 금속의 결정 관련 용어
  ㉠ 결정 : 물질을 구성하는 원자가 입체적으로 규칙적인 배열을 이루는 것
  ㉡ 단위 세포 : 결정 구조를 나타내는 가장 작은 단위체
  ㉢ 결정 격자 : 단위 세포가 모인 것
  ㉣ 결정 입자 : 결정체를 이루고 있는 각각의 결정
  ㉤ 결정립계 : 결정 입자의 경계

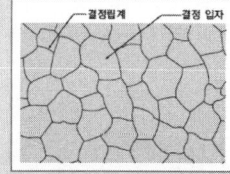

결정 입자와 결정립계

② 금속 결정의 형성
  ㉠ 응고 중에 형성
  ㉡ **결정핵**으로부터 성장한 결정체는 어떤 곳에서나 같은 원자 배열을 가짐

③ 금속 결정의 종류
  ㉠ 단결정(single crystalline) : 금속의 응고 과정에서 결정핵이 한 개인 결정으로 이루어진 결정체(실리콘 등)
  ㉡ 다결정체(poly crystalline) : 대부분의 금속은 무수히 많은 크고 작은 결정이 모여 무질서한 집합체를 이루는데, 이와 같은 결정의 집합체

용어정의
결정핵
과포화 용액이나 과냉각 용액에서 결정이 만들어질 때, 그 중심이 되는 결정의 씨. 이것이 바탕이 되어 결정이 성장한다.

3. 공간격자와 단위격자

① 금속은 용융상태에서 응고될 때 고체상태에서 원자는 결정을 이루며 정렬된 형태로 배열
② 금속은 많은 결정 입자의 집합체로 공간격자(space lattice)에 의하여 이루어짐
③ 공간격자는 최소 단위인 **단위격자(unit cell)**로 구성
④ 격자 상수(lattice constant) : 단위격자의 세 개 모서리의 길이 a, b, c
⑤ 축각(axial angle) : 이때 축 간의 각인 α, β, γ

용어정의
단위격자
결정격자의 격자점이 만드는 평행 육면체 가운데 결정격자의 최소 단위로 선택된 것. 크기와 모양은 세 개의 단위 벡터와 각 벡터가 이루는 여섯 개 상수로 이루어지는 격자 상수에 의하여 규정된다.

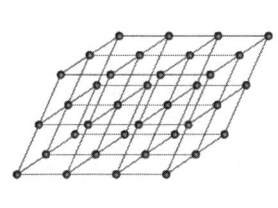 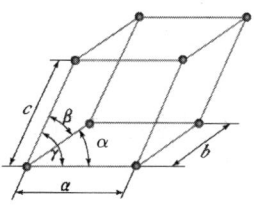

(a) 공간격자   (b) 단위격자
공간격자와 단위격자

4. 결정격자의 종류

① 금속의 대표적인 결정구조
    ㉠ 체심입방격자(body centered cubic lattice, BCC)
    ㉡ 면심입방격자(face centered cubic lattice, FCC)
    ㉢ 조밀육방격자(hexagonal close-packed lattice, HCP)

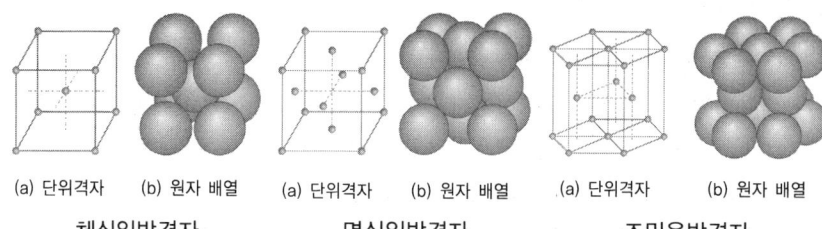

(a) 단위격자 (b) 원자 배열   (a) 단위격자 (b) 원자 배열   (a) 단위격자 (b) 원자 배열
   체심입방격자   면심입방격자   조밀육방격자

② 체심입방격자
    ㉠ 입방체의 각 꼭짓점과 중심에 입자가 위치하는 구조
    ㉡ 단위격자에 있는 원자는 입방체의 8개 꼭짓점에 1/8개×8=1개와 단위격자 중심의 원자 한 개를 합하여 2개
    ㉢ 충진율 : 68%
    ㉣ 배위수(coordination number) : 8
    ㉤ 체심입방격자에 속하는 금속 : 철 (α철, δ철), 리튬(Li), 크로뮴(Cr), 몰리브데넘(Mo) 등

③ 면심입방격자
    ㉠ 면심입방격자를 나타낸 것으로 입방체의 각 꼭짓점과 각 면의 중심에 입자가 위치하는 구조
    ㉡ 단위격자 안에는 네 개의 원자를 가지고 있으며, 각 면의 중심에 1/2개×6면=3개와 입방체 각 8개의 꼭짓점에 1/8개×8=1개 원자를 합하면 4개
    ㉢ **배위수** : 12개
    ㉣ 면심입방격자에 속하는 금속 : 철 (γ**철**), 알루미늄(Al), 금(Au), 구리(Cu), 니켈(Ni) 등
    ㉤ 충진율 : 74%

④ 조밀육방격자
    ㉠ 정육각형의 각 꼭짓점과 그 면의 중심에 입자가 있는 층이 있고, 그 층의 중심 입자 위에 삼각형의 꼭짓점에 입자를 가진 면을 놓고 다시 정육각형의 층을 그 위에 포개어 놓은 밀집 구조
    ㉡ 단위격자 안에 정육각형의 꼭짓점에 1/6개×12개=2개, 정육각형의 중심에 1/2개×2개=1개, 중심 입자의 삼각형 원자 세 개를 합하면 여섯 개

▶참고

근접 원자 간 거리
원자 간에 서로 접촉하고 있는 원자를 최근접 원자, 그 중심 간의 거리

■ **용어정의**

배위수(配位數)
한 개의 원자를 중심으로 원자 주위에 있는 최근접 원자의 수. 배위 화합물에서 중심 금속 원자에 설합되는 원자나 원자단의 리간드(ligand) 수 리간드는 착화합물에서 중심 금속 원자에 전자 쌍을 제공하면서 배위 결합을 형성하는 원자나 원자단을 말한다.

■ **용어정의**

• α철 : 순철 조성 중 상온~910℃에서 존재, BCC결정 구조이며, 페라이트 조직 (α페라이트)
• δ철 : 순철 조성 중 1,400~1,539(융점)℃에서 존재, BCC결정 구조이며, 페라이트 조직 (δ페라이트)
• γ철 : 순철 조성 중 상온 910~1,400℃에서 존재, FCC결정 구조이며, 오스테나이트 조직

ⓒ 배위수 : 바닥면의 중심에 있는 원자를 보면 알 수 있듯이 12개
ⓔ 조밀육방격자에 속하는 금속 : 코발트(Co), 마그네슘(Mg), 아연(Zn) 등
ⓜ 충진율 : 74%

⑤ 결정 격자별 특징
ⓐ 면심입방격자 : 전연성이 크므로 금속을 가공하는 데 좋다.
ⓑ 체심입방격자 : 면심입방격자보다 전연성은 작지만 강하다.
ⓒ 조밀육방격자 : 면심입방격자와 체심입방격자에 비하여 취약하며, 전연성이 작다.

개념잡기

금속은 결정격자에 따라 기계적 성질이 달라진다. 전연성이 커서 금속을 가공하는데 좋은 결정격자는 무엇인가?

① 단사정방격자　　　② 체심입방격자
③ 조밀육방격자　　　④ 면심입방격자

결정 격자별 특징
- 면심입방격자 : 전연성이 크므로 금속을 가공하는데 좋다.
- 체심입방격자 : 면심입방격자보다 전연성은 작지만 강하다.
- 조밀육방격자 : 면심입방격자와 체심입방격자에 비하여 취약하며, 전연성이 작다.

답 ④

개념잡기

금속의 결정구조에서 BCC가 의미하는 것은?

① 정방격자　　　② 면심입방격자
③ 체심입방격자　　　④ 조밀육방격자

금속의 대표적인 결정구조
- 체심입방격자(body centered cubic lattice, BCC)
- 면심입방격자(face centered cubic lattice, FCC)
- 조밀육방격자(hexagonal close-packed lattice, HCP)

답 ③

2. 금속의 변태와 상태도 및 기계적 성질 ★★★

(5년간 22문항 출제, 회당 평균 1.9문항 출제, 출제율 192.3%)

1. 금속의 응고

① **응고 잠열** : 응고할 때 방출하는 것, 숨은 열
② **과냉** : 금속이 액체상태에서 냉각될 때 응고점에 도달하였어도 응고가 시작되지 않고 계속 액체상태로 남아있는 것, 과냉의 정도는 냉각속도가 클수록 커지며 결정립은 미세해짐
③ **수지상정** : 용융 금속이 응고할 때는 먼저 작은 결정을 만드는 핵이 생기고, 이 핵을 중심으로 금속이 나뭇가지 모양으로 발달하는 것
④ **평형상태** : 한 계에서 존재하는 각 상의 관계가 시간이 경과해도 변화하지 않는 상태
⑤ **용체** : 한 물질 중에 다른 물질이 용해하여 균일한 물질을 만든 것을 말하는 것

2. 금속의 변태

① **동소변태** : 고체상태에서 온도에 따라 결정 구조의 변화를 가져오는 것
② **순철의 동소변태**
  ㉠ A_3 동소변태 : 가열 시 910℃에서 α철(체심입방격자)이 γ철(면심입방격자)로 되는 변태
  ㉡ A_4 동소변태 : 가열 시 1,400℃에서 γ철(면심입방격자)이 δ철(체심입방격자)로 되는 변태
③ **자기변태** : 원자 배열은 변화하지 않고 **강자성**으로부터 **상자성**으로 자기적 성질만 변화하는 변태
  ㉠ 강자성체 금속을 가열하면 어느 일정한 온도 이상에서 금속의 결정 구조는 변하지 않지만 자성을 잃어 상자성체로 변화
  ㉡ A_2 자기변태 : 순철은 상온에서 강자성체이지만 가열하면 점점 자성을 잃어 768℃ 부근 큐리점(curie point)에서 급격히 상자성체로 변화
④ **Fe-C 상태도에서 변태**

종류	형태	온도(℃)	비고
A_0변태	자기변태	210	시멘타이트(6.67%)
A_1변태	공석변태	723	공석강(0.8%)
A_2변태	자기변태	768	순철
A_3변태	동소변태	910	순철
A_4변태	동소변태	1,400	순철

☆ 꼭찝어 어드바이스

자유도
① 어떤 상태를 그대로 유지하면서 자유롭게 변화시킬 수 있는 변수
② **기브스의 상률** : 다성분계에서 평형을 이루고 있는 상의 수와 자유도와의 관계
③ **물의 경우** : F=C+2-P(2중점 F=1, 3중점 F=0)와 얼음, 수증기가 평형을 이루면서 변화할 수 있는 변수는 한 가지도 없다.
④ **금속의 경우** : F=C-P+1, F=0, 1, 2에 따라 불변계, 1변계, 2변계

▶참고

강자성체 삼총사 (철니코)
철(Fe), 니켈(Ni), 코발트(Co)는 강자성체를 대표하는 금속이다.

순철의 동소변태

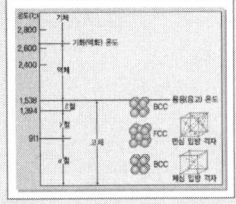

순철의 자기변태

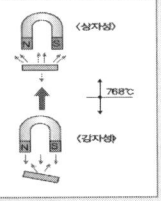

3. 철-탄소계 평형 상태도(Fe-Fe₃C)

① 상태도의 정의
  ㉠ 철-탄소계 평형 상태도 : 가로축을 철과 탄소의 2원 합금 조성(%)으로 하고 세로축을 온도(℃)로 했을 때, 각 조성의 비율에 따라 나타나는 합금의 변태점을 연결하여 만든 선도
  ㉡ 탄소 함유량이 6.67%까지만 표시되어 있는 것은 탄소가 6.67% 이상 함유된 철-탄소의 합금은 너무 취약하여 실제로 사용할 수 없기 때문

4. 철-탄소계 평형 상태도의 상 변태

① 공정반응 (4.3%C, 1,148℃)
  ㉠ 액체 상태에서 두 종류의 결정이 동시에 생기는 반응
  ㉡ 액체 ↔ A결정 + B결정
  ㉢ 용액(L) ↔ 오스테나이트 (γ-Fe) + 시멘타이트(Fe₃C)

② 포정반응 (0.18%C, 1,466℃)
  ㉠ 한 고용체가 다른 고용체를 둘러싸면서 일어나는 반응
  ㉡ A고용체 + 용액 ↔ B고용체
  ㉢ 용액(L) + 페라이트(δ-Fe) ↔ 오스테나이트(γ-Fe)

③ 공석반응 (0.8%C, 723℃)
  ㉠ 한 종류의 고체에서 두 종류의 고체가 동시에 생기는 현상
  ㉡ A고용체(고체) ↔ B고용체(고체) + C고용체(고체)
  ㉢ 오스테나이트(γ-Fe) ↔ 페라이트(α-Fe) + **시멘타이트(Fe₃C)**

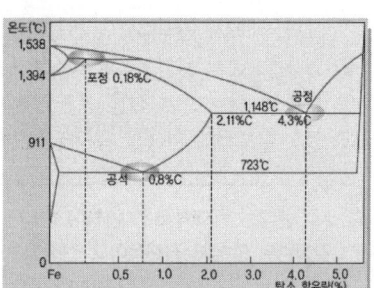

철-탄소계 평형 상태도의 상 변태

용어정의
상 변태
(phase trans formation)
한 결정 구조에서 다른 결정 구조로의 고체상태 변화와 액체상태에서 고체상태로의 변화 또는 상의 개수 변화

용어정의
시멘타이트(Fe₃C)
고온의 강철 속에 생기는 철과 탄소의 화합물. 강철의 조직 성분으로 그 분포와 형상에 따라 강철의 강도가 다르며, 이것이 많을수록 굳고 강하다.

5. 금속의 기계적 성질

① 강도 : 재료에 외력이 가해질 때, 재료를 파괴하는 힘에 대한 재료 단면에 작용하는 최대 저항력
② 경도 : 재료 표면에 가압하였을 때, 이 외력에 대한 저항의 크기를 재료의 단단한 정도로 나타낸 것
③ 연성 : 재료가 인장, 압축 등의 외력을 받아서 파괴되지 않고 변형되는 정도를 나타내는 변형 한계 능력으로, 길고 가늘게 늘어나는 성질
④ 인성 : 충격, 굽힘, 비틀림 등의 외력이 작용하였을 때에 파괴되지 않고 견디는 성질로서 재료의 질긴 정도
⑤ 취성 : 인성의 반대되는 성질로 잘 부서지고, 잘 깨지는 성질

개념잡기

다음의 합금 원소 중 함유량이 많아지면 내마멸성을 크게 증가시키고, 적열 메짐을 방지하는 것은?

① N ② Mn ③ Si ④ Mo

> Mn : 적열취성 방지, 내마멸성 향상, 경도 증가 　　답 ②

개념잡기

자기변태를 설명한 것 중 옳은 것은?

① 고체상태에서 원자배열의 변화이다.
② 일정온도에서 불연속적인 성질변화를 일으킨다.
③ 고체상태에서 서로 다른 공간격자 구조를 갖는다.
④ 일정 온도범위 안에서 점진적이고 연속적으로 변화한다.

> 자기변태는 원자의 스핀 방향에 따라 자성이 강자성에서 상자성체로 바뀌는 것을 의미하여 일정범위 안에서 점진적이고 연속적으로 일어난다. 　　답 ④

개념잡기

용융금속을 주형에 주입할 때 응고하는 과정을 설명한 것으로 틀린 것은?

① 나뭇가지 모양으로 응고하는 것을 수지 상정이라 한다.
② 핵생성 속도가 행성장 속도보다 빠르면 입자가 미세해진다.
③ 주형에 접한 부분이 빠른 속도로 응고하고 차차 내부로 가면서 천천히 응고한다.
④ 주상 결정입자 조직이 생성된 주물에서는 주상결정 입내 부분에 불순물이 집중하므로 메짐이 생긴다.

> 불순물의 편석은 주상 결정의 입내보다는 외곽에서 집중되는 경향이 있다. 　　답 ④

3 ▸ 금속의 소성 변형과 가공

(5년간 6문항 출제, 회당 평균 0.5문항 출제, 출제율 46.2%)

1. 재료의 가공성

① **주조성** : 금속이나 합금을 녹여 주물을 만들 수 있는 성질

② **소성**
　㉠ 탄성 : 재료가 외력을 받는 정도에 따라 가해진 외력을 제거하면 변형도 없어져서 원상태로 돌아가는 성질
　㉡ 소성(가소성) : 변형되어 원래의 형상으로 되돌아가지 않는 성질

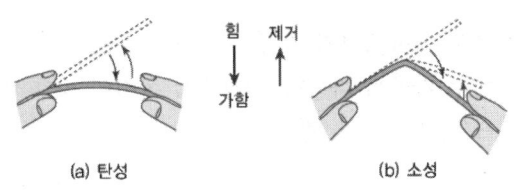

탄성과 소성

③ **피삭성** : 재료가 공구에 의하여 깎이는 정도. 피삭성의 좋고 나쁨은 공구의 수명, 절삭 저항, 절삭면 등에 영향을 줌

④ **접합성** : 재료의 용융성을 이용하여 두 부분을 반영구적으로 접합하는 정도를 나타내는 성질, 이 성질을 이용한 가공 방법으로 납땜, 용접 등이 있음

 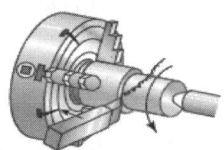 

(a) 전연성(압연)　　(b) 절삭성(선삭)　　(c) *주조성(주조)

금속재료의 가공성

2. 소성가공의 종류

① **단조(forging)** : 해머나 프레스를 이용하여 금속재료를 필요한 형상으로 만드는 가장 오래된 금속 가공법

② **압연(rolling)** : 재료를 회전하는 2개의 롤러(roller) 사이에 끼우고 점차 간격을 좁히면서 통과시켜 늘리거나 얇게 성형하여 여러가지 모양의 판재, 관재 등의 소재를 만드는 소성가공 방법

꼭찝어 어드바이스

주조성에 미치는 성질
① 금속의 용융점
② 유동성
③ 수축성
④ 가스의 흡수성

용어정의

유동성
용융금속의 주형 내에 있어서의 유동도로서 점도(끈끈한 정도)가 낮을수록, 즉 용융금속이 잘 흐를수록(묽을수록) 유동성이 좋아 용융 금속이 주형의 구석구석에 침투하여 원하는 모양을 주조할 수 있다. 주조성이 좋다는 것은 유동성이 좋다는 말과 일맥상통한다.

꼭찝어 어드바이스

절삭성의 영향
① 공구의 수명
② 절삭 저항
③ 절삭면

> **참고**
> **압출과 인발**
> 압출에는 압축하중이 작용하며, 인발에는 인장하중이 작용한다. 압출과 인발은 비슷한 형상을 생산할 수 있으나, 재료에 가해지는 하중과 생산 방법에서 차이가 있다.

③ 압출 : 재료를 작은 다이 구멍을 통하여 밀어내어 형재를 생산하는 소성가공법

④ 인발 : 다이 구멍을 통하여 출구 쪽으로 재료를 잡아 당겨 단면적을 줄이는 가공 방법

3. 열간가공과 냉간가공

① 열간가공
  ㉠ 재결정 온도 이상에서의 가공
  ㉡ 가공도가 크고, 대형 가공이 가능, 거친 가공

② 냉간가공
  ㉠ 재결정 온도 이하에서의 가공
  ㉡ 정밀한 치수 가공이 가능하고 기계적 성질이 양호, 마무리 가공
  ㉢ 강도가 크고, 연신율은 감소

개념잡기

그림과 같은 소성가공법은?

① 압연가공　　　　　② 단조가공
③ 인발가공　　　　　④ 전조가공

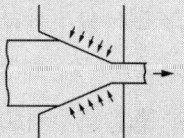

① 단조(forging) : 해머나 프레스를 이용하여 금속재료를 필요한 형상으로 만드는 가장 오래된 금속 가공법
② 압연(rolling) : 재료를 회전하는 2개의 롤러(roller) 사이에 끼우고 점차 간격을 좁히면서 통과시켜 늘리거나 얇게 성형하여 여러가지 모양의 판재, 관재 등의 소재를 만드는 소성 가공 방법
③ 압출 : 재료를 작은 다이 구멍을 통하여 밀어내어 형재를 생산하는 소성 가공법
④ 인발 : 다이 구멍을 통하여 출구 쪽으로 재료를 잡아 당겨 단면적을 줄이는 가공 방법

답 ③

4 ▶ 금속재료의 일반적 성질 ●●●

(5년간 15문항 출제, 회당 평균 1.2문항 출제, 출제율 115.4%)

1. 기계적 성질(강도, 경도, 인성, 취성, 연성, 전성)

① 기계를 구성하고 있는 요소는 외력을 받거나 힘을 전달하므로 외력에 의한 파괴나 변형에 대하여 견디는 강도, 인성, 경도 등이 필요하다.
② 원하는 기계 부품의 형상이나 치수로 가공하기 위하여 쉽게 변형할 수 있는 연성 또한 필요하다.
③ 강도
 ㉠ 재료에 작용하는 힘에 대하여 파괴되지 않고 어느 정도 견딜 수 있는 정도
 ㉡ 어떠한 재료에 외력을 가하면 파괴되는데, 이 힘에 대한 재료 단면에 작용하는 최대 저항력
 ㉢ 강도의 종류 : **인장 강도**, **압축 강도**, 굽힘 강도, 전단 강도, 비틀림 강도 등
④ 경도
 ㉠ 재료의 표면이 외력에 저항하는 성질
 ㉡ 재료 표면에 압력을 가하였을 때, 이 외력에 대한 저항의 크기로 재료의 단단한 정도를 나타내는 수치
⑤ 인성
 ㉠ 기계 부품에 충격, 굽힘, 비틀림 등의 외력이 작용하였을 때 파괴되지 않고 견디는 성질로서 재료의 질긴 성질
 ㉡ 구리와 같은 금속은 외력이 가해져도 잘 파괴되지 않는 질긴 성질을 지닌다.
 ㉢ 인성은 주로 충격시험에 의해 측정되어지며, 인성이 좋을수록 충격에 잘 버틴다.
⑥ 취성
 ㉠ 유리와 같이 잘 부서지고 깨지는 성질(여림, 메짐이라고도 함)
 ㉡ 인성의 반대되는 성질
⑦ 연성
 ㉠ 재료를 잡아당기면 외력에 의하여 파괴되지 않고 가늘게 늘어나는 성질
 ㉡ 연성이 우수한 금속 순서 : Au 〉Ag 〉Al 〉Cu 〉Pt 〉Pb 〉Zn 〉Li
⑧ 전성
 ㉠ 금속재료를 두드리거나 누르면 넓게 퍼지는 성질
 ㉡ 전성이 우수한 금속 순서 : Au 〉Ag 〉Pt 〉Al 〉Fe 〉Ni 〉Cu 〉Zn

> **용어정의**
>
> **인장 강도**
> 물체가 잡아당기는 힘에 견딜 수 있는 최대한의 응력
>
> **압축 강도**
> 물체가 어느 정도 견딜 수 있는지 그 압축력의 한도를 나타내는 수치. 주로 건축 용재에 쓰인다.

> **참고**
>
> **경도시험**
> 경도시험은 주로 압흔 자국에 의해 단단한 정도를 판단하는 방법이 많이 쓰여진다.
> 이 시험에서는 압흔자국이 클수록 무르다는 것이고 이에 압흔자국이 작을수록 큰 경도값을 나타낸다.

2. 물리적 성질(비중, 용융점, 전기 전도율, 자성)

① 비중
  ㉠ 어떤 물질의 질량과 같은 부피를 가지는 표준 물질에 대한 질량의 비율
  ㉡ 표준 물질 : 고체 및 액체의 경우 보통 1기압(atm)·4℃의 물, 기체의 경우에는 0℃·1기압하에서의 공기
  ㉢ 비중은 기체의 경우 온도와 압력에 따라 달라짐
  ㉣ 물질의 비중이 크다는 것은 무겁다는 것을 의미
  ㉤ 비중은 4℃의 물과 똑같은 부피를 가진 물체와의 무게의 비

$$비중 = \frac{물체의\ 무게}{물체와\ 같은\ 체적의\ 물(4℃)의\ 무게}$$

② 용융점
  ㉠ 물질이 고체에서 액체로 상태가 변화될 때의 온도
    (금속을 가열하면 열적 성질이 변화하여 녹아서 액체가 될 때의 온도)
  ㉡ 단일 금속의 경우 **용융점, 응고점** 동일

③ 전기 전도율
  ㉠ 전기가 흐르는 정도
  ㉡ 금속 결정은 많은 전자를 가지고 있어 전기가 흐르는 전기적 성질 지닌다.

④ 자성
  ㉠ 물질이 나타내는 자기적 성질
  ㉡ 강자성체 : 금속을 자석에 가까이 하면 자석의 극과 반대의 극이 생겨서 서로 강하게 잡아당기는 물질(**철(Fe), 니켈(Ni), 코발트(Co)**)
  ㉢ 상자성체 : 약간 잡아당기는 것
  ㉣ 반자성체 : 서로 잡아당기지 않는 금속(안티모니(Sb))
  ㉤ 비자성체 : 자석을 접근해도 변화가 없는 것(스테인리스강, 나무, 고무, 비금속)

3. 화학적 성질(부식, 내식성)

① 부식
  ㉠ 금속이 산소, 물, 이산화탄소 등의 주위 환경에 따라 화학적 또는 전기·화학적인 작용에 의하여 비금속성 화합물을 만들어 점차 재료가 소실되는 현상
  ㉡ 습식 : 전기·화학적 부식이며, 이것은 금속 주위의 수분 또는 그 밖의 **전해질**과 작용하여 비금속성의 화합물로 변하는 현상

■ 용어정의
응고점
일정한 압력에서 액체나 기체가 굳을 때의 온도. 보통 액체 응고점은 그 물질의 용융점과 같고, 기체의 응고점은 승화점과 같다.

★ 꼭집어 어드바이스
오스테나이트계 스테인리스강은 금속이면서 비자성체이다.

■ 용어정의
전해질
물 등의 용매에 녹아서 이온화하여 음양의 이온이 생기는 물질. 전도성을 띠며, 전기 분해가 가능하다.

© 건식 : 화학적 부식이라고 하며, 이것은 상온 또는 고온에서 금속의 산화, 황화, 질화 등이 해당
② 내식성
   ⊙ 내식성은 금속의 부식에 대한 저항력
   ⓒ 금속의 조성과 조직, 물이나 산, 알칼리, 염류 등의 종류·농도·온도 및 그밖의 상태에 따라 다르다.
   ⓒ **이온화 경향**이 큰 금속일수록 화합물이 되기 쉬워 부식이 잘 된다.

> **참고**
> 이온화 경향
> K〉Ca〉Na〉Mg〉Al〉Zn〉Cr〉Fe〉Ni〉·········〉Ag〉Pt〉Au
>
> 이온화 경향의 주문
> 칼카나마알아철니주납수구수은은백금금

개념잡기

반자성체에 해당하는 금속은?

① 철(Fe)　　② 니켈(Ni)　　③ 안티몬(Sb)　　④ 코발트(Co)

> 자성
> • 강자성체 : 금속을 자석에 가까이 하면 자석의 극과 반대의 극이 생겨서 서로 강하게 잡아당기는 물질 (Fe, Ni, Co)
> • 상자성체 : 약간 잡아당기는 것
> • 반자성체 : 서로 잡아당기지 않는 금속 (Sb)
>
> 답 ③

개념잡기

다음 중 비중(Specific Gravity)이 가장 작은 금속은?

① Mg　　② Cr　　③ Mn　　④ Pb

Mg	Cu	Ag	Cr	Mo	Au	Sn	W	Al	Fe	Mn	Zn	Ni	Co	Pb	Ir
1.74	8.9	10.5	7.19	10.2	19.3	7.28	19.2	2.7	7.86	7.43	7.1	8.9	8.8	11.34	22.5

답 ①

개념잡기

다음 중 산과 작용하였을 때 수소가스가 발생하기 가장 어려운 금속은?

① Ca　　② Na　　③ Al　　④ Au

> 이온화 경향
> K〉Ca〉Na〉Mg〉Al〉Zn〉Cr〉Fe〉Ni·········〉Ag〉Pt〉Au
>
> 이온화 경향의 주문
> 칼카나마알아철니주납수구수은은백금금
>
> 답 ④

5 ▶ 금속재료의 시험과 검사

(5년간 6문항 출제, 회당 평균 0.5문항 출제, 출제율 46.2%)

1. 인장시험

① 시편의 양 끝을 시험기에 고정시키고 시편의 축방향으로 천천히 잡아당겨 끊어질 때까지의 변형과 이에 대응하는 하중을 측정하여 금속재료의 여러 가지 기계적 성질을 측정하는 시험 방법

② 시험 결과로 알 수 있는 것 : 인장강도, 연신율, 단면 수축률, 항복점, 비례 한도, 탄성 한도, 응력-변형률 곡선 등

인장시험

③ 응력-변형률 곡선
  ㉠ A(비례한도) : 비례한도 이내에서는 응력을 제거하면 원상태로 돌아간다.
  ㉡ B(탄성한도) : 재료가 탄성을 잃어버리는 최대한의 응력
  ㉢ C(상부 항복점) : 영구변형이 명확하게 나타나기 시작
  ㉣ D(하부 항복점) : 소성변형 – 항복점 이상의 응력을 받는 재료가 영구변형을 일으키는 과정

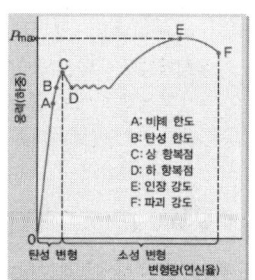

응력-변형률 곡선

  ㉤ E(최대응력) : 최대응력을 가지고 인장강도 계산
  ㉥ F(파단점) : 재료에 파괴가 일어나서 절단됨

④ 인장강도
  ㉠ 인장시험을 하는 도중 시편이 견디는 최대의 하중
  ㉡ 산출 방법

$$\text{최대 인장 강도}(\sigma_{\max}) = \frac{\text{최대 인장 하중}(P_{\max})}{\text{원 단면적}(A_0)} (\text{N/mm}^2)$$

⑤ 연신율(elongation ratio)
  ㉠ **변형량**을 원 표점 거리로 나누어 백분율(%)로 표시한 것
  ㉡ 연성을 나타내는 척도 (대체적으로 연강 50%, 경강 25% 정도)
  ㉢ 산출 방법

$$\text{연신율}(\varepsilon) = \frac{L_1 - L_0}{L_0} \times 100 (\%)$$

★ 용어정의
네킹(necking)
연성이 있는 재료를 잡아 당길 때 파괴되기 직전에 심하게 국부 수축을 일으키는 현상

★ 용어정의
변형량(L_1-L_0)
인장시험 후 시편이 파괴되기 직전의 표점 거리(L_1)와 시험 전 원표점 거리(L_0)와의 차

2. 압축시험(compression test)

① 재료에 압력을 가하여 파괴에 견디는 힘을 구하는 시험
② 주로 주철이나 콘크리트와 같이 내압에 사용되는 재료의 압축 강도, 비례 한도, 항복점 등과 같은 기계적 성질을 알아보고자 할 때 하는 시험

3. 굽힘시험(bending test)

① 시편에 길이 방향의 직각 방향에서 하중을 가하여 재료의 연성, 전성 및 균열의 발생 유무를 판정하는 시험
② 굽힘균열시험(굽힘시험) : 심하게 굽힐 때에 균열이 발생하는가의 여부를 조사
③ 굽힘저항시험(항절시험) : 파단할 때까지 변형시켜서 파단에 필요로 하는 힘을 구할 때 하는 시험
④ 굽힘시험방법 : 눌러 굽히는 방법, 감아 굽히는 방법, V-블록을 사용하여 굽히는 방법

4. 경도시험

① 재료의 단단함과 무른 정도를 나타내는 것, 압입에 대한 저항으로 나타낸다.
② 경도시험의 종류 : 브리넬 경도시험, 로크웰 경도시험, 비커스 경도시험, 쇼어 경도시험 등

> **참고**
> 경도시험의 목적
> ① 재료의 경도값을 알고자
> ② 경도값에서 강도를 추정
> ③ 경도 값으로부터 시편의 가공 상태나 열처리 상태를 비교

③ 시험별 특징

종류	압입자	기호	하중	계산식	기타
브리넬	10mm 강구	HB	3,000kg	$\dfrac{2P}{\pi D(D-\sqrt{D^2-d^2})} = \dfrac{P}{\pi Dt}$	
로크웰	1/16인치 강구	HRB	100kg, 예비 10kg	$130-500h$	
로크웰	120원뿔 다이아몬드	HRC	150kg, 예비 10kg	$100-500h$	
비커스	대면각 136도 다이아몬드	HV	1~120kg	$\dfrac{1.8544P}{d^2}$	미세조직의 경도측정가능
쇼어	다이아몬드	HS	반발 높이	$\dfrac{10,000}{64} \times \dfrac{h}{h_0}$	표면에 자국이 남지 않음

> 참고

자기탐상 시험편의 자화방법
① **축 통전법** : 시험편의 축방향의 끝에 전극을 대고 전류를 흘려 원형 자화시키는 방법으로 축방향 즉 전류에 평행한 결함 검출 방법
② **직각 통전법** : 시험편의 축에 대해 직각인 방향에 직접 전류를 흘려서 전류 주위에 생기는 자장을 원형 자화시키는 방법
③ **관통법** : 시험편의 구멍에 철심을 통해 교류 자속을 흘림으로써 그 주위에 유도 전류를 발생시켜 그 전류가 만드는 자기장에 의해 원형 자화시키는 방법
④ **코일법** : 시험편을 전자석으로 자화하고 시험편에 따라 탐상 코일을 이동시키면서 전자 유도 전류로 검출하는 직선 자화 방법
⑤ **극간법** : 시험편의 전체 또는 일부분을 전자석 또는 영구 자석의 자극 사이에 놓고 직선 자화시키는 방법

> 참고

X-선과 γ-선의 비교

구 분	X선 장치	γ선 장치
전원	있다	없다
선의 크기	크다	작다
가격	비싸다	싸다
에너지	임의선택	고정
촬영 장소	비교적 넓은 곳	협소한 곳도 가능
촬영 범위	대개 2인치 미만	3~4인치도 가능
고장률	많다	적다

5. 충격시험
① 충격력에 대한 재료의 저항력(인성)을 알아보는 시험
② 충격시험은 일반적으로 재료의 인성 또는 취성을 시험
③ 종류 : 샤르피 충격시험, 아이조드 충격시험

6. 비파괴시험
① 자기탐상시험
   ㉠ 누설 자속을 자분 또는 검사 코일을 사용하여 검출하여 결함 존재를 발견하는 검사 방법을 나타낸 것
   ㉡ 표면부 및 표면직하의 결함 검출
② 침투탐상시험
   ㉠ 시험편의 표면에 생긴 결함에 침투액을 스며들게 한 다음 현상액으로 결함을 검출하는 시험법
   ㉡ 침투액 종류 : 염색침투액, 형광침투액
   ㉢ 표면부의 결함 검출
③ 초음파탐상시험
   ㉠ 초음파를 시험편 내부에 투사하여 결함부에서 반사되는 초음파로 결함의 크기와 위치를 알아보는 시험
   ㉡ 방법 : 투과법, 반사법, 공진법
   ㉢ 내부결함 검출
④ 방사선투과시험
   ㉠ X선이나 γ선은 금속재료를 투과할 때 재료내부의 결함이나 불균일한 조직 등에 의해 투과량에 차이가 생긴다. 이 차이를 사진 필름에 감광시켜 결함을 찾아내는 시험법
   ㉡ X-선 투과 검사법 : X-선의 투과선을 사진 건판에 취하여 나타나는 명함도로 검사
   ㉢ γ-선 검사법(gamma ray inspection) : Tm-170, Ir-192, Cs-137, Co-60, Ra-226 등과 같은 방사성 동위원소 등에서 방사하는 γ-선 등에 의해 투과 검사

7. 금속 현미경 조직 관찰
① 특징
   ㉠ 금속 조직의 구분 및 결정 입도의 크기
   ㉡ 주조, 열처리, 단조 등에 의한 조직의 변화

ⓒ 비금속 개재물의 종류와 형상, 크기 및 편석 부분의 상향
ⓓ 균열의 형상과 성장 상황
ⓔ 파단면 관찰에 의한 파괴 양상의 파악 등에 따른 상세한 검토
② 현미경 조직 검사 순서 : 시료 채취 및 제작 → 연마 → 부식 → 조직 관찰

8. 그 밖의 시험법

① 피로시험
　ⓐ 재료에 반복 하중이 작용하여도 영구히 파괴되지 않는 최대 응력
　ⓑ S-N 곡선 : 그 응력과 반복 횟수의 관계를 그래프로 그린 것
② 크리프시험 : 재료를 고온에서 내력보다 작은 응력을 장시간 작용하면 시간이 지나면서 변형이 진행되는 현상
③ 마멸시험 : 마찰력에 의해 감소되는 현상을 마멸이라 하며, 마멸에 대한 강도를 내마멸성이라 한다.
④ 불꽃시험
　ⓐ 강재를 그라인더에 눌러서 나오는 불꽃의 모양, 색, 크기, 개수 등으로 재질을 판별한다.
　ⓑ 뿌리 부분 : C나 Ni 함유량이 미량 나타난다.
　ⓒ 중앙 부분 : 유선의 밝기, 불꽃의 모양에 따라 Ni, Cr, Al, Mn, Si, V 등이 판별된다.
　ⓓ 끝 부분 : 꼬리 불꽃의 변화에 따라 Mn, Mo, W 등의 원소를 판별할 수 있다.
　ⓔ 불꽃의 색깔을 보면 밝을수록 탄소량이 많고, 눌림의 느낌 강도에 따라 특수 원소의 함량을 느낄 수 있다.

개념잡기

표점거리가 200mm인 1호 시험편으로 인장시험한 후 표점거리가 240mm가 되었다면 연신율(%)은?

① 10　　　　② 20　　　　③ 30　　　　④ 40

$\dfrac{240-200}{200} \times 100 = 20$　　　　답 ②

CHAPTER 02 철과 강

📖 단원 들어가기 전

Ⓐ 우리들의 일상생활과 산업 현장에서 가장 많이 사용되는 공업용 재료가 철강 재료이다. 철기 시대 이후 인간은 철강 재료를 이용하여 다양한 제품들을 제작하고 활용하고 있다. 철강의 분류 방법과 용도를 이해하고, 철강의 용도별 재료의 특성과 제조 방법을 학습함으로써 실생활과 산업 현장에서 철강 재료와 관련이 있는 직무를 수행하는데 필요한 실무능력을 향상시킬 수 있도록 하자.

📚 빅데이터 키워드

순철, 탄소강, 합금강, 열처리, 주철, 주강

1 ▶ 순철과 탄소강 ★★★

(5년간 20문항 출제, 회당 평균 1.5문항 출제, 출제율 153.8%)

1. 선철의 제조

① 선철 제조 원료
  ㉠ 철광석 : 철분이 풍부하고 동시에 환원성이 좋아야 하고, 황·인·구리 등의 유해 성분이 적어야 하며, 입도가 적당해야 한다.
  ㉡ 코크스 : 용광로 내에서 철광석을 용해하는 열원인 동시에 철광석의 환원제, 용광로 내의 가스 통풍을 양호하게 하는 역할을 한다.
  ㉢ 석회석 : 용광로 내에서 철광석 중의 암석 성분이나 그 밖의 불순물과 배합되어 용해되기 쉬운 슬래그로 배출된다.

② 철광석의 종류
  ㉠ 적철광 : Fe_2O_3
  ㉡ 자철광 : Fe_3O_4
  ㉢ 갈철광 : $2Fe_2O_3 \cdot 3H_2O$
  ㉣ 능철광 : $FeCO_3$

2. 철과 강의 분류

① 파면에 따라 : 회선철, 반선철, 백선철
② 용도에 따라 : 제강용 선철, 주물용 선철
③ 제조법에 따른 분류
  ㉠ 제강방법 : 전로강, 평로강, 전기로강
  ㉡ 탈산도 : 림드강, 캡드강, 세미킬드강, 킬드강
  ㉢ 가공방법 : 압연강, 단조강, 주강
④ 용도에 따른 분류
  ㉠ 구조용 강 : 보통강, 저합금강, 침탄강, 질화강, 스프링강, 쾌삭강
  ㉡ 공구용 강 : 탄소 공구강, 특수 공구강, 다이스강, 고속도강, 기타
  ㉢ 특수 용도용 강 : 베어링강, 자석강, 내식강, 내열강, 기타
⑤ 탈산에 따른 강괴의 종류
  ㉠ 킬드강 : 용강 중에 Fe-Si 또는 Al 분말 등의 강한 탈산제를 첨가하여 완전히 탈산한 것
  ㉡ 림드강 : 탈산 및 기타 가스 처리가 불충분한 상태의 용강을 그대로 주형에 주입하여 응고한 것
  ㉢ 세미킬드강 : 탈산 정도가 킬드강과 림드강의 중간 정도의 것
  ㉣ 캡드강 : 림드강에서 리밍작용을 억제하려고 뚜껑을 띄워 응고한 것

> **꼭찝어 어드바이스**
> 철의 탄소 함유량에 따른 분류
> ① 순철 : 0.02%C 이하
> ② 강 : 0.02~2.01%C
>   ㉠ 아공석강
>   : 0.02~0.77%C
>   ㉡ 공석강
>   : 0.77%C
>   ㉢ 과공석강
>   : 0.77~2.01%C
> ③ 주철 : 2.01~6.67%C
>   ㉠ 아공정주철
>   : 2.01~4.3%C
>   ㉡ 공정주철
>   : 4.3%C
>   ㉢ 과공정주철
>   : 4.3~6.67%C

3. 순철의 상태 변화

① 동소변태
  ㉠ 동소(격자)변태 : **동소체** 상호 간의 변화에 따라 나타나는 현상
  ㉡ 고체상태에서 순철은 온도의 변화에 따라 결정 구조가 다른 α철, γ철, δ철의 세 종류로 존재
  ㉢ 순철은 용융 상태에서 냉각시키면 1,538℃에서 응고되기 시작하여 그 후 실온까지 냉각되는 동안에 원자 배열이 변화하여 δ철, γ철, α철의 **동소체**로 존재
  ㉣ α철 : 순철 조성 중 상온~910℃에서 존재, BCC결정 구조이며, 페라이트 조직 (α 페라이트)

공간격자와 단위격자

> **용어정의**
> 변태(transformation)
> 특정 온도를 경계로 하여 고체 내에서 원자의 배열이 변화하여 하나의 결정 구조에서 다른 결정 구조로 상태가 변화하는 현상
>
> 동소체(allotropy)
> 변태에 의하여 서로 다른 상태로 존재하는 같은 원소의 두 고체

◎ γ철 : 순철 조성 중 상온 910~1,400℃에서 존재, FCC결정 구조이며, 오스테나이트 조직(γ 오스테나이트)

ⓑ δ철 : 순철 조성 중 1,400~1,539(융점)℃에서 존재, BCC결정 구조이며, 페라이트 조직(δ 페라이트)

ⓢ A_3 동소변태 : 910℃에서 α철이 γ철로 되는 변태

ⓞ A_4 동소변태 : 1,400℃에서 γ철이 δ철로 되어 다시 체심입방격자로 바뀌는 변태

② 자기변태

  ㉠ 자기변태 : 원자 배열은 변화하지 않고 **강자성**으로부터 **상자성**으로 자기적 성질만 변화하는 변태

  ㉡ 철(Fe), 니켈(Ni), 코발트(Co) 등과 같은 강자성체 금속을 가열하면 어느 일정한 온도 이상에서 금속의 결정 구조는 변하지 않지만 자성을 잃어 상자성체로 변화

  ㉢ A_2 자기변태 : 순철은 상온에서 강자성체이지만 가열하면 점점 자성을 잃어 768℃ 부근 큐리점(curie point)에서 점진적이고 연속적으로 급격하게 상자성체로 변화

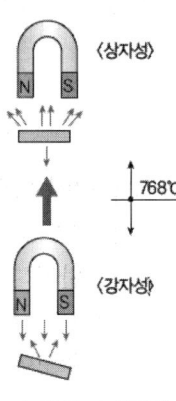

순철의 자기변태

> **참고**
> 강자성체 삼총사 (철니코)
> 철(Fe), 니켈(Ni), 코발트(Co)는 강자성체를 대표하는 금속이다.

4. 탄소강

① 철-탄소계 평형 상태도($Fe-Fe_3C$)

  ㉠ 가로축을 철과 탄소의 2원 합금 조성(%)으로 하고 세로축을 온도(℃)로 했을 때, 각 조성의 비율에 따라 나타나는 합금의 변태점을 연결하여 만든 선도

  ㉡ 탄소 함유량이 6.67%까지만 표시되어 있는 것은 탄소가 6.67% 이상 함유된 철-탄소의 합금은 너무 취약하여 실제로 사용할 수 없기 때문

② 철-탄소계 평형 상태도의 이해

  ㉠ 탄소강에서 탄소(C)는 유리된 흑연으로 존재하지 않고, 철(Fe)과의 화합물인 **시멘타이트**(cementite: Fe_3C) 상태로 존재

  ㉡ 시멘타이트는 6.67%의 탄소를 포함하는 금속간 화합물이며 경도가 매우 높음

> **용어정의**
> 시멘타이트(Fe_3C)
> 고온의 강철 속에 생기는 철과 탄소의 화합물. 강철의 조직 성분으로 그 분포와 형상에 따라 강철의 강도가 다르며, 이것이 많을수록 굳고 강하다.

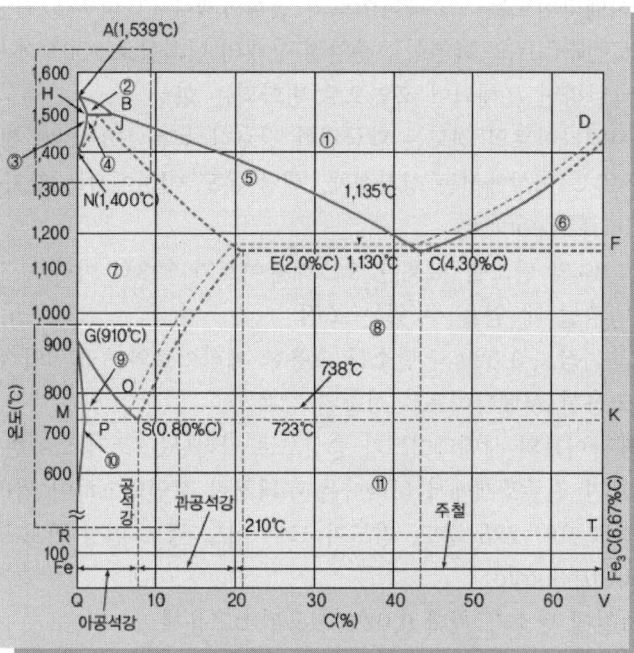

- 실선 : Fe-Fe₃C계
- 점선 : Fe-C의 평형 상태도

Fe-Fe₃C계 평형 상태도

꼭집어 어드바이스

포정
① 온도 : 1,495℃
② 조성 : 0.09%C
③ 용액+페라이트(δ) ↔ 오스테나이트

공정
① 온도 : 1,148℃
② 조성 : 4.3%C
③ 용액 ↔ 오스테나이트+시멘타이트

공석
① 온도 : 723℃
② 조성 : 0.8%C
③ 오스테나이트 ↔ 페라이트(α)+시멘타이트

③ 탄소강의 표준조직(normal structure)
  ㉠ 표준조직의 특징
    ⓐ 탄소강은 탄소 함유량과 냉각속도 등에 따라 조성된 조직에 의하여 그 성질이 다름
    ⓑ 탄소강의 표준조직 : 강의 종류에 따라 A₃점 또는 A_cm보다 30~50℃ 높은 온도로 강을 가열하여 균일한 오스테나이트 조직 상태에서 대기 중에 서서히 냉각하여(노멀라이징) 얻은 상온 조직
    ⓒ 표준조직에 의하여 탄소강의 탄소 함유량을 추정
    ⓓ 탄소강은 탄소 함유량이 많을수록 페라이트(흰색 부분)가 줄어들고 펄라이트(흑색 부분)와 시멘타이트(흰색 경계)가 늘어난다.
  ㉡ 오스테나이트(austenite)
    ⓐ γ철에 탄소를 최대 2.0% 고용한 γ 고용체
    ⓑ A₁ 변태점 이상으로 가열했을 때 얻을 수 있는 조직
    ⓒ 결정 구조 : FCC(면심입방격자)
    ⓓ 상자성체, 전기저항과 인성이 크고, 경도가 HB≒155 정도
  ㉢ 시멘타이트(cementite)
    ⓐ 6.67%의 탄소와 철의 화합물(Fe₃C)로 매우 단단하고 부스러지기 쉬운 조직

> 참고
오스테나이트
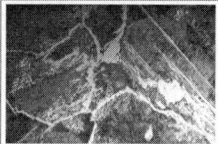

시멘타이트

>참고
펄라이트

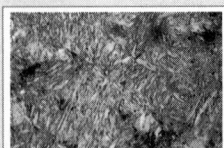

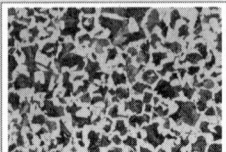

흰부분 : 페라이트
검정 : 펄라이트

ⓑ 시멘타이트는 오스테나이트의 결정립계나 그 벽면에 침상 형성
ⓒ 시멘타이트의 흑연화 : 준안정 상태의 탄화물로 900℃에서 장시간 가열하면 분해되어 흑연으로 변화되는 현상
ⓓ 시멘타이트의 경도는 담금질한 강보다 높은 HB≒820 정도
ⓔ 210℃ 이상에서는 상자성체, 해당 온도 이하에서는 강자성체
② 펄라이트(pearlite)
　ⓐ 0.8%의 탄소를 고용한 오스테나이트가 723℃ 이하로 서서히 냉각될 때 얻을 수 있는 조직
　ⓑ 공석강 : 0.02%의 탄소를 고용한 페라이트와 6.67%의 탄소를 고용한 시멘타이트로 석출된 강재
　ⓒ 페라이트와 시멘타이트가 층상으로 나타나는 조직으로 현미경으로 보면 진주조개에서 나타나는 무늬처럼 보인다고하여 펄라이트
　ⓓ 경도 HB≒225 정도, 강도가 크고 어느 정도 연성 확보
⑩ 페라이트(ferrite)
　ⓐ α철에 탄소가 최대 0.02% 고용된 α고용체
　ⓑ 거의 순철에 가까우며, 매우 연한 성질을 지니고 있어 전연성이 크다.
　ⓒ A_2 변태점(자기변태 768℃) 이하에서는 강자성체
　ⓓ 경도 HB≒90 정도

④ **탄소강의 변태**
　㉠ 아공석강
　　ⓐ 아공석강 : 0.02~0.8%의 탄소 조성
　　ⓑ 초석 페라이트와 펄라이트의 혼합 조직
　　ⓒ 탄소 함유량이 많아질수록 펄라이트의 양 증가 → 경도와 인장 강도 증가
　㉡ 공석강
　　ⓐ 공석강 : 0.8% 탄소 조성
　　ⓑ 공석 반응 : 723℃ 이하로 냉각 → 오스테나이트가 페라이트와 시멘타이트로 동시에 석출
　　ⓒ 100% 펄라이트 조성으로 인장 강도가 가장 큰 탄소강
　㉢ 과공석강
　　ⓐ 과공석강 : 0.8~2.0%의 탄소 조성
　　ⓑ 초석 시멘타이트와 펄라이트의 혼합 조직
　　ⓒ 탄소 함유량이 증가할수록 경도가 증가
　　ⓓ 그러나 인장 강도 감소하고 메짐 성질이 증가 → 깨지기 쉽다.
　　ⓔ 공업적으로 생산되는 과공석강은 탄소 함유량이 1.2% 이상인 경우 강의 성질이 매우 취약 → 거의 사용하지 않음

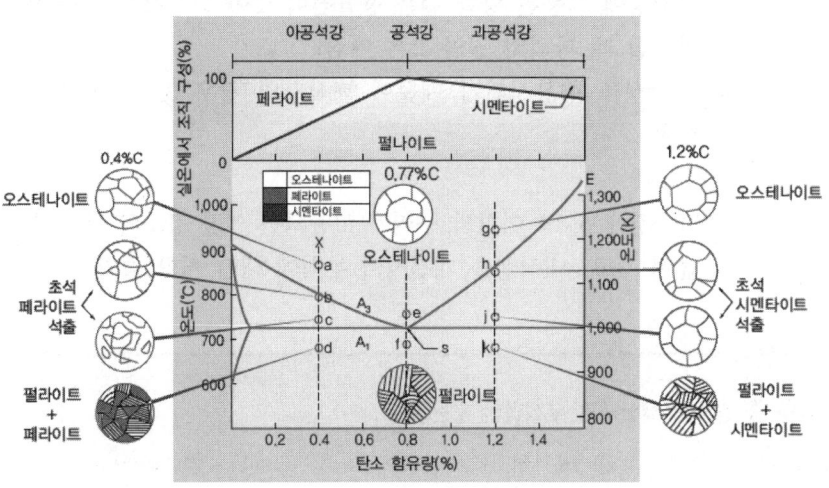

탄소 함유량에 따른 탄소강의 조직 변화

⑤ 탄소강에 함유된 원소의 영향
  ㉠ 망가니즈(Mn)
    ⓐ 망가니즈는 제강 원료로 사용, 선철 중에 0.2~0.8% 함유
    ⓑ 일부는 탄소강에 고용되고, 나머지는 황(S)과 결합하여 **황화 망가니즈(MnS)** 를 만들어 탈황효과 및 탈산효과도 있다.
    ⓒ 강도와 고온 가공성을 증가
    ⓓ 연신율의 감소를 억제시켜 주조성과 담금질 효과를 향상
  ㉡ 규소(Si)
    ⓐ 합금 원소 또는 **탈산제** 의 잔류 원소로 고용
    ⓑ 0.3% 이상 함유되면 인장 강도, 경도, 탄성 한도는 높아지지만 연신율과 충격값은 감소한다.
    ⓒ 결정 입자의 성장을 크게 하여 단접성과 냉간 가공성 저하
  ㉢ 인(P)
    ⓐ 결정 입자를 크고 거칠게 하여 강도와 경도는 다소 증가, 연신율은 감소
    ⓑ 탄소강에 함유된 인은 철과 화합하여 인화 철(Fe_3P)을 만들어 결정 립계에 **편석** 생성
    ⓒ 충격값을 떨어뜨리고 균열을 일으킴
    ⓓ 충격값을 저하시켜 상온 메짐의 원인이 됨
    ⓔ 절삭 성능을 개선시키는 효과 → **쾌삭강** 에 이용
  ㉣ 황(S)
    ⓐ 선철의 불순물로 남아 철과 반응하여 황화 철(FeS) 형성

용어정의

황화 망가니즈(MnS)
망가니즈 황화물을 통틀어 이르는 말. 분석 시약으로 쓰이며, 일황화 망가니즈, 이황화 망가니즈가 있다.

탈산제
녹인 금속으로부터 산소를 없애는데 쓰는 약제. 구리나 그 합금에는 인이나 규소가 쓰이고 제강에는 망가니즈나 알루미늄이 쓰인다.

편석
금속이나 합금이 응고될 때 성분이 고르지 않게 분포화는 현상

쾌삭강
저탄소강의 하나로 절삭 가공을 쉽게 하기 위하여 황, 납, 인, 망가니즈 등을 미량으로 혼합하여 만든 특수한 강

ⓑ 탄소강에 고용된 황화 철은 용융점이 낮아 고온에서 취약하여 → 가공할 때 파괴의 원인(고온 메짐)
ⓒ 절삭성을 향상시키기 때문에 쾌삭강의 경우 0.08~0.35% 정도 함유

㉤ 구리(Cu)
ⓐ 탄소강에 0.3% 이하의 구리가 고용되면 인장 강도와 탄성 한도를 높여 주고, 내식성을 개선시켜 부식에 대한 저항 증가

개념잡기

다음 중 강괴의 탈산제로 부적합한 것은?

① Al　　　② Fe-Mn　　　③ Cu-P　　　④ Fe-Si

주요 탈산제
알루미늄(Al), 페로실리콘(Fe-Si), 페로망간(Fe-Mn)

답 ③

개념잡기

강에 탄소량이 증가할수록 증가하는 것은?

① 경도　　　　　② 연신율
③ 충격값　　　　④ 단면수축률

탄소량 증가
향상성질 : 강도, 경도
감소성질 : 연성, 전성, 연신율

답 ①

개념잡기

탄화철(Fe_3C)의 금속간 화합물에 있어 탄소(C)의 원자비는?

① 15%　　　② 25%　　　③ 45%　　　④ 75%

• 원자비 : 총 원자 개수에 대한 성분 원소의 비
• 총원자 : 4개 (Fe 3개, C 1개)
• 탄소원자 : 1개
• 원자비 : 1/4 × 100 = 25%

답 ②

2. 합금강 ●●●

(5년간 30문항 출제, 회당 평균 2.3문항 출제, 출제율 230.8%)

1. 합금강의 특성과 합금 원소의 영향

① 합금강의 특성
  ㉠ 첨가하는 원소에 따라 탄소강과 다른 새로운 특성과 성질이 나타남
  ㉡ 탄소강에 비하여 강의 열처리성을 향상시켜 기계적 성질 및 강인성 향상
  ㉢ 강의 내식성과 내마멸성을 증대시키고 전자기적 성질 변화

② 합금 원소의 영향
  ㉠ 높은 강도와 연성 유지
  ㉡ 내식성과 내고온산화성 개선
  ㉢ 고온과 저온의 기계적 성질 개선
  ㉣ 내마멸성 및 피로 특성 등의 특수한 성질 개선
  ㉤ 강의 **표면 경화** 깊이를 증가시켜 기계적 성질 개선

합금 원소	효과
니켈(Ni)	강인성, 내식성 및 내마멸성을 증가시킨다.
크로뮴(Cr)	함유량이 적어도 강도와 경도를 증가시키며, 함유량이 많아지면 내식성, 내열성 및 자경성을 크게 증가시키는 외에 탄화물의 생성을 용이하게 하여 내마멸성도 증가시킨다.
망가니즈(Mn)	강도, 경도, 내마멸성을 증가시키고 적열 취성을 방지한다.
몰리브데넘(Mo)	함유량이 적으면 니켈과 거의 비슷한 작용밖에 하지 못하지만 함유량이 많아지면 내마멸성을 크게 증가시키고 뜨임 취성을 방지한다.
규소(Si)	함유량이 적으면 강도와 경도를 조금 향상시키지만 함유량이 많아지면 내식성과 내마멸성을 크게 증가시키고, 전자기적 성질도 개선시킨다.
텅스텐(W)	함유량이 적으면 크로뮴과 거의 비슷한 작용밖에 하지 못하지만 함유량이 많아지면 탄화물 생성을 용이하게 하여 경도와 내마멸성을 크게 증가시킨다. 특히, 고온 강도와 경도를 증가시킨다.
코발트(Co)	크로뮴과 함께 사용하여 고온 강도와 고온 경도를 크게 증가시킨다.
바나듐(V)	몰리브데넘과 비슷한 작용을 하지만 경화성을 증가시킨다.
구리(Cu)	크로뮴 또는 크로뮴-텅스텐과 함께 사용해야 그 효과가 크다. 석출 경화가 일어나기 쉽게 하고 내산화성을 증가시킨다.
타이타늄(Ti)	규소나 바나듐과 비슷한 작용을 하고, 탄화물의 생성을 용이하게 하며, 결정 입자 사이의 부식에 대한 저항성을 증가시킨다.

> **용어정의**
>
> **합금강**
> 탄소강에서 얻을 수 없는 특별한 성질을 얻기 위하여 탄소강에 탄소 이외의 합금 원소를 한 가지 또는 두 가지 이상 첨가한 것을 합금강 또는 특수강이라고 한다.
>
> **합금**
> 금속에 한 가지 이상의 다른 원소를 첨가하여 새로운 성질의 금속을 만드는 것
>
> **표면 경화**
> 철강의 열처리에서 표면의 내마모성, 내피로성을 증가시키기 위하여 철강의 표면층만을 경화하여 내부에는 인성을 보존하는 일

2. 합금강의 종류와 용도

분류	종류	주요 용도
구조용 합금강	강인강 표면 경화용 강 침탄강, 질화강	크랭크축, 기어, 볼트, 너트, 키축 등 기어축, 피스톤 핀, 스플라인축 등
공구용 합금강	합금 공구강 고속도 공구강	절삭 공구, 프레스 금형, 정, 펀치 등 절삭 공구, 금형 등
내식·내열용 합금강	스테인리스강 내열강 내식·내열 초합금	칼, 식기, 취사 용구, 화학 공업 장치 등 내열 기관의 흡기·배기 밸브, 터빈 날개 고온·고압 용기 제트 엔진 부품, 터빈 날개
특수 목적용 합금강	쾌삭강 스프링강 내마멸강 베어링강 자석용 강 규소강(철심재료) 불변강	볼트, 너트, 기어축 등 스프링축 등 크로스 레일, 파쇄기 등 볼 베어링, 전동체(강구, 롤러) 등 전력 기기, 자석 등 변압기, 발전기, 차단기 커버 및 배전판 바이메탈, 계측기 부품, 시계 진자 등

① 구조용 합금강
  ㉠ 목적
    ⓐ 구조용 탄소강보다 큰 강도 및 우수한 기계적 성질이 요구될 때 사용
    ⓑ 조직상으로는 탄소강과 별 차이가 없지만 담금질성 우수
    ⓒ 기계를 구성하는 주요 부품 또는 구조물을 만드는 강재로 사용
  ㉡ 강인강
    ⓐ 강인강은 탄소강에서 얻을 수 없는 강인성을 가지는 재료를 얻기 위하여 탄소강에 니켈, 크로뮴, 텅스텐, 몰리브데넘, 규소 등을 첨가한 것
    ⓑ 합금한 상태 그대로 사용하기도 하지만, 적당히 **담금질**, **뜨임** 등의 열처리로 그 성질을 개선하여 사용

강 인 강	
종류	주요 특징 및 용도
니켈(Ni)강	• 강인성과 열처리성, 내마멸성, 내식성을 향상시키기 위하여 탄소강에 니켈(Ni)을 첨가시킨 강 • 니켈강을 적절하게 열처리하면 인성이 탄소강의 5~6배로 증가하고 내식성과 마멸성도 개선 • 니켈 자원의 한정으로 고가

용어정의

담금질
고온으로 열처리한 금속재료를 물이나 기름 속에 담가 식히는 일

뜨임
담금질한 강철을 A₃변태점 이하의 알맞은 온도로 다시 가열하였다가 물 또는 공기 중에서 식혀 조직을 무르게 하여 내부 응력을 없애는 조작

구분	내용
크로뮴(Cr)강	• 담금질성과 뜨임 효과를 크게 개선하기 위하여 0.14~0.48%의 탄소를 함유한 탄소강에 0.9~1.2%의 크로뮴(Cr)을 첨가 • 크로뮴은 자원이 풍부하고 값도 저렴하여 경제적인 합금용 원소로 널리 이용 • 크로뮴 함유량 2% 이하의 저탄소 크로뮴강은 침탄용 강으로 사용, 고탄소 크로뮴강은 베어링, 줄, 다이스 등에 이용
망가니즈(Mn)강	• 망가니즈(Mn)는 강도를 증가시키는 가장 경제적인 합금 원소 • 망가니즈는 탄소강에 **자경성** 부여 • 다량으로 첨가한 망가니즈강은 공기 중에서 냉각하여도 쉽게 마텐자이트 또는 오스테나이트 조직 형성 • 강인강으로서 망가니즈강은 중탄소강의 기본 조성에 1.2~1.65%의 망가니즈를 함유시켜 황에 의한 취성화를 방지 → 담금질성 향상 • 저망가니즈강(듀콜강) : 망가니즈 함유량 2% 이하, 강하고 연신율도 양호하여 조선, 차량, 건축, 교량 등 일반 구조용 강으로 사용 • 고망가니즈강(해드필드강) : 망가니즈 함유량 10~14%, 내마멸성과 내충격성이 우수. 특히 조직이 오스테나이트이므로 인성이 우수하여 각종 광산 기계의 파쇄 장치, 임펠러 플레이트 등이나 기차 레일, 굴착기 등의 재료로 사용
니켈-크로뮴(Ni-Cr)강	• 탄소강에 니켈과 크로뮴을 첨가하여 열처리 효과가 크며, 질량 효과가 적음 • 큰 지름의 단면이더라도 중심부까지 균일하게 담금질 가능 • 내마멸성과 내식성이 우수 • 고온에서 장시간 가열하여도 결정립이 성장하지 않음 → 고온 가공의 작업 온도 범위가 넓음 • 열전도성이 나쁘기 때문에 서서히 가열 • 강도를 필요로 하는 봉재, 관재, 선재 및 기어, 캠, 피스톤 핀 등의 단조용 소재로 널리 사용
니켈-크로뮴·몰리브데넘(Ni-Cr-Mo)강	• 구조용 니켈-크로뮴강에 0.3% 이하의 몰리브데넘(Mo) 첨가 • 강인성을 증가시키고 담금질성을 향상시킬 뿐만 아니라, 템퍼취성(뜨임취성)을 완화 • 몰리브데넘은 고온에서도 점성이 좋아 단조 및 압연이 용이 • 스케일 분리가 잘되어 표면이 수려함 • 고급 내연 기관의 크랭크축, 강력 볼트, 기어 등 중요 기계 부품에 사용
크로뮴-몰리브데넘(Cr-Mo)강	• 니켈-크로뮴강에서 니켈 대신 몰리브데넘을 소량 첨가하여 강인성과 내식성을 향상시킨 저합금강 • 값이 비싼 니켈을 대신하기 위하여 개발 • 용접성이 우수, **경화능**이 크고 템퍼취성(뜨임취성)도 적으며, 고온 가공성 우수 • 가공면이 깨끗하여 얇은 강판이나 관의 제조에 많이 사용

용어정의

자경성
담금질 온도에서 대기 속에 방랭(放冷)하는 것만으로도 마텐자이트 조직이 생성되어 단단해지는 성질을 말하며 니켈, 크롬, 망간 등이 함유된 특수강에서 볼 수 있는 현상이다. 기경성(氣硬性)이라고도 한다.

용어정의

질량 효과
금속의 열처리에서 금속의 질량에 따라 얼마나 균일한 조직을 얻을 수 있는지를 보는 척도로, 즉 두께에 따라 중심과 겉 쪽의 조직의 균일한 정도를 말한다. 예를 들면, 합금강의 질량 효과가 적다는 의미는 질량이 커도(두께가 두꺼워도) 중심과 겉 쪽에서 균일한 조직을 얻을 수 있다는 의미

용어정의

경화능
강을 담금질시켜 경화(단단하고 강하게 하는 것)를 쉽게 할 수 있는 정도를 말한다.

용어정의

질화(窒化)
강철을 암모니아 또는 질소로 처리하여 표면을 단단하게 만드는 일 또는 그 방법

ⓒ 표면 경화용 합금강
　ⓐ 강의 표면이 높은 경도를 가지고, 내부가 강인성을 필요로 할 때 사용
　ⓑ 이때 사용하는 강은 경화시키기 위하여 **침탄이나 질화** 효과가 큰 것이 필요
　ⓒ 표면 경화 작업시간이 길어 오래 가열하여도 조직이나 성질이 나빠지지 않아야 함

표면 경화용 합금강	
종류	주요 특징 및 용도
침탄용 합금강	• 담금질성의 개선과 중심부의 강인성 증대 • 가열에 의한 결정립의 크기가 커지는 것을 방지 • 니켈-크로뮴-몰리브데넘(Ni-Cr-Mo)강 → 가혹한 조건에서 사용하는 부품이나 중요한 기계 부품 제작에 사용
질화용 강	• 알루미늄(Al), 크로뮴(Cr), 바나듐(V) 등의 합금 원소를 함유하는 중탄소의 저합금강 • 강의 표면을 질화하여 높은 표면 경도 부여 • 질화하기 전에 담금질과 뜨임, 질화 후에는 열처리하지 않음 • 질화 제품 변형 극히 작음 • 가열도 저온의 영역에서 실시 → 열처리에 따른 변형이나 모재의 결정립 성장 미비 • 질화용 강은 중심부기 양호한 기계적 성질을 가지면시 경화층의 경도를 높일 수 있는 조성
고주파 경화용 강	• 탄소강에 크로뮴, 몰리브데넘 등의 원소를 첨가 • 내부의 인성과 높은 강도가 요구될 때에는 저합금강 사용

② 공구용 합금강
　㉠ 특성과 구비조건
　　ⓐ 칼날, 바이트, 커터, 드릴에는 절삭성, 정이나 펀치 등에는 내충격성, 게이지나 다이스 등에는 내마멸성과 불변형성이 필요
　　ⓑ 각각 알맞은 특성을 지닌 재료 필요
　　ⓒ 상온 및 고온에서 경도가 크고, 가열에 의한 경도 변화가 적음
　　ⓓ 인성과 마멸 저항이 크고, 가공이 쉬우며, 열처리에 의한 변형이 적음
　　ⓔ 공구 재료로서 구비해야 할 조건

> ① 상온과 고온에서 경도가 높아야 한다.
> ② 내마멸성이 커야 한다.
> ③ 강인성이 커야 한다.
> ④ 열처리와 공작이 용이해야 한다.
> ⑤ 가격이 저렴해야 한다.

ⓒ 합금 공구강
- ⓐ **탄소 공구강** : 고온 경도가 낮고 고속 절삭과 강력 절삭 공구 또는 단조, 주조 등에 부적합
- ⓑ **합금 공구강** : 결점을 보완하기 위하여 탄소 공구강에 특수 원소로서 크로뮴, 텅스텐, 망가니즈, 니켈, 바나듐 등을 한 종 또는 두 종 이상 첨가하여 성능을 개선한 강

용어정의

탄소 공구강
구조강에 비하여 탄소가 많이 들어 있는 공구를 만드는데 쓰는 강철. 압착 가공을 한 다음 열처리를 한 것으로 굳고 세며 잘 견디는 특성이 있음

팽창 계수(팽창률)
물체가 온도 1℃ 상승할 때마다 증가하는 길이 또는 체적과 원래 길이 또는 체적의 비

합금 공구강	
종류	주요 특징 및 용도
절삭용 합금 공구강	• 탄소 함유량 높이고 크로뮴, 텅스텐, 바나듐 등 첨가 • 고경도, 절삭성 증가
내충격용 합금 공구강	• 절삭용 공구강에 비하여 탄소 함유량을 낮추고 크로뮴, 텅스텐, 바나듐 등 원소 첨가 • 정이나 펀치, 스냅과 같은 충격을 흡수해야 하는 공구재료 → 인성 부여
게이지용 합금 공구강	• 게이지용 합금 공구강은 정밀 기계・기구, 게이지 등에 사용 • 담금질에 의한 변형, 담금질 균열 없음 • **팽창 계수가 보통 강보다 작음** • 시간이 지남에 따른 치수 변화 없음

ⓒ 고속도 공구강
- ⓐ 18%텅스텐, 4%크로뮴, 1%바나듐이고 탄소를 0.8~1.5% 함유
- ⓑ 절삭 공구강의 일종
- ⓒ 500~600℃까지 가열하여도 뜨임에 의한 연화 없음
- ⓓ 고온에서도 경도 감소 적음

고속도 공구강	
종류	주요 특징 및 용도
텅스텐(W)계 고속도강	• 고속도강의 표준적 조성 • 풀림 처리를 하면 경도가 낮아짐 • 어떤 형상의 공구 제작도 용이 • 담금질한 후 뜨임 처리를 하면 고온 경도, 내마모성 크게 향상 • 기본 조성 : 18%W・4%Cr・1%V
몰리브데넘 고속도강	• 텅스텐(W)의 양을 줄이고 대신에 강에서 석출 경화를 일으키는 몰리브데넘(Mo)과 바나듐을 첨가하여 **복합 탄화물의 생성으로 경화된 고속도 공구** • 가격 저렴, 비중 작음, 인성 높음 • 담금질 온도가 낮아 열처리가 용이

② 경질 공구용 합금

경질 공구용 합금	
종류	주요 특징 및 용도
소결 초경합금 (sintered hard metal)	• 탄화 텅스텐(WC), 탄화 타이타늄(탄화 티탄 : TiC), 탄화 탄탈럼(TaC) 등의 미세한 분말 형태의 금속을 코발트(Co)로 소결한 탄화물 소결 공구
주조 경질 합금 (casted hard metal)	• 스텔라이트(stellite) : 코발트를 주성분으로 하는 코발트-크로뮴-텅스텐-탄소(Co-Cr-W-C)계의 합금 • 금형 주조에 의하여 일정한 형상으로 만들어 연삭하여 사용하는 경질 주조 합금 공구재료 • 상온에서는 담금질한 고속도강보다 다소 연하지만 600℃ 이상에서는 고속도강보다 경도가 높아 절삭 능력이 좋지만 취약하여 충격으로 쉽게 파손

③ 내식·내열용 합금강

㉠ 내식강

ⓐ 금속의 **부식** 현상을 개선하기 위하여 부식에 강하거나 표면에 보호막을 형성하여 부식이 내부로 진행하지 않도록 내식성을 부여한 강

ⓑ **스테인리스강(stainless steel)**

ⓒ 성분에 따라 크로뮴(Cr)계, 크로뮴-니켈(Cr-Ni)계로 구분

ⓓ 금속 조직에 따라 페라이트(ferrite)계, 마텐자이트(martensite)계, 오스테나이트(austenite)계로 분류

용어정의
부식
금속이 가스 또는 수용액에 의하여 녹슬거나 산화물질로 변화하여 금속 표면이 점차적으로 소모되어 들어가는 현상

스테인리스강
크로뮴과 탄소 외에 용도에 따라 니켈, 텅스텐, 바나듐, 구리, 규소 등의 원소를 함유한 내식성 강철. 녹이 슬지 않고 약품에도 부식되지 않는다.

스테인리스강	
종류	주요 특징 및 용도
페라이트계 스테인리스강 (고Cr계)	• 크로뮴은 페라이트에 고용되어 내식성 증가 • 일반적으로 크로뮴 13%인 것과 크로뮴 18%인 것을 사용 • 탄소 함유량 0.12% 이하로 담금질 효과가 없는 페라이트 조직 • 페라이트계 스테인리스강 연마 표면 → 공기, 수증기 내식성 우수 • 내산성이 오스테나이트계에 비하여 작고 담금질 상태에서는 내식성 우수
오스테나이트계 스테인리스강 (고Cr, 고Ni계)	• 18-8 스테인리스강 : 표준 조성은 (Cr)18%, (Ni)8% • 고크로뮴계보다도 내식성과 내산화성 더 우수 • 상온에서 오스테나이트 조직으로 변하여 가공성이 좋음 • 18-8 스테인리스강의 입계 부식 : 600~800℃에서 단시간 내에 탄화물이 결정립계에 석출되어 입계 부근의 내식성이 저하되어 점진적으로 부식 • 입계부식 방지 : 고온에서 담금질하여 탄화물을 고용 • 화학 공업, 건축, 자동차, 의료기기, 가구, 식기 등에 사용

마텐자이트계 스테인리스강 (고Cr, 고C계)	• 이 합금은 12~17%의 크로뮴(Cr)과 충분한 탄소를 함유하여 담금질한 후에 뜨임 처리하여 마텐자이트 조직 형성 • 높은 강도와 경도를 목적으로 하였기 때문에 내식성이 고크로뮴(Cr)계 및 고크로뮴–니켈(Cr–Ni)계에 비하여 나쁘다. • 인장 강도는 열처리에 의하여 어느 정도 조정 가능 • 담금질 온도는 크로뮴(Cr)의 함유량이 많을수록 높으며, 크로뮴 함유량이 높기 때문에 공기 중에서 냉각하여도 마텐자이트를 얻을 수 있고 계속하여 뜨임 가능 • 페라이트계에 비하여 내식성이 좀 떨어지지만 강도가 크므로 일반 구조용과 내식 공구 등에 사용

ⓒ 내열강
  ⓐ 고온에서 산화 또는 가스 침식에 견디며, 사용 중에 조직의 변화를 일으키지 않고 기계적 성질 유지
  ⓑ 크로뮴, 규소, 알루미늄, 니켈 : 내열, 내산화성 개선
  ⓒ 텅스텐, 코발트, 몰리브데넘 : 고온 강도 향상
  ⓓ 조직에 따른 분류 : 페라이트계의 크로뮴강, 오스테나이트계 크로뮴–니켈강
  ⓔ 오스테나이트계는 상당히 높은 온도까지 사용하지만, 페라이트계는 비교적 낮은 온도 범위에서 사용

④ 특수 목적용 합금강
  ㉠ 쾌삭강
    ⓐ 쾌삭강 : 가공재료의 피삭성을 높이고, 절삭 공구의 수명을 길게 하기 위하여 요구되는 성질을 부여한 강재
    ⓑ 절삭 중 절삭되어 나오는 칩(chip) 처리 능률을 높이고, 가공면의 정밀도와 표면 거칠기 등 향상
    ⓒ 강에 황(S), 납(Pb), 흑연을 첨가하여 절삭성 향상
    ⓓ 가공 후 고온에서 확산풀림 열처리 후 사용

쾌삭강	
종류	주요 특징 및 용도
황 쾌삭강	• 탄소강에 황 0.1~0.25% 증가시켜 쾌삭성을 높인 것 • 황은 망가니즈와 화합하여 황화물을 형성하여 절삭성 향상 • 인(P)을 첨가하면 인성은 다소 저하하나 절삭성을 높이는 데 유용 • 경도를 고려하지 않는 정밀 나사의 작은 부품용 사용
납 쾌삭강	• 탄소강 또는 합금강에 납(Pb)을 0.10~0.30% 첨가 • 절삭성을 크게 향상시킨 합금강 • 약간의 납은 기계적 성질에 큰 영향을 끼치지 않으므로 납 쾌삭강은 보통의 강과 같이 열처리를 하여 사용 • 자동차 중요 부품 제작에 대량 생산용으로 널리 사용

- ⓛ 스프링강
    - ⓐ 탄성 한도와 항복점이 높고 충격이나 반복 응력에 잘 견디는 성질이 요구되는 스프링을 만드는데 사용되는 재료
    - ⓑ 탄소를 0.5~1.0% 함유한 고탄소강 사용
    - ⓒ 고탄소강의 사용 목적에 맞게 담금질과 뜨임을 하거나 경강선, 피아노선을 냉간 가공하여 경화시켜 탄성 한도를 높임
    - ⓓ 판 스프링, 선 스프링 등 고성능이 요구되는 것은 고탄소강 사용
    - ⓔ 대부분은 규소-망가니즈강, 규소-크로뮴강, 크로뮴-바나듐강, 망가니즈-크로뮴강 등의 합금강 사용
- ⓒ 베어링강
    - ⓐ 베어링은 동력을 전달하는 회전축과 접촉하므로 베어링강은 내마멸성과 강성이 요구됨
    - ⓑ 고탄소-크로뮴강으로 표준 조성이 1.0% 탄소, 1.5% 크로뮴
    - ⓒ 고탄소-크로뮴강은 탄화물의 구상화가 용이하나 베어링으로서의 내마멸성을 향상시키기 위하여 완전 구상화 처리
- ⓔ 철심재료
    - ⓐ 순철, 규소강, 철-규소-알루미늄 합금 등은 투자율과 전기저항이 크고, **보자력, 이력 현상(hysterisis)** 등이 작음
    - ⓑ 전동기, 발전기, 변압기 등의 철심재료로 사용
    - ⓒ 순도가 높은 순철은 우수한 자성을 띠지만 고유 전기저항과 강도가 작고 제련하기가 어려워 공업용 철심으로 사용하기에는 부적당
    - ⓓ 탄소강에 규소를 첨가한 규소강은 규소의 탈산작용으로 자성을 나쁘게 하는 산소를 제거하여 자성이 개선되며, 전기저항도 향상되어 철심재료로 많이 사용
    - ⓔ 규소의 함유량에 따라 철심용 재료의 용도

        - 1.5% 규소 : 발전기 또는 전동기의 철심
        - 1.5~2.5% 규소 : 발전기의 발전자, 유도 전동기의 회전자
        - 2.5~3.5% 규소 : 유도 전동기의 고정자용 철심, 변압기 및 발전기의 철심
        - 3.5~4.5% 규소 : 변압기의 철심, 전화기

- ⓜ 영구 자석강
    - ⓐ 영구 자석강으로 사용하는 강은 보자력과 잔류 자기가 크고 투자율이 작은 것 필요
    - ⓑ 온도 변화, 기계적 진동, 자기장 변화 등의 영향에 의하여 쉽게 자기의 강도를 감소시키지 않고 점성이 강하며 가공이 쉬워야 한다.

용어정의

보자력 [coercive force, 保磁力]
자화된 자성체의 자화도를 0으로 만들기 위해 걸어주는 역자기장의 세기이다. 이 값은 물질에 따라 고유한 값을 가지며, 영구 자석으로 사용할 물질은 이 값이 클 수록 좋다. 항자기력이라고도 한다.

이력 곡선 [Hysteresis Loop, Hysteresis Curve, 履歷曲線]
자계의 세기의 증감에 따라 발생하는 자속밀도의 이력현상을 나타내는 곡선

꼭집어 어드바이스

경질 자석의 종류
알니코 자석, 페라이트 자석, ND 자석

연질 자석의 종류
센더스트, 규소강판

ⓒ 영구 자석용 재료를 분류하면 담금질 경화형 영구 자석강, 석출 경화형 영구 자석강, 미립자형 영구 자석강 등
ⓑ 전기저항용 합금
  ⓐ 내열성, 전기 비저항이 크고 연성이 풍부하며 고온 강도가 큼
  ⓑ 일반적으로 많이 사용하는 전기저항용 재료 니켈-크로뮴계 합금 및 철-크로뮴계 합금

전기저항용 합금	
종류	주요 특징 및 용도
니켈-크로뮴계 합금	• 니켈-크로뮴계 합금은 전기저항이 크고 내식성 및 내열성 우수 • 1,100℃ 정도의 고온까지 사용 • 니크롬(nichrome)이라고 불림 • 크로뮴 함유량이 증가함에 따라 합금의 전기 **비저항**이 증가하며, 약 40% 크로뮴에서 최대
철-크로뮴계 합금	• 철-크로뮴계 합금은 값이 비싼 니켈 대신에 철과 알루미늄을 사용한 전열 합금 • 내열성과 전기저항을 높이기 위하여 2~6%의 알루미늄(Al)을 첨가 • 니켈-크로뮴계 합금에 비하여 전기저항이 20~40% 높으며 내식성과 내열성이 우수하고 최고 1,200℃까지 사용

용어정의

비저항
단면적이 같은 등질의 전기 도체가 갖는 전기저항의 비율. 각각의 물질에 따라 일정한 상수로 나타낸다.

ⓢ 불변강 : 주변의 온도가 변화하더라도 재료가 가지고 있는 열팽창 계수나 탄성 계수 등의 특성이 변하지 않는 강

불변강	
종류	주요 특징 및 용도
인바 (invar)	• 탄소 0.2% 이하, 니켈 35~36%, 망가니즈 0.4% 정도의 조성 • 200℃ 이하의 온도에서 열팽창 계수가 현저하게 작은 것이 특징 • 줄자, 표준자, 시계추 등의 재료
엘린바 (elinvar)	• 약 36%의 니켈, 약 12%의 크로뮴(Cr), 나머지는 철로 조성 • 온도 변화에 따른 탄성률의 변화가 매우 작음 • 지진계 및 정밀기계의 주요 재료에 사용
초인바 (superinvar)	• 약 36%의 니켈, 약 11%의 코발트(Co), 나머지는 철로 조성 • 온도 변화에 따른 탄성률의 변화가 매우 작고, 공기나 물 속에서 부식되지 않음 • 특수용 스프링, 기상 관측용 기구 부품의 재료에 사용
플래티나이트	• 약 46%의 니켈, 나머지는 철로 조성 • 열팽창계수가 백금과 거의 동일 • 전구의 도입선 등에 사용

3. 마레이징강(maraging steel)

① 특징
  ㉠ 탄소 함유량 미비, 일반적인 담금질에 의해서 경화되지 않는다는 점에서 기존의 강과는 다른 초고장력강(ultra high strength steel)
  ㉡ 탄소량이 매우 적은 마텐자이트 기지를 용체화처리와 시효(aging) 처리하여 생긴 금속간 화합물의 석출에 의해 경화
  ㉢ 탄소 : 마레이징강에서는 불순물이므로 가능한 한 양이 적을수록 좋음
  ㉣ 시효 경화하기 전에 필히 상온까지 냉각
  ㉤ 냉각 부족 시 잔류 오스테나이트를 함유하게 되어 예상하는 강도 및 경도 형성 불가
  ㉥ 탄소량은 극히 적기 때문에 형성된 마텐자이트는 비교적 연성이 크며, 재가열해도 뜨임 반응 없다.

② 18[%] Ni 마레이징강
  ㉠ 오스테나이트화 온도로부터 냉각 시에 마텐자이트로 변태
  ㉡ 마텐자이트 형성은 냉각속도와 무관하므로 두께가 큰 부품도 공랭으로써 완전한 마텐자이트 조직 생성
  ㉢ M_s 온도 : 약 155℃, M_f 온도 : 약 98℃

개념잡기

고속도강의 대표 강종인 SKH2 텅스텐계 고속도강의 기본 조성으로 옳은 것은?

① 18%Cu-4%Cr-1%Sn
② 18%W-4%Cr-1%V
③ 18%Cr-4%Al-1%W
④ 18%W-4%Cr-1%Pb

표준 고속도강의 주요 성분은 18%W · 4%Cr · 1%V이다. **답 ②**

개념잡기

공구강의 구비조건으로 틀린 것은?

① 마멸성이 클 것
② 열처리가 용이할 것
③ 열처리변형이 작을 것
④ 상온 및 고온에서 경도가 클 것

공구강은 마멸에 견디는 내마멸성이 커야 한다. **답 ①**

개념잡기

특수강에서 다음 금속이 미치는 영향으로 틀린 것은?

① Si : 전자기적 성질을 개선한다.
② Cr : 내마멸성을 증가시킨다.
③ Mo : 뜨임 메짐을 방지한다.
④ Ni : 탄화물을 만든다.

Ni
오스테나이트 구역 확대 원소로 내식, 내산성이 증가하며, 시멘타이트를 불안정하게 만들어 흑연화를 촉진시킨다.

답 ④

개념잡기

마레이징(Maraging) 강의 열처리 방법으로 옳은 것은?

① 담금질과 뜨임처리를 한다.
② 뜨임과 풀림처리를 한다.
③ 항온처리와 풀림처리를 한다.
④ 용체화처리와 시효처리를 한다.

마레이징강의 열처리
마텐자이트+에이징(시효)으로 탄소를 거의 함유하지 않고 일반적인 담금질에 의해 경화되지 않으므로 오스테나이트화 온도로부터 상온까지 냉각하여 마텐자이트로 변태시키고 시효 경화를 통해 강도와 경도를 증가시키는 열처리를 의미

답 ④

3. 강의 열처리

1. 탄소강의 열처리 기초

① **열처리** : 고체 금속을 적당한 온도로 가열한 후에 적당한 속도로 냉각시켜 그 성질을 향상시키고 개선을 꾀하는 조작

② **열처리의 기초적인 요인**
  ㉠ 적당한 가열 온도의 설정 : 변태점, 고용한도
  ㉡ 가열 속도 : 급속한 가열, 서서히 가열
  ㉢ 적당한 온도 범위 : 임계구역, 위험구역
  ㉣ 적당한 냉각속도 : 급랭, 서랭

> 참고
> **열처리법의 분류**
> ① **일반 열처리** : 불림(노멀라이징), 풀림(어닐링), 담금질(퀜칭), 뜨임(템퍼링)
> ② **항온 열처리** : 오스템퍼링, 마템퍼링, 마퀜칭
> ③ **표면 경화 열처리** : 침탄법, 질화법, 화염 경화법, 고주파 경화법

2. 담금질

① 강의 강도나 경도를 높이기 위하여 강을 오스테나이트 조직으로 될 때까지 $A_1 \sim A_3$ 변태점보다 30~50℃ 높은 온도로 가열한 후 물이나 기름에 급랭하여 마텐자이트 변태가 생기도록 하는 조직

② 냉각속도에 따라(빠른-느린)
  : 오스테나이트 > 마텐자이트 > 트루스타이트 > 소르바이트

③ 경도에 따라(강함-약함)
  : 마텐자이트 > 트루스타이트 > 소르바이트 > 오스테나이트

④ 탄소량이 많거나 냉각속도가 빠를수록 담금질 효과가 큼

3. 뜨임

① 적당한 강인성을 주기 위해서 A_1 변태점 이하의 온도에서 재가열하는 열처리

② 목적
  ㉠ 조직 및 기계적 성질을 안정화시키기 위함
  ㉡ 경도는 조금 낮아지나 인성을 좋게 하기 위함
  ㉢ 잔류 응력을 감소시키거나 제거하고 탄성 한계, 항복강도가 향상시키기 위함

> 참고
> **풀림의 종류**
> ① **완전 풀림** : 강을 연하게 하여 기계 가공성을 향상시키기 위한 것
> ② **응력 제거 풀림** : 내부 응력을 제거하기 위한 것
> ③ **구상화 풀림** : 기계적 성질을 개선하기 위한 것

4. 풀림

① **방법** : $A_1 \sim A_3$ 변태점보다 30~50℃ 높은 온도로 가열하여 오스테나이트로 변환시킨 후 노나 재 속에서 서서히 냉각시켜 연화시키는 작업

② 풀림 처리하는 목적
　㉠ 주조, 단조, 기계 가공에서 생긴 내부 응력을 제거하기 위함
　㉡ 열처리로 말미암아 경화된 재료를 연화시키기 위함
　㉢ 가공 또는 공장에서 경화된 재료를 연화시키기 위함
　㉣ 금속 결정 입자의 균일화하고 미세화시키기 위함

5. 불림

① 방법 : $A_1 \sim A_{cm}$ 변태점보다 40~60℃ 정도의 높은 온도로 가열하여 균일한 오스테나이트 조직으로 개선한 후에 공기 중에서 냉각시키는 작업
② 목적 : 단조된 재료나 주조된 재료내부에 생긴 내부 응력을 제거하거나 결정 조직을 균일화시키는데 있음

6. 심랭처리

① 방법 : 담금질한 강을 실온까지 냉각한 다음 다시 계속하여 실온 이하(영하 50~70℃)의 마텐자이트 변태 종료 온도까지 냉각
② 목적 : 잔류 오스테나이트를 마텐자이트로 변태
③ 후처리 : 심랭처리 후 반드시 뜨임 실시

7. 강의 열처리에서 냉각속도의 영향

① **질량 효과** : 질량이 무거운 제품을 담금질할 때, 질량이 큰 제품일수록 내부의 열이 많기 때문에 천천히 냉각되고 그 결과 조직과 경도가 변하는 현상
② **형상 효과** : 제품의 생긴 모양이나 위치에 따라 냉각속도가 달라 열처리 효과가 다른 현상
③ **크기 효과** : 제품의 크기에 따라 냉각속도가 변하는 현상
④ **냉각능** : 냉각하는 물질인 물, 공기, 기름이 강을 냉각하는 능력

8. 강의 취성(메짐)

① **청열 취성** : 200~300℃에서 연강은 상온에서보다 연신율은 낮아지고 강도와 경도는 높아진다. 곧, 이 온도 범위에서 강은 부스러지기 쉬운 성질을 가지게 되는 현상으로 인(P)으로 인하여 발생
② **저온 취성** : 온도가 낮아짐에 따라 강도가 급격히 증가하면서 인성이 저하하는 현상

> 참고
① CCT 처리 : 고온에서부터 연속적으로 냉각하는 방법하여 금속 조직을 변화시키는 방법
② TTT 처리 : 고온에서 냉각하는 도중에 어떤 임의의 온도에서 일정시간 정지하였다가 다시 냉각하는 방법

> 참고
각종 심랭 처리용 냉각제
① 소금 24.8% + 얼음 75.2%
② 에테르 + 드라이아이스
③ 액체 산소
④ 액체 질소

③ 고온 취성(적열 취성) : 적열상태에서 FeS가 존재할 때 가열로 인하여 용해되어 강의 결정 사이의 응집력을 파괴하여 취성이 발생하는 현상
④ 뜨임 취성 : 500~600℃ 사이에서 담금질 후 뜨임을 하면 충격값이 감소하는 현상

9. 표면 경화 열처리

① **표면 경화 열처리** : 금속의 표면부만 전혀 다른 조성으로 변화시키거나, 조성은 변화시키지 않더라도 성질을 변화시켜 재료의 표면 성질을 개선하는 방법

② **분류**
  ㉠ 화학적 방법 : 침탄법, 질화법, 침탄 질화법
  ㉡ 물리적 방법 : 화염 경화법, 고주파 경화법, 금속 용사법

③ **표면 경화 열처리의 종류**
  ㉠ 침탄법 : 표면에 탄소를 침투시키는 방법
  ㉡ 질화법 : 강철을 암모니아가스와 같이 질소를 함유한 물질 속에서 500℃ 정도로 50~100시간 가열하여 질소 화합물을 만들어 표면을 경화하는 방법
  ㉢ 청화법(침탄질화법) : NaCN, KCN을 용융시킨 고온의 염욕로에 20~60분간 넣어 침탄과 질화를 동시에 하는 것
  ㉣ 화염 경화법 : 산소와 아세틸렌가스 등의 화염으로 일부를 가열한 뒤에 공기 제트나 물로 냉각시키는 방법
  ㉤ 고주파 경화법 : 가열물의 표면만을 담금질 온도로 가열하기 위해 고주파 유도 전류를 이용하여 표면층을 가열한 뒤에 급랭하는 방법

10. 금속 침투법

① **금속 침투법** : 제품을 가열하여 표면에 다른 종류의 금속을 피복시키는 동시에, 확산에 의하여 합금 피복층을 얻는 방법

② **종류**

명칭	침투금속	성질
세라다이징	Zn	내식성, 방청성
크로마이징	Cr	내식성, 내열성, 내마모성, 경도 증가
칼로라이징	Al	고온산화방지, 내열성
보로나이징	B	내식성, 경도 증가
실리코나이징	Si	내산성, 내열성

기타 표면 경화법
① **금속 용사법** : 강의 표면에 용융 또는 반용융 상태의 미립자를 고속으로 분사시키는 방법
② **하드 페이싱** : 금속 표면에 스텔라이트, 초경합금 등의 금속을 용착시켜 표면 경화층을 만드는 방법
③ **숏 피닝** : 금속재료의 표면에 강이나 주철의 작은 입자를 고속으로 분사시켜, 표면층을 가공 경화에 의하여 경도를 높이는 방법

4. 주철과 주강 ✪✪✪

(5년간 17문항 출제, 회당 평균 1.3문항 출제, 출제율 130.8%)

1. 주철의 정의

① 주철(cast iron)은 탄소 함유량이 2.0~6.67%인 철 합금으로 규소, 망가니즈, 인, 황 등을 함유하고 있는 합금
② 장점 : 용융점이 낮고 주조성이 우수하여 복잡한 형상도 쉽게 주조, 값이 저렴하여 널리 사용
③ 단점 : 탄소강에 비하여 취성이 크고 소성 변형 어려움
④ 일반적으로 주철은 탄소를 2.5~4.6% 함유
⑤ 주철의 조직은 **유리 탄소(free carbon), 흑연(graphite), 화합 탄소(combined carbon)**로 구성
⑥ 주철의 탄소 함유량은 보통 흑연과 화합 탄소를 합한 전체의 탄소 함유량으로 나타냄

2. 주철의 성질과 조직

① 주철의 성질

성질	내용
물리적 성질	• 화학 조성과 조직에 따라 크게 다르다. • 비중, 용융점 : 규소와 탄소가 많을수록 작다. • 조직에서 흑연의 분포가 클수록 전기 전도도 및 열전도도 나빠진다.
화학적 성질	• 주철은 염산, 질산 등의 산에 약하지만 알칼리에는 강하다. • 내식성이 좋아 상수도용 관으로 많이 사용된다(그러나 물살이 빨라 마찰 저항이 커지는 곳은 쉽게 침식).
기계적 성질	• 주철의 기계적 성질은 흑연의 모양과 분포 등에 의하여 크게 영향을 받는다. • 주철은 경도를 측정하여 그 값에 따라 재질을 판단한다.
고온 성질	• 주철의 성장 : 600℃ 이상의 온도에서 가열과 냉각을 반복하면 부피가 증가하여 파열되는 현상 • 내열성 : 주철은 400℃ 정도까지는 상온에서와 같은 내열성을 가지지만, 400℃를 넘으면 강도가 점차 저하되고 내열성도 나빠진다. • 일반적으로, 주철의 내마멸성은 고온에서도 우수하므로 자동차 내연기관의 실린더, 실린더 라이너, 피스톤 링 등의 재료로 많이 사용
주조성	• 유동성 : 철을 용해한 후 주형에 주입할 때 주철 쇳물이 흐르는 정도 • 주철은 탄소, 인, 망가니즈 등의 함유량이 많을수록 유동성이 좋아지지만 황은 유동성 저하 • 수축 : 냉각 응고 시에는 부피가 수축되며, 응고 후에도 온도의 강하에 따라 수축

📕 용어정의

유리 탄소
[遊離炭素, free carbon]
주철에 있어서 시멘타이트형의 탄소를 화합 탄소라는 데 대해 흑연으로서 유리하고 있는 탄소를 말한다. 백선 중의 탄소는 화합 탄소이고 회주철 중의 탄소는 대부분 유리 탄소이다.

흑연
탄소의 동소체 중 하나이다. 천연에서 산출되기도 하고, 인공적으로 제조되기도 한다. 흑연의 영어 이름인 Graphite는 "(글 따위를) 쓰다"라는 뜻을 가진 그리스어 Graphein에서 나왔다.

화합 탄소
주철의 조직에서 화합 상태의 펄라이트 또는 시멘타이트로 존재하는 결정체

✿ 꼭집어 어드바이스

주철 성장의 원인
• 시멘타이트의 흑연화에 의한 팽창
• 페라이트 중에 고용되어 있는 규소의 산화에 의한 팽창
• A_1 변태점(723℃) 이상의 온도에서 부피 변화로 인한 팽창
• 불균일한 가열로 생기는 균열에 의한 팽창, 흡수한 가스에 의한 팽창 등

용어정의

감쇠능
일반적으로 어떠한 물체에 진동을 주면 진동 에너지가 그 물체에 흡수되어 점차 약화되면서 정지한다. 이와 같이 물체가 진동을 흡수하는 능력을 진동의 감쇠능이라고 한다.

종류	내용
감쇠능	• 회주철은 편상 흑연이 있어 진동을 잘 흡수하므로 진동을 많이 받는 방직기의 부품이나 기어, 기어 박스, 기계 몸체 등의 재료로 많이 사용
피삭성	• 흑연의 윤활작용은 절삭 칩을 쉽게 파쇄하는 효과 • 주철의 절삭성은 매우 좋음 • 경도와 강도가 높아지면 절삭성 저하

② **주철의 조직**

㉠ 주철의 파단면에 따른 분류

종류	내용
회주철	• 주철의 조직 중에 흑연이 많을 경우 탄소가 전부 흑연으로 변하여 그 파단면의 광택이 회색을 띰 • 일반적으로 주물 두께가 두껍고 규소의 양이 많은 경우, 응고 시 냉각 속도가 느린 경우 회주철 생성
백주철	• 주철의 조직에서 흑연의 양이 적어 대부분의 탄소가 화합 탄소인 시멘타이트로 구성된 것 • 파단면이 흰색을 띤 백주철
반주철	• 주철의 조직에서 시멘타이트와 흑연이 혼합되어 백주철과 회주철의 중간 상태로 존재하여 파단면에 반점이 있는 반주철

㉡ 주철 조직의 상과 특성

종류	내용
흑연	• 연하고 메짐성이 있어 인장 강도 저하 • 흑연의 양과 크기 및 모양, 분포 상태에 따라 주조성, 내마멸성, 절삭성, 인성 등을 좋게 하는 데 영향 • 흑연을 구상화하면 흑연이 철 중에 미세한 알갱이 상태로 존재하여 주철을 탄소강과 유사한 강인한 조직 생성
시멘타이트	• 주철 조직 중 가장 단단하며 경도 HV=1,100 정도 • 시멘타이트의 양이 증가하고 흑연 생성이 없어져 시멘타이트로 조직이 변화되면 백주철이 되어 매우 단단하지만 절삭성이 크게 저하
페라이트	• 페라이트는 철을 고용한 고용체 • 주철에서는 규소의 양이 대부분을 차지, 일부의 망가니즈 및 극히 소량의 탄소를 함유
펄라이트	• 펄라이트는 단단한 시멘타이트와 연한 페라이트가 층상으로 혼합된 조직 • 양자의 중간 정도의 성질, 회주철에는 대체로 펄라이트를 바탕으로 흑연과 조합을 이룸

ⓒ 마우러의 조직도 : 탄소 및 규소의 양, 냉각속도의 관계

영역	조직	주철의 종류
I	펄라이트+시멘타이트	백주철(극경주철)
II	펄라이트+시멘타이트+흑연	반주철(경질주철)
II$_a$	펄라이트+흑연	펄라이트주철(강력주철)
II$_b$	펄라이트+페라이트+흑연	회주철(주철)
IV	페라이트+흑연	페라이트주철(연질주철)

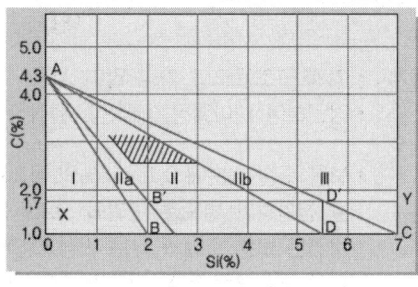

마우러의 조직도

3. 주철의 종류와 용도

① 보통 주철(ordinary cast iron)
  ㉠ 회주철을 대표하는 주철
  ㉡ 조성 : 탄소 3.2~3.8%, 규소 1.4~2.5%, 망가니즈 0.4~1.0%, 인 0.3~0.8%, 황 0.01~0.12% 미만
  ㉢ 인장 강도 : 98~196MPa
  ㉣ 조직 : 주로 편상 흑연과 페라이트, 약간의 펄라이트 함유
  ㉤ 특징 : 기계 가공성이 좋고 경제적이다.
  ㉥ 사용 : 일반 기계 부품, 수도관, 난방기, 공작 기계의 베드(bed), 프레임(frame) 및 기계 구조물의 몸체 등

② 고급 주철(high grade cast iron)
  ㉠ 인장 강도가 245MPa 이상인 주철
  ㉡ 강력하고 내마멸성이 요구되는 곳에 이용
  ㉢ 조직 : 흑연이 미세하고 균일하게 활 모양으로 구부러져 분포되어 있으며, 바탕이 펄라이트 조직 (펄라이트 주철이라고도 함)
  ㉣ 미하나이트 주철 : 연성과 인성이 매우 크며 두께의 차에 의한 성질의 변화가 매우 적다.
  ㉤ 사용 : 자동차의 피스톤 링 등에 사용

📕 용어정의

합금 주철
물리적·화학적 성질, 기계적 성질을 좋게 하기 위하여 특별히 합금 원소를 넣어 만든 주철. 니켈·크로뮴·몰리브데넘·구리 등을 넣어 고장력·내마모성·내열성 등의 특성을 가지도록 만듦

구상 흑연 주철
주철의 조직 속에 주로 납작한 모양의 흑연을 둥근 모양으로 변화시켜 더욱 단단하게 만든 주철. 마그네슘 등의 원소를 첨가하여 만드는데 강도와 가소성이 높음

미하나이트 주철
미국의 미한(Meehan, G.E.)이 1922년에 발명한 강인 주철의 하나. 시멘타이트 또는 펄라이트 일부분을 남겨서 적당한 강도와 경도 등을 유지하게 한 것으로 강도를 필요로 하는 기계 부품 등에 쓰인다.

③ 합금 주철(alloy cast iron)
  ㉠ 합금강의 경우와 같이 주철에 특수 원소를 첨가하여 보통 주철보다 기계적 성질을 개선하거나 내식성, 내열성, 내마멸성, 내충격성 등의 특성을 가지도록 한 주철
  ㉡ 고력 합금 주철
    ⓐ 보통 주철에 니켈(Ni)을 0.5~2.0% 첨가하거나 여기에 약간의 크로뮴, 몰리브데넘을 배합(강도 향상)
    ⓑ 일반 공작 기계 및 자동차용 주물로 사용

종류	내용
니켈-크로뮴계 주철	• 기계 구조용으로 가장 많이 사용 • 강인하며 내마멸성, 내식성, 절삭성 우수
침상 주철 (acicular cast iron)	• 보통 주철 성분에 0.7~1.5%의 몰리브데넘, 0.5~4.0%의 니켈을 첨가하고 별도로 구리와 크로뮴을 소량 첨가 • 흑연은 보통 주철과 같은 편상 흑연이나 조직이 베이나이트의 침상 조직으로 인장 강도가 440~640MPa • 경도가 HB=300 정도로 강인하며 내마멸성도 우수 • **크랭크축**, **캠축**, 실린더 압연용 롤 등의 재료

  ㉢ 내마멸성 합금 주철
    ⓐ 크로뮴, 몰리브데넘, 구리 등의 원소를 하나 또는 둘 이상 소량 첨가한 주철 → 내마멸성 더욱 향상
    ⓑ 탄소 및 규소의 함유량을 낮게 → 유리 시멘타이트나 인화철(Fe_3P)을 균일하게 분산 → 내마멸성 향상(대형 디젤 기관의 실린더 라이너 사용)
  ㉣ 내열 주철
    ⓐ 내산화성, 내성장성, 고온 강도를 향상시킨 주철(보통 주철은 400℃ 정도의 고온까지는 강도가 유지 → 600℃ 이상 고온에서는 주철 성장)
  ㉤ 내식 내열 주철
    ⓐ 조성 : 주철에 규소 5~6%, 크로뮴 1~2%, 알루미늄 7~9%를 첨가 → 내열성, 내식성 향상(단, 여리고 절삭 어려움)
    ⓑ 니켈을 함유시킨 내식-내열 주철은 고가 페라이트계의 주철로 대체
    ⓒ 규소를 13~14.5% 함유한 규소 주철은 내산성이 우수(절삭 가공 불가능 → 그라인더(연삭로 가공한다)
  ㉥ 특수 주철
    ⓐ 보통 주철이나 합금 주철에 비하여 기계적인 성질이 뛰어난 주철을 얻기 위하여 배합 성분이나 주조 처리 및 열처리 등의 특별한 방법으로 제조

용어정의
크랭크축
크랭크에 의하여 회전되는 회전축

캠축
배기 밸브를 개폐하기 위한 캠이 붙어 있는 회전축

종류	내용
가단주철 (malleable cast iron)	• 백주철을 장시간 열처리하여 탄소를 분해시켜 탈탄 또는 흑연화하여 강도와 연성을 향상시킨 주철 • **흑심 가단주철** : 저탄소, 저규소의 백주철을 풀림 상자 속에서 2단계의 열처리 공정을 거쳐 시멘타이트를 분해시켜 흑연을 입상으로 석출시킨 것 • **백심 가단주철** : 표면에서 내부까지 탈탄이 되어 표면이 페라이트로 변하여 연해지고, 내부로 들어갈수록 펄라이트가 많아져 풀림 처리에 의한 흑연과 시멘타이트가 남아 굳은 조직이 되어 가단성을 부여한 것 • **펄라이트 가단주철** : 흑심 가단주철 공정에서 제1단계의 흑연화 처리만 한 다음 500℃ 전후로 서랭하고, 다시 700℃ 부근에서 20~30시간 유지하여 필요한 조직과 성질을 얻는 것
구상 흑연 주철	• 용융 상태의 주철 중에 마그네슘, 세륨 또는 칼슘 등을 첨가하여 편상 흑연을 구상화한 것 → 주철의 강도와 연성 등 개선 • 노듈러 주철(nodular cast iron), 덕타일 주철(ductile cast iron) 등으로 불림 • 강인하고 주조 상태에서 구조용 강이나 주강에 가까운 기계적 성질을 얻을 수 있음 • 열처리에 의하여 조직을 개선할 수 있음 • 편상 흑연에 비해 강도, 내마멸성, 내열성, 내식성 등 우수 • 소형 자동차의 크랭크축을 비롯하여 캠축, 브레이크 드럼 등의 자동차용 주물이나 구조용 재료로 널리 사용
칠드 주철	• 보통 주철보다 규소 함유량을 적게하고 적당량의 망가니즈를 첨가한 쇳물을 주형에 주입 → 경도를 필요로 하는 부분에만 칠 메탈 (chill metal)을 사용하여 빨리 냉각 → 단단한 칠 층 형성 (해당 부분 조직만 백선화되어 경화) • 칠 현상에 영향을 미치는 원소는 탄소, 규소, 망가니즈 • 탄소 : 칠 깊이를 감소시키지만 경도를 증가 • 규소 : 칠 깊이에 영향을 주며, 규소 함유량이 많아지면 칠 층 저하 • 망가니즈 : 백선 부분, 회주철 부분 사이 반선 부분을 생성 → 칠 깊이 증가(많으면 수축성이 증가하고 균열이 생기기 쉬우므로 망가니즈 함유량 0.4~1.1% 조정)

꼭찝어 어드바이스

구상흑연주철의 구상화제
Mg, Ce, Ca 등

4. 주강의 특성

① **주강품**(steel casting) : 용융된 탄소강 또는 합금강을 주형에 주입하여 만든 제품

② **주강**(cast steel) : 강주물에 사용한 탄소강이나 합금강

③ 주강은 모양이 크고 복잡하여 단조 가공이 곤란하거나 주철 주물보다 강도가 큰 기계재료에 사용
④ 주철에 비하여 용융 온도가 높기 때문에 주조하기가 어렵고 고비용

개념잡기

주철의 기계적 성질에 대한 설명 중 틀린 것은?

① 경도는 C + Si의 함유량이 많을수록 높아진다.
② 주철의 압축강도는 인장강도의 3~4배 정도이다.
③ 고C, 고Si의 크고 거친 흑연편을 함유하는 주철은 충격값이 작다.
④ 주철은 자체의 흑연이 윤활제 역할을 하며, 내마멸성이 우수하다.

주철에서 경도는 탄소와 규소가 많을수록 작아지고 인, 황, 망간이 많을수록 증가한다.

답 ①

개념잡기

주철의 조직을 지배하는 주요한 요소는 C, Si의 양과 냉각속도이다. 이들의 요소와 조직의 관계를 나타낸 것은?

① TTT곡선
② 마우러 조직도
③ Fe-C 평형 상태도
④ 히스테리시스 곡선

마우러 조직도
주철의 조직에 영향을 미치는 주요한 요소는 탄소 및 규소의 양과 냉각속도이다. 이들의 요소와 조직의 변화를 나타내기 위하여 탄소와 규소의 양과 냉각속도에 따라 주철을 백주철, 반주철, 펄라이트주철, 회주철, 페라이트주철로 도식화한 그림

답 ②

개념잡기

보통주철 성분에 1~1.5%Mo, 0.5~4.0%Ni 첨가 외에 소량의 Cu, Cr을 첨가한 것으로서 바탕조직이 침상 조직으로 강인하고 내마멸성도 우수하여 크랭크 축, 캠축 압연용 롤 등의 재료로 사용되는 것은?

① 미하나이트 주철
② 애시큘러 주철
③ 니크로 실랄
④ 니 레지스트

애시큘러 주철(Acicular Cast Iron)
보통주철 + 0.5~4.0%Ni, 1.0~1.5%Mo + 소량의 Cu, Cr 등을 첨가한 것으로 강인하며 내마멸성이 우수하다. 소형엔진의 크랭크축 캠축 실린더 압연용 롤 등의 재료로 사용한다. 흑연이 보통 주철과 같은 편상 흑연이나 조직의 바탕이 침상조직이다.

답 ②

CHAPTER 03 비철 금속재료와 특수 금속재료

A
비철 금속재료는 철을 소재로 한 재료를 제외한 기타 모든 금속재료를 말하는데, 여러 가지 특수한 성질이 요구되는 기계의 구조 및 부품의 재료로 많이 사용하고 있다. 비철 금속재료에는 항공기나 차량 등의 구조물에 사용되는 알루미늄과 그 합금, 내식성이 요구되는 부품이나 열교환기에 쓰이는 구리와 그 합금 등이 있다. 비철 금속재료의 종류와 특성을 알아보자.

단원 들어가기 전

빅데이터 키워드
구리와 그 합금, 알루미늄, 마그네슘, 니켈, 아연, 납, 주석, 저용융점 금속,

1 ▶ 구리와 그 합금 ❋❋❋

(5년간 19문항 출제, 회당 평균 1.5문항 출제, 출제율 146.2%)

1. 구리와 구리 합금의 개요

① 전기 및 열전도율이 다른 금속에 비하여 높고 전연성이 좋아 가공이 용이
② 구리 합금은 황동과 청동이 많이 사용
③ 냉·난방 기기, 화학 공업용 급수관, 송유관, 가스관, 기계 부품, 건축 재료, 가구 장식, 화폐 등 이용

2. 구리

① 비중 8.96, 용융점 1,083℃
② 가공성, 내식성 합금성 우수
③ 물리적 성질
  ㉠ 구리의 빛깔은 고유한 담적색 → 공기 중 표면 산화되어 암적색
  ㉡ 전기 전도율과 열전도율이 금속 중에서 은 다음으로 높음
  ㉢ 비자성체
  ㉣ 결정격자 : 면심입방격자(변태점이 없음)

ⓑ 전기 전도율 : 감소시키는 원소(타이타늄, 인, 철, 규소, 비소 등), 적게 감소시키는 원소(카드뮴, 아연, 칼슘, 납)

④ 기계적 성질
  ㉠ 연하고 가공성이 풍부하여 냉간 가공으로 적당한 강도 부여 가능
  ㉡ 밴드(band), 관, 선, 주발(bowl), 플랜지(flange) 등 사용
  ㉢ 상온에서 가공할 때 가공도에 따라 인장 강도가 증가하여 가공도 70~80% 부근에서 최대(상온 가공 후 풀림 작업 중요)

⑤ 화학적 성질
  ㉠ 구리는 건조한 공기 중에서는 산화하지 않지만, 이산화탄소 또는 습기가 있으면 염기성 황산구리 [$CuSO_4 \cdot Cu(OH)_2$], 염기성 탄산구리 [$CuCO_3 \cdot Cu(OH)_2$]가 생겨 산화(녹청색이 됨)
  ㉡ 맑은 물에는 거의 침식되지 않지만, 소금물에는 빨리 부식되어 염기성 산화물이 생기고 묽은 황산이나 염산에는 서서히 용해

용어정의
구리 합금
순수한 구리보다 주조성, 가공성, 내식성 등 여러가지 성질을 개선하기 위하여 대표적으로 아연이나 주석을 합금하여 사용

황동
구리와 아연의 합금

청동
구리와 주석의 합금

3. 황동

① 황동의 성질
  ㉠ 황동은 구리와 아연의 2원 합금(놋쇠라고도 함)
  ㉡ 구리에 비하여 주조성, 가공성, 내식성 우수
  ㉢ 가장 많이 사용되는 합금은 30~40%아연
  ㉣ 공업용으로 많이 사용 → **봉, 관,** 선 등의 가공재 또는 주물 사용

② 물리적 성질
  ㉠ 비중 : 황동에 함유되어 있는 아연의 함유량이 증가함에 순 구리의 8.9에서 50%아연의 **황동**은 8.29까지 직선적으로 낮아진다.
  ㉡ 전기 전도율, 열전도율 : 40%아연까지의 α고용체 범위에서는 낮아지다가 그 이상이 되어 β상이 나오면 전기 전도율은 다시 증가한다.
  ㉢ 황동선 냉간가공 시 전기 전도율이 저하되며, 아연 함유량이 많을수록 잘 나타난다.
  ㉣ 7-3황동 1,150℃, 6-4황동 1,100℃가 넘으면 아연이 끓는다(용해 시 주의).

③ 기계적 성질
  ㉠ 연신율 : 30% 아연 부근에서 최대, 40~50%아연에서 급격히 감소
  ㉡ 인장 강도 : 아연의 증가와 함께 커지고, 45%아연일 때 최대
  ㉢ 아연이 더 증가하여 γ상이 나타나면 급격히 감소
  ㉣ 상온 가공 : 7-3황동이 강도가 약하며 전연성 우수

ⓜ 고온 가공
  ⓐ 7-3황동 : 600℃ 이상에서 메짐성 생겨 높은 온도에서 가공 부적합
  ⓑ 6-4황동 : 600℃까지는 연신율이 감소, 그 이상이 되면 연신율 급격히 증가 → 300~500℃ 가공을 피하고, 그 이상의 고온에서 가공

④ 화학적 성질
  ㉠ 탈아연 부식 : 불순한 물질 또는 부식성 물질이 녹아 있는 수용액의 작용에 의하여 황동의 표면 또는 깊은 곳까지 탈아연되는 현상
  ㉡ 자연 균열(season cracking)
    ⓐ 가공재(관, 봉 등)의 잔류 응력에 의하여 균열 생성
    ⓑ 응력 부식 균열 : 잔류 응력에만 국한되지 않고 외부에서의 인장 하중에 의해서도 일어나는 균열
    ⓒ 자연 균열 : 저장 중에 갈라지는 현상으로 공기 중의 암모니아나 염소류에 의해 입계부식 및 상온가공에 의한 내부응력 때문에 생긴 균열
  ㉢ 고온 탈아연 : 높은 온도에서 증발에 의하여 황동 표면으로부터 아연이 탈출하는 현상

⑤ 황동의 종류와 용도

종류	내용
톰백 tombac	• 5~20%아연의 황동 • 5%아연 합금 : 순 구리와 같이 연하고 코이닝(coining)이 쉬워 동전이나 메달 등에 사용 • 10%아연 황동 : 톰백의 대표적인 것으로, 딥 드로잉(deep drawing)용 재료, 건축용, 가구용 등에 사용(색깔이 청동과 비슷 청동 대용) • 15%아연 황동 : 연하고 내식성이 좋아 건축용, 금속 잡화, 소켓 체결구 등에 사용 • 20%아연 황동 : 전연성이 좋고 색깔이 아름다워 장식 용품, 악기 등에 사용 • 납을 첨가한 것은 금박의 대용으로도 사용
7-3황동 cartridge brass	• 70%구리-30%아연 합금으로 가공용 황동의 대표 • 연신율이 크고 인장 강도가 매우 높아 판, 막대, 관, 선 등으로 널리 사용 • 자동차용 방열기 부품, 계기 부품, 전구 소켓, 여러가지 일용품, 장식품, 탄피 등으로 가공하여 이용
6-4황동 muntz metal	• 60%구리-40%아연 합금 ($\alpha+\beta$ 조직) • 상온 중 7-3황동에 비하여 전연성이 낮고 인장 강도 큼 • 황동 중에서 아연 함유량이 많아 값이 싸므로 많이 사용 • 내식성이 다소 낮아 판재, 선재, 볼트, 너트, 열교환기, 파이프, 밸브, 탄피 등에 많이 사용

> 꼭짚어 어드바이스

탈아연 부식 방지법
0.1~0.5%의 비소나 안티모니, 1% 정도의 주석을 첨가

자연 균열 방지법
도료, 아연 도금 실시, 가공재를 180~260℃로 응력 제거 풀림 하여 내부 변형을 완전히 제거

고온 탈아연 방지법
표면 산화물 피막 형성

> 참고

황동 주물
① 적색 황동 주물 : 20% 아연 이하로 붉은빛을 띤 아름다운 합금으로 납땜하기 쉽다 (납땜 황동).
② 황색 황동 주물 : 30% 아연 이상을 함유하는 놋쇠 빛깔의 합금으로 강도가 비교적 큼, 주성분 외에 주석, 납 등 배합(일반 황동 주물)

꼭찝어 어드바이스

애드미럴티 황동
7-3황동에 주석을 1% 첨가한 것(70% 구리, 29% 아연, 1% 주석). 전연성이 좋아 관 또는 판을 만들어 증발기, 열교환기 등에 사용

네이벌 황동
6-4황동에 주석을 1% 첨가한 것(62% 구리, 37% 아연, 1% 주석). 판, 봉으로 가공하여 용접봉, 밸브대 등에 사용

알브락(albrac)
22% Zn, 1.5~2% Al, 나머지 구리. 고온 가공으로 관을 만들어 열교환기, 증류기관, 급수 가열기 등에 사용

델타 메탈(delta metal)
6-4황동에 1~2% 철을 넣은 것으로, 강도가 크고 내식성이 좋아 광산 기계, 선박용 기계, 화학 기계 등에 사용

망가니즈 황동
6-4황동에 철, 망가니즈, 알루미늄, 니켈, 주석 등을 넣어, 바닷물이나 광산물 등에 대한 내식성을 좋게 한 황동. 광산용 기계 부품, 밸브, 스크루, 프로펠러, 피스톤 등에 사용

⑥ 특수 황동

종류	내용
납 황동	• 황동에 납을 첨가하여 절삭성을 좋게 한 황동 • 쾌삭 황동 또는 하드 브래스(hard brass)라고도 함 • 스크루(screw), 시계용 기어 등 정밀 가공 필요 부품 사용
주석 황동	• 황동에 소량의 주석을 첨가, 탈아연 부식이 억제 • 0.5% 주석을 첨가하면 탈아연 속도가 1/2 이하로 저하 • 애드미럴티 황동, 네이벌 황동
알루미늄 황동	• 7-3황동에 2%알루미늄을 넣으면 강도, 경도 증가 • 바닷물에 부식이 잘 되지 않음 • 알브락(albrac)
규소 황동	• 10~16%아연의 황동에 4~5%규소를 넣은 것 • 주조성, 내해수성, 강도 우수, 경제적 • 선박 부품 등의 주물에 사용
고강도 황동	• 고강도 황동 : 6-4황동에 철, 망가니즈, 니켈 등을 넣어서 더욱 강력하면서도 내식성, 내해수성을 증가시킨 것 • 철 황동(델타 메탈), 망가니즈 황동
니켈 황동	• 양은, 양백 : 황동에 10~20%니켈을 넣은 것, 색깔이 은과 비슷하여 예부터 장식, 식기, 악기 및 은 대용품으로 사용 • 탄성과 내식성이 좋아 딥싱 재료, 화학 기계용 재료에 사용 • 10~20%니켈, 15~30%아연인 것을 많이 사용

4. 청동

① 청동의 성질
　㉠ 넓은 의미 : 황동이 아닌 구리 합금
　㉡ 좁은 의미 : Cu-Sn 합금 → 주석 청동(tin bronze)

② 물리적 성질
　㉠ 비중 : 순 구리 8.89, 20%주석 8.85
　㉡ 선팽창 계수 : 주석 함유량에 따라 거의 변화 없음
　㉢ 전기 전도율 : 순 구리의 61m/$\Omega \cdot mm^2$에서 약 3%주석까지 급격히 감소, 10%주석에서 순 구리의 1/10 정도
　㉣ 전기저항, 온도 계수, 열전도율 : 순 구리에 비하여 낮음

③ 기계적 성질
　㉠ 주석 함유량, 열처리, 냉각속도에 따라 조직과 성질이 다름
　㉡ 연신율 : 4~5%주석 부근에서 최대, 주석의 함유량에 따라 적어지며, 25%주석 이상에서 메짐성 생성

ⓒ 인장 강도 : 17~18%주석 부근에서 최대
ⓓ 경도 : 30%주석에서 최대

④ 화학적 성질
㉠ 대기 중에서 내식성 우수(부식률 : 0.00015~0.002mm/년)
㉡ 내해수성 우수(부식률이 낮아 선박용 부품에 사용)
㉢ 진한 질산, 염산의 부식률 높고, 5%황산에서 부식률 매우 낮음

⑤ 청동의 종류와 용도
㉠ 포금(gun metal)
ⓐ 8~12%주석에 1~2%아연을 넣은 것
ⓑ 예전에 포신 재료로 많이 사용 → 포금이라 불림
ⓒ 강도, 연성, 내식성, 내마멸성 우수
㉡ 베어링용 청동
ⓐ 10~14% 주석을 함유한 것 : 연성은 떨어지지만 경도가 크고 내마멸성 매우 우수 → 베어링, 차축 등의 마멸이 많은 부분에 사용
ⓑ 특히, 5~15%납을 첨가한 것 : 윤활성 우수 → 철도 차량, 공작 기계, 압연기 등의 고압용 베어링에 적합
㉢ 화폐용 청동
ⓐ 단조성, 내마모성, 내식성 우수 → 화폐, 메달 등에 많이 사용
ⓑ 주조성을 좋게 하기 위하여 1% 내외의 아연을 첨가
㉣ 미술용 청동
ⓐ 동상이나 실내 장식 또는 건축물 등에 사용
ⓑ 2~8%주석, 1~12%아연, 1~3%납을 함유한 구리 합금
ⓒ 유동성을 좋게 하기 위하여 정밀한 주물에 아연 다량 첨가
㉤ 특수 청동

종류	내용
인 청동	• 청동에 1% 이하의 인을 첨가한 합금 • 청동 용탕의 유동성이 좋아지고, 합금의 경도와 강도가 증가하며, 내마멸성과 탄성 향상 • 선, 스프링, 펌프 부품, 기어, 선박용 부품, 화학 기계용 부품 등
니켈 청동	• 조성 : 10~15%니켈, 2~3%알루미늄, 나머지는 구리(Cu-Ni-Al계 합금) • 풀림 시효 경화 현상에 의하여 고온 강도가 높고 내마멸성과 내식성도 양호 • 항공기 기관용 부품, 선박용 기관, 주요 기계 부품 등에 사용
알루미늄 청동	• 알루미늄 청동은 12% 이하의 알루미늄을 첨가한 합금 • 주조성, 가공성, 용접성은 나쁘지만 내식성, 내열성, 내마멸성이 황동 또는 다른 청동에 비하여 우수 • 화학 공업용 기계, 선박, 항공기, 차량용 부품 등에 사용

꼭집어 어드바이스

애드미럴티 포금
88% 구리, 10% 주석, 2% 아연 합금. 주조성과 내압력성이 좋아 수압과 증기압에 잘 견디므로 선박 등에 널리 사용

켈밋(kelmet)
28~42% 납, 2% 이하의 니켈 또는 은, 0.8% 이하의 철, 1% 이하의 주석을 함유한 구리 합금 → 고속 회전용 베어링으로 항공기, 자동차 등에 사용

꼭찝어 어드바이스

망가닌(manganin)
대표적 합금, 80~88%구리, 10~15%망가니즈, 2~5%니켈 및 1%철 정도의 화학 조성

베릴륨 청동
구리 합금 중 가장 강도가 크다.

규소 청동	• 4%규소 이하의 구리 합금 • 높은 온도와 낮은 온도에서 내식성이 좋고 용접성이 우수 • 가솔린 저장 탱크, 피스톤 링, 화학 공업용 기구 등 사용
망가니즈 청동	• 5~15%망가니즈를 첨가한 구리 합금 • 기계적 성질이 우수하고 소금물, 광산물 등에 대한 내식성 우수 • 선박용, 증기 터빈 날개, 증기 밸브, 정밀 계기 부품에 많이 사용
베릴륨 청동	• 2~3%베릴륨을 첨가한 구리 합금 • 시효 경화성, 구리 합금 중에서 강도와 경도가 가장 큼 • 베어링, 고급 스프링, 전기 접점, 용접용 전극 등으로 사용

개념잡기

문쯔메탈(Muntz Metal)이라 하며 탈아연부식이 발생하기 쉬운 동합금은?

① 6-4황동 ② 주석청동 ③ 네이벌황동 ④ 애드미럴티황동

> 탈아연 부식
> 6-4황동에서 주로 나타나며 황동의 표면 또는 내부가 해수 혹은 부식성 물질이 있는 액체와 접촉되면 아연이 녹아버리는 현상
>
> **답 ①**

개념잡기

구리의 성질을 철과 비교하였을 때의 설명 중 틀린 것은?

① 경도가 높다.
② 전성과 연성이 크다.
③ 부식이 잘 되지 않는다.
④ 열전도율 및 전기전도율이 크다.

> 구리는 상대적으로 강도와 경도가 떨어지나 전성, 연성, 연신율이 높아 가공이 용이하다.
>
> **답 ①**

개념잡기

구리 및 구리합금에 대한 설명으로 옳은 것은?

① 구리는 자성체이다.
② 금속 중에 Fe 다음으로 열전도율이 높다.
③ 황동은 주로 구리와 주석으로 된 합금이다.
④ 구리는 이산화탄소가 포함되어 있는 공기 중에서 녹청색 녹이 발생된다.

> 구리는 내식성이 우수하고 산에는 부식된다.
>
> **답 ④**

2. 알루미늄, 마그네슘과 그 합금 ★★★

(5년간 23문항 출제, 회당 평균 1.8문항 출제, 출제율 179.6%)

1. 알루미늄과 알루미늄 합금의 개요
① 알루미늄(Al)은 규소 다음으로 지구상에 많이 존재하는 원소
② 가볍고 내식성이 좋아 다양하게 사용
③ 용융점이 660℃인 은백색의 전연성이 좋은 금속
④ 주조가 쉽고, 다른 금속과 합금이 잘되며, 상온 및 고온 가공이 용이하여 압연품, 주물, 단조품으로 이용

2. 알루미늄
① 알루미늄의 제조 : 보크사이트(bauxite, $Al_2O_3 \cdot 2H_2O$)를 정제하여 알루미나(Al_2O_3)를 만들고, 그것을 용융염에서 전기 분해하여 제조

② 물리적 성질
  ㉠ 비중 : 2.7(백색의 **경금속**)
  ㉡ 무게가 철의 1/3 정도이지만 합금을 만들 경우에는 강도 우수
  ㉢ 전기 전도율 : 구리의 65%로 은, 구리, 금 다음으로 좋음

③ 기계적 성질
  ㉠ 순도가 높을수록 연성이 크며 강도와 경도가 저하
  ㉡ 상온에서 판, 선으로 압연 가공하면 가공 정도에 따라 강도와 경도가 높아지지만 연신율은 저하

④ 화학적 성질
  ㉠ 보호 피막 : 표면에 산화 알루미늄 얇게 생성되어 대기 중 내식성 향상
  ㉡ 내식성
    ⓐ 저해 원소 : 구리, 은, 니켈, 철 등
    ⓑ 탄산염, 크로뮴산염, 초산염, 황화물 등의 중성 수용액에서는 내식성이 우수 ↔ 염화물 용액 중에서 내식성이 나쁨
  ㉢ 부식 방지법

종류	내용
수산법	• 알루마이트(alumite)법 • 알루미늄 제품을 2%수산 용액에 넣고 직류, 교류 또는 직류에 교류를 동시에 보내면 표면에 단단하고 치밀한 산화막이 형성
황산법	• 알루미라이트(alumilite)법 • 15~20%황산액(H_2SO_4)을 사용하여 피막을 형성하는 방법
크로뮴산법	• 3%의 산화 크로뮴(Cr_2O_3) 수용액 사용 • 전압을 가감하면서 통전 시간을 조정하며, 전해액 기계 교반

> **용어정의**
> 보크사이트
> 알루미늄의 수산화물을 주성분으로 하는 산화 광물. 덩이 모양 또는 진흙 모양으로 나타나며, 알루미늄의 원광 또는 내화재나 명반의 원료로 쓰인다.

> **참고**
> 경금속
> 금속재료 중 비중이 4.5 이하인 금속 : Al(2.7), Mg(1.74), Be(1.85), Na(0.97), Li(0.53), Ru(1.53) 등이 있다.

3. 주물용 알루미늄 합금

① 주물용 알루미늄 합금의 특징
  ㉠ 알루미늄-구리 합금, 알루미늄-규소 합금, 알루미늄-마그네슘 합금을 기본으로 하고, 망가니즈와 니켈을 첨가한 다원계 합금
  ㉡ 주물용 알루미늄 합금은 주철 주물보다 경량
  ㉢ 자동차 부품, 광학 기계, 조명 및 통신 기구, 위생 용기 등 널리 사용

② Al-Cu계 합금
  ㉠ 순수한 알루미늄에 구리가 함유된 것
  ㉡ 담금질과 시효에 의하여 강도가 증가
  ㉢ 내열성과 강도, 연신율, 절삭성 등 우수
  ㉣ 단점 : 고온 여림이 크고, 주물의 수축에 의한 균열 발생

③ Al-Si계 합금
  ㉠ 단순히 공정형으로 규소의 용해도가 작아 열처리 효과 미비
  ㉡ 공정점 부근 조직 : 기계적 성질이 우수하고 용융점이 낮아 많이 사용
    실루민(silumin) : 11~14%의 규소 함유
  ㉢ 용융점이 낮고 유동성이 좋아 넓고 복잡한 모래형 주물에 이용

④ Al-Cu-Si계 합금
  ㉠ Al-Cu-Si계 합금은 **라우탈(lautal)**이라 하며, 실루민의 결점인 가공 표면의 거침 제거
  ㉡ 주조 균열이 작고 금형 주조에도 적합 → 자동차 및 선박용 피스톤, 분배관 밸브 등에 사용

⑤ 내열성 알루미늄 합금
  ㉠ 로엑스(Lo-Ex) 합금
    ⓐ 12%규소, 1.0%구리, 1.0%마그네슘, 1.8%니켈 등 함유
    ⓑ 고온 강도가 우수, 팽창률이 낮음
  ㉡ Y 합금
    ⓐ Al-Cu-Ni-Mg계 합금
    ⓑ 시효 경화성이 있어 모래형 또는 금형 및 단조용으로 사용
    ⓒ 내열성 우수 → 자동차, 항공기용 엔진의 공랭 실린더 헤드와 피스톤 등에 많이 사용

⑥ 다이 캐스팅용 알루미늄 합금
  ㉠ 다이 캐스팅용 합금으로 특히 필요한 성질
    ⓐ 유동성이 좋을 것
    ⓑ 열간 메짐성이 적을 것

> **참고**
> 알루미늄 합금
> • 알루미늄은 순금속 상태에서는 경도와 강도가 낮아 구조용 재료로는 적당하지 않음
> • 알루미늄에 구리, 아연, 마그네슘 등의 금속을 첨가하여 강도와 내식성을 향상시켜 항공기, 자동차 부품, 건축 재료 등에서 무게를 감소시키는 경량화에 많이 사용
> • 알루미늄 합금은 주물용 알루미늄 합금과 가공용 알루미늄 합금으로 구분

> **꼭집어 어드바이스**
> 개량처리
> ① 실루민의 기계적 성질 보완
> ② 나트륨, 플루오린화 알칼리, 금속 나트륨, 수산화 나트륨, 알칼리염 등 첨가

> **꼭집어 어드바이스**
> 코비탈륨
> ① Y 합금의 일종
> ② Ti과 Cr를 0.2% 정도씩 첨가한 것
> ③ 피스톤용 합금

> **용어정의**
> 다이 캐스팅(die casting) 정밀 가공하여 제작한 금형에 용융 상태의 합금에 압력을 가하여 주입하여 치수가 정밀하고 동일형의 주물을 대량 생산하는 주조 방법

ⓒ 응고 · 수축에 대한 용탕 보충이 용이할 것
ⓓ 금형에서 잘 떨어질 것
ⓛ 다이 캐스팅용 알루미늄 합금의 종류 : 라우탈, 실루민, 하이드로날륨, Y 합금 등
ⓒ 자동차 부품, 통신 기기 부품, 철도 차량 부품, 가정용 기구 등

4. 가공용 알루미늄 합금

① 고강도 알루미늄 합금

종류	내용
두랄루민	• 주성분이 Al-Cu-Mg이며 4%구리, 0.5%마그네슘, 0.5%망가니즈, 0.5%규소이고 나머지는 알루미늄 • 시효 경화에 의해 강도가 증가 • 가볍고 고강도 → 항공기, 자동차, 운반 기계 등에 사용
초두랄루민	• 두랄루민에서 마그네슘을 다소 증가시킨 4.5%구리, 1.5%마그네슘, 0.6%망가니즈의 Al-Cu-Mg계 합금 • 인장 강도가 490MPa 이상 • 항공기와 같이 가벼운 것의 중요한 부재나 부품의 재료로 사용
초(초)강 두랄루민 (extra super duralumin, ESD)	• 1.5~2.5%구리, 7~9%아연, 1.2~1.8%마그네슘, 0.3~1.5% 망가니즈, 0.1~0.4%크로뮴을 함유한 Al-Zn-Mn-Mg계 합금 • 인장 강도가 530MPa 이상인 고강력 합금 • 주로 항공기의 구조용 재료로 사용

> 참고
> **알루미늄 분말 소결체**
> ① 알루미늄 가루와 알루미나 가루를 압축 성형하고 500~600℃로 소결
> ② 열간에서 압출 가공한 일종의 분산 강화형 합금
> ③ 순수 알루미늄에 비하여 내식성 및 열과 전기 전도율이 떨어지지 않고, 내산화성 고온 강도가 우수
> ④ 500℃ 정도까지 내열 재료 → 피스톤과 추진기의 날개 등에 사용

② 내식성 알루미늄 합금

종류	내용
하이드로날륨 (hydronalium, Al-Mg계 합금)	• 6~10%마그네슘 합금 • 바닷물과 알칼리성에 대한 내식성이 강하고 용접성이 매우 우수 • 선박용, 조리용, 화학 장치용 부품 등 사용
알민 (almin, Al-Mn계 합금)	• 알루미늄에 1~1.5%망가니즈를 함유 • 가공성, 용접성 우수 • 저장 탱크, 기름 탱크 등에 사용
알드리 (aldrey, Al-Mg-Si계 합금)	• 0.5%규소, 0.43%마그네슘을 함유 • 담금질 후에 상온 가공에 의하여 기계적 성질을 개선 • 용접성, 내식성, 인성, 전기 전도율 우수 • 송전선에 많이 사용
알클래드 (alclad)	• 고강도 합금 판재인 두랄루민의 내식성을 향상시키기 위하여 순수 알루미늄 또는 알루미늄 합금을 피복한 것 • 강도와 내식성을 동시에 증가시킬 목적으로 주로 사용

5. 마그네슘과 그 합금

① 비중 1.74로 알루미늄에 비하여 약 35% 정도 가볍고, **마그네슘 합금은 실용하는 합금 중에서 가장 가벼움**

② 비강도가 알루미늄 합금보다 우수하여 항공기나 자동차 부품, 전기 기기, 선박, 광학 기계, 인쇄 제판 등에 이용

③ 구상 흑연 주철의 첨가제로도 많이 사용

④ 마그네슘 합금은 부식되기 쉽고, 탄성 한도와 연신율이 작아 알루미늄, 아연, 망가니즈, 지르코늄 등을 첨가한 합금으로 제조

⑤ 마그네슘 합금의 종류
  ㉠ **다우메탈**(Dow Metal) : Mg－Al
  ㉡ **엘렉트론**(Elektron) : Mg－Al－Zn

> **용어정의**
> 마그네슘의 물리적 특징
> ① 마그네슘은 용해하면 폭발, 발화하므로 주의 요망
> ② 건조한 공기 중에서는 산화하지 않지만 습한 공기 중에서는 표면이 산화 마그네슘 또는 탄산 마그네슘으로 되어 이것이 내부의 부식 방지
> ③ 바닷물에 매우 약하여 수소를 방출하면서 용해
> ④ 내산성이 극히 나쁘지만 내알칼리성은 강하다.

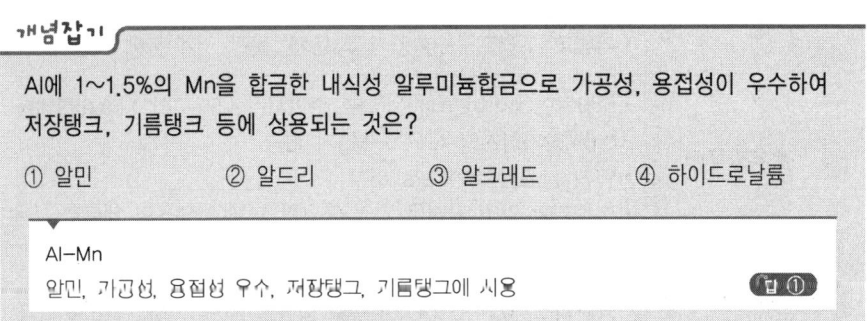

Al에 1~1.5%의 Mn을 합금한 내식성 알루미늄합금으로 가공성, 용접성이 우수하여 저장탱크, 기름탱크 등에 상용되는 것은?

① 알민　　　② 알드리　　　③ 알크래드　　　④ 하이드로날륨

Al-Mn
알민, 가공성, 용접성 우수, 저장탱크, 기름탱크에 사용　　　답 ①

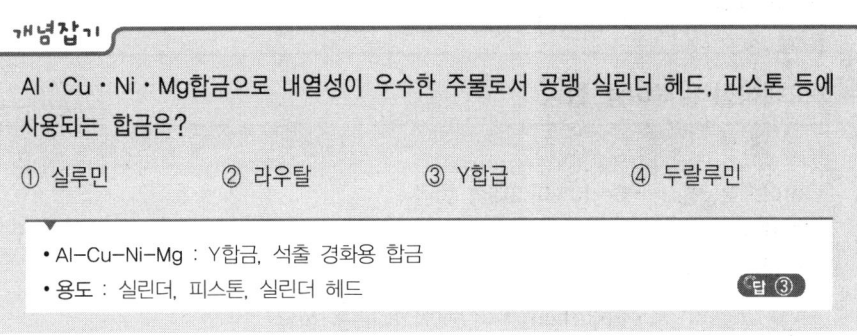

Al·Cu·Ni·Mg합금으로 내열성이 우수한 주물로서 공랭 실린더 헤드, 피스톤 등에 사용되는 합금은?

① 실루민　　　② 라우탈　　　③ Y합금　　　④ 두랄루민

• Al-Cu-Ni-Mg : Y합금, 석출 경화용 합금
• 용도 : 실린더, 피스톤, 실린더 헤드　　　답 ③

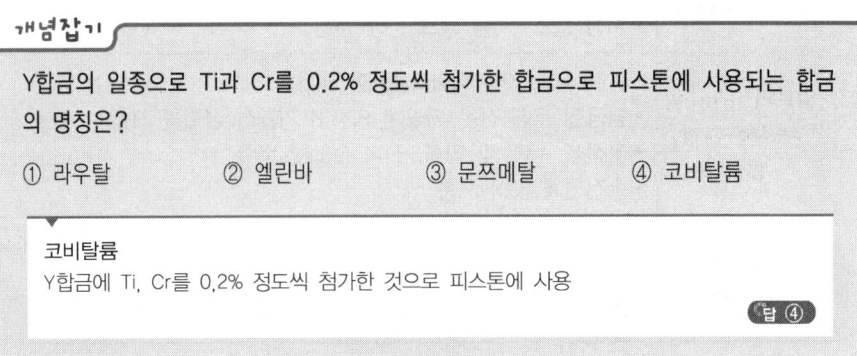

Y합금의 일종으로 Ti과 Cr를 0.2% 정도씩 첨가한 합금으로 피스톤에 사용되는 합금의 명칭은?

① 라우탈　　　② 엘린바　　　③ 문쯔메탈　　　④ 코비탈륨

코비탈륨
Y합금에 Ti, Cr를 0.2% 정도씩 첨가한 것으로 피스톤에 사용　　　답 ④

3 ▶ 니켈 금속과 그 합금

(5년간 4문항 출제, 회당 평균 0.3문항 출제, 출제율 30.8%)

1. 니켈과 니켈 합금의 개요

① 물리적 성질
  ㉠ 면심입방격자의 원자 배열
  ㉡ 은백색의 금속으로 비중이 8.9이며, 용융 온도는 1,455℃

② 기계적 성질
  ㉠ 백색의 인성이 풍부한 금속
  ㉡ 열간 및 냉간 가공 가능

③ 화학적 성질
  ㉠ 증류수, 수돗물, 바닷물 등에 내식성이 강하며 내열성 우수
  ㉡ 내식성이 좋아 대기 중에서는 부식되지 않지만, 아황산 가스를 함유한 대기 중에서는 심하게 부식

2. 니켈 합금

① Ni-Cu계 합금

종류	내용
콘스딘딘 (constantan, 55~60%구리)	• 45%의 니켈과 55%의 구리로 이루어진 합금. 전기저항률이 높아 저항기로 쓰거나 철·구리와 짝지어 열전쌍으로 사용
어드밴스 (advamce, 54%구리, 1%망가니즈, 0.5%철)	• 인발 가공이 쉬운 선은 표준 저항성 또는 열전쌍용 선으로 사용
모넬 메탈 (monel metal)	• 60~70%니켈을 함유 • 내식성 및 기계적·화학적 성질이 매우 우수 • R 모넬(0.035%황 함유), KR 모넬(0.28%탄소 함유) 등은 쾌삭성 우수 • H 모넬(3%규소 함유)과 S 모넬(4%규소 함유) 메탈은 경화성 및 강도 우수
MMM합금 (modified monel metal)	• 60~65%니켈, 24~28%구리, 9~11%주석 및 소량의 철, 규소, 망가니즈 등을 함유한 것 • 압력 용기, 밸브 등에 사용

② Ni-Fe계 합금

종류	내용
인바 (invar)	• 36%니켈, 0.1~0.3%코발트, 0.4%망가니즈, 나머지는 철인 합금 • 열팽창 계수(0.97×10^{-7})가 상온 부근에서 매우 작음 → 길이의 변화가 거의 없음 • 길이 측정용 표준 자, 전자 분야의 바이메탈, VTR의 헤드 고정대 등에 널리 이용
슈퍼 인바 (super invar)	• 30~32%니켈, 4~6%코발트, 나머지는 철인 합금 • 20℃의 팽창 계수가 0에 가깝다.
엘린바 (elinvar)	• 36%니켈, 12%크로뮴, 나머지는 철로 된 합금 • 온도에 대한 탄성률의 변화가 거의 없음 • 고급 시계, 지진계, 압력계, 스프링 저울, 다이얼 게이지, 유량계, 계측 기기 등의 부품에 사용
플래티나이트 (platinite)	• 44~47.5%니켈과 철 등을 함유한 합금 • 열팽창 계수(9×10^{-6})가 유리나 백금 등에 가까우므로 전등의 봉입선에 이용 • 두멧(dumet) 선 : 합금선에 구리를 피복하고 다시 표면을 산화 처리 또는 붕사 처리한 제품 • 두멧 선은 전자관 전구 방전 램프 반도체 디바이스 등의 연질 유리에 들어가는 선으로 이용
니칼로이 (nickalloy)	• 50%니켈, 50%철인 합금 • 초투자율 포화 자기 전기저항 큼 • 저출력 변성기, 저주파 변성기 등의 **자심**으로 널리 사용
퍼멀로이 (permalloy)	• 70~90%니켈, 10~30%철인 합금 • 투자율이 높고 약한 자기장 내에서의 초투자율 높음
퍼민바 (perminvar)	• 20~75%니켈, 5~40%코발트, 나머지는 철인 합금 • 자기장 강도의 어느 범위 내에서 일정한 투자율 유지 • 고주파용 철심이나 오디오 헤드로 사용

꼭찝어 어드바이스

Fe-Ni계 불변강
① 인바 : Fe+Ni(36%)
② 초인바 : Fe+Ni+Co
③ 엘린바 : Fe+Ni+Cr
④ 플래티나이트 : Fe+Ni(46%)
⑤ 코엘린바 : Fe+Ni+Co+Cr

용어정의

자심(磁心)
자기적인 성질을 이용하거나 전류를 이송시키는 도체와 관련하여 위치하는 자성 물질을 통틀어 이르는 말

③ Ni-Cr계 합금

종류	내용
니크롬	• 15~20%크로뮴의 합금으로 전열선으로 널리 사용 • 철을 첨가한 전열선은 전기저항 및 온도 계수가 증가하지만 고온에서의 내산성 저하 • Ni-Cr선은 1,100℃까지, 그리고 철을 첨가한 Ni-Cr-Fe선은 1,000℃ 이하에서 사용
열전대선	• 열전대에는 Ni-Cr계 합금과 Ni-Cu계 합금 사용 • 800℃ 이하에는 철과 콘스탄탄(constantan) 사용 • 1,000~1,200℃에는 크로멜-알루멜(chromel-alumel) 사용 • 1,600℃에는 백금-로듐 Pt-Pt.Rh(13% Rh) 열전대 사용
전기저항선	• 목적 : 전기의 저항이 클 것 • 양백 및 Ni-Cr 등과 같은 저항의 온도 계수가 0에 가까운 망가닌(manganin), 콘스탄탄(constantan), 어드밴스(advance) 등 • 전열용, 정밀 측정기 및 표준 저항으로 사용
내열성 및 내식용 니켈계 합금	• 내열용 : 하스텔로이(hastelloy), 인코(inco), 인코넬(inconell), 니모닉(nimonic), 일리움(illium) 등 • 고온에서 산화에 잘 견디고 또한 내식성 우수
바이메탈	• 열팽창이 작은 Fe-Ni계의 인바(invar)와 열팽창 계수가 비교적 큰 황동의 두 종류의 금속을 합판으로 제조 • 항온기(thermostat)의 온도 조절용 변환기 부분에 사용

개념잡기

Ni에 Cu를 약 50~60% 정도 함유한 합금으로 열전대용 재료로 사용되는 것은?

① 인코넬 ② 퍼멀로이 ③ 하스텔로이 ④ 콘스탄탄

콘스탄탄(40%Ni-55~60%Cu)
열전쌍온도계의 음극선의 재료로 사용된다.   답 ④

용어정의

인코넬
주성분인 니켈에 크로뮴, 철, 탄소 등을 섞은 합금. 열에 견디는 성질과 녹슬지 않는 성질이 강하여 항공기의 배기관, 절연기의 부품, 진공관의 필라멘트 등에 쓰인다.

4. 아연, 납, 주석, 저용융점 금속과 그 합금

(5년간 2문항 출제, 회당 평균 0.2문항 출제, 출제율 15.4%)

1. 아연과 아연 합금

① 아연과 아연 합금의 개요
  ㉠ 알루미늄, 구리 다음으로 많이 생산하는 비철 금속
  ㉡ 주조성이 좋아 다이 캐스팅(die casting)용 합금으로서 유용
  ㉢ 용융 아연 도금, 건전지, 인쇄판 등 아연판, 황동 및 기타 합금으로 사용

② 물리적 성질
  ㉠ 비중 : 7.14
  ㉡ 용융점 : 419℃
  ㉢ 조밀육방격자, 회백색 금속

③ 기계적 성질
  ㉠ 주조상태에서 조대 결정이 되므로 인장강도나 연신율이 낮고 여려서 상온가공이 어려움
  ㉡ 열간가공하여 결정을 미세화하면 가공이 가능

④ 화학적 성질
  ㉠ 건조한 공기 중에서 얇은 막이 생성(광택 상실) → 내부 보호 산화 방지
  ㉡ 습기와 이산화탄소가 있으면 염기성 탄산아연을 만들어 부식 진행
  ㉢ 철이나 구리와 같은 금속과 접촉하거나 도금을 하면 전기·화학적으로 이들의 부식 방지(음극화 보호)
  ㉣ 용융 아연 도금, 전기 도금, 피복 등으로 철강의 방식에 중요한 금속

⑤ 다이 캐스팅용 아연 합금
  ㉠ 다이 캐스팅용 아연 합금은 용융점이 낮고 유동성 기계적 성질 우수
  ㉡ Zn-Al-Cu계 합금, Zn-Al-Cu-Mg계 합금, Zn-Al계 합금, Zn-Cu계 합금 등

⑥ 가공용 아연 합금
  ㉠ Zn-Cu계 합금, Zn-Cu-Mg계 합금, Zn-Cu-Ti계 합금 등
  ㉡ 아연판 및 아연 동판으로 가장 많이 사용
  ㉢ 하이드로-티-메탈(hydro-T-metal)
    ⓐ Zn-Cu-Ti 합금, 강도, 고온 크리프 특성 우수
    ⓑ 봉재, 선재, 판재, 건축용, 탱크용, 전기 기기 부품, 자동차 부품, 일상용품 등에 널리 사용

> 참고
> **아연 합금**
> - 용융점이 낮고 주조성 및 기계적 성질도 우수하여 다이 캐스팅용 아연 합금, 금형용 아연 합금, 베어링용 아연 합금, 가공용 아연 합금 등으로 사용
> - 이들 합금에 첨가하는 원소는 주로 알루미늄, 구리, 마그네슘 등이며 용도에 따라 주석, 안티모니, 납 등
> - 대부분 다이 캐스팅용 합금이며 금형용 합금과 가공용 합금에도 널리 이용

⑦ 베어링용 아연 합금
  ㉠ 아연에 3~6%구리, 2~3%알루미늄, 5~6%구리, 10~20%주석, 5%납 함유한 합금
  ㉡ 다른 합금에 비하여 비중이 작고 경도, 마찰계수 크다.
  ㉢ 내해수성 우수 → 선박의 스턴 튜브(sterntube)의 베어링에 사용

⑧ 금형용 아연 합금
  ㉠ 알루미늄과 구리의 양을 증가시켜 강도와 경도 향상
  ㉡ 아연에 4%알루미늄, 3%구리에 소량의 마그네슘을 첨가 → 강도, 경도 매우 우수

> 참고
> 그무다이 합금
> 금형용 아연 합금으로 0.8%니켈, 0.2%타이타늄을 첨가하여 내마멸성 우수

2. 주석과 주석 합금

① 주석과 주석 합금의 개요
  ㉠ 주석(Sn)은 은백색의 연한 금속으로 주석석에서 선광하여 용광로에서 환원 정련하여 제조
  ㉡ 종류 : 백주석, 회주석
  ㉢ 용도 : 주석 도금, 구리 합금, 베어링 메탈, 땜납

② 물리적 성질
  ㉠ 비중 7.3, 용융점 231.9℃, 13℃에서 동소변태
  ㉡ 13℃ 이하 → 다이아몬드형 구조(회주석), 13℃ 이상 → 주석(백주석)

③ 기계적 성질
  ㉠ 납 다음으로 연질 금속, 전연성이 우수(얇은 박 형태 제조 가능)
  ㉡ 주석 주조품의 인장 강도 : 30MPa 정도
  ㉢ 고온에서 온도가 높아짐에 따라 인장 강도, 경도 및 연신율 모두 저하

④ 화학적 성질
  ㉠ 주석은 공기 중에서 거의 변색되지 않음
  ㉡ 표면에 생기는 산화물의 얇은 막으로 인해 내식성 우수
  ㉢ **연수**에는 잘 견디지만 **경수**에서는 탄산염이 석출하여 부식
  ㉣ 독성이 없어 의약품・식품 등의 포장용 튜브, 주석박(foil), 식기, 장식기 등에 사용

🔖 용어정의
연수
칼슘 및 마그네슘 염류가 적은 물

경수
칼슘 이온이나 마그네슘이온 등을 비교적 많이 함유하고 있는 천연수

⑤ 주석 합금

종류	내용
Sn-Pb계 합금	• 연납용으로 사용 • 연납은 용융점이 낮으며, 용도에 따라 주석 25~90%의 범위 안에서 사용하지만 40~50%주석을 가장 많이 사용
Sn-Sb-Cu계 합금	• 백랍 : 4~7%안티모니, 1~3%구리를 함유한 주석 합금 • 경석 : 0.4%구리를 함유한 주석 • 의약품, 그림물감 등의 튜브용 기재로 사용

3. 납과 납 합금

① 납과 납 합금의 개요
  ㉠ 회백색의 금속으로 화학적으로 안정하여 축전지, 수도관, 케이블 피복 및 패킹(packing)재 등에 사용
  ㉡ 활자 합금, 베어링 합금, 쾌삭강 등의 합금용 첨가 원소로 사용

② 물리적 성질
  ㉠ 비중은 11.34로 공업용 금속 중 가장 큼
  ㉡ 용융온도가 325.6℃로 낮음

③ 기계적 성질
  ㉠ 연성이 풍부하여 소성 가공 용이
  ㉡ 주조성, 윤활성, 내식성 등 우수 ↔ 전기 전도율 나쁨

④ 화학적 성질
  ㉠ 방사선 투과도가 낮아 원자로나 X선의 차단 재료로 적합
  ㉡ 불용성 피막이 표면을 형성 → 내식성 우수
  ㉢ 인체에 유해하므로 식기, 장난감 등에는 절대 함유되지 않도록 주의

⑤ 납 합금

종류	내용
Pb-As계 합금	• 강도, 크리프 저항 우수, 케이블 피복용 주로 사용 • 0.12~0.2%비소, 0.8~0.12%주석, 0.05~0.15%비스무트(Bi)
Pb-Ca계 합금	• 케이블 피복재, 기타 크리프 저항이 필요한 관과 판 등에 이용 • 0.023~0.033%칼슘, 0.02~0.1%구리, 0.002~0.02%은
Pb-Sb계 합금	• 경연 : 4~8%안티모니를 함유한 납 합금, 판, 관 등에 사용 • 구리, 텔루륨(Te) 등을 소량 첨가하면 결정 입자가 미세화되어 입계 석출에 의한 피로 강도의 저하를 억제하는 효과
Pb-Sn-Sb계 합금	• 주로 인쇄 공업의 활자 합금으로 사용 • 안티모니를 넣어 응고 시 약 1% 팽창하여 경도를 상승시키고 용융점을 저하, 특히 경도가 필요할 때에는 구리를 첨가

> 참고
> **활자 합금의 조건**
> ① 용융점이 낮을 것
> ② 주조성이 좋아 요철이 주조면에 잘 나타날 것
> ③ 적당한 강도와 내마멸성 및 내식성을 가질 것
> ④ 가격이 저렴할 것

개념잡기

비중 7.3 용융점 232℃, 13℃에서 동소변태하는 금속으로 전연성이 우수하며, 의약품, 식품 등의 포장용튜브, 식기, 장식기 등에 사용되는 것은?

① Al   ② Ag   ③ Ti   ④ Sn

> 주석 Sn, 원자량 118.7g/mol, 녹는점 231.93℃, 끓는점 2,602℃이다. 모든 원소 중 동위원소가 가장 많으며 전성, 연성과 내식성이 크고 쉽게 녹기 때문에 주조성이 좋아 널리 사용되는 전이후 금속이다.
>
> **답** ④

5 귀금속, 희토류 금속과 그 밖의 금속

(5년간 5문항 출제, 회당 평균 0.4문항 출제, 출제율 38.5%)

1. 금과 금 합금

① 금과 금 합금의 개요
  ㉠ 금(Au)은 황금색의 아름다운 광택을 가진다.
  ㉡ 면심입방격자 금속

② 물리적 성질
  ㉠ 비중 : 19.32
  ㉡ 용융 온도 : 1,063℃

③ 기계적 성질
  ㉠ 전연성이 매우 커서 6~10cm 두께의 박이나 가는 선으로 가공 가능
  ㉡ 다른 귀금속과 비교하면 가공성, 전기 전도율 및 내식성이 우수
  ㉢ 공업적으로 사용되는 순수한 금은 순도가 99.96% 이상

④ 금의 사용
  ㉠ 지름이 7.5~50nm(나노 미터)인 금 세선은 전자 기판에서 칩(chip)과 판 간의 도체 접합에 사용
  ㉡ 치과 등 의료용으로 사용
  ㉢ 금의 순도 : 단위는 **캐럿(carat, K)**, 순금 24캐럿으로 24K로 표기

⑤ 금 합금

종류	내용
Au-Cu계 합금	• 10%구리가 첨가되면 붉은색 생성 • 금화는 약 10%구리를 가하여 경도 향상 • 반지나 장신구는 9~22K까지의 것을 사용
Au-Ag-Cu계 합금	• 5%은에서 녹색 생성, 그 이상의 은이 들어가면 백색 증가 • 치과용에는 5%은, 3%구리의 합금을 사용 • 금선으로는 15%은, 13%구리를 사용
Au-Ag-Cu-Ni-Zn계 합금	• 핑크 골드(pink gold) • 14캐럿은 조성이 58.3%금, 3.3%은, 31.0%리, 3.5%니켈, 3.9%아연 등 • 장식용 모조금으로 사용
Au-Ni-Cu-Zn계 합금	• 화이트 골드(white gold) • 주로 18, 14, 12캐럿으로 제조 • 조성 : 금, 13~27%니켈, 1.6~4.5%구리, 1.3~1.7%아연 • 치과용, 장식용 사용
Au-Pt계 합금	• 화학 공업용으로 20~30%백금은 노즐 재료로 사용

> 참고
> 금 18K의 금 함유량
> 24K일 때 금이 100%이므로
> 24:100=18:x
> x=100×18/24=75%

2. 백금과 백금 합금

① 백금과 백금 합금의 개요
  ㉠ 회백색
  ㉡ 면심입방격자 금속

② 물리적 성질
  ㉠ 비중 : 21.46
  ㉡ 용융점 : 1,774℃

③ 기계적 성질
  ㉠ 인장 강도 : 120~150MPa(12~15kg$_f$/mm^2)
  ㉡ 연신율 : 30~50%
  ㉢ 경도 : HB 150 정도

④ 화학적 성질
  ㉠ 산소 친화력 적음 → 화학 약품에 대하여 안정
  ㉡ 전기·화학에서 전극과 실험 장치, 용해로, 교반기, 광학, 전기 가열 기구, 열전쌍 보호관 제작 등에 널리 사용

⑤ 백금 합금

종류	내용
Pt-Rh계 합금	• 10~13%로듐(Rh) 함유 백금 합금 → 열전쌍 고온계 (1,500~1,600℃) 사용
Pt-Pd계 합금	• 10~75%팔라듐(Pd) 함유 → 장식품에 사용
Pt-Ir계 합금	• 10~20%이리듐(Ir) 함유 : 경도, 내산성 우수 • 15%이리듐 합금 : 표준자 • 20%이리듐 합금 : 표준 중추, 전기 접점, 화학 공업용 도화선 등에 사용

3. 은과 은 합금

① 은과 은 합금의 개요
  ㉠ 보통 사용하는 은의 순도는 99.99% 정도
  ㉡ 은백색 금속으로 비중이 10.497, 용융점이 960.5℃
  ㉢ 전기 전도율이 금속 중 가장 우수
  ㉣ 전연성이 금 다음으로 양호하여 얇은 판, 가느다란 선으로 가공 가능

② 화학적 성질
  ㉠ 대기 중에 방치하거나 가열하여도 녹이 슬지 않음 ↔ 황화 수소(H_2S)에는 검게 변하고 진한 염화 수소(HCl), 황산(H_2SO_4), 질산(HNO_3) 등에 의하여 부식
  ㉡ 오래 전부터 알려진 장식품, 가정용 기구, 화폐 등에 사용

③ 은의 사용
   ㉠ 전자·전기 재료 등으로 사용
   ㉡ 은화용 합금
      ⓐ 화폐 은(sterling silver) : 92.5%은, 7.5%구리
      ⓑ 주화용 은 : 90%은, 10%구리
   ㉢ 전기 접점용 합금 : Ag-Mo계 합금, Ag-W계 합금, Ag-Ni계 합금

④ 은 합금

종류	내용
Ag-Cu 합금	• 화폐용 : 7.5%구리인 은화 → (영국) 스털링 실버(sterling silver), 10%구리 : (구리) 코인 실버(coin silver) • 식기용 : 스털링, 80%은, 20%구리 합금 • 은납 : Ag-Cu 합금에 아연 첨가한 것
Ag-Cd계 합금	• 전기 접점 합금 : Ag-Cd 합금, Ag-Cd-Ni 합금, Ag-Cu-Ni 합금 • 은-15%, 인듐-15%, 카드뮴 합금은 원자로에도 사용
Ag-Au-Zn계 합금	• 은납 : Ag-Au 합금은 72%은에서 공정 조성을 나타내지만 여기에 아연을 첨가하면 응고점이 저하하는 것 • 저용융점을 필요로 할 경우에는 15%카드뮴, 5%주석을 첨가
Ag-Pd계 합금	• 팔라듐 첨가로 전기저항이 뚜렷이 상승, 변형성과 도금성이 감소 • 전기 접점재 : 1~10%팔라듐을 함유한 Ag-Pd 합금 사용 • 치과용 : 25%팔라듐 0~10%구리를 함유한 합금 사용
Ag-Hg-Cu-Sn 계 합금	• 치과용 아말감(amalgam) : 33%은, 52%수은, 12.5%주석, 2%구리, 0.5%아연 등을 함유한 합금 사용

개념잡기

금(Au)의 일반적인 성질에 대한 설명 중 옳은 것은?

① 금(Au)은 내식성이 매우 나쁘다.
② 금(Au)의 순도는 캐럿(K)으로 표시한다.
③ 금(Au)은 강도, 경도, 내마멸성이 높다.
④ 금(Au)은 조밀육방격자에 해당하는 금속이다.

금의 특성
• 내식성 우수
• FCC(면심입방격자) : 전성, 연성, 가공성 우수 ↔ 강도, 경도, 내마멸성 미비
• 24(100%Au), 18(75%Au), 14K(58.3%Au) 등으로 순도를 표시하여 사용
• 예 18K의 금 함량 → 24:100 = 18:x, x=75%

답 ②

CHAPTER 04 신소재 및 그 밖의 합금

📖 단원 들어가기 전

A
1. 신소재 개발은 금속, 세라믹, 고분자 재료 등의 소재를 새로운 제조 기술을 이용하여 특수한 기능과 성질을 지닌 재료로 만들어 내는 것을 말한다. 신소재는 전자, 정보 통신, 에너지, 우주 항공, 의료, 자동차, 컴퓨터 등 첨단 기술 산업에 반드시 필요한 핵심 소재로 여겨지고 있다.
2. 금속 기지 복합재료, 형상 기억 합금, 제진 합금, 비정질 합금, 초전도 재료, 자성 재료 및 그 밖의 새로운 금속재료를 알아보자.

🔖 빅데이터 키워드

고강도 재료, 기능성 재료

1 ▶ 고강도 재료

(5년간 6문항 출제, 회당 평균 0.5문항 출제, 출제율 46.2%)

1. 고강도 재료의 개요

① 금속재료의 고강도화 기구

기본적으로 격자결함의 이동성을 방해하는 메커니즘
㉠ 고용강화
㉡ 입계강화
㉢ 석출강화
㉣ 가공강화

② 고강도 재료의 구분
㉠ **고비강도** 재료
㉡ 구조재료용 금속간 화합물
㉢ 섬유강화 금속복합재료
㉣ 입자분산 복합재료
㉤ 극저온용 구조재료

⭐ **용어정의**
비강도
강도를 비중으로 나눈 값으로 단위 중량에 대한 강도를 나타낸 것

2. 고강도 재료의 종류

① 초강력강
  ㉠ 초강력강은 비중이 큰 불리한 조건을 가진 고비강도화를 꾀하지 않으면서 고강도화를 최대로 추구하여 달성한 재료
  ㉡ 종류 : **마레이징강**, 스테인리스강
  ㉢ 조직 : 뜨임 마텐자이트 조직, 2차 경화조직, 금속간화합물 석출경화 조직

② 타이타늄합금
  ㉠ 비중이 4.54로 가벼우며, 용융점이 1,670℃로 강보다 높음
  ㉡ 고온에서 산소, 질소, 탄소와 반응하기 쉬워 용해 및 주조 어려움
  ㉢ 전기 및 열의 전도성이 철보다 나쁨
  ㉣ 가공 경화성이 크고, 강도가 알루미늄이나 마그네슘보다 큼
  ㉤ 고온 비강도가 뛰어남 → 가스 터빈용, 항공기 구조용, 화학 공업용 내식 재료, 원자로 구조용 재료로 많이 사용
  ㉥ 내식성이 좋으며 바닷물에 대해서는 18-8 스테인리스강보다 우수
  ㉦ 내열성 500℃ 정도에서는 스테인리스강보다 우수
  ㉧ 철 함유량의 증가에 따라 인장 강도와 경도 증가, 연신은 감소
  ㉨ 가공 경화성 큼 → 기계적 성질은 냉간 가공도에 따라 크게 변화
  ㉩ 표면에 안정된 TiO_2의 보호 피막이 생겨 내식성 우수

> **참고**
> 고비강도 재료
> • 초고층 빌딩이나 원자로 압력 용기, 항공기나 로켓의 고속 비상체 등에 사용
> • 고비강도 재료에는 초강력강, 티타늄합금, 알루미늄 합금이 있다.

개념잡기

Ti금속의 특징을 설명한 것 중 옳은 것은?

① Ti 및 그 합금은 비강도가 높다.
② 저용융점 금속이며, 열전도율이 높다.
③ 상온에서 면심입방격자(FCC)의 구조를 갖는다.
④ Ti은 화학적으로 반응성이 없어 내식성이 나쁘다.

> 티타늄은 비중 4.5, 융점 1,800℃
> 상자성체이며 매우 경도가 높고 여림
> 강도는 거의 탄소강과 같음
> 비강도는 비중이 철보다 작으므로 철의 약 2배
> 열전도와 열팽창률도 작은 편
> 타이타늄은 전형적인 금속 조밀육방격자(hcp) 구조(α형)를 갖는데, 882℃ 이상에서는 β형 체심입방(bcc) 구조로 변한다.
> 단점 : 고온에서 쉽게 산화하는 것과 값이 고가인 점
> 항공기, 우주 개발 등에 사용되는 이외에 고도의 내식재료로서 중용

답 ①

2 기능성 재료 ★★★

(5년간 13문항 출제, 회당 평균 1.0문항 출제, 출제율 100%)

1. 금속 기지 복합재료

① 섬유 강화금속 복합재료
  ㉠ 금속 모재 중에 **휘스커**와 같은 대단히 강한 섬유상의 물질을 분산시켜 요구되는 특징을 가지도록 만든 것
  ㉡ 강화 섬유(크게 비금속계와 금속계로 구분)
     ⓐ 비금속계 : C, B, SiC, Al_2O_3, AlN, ZrO_2 등
     ⓑ 금속계 : Be, W, Mo, Fe, Ti 및 그 합금

② 분산 강화금속 복합재료
  ㉠ 금속 합금에 기지 금속과 반응하지 않고 열적·화학적으로 안정한 0.01~0.1nm의 산화물 등의 미세한 입자를 소량으로 균일하게 분포시킨 재료
  ㉡ 분산 강화된 재료는 고온에서도 오랫동안 강도 유지 → 고온 **크리프** 특성이 우수
  ㉢ 분산 미립자 : 산화 알루미늄(Al_2O_3), 산화 토륨(ThO_2) 등 이용 → 기지 금속 중에서 화학적으로 안정적이며 용융점이 높고, 고용하지 않는 화합물
  ㉣ 기지 금속 : 알루미늄, 니켈, 니켈-크로뮴, 니켈-몰리브데넘, 철-크로뮴 등
  ㉤ 분산 강화 복합재료의 성질 및 종류
     ⓐ SAP(sintered aluminium powder product) : 저온 내열재료
     ⓑ TD Ni(thoria dispersion strengthened nickel) : 고온 내열재료

③ 입자 강화금속 복합재료
  ㉠ 금속이나 합금의 기지 중 1~5nm의 비금속 입자를 분산시켜 만든 재료
  ㉡ 서멧 : 탄화 텅스텐(WC)입자와 코발트(Co)입자를 혼합하고 소결하여 경질 공구 재료에 사용

④ 클래드 재료
  ㉠ 두 종 이상의 금속재료에 높은 압력을 가한 상태에서 압연 공정을 이용하여 금속 결합을 시키는 방법
  ㉡ 단일 금속으로는 가질 수 없는 전기적·물리적 특성을 지닌 재료
  ㉢ 니켈 합금, 스테인리스강 등의 내식성 재료와 저탄소강을 서로 조합한 클래드 재료가 화학 공업의 장치로 사용
  ㉣ 제조 방법 : 폭발 압착법, 압연법, 확산 결합법, 단접법, 압출법

 **용어정의**

휘스커(whisker)
단결정으로 이루어진 섬유로 높은 강도를 가진다.

용어정의

크리프(creep)
물체가 일정한 변형력 아래서 시간의 흐름에 따라 천천히 변형하여 가는 현상
온도가 높고 변형력이 클수록 그 변형은 빠르다. 플라스틱 같은 고분자 물질에서 현저하게 볼 수 있다.

⑤ 다공질 재료
  ㉠ 내부에 15~95%의 체적이 기공으로 이루어진 재료
  ㉡ 기존 치밀한 재료가 갖지 못하는 분리, 저장, 열차단 등의 특성 부여
  ㉢ 제조 방법 : 용융 금속의 발포법, 압분 성형체의 발포법
  ㉣ 충격 흡수성이 우수하고 가공성 우수
  ㉤ 단열성과 흡음성이 우수하며, 앞으로 자동차 등의 경량재료나 충격 흡수재료, 건축재료 등에 사용

꼭찝어 어드바이스
다공질 재료의 종류
① **오일리스 베어링** : 소결체의 다공성을 이용한 함유 베어링은 체적비로 10~30%의 기름을 함유시킨 자기 급유 상태로 사용되는 베어링
② **다공질 금속 필터** : 여과성 좋고, 고온에서 사용할 수 있으며, 수명 우수, 기계적 성질이 양호하여 용접·납땜 등의 접합도 용이하기 때문에 유체를 취급하는 공업 분야에서 실용화
③ **소결 다공성 금속 제품** : 방작기용 소결 링크, 열교환기, 전극 촉매 등

2. 형상기억합금
① 형상기억합금의 세 가지 공통 기능
  ㉠ 소성 변형이 일어나도 가열하면 그 변형이 소실되는 기능
  ㉡ 탄성 회복량이 매우 큰 **초탄성**(의탄성) 효과
  ㉢ 진동 흡수능(제진성)
② 고상에서 모상(austenite)의 형상기억합금을 냉각하면 변태가 일어나 결정 구조가 변하고 마텐자이트강이 생성
③ 마텐자이트(maretensite)는 강을 담금질하였을 때 생성되는 마텐자이트와 달리 열탄성형 마텐자이트라고 하는 특수한 마텐자이트
④ **형상기억합금의 활용** : 인공위성 안테나, 휴대전화 안테나, 로봇의 관절부, 전동차선 이상 발열 검출 센서, 창문 자동 개폐 장치, 온도 조절기, 전기 밥솥의 압력 조절기, 브레지어용 와이어에 실용화

꼭찝어 어드바이스
초탄성(superelastic)
① 하중을 제거하면 곧 원래의 모상으로 되돌아가는 현상
② 응력 유기 마텐자이트의 생성에 의하여 나타난다.

3. 제진 합금
① 제진 합금의 개요
  ㉠ 고체음이나 고체 진동이 문제가 되는 경우 음원이나 진동원에 사용하여 진동 에너지를 열에너지로 변화시켜 공진, 진폭, 진동 속도를 감소시키는 재료
  ㉡ 방진재료 : 진동음을 방지해 주는 재료
  ㉢ 흡음재료 : 소음의 대책으로 공기압의 진동을 열에너지로 변환시켜 흡수하는 재료
  ㉣ 차음재료 : 공기압 진동의 전파를 차단시키는 재료
② 제진 합금의 특성 및 종류
  ㉠ 마그네슘-지르코늄, 망가니즈-구리, 타이타늄-니켈, 구리-알루미늄-니켈, 알루미늄-아연, 철-크로뮴-알루미늄 등
  ㉡ 편상 흑연을 가진 회주철은 강에 비하여 소리의 감쇠가 빠름 → 비감쇠능이 커서 공작 기계의 베드(bed)에 사용

꼭집어 어드바이스

비정질재료 제조법
① 기체 급랭법
- 진공증착법 : 진공용기에서 금속을 가열하여 기체 상태로 만들어 세라믹 기판에 그 기체를 부착시키는 방법
- 스퍼터링법 : 불활성가스 이온을 모합금에 충돌시켜 튀어나오는 원자를 기판에 부착시키는 방법 (희토류금속에 많이 이용)

② 액체 급랭법
- 단롤법 : 고속 회전하는 1개의 롤 표면에 용융 금속을 분출시켜 냉각하는 방법
- 쌍롤법 : 회전하는 2개의 롤 사이에 용융금속을 공급하여 냉각하는 방법
- 원심급랭법 : 회전하는 냉각체 내부에 용융금속을 공급하여 냉각하는 방법
- 분무법 : 고속으로 분출하는 물의 흐름 중에 적당한 용융 금속을 떨어뜨려 미분화하는 방법

용어정의

YBCO
이트륨-바륨-구리 산화물, 초전도체 물질 중의 하나, 임계 온도가 90~93K로 비교적 높아 경제적인 초전도 합금 중의 하나

4. 비정질 합금

① 비정질 합금의 개요
  ㉠ 비정질(amorphous) : 원자의 배열이 불규칙한 상태
  ㉡ 금속을 가열하여 액체 상태로 만든 후 105K/s 이상의 고속으로 급랭 원자가 규칙적인 배열을 하지 못한 무질서한 배열의 금속

② 비정질 합금의 특성 및 활용
  ㉠ 전기저항이 크고 온도 의존성이 적다.
  ㉡ 열에 약하고 고온에서 결정화한다.
  ㉢ 구조적으로 결정의 방향성이 없다.
  ㉣ 경도가 높고 연성이 양호하며 가공경화 현상이 나타나지 않는다.
  ㉤ 용접이 불가능하다.

5. 초전도 재료

① 초전도 재료의 특성 및 종류
  ㉠ 초전도 현상 : 어떤 종류의 금속에서는 일정한 온도에서 갑자기 전기저항이 0이 되어 전기를 무제한으로 흘려보내는 상태
  ㉡ 초전도체 : 절대 온도 0도(-273℃)로 급속히 냉각시킬 때 전기저항이 없어져 전류를 무제한으로 흘려보내는 도체
  ㉢ 자기장 차폐 효과 : 초전도 덩어리 내부에서는 항상 자기장이 존재하지 않는 성질 → "마이스너 효과(Meissner's effect)"
  ㉣ 조셉슨 효과(Josephson effect) : 두 개의 초전도 물질 사이에 매우 얇은 절연체를 끼워도 한쪽 초전도 물질로부터 다른 쪽 초전도 물질로 전류가 흐른다는 현상
  ㉤ 종류
    ⓐ 순수한 금속 물질로 대표적인 금속으로는 수은(Hg)
    ⓑ 저온 초전도체 : 4K(-269℃) 영역에서 초전도성 발휘(나이오븀-타이타늄 계열의 합금 재료)
    ⓒ 고온 초전도체 : 100K(-180℃) 이하에서 초전도성 발휘(YBCO : 화합물(세라믹) 계열)

② 초전도 재료의 응용
  ㉠ 고압 송전선, 전자석용 선재, 감지기 및 기억 소자
  ㉡ 전력 시스템의 초전도화, 핵융합, MHD발전(magnetohydrodynamic power generation), 자기 부상 열차, 핵자기 공명 단층 영상 장치, 컴퓨터 및 계측기 등의 여러 분야 응용 가능

개념잡기

분산강화 금속 복합재료에 대한 설명으로 틀린 것은?

① 고온에서 크리프 특성이 우수하다. 단단함과 거리가 멀다.
② 실용재료로는 SAP, TD Ni이 대표적이다.
③ 제조방법은 일반적으로 단접법이 사용된다.
④ 기지 금속 중에 0.01~0.1μm 정도의 미세한 입자를 분산시켜 만든 재료이다.

분산강화 금속 복합재료
- 금속에 0.01~0.1μm 정도의 산화물을 분산시킨 재료
- 고온에서 크리프 특성이 우수
- Al, Ni, Ni-Cr, Ni-Mo, Fe-Cr 등이 기지로 사용
- 혼합법, 표면산화법, 공침법, 용융체 포화법 등의 제조방법이 있음

답 ③

개념잡기

제진재료에 대한 설명으로 틀린 것은?

① 제진합금으로는 Mg-Zr, Mn-Cu 등이 있다.
② 제진합금에서 제진기구는 마텐자이트변태와 같다.
③ 제진재료는 진동을 제어하기 위하여 사용되는 재료이다.
④ 제진합금이란 큰 의미에서 두드려도 소리가 나지 않는 합금이다.

제진재료
- 진동과 소음을 줄여주는 재료로 제진계수가 높을수록 감쇠능이 좋다.
- 제진합금 : Mg-Zr, Mn-Cu, Ti-Ni, Cu-Al-Ni, Al-Zn, Fe-Cr-Al, 등이 있다.
- 내부 마찰이 매우 크며 진동 에너지를 열에너지로 변환시키는 능력이 크다.
- 제진기구는 훅의 법칙을 따르며 외부에서 주어진 에너지가 재료에 흡수되어 진동이 감쇠하게 되며 열에너지로 변환된다.

답 ②

개념잡기

특정온도 이상으로 가열하면 변형되기 이전의 원래 상태로 되돌아가는 현상을 이용하여 만든 신소재는?

① 형상기억합금　　　　　　　② 제진합금
③ 비정질합금　　　　　　　　④ 초전도합금

형상기억합금
힘에 의해 변형되더라도 특정온도에 올라가면 본래의 모양으로 돌아오는 합금이다.
Ti-Ni이 대표적으로 마텐자이트 상변태를 일으킨다.

답 ①

PART 02 금속제도

CHAPTER 01 제도의 기본

CHAPTER 02 제도의 응용

CHAPTER 03 기계요소의 제도

CHAPTER 01 제도의 기본

A
1. 도면은 보는 사람이 정확하게 알아볼 수 있도록 제품의 모양, 크기, 정밀도, 생산 방법 등 제품을 생산하는데 필요한 모든 정보를 명확하게 나타내야 한다.
2. 도면을 그리기 위한 여러 가지 기본적인 방법에 대하여 알아보자.

단원 들어가기 전

제도 용어, 척도, 문자, 선, 기호

빅데이터 키워드

1. 제도 용어 및 통칙

(5년간 6문항 출제, 회당 평균 0.5 문항 출제, 출제율 46.2%)

제도 규격에 의하여 작성된 도면으로 제품을 생산하게 되면 제품의 호환성, 품질 향상, 원가 절감, 생산성 향상 및 소비자에게도 많은 편리함을 준다. 세계 각국에서는 각 나라의 실정에 맞는 표준 규격을 제정하여 사용하고 있으며, 국가 규격은 다시 국제단위로 단일화가 되고 있다.

○ 각 국의 공업규격

명 칭	표준 규격 기호
국제 표준화 기구 (International Organization for Standardization)	ISO
한국 공업 규격(Korean Industrial Standards)	KS
영국 규격(British Standards)	BS
독일 규격(Deutsches instiue fur Normung)	DIN
미국 규격(American National Standards)	ANSI
스위스 규격(Schweitzerih Normen-Vereinigung)	SNV
프랑스 규격(Norme Francaise)	NF
일본 공업 규격(Japanese Industrial Standards)	JIS

★ 용어정의
우리나라의 제도 통칙
우리나라에서는 1966년도에 제도 통칙(KS A0005)이 제정되었고 1967년도에 기계 분야에 적용되는 기계제도 통칙(KS B0001)이 제정되었다.

기호	A	B
부분	기본	기계
기호	G	H
부분	일용품	식료품
기호	C	D
부분	전기	금속
기호	M	V
부분	화학	조선

▶ 참고
KS B(기계)부분의 분류

KS 규격번호	분 류
B 0001~0891	기계기본
B 1000~2403	기계요소
B 3001~3402	공 구
B 4001~4606	공작기계
B 5301~5531	물리기계
B 6001~6430	일반기계
B 7001~7702	산업기계
B 8007~8591	수송기계

개념잡기

KS의 부문별 기호 중 기계 기본 기계요소, 공구 및 공작기계 등을 규정하고 있는 영역은?

① KS A ② KS B ③ KS C ④ KS D

KS A : 기본
KS B : 기계
KS C : 전기
KS D : 금속

답 ②

2. 도면의 크기, 종류, 양식 ○○

(5년간 10문항 출제, 회당 평균 0.8문항 출제, 출제율 76.9%)

1. 도면의 크기

① 도면의 크기는 A열 사이즈를 사용하여 A0~A4로 구분한다.
② 제도용지의 폭과 길이의 비는 $1 : \sqrt{2}$ 로 한다.

(단위 : mm)

용지크기의 호칭		A0	A1	A2	A3	A4
axb		1,189×841	841×594	594×420	420×297	297×210
도면의 테두리	c(최소)	20	20	10	10	10
	d (최소) 철하지 않을 때	20	20	10	10	10
	철할 때	25	25	25	25	25

비고 d의 부분은 도면을 접었을 때, 표제란의 좌측이 되는 쪽에 설치한다.

③ 도면은 긴 쪽을 좌우 방향으로 놓고서 사용한다. 다만 A4는 짧은 쪽을 좌우 방향으로 놓고서 사용하여도 좋다.
④ 도면을 접을 때는 그 크기는 원칙적으로 297 × 210mm(A4의 크기)로 하며 표제란이 겉으로 나오게 한다.

> 참고
> 도면이 구비해야 할 요건
> • 대상물의 도형과 함께 필요로 하는 구조, 조립상태, 치수, 가공법 등의 정보를 포함하여야 한다.
> • 애매한 해석이 생기지 않도록 표현상 명확한 뜻을 가져야 한다.
> • 무역 및 기술의 국제교류의 입장에서 국제성을 가져야 한다.

> 꼭집어 어드바이스
> 도면 필수 기재사항
> • 윤곽선
> • 표제란
> • 중심마크

2. 도면의 양식

① 도면에 반드시 마련하는 사항
  ㉠ 윤곽선(테두리선) : 도면의 윤곽에 사용하는 윤곽선은 굵기 0.5mm 이상의 실선으로 한다.
  ㉡ 표제란 : 도면의 오른쪽 아래 구석에 표제란을 그리고 원칙적으로 도면번호, 도명, 기업(단체명), 책임자 서명(도장), 도면 작성 연월일, 척도 및 투상법을 기입한다.
  ㉢ 중심마크 : 도면의 마이크로필름 촬영, 복사 등의 편의를 위하여 도면에 0.5mm 굵기의 직선으로 긋는다.

② 도면에 마련하는 것이 바람직한 사항
  ㉠ 비교 눈금 : 도면의 축소 또는 확대 복사의 작업 및 이들의 복사도면을 취급할 때의 편의를 위하여 도면에 비교눈금을 마련하는 것이 바람직하다.
  ㉡ 도면의 구역 : 도면 중의 특정부분의 위치를 지시하는 편의를 위하여 도면의 구역을 표시하는 것이 좋다.
  ㉢ 재단 마크 : 복사한 도면을 재단하는 경우의 편의를 위하여 원도에 재단 마크를 마련하는 것이 바람직하다.

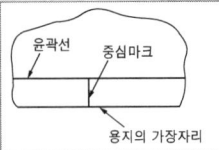

개념잡기

다음 보기에서 도면의 양식에 대한 설명으로 옳은 것을 모두 고른 것은?

보기
a. 윤곽선 : 도면에 그려야 할 내용의 영역을 명확하게 하고 제도용지 가장자리 손상으로 생기는 기재사항을 보호하기 위해 그리는 선
b. 중심마크 : 도면의 사진촬영 및 복사 등의 작업을 위하여 도면의 바깥 상하좌우 4개소에 표시해 놓은 선
c. 표제란 : 도면번호, 도면이름, 척도, 투상법 등을 기입하여 도면의 오른쪽 하단에 그리는 것
d. 재단마크 : 복사한 도면을 재단할 때 편의를 위해 그려 놓은 선

① a,c   ② a,b,c   ③ b,c,d   ④ a,b,c,d

답 ④

개념잡기

실물을 보고 프리핸드로 그린 도면은?

① 계획도　　② 제작도　　③ 평면도　　④ 스케치도

스케치 방법
- 프리핸드법 : 자유롭게 손으로 그리는 스케치 기법으로 모눈종이를 사용하면 편한 방법
- 프린트법 : 광명단 등을 발라 스케치 용지에 찍어 그 면의 실형을 얻거나 면에 용지를 대고 연필 등으로 문질러서 도형을 얻는 방법
- 본뜨기법 : 불규칙한 곡선부분이 있는 부품은 납선, 구리선 등을 부품의 윤곽에 따라 굽혀서 그 선의 윤곽을 지면에 대고 본뜨거나 부품을 직접 용지 위에 놓고 본뜨는 방법
- 사진촬영법 : 복잡한 기계의 조립상태나 부품을 여러 방향에서 사진을 찍어두어서 제도 및 도면에 활용하는 방법

답 ④

3 ▶ 척도, 문자, 선 및 기호 ★★★

(5년간 26문항 출제, 회당 평균 2.0문항 출제, 출제율 200%)

1. 도면의 척도

도면에서 척도는 A : B로 표시한다.

$$A : B$$

- A : 그린 도형에서의 대응하는 길이
- B : 대상물의 실제 길이

척도의 종류	란	값
축 척	1	1 : 2, 1 : 5, 1 : 10, 1 : 20, 1 : 50, 1 : 100, 1 : 200
	2	1 : $\sqrt{2}$, 1 : 2.5, 1 : 2$\sqrt{2}$, 1 : 3, 1 : 4, 1 : 5$\sqrt{2}$, 1 : 250
현 척	—	1 : 1
배 척	1	2 : 1, 5 : 1, 10 : 1, 20 : 1, 50 : 1
	2	$\sqrt{2}$: 1, 2.5$\sqrt{2}$: 1, 100 : 1

[비고] 1란의 척도를 우선으로 사용한다.

① 척도는 도면의 표제란에 기입하나, 같은 도면 다른 척도를 사용할 때는 필요에 따라 그 그림 부근에도 기입한다.

핵심 Key

축척
실물을 축소해서 그린 도면
현척(실척)
실물과 같은 크기로 그린 도면
배척
실물을 확대해서 그린 도면
N.S(None Scale)
비례척이 아닌 도면

② 도형이 치수에 비례하지 않는 경우에는 그 취지를 적당한 곳에 명기한다. 또한, 이들 척도의 표시는 잘못 볼 염려가 없을 경우에는 기입하지 않아도 좋다.

2. 선의 종류와 용도

용도에 의한 명칭	굵기 (mm)	선의 모양	선의 용도
외형선 (굵은 실선)	0.5~0.7	———————	물체의 보이는 부분의 모양을 나타내는 선
숨은선 (파선, 은선)	0.3~0.4	- - - - - - -	물체의 보이지 않는 부분의 모양을 나타내는 선
중심선 (가는 1점 쇄선)	0.1~0.25	-·-·-·-·-	도형의 중심을 표시하는 데 쓰이는 선 중심이 이동한 중심궤적을 표시하는 선
가상선 (가는 2점 쇄선)	0.1~0.25	-··-··-··-	인접부분을 참고로 표시하는 선 물체가 이동할 운동범위를 나타내는 선 되풀이되는 도형을 나타내는 선
특수 지정선 (굵은 1점 쇄선)	0.8~1.0	-·-·-·-	특수 가공을 하는 부분에 특별한 요구사항을 적용할 수 있는 범위를 표시하는 선
파단선 (자유 실선)	0.1~0.25	～～/\～～	대상물의 일부를 파단한 경계 또는 일부를 떼어낸 경계를 표시하는 데 쓰이는 선
해칭 (가는 실선)	0.1~0.25	/////	도형의 한정된 특정 부분을 다른 부분과 구별하고 단면도의 절단된 부분을 나타내는 선
가는 실선	0.1~0.25	———————	치수선, 치수보조선, 지시선, 회전단면선, 공차문자 등을 나타내는 선
절단선 (가는 1점 쇄선)	0.1~0.25	-·-⌐·-·-⌐	단면도를 그리는 경우, 그 절단 위치를 대응하는 그림에 표시하는 선 (절단선이 꺾이는 부분은 굵은 실선으로 표시한다)
기준선 (가는 1점 쇄선)	0.1~0.25	-·-·-·-·-	특히 위치 결정의 근거가 된다는 것을 명시할 때 쓰이는 선
피치선 (가는 1점 쇄선)	0.1~0.25	-·-·-·-	되풀이 하는 도형의 피치를 취하는 기준을 표시하는 데 쓰이는 선
무게 중심선 (가는 2점 쇄선)	0.1~0.25	-··-··-··-	단면의 무게 중심을 연결한 선을 표시하는 선

▶참고
선의 종류
실선 ———————
파선 - - - - - - -
1점 쇄선 -·-·-·-
2점 쇄선 -··-··-

📖 용어정의
- 실선 : 연속된 선
- 파선 : 일정한 간격으로 짧은 선의 요소가 규칙적으로 반복되는 선
- 1점 쇄선 : 장단 2 종류 길이의 선의 요소가 번갈아 반복되는 선
- 2점 쇄선 : 장단 2 종류 길이의 선의 요소가 장, 단, 단, 장, 단, 단의 순서로 반복되는 선

▶참고
1점 쇄선 및 2점 쇄선은 긴 쪽 선의 요소에서 시작하고 끝나도록 그린다.

3. 선의 굵기 및 우선순위

① 선의 굵기의 비율

선 굵기의 비율에 따른 분류	굵기의 비율
가는 선	1
굵은 선	2
아주 굵은 선	4

선의 굵기의 기준은 0.18mm, 0.25mm, 0.35mm, 0.5mm, 0.7mm, 및 1mm로 한다.

② 겹치는 선의 우선순위

도면에서 2종류 이상의 선이 같은 장소에 겹치게 될 경우에는 다음에 나타낸 순위에 따라 우선되는 종류의 선으로 그린다.

㉠ 외형선   ㉡ 숨은선   ㉢ 절단선
㉣ 중심선   ㉤ 무게 중심선   ㉥ 치수 보조선

4. 도면의 사용하는 문자

① 일반사항

㉠ 같은 크기의 문자는 그 선의 굵기를 되도록 맞춘다.
㉡ 글자는 명백히 쓰고 글자체는 고딕체로 하여 수직 또는 15°경사로 씀을 원칙으로 한다.

② 문자의 크기 및 굵기

문자의 크기는 높이 2.24, 3.15, 4.5, 6.3, 9(mm)의 5종류로 함을 원칙 (KS B 기계)으로 한다.

크기	한자	3.15, 4.5, 6.3, 9, 12.5, 18mm
	한글자, 숫자, 영자	2.24, 3.15, 4.5, 6.3, 9, 12.5, 18mm
굵기	한자	1/12.5
	한글자	1/9

개념잡기

침탄, 질화 등 특수 가공할 부분을 표시할 때 나타내는 선으로 옳은 것은?

① 가는 파선   ② 가는 2점 쇄선
③ 가는 1점 쇄선   ④ 굵은 1점 쇄선

▶ 특수 지정선은 특수한 가공을 하는 부분 등 특별한 요구사항을 적용할 수 있는 범위를 표시한 선으로 굵은 1점 쇄선으로 나타낸다.   답 ④

> 참고
> 문자와 문자와의 간격(문자의 간격 그림에 b)은 문자 굵기의 2배 이상으로 한다.

☆ 꼭집어 어드바이스
문자의 간격

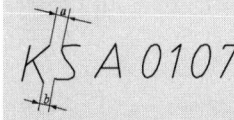

☆ 꼭집어 어드바이스
선의 우선순위
① 기호, 문자, 숫자
② 외형선
③ 숨은선(=파선=은선)
④ 절단선
⑤ 중심선
⑥ 무게 중심선
⑦ 치수 보조선

CHAPTER 02 제도의 응용

단원 들어가기 전

A
물체의 모양을 표현하기 위한 투상법, 치수기입법, 요소 치수기입 방법 등을 정확히 숙지하여 부품의 제도에 응용하는 방법을 알아보자.

 빅데이터 키워드

투상도법, 단면도, 치수기입법, 요소 치수기입

 1 투상도법 ★★

(5년간 12문항 출제, 회당 평균 0.9문항 출제, 출제율 92.3%)

1. 투상법의 종류

제도에 사용하는 투상법은 특별한 이유가 없는 한 평행 투상에 따르는 것 중, 표에 표시하는 3종류로 한다.

○ **투상법의 종류**

> ☆ 꼭집어 어드바이스
>
> **투상법의 종류**
> • 정투상
> • 등각투상
> • 사투상

투상법의 종류	사용하는 그림의 종류	특징	주된 용어
정투상	정투상도	모양을 엄밀하고 정확하게 표시할 수 있다.	일반도면
등각투상	등각도	하나의 그림으로 정육면체의 세 면을 같은 정도로 표시할 수 있다.	설명용 도면
사투상	캐비닛도	하나의 그림으로 정육면체의 세 면 중의 한 면만을 중점적으로 엄밀, 정확하게 표시할 수 있다.	

94 PART 2 I 금속제도

① 등각 투상도, 캐비닛도(사투상)

하나의 그림에 의해 대상물을 알기 쉽게 도시하는 설명용 등의 그림에는 등각 투상 및 캐비닛도를 사용한다.

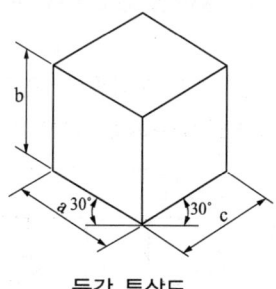
등각 투상도

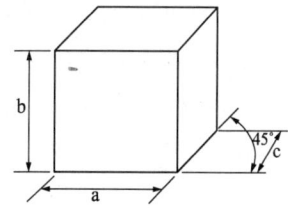
사투상도(캐비닛도)

용어정의

투시도
원근감을 갖도록 그리는 방법으로 건축이나 토목제도에 주로 사용되는 도법이다.

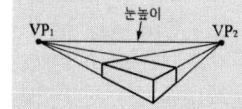

② 정투상도

투상법은 제3각법에 따르는 것을 원칙으로 하고 다만 필요한 경우(토목, 선박제도)에는 제1각법을 쓴다.

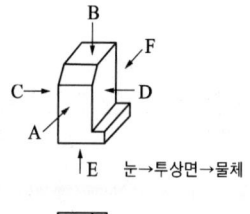
눈→투상면→물체

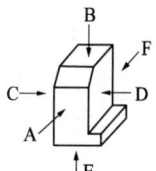

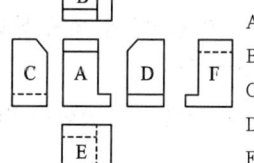
3각법

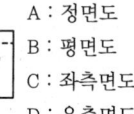
A : 정면도
B : 평면도
C : 좌측면도
D : 우측면도
E : 저면도
F : 배면도

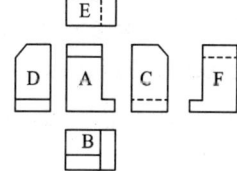
1각법

비고 : 배면도의 위치는 한 보기를 나타낸다.

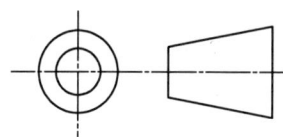
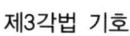
제3각법 기호

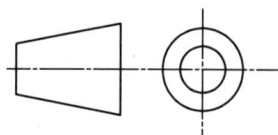
제1각법 기호

꼭찝어 어드바이스

투상면의 공간

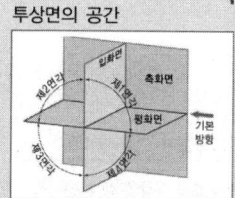

2. 제1각법과 제3각법

① 제1각법
  ㉠ 제1각법은 물체를 제1각에 놓고 정투상하는 방법이다. 따라서 물체는 눈과 투상면 사이에 있게 된다.
  ㉡ 평화면, 측화면을 입화면과 같은 평면이 되도록 회전시키면 정면도의 왼쪽에 우측면도가 놓이고, 평면도는 정면도의 아래쪽에 놓이게 된다.

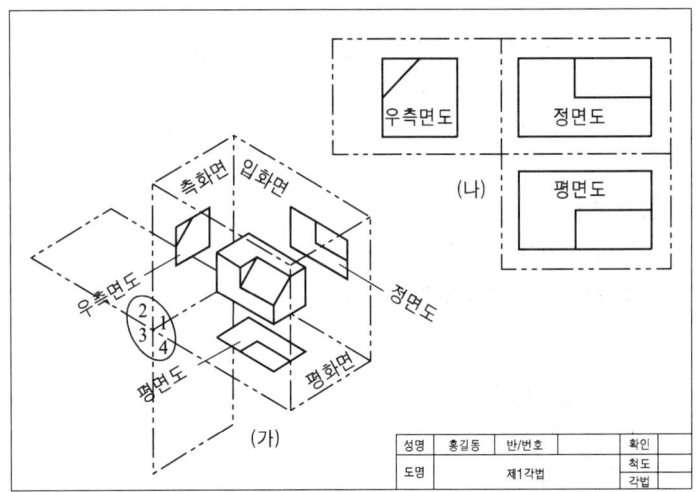

② 제3각법
  ㉠ 가장 많이 사용되는 정 투상도법으로 우리나라에서 제도 통칙으로 사용하고 미국에서 사용하고 있는 투상법이다.
  ㉡ 제3각 안에 놓고 투상하므로 투사선이 투사면을 통과하여 입체에 이르게 된다.
  ㉢ 평화면, 측화면을 입화면과 같은 평면이 되도록 회전시키면 정면도의 위에 평면도가 놓이고, 정면도의 오른쪽에 우측면도가 놓이게 된다.

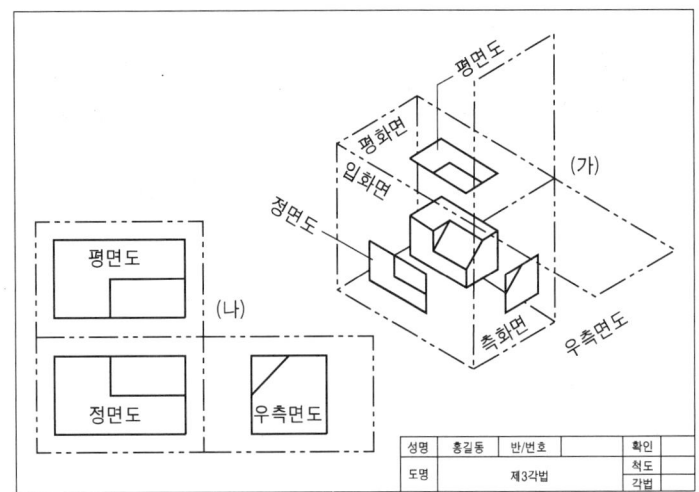

핵심 Key

시점, 화면, 물체의 관계
- 제1각법
  눈(시점)-물체-투상면
- 제3각법
  눈(시점)-투상면-물체

제3각법은 제1각법에 비하여 도면을 이해하기 쉬우며, 치수 기입이 편리하고, 보조투상도를 사용하여 복잡한 물체도 쉽고 정확하게 나타낼 수 있다.

꼭집어 어드바이스

1각법과 3각법의 혼용
- 원칙적으로 동일 도면 내에 제1각법과 제3각법의 혼용을 피해야 하나 부득이하게 혼용할 경우 투시 방향을 화살표로 명시해야 한다.
- 한국, 미국, 캐나다 등은 제3각법, 독일은 제1각법을 사용하고, 일본, 영국 및 국제규격은 제1각법과 제3각법을 혼용한다.

3. 투상도의 표시방법

① 주 투상도의 선택
　㉠ 주 투상도에는 대상물의 모양, 기능을 가장 명확하게 표시하는 면을 그린다. 또한 대상물을 도시하는 상태는 도면의 목적에 따라 다음 하나를 따른다.
　　ⓐ 조립도 등 주로 기능을 표시하는 도면에서는 대상물을 사용하는 상태
　　ⓑ 부품도 등 가공하기 위한 도면에서는 가공에 있어서 도면을 가장 많이 이용하는 공정에서 대상물을 놓은 상태 (①)
　　ⓒ 특별한 이유가 없는 경우, 대상물을 가로길이로 놓은 상태 (②)

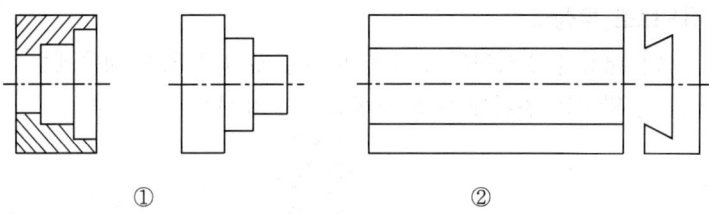

　㉡ 주 투상도를 보충하는 다른 투상도는 되도록 적게 하고 주 투상도만으로 표시할 수 있는 것에 대하여는 다른 투상도는 그리지 않는다.

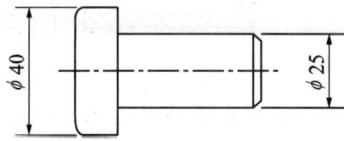

　㉢ 서로 관련되는 그림의 배치는 되도록 숨은선을 쓰지 않도록 한다. 다만, 비교 대조하기 불편할 경우에는 예외로 한다.

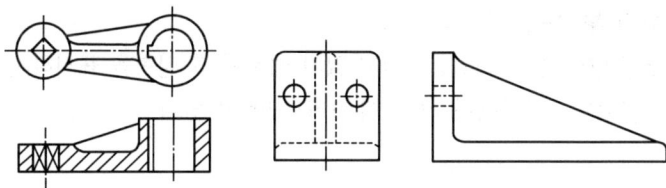

비교 대조 편리

② 투상도 표시방법
　㉠ 투상법의 기호는 표제란 또는 그 근처에 나타낸다.
　㉡ 지면의 형편 등으로 투상도를 제3각법에 의한 정확한 위치로 그리지 못하는 경우에 상호 관계를 화살표와 문자로 사용하여 표시하고 그 글자로 투상의 방향과 관계없이 전부 위 방향으로 나타낸다.

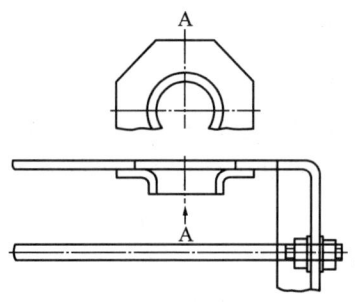

4. 투상도의 종류

① 보조 투상도

㉠ 대상물 경사면의 실형을 도시할 필요가 있을 경우에는 그 경사면과 맞서는 위치에 보조 투상도로서 표시한다.

꼭집어 어드바이스

보조 투상도

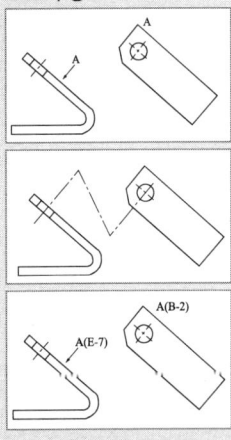

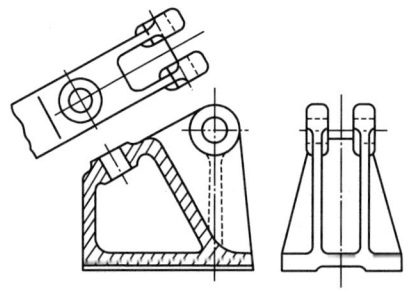

㉡ 지면의 관계 등으로 보조 투상도로 경사면에 맞서는 위치에 배치할 수 없는 경우에는 그 뜻을 화살표와 영자의 대문자로 나타낸다. 다만, 그림에 나타낸 것과 같이 구부린 중심선에서 연결하여 투상관계를 나타내도 좋다.

② 회전 투상도

투상면이 어느 각도를 가지고 있기 때문에 그 실형을 표시하지 못할 때에는 그 부분을 회전해서 그 실형을 도시할 수 있다.

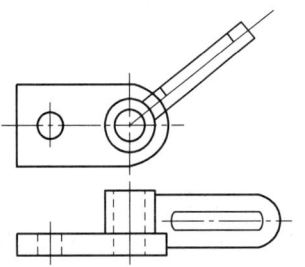
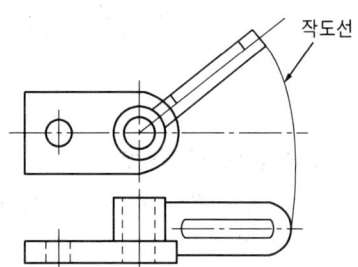

③ 부분 투상도

그림의 일부를 도시하는 것으로 충분한 경우에는 그 필요 부분만을 부분 투상도로서 표시한다. 이 경우에는 생략한 부분과의 경계를 파단선으로 나타낸다. 다만, 명확한 경우에는 파단선을 생략하여도 좋다.

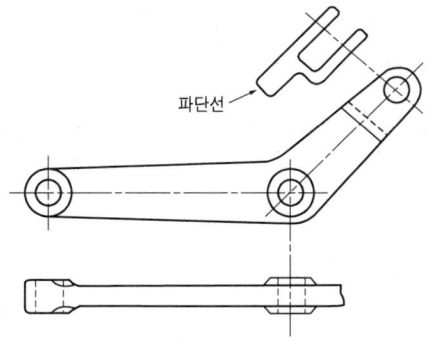

④ 국부 투상도

대상물의 구멍, 홈 등 한 국부만의 모양을 도시하는 것으로 충분한 경우에는 그 필요 부분을 국부 투상도로서 나타낸다.

> **참고**
> 투상 관계를 나타내기 위하여 원칙으로 주된 그림에 중심선, 기준선, 치수 보조선 등으로 연결한다.

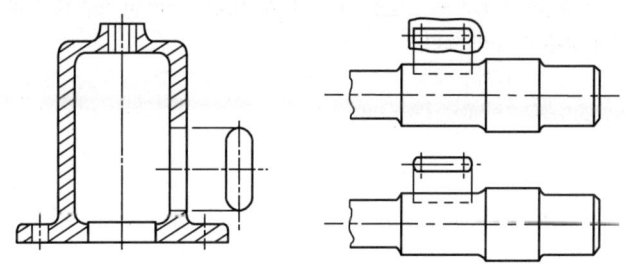

⑤ 부분 확대도

특정 부분의 도형이 작은 까닭으로 그 부분의 상세한 도시나 치수기입을 할 수 없을 때는 그 부분을 가는 실선으로 에워싸고, 영자의 대문자로 표시함과 동시에 그 해당 부분을 다른 장소에 확대하여 그리고, 표시하는 글자 및 척도를 부기한다.

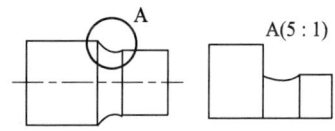

개념잡기

물체를 투상면에 대하여 한쪽으로 경사지게 투상하여 입체적으로 나타내는 것으로 물체를 입체적으로 나타내기 위해 수평선에 대하여 30°, 45°, 60° 경사각을 주어 삼각자를 편리하게 사용하게 한 것은?

① 투시도   ② 사투상도   ③ 등각투상도   ④ 부등각투상도

> **사투상도**
> 투상선이 투상면을 사선으로 평행하도록 하기 위해 무한대의 수평 시선으로 얻은 물체의 윤곽을 그리게 되면 육면체의 세 모서리는 경사축이 a각을 이루는 입체도가 되는데, 이를 그린 그림을 의미한다. 45°의 경사 축으로 그린 것은 카발리에도이며, 60°의 경사 축으로 그린 것은 캐비닛도이다.
>
> **답 ②**

개념잡기

다음 투상도 중 물체의 높이를 알 수 없는 것은?

① 정면도   ② 평면도   ③ 우측면도   ④ 좌측면도

> 평면도는 물체를 위 쪽에서 본 것으로 가로 및 세로방향의 치수만 확인할 수 있고 높이 방향의 값은 알 수가 없다.
>
> **답 ②**

2. 단면도의 표시방법 ★★★

(5년간 19문항 출제, 회당 평균 1.5문항 출제, 출제율 146.2%)

1. 단면도의 표시방법

① 단면의 표시

물체의 내부 구조가 복잡할 때 가려져서 보이지 않는 부분을 알기 쉽게 나타내기 위하여 단면도로 도시할 수 있다. 단면도의 도형은 절단면을 사용하여 대상물을 절단하였다고 가정하고 절단면의 앞부분을 제거하고 그린다.

② 단면으로 표시하지 않는 부품

단면하기 때문에 이해를 방해하는 것 또는 절단하여도 의미가 없는 것은 원칙적으로 긴 쪽 방향으로는 절단하지 않는다.
㉠ 리브, 바퀴의 암, 기어의 이
㉡ 축, 핀, 볼트, 너트, 와셔, 작은 나사, 리벳 키, 강구, 원통 롤러

2. 단면도의 종류

① 온 단면도(전 단면도)

원칙적으로 대상물의 기본적인 모양을 가장 좋게 표시할 수 있도록 물체의 중심에 절단면을 정하여 그린다. 이 경우에는 절단선은 기입하지 않는다.

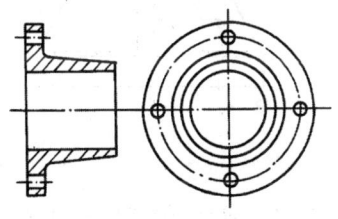
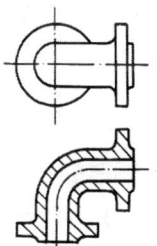

② 한쪽 단면도(반 단면도)

대칭형의 대상물은 외형도의 절반과 온단면도의 절반을 조합하여 표시할 수 있다.

③ 부분 단면도

외형도에 있어서 필요로 하는 요소의 일부만을 부분 단면도로 표시할 수 있다. 이 경우, 파단선에 의하여 그 경계를 나타낸다.

> **핵심 Key**
> • 온 단면도(=전 단면도)
> • 한쪽 단면도(=반 단면도)
> • 부분 단면도
> • 회전 단면도
> • 계단 단면도
> • 예각 단면도
> • 곡면 단면도

> **꼭집어 어드바이스**
> 단면부의 선
> 단면도에서 단면은 해칭선(가는 실선)으로 나타낸다.

④ 회전 단면도

핸들이나 바퀴 등의 암 및 링, 리브, 훅, 축, 구조물의 부재 등의 절단면을 다음에 따라 90° 회전하여 표시하여도 좋다.

㉠ 절단할 곳의 전후를 끊어서 그 사이에 그린다(그림 A).
㉡ 절단선의 연장선 위에 그린다(그림 B).
㉢ 도형 내의 절단한 곳에 겹쳐서 가는 실선을 사용하여 그린다(그림 C).

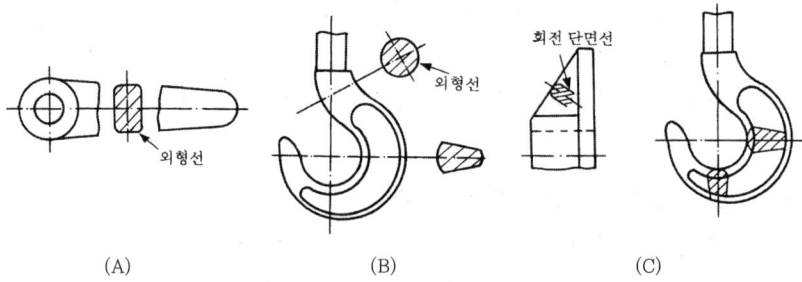

⑤ 계단 단면도

단면도는 평행한 2개 이상의 평면에서 절단한 단면의 필요 부분만을 합성시켜 나타낼 수가 있다. 이 경우, 절단선에 따라 절단의 위치를 나타내고 조합에 의한 단면도라는 것을 나타내기 위하여 2개의 절단선을 임의의 위치에서 이어지게 한다.

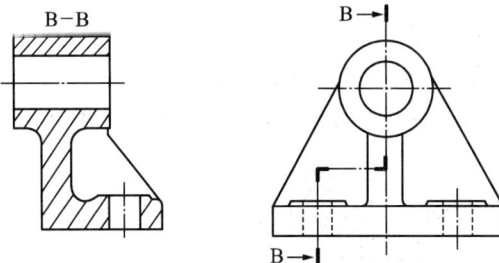

⑥ 예각 단면도

대칭형 또는 가까운 형의 대상물의 경우에는 대칭의 중심선을 경계로 하여 그 한쪽을 투상면에 평행하게 절단하고, 다른 쪽을 투상면과 어느 각도를 이루는 방향으로 절단할 수 있다. 이 경우, 후자의 단면도는 그 각도만큼 투상면 쪽으로 회전시켜서 도시한다.

⑦ 곡면 단면도

구부러진 관 등의 단면을 표시하는 경우에는 그 구부러진 중심선에 따라 절단하고 그대로 투상할 수 있다.

개념잡기

다음과 같은 단면도는?

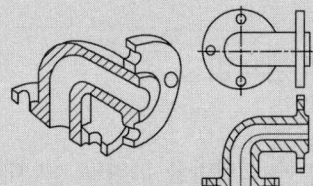

① 전 단면도　② 한쪽 단면도　③ 부분 단면도　④ 회전 단면도

물체의 절반을 단면하여 전체 영역에 해칭이 있는 방법으로 내부를 투영하는 단면도는 온 단면도(전 단면도)이다.

답 ①

개념잡기

단면도를 나타낼 때 길이 방향으로 절단하여 도시할 수 있는 것은?

① 볼트　② 기어의 이　③ 바퀴 암　④ 풀리의 보스

절단하지 않는 부품
리브, 바퀴의 암, 기어의 이, 축, 핀, 볼트, 너트, 와셔, 작은 나사, 키, 강구, 원통롤러

답 ②

개념잡기

다음 투상도에서 A-A와 같이 단면했을 때 가장 올바르게 나타낸 단면도는?

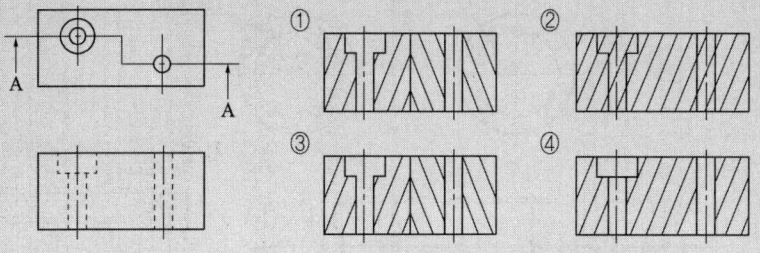

계단 단면도는 평행한 2개 이상의 평면에서 절단한 단면도의 필요 부분만을 합성시켜 나타낼 수가 있다. 이 경우, 절단선에 따라 절단의 위치를 나타내고 조합에 의한 단면도라는 것을 나타내기 위하여 2개의 절단선을 임의의 위치에서 이어지게 한다.

답 ④

3. 도면의 생략(단면도 등)

(5년간 2문항 출제, 회당 평균 0.2문항 출제, 출제율 15.4%)

1. 대칭 및 반복 도형의 생략법

① 대칭 도형의 생략

  ㉠ 대칭 중심선의 한쪽 도형만을 그리고, 그 대칭 중심선의 양끝 부분에 짧은 2개의 나란한 가는선(대칭 도시기호라 한다)을 그린다.
  ㉡ 대칭 중심선의 한쪽의 도형을 대칭 중심선을 조금 넘은 부분까지 그린다. 이때 대칭 도시기호를 생략할 수 있다.

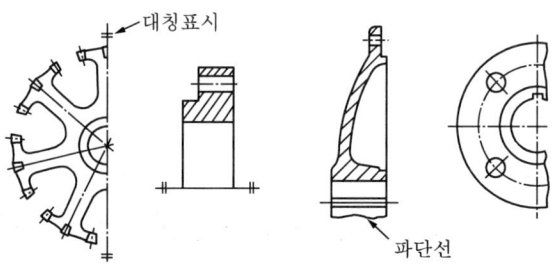

② 반복 도형의 생략

  ㉠ 실형 대신 그림 기호를 피치선과 중심선과의 교점에 기입한다.
  ㉡ 살놋 볼 우려가 있을 경우에는 양끝부(한 끝은 1피치분), 또는 요점만을 실형 또는 도면 기호로 나타내고 다른 쪽은 피치선과 중심선과의 교점으로 나타낸다.
  ㉢ 치수기입에 의하여 교점의 위치가 명확할 때는 피치선에 교차되는 중심선을 생략하여도 좋다. 또, 이 경우에는 반복 부분의 수를 치수기입 또는 주기에 의하여 지시하여야 한다.

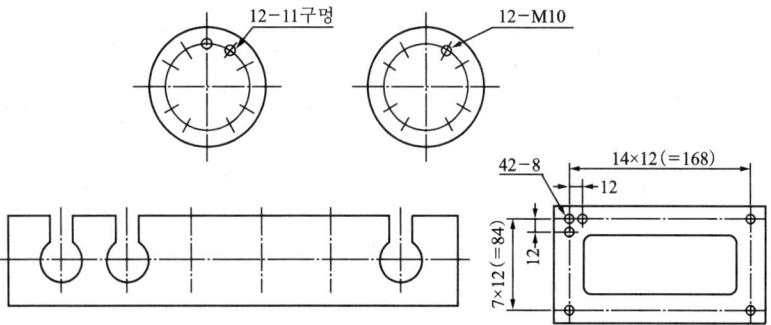

③ 도면의 중간부분 생략

동일 단면형의 부분, 같은 모양이 규칙적으로 줄지어 있는 부분 또는 긴 테이퍼 등의 부분은 지면을 생략하기 위하여 중간부분을 잘라내서 그 긴 부분만을 가까이 하여 도시할 수 있다. 이 경우, 잘라낸 끝 부분은 파단선으로 나타낸다.

2. 도형의 단축 그리기

① 일부분에 특정한 모양을 가진 것은 되도록 그 부분이 그림의 위쪽에 나타나도록 그리는 것이 좋다.
② 피치원 위에 배치하는 구멍 등은 측면의 투상도(단면도도 포함)에서는 피치원이 만드는 원통을 표시하는 가는 1점 쇄선과 그 한쪽에만 1개의 구멍을 도시(투상관계에 불구하고)하고 다른 구멍의 도시를 생략할 수 있다.
③ 숨은선은 그것이 없어도 이해할 수 있는 경우에는 생략할 수 있다.
④ 절단면의 앞쪽에 보이는 선은 그것이 없어도 이해할 수 있는 경우에는 생략할 수 있다.

개념잡기

〈보기〉에서 도면을 작성할 때 도형의 일부를 생략할 수 있는 경우를 모두 나열한 것은?

보기
ㄱ. 도형이 대칭인 경우
ㄴ. 물체의 길이가 긴 중간 부분의 경우
ㄷ. 물체의 단면이 얇은 경우
ㄹ. 같은 모양이 계속 반복되는 경우
ㅁ. 짧은축, 핀, 키, 볼트, 너트 등과 같은 기계요소의 경우

① ㄱ,ㄴ,ㄷ
② ㄱ,ㄴ,ㄹ
③ ㄴ,ㄷ,ㅁ
④ ㄱ,ㄴ,ㄷ,ㄹ,ㅁ

도형은 대칭인 경우, 길이가 긴 부품의 중간 부분, 같은 모양으로 반복되는 경우 생략하여 도시할 수 있다.

답 ②

4 ▶ 치수기입법 ★★★

(5년간 13문항 출제, 회당 평균 1.0문항 출제, 출제율 100.0%)

1. 치수의 표시 방법

① 치수선
  ㉠ 치수선은 0.3mm 이하의 가는 실선으로 외형선에 평행하게 긋고 선의 양끝에는 끝부분 기호를 붙인다.
  ㉡ 치수선의 간격은 외형선으로부터 약 10~15mm 띄어서 긋고, 다음 치수선을 그을 때는 같은 간격으로 긋는다(8~10mm).
  ㉢ 치수선은 원칙으로 치수 보조선을 사용하여 기입한다. 다만, 치수 보조선을 빼내면 그림을 혼동하기 쉬울 때는 이것에 따르지 않아도 좋다.

② 치수 보조선
  ㉠ 치수 보조선은 지시하는 치수의 끝에 닿는 도형상의 점 또는 선의 중심을 통과하고 치수선에 직각되게 그어서 치수선을 약간(3mm 정도) 지날 때까지 연장한다. 다만, 치수 보조선과 도형 사이를 약간 떼어 놓아도 좋다.
  ㉡ 치수를 지시하는 점 또는 선을 명확히 하기 위하여 특히 필요한 경우에는 치수선에 대하여 적당한 각도를 가진 서로 평행한 치수 보조선을 그을 수 있다. 이 각도는 되도록 60°가 좋다.

③ 지시선
  가공 구멍의 치수 또는 가공방법, 부품번호 등을 기입하기 위한 선으로 수평선에 대하여 60°의 직선으로 긋고 지시되는 쪽에 화살표를 그리고 반대쪽 끝을 수평으로 그은 다음 그 위에 지시사항이나 치수를 기입한다.

④ 화살표
  치수선이나 지시선 끝에 붙여 사용되며 길이와 폭의 비율이 약 3 : 1이 되고 2.5~3mm 길이로 한다.

⑤ 치수 수치의 표시 방법
  ㉠ 길이의 치수 수치는 원칙으로 mm의 단위로 기입하고, 단위 기호는 붙이지 않는다.
  ㉡ 각도의 치수 수치는 일반적으로 도의 단위로 기입하고, 필요한 경우에는 분 및 초를 병용할 수 있다. 도, 분, 초를 표시할때는 숫자의 오른쪽 어깨에 각각 °, ', ",를 기입한다.

> 참고
90° 22.5° 6° 21' 5" (또는 6° 21' 05") (또는 8° 00' 12") 3 ' 21" 또, 각도의 치수 수치를 라디안의 단위로 기입하는 경우에는 그 단위 기호 rad를 기입한다.

2. 치수기입의 원칙

① 대상물의 기능, 제작, 조립 등을 고려하여, 필요하다고 생각되는 치수를 명료하게 도면에 지시한다.
② 치수는 대상물의 크기, 자세 및 위치를 가장 명확하게 표시하는 데 필요하고 충분한 것을 기입한다.
③ 도면에 나타내는 치수는 특별히 명시하지 않는 한, 그 도면에 도시한 대상물의 다듬질 치수를 표시한다.
④ 치수에는 기능상(호환성을 포함) 필요한 경우 치수의 허용한계를 지시한다. 다만, 이론적으로 정확한 치수를 제외한다.
⑤ 치수는 되도록 주 투상도에 집중한다.
⑥ 치수는 중복 기입을 피한다.
⑦ 치수는 되도록 계산해서 구할 필요가 없도록 기입한다.
⑧ 치수는 필요에 따라 기준으로 하는 점, 선 또는 면을 기준으로 하여 기입한다.
⑨ 관련되는 치수는 되도록 한 곳에 모아서 기입한다.
⑩ 치수는 되도록 공정마다 배열을 분리하여 기입한다.
⑪ 치수 중 참고 치수에 대하여는 치수 수치에 괄호를 붙인다.

3. 치수보조 기호의 종류와 용도

① 치수보조 기호

치수 표시 기호는 다음 표와 같으며 치수 숫자 앞에 쓰는 것이 원칙이고 숫자와 같은 크기로 기입한다.

기 호	구 분	기 호	구 분
ϕ	지름	□	정사각형
R	반지름	C	45° 모따기
$S\phi$	구의 지름	t	두께
SR	구의 반지름	P	피치

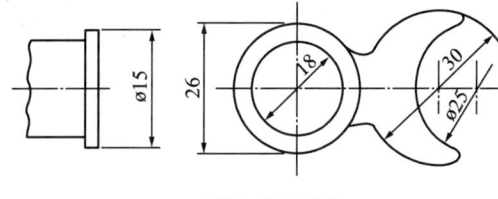

지름 치수기입

② 원형치수 기호
원형의 그림에 지름의 치수를 기입할 때는, 치수 수치의 앞에 지름의 기호 Ø는 기입하지 않는다.

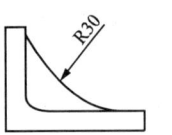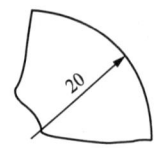

반지름 치수기입

4. 치수 보조기호 기입

① 치수의 배치
㉠ 직렬 치수기입법 : 직렬로 나란히 연결된 개개의 치수에 주어진 치수 공차가 축차로 누적되어도 좋은 경우에 사용한다.

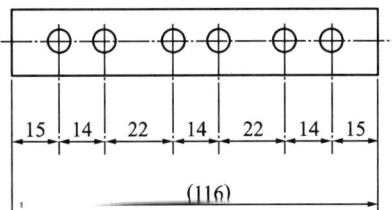

㉡ 병렬 치수기입법 : 병렬로 기입하는 개개의 치수 공차는 다른 치수의 공차에는 영향을 주지 않는다. 이 경우, 공통 쪽의 치수 보조선의 위치는 기능, 가공 등의 조건을 고려하여 적절히 선택한다.

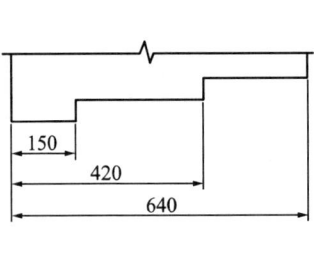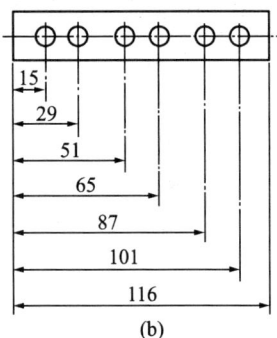

(a)   (b)

ⓒ 누진 치수기입법 : 치수 공차에 관하여 병렬 치수기입법과 완전히 동등한 의미를 가지면서, 한 개의 연속된 치수선으로 간편하게 표시된다.
이 경우, 치수의 기점의 위치는 기점 기호(O)로 나타내고, 치수선의 다른 끝은 화살표로 나타낸다. 치수 수치는 치수 보조선에 나란히 기입하거나 화살표 가까운 곳에 치수선의 위쪽에 이어 연하여 쓴다. 또한 2개의 형체 사이의 치수선에도 준용할 수 있다.

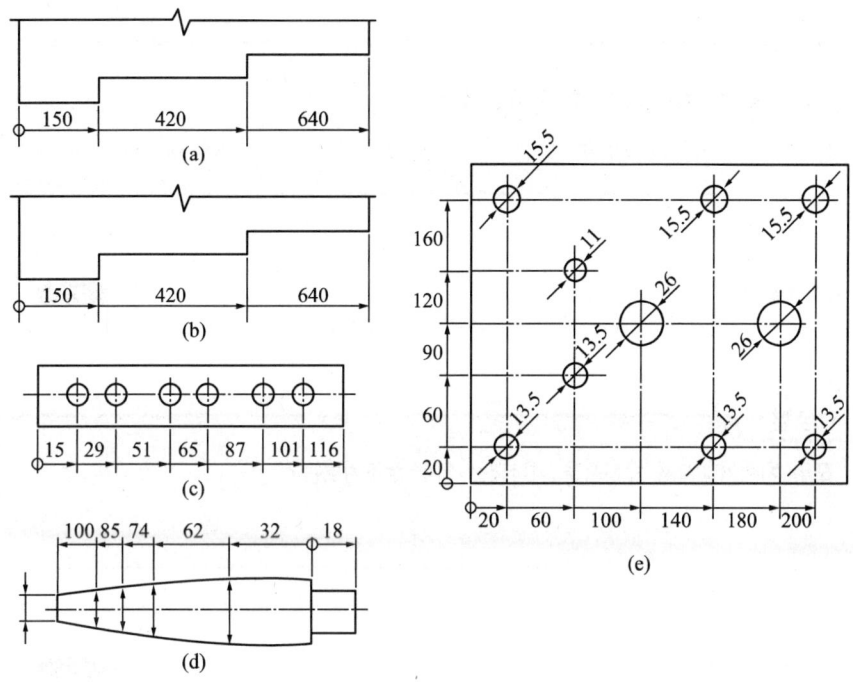

ⓓ 좌표 치수기입법 : 구멍의 위치나 크기 등의 치수는 좌표를 사용하여 표로 하여도 좋다.

② 치수 수치를 기입하는 위치 및 방향
  ⓐ 치수 수치는 수평방향의 치수선에 대하여 위쪽에, 수직방향의 치수선에 대하여 왼쪽에 기입하고 치수선에서 약간 띄워서 거의 중앙에 쓰는 것이 좋다.
  ⓑ 수직선에 대하여 좌상(左上)에서 우하(右下)로 향하여 약 30° 이하의 각도를 이루는 방향에는 치수선의 기입을 피한다.
  ⓒ 치수 수치 대신 글자 기호를 써도 좋다. 이 경우, 그 수치를 별도로 표시한다.
  ⓓ 도형이 치수 비례대로 그려져 있지 않을 때는 치수 밑에 밑줄을 친다.

개념잡기

미터 나사의 표시가 "M 30 X 2"로 되어 있을 때 2가 의미하는 것은?

① 등급　　② 피치　　③ 리드　　④ 거칠기

미터 가는 나사의 외경은 30mm, 피치는 2mm를 의미한다.

답 ②

개념잡기

다음 기호 중 치수 보조기호가 아닌 것은?

① C　　② R　　③ t　　④ △

C : 45° 모따기
R : 반지름
t : 두께

답 ④

개념잡기

도면 치수기입에서 반지름을 나타내는 치수 보조기호는?

① R　　② t　　③ ∅　　④ SR

t : 두께
∅ : 지름
SR : 구의 반지름

답 ①

5 ▶ 여러 가지 요소 치수기입 ★★★

(5년간 17문항 출제, 회당 평균 1.3문항 출제, 출제율 130.8%)

1. 여러 가지 치수기입

① **좁은 부분 치수기입**

치수기입에 있어서 간격이 좁고 기입이 연속될 때에는 치수선의 위쪽과 아래쪽에 번갈아 치수를 기입하거나 지시선을 써서 치수를 기입한다.

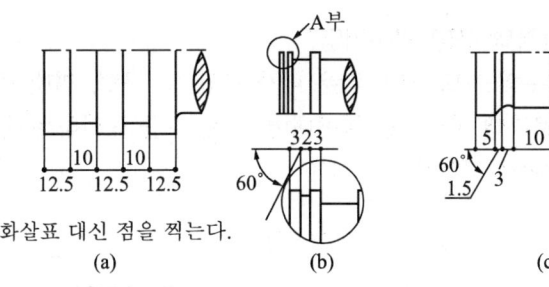

A부 상세도, 척도 2:1

② **구멍의 표시 방법**

드릴 구멍, 리머 구멍, 펀칭 구멍, 코어 구멍 등의 구별을 표시할 필요가 있을 때에는 그림과 같이 치수 숫자에 그 명칭을 기입한다.

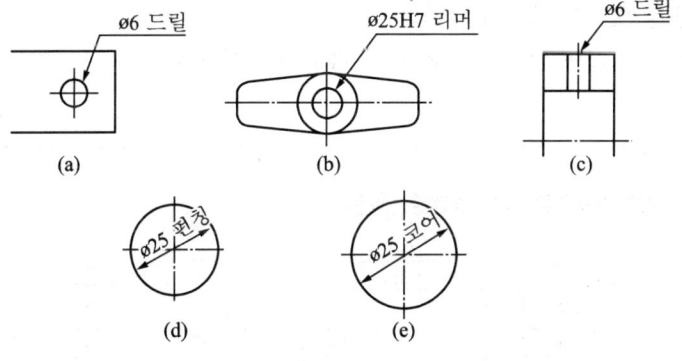

구멍의 치수기입

③ **현·호의 치수기입**

㉠ 현의 길이 표시 방법 : 현의 길이는 원칙으로 현에 직각으로 치수 보조선을 긋고, 현에 평행한 치수선을 사용하여 표시한다.

㉡ 원호의 길이 표시 방법 : 현의 경우와 같은 치수 보조선을 긋고 그 원호와 동심의 원호를 치수선으로 하고, 치수 수치의 위에 원호의 길이 기호를 붙인다.

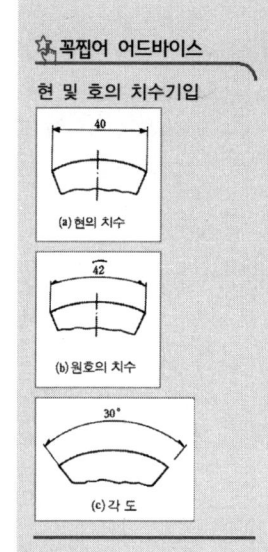

꼭찝어 어드바이스
현 및 호의 치수기입
(a) 현의 치수
(b) 원호의 치수
(c) 각도

④ 테이퍼와 기울기의 치수기입

아래 그림과 같이 테이퍼는 중심선에 따라 치수를 기입하고 기울기는 변에 따라 기입하는 것이 원칙이다.

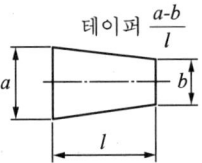
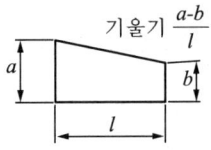

테이퍼와 기울기의 치수기입

⑤ 같은 간격의 구멍 치수기입

같은 치수의 볼트 구멍, 작은 나사 구멍, 핀 구멍, 리벳 구멍 등의 치수는 구멍으로부터 지시선을 끌어내어 그 총 수를 표시하는 숫자 다음에 짧은 선을 넣어서 기입한다.

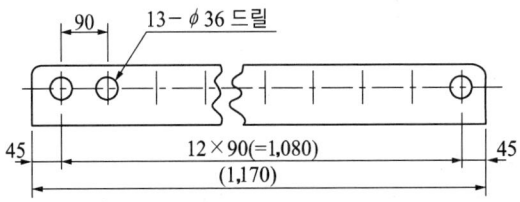

같은 간격의 구멍 치수기입

⑥ 평강 및 형강의 치수기입

평강의 단면 치수는 너비 × 두께로서 표시한다.

개념잡기

도면에 대한 내용으로 가장 올바른 것은?

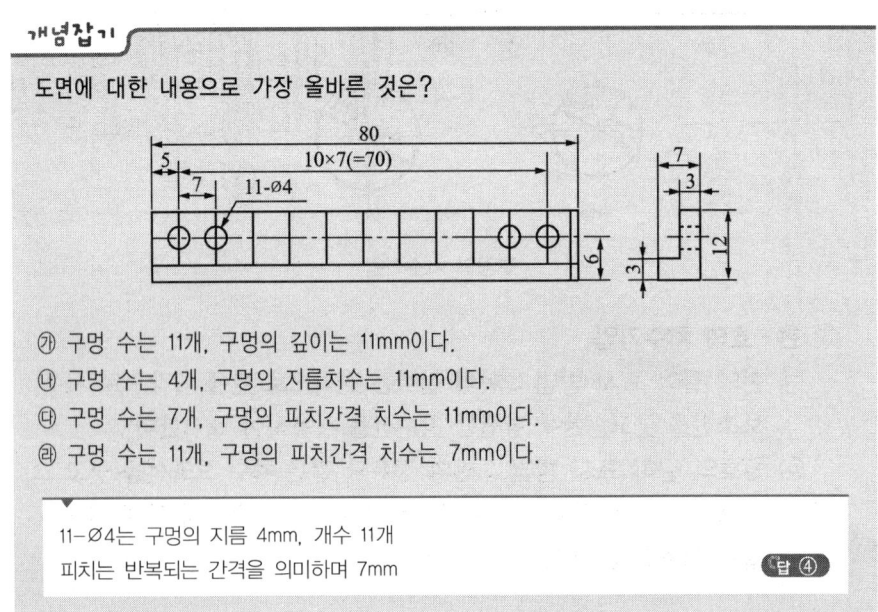

㉮ 구멍 수는 11개, 구멍의 깊이는 11mm이다.
㉯ 구멍 수는 4개, 구멍의 지름치수는 11mm이다.
㉰ 구멍 수는 7개, 구멍의 피치간격 치수는 11mm이다.
㉱ 구멍 수는 11개, 구멍의 피치간격 치수는 7mm이다.

11-Ø4는 구멍의 지름 4mm, 개수 11개
피치는 반복되는 간격을 의미하며 7mm

답 ㉱

CHAPTER 03 기계요소의 제도

단원 들어가기 전
하나의 기계에는 여러 가지 부품들로 조립되어 있는데, 기계를 구성하는 기본이 되는 부품인 기계요소를 구분하여 제도 방법을 알아보자.

빅데이터 키워드
표면 거칠기, 치수공차, 끼워맞춤, 투상도면 해독, 금속재료 기호, 체결용 기계요소, 전동용 기계요소

1 도면의 결 도시방법

(5년간 6문항 출제, 회당 평균 0.5문항 출제, 출제율 46.2%)

1. 표면거칠기 기호의 종류

① 표면거칠기

다듬질의 매끄러운 정도는 KS B 0161에 규정하는 표면거칠기(surface roughness)에 따른다. 최대 높이(R_{max}), 10점 평균 거칠기(R_z), 중심선 평균 거칠기(R_a)의 세 가지 방법으로 나타내고 있으나, 최대 높이에 의한 방법이 일반적으로 많이 쓰이고 있다.

㉠ 최대 높이 거칠기(R_{max}) : 단면 곡선에서 기준 길이를 잡고, 이 사이에 높은 곳과 낮은 곳의 차이를 측정하여 미크론(μ)단위로 나타낸다.

㉡ 10점 평균 거칠기(R_z) : 기준 길이(Lmm)의 사이에서 셋째 번의 높은 산과 셋째 번의 낮은 골을 지나는 두 직선의 간격을 측정하여 미크론(μ)단위로 나타낸 것이다.

㉢ 중심선 평균 거칠기(R_a) : 기준 길이(Lmm)의 사이에서 중심선 X-X를 위쪽의 산 나비와 아래쪽의 골 나비가 같게 긋고, 아래쪽의 골을 중심선 X-X에 대칭되는 산으로 생각하여 이 산과 중심선 X-X의 위쪽에 있는 처음 산과의 높이를 중심선 X-X를 기준으로 각각 측정하고 그 평균 높이를 해당하는 곳에 평균선 X'-X'를 그었을 때, 이 높이 R_a를 미크론(μ)단위로 나타낸 것이다.

> **참고**
> 최대 높이
>
>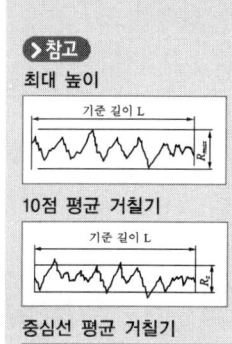
>
> 10점 평균 거칠기
>
> 중심선 평균 거칠기

② 다듬질 기호

다듬질 기호		정도(精度)	사용보기	분류	R_max	Rz	Ra
—	/////	일체의 가공이 없는 자연면	압력에 견디어야 하는 곳	자연면	특히 규정 없음		
∨	∼	고운 자연면은 그대로 두고 아주 거친 곳만 조금 가공	스패너자루, 핸들 휠의 바퀴	주조면, 단조면			
W∨	▽	가공 흔적이 남을 정도의 막다듬질	피스톤의 내면, 샤프트의 끝면	거친 다듬면	100S	100Z	25a
X∨	▽▽	가공 흔적이 거의 없는 중다듬질	기어의 크랭크의 측면	보통(중간) 다듬면	25S	25Z	6.3a
Y∨	▽▽▽	가공 흔적이 전혀 없는 상다듬질	게이지의 측정면, 공작기계의 미끄럼면	고운 다듬면	6.3S	6.3Z	1.6a
Z∨	▽▽▽▽	광택이 나는 고급 다듬질	래핑, 버핑에 의한 특수용도의 고급 플랜지면	정밀 다듬면	0.8S	0.8Z	0.2a

③ 표면거칠기의 표시

㉠ 대상면을 지시하는 기호는 60°로 벌린 길이가 다른 절선으로 하는 면의 지시 기호를 사용하며, 지시하는 대상 면을 나타내는 선의 바깥쪽에 붙여서 쓴다. 주로, 절삭 등 제거 가공의 필요 여부를 문제 삼지 않는 경우에 사용한다(a).

㉡ 제거 가공을 필요로 한다는 것을 지시하려면, 면의 지시 기호의 짧은 쪽의 다리 끝에 가로선을 부가한다(b).

㉢ 제거 가공을 허용하지 않는다는 것을 지시하려면 면의 지시기호에 내접하는 원을 부가한다(c). (최대높이(R_max)=∼(주조면=비절삭가공))

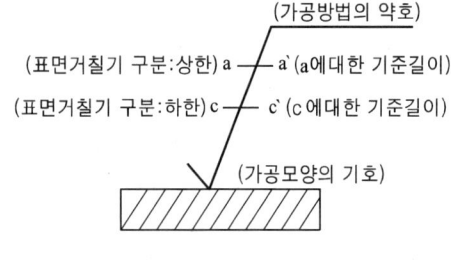

표면거칠기 기호의 구성

○ 표면 기호의 구성과 사용 예

(a)	(b)	(c)	(d)	(e)
a : 표면 거칠기의 구분치(상한)	(상한) 최대 높이 0.4μ	10점 평균 거칠기 6.3μ	중심선 평균 거칠기 0.4μ	최대 높이 12.5μ
a′ : 표면 거칠기의 구분치(하한)	기준 길이 0.25mm (하한) 최대 높이 0.2μ			
c : a에 대한 기준 길이 또는 커트 오프 값	기준 길이 0.25mm	기준 길이 0.8mm	커트 오프 값 2.5mm	기준 길이 0.25mm
c′ : a′에 대한 기준 길이 또는 커트 오프 값				
X : 가공 방법의 기호(약호)	래프 가공	가공 방법 : 지시없음	연삭	가공 방법 : 지시없음
Y : 가공 모양의 기호	가공 모양 : M	가공 모양 : 지시없음	가공 모양 : =	가공 모양 : 지시없음

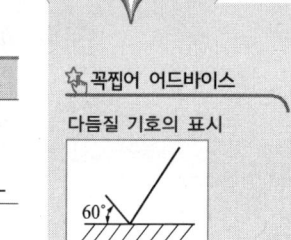

다듬질 기호의 표시

2. 표면거칠기 기호 기입

① 표면 기호 또는 다듬질 기호는 지정하는 면, 면의 연장선 또는 면의 치수 보조선에 접하도록 실체의 바깥쪽에 기입한다.
② 표면 기호 또는 다듬질 기호는 도면의 아래쪽 또는 오른쪽에서 읽을 수 있는 방향으로 기입한다.
③ 표면 기호 또는 다듬질 기호는 지정면을 가장 잘 나타내는 투상면에 기입하고, 같은 지정면에 대하여 두 곳 이상에는 기입하지 않는다.

3. 면의 가공 방법 기호

가공방법	약 호 I	약 호 II	가공방법	약 호 I	약 호 II
선반 가공	L	선반	호닝 가공	GH	호닝
드릴 가공	D	드릴	액체 호닝 가공	SPL	액체호닝
보링 머신 가공	B	보링	배럴 연마 가공	SPBR	배럴
밀링 가공	M	밀링	버프 다듬질	FB	버프
평삭반 가공	P	평삭	블라스트 다듬질	SB	블라스트
형삭반 가공	SH	형삭	랩핑 다듬질	FL	랩핑
브로치 가공	BR	브로치	줄 다듬질	FF	줄
리머가공	FR	리머	스크레이퍼 다듬질	FS	스크레이퍼
연삭가공	G	연삭	페이퍼 다듬질	FCA	페이퍼
벨트 샌딩 가공	GB	포인	주조	C	주조

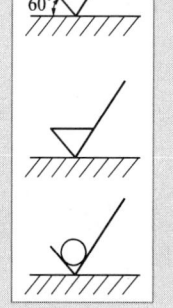

표면기호 및 다듬질 기호의 기입법

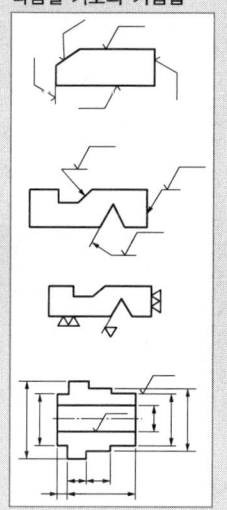

4. 줄무늬 방향 기호와 의미

○ 표면 기호의 구성과 사용 예

기호	=	⊥	X	M	C	R
의미	가공으로 생긴 앞줄의 방향이 기호를 기입한 그림의 투영면에 평행	가공으로 생긴 앞줄의 방향이 기호를 기입한 그림의 투영면에 수직	가공으로 생긴 선이 두 방향으로 교차	가공으로 생긴 선이 다방면으로 교차 또는 무방향	가공으로 생긴 선이 거의 동심원	가공으로 생긴 선이 거의 방사상
설명도						

개념잡기

가공면의 줄무늬 방향 표시기호 중 기호를 기입한 면의 중심에 대하여 대략 동심원인 경우 기입하는 기호는?

① X　　　　② M　　　　③ R　　　　④ C

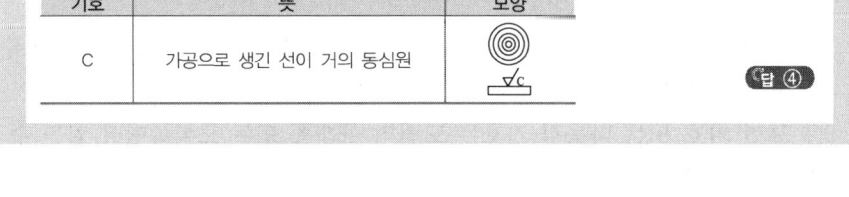

개념잡기

다음 그림 중에서 FL이 의미하는 것은?

① 밀링가공을 나타낸다.
② 래핑가공을 나타낸다.
③ 가공으로 생긴 선이 거의 동심원임을 나타낸다.
④ 가공으로 생긴 선이 2방향으로 교차하는 것을 나타낸다.

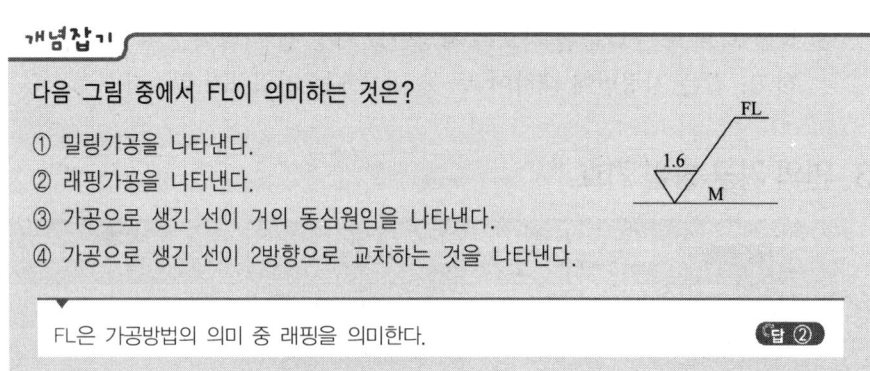

FL은 가공방법의 의미 중 래핑을 의미한다.

2 치수공차와 끼워맞춤

(5년간 12문항 출제, 회당 평균 0.9문항 출제, 출제율 92.3%)

1. 치수공차의 용어

① **구멍** : 주로 원통형 부분의 내측 윤곽을 말한다.
② **축** : 주로 원통형 부분의 외측 윤곽을 말한다.
③ **치수** : mm를 단위로 하며 두 점 사이의 거리를 나타내는 수치이다.
④ **허용 한계 치수**(limits of size) : 미리 정한 치수에 대해 사용 목적에 따라 적당한 대소 두 한계 사이로 다듬질하는 것을 허용했을 때 이 두 한계를 표시하는 치수를 말한다.
⑤ **실치수**(actual size) : 어떤 부품에 대하여 실제로 측정한 치수이다.
⑥ **최대 허용치수**(maximum limit of size) : 기준치수에 대해 허용되는 최대 치수
⑦ **최소 허용치수**(minimun limits of size) : 기준치수에 대해 허용되는 최소 치수
⑧ **기준 치수**(basic size) : 허용 한계 치수의 기준이 되며 호칭 치수라고도 한다.
⑨ **치수 허용차**(deviation) : 허용 한계 치수에서 기준 치수를 뺀 값으로서 허용차라고도 한다.
⑩ **위 치수 허용차**(ipper deviation) : 최대 허용치수에서 기준 치수를 뺀 값을 위 치수 허용차라고 한다.
⑪ **아래 치수 허용차**(lower deviation) : 최소 허용치수에서 기준 치수를 뺀 값을 아래 치수 허용차라고 한다.
⑫ **기준선**(zero line) : 허용 한계 치수와 끼워맞춤을 도시할 때 치수 허용차의 기준이 되는 선으로 기준 치수를 나타낸다.
⑬ **치수공차**(tolerance) : 최대 허용치수와 최소 허용치수와의 차를 말하며, 공차라고도 한다.

예 구멍 T=A−B=50.025−50.000=0.025mm
축 T=a−b=49.975−49.950=0.025mm

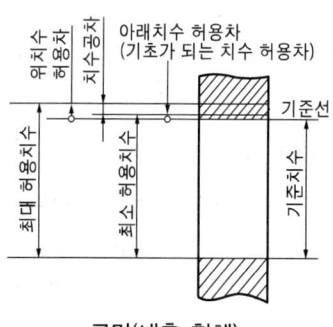
구멍(내측 형체)

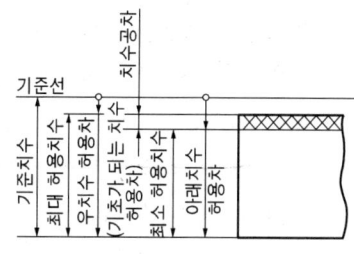
축(외측 형체)

○ 기준 치수 50,000mm의 경우(보기)

단위 : mm

구 분	축	구 멍	축
기준 치수	c = 50.000	C = 50.000	c = 50.000
최대 허용치수	a = 49.975	A = 50.034	a = 50.015
최소 허용치수	b = 49.950	B = 50.0009	b = 49.990
위 치수 허용차	d = −0.025	D = 0.034	d = 0.015
아래 치수 허용차	e = −0.050	E = 0.009	e = −0.01
치수 공차	T = 0.025	T = 0.025	T = 0.025

2. IT 기본 공차

① 기본 공차(ISO tolerance)

ISO 공차 방식에 따른 기본 공차를 IT 기본 공차라 하며 IT 01, IT 0 … IT 18 급의 20등급으로 구분하여 규정되어 있으며 적용은 아래 표 1과 같다.

○ 기본 공차의 적용

용 도	게이지 제작공차	끼워맞춤 공차	끼워맞춤 이외 공차
구 멍	IT 01~IT 5	IT 6~IT 10	IT 11~IT 18
축	IT 01~IT 4	IT 5~IT 9	IT 10~IT 18

② 구멍과 축의 표시 기호

기호의 종류는 기초된 치수 허용차에 따라 나누면 구멍에서는 로마자의 대문자를 사용하여 J를 중심으로 +의 치수 허용차 쪽에서 H, G, FG, F, EF, E, D, CD, C, B, A 11종, −의 치수 허용차 쪽에서 K, M, N, P, R, S, T, U, V, X, Y, Z, ZA, ZB, ZC의 15종으로 합계 27종이 된다. 축의 경우는 구멍과 같이 J를 중심으로 247종의 기호를 로마자의 소문자로 쓴다.

3. 끼워맞춤의 종류

① 헐거운 끼워맞춤(clearande fit) : 구멍과 축 사이에 항상 틈새가 있는 끼워맞춤으로 축 허용 구역은 완전히 구멍의 허용 구역보다 아래이다.

② 억지 끼워맞춤(interference fit) : 축과 구멍 사이에 항상 죔새가 있는 끼워맞춤으로 축의 허용 구역이 완전히 구멍의 허용 구역보다 위이다.

③ 중간 끼워맞춤(transition fit) : 축, 구멍을 각각 허용 한계 치수 내에서 다듬질을 하여 그들을 끼워 맞출 때 그 실제 치수에 따라 틈새가 있거나 죔새가 있을 때의 끼워맞춤이다.

꼭집어 어드바이스

1. 구멍 기준식
구멍 기준식 끼워맞춤
아래 치수 허용차가 0인 H 기호 구멍을 기준 구멍으로 하고, 이에 적당한 축을 선정하여 필요한 죔새나 틈새를 얻는 끼워맞춤이다. H6~H10의 다섯 가지 구멍을 기준 구멍으로 사용한다.
es : 위 치수 허용차
ei : 아래 치수 허용차

기초가 되는 허용차
기준선에 대한 공차역의 위치를 정한 치수 허용차이다. 위 치수 허용차 또는 아래 치수 허용차의 한쪽이며, 기준선과 가까운 쪽이 된다.

꼭집어 어드바이스

2. 축 기준식
축 기준식 끼워맞춤
위 치수 허용차가 0인 h축을 기준으로 하고, 이에 적당한 구멍을 선정하여 필요한 죔새나 틈새를 얻는 끼워 맞춤이다. h5~h9의 다섯 가지 축을 기준 축으로 사용한다.
ES : 위 치수 허용차
EI : 아래 치수 허용차

기초가 되는 치수 허용차
ES 또는 EI 중 기준선과 가까운 것

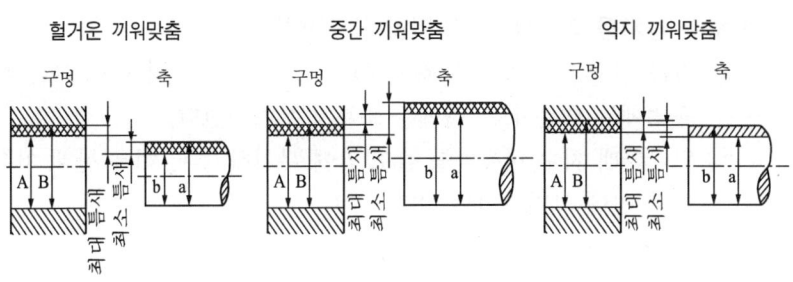

끼워맞춤의 종류

4. 치수공차 기입방법

① 치수공차를 수치에 의해 기입하는 방법

㉠ 기준 치수에 다음에 치수 허용차의 수치를 기입하여 표시한다.

ⓐ 외측 형체, 내측 형체에 관계없이 위 치수 허용차는 위에, 아래 치수 허용차는 아래에 기입한다.

ⓑ 위·아래 치수 허용차의 어느 한 쪽이 0일 때는 숫자 0으로 표시하고 부호는 붙이지 않는다.

ⓒ 위·아래 치수 허용차와의 수치가 같을 때는 수치를 하나만 쓰고 위치 앞에 ±기호를 붙인다.

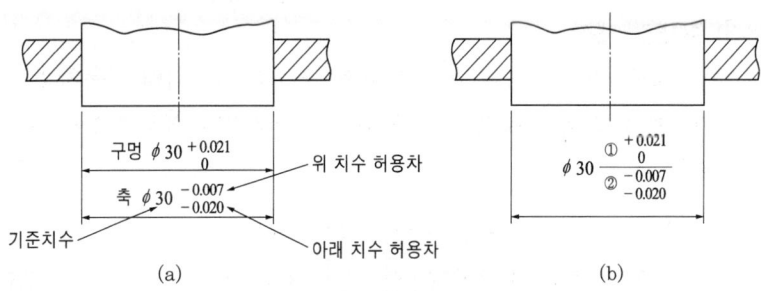

㉡ 치수 공차를 허용 한계 치수로 나타낼 때에는 최대 허용치수를 위에, 최소 허용치수를 아래에 기입한다.

② 치수 공차를 기호에 의해 기입하는 방법
  ㉠ 기준 치수 다음에 치수 허용차의 기호를 기입하여 표시한다. 이때 구멍에는 대문자로, 축에는 소문자로 표시한다.
  ㉡ 위·아래 치수 허용차를 괄호 안에 부기하거나, 허용 한계 치수를 괄호 안에 부기하여도 된다.

5. 끼워맞춤 공차 기입방법

① 끼워맞춤과 방식
  ㉠ 구멍 기준식 끼워맞춤 : 아래 치수 허용차가 0인 H 기호 구멍을 기준 구멍으로 하고 이에 필요한 죔새나 틈새를 얻는 끼워맞춤으로 H6~H10의 다섯 가지를 기준 구멍으로 사용
  ㉡ 축 기준식 끼워맞춤 : h축을 기준으로 하고 이에 적당한 구멍을 선정하여 필요한 죔새나 틈새를 얻는 끼워맞춤으로 h5~h9의 5가지를 기준 축으로 사용

② 틈새값 계산
  ㉠ 최소 틈새 = (구멍의 최소 허용치수) - (축의 최대 허용치수)
  ㉡ 최대 틈새 = (구멍의 최대 허용치수) - (축의 최소 허용치수)

③ 죔새값 계산
  ㉠ 최소 죔새 = (축의 최소 허용치수) - (구멍의 최대 허용치수)
  ㉡ 최대 죔새 = (축의 최대 허용치수) - (구멍의 최소 허용치수)

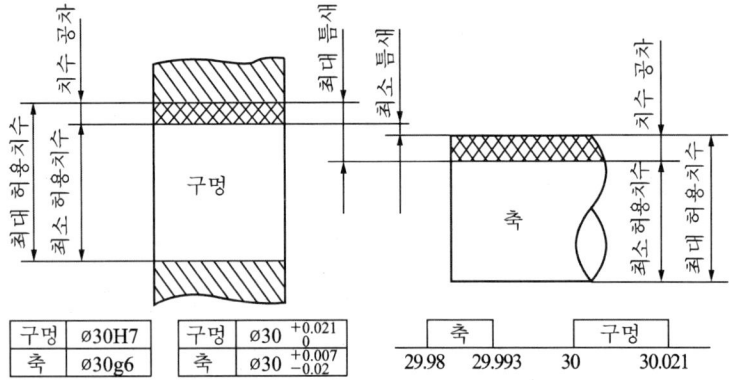

개념잡기

구멍 $\varnothing 42^{+0.009}_{0}$, 축 $\varnothing 42^{+0.009}_{-0.025}$ 일 때 최대 죔새는?

① 0.009　　② 0.025　　③ 0.018　　④ 0.034

최대 죔새 = 축의 최대 허용치수 − 구멍의 최대 허용치수

답 ①

개념잡기

끼워맞춤에 관한 설명으로 옳은 것은?

① 최대죔새는 구멍의 최대 허용치수에서 축의 최소 허용치수를 뺀 치수이다.
② 최소죔새는 구멍의 최소 허용치수에서 축의 최대 허용치수를 뺀 치수이다.
③ 구멍의 최소치수가 축의 최대 치수보다 작은 경우 헐거운 끼워맞춤이 된다.
④ 구멍과 축의 끼워맞춤에서 틈새가 없이 죔새만 있으면 억지 끼워맞춤이 된다.

- 헐거운 끼워맞춤 : 항상 틈새가 생기는 상태로 구멍의 최소 치수가 축의 최대 치수보다 큰 경우
- 억지 끼워맞춤 : 항상 죔새가 생기는 상태로 구멍의 최대 치수가 축의 최소 치수보다 작은 경우
- 중간 끼워맞춤 : 상황에 따라서 틈새와 죔새가 발생할 수 있는 경우

답 ④

3. 금속재료의 재료기호

(5년간 8문항 출제, 회당 평균 0.6문항 출제, 출제율 61.5%)

1. 기계재료 기호의 표시법

① 재료의 기호

KS 규격에는 같은 명칭의 재료에는 첨가 원소의 함유량, 최저 인장 강도 등에 따라 여러 종류로 세분화되어 있다.

㉠ 제1위 문자 : 재질을 표시하는 기호로서 영어의 머리 문자나 원소 기호를 표시

기 호	재 질	비 고
Al	알루미늄	aluminium
AlBr	알루미늄 청동	aluminium bronze
Br	청동	bronze
Bs	황동	brass
Cu	구리 또는 구리합금	copper
HBs	고강도 황동	high strength brass
HMn	고망간	high manganese
F	철	ferrum
MS	연강	mild steel
NiCu	니켈 구리 합금	nickel-copper alloy
PB	인 청동	phosphor bronze
S	강	steel
SM	기계 구조용 강	machine structure steel
WM	화이트 메탈	white metal

㉡ 제2위 문자 : 규격명과 제품명을 표시하는 기호로서 판, 봉, 광, 선, 주조품 등 제품의 형상별 종류 등과 용도를 표시

기 호	재질명	기 호	재질명
B	봉(Bar)	HG	고압 가스용기
C	주조품(Castings)	HP	열간 압연강판
CD	구상 흑연 주철	HR	연간 압연
CP	냉간 압연 강판	HS	열간 압연 강대
CS	냉간 압연 강대	K	공구강
DC	다이 캐스팅 (Die Castings)	MC	가단주철품 (Malleable Iron Casting)
F	단조품(Forgings)	P	판(Plate)
PS	일반 구조용 관	WR	선(Wire Rod)
PW	피아노선	WS	구조용 압연강
S	일반 구조용 압연재		

기 호	재질명	기 호	재질명
SW	강선(Steel Wire)		
T	관(Tube)		
TC	탄소 공구강		
W	선(Wire)		

ⓒ 제3위 문자 : 금속 종별의 기호로서 최저 인장 강도 또는 재질, 종류, 기호를 숫자 다음에 기입한다.

ⓓ 제4위 문자 : 제조법을 표시한다.

ⓔ 제5위 문자 : 제품 형상 기호를 표시한다.

ⓐ SF 34 : 탄소강 단조품 → S(강), F(단조품), 34(최저 인장 강도)

ⓑ SC 37 : 탄소강 주강품 → S(강), C(주조품), 37(최저 인장 강도)

ⓒ S 1 : 초경합금 1종 → S(초경합금), 1(1호)

ⓓ SHP1 : 열간 압연 연강판 1종 → S(강), H(열간 가공품), P(강판), 1(1종)

ⓔ SM 20C : 기계 구조용 탄소강 강제 → SM(기계 구조용), 20C(탄소 함유량 0.15~0.25%의 중간 값)

ⓕ PW 1 : 피아노선 1종 → PW(피아노선), 1(1호)

【보기】 일반 구조용 압연 강재 2종을 표시할 때는 SS41로 기입한다.

	S	S	400
강재(Steel)	일반구조용 압연재 (General Structural Purposes)		최저인장강도 (400N/mm²)

개념잡기

한국산업표준에서 규정한 탄소공구강의 기호로 옳은 것은?

① SCM ② SKH ③ STC ④ SPS

SCM : 크롬몰리브덴강, SKH : 고속도강, SPS : 스프링강 　답 ③

개념잡기

다음 도면에 〈보기〉와 같이 표시된 금속재료의 기호 중 330이 의미하는 것은?

KS D 3503 SS 330

① 최저인장강도 ② KS 분류기호
③ 제품의 형상별 종류 ④ 재질을 나타내는 기호

SS 330은 일반구조용 압연강재로 최저인장강도가 330N/mm³임을 나타낸다. 　답 ①

4 ▶ 체결용 기계요소의 제도

(5년간 8문항 출제, 회당 평균 0.6문항 출제, 출제율 61.5%)

1. 나사의 표시방법

| 나사산의 감긴 방향 | 나사산 줄의 수 | 나사의 호칭 | 나사의 등급 |

예 나사의 표시법

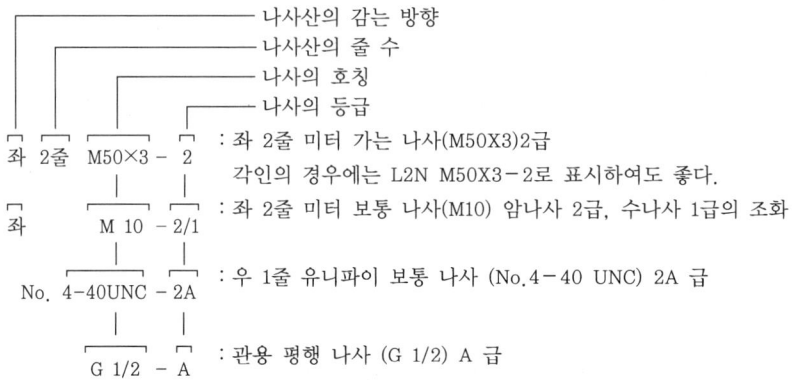

2. 나사의 종류

① 삼각나사 미터나사
  ㉠ 나사의 지름과 피치를 mm로 표시한 미터계 나사
  ㉡ 나사산의 각도 60

② 삼각나사 유니파이나사
  ㉠ ABC나사, 나사산의 각도 60인 인치계 나사
  ㉡ 항공기용 및 계측기용 정밀 조립에 사용

③ 관용나사
  ㉠ 나사산의 각도가 55인 인치계 나사
  ㉡ 관용 부품, 유체 기기 등의 결합에 사용

④ 관용 테이퍼나사 : 나사부의 기밀성을 유지하기 위해 사용

⑤ 사각나사
  ㉠ 축방향의 큰 하중을 받는 곳에 적합하도록 나사산을 사각 모양으로 만든 나사
  ㉡ 프레스 등의 동력 전달용으로 사용

⑥ 사다리꼴나사
  ㉠ 나사산의 각도가 30인 사다리꼴로 된 나사
  ㉡ 선반 등과 같은 공작 기계의 이송 나사로 널리 사용
⑦ 톱니나사
  ㉠ 힘을 한쪽 방향으로만 받는 곳에 사용하는 나사
  ㉡ 나사산의 모양이 톱니 모양, 바이스, 압착기 등의 이송나사로 사용
⑧ 둥근나사
  ㉠ 나사산이 둥근 모양, 먼지나 모래 등이 많은 곳에 사용
  ㉡ 전구나 소켓 등에 사용
⑨ 볼나사
  ㉠ 나사축과 너트 사이에 강재 볼을 넣어 힘을 전달하는 나사
  ㉡ 마찰이 매우 작고 백래시가 작아, 정밀 공작 기계의 이송장치에 사용

o **나사의 종류를 표시하는 기호 및 나사의 호칭에 대한 표시 방법**

구 분		나사의 종류		나사의 종류를 표시하는 기호	나사의 호칭에 대한 표시방법의 보기
일반용	ISO 규격에 있는 것	미터 보통나사		M	M 8
		미터 가는나사			M 8x1
		미니추어나사		S	S 05
		유니파이 보통나사		UNC	3/8-16 UNC
		유니파이 가는나사		UNF	No.8-36 UNF
		미터 사다리꼴나사		Tr	Tr 10x2
		관용 테이퍼 나사	테이퍼 수나사	R	R 3/4
			테이퍼 암나사	Rc	Rc 3/4
			평행 암나사	Rp	Rp 3/4
		관용 평행나사		G	G 1/2
	ISO 규격에 없는 것	30°사다리꼴나사		TM	TM 18
		29°사다리꼴나사		TW	TW 20

꼭짚어 어드바이스

나사 표시의 유의사항
- 나사의 방향 표시는 왼쪽 나사에만 표시한다. 표시는 '좌' 또는 'L'을 사용한다.
- 나사의 줄수 표시는 두 줄 이상인 경우만 표시한다. 표시는 '줄' 또는 'N'을 사용한다.

참고
- 나사 종류에 따라 좌에서 우로 갈수록 등급이 낮아진다.
- 휘트워드 나사 등급은 KS에서 폐기되었다.

구 분		나사의 종류		나사의 종류를 표시하는 기호	나사의 호칭에 대한 표시방법의 보기
일반용	ISO 규격에 없는 것	관용 테이퍼 나사	테이퍼 수나사	PT	PT 7
			평행 암나사	PS	PS 7
		관용 평행나사		PF	PF 7
특수용		후강 전선관나사		CTG	CTG 16
		박강 전선관나사		CTC	CTC 19
		자전거 나사	일반용	BC	BC 3/4
			스포크용		BC 2.6
		미싱나사		SM	SM 1/4 산 40
		전구나사		E	E 10
		자동차용 타이어 밸브나사		TV	TV 8
		자전거용 타이어 밸브나사		CTV	CTV 8 산 30

① 특별히 가는 나사임을 뚜렷하게 나타낼 필요가 있을 때에는 피치 또는 산의 수 다음에 '가는 눈'의 글자를 ( )안에 넣어서 기입할 수 있다.
② 이 평행 암나사(Rp)는 테이퍼 수나사(R)에 대해서만 사용한다.
③ 이 평행 암나사(PS)는 테이퍼 수나사(PT)에 대해서만 사용한다.
④ 미터 보통나사 중 M1.7, M2.3 및 M2.6은 ISO 규격에 규정되어 있지 않다.

3. 나사의 도시법

① 일반나사의 제도법
  ㉠ 수나사의 바깥지름과 암나사의 안지름을 나타내는 선은 굵은 실선으로 그린다.
  ㉡ 수나사와 암나사의 골을 표시하는 선은 가는 실선으로 그린다.
  ㉢ 완전 나사부와 불완전 나사부의 경계선은 굵은 실선으로 그린다. 단, 보이지 않을 때는 굵은 파선으로 그린다.
  ㉣ 불완전 나사부의 골밑을 나타내는 선은 축선에 대하여 30°의 가는 실선으로 한다. 다만, 필요에 따라서는 불완전 나사부의 도시를 생략한다.
  ㉤ 암나사 탭구멍의 드릴 자리는 120°의 굵은 실선으로 그린다.
  ㉥ 보이지 않는 나사부의 산봉우리와 골을 나타내는 선은 굵은 파선으로 서로 어긋나게 그린다.

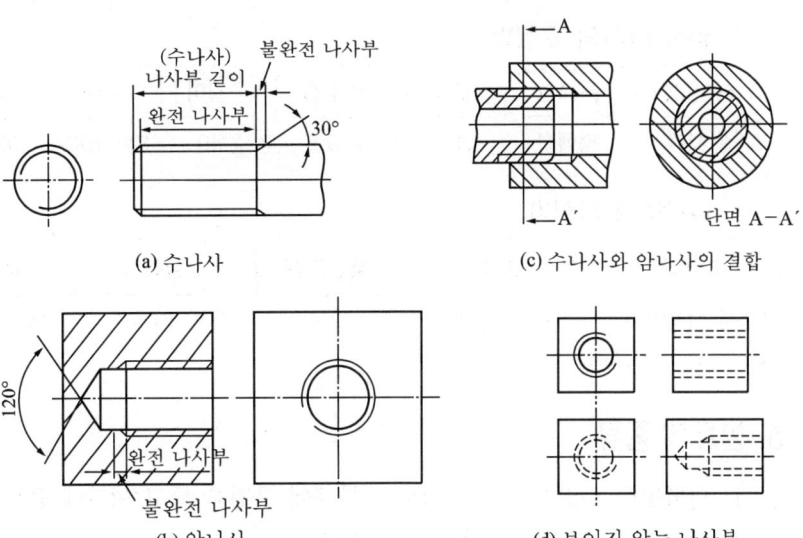

② 나사의 피치
  ㉠ 피치=리드/줄수
  ㉡ 예시 : 피치가 3이고 줄수가 3일 때 리드 계산
    피치=리드/줄수 에서
    리드=피치×줄수=3×3=9

4. 볼트·너트의 호칭방법

① 볼트의 호칭법

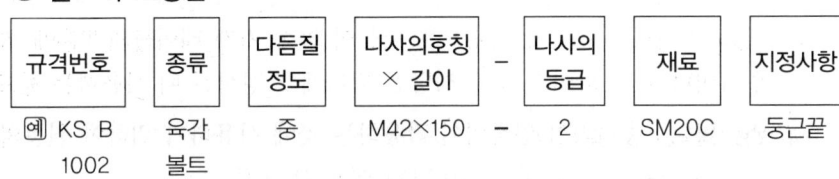

② 너트의 호칭법

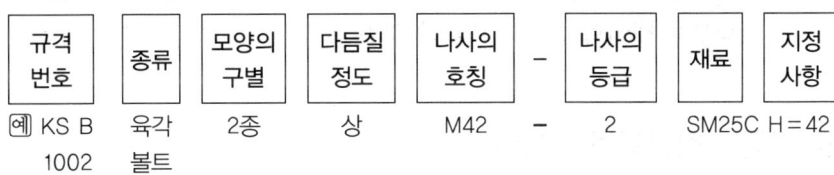

③ 작은 나사의 호칭법

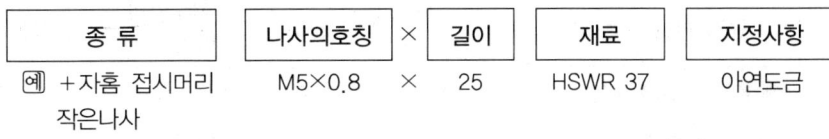

④ 멈춤 나사의 호칭법

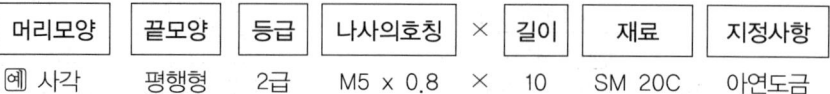

예 사각　평행형　2급　M5 × 0.8　×　10　SM 20C　아연도금

⑤ 나사못의 호칭법

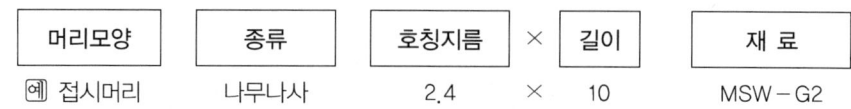

예 접시머리　나무나사　2.4　×　10　MSW – G2

5. 볼트의 종류

① **관통볼트** : 결합하고자 하는 두 물체에 구멍을 뚫고 여기에 볼트를 관통시킨 다음, 반대쪽에서 너트로 죈다.

② **탭볼트** : 물체의 한쪽에 암나사를 깎은 다음 나사박기를 하여 죄며, 너트는 사용하지 않는다. 결합하려고 하는 부분이 너무 두꺼워 관통 구멍을 뚫을 수 없을 경우에 사용된다.

③ **스터드볼트** : 양 끝에 나사를 깎은 머리없는 볼트로서, 한 끝은 본체에 박고, 다른 끝에는 너트를 끼워 죈다.

④ **아이볼트** : 볼트의 머리부에 고리가 있어 로프나 훅을 걸어 무거운 물건을 들어올리기에 적당하다.

⑤ **스테이볼트** : 두 물체 사이의 간격을 일정하게 유지하면서 체결하는 작용

⑥ **기초볼트** : 기계 구조물 등을 바닥에 고정시키기 위하여 사용하는 볼트

⑦ **T볼트** : 머리 부분을 T 자형으로 만들어 공작 기계 테이블의 T홈에 끼워 일감이나 기계 바이스 등을 적당한 위치에 고정시킬 때 사용하는 볼트

⑧ **연신볼트** : 충격적인 인장력이 작용하는 곳에 사용하기 위하여 원통의 일부 지름을 가늘게 하여 늘어나기 쉽게 한 볼트

⑨ **테이퍼볼트** : 다듬질 구멍에 꼭 맞게 끼워 미끄럼을 방지할 수 있도록 원통부에 테이퍼를 주고 머리를 없앤 볼트

6. 키의 호칭방법과 도시법

① 키의 호칭법

규격 번호 또는 명칭	호칭 치수	×	길이	끝모양의 특별 지정	재료
예 KS B 1313 또는	12×8	×	50	양끝 둥글기	SM45C
미끄럼키 평행키	25×14	×	90	양끝 모짐	SM40C

② 키의 종류 및 보조 기호

키의 종류	모양	보조 기호
평행 키	나사용 구멍 없음	P
	나사용 구멍 있음	PS
경사 키	머리 없음	T
	머리 있음	TG
반달 키	둥근 바닥	WA
	납작 바닥	WB

7. 핀의 호칭방법과 도시법

① 평행 핀의 호칭법

| 평행 핀 또는 KS B 1320 | – | 호칭 지름 | 공차 | × | 호칭 길이 | – | 재질 |

예) KS B 1320 또는 평행 핀 – 6 m6 × 30 – St

② 테이퍼 핀의 호칭법

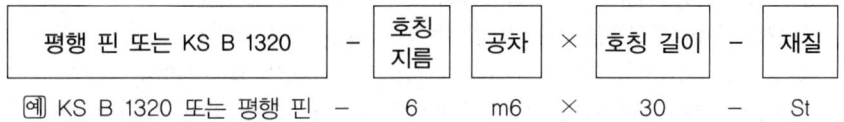

예) KS B 1322 또는 테이퍼 핀   2급   2 × 20   SM 25C

8. 리벳의 호칭방법과 도시법

① 리벳의 호칭법

| 규격번호 | 종 류 | 호칭 지름 | 길 이 | 재 료 |

예) KS B 1102   열간 둥근머리 리벳   16 × 40   MSW–G2

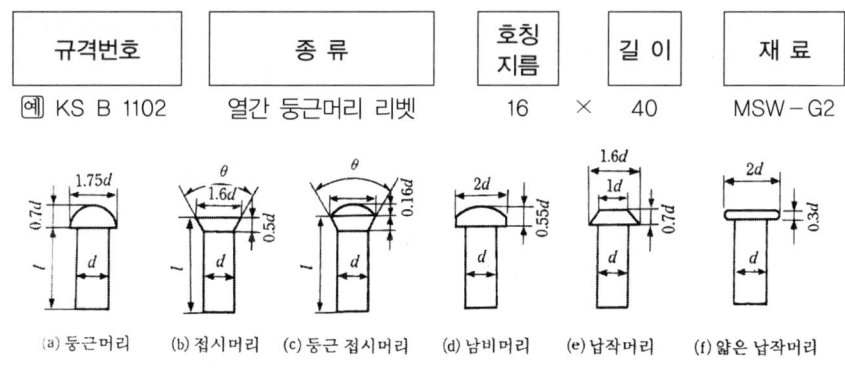

(a) 둥근머리 (b) 접시머리 (c) 둥근 접시머리 (d) 남비머리 (e) 납작머리 (f) 얇은 납작머리

리벳의 머리모양에 따른 규격

> 참고
> 리벳의 호칭길이
> 접시머리 리벳만 머리부를 포함한 전체의 길이로 호칭되고 그 외의 리벳은 머리부를 제외한 길이로 호칭한다.
> ① 접시머리 리벳 : 머리까지 포함한 전체의 길이
> ② 둥근 접시머리 리벳 : 둥근 부분을 제외한 전체의 길이 이외의 리벳의 호칭길이는 머리부분을 제외한 전체의 길이로 표시한다.

② 리벳 이음과 도시법
　㉠ 리벳을 크게 도시할 필요가 없을 때에는 리벳 구멍을 약도로 도시한다.
　㉡ 리벳의 체결 위치만 표시할 경우에는 중심선만을 그린다.
　㉢ 같은 간격으로 연속하는 같은 종류의 구멍 표시 방법은 간단히 기입한다.
　㉣ 여러 장의 얇은 판의 단면 도시에서 각 판의 파단선은 서로 어긋나게 긋는다.
　㉤ 리벳은 길이 방향으로 절단하여 도시하지 않는다.
　㉥ 얇은 판, 형강 등의 단면은 굵은 실선으로 도시한다.
　㉦ 형강의 치수기입은 형강 도면 위쪽에 기입한다.

개념잡기

나사의 일반 도시방법에 관한 설명 중 옳은 것은?

① 수나사의 바깥지름과 암나사의 안지름은 가는 실선으로 도시한다.
② 완전 나사부와 불완전 나사부의 경계는 가는 실선으로 도시한다.
③ 수나사와 암나사의 측면 도시에서의 골지름은 굵은 실선으로 도시한다.
④ 불완전 나사부의 끝 밑선은 축선에 대하여 30°경 사진 가는 실선으로 그린다.

> **나사의 도시방법**
> • 수나사의 바깥지름과 암나사의 안지름을 표시하는 선은 굵은 실선으로 그린다.
> • 수나사, 암나사의 골을 표시하는 선은 가는 실선으로 그린다.
> • 완전 나사부와 불완전 나사부의 경계선은 굵은 실선으로 그린다.
> • 불완전 나사부의 골을 나타내는 선은 축선에 대하여 30°의 가는 실선으로 그리고, 필요에 따라 불완전 나사부의 길이를 기입한다.
> • 암나사의 단면 도시에서 드릴 구멍이 나타날 때에는 굵은 실선으로 120°가 되게 그린다.
> • 수나사와 암나사의 결합부의 단면은 수나사로 나타낸다.
> • 수나사와 암나사의 측면 도시에서 각각의 골지름은 가는 실선으로 약 3/4원으로 그린다.
>
> 답 ④

5 ▶ 전동용 기계요소의 제도 ●●

(5년간 10문항 출제, 회당 평균 0.8문항 출제, 출제율 76.9%)

> **참고**
> 축의 도시법

1. 축용 기계요소

① 축은 길이 방향으로 단면도시를 하지 않으나 부분 단면은 가능하다(a).
② 긴 축은 중간을 파단하여 짧게 그리며, 치수는 실제 길이를 기입한다(b).
③ 축에 있는 널링(knurling)의 도시는 빗줄인 경우에 축선에 대하여 30°로 서로 엇갈리게 그린다(c).
④ 축의 모따기 및 평면부 표시는 치수기입법에 따른다(d).
⑤ 축의 단을 주는 부분의 치수와 가공하기 위한 센터의 도시는 그림 (e), (f)와 같이 나타낸다.

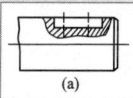
(a)

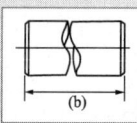
(b)

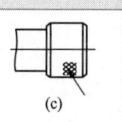
(c)

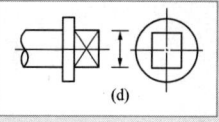
(d)

2. 축의 분류

① **차축** : 휨 하중을 받는 축(자동차, 철도차량)
② **스핀들** : 비틀림 하중을 받는 축(선반, 밀링머신)
③ **전동축** : 휨과 비틀림을 동시에 받는 축(동력 전달용)

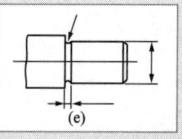
(e)

3. 베어링

기호도는 계통도 등에서 구름 베어링임을 나타내는 데 쓰이는 도면으로 축은 굵은 실선으로 긋고 축의 양쪽에 기호를 그림(구름 베어링의 약도와 형식 기호)과 같이 나타낸다.

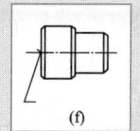
(f)

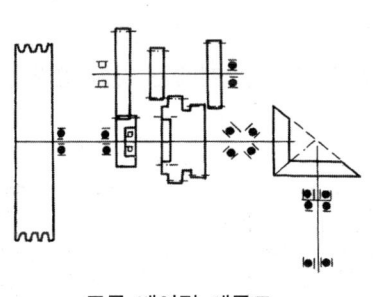
구름 베어링 계통도

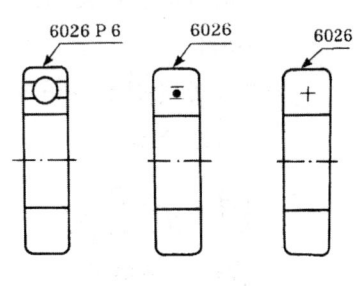
호칭번호 기입보기

○ 구름 베어링의 약도와 형식 기호

구름 베어링	깊은홈 볼 베어링	앵귤러 볼 베어링	자동 조심 볼 베어링	원통 롤러 베어링				
				NJ	NU	NF	N	NN
1.1	1.2	1.3	1.4	1.5	1.6	1.7	1.8	1.9
2.1	2.2	2.3	2.4	2.5	2.6	2.7	2.8	2.9
3.1	3.2	3.3	3.4	3.5	3.6	3.7	3.8	3.9

4. 기어의 도시법

① 기어의 도시법

㉠ 이끝원은 굵은 실선, 피치원은 가는 1점 쇄선, 이뿌리원은 가는 실선으로 그리며 정면도를 단면으로 도시할 때에는 이뿌리원은 굵은 실선으로 도시한다.

㉡ 이뿌리원은 생략하여도 되며 베벨기어 및 웜 휠의 측면도에서는 원칙적으로 생략한다.

㉢ 헬리컬 기어와 웜 기어 잇줄 방향은 보통 3개의 가는 실선으로 그리며 스파이럴 베벨기어 및 하이포드 기어에서는 1개의 굵은 실선으로 그린다.

(㉣ 내접 헬리컬 기어의 단면으로 도시할 때에는 잇줄 방향은 3개의 가는 실선)

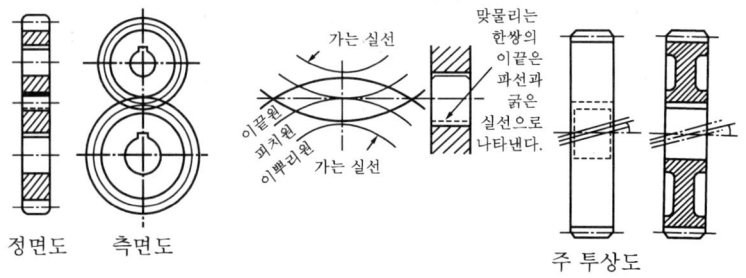

(a) 스퍼 기어의 도시   (b) 헬리컬 기어의 도시

기어의 도시법

② 헬리컬 기어의 정면도를 단면으로 도시할 때에는 지면보다 앞의 이의 잇줄방향을 3개의 가는 2점 쇄선으로 그린다. (ㅁ수평과 30°로 표시하고 치수기입은 실제의 비틀림 각도를 기입한다)
⑩ 맞물리는 한 쌍의 기어에서 측면도의 양쪽 이끝원은 굵은 실선으로 그리고 정면도의 단면에서는 한쪽의 이끝원은 파선, 다른 한쪽 이끝원은 굵은 실선으로 그린다.

5. 벨트 풀리의 종류와 용도

양축에 고정한 벨트 풀리(belt pulley)에 벨트를 걸어서 마찰력에 의하여 동력을 전달하는 장치로 **축간 거리가 10(m) 이하이고, 속도비는 1 : 6 이하, 속도는 10~20m/sec**, 평벨트와 V벨트가 있다.

> 🌟 꼭찝어 어드바이스
>
> 벨트 풀리의 종류
>
>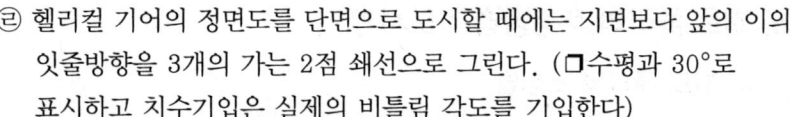
>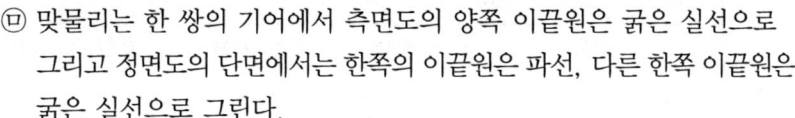

① 평벨트
   ㉠ 벨트 재료 : 벨트는 유연성과 탄력성이 있고 인장강도, 마찰계수가 커야하므로 가죽, 직물, 고무, 강철 벨트를 사용한다.
   ㉡ 벨트 풀리(belt pulley) : 주철제로 암의 수는 4~8개이며 보통 원주형인 것이 사용되나 속도비를 변화시킬 때는 원뿔형도 사용한다.
   벨트가 벗겨지는 것을 방지하기 위하여 바깥면의 중앙부분을 볼록하게 만든다.
   ㉢ 벨트 풀리에 의한 변속장치
      ⓐ 단차에 의한 변속 : 지름이 다른 벨트 풀리 몇 개를 한 몸으로 묶은 것은 단차(cone pulley)라 하며 서로 반대방향으로 놓아서 병벨트를 건다.
      ⓑ 원뿔벨트 풀리에 의한 방법

② V벨트
   ㉠ V 벨트의 종류 : 단면의 크기에 따라서 M, A, B, C, D, E 의 6가지가 있으며 M형이 제일 작고 E형이 가장 단면이 크다.
   ㉡ V 벨트의 호칭 번호

$$호칭번호 = \frac{벨트의 유효둘레(mm)}{25.4}$$

6. 벨트 풀리의 호칭방법과 도시법

① 벨트 풀리의 호칭법

㉠ 평벨트 풀리 호칭법

명칭	종류	호칭 지름	×	호칭 폭	재료
예 평벨트 풀리 일체형	1	125	×	25	주철

㉡ V벨트 풀리의 호칭법

규격 번호 또는 규격 명칭	호칭 지름	풀리의 종류	보스 위치의 구별	구멍의 치수	구멍의 종류 및 등급
예 KS B 1400	250	A1	II	40	H8
주철제 V벨트 풀리	200	B3	V		

② 벨트 풀리의 도시법

㉠ 벨트 풀리는 축 직각 방향의 투상을 정면도로 한다.
㉡ 벨트 풀리와 같이 대칭형인 것은 그 일부분만을 도시한다.
㉢ 암과 같은 방사형의 것은 수직 중심선 또는 수평 중심선까지 회전하여 투상한다.
㉣ 암은 길이 방향으로 절단하여 단면의 도시를 하지 않는다.
㉤ 암의 단면형은 도형의 안이나 밖에 회전 단면을 도시한다. 도형 안에 도시할 때에는 가는 실선으로, 도형 밖에 도시할 때에는 굵은 실선으로 그린다.
㉥ 암의 테이퍼 부분의 치수를 기입할 때 치수보조선은 경사선으로 긋는다. (수평과 60° 또는 30°)

개념잡기

기어의 모듈(m)을 나타내는 식으로 옳은 것은?

① $\dfrac{\text{잇수}}{\text{피치원의 지름}}$ ② $\dfrac{\text{피치원의 지름}}{\text{잇수}}$
③ 잇수 + 피치원의 지름   ④ 피치원의 지름 · 잇수

기어의 모듈은 피치원의 지름을 잇수로 나눈 값이다   답 ②

개념잡기

다음 도형에서 테이퍼 값을 구하는 식으로 옳은 것은?

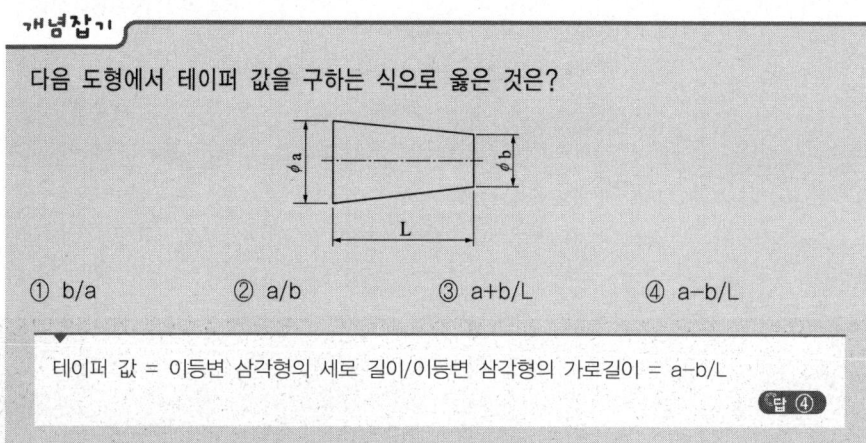

① b/a   ② a/b   ③ a+b/L   ④ a−b/L

테이퍼 값 = 이등변 삼각형의 세로 길이/이등변 삼각형의 가로길이 = a−b/L

답 ④

개념잡기

스퍼기어 제도에서 피치원은 어떤 선으로 그리는가?

① 가는 실선　　　　　　② 굵은 실선
③ 가는 은선　　　　　　④ 가는 1점 쇄선

가는 1점 쇄선은 중심선, 기준선, 피치선을 그릴 때 사용된다.

답 ④

PART 03 제강법

CHAPTER 01 　제강의 개요
CHAPTER 02 　LD 전로 제강법
CHAPTER 03 　전기로 제강법
CHAPTER 04 　기타 제강법 및 2차 정련법
CHAPTER 05 　조괴법
CHAPTER 06 　연속주조법
CHAPTER 07 　산업안전 및 제강의 계산

CHAPTER 01 제강의 개요

단원 들어가기 전
1. 제강법의 종류와 특징
2. 제강 원료의 종류와 특징
3. 제강 원료의 전처리
4. 제강의 원료는 전로와 전기로 제강이 다르므로 구분하여 학습해야 합니다.
5. 제선 공장에서 용선을 이동하는 설비는 실기시험 필답형에서도 자주 출제됩니다.

빅데이터 키워드
제선, 제강, LD 전로, 전기로, 평로, 선철, 전처리, 고철, 용제, 슬래그, 탈황, 탈인

1 ▶ 제강법의 종류와 특징

꼭 찝어 어드바이스

선철의 특징
① 제선 공정에서 용광로에서 철광석을 환원하여 제조된 철
② 탄소 함유량이 많고, P, S, Si, Mn 등의 불순물이 많이 함유
③ 경도가 높고 취약해 정련하여 탄소량을 줄이고, 유해원소를 제거하는 공정이 제강공정

▶참고

강과 주철의 구분
금속 조직상 탄소 함유량이 2.01% 이하를 강이라 하고, 2.01% 이상을 주철이라 한다.

제강과 제선의 반응
제강의 반응 : 산화반응
제선의 반응 : 환원반응

1. 제강의 개요

선철이나 고철을 주원료로 하고 산화제, 용제 및 탈산제 등의 부원료를 이용하여 용해 및 정련함으로써 유해원소를 제거하여 사용목적에 맞는 성질의 강을 생산하는 것

2. 제강법의 종류

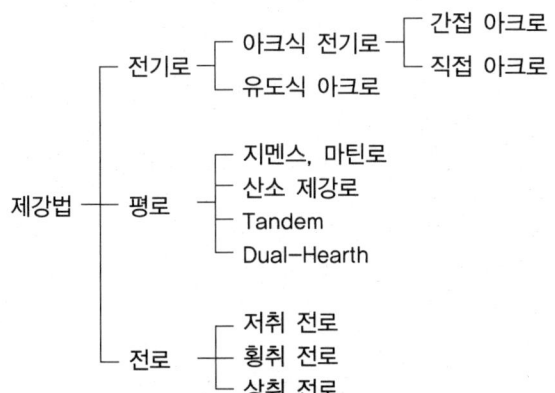

3. 제강법의 비교

구분	원료		열원	장점	단점
	주원료	산화제			
전로법	• 용선 • 고철		• 용선의 현열 • 불순물의 연소열	• 제강시간이 짧다. • 대량생산 가능 • 건설비 저렴 • 규칙적인 출강	• 용선이 필수적 • 성분의 미세조정 곤란
평로법	• 고철	• 철광석 • 산소	• 중유 • 가스	• 성분조정 용이 • 각종 생산 광범위 • 각종 원료 사용가능	• 생산원가가 높다. • 제강시간이 길다. • 외부연료 다량 필요 • 설비비 고가
전기로법	• 고철 • 선철	• 철광석 • 산소	• 전기에너지	• 성분조절 용이 • 온도조절 용이 • 양질의 강 생산	• 생산비가 높다. • 전력비 고가 • 생산성이 낮다.

> **참고**
> LD전로법
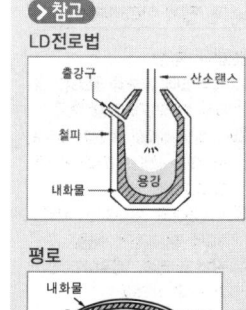
> 평로
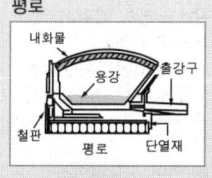
> 에루식 전기로
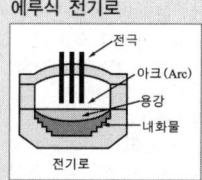

개념잡기

외부로부터 열원을 공급 받지않고 용선을 정련하는 제강법은?

① 전로법   ② 고주파법   ③ 전기로법   ④ 도가니법

전로법은 용선의 현열 및 산소와 불순물 원소 사이의 산화열을 이용한다.

답 ①

2 ▶ 제강 원료

1. 주원료

제강 주원료 : 용선(선철), 냉선, 고철 ★★

(1) 용선

① 용광로에서 나와 녹아 있는 상태의 선철
② 용선은 고로에서 출선된 다음 혼선로, 용선차를 거쳐 전로에 장입
③ 용선의 성분은 온도에 영향을 주므로 부원료 등의 조정이 필요
④ 선철 중의 C, Si, Mn 등은 산소와 반응하여 열을 발생
⑤ P, S 등은 불순물로 강중에 잔류하지 않는 것이 좋음

(2) 선철 내 불순물 5대 원소의 특징

① 탄소(C)
  ㉠ 용선의 온도 및 규소에 의해 포화량이 결정
  ㉡ 산화반응에 의해 일산화탄소, 이산화탄소로 되어 제거
  ㉢ 실제 조업에서 함유량은 중요하지 않음

② 규소(Si)
  ㉠ 산소와 반응하여 이산화규소로 되어 열량(발열반응), 용제량, 용제 염기도를 변화시킴
    반응식 : $Si + O_2 = SiO_2$
  ㉡ 용선 배합율이 적을 때는 규소의 양이 약간 많은 것이 유리함
  ㉢ 통상 함유량 : 0.6~0.8%

③ 망간(Mn)
  ㉠ 반응식 : $Mn + FeO = MnO + Fe$
  ㉡ 강의 성질을 좌우하는 중요한 원소
  ㉢ 용선 중 망간의 함유량이 많으면 슬래그 손실이 증가
  ㉣ 적으면 잔류 망간이 적어 강의 품질이 저하
  ㉤ 통상 함유량 : 0.6~0.8%

④ 인(P)
  ㉠ LD 전로에서 인을 제거하는 것이 평소보다 약간 어려움
  ㉡ LD 전로에서의 탈인율은 보통 80~90%
  ㉢ 강중의 인의 함유량은 적을수록 유리
  ㉣ 용선 중 인의 함유량이 많을수록 특별취련(Double Slag)이 필요
  ㉤ 통상 함유량 : 0.15~0.25%

⑤ 황(S)
  ㉠ 인과 함께 강중의 불순물로 매우 좋지 않음
  ㉡ LD 전로는 평로, 전기로에 비해 탈황율이 약간 나쁨
  ㉢ 보통조업에서 35~50%
  ㉣ 선철 중의 황은 적은편이 유리
  ㉤ 통상 함유량 : 0.02~0.04%

(3) 고철

① 종류
  ㉠ 자가발생 고철 : 자가환원 고철, 자가회수 고철
  ㉡ 구입 고철 : 시중가공 고철, 시중노폐 고철

꼭 찝어 어드바이스

선철의 특징
① 철의 5대 불순물 원소(C, Si, Mn, S, P)가 다량 함유
② C 3.0~4.5%, Si 0.2~3.0%, Mn 0.5~2%, P 0.02~0.5%, S 0.01~0.1%
③ 단단하고 강하지만 취약해서 부서지기 쉬움
④ 탄소가 많이 함유하고 있어 가공이 어려움
⑤ 주물로 이용하지만 강을 만들기 위한 원료로 이용

꼭 찝어 어드바이스

규소의 함유량 영향
① 함유량이 너무 적을 때
  ㉠ 산화반응열이 적고 용선의 유동성이 나빠짐
② 함유량이 너무 높을 때
  ㉠ 산화반응열이 많아지지만 이산화규소의 양이 증가
  ㉡ 플럭스로 사용하는 석회석의 양이 증가하여 강재의 양이 증가
  ㉢ 탈인, 탈황은 촉진
  ㉣ 슬래그 양이 증가하여 슬로핑(slopping) 증가로 실수율이 저하

참고

기타 불순물
Cu, Ti, As 등으로 0.1% 이하로 조절

참고

중량 고철의 문제점
① 취련 중 용해가 완료되지 않고 출강 시 노의 바닥에 미용해로 남음
② 장입 시 충격으로 노의 내부 벽돌이 손상
③ 정량의 고철을 다량으로 장입한 경우 노내 고철이 용선을 덮어 취련개시 중 착화를 방해

② 자가발생 고철(자가환원 고철)
  ㉠ 철강의 제조 공정 중에 발생
  ㉡ 강괴, 블룸, 빌릿, 강관, 봉강 등의 절단철, 용강의 흘림철, 압탕, 탕도, 불합격품, 스케일 등
  ㉢ 성분의 변화가 없어 별도 가공처리 없이 전량 회수하여 재사용
③ 구입 고철
  ㉠ 가공 고철은 기계공장, 철강재 가공공장, 조선, 자동차 공장에서 발생
  ㉡ 재활용을 위한 고철의 가공 작업이 필요

> 참고
> 노폐 고철
> ① 유용성이 소멸되어 폐기 처리된 철강 폐기물로 가공 처리를 하여 재사용
> ② 폐차, 철도, 기계, 선박, 건축 자재 등에서 발생
> ③ 재사용 시 분류 정돈을 잘하여 불순물의 혼입을 가급적 방지
> ④ 자력선별법을 통하여 불순물, 비철을 제거
> ⑤ 품질과 형상이 불안정하므로 전로에 사용하기 전에 적당한 크기로 절단, 압축하여 사용

2. 산화제

(1) 개요
① 산화제 : 산화를 일으키는 물질
② 종류 : 철광석, **밀스케일(Mill Scale)**, 망간광, 산소
③ 산화제 첨가로 인한 분해, 흡열작용으로 용탕의 온도 냉각 작용

(2) 철광석
① 적철광, 자철광 등을 주로 사용
② P, S의 함유량이 적은 적철광이 유리
③ SiO_2 10% 이하, 입도 10~50mm가 적당
④ 수분 함량이 적은 것 사용
⑤ 철광석 대신 소결광을 사용하기도 하지만 큰 차이는 없음

(3) 밀 스케일(MiIII Scale)
① 철광석보다 산소를 많이 함유, 불순물도 적고 저렴
② S을 많이 함유하고 있으므로 주의
③ 10mm 이하의 크기로 정립, 수분 제거 후 사용
④ 강괴나 슬래그를 **스카핑(Scarfing)**할 때 발생하는 스카핑 스케일도 산화정도에 따라 사용 가능

> 참고
> 밀 스케일(Mill scale)성분 주로 제철소에서 압연 등의 가공 공정 중에 발생하는 철 부스러기로 주성분은 Fe, FeO, Fe_3O_4, Fe_2O_3 등이다.

> 용어정의
> 스카핑(Scarfing)
> 용강을 응고시켜 주편을 만든 후 표면의 불순물을 제거하는 작업

(4) 망간광
① 철광석보다 산화력이 떨어짐
② Mn 50% 이상 함유된 광석 사용
③ S, P의 함유량이 적은 것 사용

3. 조재제(Flux)

(1) 개요 ◎◎

① **정련시** 품질이 우수한 강재를 얻기 위해서 좋은 슬래그를 만드는 것이 중요

② 좋은 슬래그를 위한 조재제 : 생석회(CaO), 석회석($CaCO_3$), 형석(CaF_2), 망간광석, 모래 등

③ 조재제가 첨가되므로 인해 화학조성 및 유동성을 갖춘 슬래그 생성

(2) 슬래그 ◎◎

① 목적 금속이나 매트상에 용해되는 것이 바람직하지 않은 불순물 등이 주로 산화물의 형태로 혼합 용융되어 균일한 조성을 이룬 액체

② 슬래그를 구성하는 산화물
  ㉠ 염기성 산화물 : 산소 이온을 쉽게 내보내어 상대방에게 주는 산화물
     CaO, MgO, FeO, Na_2O 등
  ㉡ 산성 산화물 : 산소 이온을 받아 강하게 결합하는 산화물
     SiO_2, P_2O_5, B_2O_3
  ㉢ 중성 산화물 : Al_2O_3, Cr_2O_3, FeO

③ 규산도 = $\dfrac{SiO_2 \text{ 중의 산소 무게}}{\text{염기성 산화물 중의 전체 산소 무게}}$

④ 염기도 = $\dfrac{\text{염기성 성분의 합}}{\text{산성 성분의 합}}$ = $\dfrac{CaO}{SiO_2}$

⑤ 좋은 슬래그를 만들기 위하여 용제가 지녀야 할 조건 ◎◎
  ㉠ 용융점이 낮을 것
  ㉡ 점성이 낮고 좋은 유동성을 지닐 것
  ㉢ 조금속과 비중차가 클 것
  ㉣ 불순물의 용해도는 크고, 목적 금속의 용해도가 작을 것
  ㉤ 쉽게 구입이 가능하며, 가격이 저렴할 것
  ㉥ 환경에 유해한 성분이 없을 것

(3) 석회석과 생석회(산화칼슘)

① 특징
  ㉠ 석회석 및 생석회의 성분
  ㉡ 석회석과 생석회는 염기성로의 경우 가장 중요한 조재제
  ㉢ 전로, 평로, 전기로 등 대부분 제강로에 적용
  ㉣ 고로에서 철광석 중에 암석 성분이나 불순물와 배합하여 용해하기 쉬운 슬래그로 배출하는 역할
  ㉤ 선철 중의 황 성분을 제거

꼭 찝어 어드바이스

조재제에 의해 생성된 슬래그는 용강 표면을 덮어주면서 다음과 같은 작용을 한다.
① 정련작업(불순물 제거)
② 용강의 산화 방지
③ 가스 흡수를 방지
④ 열 손실 방지

꼭 찝어 어드바이스

슬래그의 점도(유동성과 반대의 성질) 및 비중 관계
① **형석** : 소량 첨가해도 슬래그의 용융점을 낮추어 유동성을 향상시키는데 큰 효과를 볼 수 있지만, 내화물 침식 작용이 있어서 초기 소량만 사용해야 한다.
② MgO : 소량이라도 용융점을 크게 상승하여 점도를 높이게 된다.
③ 점도가 낮을수록 유동성이 좋다.

꼭 찝어 어드바이스

제강 중 슬래그의 역할 ◎◎◎
① 정련작용(불순물 제거)
② 용강의 산화방지
③ 외부가스 흡수방지
④ 보온(열의 방출 차단)

꼭 찝어 어드바이스

LD 전로에서 요구되는 CaO (산화칼슘)의 성질
① 소성이 잘 되어 반응성이 좋을 것
② 세립 및 정립되어 있어서 반응성이 좋을 것
③ 가루가 적어 다룰 때 손실이 적을 것
④ 수송 또는 저장 중에 풍화 현상이 적을 것
⑤ 인, 황, 이산화규소 등의 불순물이 적을 것

② 석회석
 ㉠ 산화칼슘 끓음(Lime Boiling) : 석회석의 분해 반응으로 용강의 격렬한 교반이 발생하는 현상
 ㉡ 반응식 : $CaCO_3 \rightarrow CaO + CO_2 - 42,500(cal/mol)$ (흡열반응)

③ 생석회(산화칼슘)
 ㉠ 석회석을 소성하여 제조한 것으로 염기성로에서 반드시 사용
 ㉡ 생석회는 이산화탄소가 남지 않도록 소성한 것이 가장 품질이 우수
 ㉢ 황과 함께 이산화규소가 적은 것이 좋음(이산화규소는 2% 이하로)
 ㉣ 소성한 다음 시간 지나면 대기 중의 수분을 흡수하므로 빨리 사용해야 함

(4) 형석 ●●

① 주성분 : 플루오르화칼슘(CaF_2)
② 불순물 : $CaCO_3$, SiO_2, Fe_2O_3, Al_2O_3, S 등
③ 용융점 : 935~950℃
④ 특징
 ㉠ 염기성 강재는 산화칼슘이 많아서 **유동성**을 저해하므로 형석을 첨가하여 유동성을 증가시킴
 ㉡ 유동성 증가는 정련의 속도를 촉진
 ㉢ 너무 많이 사용하면 내화물의 침식이 증가
 ㉣ 사용량 : 산화칼슘의 5% 정도, 원단위로는 2~3kgf/t·pig

(5) 복합 플럭스(Flux)

① 산화철과 산화칼슘을 혼합한 것을 소성하여 칼슘 페라이트로 복합 플럭스 제조하여 사용
② 특징 및 효과
 ㉠ 칼슘 페라이트의 용융점 : 1,400℃
 ㉡ 산화칼슘의 용융점이 낮아져 취련 초기의 재화성이 향상
 ㉢ 탈인율이 향상

4. 탈산제

(1) 개요

① 탈산제 : 용융 금속으로부터 산소를 제거하는 역할
② 제강용 탈산제 : 페로망간(Fe-Mn), 알루미늄
③ 구리용 탈산제 : 인, 규소
④ 응고할 때 가스 발생이 없어야 함

> 참고
LD 전로에서의 CaO 사용상 특징
① 용선 배합률이 높고, 열량적으로 유리할 때 초기부터 장입하여 냉각제 및 조재제로서의 효과 기대
② 취련 중 100kgf 정도씩 분할 투입하여 냉각 효과, 조재 효과, 슬로핑(Slopping) 방지
③ 열적으로 불리할 때 냉각 효과를 저하시키기 위해 전량 산화칼슘으로 조업

> 용어정의
슬로핑(Slopping)
전로 조업 중 중기에 용융물 (용강과 슬래그)이 전로 외부로 비산하는 현상

> 참고
형석 대용품
① 산성 벽돌 부스러기, 규사, 모래 및 슬래그 가루 등을 사용
② 탈황 작용이 없음
③ 이산화규소가 많아 강재의 염기도가 저하

> 참고
복합 플럭스 제조방법
① 산화철로 평로 및 전로의 먼지에 산화칼슘 가루 40~95% 혼합하여 40mm 크기로 성형, 이를 배소로에서 1,100~1,250℃로 소성
② 5~20mm로 정립된 석회석에 산화철 2%, 수분 2%를 넣고 회전로(Rotary Kiln)에서 1,300℃로 소성

꼭 집어 어드바이스

탈산제의 탈산 능력 비교
① Al은 Si의 17배
② Al은 Mn의 90배
③ Si는 Mn의 5배

탈산제로 Al을 사용할 때의 효과
① 적당량 첨가로 결정입 미세화 및 균일화 효과적
② 너무 많이 첨가하면 강의 취성이 증가
③ 질화물인 AlN은 미세 석출하여 강의 결정립 미세화에 효과적이어 극미세 강 제조가 가능

(2) 망간철
① 페로망간, 경철(13~30% Mn을 함유한 선철)을 **탈산제로 사용**
② 탈산반응 : $FeO + Mn \rightarrow MnO + Fe$
③ 망간의 양이 많을 경우 $FeS + Mn \rightarrow MnS + Fe$ 반응으로 MnS가 슬래그 속으로 들어감으로 탈황 작용도 있음

(3) 규소철
① 페로실리콘(Fe-Si)을 사용
② 탈산반응 : $2FeO + Si \rightarrow SiO_2 + 2Fe$
③ 노, 레이들의 예비 탈산에 주로 사용
④ 용강이 레이들에서 반 정도 출강되었을 때 첨가하면 탈산 효과 우수

(4) 알루미늄
① 탈산반응 : $3FeO + 2Al \rightarrow 3Fe + Al_2O_3$
② 탈질, 탈산용으로 0.1% 이하로 첨가
③ 90% 이상의 재생 알루미늄 막대로 만들어 레이들에 첨가
④ 주형에 주입할 때는 알갱이 모양을 사용
⑤ 재생 알루미늄에 Cu 성분이 함유되어 있으면 안되므로 주의

(5) 실리콘 망간(Si-Mn)
① 출강까지의 시간 단축, 비금속 물질의 감소
② Si 20%, Mn 60%의 실리콘 망간 사용
③ 용융점 : 1,135℃

(6) 칼슘 실리콘(Ca-Si)
① Ca 25~30%, Si 55~60%, C<1.0%의 칼슘 실리콘 사용
② 용융점 : 1,110℃
③ 20mm 이하로 출강 통, 레이들에 첨가

(7) 탄소(C)
① 가탄제로 코크스, 무연탄 가루, 전극 부스러기 등을 사용
② 수분, 회분, 인, 황 등의 불순물이 적어야 함
③ 레이들 중에 첨가하여 용강의 탄소를 높이는데 사용

개념잡기

제강조업에서 소량의 첨가로 염기도의 저하없이 슬래그의 용융온도를 낮추어 유동성을 좋게 하는 것은?

① 생석회　　　② 형석　　　③ 석회석　　　④ 철광석

> 형석
> 슬래그의 염기도 저하없이 슬래그의 용융점을 낮추어 유동성 향상에 효과적이다.
>
> 답 ②

개념잡기

다음 중 제강공정에서 사용되는 부원료 중 조재제가 아닌 것은?

① 생석회　　　② 석회석　　　③ 소결광　　　④ 연와설

> 소결광은 전로법에서 매용제나 냉각제로 사용한다.
> ※ 조재제 : 생석회, 석회석, 규사, 연와설
>
> 답 ③

개념잡기

산화정련을 마친 용강을 제조할 때, 즉 응고 시 탈산제로 사용하는 것이 아닌 것은?

① Fe-Mn　　　② Fe-Si　　　③ Sn　　　④ Al

> 탈산제
> Al, CaC_2, Fe-Si, Fe-Mn
>
> 답 ③

3 ▶ 용선의 제강 전처리

1. 혼선로와 용선차

(1) 개요
① 제강 주원료인 용선은 고로에서 곧바로 전로에 주입하여 제강작업을 진행하지 않고 보관을 하기 때문에 혼선로나 용선차가 필요
② 고로에서 나온 용선을 저장 후 필요에 따라 제강로에 공급, 공급 전 예비 정련 실시
③ 주입하는 용선의 온도 : 1,200~1,300℃
④ 보관 중 용선의 온도는 1,300℃ 이상을 유지 : COG, BFG로 가열

(2) 혼선로의 기능 ❷❷
① 열방산 방지 및 보온 가능
② 용선의 성분 균일화
③ 용선의 임시 저장
④ 탈황이 가능

(3) 용선차(TLC : Toperdo ladle car) ❸❸❸
① 기능
  ㉠ 고로에 공급하는 용선을 **보온**, **저장**하며, 이것을 제강 공장으로 운반하는 역할
  ㉡ 용선의 온도는 8시간 후부터 8℃/h, 15시간부터 5℃씩 하강하므로 30시간 정도 저장 가능

② 토페도카의 특징
  ㉠ 용강의 보온 및 온도 강하가 적고 전로에 직접 장입할 수 있다.
  ㉡ 혼선로에 비해 건설비가 싸다.
  ㉢ 작업 인원 및 장비가 많지 않다.
  ㉣ 부착금속이 되는 선철 손실이 적다.
  ㉤ 성분조정 및 탈황, 탈인이 가능하다.
  ㉥ 용선 장입 및 출강이 하나의 입구로 가능하다.
  ㉦ 입구가 넓어 출강 시 슬래그가 혼입될 수 있는 단점이 있다.

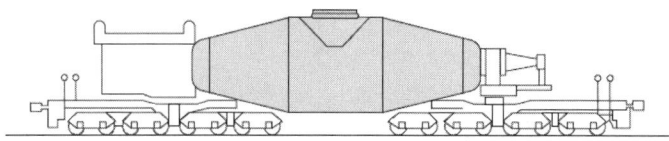

토페도카

> **참고**
> **혼선로의 모양**
> ① 초기 모양은 배 모양이었으나 지금은 거의 사용하지 않음
> ② 현재는 지름과 길이가 1:1인 룬트미셔(Rundmischer), 1:2인 발젠미셔(Walzenmischer)라는 원통형을 사용
> ③ 혼선로 외형 : 20~40mm 두께의 강철판으로 만든 원통형으로 수선구, 출선구, 출재구, 노체를 기울일 수 있는 경동장치가 설치되어 있음

> **참고**
> **혼선로 내부 내화재료**
> ① 부위에 따라 다른 내화 벽돌을 200~600mm 두께로 벽돌을 쌓음
> ② 천장 부분은 고알루미나 벽돌이나 샤모트 벽돌 사용
> ③ 슬래그가 닿는 슬래그 라인이나 출선구는 고온 소성 마그네시아 벽돌 사용

> **참고**
> **토페도카의 구조**
> ① 노체 중심부에 수선과 출선을 겸하는 노구가 설치
> ② 노체 벽돌은 점토질, 고알루미나질 벽돌 사용
> ③ 벽돌 두께 300~400mm, 용탕 접촉부 500~600mm
> ④ 출선할 때 노체가 120~145° 정도 기울일 수 있음

2. 용선의 탈황처리

(1) 탈황의 개요
① 용선 중의 S는 고로 장입 원료인 철광석 및 코크스 중 Si의 함유량과 고로 조업할 때 장입물 등에 따라 차이
② 전로강의 품질 향상을 위해 전로 장입 전에 용선 예비 처리 실시
③ 예비 처리는 용선 중의 Si, Mn, P, S, N 등의 조정하는데 이 중에서 S의 조정이 중요

(2) 탈황법
① 고로 탕도에서의 탈황법
  ㉠ 고로에서 나오는 용선을 탕도에서 연속적으로 탈황하는 방식
  ㉡ 와류법 : 고로의 탕도 말단에 용선이 와류가 되도록 와류기 또는 와류관을 설치하여 상류에 혼합된 탈황제가 잘 섞이도록 하여 탈황하는 방법
  ㉢ 평면 유동법 : 탕도를 어느 한 부분에 설치하여 탈황제를 넣고 탈황하는 방법으로 탈황 효과가 좋음
② 레이들 탈황법(치주법) : 레이들 바닥에 탈황제를 넣고 용강을 주입하여 탈황하는 방법
③ 포러스 플러그법 : 레이들 바닥에 다공질 내화물을 사용하고 이곳으로 기체를 취입하여 탈황하는 방법
④ 인젝션법 : 용강 상부에서 취입관을 이용하여 취입하는 방법
⑤ 교반법 : 탈황제는 넣고 용강을 교반하여 탈황하는 방법
  ㉠ 데마크-오스트베르그법 : **T자형** 내화재의 교반봉을 회전시켜 탈황하는 방법
  ㉡ 라인슈탈법 : **ㅗ모양** 내화재의 교반봉을 회전시켜 탈황하는 방법
  ㉢ KR법 : 여러개의 **회전날개**를 붙인 교반봉을 회전시켜 탈황하는 방법

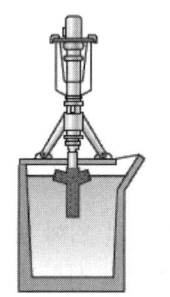 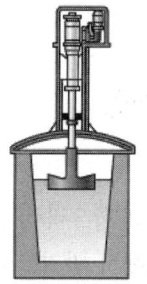 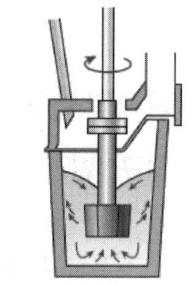

(a) 데마크 오스트베르그법   (b) 라인슈탈법   (c) KR법

교반 탈황법

> **참고**

레이들 탈황법(치주법)
① 용선 레이들 안에 탈황제를 넣고 용선을 주입하여 탈황하는 간단한 방법
② 탈황율이 50%에 불과하고 변동이 심함
③ 혼선로 출선할 때 적용하는 것이 효과적

탈황제 주입법
① 탄화칼슘과 같은 미분상 탈황제를 가스와 같이 용선 중에 취입하여 탈황하는 방법
② 탈황 효과가 떨어짐
③ 반응 촉진제를 사용하여 탈황 효과를 개선
④ 용선차(Torpedo Car) 상취 주입이 주로 사용

기체 취입법
① 미리 탈황제를 용선 표면에 첨가하여 놓고 용선 속에 기체를 취입하여 기포의 상승 작용에 의한 용선의 교반 운동을 이용하는 방법
② 저취법 : 다공질의 내화법(포러스 플러그)을 써서 레이들 저부에서 취입하는 방법
③ 상취법 : 취입관을 이용하여 상부에서 취입하는 방법

마그네슘에 의한 탈황법
① Mg이 S와 친화력이 큰 것을 응용하는 방법
② 플런징 벨(Plunging Bell)법 : 흑연 또는 내화재로 만든 플런징을 용선 중에 담가 Mg 취입
③ 주입법 : 무기염류로 표면을 피복시킨 Mg 입자를 취입관에 의하여 운반 가스로 취입

기포 펌프식 환류 교환법
① 기포 펌프의 양수 원리를 이용
② 레이들 중에 용선을 기포 펌프를 통하여 기체를 취입, 탈황제가 있는 용선 표면으로 환류시켜 탈황하는 방법

꼭 찝어 어드바이스

산화칼슘의 반응
① 고체 [CaS]와 액체 [FeS] 사이의 반응
② 반응을 촉진하기 위해 CaO를 미분으로 하여 접촉면적을 크게하고 교반을 실시
③ 생성된 CaS의 용융점이 2,450℃이므로 용선 온도에서는 고체상태이기 때문에 내벽을 침식하지 않음
④ CaO만을 사용하면 탈황율이 낮으므로 Mg, 망간광, 돌로마이트, 형석 등과 혼합하여 사용하면 탈황량도 개선되고 탈산효과도 있음

참고

노외 탈황 시 문제점
① 온도 강하 : 80톤 레이들 기준으로 20℃ 정도 강하
② 철 손실 : 슬래그로 혼합되는 철, 슬래그 제거 시 유실되는 철, 1~2% 정도 손실
③ 작업 시간이 소요 : 자동화로 개선
④ 복황 현상 : 슬래그를 제거해야 함

꼭 찝어 어드바이스

탈황제 선택 조건
① 탈황 능력
② 목표로 하는 탈황의 정도
③ 탈황 방법
④ 탈황 비용 및 작업성

꼭 찝어 어드바이스

용선의 탈규, 탈인법
① 플럭스 또는 산화제에 의한 탈규 및 탈인 : 플럭스를 레이들에 넣고 용선을 부으면 급속한 반응을 일으키는 방법
② 산소에 의한 탕도에서의 탈규 : 고로 출선 시 탕도의 일부에 산소를 취입시켜 탈규하는 방법
③ 산소에 의한 레이들 안의 탈규 : 레이들 안의 용선이나 혼선로에서 레이들에 용선을 받을 때 산소 취련을 하는 방법

---

⑥ **요동레이들법** : 레이들에 편심을 주어 회전을 하면서 탈황하는 방법
  ㉠ 칼링(Kalling)법 : 회전로에서 용강과 탈황제(석회)를 넣고 노를 회전하여 탈황하는 방법
  ㉡ DM 전로법 : 편심 및 일반 회전의 요동 레이들법을 개조한 것으로 정회전-역회전을 반복하여 용선의 와류 운동의 효율을 높인 것
  ㉢ 회전 드럼법 : 소형 회전로에 용선과 탈황제를 넣고 밀폐한 다음 노를 회전하여 용선에 탈황제를 혼합 교반하여 탈황반응을 촉진하며, 탈황제로는 석회가루, 코크스가루를 사용하고, 강한 환원성 조건에서 산화칼슘에 의해 탈황능력 향상됨

(3) 탈황제의 형태

① **액체 탈황제** : Na_2CO_3, $NaOH$, KOH, $NaCl$, NaF
  ㉠ Na_2CO_3 탈황반응식
  $(FeS)+(Na_2CO_3)+[Si] = (Na_2S)+(SiO_2)+[Fe]+CO$
  $(FeS)+(Na_2CO_3)+2[Mn] = (Na_2S)+2[MnO]+[Fe]+CO$
  ㉡ 생성된 Na_2S는 CO 가스에 의한 용선의 비등으로 부상하여 슬래그화
  ㉢ 용융점이 낮음
  ㉣ 탄산나트륨에 의한 탈황은 흡열반응
  ㉤ 탈황 효과는 온도가 낮을수록 좋음

② **고체 탈황제** : CaC_2, CaO, CaF_2
  ㉠ 용융점이 높음
  ㉡ CaC_2(탄화칼슘)의 반응 : $(CaC_2)+[S] = (CaS)+2(C)$
  $(CaC_2)+(FeS) = (CaS)+2[C]+[Fe]$
  ㉢ 분해하여 Ca와 용선 중의 S와 직접 반응하므로 강력한 탈황 작용이 일어남
  ㉣ 생성된 CaS는 화학적으로 안정하여 복황을 일으키지 않음
③ 탈황능력은 교반방식, 분위기, 용선성분, 고로 슬래그의 성질에 따라 달라짐

3. 용선의 탈규, 탈인, 탈질

(1) 탈규, 탈인

① 평로에서 용선 중의 Si 함유량이 많으면 제거하기 위해 많은 산화제가 필요하고, 탈황을 위해서 염기도를 높여야 하므로 산화칼슘이 필요로 하고, 슬래그량이 증가하여 제강 시간이 길어짐
② 전로에서 Si는 가장 빨리 산화반응이 일어나 열수지면에서 유리
③ 석회석, 철광석, 형석 등을 첨가하여 탈인반응에 알맞은 조업 조건 필요

④ 탈황과 탈인의 조건이 서로 다르므로 동시에 조업하는 방법이 필요
⑤ P도 Si과 같이 제강시간 연장의 원인

(2) 탈질 촉진법
① 용강의 끓음과 교반을 강하게 한다.
② 노구에서의 공기 침입을 방지한다.
③ 용선 중 질소량 자체를 낮게 한다.

개념잡기

제선공장에서 용선을 제강공장에 운반하여 공급해주는 것은?

① 디엘카　　② 오지카　　③ 토페도카　　④ 호트스토브카

> 토페도카(Toperdo car)
> 고로에서 나온 용선을 제강공장으로 운반하는 설비
>
> **답 ③**

개념잡기

제강에서 탈황시키는 방법으로 틀린 것은?

① 가스에 의한 방법
② 슬래그에 의한 결합 방법
③ 황과 결합하는 원소를 첨가하는 방법
④ 황외 활량을 감소시키는 방법

> 탈황법의 분류
> ① 기체에 의한 탈황법
> ② 슬래그와의 반응에 의한 탈황법
> ③ 황과 결합력이 큰 원소(탈황제)를 첨가하는 탈황법
>
> **답 ④**

4 ▶ 내화물

1. 내화물의 분류 ★★

① 염기성 내화물 : 마그네시아질, 크롬 마그네시아질, 석회질, 백운석질(돌로마이트)
② 산성 내화물 : 샤모트질, 점토질, 규석질, 납석질, 내화점토
③ 중성 내화물 : 알루미나질, 크롬질, 탄소질, 탄화규소질

2. 내화재료의 구비조건

① 높은 온도에서 용융하지 않을 것
② 높은 온도에서 쉽게 연화하지 않을 것
③ 온도 급변에 잘 견딜 것(**내스폴링성 우수**)
④ 높은 온도에서 형상이 변화하지 않을 것
⑤ 용제 및 기타 물질 등에 대해서 침식저항이 클 것(**내식성 우수**)
⑥ 마멸에 잘 견딜 것(**내마멸성 우수**)
⑦ 높은 온도에서 전기 절연성이 클 것
⑧ 열전도율과 열팽창이 낮을 것

3. 내화물 종류별 특징

① 마그네시아 내화물 특징
  ㉠ 염기성 내화물
  ㉡ 내화도가 가장 높음
  ㉢ 수축 및 팽창이 커서 스폴링이 발생
  ㉣ 열전도율이 크고, 산성 슬래그와 반응

② 돌로마이트
  ㉠ 염기성 내화물로, 전로 내화물 보호용으로 사용한다.
  ㉡ 전로 노체의 내화물 : 돌로마이트 재질

꼭 찝어 어드바이스

내화물에 따른 제강법의 분류
제강법은 사용하는 내화물의 종류에 따라 산성법과 염기성법이 있다. 내화물이 염기성이면 염기성 제강이다.

▶참고

내화도
SK 30이 1,670℃이며 SK 1 증가 또는 감소할 때 20℃ 차이가 난다.

산화규소(SiO_2)는 산성내화물로 내화도가 낮으므로 직접 용강에 접하는 부분에는 적합하지 않다.

개념잡기

다음 중 산성 내화물이 아닌 것은?

① 규석질　　② 납석질　　③ 샤모트질　　④ 돌로마이트질

> 내화물의 분류
> ① 염기성 내화물 : 마그네시아질, 크롬 마그네시아질, 백운석질(돌로마이트), 석회질
> ② 산성 내화물 : 샤모트질, 점토질, 규석질, 납석질, 내화점토
> ③ 중성 내화물 : 알루미나질, 크롬질, 탄소질, 탄화규소질

답 ④

CHAPTER 02 LD 전로 제강법

단원 들어가기 전
1. LD 전로 제강법
2. LD 전로 설비 및 조업방법
3. LD 전로 단원은 제강시험에서 가장 중요한 단원이며 출제 문제의 많은 비율을 차지하고 있습니다.
4. LD 전로의 설비와 조업 방법에 대한 사항은 실기시험의 필답형 문제에서도 중점적으로 출제되는 사항이므로 꾸준한 학습이 필요합니다.

빅데이터 키워드
제선, 제강, 고로, 선철, LD 전로, 복합취련, 순산소, 하드블로, 소프트블로, 랜스, 용선, 탈탄, 탈산, 탈황, 탈인, 부원료, 경동장치, 염기도, 석회석, 특수 전로

1 ▶ LD 전로 제강법의 특징

1. LD 전로 제강의 개요

① 1949년 오스트리아 Linz 공장과 Donawitz 공장의 공동연구로 개발된 제강법이다.
② 순산소를 전로에 상취하여 강을 정련
③ 장점 : 다른 제강법에 비해 생산성, 품질, 원가, 건설비, 원료면에서 우수
④ 단점 : 원료에 용선을 사용하므로 고로 설비가 있는 공장에서만 사용 가능

2. LD 전로법의 특징

(1) 일반적 특징

① 다른 제강법에 비해 생산능률이 높아 대량생산이 가능하다.
② 규칙적인 출강이 가능하다.
③ 염기성 내화물을 사용하여 탈인, 탈황이 가능하다.
④ 제강시간이 매우 짧다.
⑤ 연료비가 필요없어 원가가 저렴하다(평로법의 60~70%, 강괴 원가의 5~10% 절감).

> **꼭 집어 어드바이스**
> LD 전로
> ① LD 전로는 순산소 상취 전로법이라고 하여 상부에서 랜스를 통하여 고압의 순산소로 취련한다.
> ② 일반 전로의 풍구를 LD전로에서는 산소랜스에서 한다.

> **참고**
> LD 전로의 다른 명칭
> ① 순산소 상취 전로법
> ② 산소 전로법
> ③ LD 전로법
> ④ BOF법
> ⑤ BOP법
> ⑥ BOS법

꼭 찍어 어드바이스

저취 전로법의 특징
① 극저탄소인 0.04%까지 탈탄이 가능하다.
② 교반이 강하고, 강욕의 온도 및 성분이 균일하다.
③ 산소와 용강이 직접 반응하므로 탈인, 탈황이 양호하다.
④ 철의 산화손실이 적고, 강중 산소 비율이 낮다.

▶참고
복합취련 전로

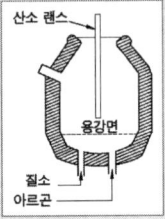

복합취련은 O와 C의 반응이 활발하여 극저탄소강 제조에 유리하나.

▶참고
전로 공정의 1회 취련시간
20분

전기로 조업시간
40~90분

⑥ 산소 효율이 높고, 탈탄속도가 빠르다.
⑦ 제강능력이 우수하다(평로법의 6~8배).
⑧ 건설비가 저렴하다(평로 공장의 60~80%).

(2) LD 전로 제강의 품질 특징

① 강중 가스(N, O, H) 함유량이 적다.
② 고철 사용량이 적어 Cr, Ni, Mo, Cu 등의 혼입이 적다.
③ 극저탄소강을 제조할 수 있다.
④ P, S 함유량이 적은 강을 제조할 수 있다.

(3) 복합취련법의 특징

① 상취가스(산소)는 정련작용, 저취가스(아르곤, 질소)는 교반작용을 한다.
② 복합취련의 특징
  ㉠ 실수율이 높다.
  ㉡ 용강 교반력이 높고, 성분이 균일하다.
  ㉢ 산소 원단위가 낮다.
  ㉣ 건설비가 낮다.
  ㉤ 용강 청정도가 높다.
  ㉥ 취련시간이 단축되고, 내하물 수명이 길어진다.

3. LD 전로 조업 공정 ★★

① 전로 조업 순서 : 장입 → 취련(정련) → 측온(시료채취) → 출강 → 배재 → 슬래그 코팅

② 전로 용량 : 1회 출강량

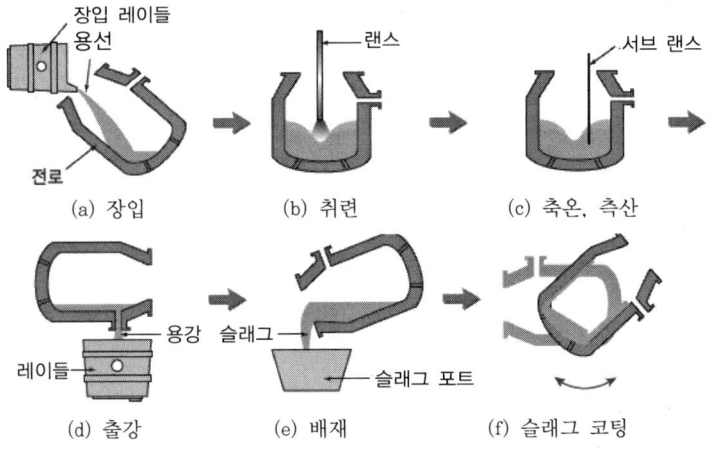

전로제강 조업 공정

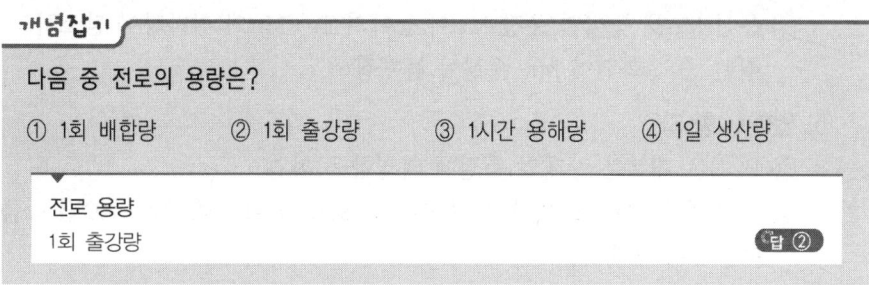

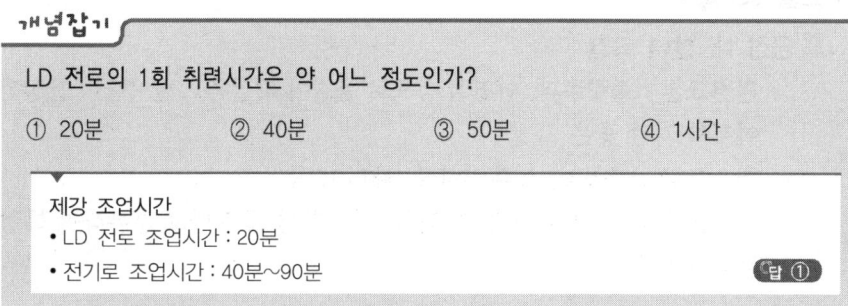

2 ▶ LD 전로 조업 원료

1. 주원료

※ 주원료 : 용선, 냉선, 고철

(1) 용선

① **열원**으로 가장 중요(사용비율 : 70~85% 사용)

② 탄소(C)
  ㉠ 용선 온도, Si 함유량에 따라 포화량이 정해짐
  ㉡ 취련 중 대부분 산화반응에 의해 CO, CO_2 가스가 되어 제거
  ㉢ 실제 조업에서는 함유량이 중요하지 않음

③ 규소(Si)
  ㉠ 산화반응으로 SiO_2가 되어 열량, 용재량, 용재 염기도를 변화시킴
  ㉡ Si 0.1% 증가에 따라 고철 배합률이 1.3~1.5% 증가 가능
  ㉢ 가장 먼저 반응하고, 발열량이 가장 높음

④ 망간(Mn)
  ㉠ 용선 중 Mn과 정련 종료 시의 용강 Mn이 비례관계

꼭 찍어 어드바이스

용선 중의 원소
① **열원** : C, Si(최대 열원), Mn
② **불순물** : P, S(강의 품질에 악영향)

꼭 찍어 어드바이스

조업에서 Si 함량이 높을 때
① Si가 높으면 탈황, 탈인이 촉진
② Si가 높으면 용재량 증가에 의한 slopping(용재 및 용강이 분출하는 현상)이 증가하여 출강수율이 저하

ⓒ 용선 Mn을 높이면 용강 Mn이 높아져 Fe-Mn의 첨가량이 감소하고, 취련 중 산화되어 Mn 손실이 높아짐
⑤ 인(P), 황(S)
  ㉠ P, S은 대부분 강재의 품질에 악영향을 미침
  ㉡ P, S이 높으면 노외 용선 예비처리, double slag법, LD-AC법 등을 이용하여 제거

(2) 고철(scrap)

① 공장 내 발생 고철
  ㉠ 환원고철 : 불량주괴, 압연설 등으로 품질이 확실하고 발생량이 안정적이어서 가장 좋은 고철
  ㉡ 회수고철 : 가공설, 노후설비설, 폐Roll 등
  ㉢ 특수합금원소를 함유한 발생 고철, 저유황설 등은 따로 분류하여 특정 강종에 사용

② 구입 고철
  ㉠ 품질, 형상이 불안정
  ㉡ 전로 사용 전 적당한 크기로 절단, 프레스 후 사용

(3) 냉선류

① 냉선, 폐주형, 용선설 등
② 보조 열원으로 사용
③ 슬래그(slag, 용재)의 염기도 계산할 때 용선과 같이 취급

2. 부원료

(1) 조재제(Flux) ✪✪✪

① 생석회(산화칼슘)
  ㉠ CaO가 90% 이상, 슬래그의 주성분으로 탈황, 탈인반응
  ㉡ 염기성으로 가장 중요한 조재제

② 생석회가 LD 전로에서 요구되는 성질
  ㉠ 소성이 잘 되어 반응성이 좋을 것
  ㉡ 세립 및 정립되어 있어서 반응성이 좋을 것
  ㉢ 가루가 적어 다룰 때 손실이 적을 것
  ㉣ 수송 또는 저장 중에 풍화작용이 적을 것
  ㉤ P, S, SiO_2 등의 불순물이 적을 것

중량 고철(heavy scrap)을 많이 사용할 경우
① 장입 시 노체내벽에 충격을 주어 노의 수명 단축
② 취련 중 용해가 끝나지 않고 남아 있음
③ 출강량의 변동, 노내온도 저하, 성분 불균일의 원인

경량고철(light scrap)을 사용할 경우
① 노내에서 고철이 용선의 표면을 덮어 취련시작시 착화를 늦추는 원인

부원료의 종류
① 조재제 : 생석회, 석회석, 규사, 연와설
② 매용제 : 형석, 밀스케일, 철광석, 소결광
③ 냉각제 : 철광석, 소결광, 석회석, 고철
④ 가탄제 : 전극설, 무연탄, 코크스, 선철
⑤ 탈산제 : Al, CaC_2, Fe-Si, Fe-Mn

③ 석회석
　　㉠ 투입되면 급속히 분해하여 CaO가 되며 이 때 열을 흡수(냉각재)
　　㉡ 노 중에서 변화를 일으켜 격렬한 교반이 일어나는 끓음 현상 발생
　　　(lime boiling) : $CaCO_3 \rightarrow CaO + CO_2 - 42,500(cal/mol)$
　　　◀ 흡열반응
④ 규사, 연와설 : 용선 중 Si의 양이 낮을 때 슬래그량의 증가 목적으로 사용
⑤ 형석
　　㉠ 소량첨가로 슬래그의 유동성 향상
　　㉡ 너무 많이 사용하면 내화물의 침식이 증가

(2) 냉각제

① 냉각제 냉각능 ★★

냉각제	고철	석회석	철광석
냉각능	1	2.2	2.7

② 냉각제는 취련 후반기 용강 온도 조절용으로 투입하는 것으로 소량을 분할하여 투입해야 한다.

(3) 탈산제

① 탈산제의 구비조건
　　㉠ 산소와의 친화력이 클 것
　　㉡ 용강 중에 급속히 용해할 것
　　㉢ 탈산 생성물의 부상속도가 클 것
　　㉣ 가격이 저렴하고 소량만 사용할 것
　　㉤ 회수율이 양호할 것

② 탈산제 탈산능력
　　㉠ $Al > CaC_2 > Fe-Si > Fe-Mn$
　　㉡ Al은 규소의 17배, 망간의 90배까지 탈산할 수 있다.

3. 전로 원료장입

① 전로의 주원료는 용선을 사용하며 고철은 장입량의 약 15% 정도까지만 사용한다.
② 고철을 용선보다 나중에 장입하면 고철 중에 부착된 수분에 의해 폭발이 발생할 수 있다.
③ 원료장입 및 출강 시에는 모든 전원을 off 상태로 해야 한다.

꼭 찝어 어드바이스

냉각제로서 철광석 사용 시 유의사항
철광석에는 맥석 성분인 SiO_2, Al_2O_3 성분이 적어야 한다.

투입시기
냉각제는 취련 후반기 용강 온도 조절용으로 투입하는 것으로 소량을 분할하여 투입해야 한다.

꼭 찝어 어드바이스

탈산법의 종류 ★★
① 용강 중 C에 의한 탈산 : 탄소강에서는 C에 따라 용도가 달라지므로 사용하지 않음 ($FeO + C \rightarrow Fe + CO$)
② 확산 탈산 : FeO를 함유한 용강을 FeO를 함유하지 않은 강재와 접촉시켜 용강 중의 FeO와 강재와의 평형 관계로 FeO 감소
③ 석출 탈산 : 산소와의 친화력이 Fe보다 큰 원소를 용강 중에 첨가하여 강제 탈산하는 방법(Si, Mn, Ca, Mg, Ti, Al 등 첨가)

꼭 찝어 어드바이스

Mn의 반응
Mn+FeO = MnO+Fe
(탈산반응)
Mn+FeS = MnS+Fe
(탈황반응)

④ 전로에 용선을 장입할 때 노내 코팅한 슬래그가 굳기 전에 장입하면, 용융물이 노외로 분출할 수 있다.
⑤ 전로 고철 장입은 크레인으로 한다.
⑥ 고철에 수분이 있으면 폭발의 위험이 있으므로 습기를 제거한다.

개념잡기

LD 전로 조업에 요구되는 생석회의 요구 성질로 틀린 것은?

① 연소성으로 반응성이 좋을 것
② 입자가 클 것
③ 흡습성이 작을 것
④ S, Slag, P가 적게 함유될 것

> **생석회의 요구 조건**
> ① 소성이 잘 되어 반응성이 우수할 것
> ② 입자가 세립 및 정립되어 있을 것
> ③ 풍화작용 및 흡습성이 적을 것
> ④ 회분 및 유해불순물(S, P 등)이 적을 것

답 ②

개념잡기

냉각제 효과로 가장 적합한 것은?

① 고철 : 석회석 : 철광석 = 1.2 : 1.5 : 2.4
② 고철 : 석회석 : 철광석 = 1.5 : 1.4 : 3.0
③ 고철 : 석회석 : 철광석 = 1.8 : 1.5 : 3.2
④ 고철 : 석회석 : 철광석 = 1.0 : 2.2 : 2.7

> **냉각제 냉각능**
>
> | 냉각제 | 고철 | 석회석 | 철광석 |
> |---|---|---|---|
> | 냉각능 | 1 | 2.2 | 2.7 |

답 ④

3. LD 전로 설비

1. LD 전로 본체 설비

(1) 노체 ◎◎

① 전로의 능력 : 1회당 처리용강량으로 표시, 30~300톤 규모
② 노구가 노체의 중심선에 있는 대칭형
③ 노체는 30~40mm 두께의 강판을 용접한 대칭형 용기
④ 노체 : 노구, 노복부, 노저부로 구분
⑤ 장비 측 : 원료를 장입하는 작업 덱(deck)쪽
⑥ 출강 측 : 장비 측의 반대쪽
⑦ 노체의 높이 : 직경의 약 1.3~1.5배
⑧ 전로 내화물 : 돌로마이트

(2) 경동설비 ◎◎

① 노체의 중앙부에 **트러니언(Trunnion)**이 볼트에 의해 설치 → 경동 장치로부터 회전 토크를 전달
② 트러니언 링 : 노체를 지지하는 역할
③ 트러니언과 노체 접합부에 열 전달을 방지하기 위한 수랭방식, 이중벽방식
④ 노구 : 취련 중 전도열 및 복사열을 받아 변형이 되기 쉬우므로 냉각 방법 및 교체 가능한 구조로 제작

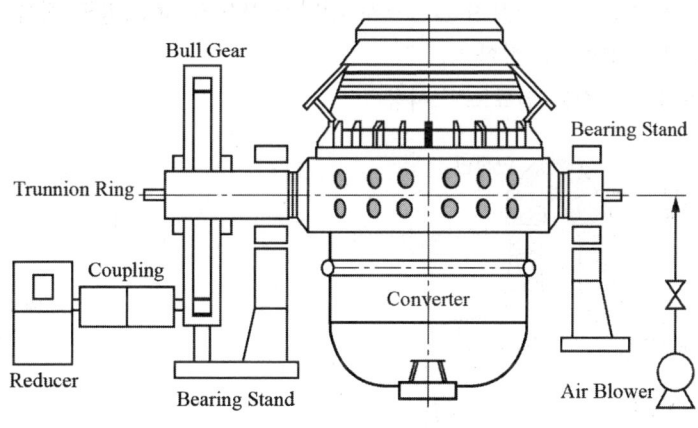

전로 경동설비

(3) 취입설비(랜스, Lance) ◎◎

① 랜스의 구조 : 3중관 구조
② 랜스 노즐 : 초음속의 산소를 분사시킬 수 있는 드 라발 노즐(de laval nozzle)

꼭 찝어 어드바이스

전로설비 개요
① 전로 공정 : 용선과 고철을 전로에 장입하고 랜스(Lance)라는 수랭구조의 노즐(nozzle)로부터 고압, 고순도의 산소를 취입하여 정련하여 용강을 제조
② 용선과 고철 장입 후 랜스를 노내에 넣어서 순산소를 취입하여 정련 진행
③ 전로의 노구에서 고온의 CO 가스 및 철진 등의 폐가스 처리 설비 필요
④ 순산소를 사용하므로 산소 제조 설비가 필수로 필요

> 참고

전로 전동 구동방식
① 직류 전동기 : 속도 제어 용이, 전원 및 전동기 가격이 고가, 호환성 떨어짐
② 교류 워드레너드 방식 : 2개의 권선형 교류 전동기를 배열한 구동 방식

꼭 찝어 어드바이스

다공 노즐의 장점
① 용강의 교반운동 촉진
② 용강 분출이 감소하여 제강 회수율 향상

옥시퓨얼 랜스의 특징
① 랜스로부터 산소와 연료를 분사하여 열효율 향상
② 고철 배합율을 50%까지 증가할 수 있음

LD-AC 취련법
① 수산화칼슘 가루를 산소와 함께 분사
② 탈인을 촉진

> 참고

랜스의 구조

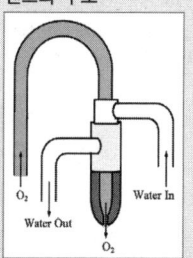

> 참고
> 랜스노즐(단면)

> 참고
> 전로 슬래그의 성분
> ① 전철(T·Fe) 10~23%
> ② 탄화칼슘(CaC_2) 35~65%
> ③ 이산화규소(SiO_2) 8~18%
> ④ 산화망간(MnO) 4~10%
> ⑤ 산화마그네슘(MgO) 0.9~6%
> ⑥ 오산화인(P_2O_5) 0.6~4%
> ⑦ 황(S) 0.04~0.3%

> 참고
> 공기냉각방식 폐가스 처리
> ① 대량의 고온 폐가스를 수랭 자켓의 일부에 설치된 연도 인에서 연소, 나시 냉각함으로서 연소 공기량에 수배의 공기를 혼입하는 방법
> ② 연도 출구에서 800~1,000℃까지 냉각, 살수 탑에서 100~200℃까지 냉각, 굵은 연진이 포집
> ③ 설비 비용이 저렴, 대형 송풍기와 다량의 공업 용수가 필요하여 사용 비용이 많이 들어감
>
> Boiler 방식 폐가스 처리
> ① 전로 노상 연도구를 보일러로 하여 폐가스의 열 교환으로 가스 냉각과 발생증기를 회수
> ② 일반 보일러처럼 복사대, 접촉대, 절탄기를 가지고 있음
> ③ 보일러 출구에서의 가스 온도 : 300~350℃
> ④ 고압증기는 발전용으로 사용되지만 간헐적으로 발생되므로 축전지(accumulator)를 설치하여 난방용으로 사용

③ 랜스 노즐의 재질 : 열전도율이 좋은 **구리(순동)**를 사용
④ 노즐의 구멍 : 초기에는 1개, 용량이 커짐에 따라 3~4개의 다공 노즐 사용
⑤ 보조랜스(서브랜스) : 측온, 샘플링, 탕면측정
⑥ 산소랜스는 취련 효율을 높이기 위해서 다공 노즐을 사용
⑦ 탈인 촉진을 위해 LD-AC랜스를 사용하고, 옥시퓨얼 랜스를 사용하면 고철 배합율이 50%까지 가능

(4) 배제설비

① 스키머 : 용강과 슬래그를 비중차에 의해 분리하는 장치
② 전로에서 발생하는 슬래그는 100~170kgf/t 정도
③ 고로 또는 소결용의 원료, 자갈 대용, 매립재료로 사용
④ 처리방법 : 레이들로 받는 식, 방류식
⑤ 노구로부터 분출되는 슬로핑 슬래그는 수강 대차의 스크레이퍼로 처리

2. 폐가스 처리설비

(1) 폐가스 냉각설비

① 종류 : 공기 냉각방식, Boiler 방식, 비연소 방식(OG법, IRSID-CAFL법)
② 비연소방식(OG 시스템) ❷❷
  ㉠ 전로 노구와 연도 사이에 가동식 뚜껑(skirt)을 설치하여 공기의 침입 방지하고, CO가스를 연소시키지 않고 회수
  ㉡ CO가스가 연소하지 않으므로 폐가스 온도가 낮고 양도 적음
  ㉢ 냉각설비가 소형화
  ㉣ 회수 가스는 연료로도 사용

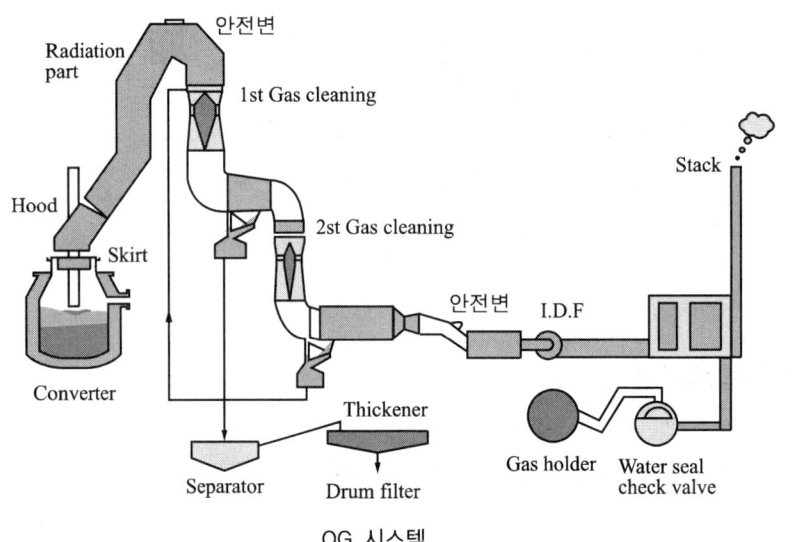

OG 시스템

(2) 집진설비
① 초기에는 보일러의 연도 가스 속에 함유된 재의 미립자 제거에 사용
② 공장 굴뚝에 설치하여 매연, 미립자를 포집
③ IDF : 취련 시 발생되는 폐가스를 흡입, 승압하는 장치
④ 집진방식 : 중력에 의한 것, 여과한 것, 원심력에 의한 것, 음파를 이용한 것, 세정에 의한 것
⑤ 벤투리 스크러버(Venturi scrubber) 방식
  ㉠ 기계식으로 폐가스를 좁은 노즐(벤투리)에 통과시켜 속도가 빨라지게 한 후 고압수를 분무하여 가스 중의 분진을 포집
  ㉡ 장점 : 건설비 저렴
  ㉢ 단점 : 물을 많이 소비, 연진이 슬러지 상태로 포집, 부식이 잘 됨
⑥ 습식 전기집진 방식
  ㉠ 보일러와 조합으로 사용
  ㉡ 수분을 함유한 연진을 전극에 흡수시키고 물로 씻어 내려 포집
  ㉢ 단점 : 물을 많이 소비, 연진이 슬러지 상태로 포집, 부식이 잘 됨
⑦ 건식 전기집진 방식
  ㉠ 폐가스를 전극 사이로 통과시켜 대전시킨 후 집진 전극에서 흡착
  ㉡ 집진된 연진을 해머링(hammering) 장치로 떨어뜨려 포집
  ㉢ 장점 : 동력비가 적게 들어감, 연진을 **건조 상태**에서 처리
  ㉣ 단점 : 설비 비용이 고가

3. 기타설비

(1) 산소 제조설비
① 전로에서는 $50Nm^2/t$-steel 정도의 **순 산소** 사용
② 산소 제조설비가 필수
③ 공기 중의 산소를 분리하여 회수하는 방법으로 99.5% 이상의 순도를 가진 산소 제조
④ 공기를 액화하여 비등점(산소 −183℃, 질소 −195.8℃) 차이를 이용하여 산소와 질소를 분리
⑤ 분리된 산소는 압송설비를 거쳐 전로 공장으로 압송
⑥ 일시에 대량으로 사용하므로 배관의 중간에 가스 홀더가 설치
⑦ 랜스 통과 압력 : $8 \sim 12 kg_f/cm^2$

꼭 찝어 어드바이스
백필터 방식의 집진설비
① 폐가스를 수십 개의 자루에 보내 연진을 포집
② 최근 많이 사용

꼭 찝어 어드바이스
전로 기타설비
① 기중기 : 용선 수입에서 강괴의 방출까지 폭넓게 사용
② 전기설비 : 전로의 경동, 랜스의 승강 장치는 정전에 대비한 발전기 설치
③ 계장장치 : 전로 조업에 필요한 조정장치
④ 칭량설비 : 전로에 사용되는 원료의 칭량
⑤ 분석설비 : C, S, P 등을 분석할 수 있는 분광분석 장치
⑥ 가이드 : 낙하물에 의한 전로 노체 손상을 방지하고 낙하에 의한 추락 위험을 방지하는 장치

참고
냉각수설비
① 용수 사용량 : 제품 톤당 $100 \sim 400m^3$
② 전로 공장에서는 단물을 주로 사용
③ 사용한 물의 냉각 및 여과하는 정수 설비를 설치

참고
고철의 장입 방법
① 천장 크레인에 의한 방법
② 특수 트럭에 의한 방법
③ 작업장 위를 주행하는 대차에 의한 방법
④ 장입용 상자를 크레인으로 옮겨 노 앞에서 장입하는 방법

꼭 찍어 어드바이스

내장 연와 수명에 영향을 주는 요인

① 용선 중의 Si
  용선에 함유되어 있는 Si이 증가하면 노체 지속 횟수는 감소한다. 그 원인은 Si에 의한 슬래그의 염기도 저하, 슬래그 양의 증가 및 분출 등이다.

② 염기도
  슬래그 중의 SiO_2는 연와에 대하여 큰 영향을 미치고 있으며, 염기도가 증가하면 노체 지속 횟수도 증가한다.

③ 슬래그 중의 T-Fe
  슬래그 중의 T-Fe가 높으면 노체지속 횟수는 저하한다. 이것은 T-Fe의 증가에 의한 연와의 침식성이 증가하기 때문이며 특히 노체 초기에 이러한 현상은 두드러진다.

④ 산소 사용량
  산소 사용량이 많게 되면 노체지속 횟수는 저하한다.

⑤ 재취련
  재취련률이 높게 되면 노체 지속 횟수는 저하하는데 이는 재취련에 의하여 슬래그 중의 T-Fe가 많아지기 때문에 노체에 악영향을 미친다.

⑥ 종점 온도
  종점 온도가 높게 되면 슬래그의 유동성이 좋게 되므로 용손은 심하게 된다.

⑦ 용강 중의 C 함유량
  취련 종점에서 용강 중의 C 함유량이 저하하면 노체 수명은 저하한다.

⑧ 휴지시간
  휴지시간이 길어지면 노체 지속 횟수는 저하한다. 이것은 휴지 시에 분위기가 산성이 되어 온도 저하에 의하여 균열이 발생하여 스폴링(Spalling)이 증대하기 때문이다.

⑨ 형석(CaF_2) 사용량
  형석을 첨가하면 슬래그의 유동성이 증가하기 때문에 노체 지속 횟수는 저하한다.

⑩ 철광석 투입량
  냉각제로 투입되는 철광석은 격렬한 끓음(Boiling) 반응을 일으키므로 연와는 기계적으로 심하게 소모된다.

(2) 원료장입설비

① 용선의 장입 : 혼선로, 혼선차에서 용선을 옮겨 담은 후 크레인으로 장입
② 기타 원료장입 : 호퍼(Hopper)에서 수랭된 슈트(Shute)를 통하여 장입
③ 외부 저장 벙커에 있는 원료는 벨트 컨베이어(Belt Conveyor), 버킷 엘리베이터(Bucket elevator)에 의해 전로 위의 호퍼로 운반

4. 전로용 내화물

(1) 전로용 내화물이 받는 영향

① 산소 취입에 의한 용강과 슬래그의 강력한 교반
② 노체의 경동 또는 회전
③ 다량의 분진과 가스가 발생
④ 짧은 제강 사이클로 인한 심한 온도변화
⑤ 높은 조업온도
⑥ 장입 시의 기계적 충격

(2) 전로용 내화물의 요구조건

① 염기성 슬래그에 대한 화학적인 내식성
② 용강과 슬래그의 교반에 대한 내마멸성
③ 급격한 온도 변화에 대한 내열 스폴링성
④ 장입물에 대한 내충격성

(3) 전로 내장 연와 손상기구

① 화학적 침식 : 슬래그에 의한 용해
② 구조적 Spalling : 연와 내의 슬래그 침투
③ 기계적 마모 : 용강의 교반, 원료의 투입 충격
④ 열적 Spalling : 간헐조업 및 조업 중의 온도 변화
⑤ 산화 탈탄 : 비취련 시의 Carbon Bond 손실
⑥ 기계적 Spalling : 승열 시에 생기는 기계적 응력

개념잡기

LD 전로에서 용강 위에 필요한 산소를 취입하기 위한 설비로 노즐이 처음에는 1개의 구멍에서 용량이 대형화됨에 따라 다공 노즐로 발전되고 있는 설비는?

① 용선차 　　② 노체 　　③ 혼선로 　　④ 산소랜스

산소랜스는 취련 효율을 높이기 위해서 다공 노즐을 사용한다.　　**답 ④**

개념잡기

LD 전로의 OG 설비에서 IDF(Induced Draft fan)의 기능을 가장 적절히 설명한 것은?

① 취련 시 외부 공기의 노내 침투를 방지하는 설비
② 후드 내의 압력을 조절하는 장치
③ 취련 시 발생되는 폐가스를 흡인, 승압하는 장치
④ 연도 내의 CO 가스를 불활성가스로 희석시키는 장치

> OG 설비에서 IDF는 취련 시 발생되는 폐가스를 흡인, 승압하는 장치이다.
>
> **답 ③**

4. LD 전로 조업방법

1. 보통 제강 조업법

(1) 취련방법

① 주원료 장입
  ㉠ 고철과 용선의 순서로 주원료를 장입
  ㉡ 고철의 수분에 의한 폭발 방지를 위해 고철을 먼저 장입
  ㉢ 용선 배합률 : 70~90%

② 취련 개시 및 진행 ●●●
  ㉠ 노체를 바로 세우고 랜스를 내리면서 산소를 취입하는 동시에, 부원료인 밀 스케일과 매용제를 투입
  ㉡ 랜스가 일정 높이까지 떨어지면 착화가 시작되어 용선 중의 탄소, 불순물이 산화되기 시작하면 생석회, 철광석, **형석 투입**
  ㉢ 랜스 노즐을 일정 높이로 유지하고, 산소의 압력도 일정 압력으로 유지
  ㉣ 취련 시작 후 수분 내에 슬래그가 형성되어 용강 표면을 덮음
  ㉤ 스피팅(Spitting) 현상 : 산소 제트에 의해 미세한 철 입자가 노구로부터 비산하는 현상
  ㉥ 취련 시간이 지나면 탄소의 연소가 활발해지고 노구로부터 불꽃이 밝아짐
  ㉦ 강재의 거품이 일어나는 현상인 **포밍(Foaming)현상**과 돌발적으로 강재가 노구로부터 분출하는 **슬로핑(Slopping)현상** 발생
  ㉧ 베렌(Baren) : 용강, 용제가 노외로 비산하지 않고 노구 근방에 도넛 형태로 쌓이는 것(다공 노즐의 랜스를 사용하면 감소)

꼭 찝어 어드바이스

제강 시간
① 주원료 장입에서 배재 완료까지 경과시간
② 1회당 20~40분 정도

취련 순서
고철, 용선 장입 → 노체 직립 → 랜스 하강 → 취련 개시 → 부원료 투입 → 취련 끝 → 랜스 상승 → 노체 경동 → 시료 채취 및 온도 측정 → (재취련) → 출강 → 슬래그 배재

전로제강에서 밀스케일이나 소결광 투입의 효과 ●●
① 냉각제
② 산소 공급원
③ 생석회 슬래그화 촉진 (매용제)
④ 철강 실수율 향상

꼭 찝어 어드바이스

스피팅의 대책 ●●
형석 등의 매용제 투입으로 강재를 형성한다.

슬로핑의 대책 ●●
① 슬래그 진정제를 투입한다.
② 랜스를 낮춘다.
③ 형석, 석회석을 투입한다.
④ 취련 중기 산소량을 감소시킨다.
⑤ 취련 초기 산소 압력을 증가시킨다.
⑥ 탈탄 속도를 낮춘다.

용어정의
포밍(Foaming)
슬래그를 형성하는 것

③ 취련 종점 ●●●
  ㉠ 취련 말기가 되면 탈탄반응이 약해지며, 불꽃은 짧고 투명해짐
  ㉡ 종료점(End Point) 판정 : 불꽃의 현상, 산소 취입량, 취련 시간 등을 종합하여 결정
  ㉢ 종점이 결정되면 산소 취입을 정지하고 랜스를 올린 후 노의 앞쪽 덱(Deck) 쪽으로 기울여 시료를 채취하고 용강 온도 측정
  ㉣ 시험 결과가 목표에 맞지 않으면 재취련, 승온취련, 냉각조치 등의 보충작업 실시

④ 출강
  ㉠ 취련 작업 종료 후 합금철을 투입하고 레이들로 출강한 다음 탈산제나 합금철을 첨가하여 정련 작업 완료(출강시간 : 3~6분)
  ㉡ 출강이 끝난 후 노 중에 남아있는 슬래그를 슬래그 포트(Slag Pot)로 배출하여 1회의 제강작업이 완료되며, 이후 다음 작업을 위해 열간 보수작업 실시

(2) **취련 계획**

① 취련 계산을 위한 3요소 : 생석회 배합 계산, 열 계산, 산소 계산

② 슬래그 염기도 ●●●
  ㉠ 염기도 = $\dfrac{\text{슬래그 중 CaO 중량}}{\text{슬래그 중 SiO}_2 \text{ 중량}}$
  ㉡ 탈인과 탈황에 직접 영향
  ㉢ 적정 염기도 : 3.0~4.5
  ㉣ 생석회의 양은 용선중의 규소량, 슬래그양, 조괴강의 종류에 따라 결정
  ㉤ 저규소 용선의 경우 규사를 추가로 사용

③ 산소유량과 기능
  ㉠ 랜스 높이 : 1~3m(랜스선단~강욕면)
  ㉡ 산소압력 : 6~12kgf/cm³
  ㉢ 취련에 소요되는 산소량 : 용선의 성분과 장입량에 따라 결정

(3) **취련의 경과**

① 초기
  ㉠ 규소가 산소와의 친화력이 강하여 가장 먼저 산화. 2~3분만에 대부분 이산화규소(SiO_2)로 변화됨
  ㉡ 규소가 감소하면 탈탄반응이 활발해짐
  ㉢ Mn과 P의 산화 반응도 취련 초기부터 빠른 속도로 진행
  ㉣ 형성되는 슬래그는 산화칼슘을 많이 함유한 염기성 슬래그가 형성
  ㉤ 슬래그의 유동성이 나쁠 경우에는 형석을 투입하여 유동성 개선

꼭 찝어 어드바이스

부원료의 기능
① 생석회 : 탈인, 탈황 작용
② 철광석 : 냉각제, 산소공급원, 용강의 일부로 환원
③ 형석 : 슬래그의 유동성 향상

염기도와 탈인, 탈황 ●●
① 염기도가 높을수록 탈인과 탈황이 잘됨
② 고염기도 조업이 필요
③ 석회석으로 염기도 조정

전로불꽃 상황을 변화시키는 요인 ●●
① 노체 사용 횟수
② 산소 취부 조건(취련 패턴)
③ 랜스 사용 횟수
④ 슬래그량
⑤ 강욕의 온도

꼭 찝어 어드바이스

취련 초기의 탈탄반응속도
① 탈탄반응속도 : 취련 초기는 늦다가 중기에 최대가 되고, 말기에 저하됨
② 취련할 때 고속의 제트 흐름이 용강면에 충돌하는 화점(Fire Point)에서의 온도가 2,000℃ 이상의 고온이므로 생석회의 용해가 빨라져 탈인이 촉진됨

② 중기
　㉠ 취련 시작 5~6분 후
　㉡ 취련 중기부터 탈탄 속도가 매우 높아짐
　㉢ 취입 산소가 거의 탈탄에 사용되어 탈탄 효율이 100%에 가까워짐
　㉣ 강욕의 온도가 상승하면서 생석회의 슬래그화가 계속 진행
　㉤ 슬래그 염기도 : 2~3
　㉥ 염기도 상승과 형석 사용으로 탈인 촉진 및 슬래그 유동성이 너무 좋아지면 슬로핑(Slopping) 현상 발생
　㉦ 슬래그 중의 전체 Fe 성분이 상대적으로 감소함
　㉧ **복인과 망간 융기(Mn Buckle)발생**

③ 말기
　㉠ 대부분의 탄소가 산화되어 제거되고 취입 산소로 인하여 산화철 형성
　㉡ 산화철이 슬래그 중에 들어가면 전체 철이 증가하여 다시 탈인과 탈황 반응 진행
　㉢ 석회석 투입 후반기
　㉣ 인의 거동 : 슬래그 염기도, 티탄과 철의 함유량, 온도에 따라 변동
　㉤ 황의 거동 : 고온에서 탈황이 잘 이루어지고, 염기도, 티탄, 철 등과 관계가 있음
　㉥ 강욕 중의 망간과 인은 탄소와 함께 떨어져서 목표값에 도달

④ 용강의 온도변화
　㉠ 취련 중에는 완만하게 상승하다가 종점에 가까워지면 갑자기 상승한다. 용선 배합률이 작은 조업을 할 때에는 고철이 완전히 용해되지 않을 수 있으므로 주의
　㉡ 목표 온도와 성분에 맞지 않아 재취련 시 저압산소를 취입하며, 티탄, 철, 질소, 산소의 급작스러운 증가 발생에 유의

(4) 랜스 높이 조정

① 랜스 높이
　㉠ h : Lance 높이(Lance선단~탕면)
　㉡ L : Pool
　㉢ L_0 : 용강깊이

② 조업법과 랜스 높이
　㉠ 보통 조업 : L/L_0 = 0.7~0.8로 조업
　㉡ 하드 블로(Hard Blow) : L/L_0가 1에 가까울 때(탈탄 촉진)
　㉢ 소프트 블로(Soft Blow) : L/L_0가 작을 때(탈인 촉진)

> **용어정의**
> 복인
> 산화반응에 의해 제거된 인(P)이 슬래그로부터 용강으로 되돌아오는 현상(인의 환원)
>
> 망간 융기
> 용선 중 망간은 취련 초기 제거되어 슬래그로 가지만 전로 반응이 진행됨에 따라 다시 용강 중의 망간 성분이 증가하는 현상

> **꼭 찝어 어드바이스**
> 복인과 망간 융기의 원인
> ① 강욕 온도 상승
> ② 전체 철분 감소로 슬래그의 산화 퍼텐셜이 저하되어 발생
>
> 후반기 투입 석회석의 효과
> ① 산화칼슘과 이산화탄소로 분해
> ② 흡열반응(냉각효과)
> ③ 용강의 교반
> ④ 냉각 효과
> ⑤ 산화칼슘의 보급
>
> 말기 슬래그량의 영향
> ① 탈인과 탈황을 위해서 슬래그가 많은 것이 좋지만 너무 많으면 철 손실과 열량 손실이 증가
> ② 노체가 너무 낡으면 용강의 깊이가 낮아져 용강 면적이 넓어지므로 탈인 효율이 저하

> **참고**
> 랜스 높이
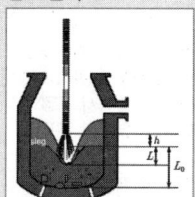

(5) 측온, Sampling

① 측온 및 시료 채취 : 랜스를 완전히 올린 후 노체를 장입측에 기울여 실시
② 강욕 온도 확인 : 1,580~1,650℃
③ 강욕 성분 확인 : C 함량에 대하여 종점 C 함량은 목적 강종의 규격치 이하로 조정
④ Mn, P, S, O 등의 함량은 종점 C값 및 취련 조건에 따라 결정
⑤ P, S는 가능한 낮은 것이 좋으며 규격치 이하로
⑥ 재취련
  ㉠ 종점 온도가 낮거나 종점 C함유량이 목표값보다 높을 때는 재취련으로 온도 상승 및 탈탄을 실시
  ㉡ 온도 상승을 목적으로 한 재취련 : C가 필요이상 저하되지 않도록 산소 압력을 낮추어 취련
  ㉢ C의 저하를 목표로 할 때는 고압력으로 취련
⑦ 종점 온도가 목표 온도보다 높을 때는 고철을 투입하여 강욕을 냉각

(6) 출강

① 일정 온도 및 성분으로 조정된 용강을 노 반대쪽으로 기울여 출강
② 출강 전에 노내에 약간의 탈산제를 첨가하여 예비 탈산
③ 노 내에 산화성 강재가 잔류하여 노 내 탈산은 어려우므로 레이들에서 탈산 실시
④ 출강 중 첨가 가능한 합금철, 탈산제의 최대량 : 출강량의 3% 정도
⑤ 합금철, 탈산제의 양이 증가하면 온도 강하가 커짐
⑥ 첨가 성분의 실수율은 탈산형식 강욕 중 C 함량에 따라 달라짐

2. 특수 조업법

(1) 소프트 블로우(Soft blow)법

① 소프트 블로우 : 강욕면에 대한 산소의 충돌 에너지를 적게하기 위하여 취입 산소의 압력을 낮추거나, 랜스의 높이를 보통 조업보다 높여 작업하는 방법
② 특징
  ㉠ 전체 철이 높은 발포성 강재가 형성되어 탈인반응 촉진
  ㉡ 탈탄반응이 억제되어 고탄소강의 제조에 효과적
  ㉢ 지나친 소프트 블로우 조업은 슬로핑 현상이 발생
  ㉣ 산화성 슬래그 생성을 촉진하고 고염기성 조업을 하면 탈인, 탈황 동시 효과

꼭 찝어 어드바이스

재취련하는 경우
① 종점온도가 낮을 때
② 종점 C 함유량이 높을 때

종점온도가 높을 때 조치하는 방법
① 약간 높을 때 : 노를 2~3회 경동시켜 냉각
② 매우 높을 때 : 냉각제(고철 등)를 투입하여 냉각

꼭 찝어 어드바이스

슬래그 코팅 기술
① 출강 종료 후 슬래그를 1/3 정도 남기고 배재
② 남아있는 슬래그에 생석회 돌로마이트 등을 넣고 슬래그 로 노체 연와에 코팅
③ 노체 수명 연장 목적
④ 노체를 경동시키는 방법

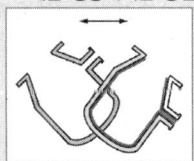

⑤ 질소로 스플래시 코팅하는 방법(최근에 많이 사용)

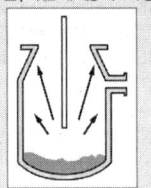

꼭 찝어 어드바이스

소프트 블로우
① 산소 압력을 낮추어 조업
② 랜스 높이를 높여서 조업
③ 산소량을 줄여서 조업
④ 탈탄보다 탈인이 주목적

하드 블로우
① 탈탄반응을 촉진
② 산화철(FeO) 생성을 억제
③ 산소 압력을 높여서 조업
④ 랜스 거리를 낮추어 조업

(2) 하드 블로우(Hard blow)법 ●●
① 산소의 취입 압력을 크게하고 랜스 거리를 낮게 하는 방법
② 탈탄반응을 촉진시키고 산화철의 생성을 억제

(3) 이중 강재(Double slag)법 ●●
① 이중 강재법 : 취련을 일단 중단하여 1차로 생성된 슬래그를 제거한 다음 조재제, 용매제를 첨가하여 소프트 블로우법으로 2차 슬래그를 형성시키는 방법
② 조업 효과
  ㉠ 용강 중의 인과 황 함유량의 저하
  ㉡ 고탄소, 저인강의 제조에 적합
  ㉢ 취련 말기의 복인 작용의 억제
③ 단점
  ㉠ 대형 전로의 보급으로 1차 슬래그 제거가 어려움
  ㉡ 두 번에 걸친 슬래그 제거 작업으로 제강 시간이 길어짐

(4) 캐치 카본법과 가탄법
① 캐치 카본법 ●●
  ㉠ 목표 탄소 농도에 도달하였을 때 취련을 끝내어 출강하는 방법
  ㉡ 취련 시간의 단축
  ㉢ 취련 산소량의 감소
  ㉣ 철분의 재화 손실의 감소
  ㉤ 강 중의 산소 용해의 감소
  ㉥ 탈인반응은 불충분
② 가탄법
  ㉠ 강 중의 탄소를 목표값보다 적게 취련하여 인, 황을 목표값보다 작게 한 다음 가탄제를 첨가하여 성분을 맞추는 방법
  ㉡ 용강의 산화 손실과 용해 산소량이 처지는 단점이 있음

(5) 합금강의 제조
① LD 전로에서의 합금철 제조
  ㉠ 적은 용선에 고압의 산소를 취입하여 보일링(Boilling) 정련으로 고온 정련을 하면 환원 정련이 가능하다는 장점을 활용하여 제조
  ㉡ 취련할 때 이중 강재법으로 탈인
  ㉢ 출강 전의 용강에 환원성 분위기 부여

꼭 찝어 어드바이스

전로 제강에서 밀스케일이나 소결광 투입 효과 ●●●
① 냉각제
② 산소 공급원
③ 생석회 슬래그와 촉진 (매용제)
④ 철강 실수율 향상

분체 취입법 장점 ●●●
① 용강 중 탈황 효율 향상
② 비금속 개재물 생성 감소
③ 불순물 제거 용이

• 전로 노체 수명 감소 요인 ●●●
① 연속적인 고온 조업을 할 때
② 산소 사용량이 많을 때
③ 용선 중 Si함유량이 많을 때
④ 형석의 사용량이 많을 때

▶참고

저용선 배합 조업 ●●
강괴 생산 계획량에 비하여 용선량이 부족한 경우 고철 배합률을 높여서 부족 열량을 보충하는 방법

열량을 보충하는 방법
① 페로 실리콘이나 탄화칼슘과 같은 발열제 첨가
② 취련용 산소와 함께 연료를 첨가
③ 별도 가열로에서 장입 고철을 가열

꼭 집어 어드바이스

기타 전로법 특징 ✪✪✪
① 전로 내화물이 염기성이므로 슬래그 중의 MgO(염기성 산화물)는 내화물에 영향을 주지 않는다.
② 염기성 전로는 탈인, 탈황이 가능하다.
③ 전로 조업에서 종점으로 갈수록 탄소량은 감소하고 산소량은 증가한다.
④ 베서머법은 산성 전로법에 해당한다.
⑤ 취련 말기 공기를 유입시키면 공기 중의 질소가 다시 혼입될 수 있다.
⑥ 전로 가스(LDG) 주성분 : CO
⑦ 전로법은 용선의 현열 및 산소와 불순물 원소 사이의 산화열을 이용한다.

참고
LD-AC법 기타 특징
① 넓은 성분 범위의 용선을 원료로 사용할 수 있어 고로의 원료 제한이 없음
② 반응성이 좋은 슬래그가 급속히 생성되므로 탈인에 효과적임
③ LD 전로에 비해 제강시간이 길어지는 단점이 있음

참고
칼도법의 단점
① 내화물의 소모가 많음
② 취련 시간이 길어짐
③ 생산성은 LD 전로보다 매우 낮으므로 대형 설비를 사용해야 함

참고
로터법의 기타 특징
① 노체는 평면 위에서 360° 회전 가능하며 장입, 취련, 출강에 따라 위치를 바꿀 수 있음
② 슬래그의 반응성이 좋고 고인선 처리에 적합
③ CO 가스는 100% 연소되므로 열경제적면에서도 유리
④ 칼도법보다 설비가 대규모이며 생산성이 낮음
⑤ 제강 소요시간이 LD 전로의 3배

ⓔ 탈산제의 첨가로 강 중의 산소를 충분히 낮추어 탈산 생성물을 부상, 분리
ⓜ 복인작용에 주의

② 합금철 첨가하는 방법
  ㉠ 합금철을 전로 내 또는 출강 중의 레이들에 투입
  ㉡ 합금철을 별도의 전기로에서 용해하여 용융 상태로 투입
  ㉢ 슬래그를 완전히 제거한 후 페로실리콘과 페로크롬을 동시에 투입하고, 탈탄을 억제하기 위해 저압 취련을 하면서 규소의 발열반응으로 크롬을 용해

3. 특수 전로법

(1) LD-AC법(OLP법)
① 조재제인 산화칼슘 분말을 산소와 동시에 취입하는 방법
② 산소 본관으로부터 나누어진 2차 산소가 산화칼슘 분말의 반출 장치로 유도되어 필요한 양의 산화칼슘을 산소 랜스에 혼합
③ 고탄소 저인강 제조에 유리

(2) 칼도(Kaldo)법
① 조업법
  ㉠ 고인선을 처리하는 방법
  ㉡ 노체를 기울인 상태에서 고속으로 회전시키면서 취련하는 방법

② 장점
  ㉠ 용강과 슬래그의 반응 면적이 커서 반응속도가 크므로 초기 탈인이 가능
  ㉡ 취련 중에 용강에서 발생하는 CO가스를 노 안에서 연소시키므로 열효율이 좋아 용선 배합률을 50%까지 낮출 수 있음
  ㉢ 폐가스의 열량이 적어 폐가스 설비는 작아도 가능

(3) 로터(Rotor)법
① 고인선 처리를 목적으로 개발된 방법
② 원통형의 전로를 수평 상태에서 저속 회전시키면서 취련하는 방법
③ 노체를 수직으로 기울여 원료를 장입
④ 취련용 랜스에서 순산소를 취입하는 동시에 노 안에서 CO를 연소시키기 위해 보조 랜스를 통하여 저순도의 산소를 취입
⑤ 배기는 랜스 반대쪽의 배기구를 통하여 집진기로 배출

(4) 복합 취련법(OBM/Q-BOP법)

① OBM법 ❸❸❸
  ㉠ 전로의 풍구에 탄화수소의 분해열로 풍구를 냉각 및 보호
  ㉡ 노저 수명이 종래의 50~70회에서 200~300회로 연장
  ㉢ 질소 함량 문제도 해결

② Q-BOP법(순산소 저취 전로법) ❸❸❸
  ㉠ OBM법을 저인선에 적용
  ㉡ 노 밑으로 산소를 취입하여 강욕을 교반
  ㉢ 단점 : 노저 내화물의 수명, 풍구 보수, 수소량 증가 등의 문제점이 있음
  ㉣ 설비 투자비용이 저렴

③ OBM/Q-BOP법의 특징
  ㉠ 순산소 상취 전로의 랜스 설비가 필요없어 건물 높이를 낮출 수 있어 설비 투자액이 저렴
  ㉡ 고철 배합율을 상취 전로보다 5~7% 높일 수 있음
  ㉢ 강재의 동일 FeO 수준에 대하여 상취 전로보다 탈인, 탈황이 우수
  ㉣ 강욕 중의 C, O 함유량의 관계는 상취 전로보다 낮음
  ㉤ 강재 중의 FeO는 탄소가 0.1%가 될 때까지 5% 수준, 17% 이상은 되지 않으므로 철분 실수율이 약 2% 정도 증가
  ㉥ 노저를 교환하므로 내화물 원단위가 증가
  ㉦ 냉각가스로 수소를 포함한 가스를 사용하는 경우 강욕 중 수소 함량 증가

> **꼭 찝어 어드바이스**
>
> 복합 취련법의 분류
> ① 저취 가스의 종류에 따라
>   ㉠ 산화성 가스인 산소를 사용하는 방법(강욕 교반, 산화반응이 동시에)
>   ㉡ 불활성 가스인 아르곤 또는 질소를 사용하는 방법
> ② 저취 방법
>   ㉠ 포러스 플러그를 사용하는 방법
>   ㉡ 관형(단관, 이중관) 풍구를 사용하는 방법

> **참고**
> 산화성 저취 가스의 문제점
> ① 상취 산소량의 절감 방법
> ② 풍구의 효과적인 냉각 방법
> ③ 풍구의 교체 방법

개념잡기

취련 초기 미세한 철입자가 노구로 비산하는 현상은?

① 스피팅(Spitting) ② 슬로핑(Slopping)
③ 포밍(Foaming)   ④ 행깅(Hanging)

> 스피팅(spitting)
> 취련 초기 산소압력에 의해 미세한 철입자가 노구로 비산하는 현상
>
> **답 ①**

개념잡기

고인(P) 선철을 처리하는 방법으로 노체를 기울인 상태에서 고속으로 회전하여 취련하는 방법은?

① 가탄법　　② 로터법　　③ 칼도법　　④ 캐치카아본법

칼도법
노체를 기울인 상태에서 고속으로 회전하면서 취련하는 방법으로 고인선을 처리하는 방법
※ 로터법 : 원통형 전로를 수평 상태에서 회전시키면서 고인선을 처리하는 방법이다.

답 ③

개념잡기

전로의 특수조업법 중 강욕에 대한 산소제트 에너지를 감소시키기 위하여 취련 압력을 낮추거나 또는 랜스 높이를 보통보다 높게하는 취련방법은?

① 소프트 블로우(Soft blow)　　② 스트랭스 블로우(Strength blow)
③ 더블 슬래그(Double slag)　　④ 2단 취련법

소프트 블로우
① 산소 압력을 낮추어 조업
② 랜스 높이를 높여서 조업
③ 사소량을 줄여서 조업
④ 탈탄보다 탈인이 주목적

답 ①

5 ▶ LD 전로 노내 반응

1. LD 전로의 취련 특성

(1) LD 전로의 특성

① LD 전로의 주반응 : $_MM + {}_NO \rightarrow {}_MM_NO$ (산화반응)
② 산소에 의해 강욕 중의 불순물 원소를 철보다 먼저 산화

(2) 취련 조건을 결정하는 요인

① 랜스 노즐에서 분사된 산소 제트는 주위의 기체를 흡수하여 부피를 늘리면서 넓어지면서 강욕으로 향함
② 랜스 높이와 산소 충돌 압력
③ 분사된 산소 제트에 의한 강욕 충돌면의 변화와 흐름

> 참고

제선반응과 제강반응의 차이
① 제선반응 : 환원반응
② 제강반응 : 산화반응

LD전로가 다른 제강법과 다른 점
① 기체 산소를 직접 강욕 위에 수직으로 취입하여 화점을 형성시켜 산화 정련을 진행
② 반응의 전체 기간을 통하여 일산화탄소 방향에 의한 격렬한 강욕의 교반 운동을 일으켜 반응 접촉면을 화점 부근의 넓은 범위로 확대
③ 발생한 일산화탄소에 의해서 환원 분위기적인 영향을 받음

⊙ 랜스 높이가 높거나 취입 압력이 낮을 경우 제트가 닿는 면은 커지나 용탕이 패이는 깊이는 얕아짐
ⓒ 랜스의 높이나 취입 압력뿐만 아니라 노즐의 구멍 수, 구멍 경사각도에 따라서도 불순물 원소의 산화 속도에 영향을 미침
ⓒ 제트 유속이 일정 속도 이상이 되면 강욕면의 패인 부분의 크기, 깊이는 변화가 없이 스플래시(Splash)가 발생
※ 산소제트 조건은 탈탄반응을 중심으로 강욕 산화반응에 영향을 줌

용어정의
스플래시
용강이 튀어오르는 현상

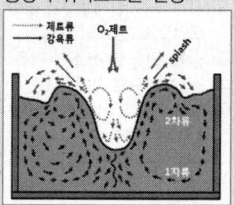

2. 각 원소의 반응

(1) 탈규

① Si는 전로 조업에서 용선의 온도를 올리는데 중요한 원소로, 취련 초기에 대부분 산화반응하여 탈규가 진행된다.

② 용선 중 Si함량이 과다할 경우 ❷❷
  ⊙ 산화반응열이 급증
  ⓒ 이산화규소량이 증가
  ⓒ 강재량이 증가
  ⓔ 출강 실수율이 저하
  ⓜ 내화물 침식 증가

> 참고
> 탈규 반응식
> ① 기본 반응식 :
> $Si + O_2 = SiO_2$
> ② 용강에서의 반응식 :
> $2FeO + Si = 2Fe + SiO_2$

(2) 탈탄반응

① 탈탄반응 : $C + O_2 = CO_2$ 또는 $C + \frac{1}{2}O_2 = CO$

② 탈탄 속도의 변화 ❷❷❷
  ⊙ 제1기 : 취련 초기 탈탄 속도가 증가
  ⓒ 제2기 : 최대가 된 후 반응속도에 변화가 없음
  ⓒ 제3기 : 탈탄 속도가 저하

③ 탈탄 속도를 빠르게 하는 경우 ❷❷❷
  ⊙ 온도가 높을수록
  ⓒ 슬래그 유동성이 좋을수록
  ⓒ 철광석, 밀 스케일 투입량이 많을수록
  ⓔ 슬래그 중에 FeO가 많을수록
  ⓜ Si, Mn, P 등의 원소가 적을수록

> 참고
> 탈탄속도의 변화도

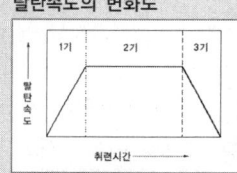

(3) 탈인반응

① 탈인반응 : $2P + \frac{5}{2}O_2 = P_2O_5$

② 탈인 특성
  ㉠ 슬래그 중에 산화칼슘과 산화철의 농도가 클수록 탈인이 우수
  ㉡ 용강 온도가 낮을수록 탈인이 우수

③ 탈인의 조건 ★★★
  ㉠ 강재 중 CaO가 많을 것(염기도가 높음)
  ㉡ 강재 중 FeO가 많을 것(산화력이 큼)
  ㉢ 용강의 온도가 낮을 것
  ㉣ 강재 중 P_2O_5가 낮을 것
  ㉤ 강재의 유동성이 좋을 것

(4) 탈황반응
  ① 탈황반응 : $CaO + FeS \rightarrow CaS + FeO$
  ② 탈황반응을 촉진시키는 요인 ★★★
    ㉠ 슬래그의 염기도를 높일 것
    ㉡ 생석회의 슬래그화를 촉진시키기 위하여 **소프트 블로우**(Soft Blow)를 하여 슬래그 중의 전체 Fe를 높게 할 것
    ㉢ 슬래그의 유동성을 높이기 위해 형석을 첨가할 것
    ㉣ 슬래그 중의 황의 농도를 희석시키기 위해 슬래그 양을 증가시킬 것
    ㉤ 용강의 온도를 높일 것
    ㉥ 슬래그의 유동성이 좋을 것

3. 기타 반응

① Mn의 반응 : $Mn + FeO \rightarrow MnO + Fe$
② N의 반응 : 시효변형(시효경화) 원인
③ 탈질을 촉진하기 위한 방법 ★★★
  ㉠ 용선 중 질소량을 하강시키는 것 : 구체적으로 용선 중의 Ti 함유율의 상승, 석회에 의한 용선 예비 처리 등
  ㉡ 탈탄반응을 강하게 하여 강욕을 강력 교반하는 것 : 구체적으로 용선 배합율의 상승, **하드 블로우**(Hard Blow) 노즐의 관리 등
  ㉢ 강욕 끓음(Boiling)을 조장하는 것 : 구체적으로 철광석과 석회석을 취련 중에 분할 투입 등
  ㉣ 노구에서의 공기 침입을 방지하는 것 : 구체적으로 노구 축소, 거품형 슬래그(Foaming Slag)의 형성, 재취련 금지 등
④ H : 수소취성, Hair Crack 원인

꼭 찝어 어드바이스

탈인을 지배하는 단계
① 기계 또는 강재로부터 용철 표면으로 산소의 이동
② 반응 면으로 산소의 이동
③ 반응 면으로 인의 이동
④ 반응 면으로 강재 중의 산화칼슘의 이동

꼭 찝어 어드바이스

질소 영향을 방지하는 원소
Al, Ti, V, B(N와 친화력이 큰 원소)

수소에 영향을 주는 원소
① C, B, N : 수소 활동도 증가 원소
② Cr, Mn, Ni : 수소 활동도 감소 원소

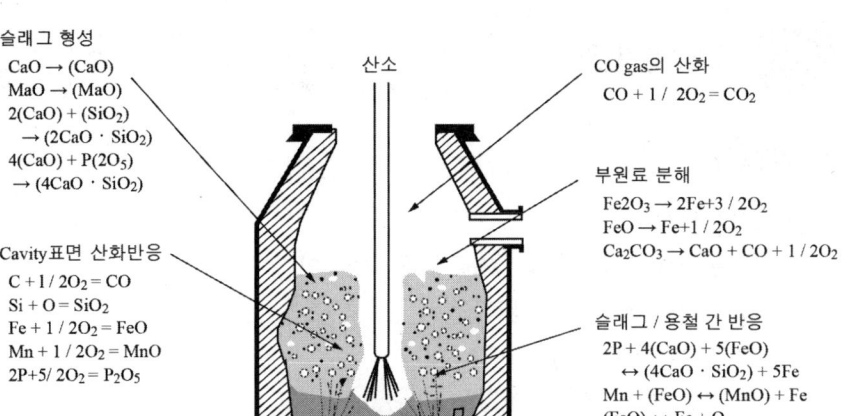

전로 내 취련 반응

개념잡기

LD 전로의 노 내 반응 중 저질소 강을 제조하기 위한 관리항목에 대한 설명 중 틀린 것은?

① 용선 배합비(HMR)을 올린다.
② 탈탄속도를 높이고 종점 [C]를 가능한 높게 취련한다.
③ 용선 중의 티타늄 함유율을 높이고, 용선 중의 질소를 낮춘다.
④ 취련 말기 노안으로 가능한 한 공기를 유입시키고, 재취련을 실시한다.

취련 말기 공기를 유입시키면 공기 중의 질소가 다시 혼입될 수 있다.　**답 ④**

개념잡기

전로의 반응속도 결정요인과 관련이 가장 적은 것은?

① 산소 사용량
② 산소 분출압
③ 랜스 노즐의 직경
④ 출강 시 알루미늄 첨가량

알루미늄은 탈산제로 첨가하는 것이다.　**답 ④**

개념잡기

탈인(P)을 촉진시키는 방법으로 틀린 것은?

① 강재의 산화력과 염기도가 낮을 것
② 강재의 유동성이 좋을 것
③ 강재 중 P_2O_5가 낮을 것
④ 강욕의 온도가 낮을 것

탈인은 염기도가 높아야 한다.　**답 ①**

6 정산과 자동화

1. 열정산

① 입열 항목
  ㉠ 불순물 원소(C, Si, Mn, P 등) 연소열
  ㉡ 강재의 복염 생성열
  ㉢ Fe_3C 분해열
  ㉣ 고철 및 부원료의 현열
  ㉤ 순산소의 현열

② 출열 항목
  ㉠ 용강 및 슬래그의 현열
  ㉡ 연진(철진) 및 폐가스의 현열
  ㉢ 석회석의 분해열
  ㉣ 밀 스케일, 철광석의 분해 흡수열
  ㉤ 냉각수의 현열
  ㉥ 노외 방산열

> **참고**
> LD 전로의 열정산 특징
> ① 입열이 모두 장입물(주로 용선)의 현열과 잠열로 이루어짐
> ② 고철이 주원료인 동시에 냉각제 역할
> ③ 과잉열은 철광석, 석회석 등의 냉각재로 흡수
> ④ 출열 중에서 폐가스의 현열이 차지하는 비율이 큼
> ⑤ 폐가스 중의 CO 가스를 회수하여 연료 가스로 사용

2. 물질정산

① 물질정산
  ㉠ 장입물량을 정확히 파악하여 물질의 수지정산을 파악
  ㉡ 입철 : 용선, 철광석, 합금철, 고철, 밀 스케일
  ㉢ 출철 : 용강, 노구 부착물, 노바닥 분출재, 전로재, 조괴재, 철진

② 출강 실수율(%) : $\dfrac{\text{출강 용강량}}{\text{전장입량}} \times 100$

> **참고**
> 실수율에 미치는 조업 조건의 영향
> ① 용선 배합율이 증가하면 출강 실수율 상승
> ② 용선 온도가 상승하면 출강 실수율 상승
> ③ 용선 중 Si 함유량의 상승은 출강 실수율 저하
> ④ 취련 조건 중 Spitting, Slopping의 증가는 출강 실수율 저하

3. 전로 조업의 자동화

① 스태틱 컨트롤(Static Control)
  ㉠ 취련이 끝날 때까지 데이터 수정 없이 계산된 자료만 사용하는 작업
  ㉡ 물질의 물질정산, 열정산을 바탕으로 한 수식 모델을 작성

② 다이나믹 컨트롤(Dynamic Control)
  ㉠ 스태틱 컨트롤에 의해 취련하는 과정에서 입력된 값을 조정하면서 종점의 적중률을 높이는 방법
  ㉡ 폐가스의 분석, 용강의 온도, 성분 등을 수시로 측정하여 데이터를 조정
  ㉢ 서브랜스(Sub-Lance)를 이용한 온도측정 및 성분 분석이 많이 이용

개념잡기

LD 전로의 열정산에서 출열에 해당하는 것은?

① 용선의 현열 ② 복염의 생성열
③ 강재의 현열 ④ 산소의 현열

> 전로 열정산
> ① 입열 항목
>   • 용선의 현열
>   • 불순물 원소(C, Si, Mn, P 등) 연소열
>   • 강재의 복염 생성열
>   • Fe_3C 분해열
>   • 고철 및 부원료의 현열
>   • 순산소의 현열
> ② 출열 항목
>   • 용강 및 슬래그의 현열
>   • 연진(철진) 및 폐가스의 현열
>   • 석회석의 분해열
>   • 밀 스케일, 철광석의 분해 흡수열
>   • 냉각수의 현열
>   • 노 외 방산열
>
> 답 ③

CHAPTER 03 전기로 제강법

A
1. 전기로 제강 원료 및 특징
2. 전기로 설비의 종류와 특징
3. 전기로 조업의 단계
4. 전기로 원료 및 전극은 필기시험에 자주 출제됩니다.
5. 전기로 조업에서 산화정련과 환원정련을 구분하여 학습하세요.

📖 단원 들어가기 전

📖 빅데이터 키워드
제선, 제강, 전기로, 고철, 유도로, 용선, 산화정련, 환원정련, 탈황, 탈인, 집진장치, 레이들, 흑연전극

1 ▶ 전기로 제강법의 특징

1. 전기로의 장점

① 아크는 약 3,500℃의 고온을 얻을 수 있으며, 온도 조절이 용이
② 노내의 분위기를 자유롭게 조절이 가능(산화, 환원) 용강 중에 인과 황과 같은 불순물 원소 제거가 용이
③ 열효율이 좋아 용해 작업 시 열손실을 최소화
④ 사용원료에 대한 제약이 적고, 모든 강종의 정련에 적합
⑤ 합금철은 직접 용강 속에 넣으므로 실수율이 좋고 분포도 균일
⑥ 설비가 비교적 저렴하고, 장소를 적게 차지하며, 소량 강종 제조에 유리
⑦ 대형화, 대전력화, 설비개량으로 생산성 향상, 특수강 및 보통강 어느 분야에도 널리 이용

2. 전기로의 종류

(1) 전기 에너지를 노에 인도하는 방법에 따른 분류

① 아크식 전기로(Electric Arc Furnace)
② 유도식 전기로(Electric Induction Furnace)

☆ 꼭 찝어 어드바이스

전기로의 단점
① 전력소비가 많음
② 고철 사용에 따른 불순물 혼입이 많음

▶참고

제조하는 강종 또는 전기로의 내화재료에 따른 분류
① 산성로 : 용해목적으로만 할 때
② 염기성로 : 용강의 정련을 충분히 할 때

아크식	간접아크	간접식 : 스테사노식
		직간접식 : 레너펠트식
	직접아크	비노상가열식 : 에루식
		노상가열식 : 지로드식
유도식		저주파 유도로 : 에이젝스-위야트식
		고주파 유도로 : 에이젝스-노드럽식

> **참고**
> 지로드식 전기로

(2) 에루식 전기로(Heroult Arc Furnace)의 특징

① 전극의 승강 조작이 간편
② 강욕의 온도 조절이 용이
③ 내화재료의 수명 연장
④ 초기 용해시 산소 취입, 대전력 제강법, 대형화로 아크로의 생산성과 경제성을 향상
⑤ 컴퓨터 제어로 전력 사용 효율화

> **참고**
> 에루식 전기로의 형식
> ① 직접 아크로
> ② 전극에 전류를 통할 때 전극과 고철 사이에 아크를 발생시켜 아크열과 저항열에 의해 용해하는 방식
> ③ 대부분의 제강로에 사용
>
> 에루식 전기로의 구조
> ① 원형, 각형 노각의 내부에 산성 또는 염기성 내화벽돌로 라이닝
> ② 노의 천장에서 2~3개의 전극을 수직으로 내려 아크 발생시켜 용해

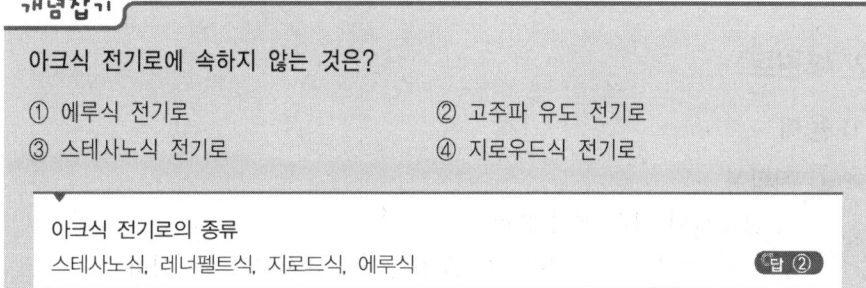

2 전기로 원료 및 재료

1. 주원료

(1) 사용원료

① 대부분 고철 사용(장입물 중 약 90% 차지)
② 전기로강의 품질과 가격은 고철의 양과 가격에 의해 좌우
③ 환원철 및 용선을 추가로 사용하기도 함

(2) 원료 배합

① **일반 원료** : 고철 40~60%, 회수철 10~30%, 프레스 또는 절삭 칩 5~10%
② 특수강에서는 선철을 10~30% 배합

③ 탄소량은 규격 성분보다 0.30~0.40% 높게 배합
④ 탄소량 부족분은 전극, 고철, 코크스 등을 재료와 함께 미리 노 바닥에 장입
⑤ 출강 후 1일 이상 중단할 때는 0.20~0.40% 탈탄 예상
⑥ S, P는 0.05% 이하로 배합(이중 재제법을 사용하면 0.02% 이하로 낮출 수 있음)
⑦ 고철 중 니켈은 회수가 불가능하므로 고철의 선별, 보관, 배합에 유의

(3) 환원철 사용 ◎◎◎

① 철광석을 직접 환원하여 얻은 환원철을 고철 대용으로 이용
② 형상 : ∅10~25mm의 펠릿 또는 구형의 단광
③ 전 철분은 90% 이상, 금속 철분 80% 이상
④ 환원철 장입과 초고전력 조업을 배합시키면 생산능률이 향상
⑤ 장점 : 제강시간 단축, 생산성 향상, 취급이 용이, 자동조업이 용이
⑥ 단점 : 맥석분이 많음, 다량의 촉매(석회석 또는 산화칼슘)가 필요, 철분 회수가 불량, 가격이 고가

2. 부원료

(1) 용제

① 석회석
  ㉠ 불순물이 적은 것이 유리
  ㉡ 탈인, 탈황에는 산화철, 알루미나, 마그네시아가 5% 이하, 이산화규소가 1% 이하인 것을 사용
  ㉢ 형석을 가해서 유동성을 좋게 할 때는 5% 정도의 이산화규소가 함유된 것이 유리

② 산화칼슘
  ㉠ 석회석을 900℃ 이상으로 구워서 만든 것
  ㉡ 강욕 표면의 방열 방지
  ㉢ 탈인, 탈황의 작용
  ㉣ 석회석에 비해 용해하기 쉬우므로 반응속도가 빠르고, 열손실이 작음
  ㉤ 잘 구운 산화칼슘은 이산화탄소가 거의 없지만 슬래그로 녹기 어려움
  ㉥ 사용시 유의점 : 흡습성이 매우 크므로 흡습 상태의 것을 사용하지 않도록 유의하여 충분히 건조 후 사용

③ 형석
  ㉠ 935℃ 저온에서 용융하여 생석회의 융점을 낮추고 유동성을 향상
  ㉡ 탈인 및 탈황반응 촉진
  ㉢ 너무 많으면 노의 내화재료에 악영향을 끼침

(2) 산화제

① 산소가스 역할
  ㉠ 용해 촉진
  ㉡ 산화탈탄
  ㉢ 노 수리용

② 철광석
  ㉠ 철분의 함유량이 많은 것이 유리
  ㉡ 철분 함유량이 60% 이상 보통
  ㉢ 산화제로 산소를 사용함에 따라 광석의 사용량이 줄어들고 있음

(3) 가탄제

① 선철, 코크스, 무연탄, 전극설 등 사용
② S, P가 적은 것을 사용
③ 전극이 소모된 것이 가장 양호

(4) 환원제

① 환원제는 산소와 반응하는 물질을 사용(질소와 산소는 반응이 거의 없음)
② 코크스, Fe-Si 등을 사용

3. 전극재료

(1) 전극재료의 구비조건 ◐◐

① 전기 비저항이 적을 것
② 열팽창계수가 적을 것
③ 과부하에 견딜 수 있는 기계적 강도가 클 것
④ 탄성률이 너무 크지 않을 것
⑤ 화학반응에 안정할 것
⑥ 고온 내산화성이 우수할 것
⑦ 불순물이 적을 것

(2) 전극의 종류

① 사용재료 : 주로 인조 **흑연전극** 사용 ◐◐◐
② 분류 : 초고전력용(UHP), 고전력용(HP), 보통전력용(RP)

> 🌟 꼭 찝어 어드바이스
>
> **산화제로서의 철광석의 조건** ◐◐
> ① 적철광, 자철광 등을 주로 사용
> ② P, S의 함유량이 적은 적철광이 유리
> ③ 불순물(SiO_2, Al_2O_3) 10% 이하, 입도 10~50mm가 적당
> ④ 수분 함량이 적은 것 사용

> 🌟 꼭 찝어 어드바이스
>
> **전기로의 부원료** ◐◐
> ① **용제** : 석회석, 산화칼슘, 산소가스, 철광석, 형석
> ② **가탄제** : 코크스, 무연탄, 전극설
> ③ **환원제** : 환원제는 산소와 반응하는 물질을 사용하는데 질소는 산소와 거의 반응을 하지 않는다.

참고
실리카 벽돌의 특징
① 값이 저렴
② 내화도가 높고 품질 변동이 적음
③ 열간 강도가 크므로 천장이나 아치 벽돌에 적합
④ 산화칼슘이나 산화철에 대해 비교적 강하고, 내화도의 저하가 적음
⑤ 200~300℃ 정도에서 급격한 변태 팽창을 일으켜 스폴링이 발생
⑥ 최고 내화도가 SK 33(1730℃) 정도이므로 사용 온도에서 침식
⑦ 염기성 노에서 슬래그에서 침식

참고
염기성 벽돌 쌓는 방법
① 모르타르를 사용할 수 없음
② 두께 2~6mm의 철판을 끼우거나 벽돌을 철판으로 싸서 스틸 클래드(Steel Clad)로 한 것이 사용
③ 철판이 녹아서 벽돌로 흡수되어 벽돌을 용착시켜 스폴링 방지, 탈락 방지
④ 팽창률, 열전도도가 큰 것에 유의
⑤ 품질이 나쁜 것은 산화철을 흡수하여 버스팅(Bursting) 현상을 일으킴

4. 내화재료

(1) 노 뚜껑 내화 벽돌

① 노 뚜껑(천정) 벽돌로 요구되는 품질 ✪✪
  ㉠ 내화도가 높을 것
  ㉡ 내스폴링성이 강할 것
  ㉢ 슬래그에 대한 내식성이 강할 것
  ㉣ 연화되었을 때 점성이 높을 것
  ㉤ 하중 연화점이 높을 것

② 사용 내화물 : 실리카 벽돌

③ 고알루미나질 내화물
  ㉠ 실리카 벽돌에 비해 용융점이 높고, 슬래그에 대한 저항성, 내스폴링성이 우수
  ㉡ 침식이 심한 집진 구멍, 전극 주위에 사용

④ 부정형 내화물
  ㉠ 염기성 캐스터블 : 전극 구멍, 집진 구멍 주위
  ㉡ 노 뚜껑 전면에 사용 : 실리카 벽돌의 2배 이상의 수명 연장

(2) 노 벽 내화 벽돌

① 내화도가 높고 슬래그의 침식에 대한 저항력이 요구
② **슬래그선(Slag Line)** 이상의 노벽에는 실리카 벽돌, 염기성 벽돌 사용
③ 슬래그선 이하의 노벽에는 마그네시아, 크로마그계 내재성 내화벽돌 사용
④ 노용량 증대, 고전력조업, 산소사용량 증대로 고품위 벽돌 사용
⑤ 국부적으로 용손이 심한 노 바닥 포트(Hearth Pot)에는 주철도 사용
⑥ 염기성 벽돌에 탄소나 산화크롬을 혼합해서 성능을 향상시킨 재질 사용
⑦ 노 벽 용손 방지 대책으로 수랭 상자를 설치 : 대형로, 고전력 조업에 효과적

(3) 노 바닥 내화물

① 단열 벽돌인 샤모트 벽돌을 쌓은 다음 마그네시아 클링커나 돌로마이트 클링커를 타르나 간수를 혼합하여 스탬프하여 사용(습식 스탬프재)
② 건식 스탬프재가 충전 밀도를 향상시킬 수 있어 사용이 확대
③ 노 바닥의 국부 손상에는 용강을 완전히 제거 후 돌로마이트, 마그네시아 클링커를 발라 수리

> **개념잡기**
>
> 전극의 구비조건으로 틀린 것은?
> ① 고온에서 산화가 잘 안될 것　② 과부하에 잘 견딜 것
> ③ 전기전도율이 적을 것　　　　④ 불순물이 적을 것
>
> ┌───┐
> │ 흑연전극의 구비조건
> │ ① 전기저항이 적을 것　　　② 열팽창계수가 적을 것
> │ ③ 기계적 강도가 클 것　　　④ 화학반응에 안정할 것
> │ ⑤ 전기전도도가 우수할 것　⑥ 탄성률이 너무 크지 않을 것
> │ ⑦ 고온 내산화성이 우수할 것　⑧ 불순물의 적을 것
> └───┘
> 답 ③

> **개념잡기**
>
> 전기로 제강법에서 천정연와의 품질에 대한 설명으로 틀린 것은?
> ① 내화도가 높을 것　　　② 내스폴링성이 좋을 것
> ③ 하중연화점이 낮을 것　④ 연화 시의 점성이 높을 것
>
> ┌───┐
> │ 전기로 노 뚜껑(천정) 벽돌로 요구되는 품질
> │ ① 내화도가 높을 것　　　　　② 내스폴링성이 높을 것
> │ ③ 슬래그에 대한 내식성이 강할 것　④ 연화되었을 때 점성이 높을 것
> │ ⑤ 하중 연화점이 높을 것
> └───┘
> 답 ③

3 아크 전기로 설비

1. 노체설비

(1) 개요
① 설비, 구조, 조업법의 개량 및 발전으로 대형로에 의한 고급강 생산 가능
② 기본 구조
　㉠ 노체 : 원료를 용해
　㉡ 전기설비 : 아크 공급원

(2) 본체
① 외벽
　㉠ 10~30mm 두께의 철판을 용접, 리벳 이음하여 사용
　㉡ 고온에 의한 변형이나 휨을 방지하기 위하여 보강용 강을 사용
　㉢ 수랭 장치가 설치

② 장입구
- ㉠ 노에 원료 장입, 슬래그 배재, 조업 중 관찰
- ㉡ 소형로는 장입구가 출강구의 반대쪽에 설치
- ㉢ 수동, 압축공기, 전동기로 개폐

③ 출강구 : 출강작업 ❷❷
- ㉠ Tea Spout 방식 : 노체 측벽에 출강구가 있으며, 출강 시 용강과 슬래그가 함께 배출
- ㉡ CBT 방식 : 노정 중앙에서 하부로 출강하는 방식
- ㉢ EBT 방식 : 측면에 수직 하향의 출강구를 설치하고, 외측에 설치한 스토퍼를 열어서 출강하는 방식(주로 사용)

④ 노체의 크기 : 지름과 높이의 관계
- ㉠ 주원료로 사용되는 고철의 품위와 구입에 대한 난이도에 따라 결정
- ㉡ 품질 좋은 고철을 쉽게 구할 때 : 노 용량을 작게, 노곽의 높이도 낮게
- ㉢ 제강량 증가, 고철이 부족할 때 : 노 용량을 크게
- ㉣ 노정 장입 방식의 노에서 추가 장입은 열손실, 용해능력 저하의 원인

⑤ slag 도어 ❷❷
- ㉠ 출강구의 반대쪽에 설치
- ㉡ 슬래그 배출
- ㉢ 측온 작업
- ㉣ 시편 채취

> 참고

Tea Spout 방식 출강구

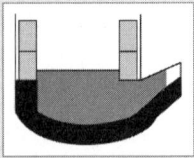
CBT 방식 출강구

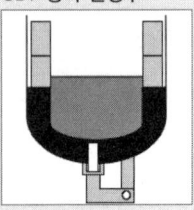
EBT 방식 출강구

> 참고
용해용 전압
① 일반 사용 전압
  : 150~200V
② 대형로 사용 전압
  : 460~560V

표준 투입 전력
① 40톤 이하 노
  : 500~600kW/톤
② 50~80톤 노
  : 400~500kW/톤
③ 100톤 이상 노
  : 350~400kW/톤

2. 전극설비

(1) 전력 공급장치

① 노용 변압기
- ㉠ 전기로에 고전력을 공급하려면 변압설비가 필요
- ㉡ 노 안의 전류가 흘러도 외부 송전선에 충격 전류가 흐르지 않도록 설계
- ㉢ 전압은 용해용, 정련용으로 6단계 이상으로 조정

② 진상 콘덴서 : 전류 손실을 줄이고 전력 효율을 개선하기 위한 장치

(2) 전극장치

① 전극 홀딩(Holding) 클램프
- ㉠ 수랭식 러너(Runner)를 넣은 구조
- ㉡ 조작 막대가 에어 실린더로 지완에 설치된 스프링을 원격 조작
- ㉢ 항상 일정한 압력으로 전극을 홀딩할 수 있도록 자동화

ⓔ 아크 전류와 전압을 검출하여 그 비가 일정하게 유지되도록 자동적으로 승강

② 전극 승강장치
  ㉠ 유압식 : 유압 실린더의 승강에 따라 전극 지완이 작동하면서 전극을 승강하는 방법
  ㉡ 전동식 : 전극 지완과 받침 기둥을 와이어 로프로 매달고 로프를 전동기 윈치에 의해 승강하는 방법

3. 장입장치

(1) 노정 장입장치
① 노체 이동식 : 노체만 이동하는 방식
② 갠트리(Gantry)식 : 노체는 고정, 전극지지 기구와 천정이 이동하는 방식
③ 스윙(Swing)식 : 전극지지 기구와 천정이 주축을 중심으로 선회하는 방식

(2) 장입 버킷
① 고철을 노정에서 장입하는 장치
② 2개로 나누어져 있는 밑의 철판을 개폐하는 구조인 클램프 셸(Clamp Cell)형이 주로 사용
③ 용해시간의 단축, 열손실 방지를 위해 스크랩 프레스를 이용하기도 함

(3) 부원료 및 합금철 투입장치
① 저장 호퍼 : 노체 상부에서 부원료 및 합금철을 저장하는 장치
② 투입구(슈트) : 노내 및 레이들에 부원료 및 합금철을 투입하는 장치

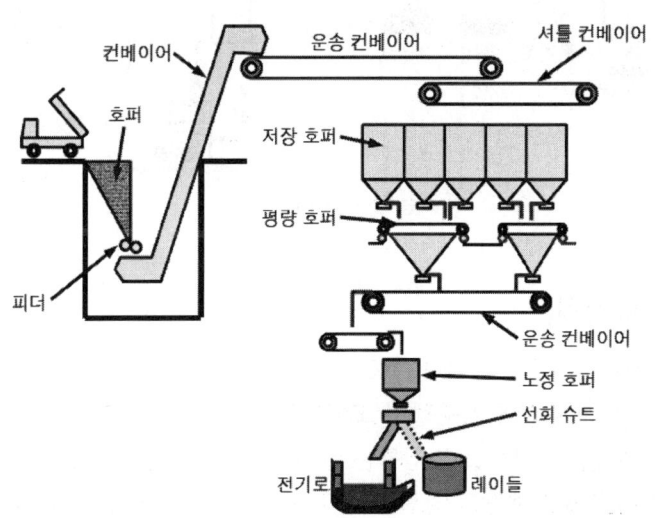

부원료 및 합금철 투입장치

> 꼭 찝어 어드바이스
> **스윙식의 특징** ✪✪
> ① 조업이 능률적 진동이 없으며 노의 내화물에 손상이 거의 없음
> ② 대형로에서도 적용이 가능하여 대부분 이 방식을 사용

> 꼭 찝어 어드바이스
> **노정 장입장치** ✪✪
> 장입 버킷, 장입 크레인, 장입 컨베이어, 장입 슈트

4. 집진장치

(1) 집진 방식

① 로컬 후드식(Local Hood) 집진장치
  ㉠ 노체의 개구부에만 후드를 설치하는 방식
  ㉡ 처리 풍량이 많고 설비비가 고가
  ㉢ 노 안의 분위기에 영향이 없어 소형로에 적당

② 노정 흡인식 집진장치
  ㉠ 노 뚜껑에 구멍을 뚫어 직접 흡인하는 방식
  ㉡ 대기의 흡입이 적어 처리 풍량이 비교적 적음
  ㉢ 노 안의 분위기에 주의해야 함
  ㉣ 대형로에 많이 사용

③ 노측 흡인식 집진장치
  ㉠ 노체 측면에 배기 구멍을 뚫어 직접 흡입하는 방식
  ㉡ 처리 풍량은 노정 흡인식과 비슷
  ㉢ 흡인관의 배치에 의하여 노의 작업이 다소 불편

(2) 집진기

① 테프론, 유리섬유 등의 백 필터식이 많이 사용
② 전기 집진방식

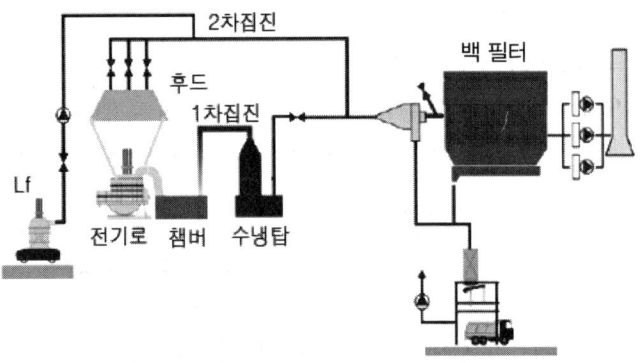

전기로 집진 설비의 구조

5. 기타 본체 설비

① **경동장치** : 전기로 노체를 기울이는 장치
② **노상** : 노의 하부에 용융물이 고여있는 곳
③ **산소 취입관** : 산소를 취입하는 설비로 재질은 스테인리스강
④ **수강 레이들** : 제강이 완료된 용강을 받는 레이들로 EBT 아래에 위치하며, 수강된 레이들을 2차 정련 설비로 이동

꼭 찝어 어드바이스

전기 집진 방식의 특징
① 설비비가 고가
② 집진 효과는 우수
③ 대형로에 적합

백 필터(Bag filter) 방식
① 분진 여과 장치

▶참고
경동장치의 경동각도

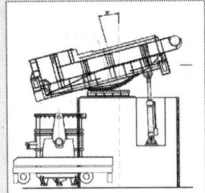
20° 출강 시

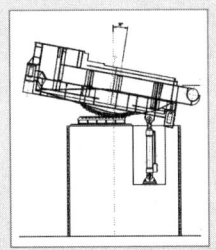
10° 배재 시

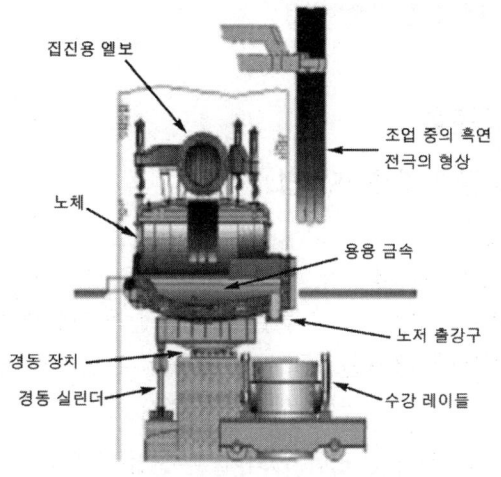

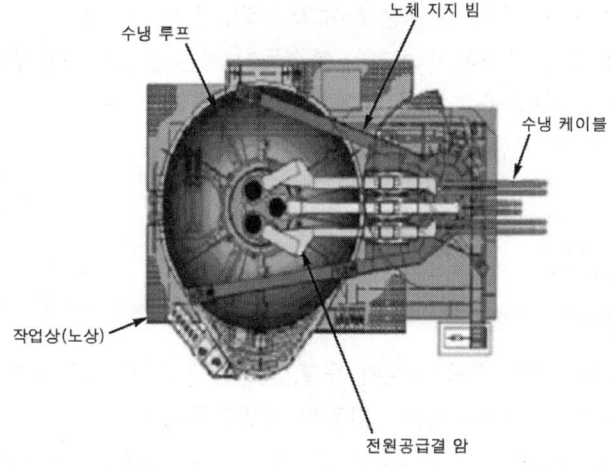

에루식 전기로의 구조도

개념잡기

전기로의 밑부분에 용탕이 있는 부분의 명칭은?

① 노체　　② 노상　　③ 천정　　④ 노벽

노상
노의 하부에 용융물이 고여있는 곳

답 ②

개념잡기

전기로의 전극에 대용량의 전력을 공급하기 위해 반드시 구비해야 하는 설비는?

① 집진기　　② 변압기　　③ 수랭 판넬　　④ 장입장치

전기로에 고전력을 공급하려면 변압설비가 필요하다.

답 ②

> 참고

노 바닥에 사용하는 내화재의 성질에 따라 염기성 조업과 산성 조업으로 나눔

> 참고

장입 원료에 따른 조업법
① **냉재법**
  ㉠ 고철이나 냉선 같은 냉재를 장입해서 용해 정련하는 방법
  ㉡ 가장 일반적인 조업법
② **용재법**
  ㉠ 고로, 큐폴라(Cupola)에서 얻은 용선을 일부 장입하는 방법
  ㉡ 평로, 전로에 용선을 장입해서 최종 마무리하는 방법
  ㉢ 이중 조업법으로 선강 일관 제조 공정에서 사용

산화 정련 방법에 의한 조업법
① **완전 산화법**
  ㉠ 산소, 철광석을 사용해서 원료 중의 탄소, 규소, 망간, 인, 황 등을 산화시켜 제거
  ㉡ 강욕의 비등 정련에 의하여 용강 중의 수소가스를 제거
  ㉢ 고급 전기로 제강에 많이 사용
② **일부 산화법**
  ㉠ 산화 정련을 일부만 하고 환원 작업을 하는 방법
  ㉡ 진공탈가스법과 병행해서 사용
③ **무 산화법**
  ㉠ 산화 정련을 하지 않고 환원 작업을 하는 방법
  ㉡ 진공탈가스법과 병행해서 사용

환원의 정도에 따른 조업법
① **보통법**
  ㉠ 2중 강재(double slag)법이라고도 함
  ㉡ 산화 정련이 끝난 슬래그를 제거한 다음 환원 슬래그를 노 안에서 만들어 정련하는 것
② **단재법**
  ㉠ 산화 정련 종료 후 일부 또는 전부의 슬래그를 제거한 다음 합금 원소를 노나 레이들에 첨가하여 성분을 조절하는 방법
  ㉡ 진공탈가스법, 특수 레이들과 함께 사용하기도 함

4. 아크 전기로 조업방법

1. 조업방법의 분류

(1) 내화재의 성질에 따른 조업법

① 염기성조업
  ㉠ 노 바닥이 마그네시아, 돌로마이트 같은 염기성 내화재로 설치
  ㉡ 산화칼슘을 주성분으로 하는 염기성 슬래그에 의한 정련조업
  ㉢ S, P와 같은 유해원소를 쉽게 제거할 수 있어 가장 일반적으로 사용

② 산성조업
  ㉠ 규석, 개니스터(ganister)와 같은 산성 내화재로 노 바닥을 설치
  ㉡ 이산화규소가 많은 산성 슬래그로 정련을 하는 조업
  ㉢ S, P 등을 제거하기 어려워 불순물이 적은 원료를 사용해야 함
  ㉣ 원료 품질이 좋을 때는 우수한 품질의 제강이 가능
  ㉤ 조업비가 저렴하여 고급강이나 주강에 이용

2. 원료 장입작업

(1) 원료 배합

① 소정의 배합 기준으로 적절한 품질, 성분, 모양, 무게의 원료 준비
② 원료 배합 : 고철 40~60%, 환원철(재생고철) 10~30%, 절삭 칩 5~10%
③ 예비처리를 하여 가능한 1회로 장입하는 것이 열경제적인 면에서 유리
④ 실제 조업에서는 2회, 3회 장입

(2) 초 장입

① 노 바닥에 경량물의 일부를 장입(노 바닥 보호)
② 다음에 중량물 장입
③ 그 위에 중간 정도의 것 장입
④ 나머지 경량물 장입(전극 보호)
⑤ 아크에 의한 노벽의 용손 등이 없도록 주의

(3) 장입방법

① 수동 장입법 : 인력에 의해 노문으로 장입
② 노정 장입법 : 버킷에 의해 노의 천장으로부터 장입, 대형 노에서 사용

꼭 찝어 어드바이스

장입 전 노 보수작업
① 노 바닥 및 슬래그 선의 용손 부분을 완전히 보수
② 보수재료 : 미세한 입자의 생 돌로마이트를 사용
③ 용손이 심한 경우나 다음의 용해가 고온, 장시간을 요하는 경우 미세한 입자의 돌로마이트 클링커 또는 마그네시아 클링커를 사용
④ 보수작업 결과는 다음 작업에 영향을 주므로 정확하게 해야 함
⑤ 대형로에서는 기계화가 이루어지고 있음

참고

초 장입 순서

선반설등	
일반 고철	무거운 것
	가벼운 것
조괴잔량 및 환원고철	
선반설 및 프레스	

(4) 장입시간
① 장입시간은 조업 능률 및 열효율에 영향을 줌
② 적열의 노 중에 빨리 장입하여 노의 열을 유효하게 사용하는 것이 유리
③ 수동 장입법 : 20분~1시간
④ 노정 장입법 : 몇 분 정도

(5) 추가 장입
① 용해가 80%정도 진행되면 고철을 추가 장입
② 장입 방법은 초 장입과 동일
③ 고철에서 수분이 들어가지 않도록 주의
④ 석회석을 혼합할 때는 폭발에 유의

> 참고
> 추가 장입
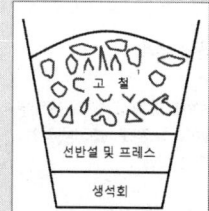

3. 용해기 작업

(1) 의미
철 원료를 용해해서 정련하기 위하여 빠른 시간 내에 효율있게 용해시켜 소정의 용락 성분과 온도를 얻는 작업

(2) 송전 ●●
① 제강의 조업시간, 사용 전력의 대부분을 차지
② 최대전압, 최대전류를 송전하여 단시간 내에 적은 전력량으로 용해를 완료하도록 조업
③ 일반 조업 : 역률, 전기 효율이 높은 고전압, 저전류 조업
④ 초고전력(UHP) 조업
  ㉠ 역률, 전기 효율을 희생하고 전 효율을 높이고, 저전압, 고전류 조업
  ㉡ 노벽 소모를 경감
⑤ 변압기에는 조업하는 각 용해기에 적절한 전압을 자유롭게 선택할 수 있는 전압전환장치를 부착
⑥ 송전 초기
  ㉠ 노 뚜껑 손상 및 아크의 불안정을 방지하기 위하여 최고 전압을 사용하지 않고 낮은 전압 사용
  ㉡ 송전 후 약 15~50분 지난 다음 어느 정도 용해된 후 최고 탭(tap)으로 송전

> 꼭 찝어 어드바이스
> 초고전력(UHP)로의 이점 ●●
> ① 저전압, 대전류에 의한 저효율에 의한 두껍고 짧은 아크에 의한 조업
> ② 용량 2배 정도의 변압기를 설치해도 변압기 2차 정격 전압은 1.3배 정도
> ③ 정격전류는 1.6배 이상

(3) 용해

① 대부분의 장입물이 용락하면 추가 재료 장입
② 노벽에 붙은 재료를 떨어뜨리는 작업을 실시하여 용해 시간 단축
③ 산소를 이용하면 용해 시간 단축
④ 중유나 산소 버너가 보조 연소법으로 채용될 수 있음(에너지면, 작업성 고려)
⑤ 용선을 장입하는 이중 조업법도 시간 단축 및 전력 절감에 효과적

(4) 채취

① 용해가 완료되고 강욕의 온도 상승을 기다린 후 시료를 채취, 분석하여 성분을 조사
② 전압을 내려 노벽이나 천장의 용손을 막고 다음의 산화 정련작업으로 옮김(용락기)

(5) 용해 작업순서별 필요한 사항

① **통전** : 장입이 끝나면 문(Door)을 밀폐하고 통전하기 전에 냉각수 노체에 스파크 부분, 누수 부분, 출강통에 이상이 없는가를 확인한 후 통전한다.
② **보일링기** : 점호가 끝나면 보일링 속도를 증가하고, 고전력을 투입하여 신속히 전극을 하강시키도록 한다.
③ **탕류 성형기** : 보일링기가 끝나면 노상에 탕류가 형성되며, 이때는 아크로부터 노상을 보호해야 한다.
④ **주 용해기** : 일단 탕류가 형성되고 나면 주 용해기로 돌입한다. 아크 전력을 최고가 되도록 해야 하므로 설비가 허용하는 최고 전력을 투입하여 신속 균일하게 용해되도록 한다.
⑤ **용해 말기** : 약 80%가 녹은 후부터는 아크로부터 벽의 뜨거운 부분의 국부 손상을 절감하도록 남아 있는 고철이 신속히 용해되도록 해야 한다. 이때 추가 장입을 하도록 하여 추가 장입 후 다시 용해 작업에 들어간다. 용해 말기에 산소로써 커팅(Cutting)을 하여 용해 촉진을 한다.

(6) 산소 부하 조업의 효과

① 용해말기 용해 촉진
② 산화 탈탄(C 제거)
③ 산화 정련(Si, P, Mn 등)
④ 소비전력 절감
⑤ 적극적 산소 취입에 의한 용강 교반 효과 증대
⑥ 기계화 작업에 의한 작업 안전도 증가

⑦ 슬래그 포밍(Slag Foaming)에 의한 전력 회수율 증대 및 내화물 보호
⑧ 장입 회수율 저하 방지

4. 산화 정련기 작업

(1) 산화 정련기의 목적
① 품질이 좋은 강을 만들기 위하여 환원기에서 제거할 수 없는 유해 원소(S, P, 불순물, 가스, 수소 등)를 산소나 철광석에 의한 산화 정련으로 제거
② 탄소량을 조정
③ 강욕 온도의 균일화 및 온도 상승
④ 환원 조작을 용이하게 할 수 있도록 강욕을 만든 작업

(2) 산화기 반응 ✪✪✪
① 산화정련 : Si, C, P, Mn, Cr 등의 불순물을 산소와의 **산화반응**으로 제거
② 각 원소의 정련 반응식
　㉠ $Si + O_2 \rightarrow SiO_2$(슬래그 중으로)
　㉡ $2Mn + O_2 \rightarrow 2MnO$(슬래그 중으로)
　㉢ $4Cr + 3O_2 \rightarrow 2Cr_2O_3$(슬래그 중으로)
　㉣ $2P + 5/2O_2 \rightarrow P_2O_5$(슬래그 중으로)
　㉤ $C + O_2 \rightarrow CO_2$(대기 중으로)

(3) 규소의 제거
① 가장 먼저 산화되어 용락될 때는 이미 0.05% 이하로 떨어짐
② 규소가 많을 때는 이산화규소로 되어 슬래그의 염기도를 저하시키고 탈인 반응을 저해
③ 슬래그의 염기도를 높일 필요가 있을 때는 산화칼슘을 추가

(4) 망간의 제거
① 이론적으로는 규소가 완전히 산화된 후 망간의 산화가 시작
② 실제 조업에서는 많은 양의 망간이 규소와 함께 제거
③ 강욕 중의 망간 양은 강욕의 비등이 충분히 일어나고, 강욕이 과산화되지 않을 정도로 유지
④ 망간양이 0.15% 이하로 유지되도록 수시로 페로망간 투입
⑤ 온도가 높을 때는 망간의 산화는 약하게 일어나므로 고온 정련 실시

(5) 크롬의 제거
① 크롬 산화는 망간과 같이 온도가 낮을 때 잘 진행

꼭 찝어 어드바이스

산화기란? ✪✪
① 산화제를 강욕 중에 첨가 또는 불어넣는 것
② 산화기에 철광석과 산소의 사용으로 산화 정련 시간 단축
③ 고합금강 재생 고철을 많이 배합하여 합금원소 회수 가능
④ 극저탄소강 제조 가능

꼭 찝어 어드바이스

산화기 강욕 중의 원소의 반응 순서 ✪✪✪
Si → Mn → Cr → P → C

참고

산화기 시간
① 승온기 : 10~15분
② 산화 비등기 : 5~15분
③ 진정기 : 수십분
④ 산화기 : 30~40분

전력 소요량
40~100kWh/톤

② 크롬을 회수하려면 높은 온도에서 정련
③ 산소 취련은 고온 정련이 가능하여 스테인리스강 고철의 용해가 가능
④ 크롬 제거를 쉽게 하기 위하여 산화 비등과 동시에 일부 슬래그를 제거하고 산화크롬이 적은 슬래그를 넣어 산화 작업을 반복
⑤ 제품의 크롬 규격이 0.2% 이하의 강에서는 산화말기에 크롬양을 0.1% 이하로 유지해야 함

(6) 인의 제거
① 인은 산화제와 반응하여 P_2O_5가 되고, 이것이 산화철과 결합하여 $3FeO \cdot P_2O_5$가 됨(1,580℃ 전후)
② 산화칼슘과 결합하여 안정한 $3CaO \cdot P_2O_5$가 되기도 함
③ 인은 환원기에 복인되므로 산화말기의 인의 양을 0.01% 이하로 유지
④ 1,500~1,600℃ 이상이 되면 분해반응으로 복인이 발생

(7) 탄소의 제거
① 탄소는 온도가 높을수록 제거가 용이
② 규소, 망간, 인 등의 원소가 적을수록 제거가 용이
③ 생성물인 CO의 발생에 의한 비등 현상도 활발해짐
④ 탄소제거는 주로 비등작용을 일으키고, 탈수소 효과를 높임
⑤ 산화말기 탄소량은 규격 하한보다 조금 적은것이 유리
⑥ 탄소량을 너무 적게하면 환원기에 탄소를 더 투입해야 함
⑦ 비등 정련을 받지 않고 가탄제를 환원기에 사용하는 것은 용강 중의 수소, 인 등의 불순물이 증가하고, 환원시간이 연장될 수 있음

(8) 수소의 제거
① 산화기에서 매우 중요한 조작 중 하나
② 용강 중의 수소 함유량에 따라 재료의 품질에 큰 영향을 미침
③ 수소는 CO 가스의 산하 비등 작용을 통하여 기계적으로 제거
④ 끓음 작용은 격렬하고 전체적으로 발생하는 것이 필요

(9) 산화기의 조업법
① 조업법
  ㉠ 용락 후 산화칼슘 투입
  ㉡ 슬래그의 염기도를 적정하게 유지
  ㉢ 강욕 온도를 충분히 높인 후 산소를 취입
  ㉣ 소정의 탄소량까지 탈탄시키고 산화 정련 실시

꼭 찝어 어드바이스

탈인을 유리하게 하는 조건 ★★
① 비교적 저온도에서 탈인 작용을 할 것
② 슬래그 중에 산화제일철(FeO)이 많을 것
③ 슬래그의 염기도가 클 것
④ 슬래그 중의 P_2O_5가 적을 것
⑤ 슬래그 중의 규소, 망간, 크롬 등과 같은 탈인을 저해하는 원소(C, Si, Mn, Cr 등)가 적을 것
⑥ 슬래그 중의 형석(플로오르화 칼슘)은 탈인을 촉진

꼭 찝어 어드바이스

탈수소를 유리하게 하는 조건 ★★★
① 강욕 온도가 충분히 높을 것
② 강욕 중의 규소, 망간, 크롬 등의 탈산 원소를 적게 함유할 것
③ 적당히 탈가스가 되도록 슬래그의 두께가 두껍지 않을 것
④ 탈탄 속도가 클 것(비등이 활발할 것)
⑤ 산화제와 첨가제에 수분을 함유하지 않을 것
⑥ 대기 중의 습도가 낮을 것

ⓓ 산화반응의 진행에 따라 강욕 온도는 상승하고 비등 현상은 격렬하게 발생(산화기 작업에서 가장 중요)
ⓔ 강욕 중의 수소는 2ppm 이하로 감소

② 산소 취입 방법
㉠ 지름 20~32mm, 길이 5~8m의 강관을 사용
㉡ 전극을 올린 다음 노 안으로 20~30° 각도로 삽입
㉢ 강욕 중에 약 100mm의 깊이로 삽입

③ 탈탄 속도 : 0.03~0.08%C/min

5. 슬래그 제거
① 산화 정련한 용강을 환원기로 옮기기 위해 산화재를 제거하는 작업
② 산화 정련에 의해 제거되는 불순물은 대부분 산화재에 흡수됨
③ 산화 정련이 완료되면 슬래그는 오염됨
④ 슬래그 오염은 환원 정련을 저해하는 요소이므로 80~90%의 제재 작업이 필요

6. 환원기 작업

(1) 작업의 개요 ●●●
① 목적
㉠ 환원기 조입은 염기성 슬래그로 정련
㉡ 산화기에 증가된 강욕 중의 산소 제거
㉢ 탈황 및 탈산

② 환원기 작업의 특징
㉠ 제재 직후의 가탄
㉡ 초기 합금 첨가에 의한 탈산
㉢ 환원 슬래그에 의한 탈산
㉣ 성분조정 및 온도조정

(2) 환원기 탈산법 ●●●
① 확산 탈산법
㉠ 환원 슬래그인 화이트 슬래그 또는 카바이드 슬래그에 의해 강욕을 탈산
㉡ 탈산이 종료되면 규소를 첨가
㉢ 환원시간이 길어지고, 강욕 성분의 변동도 잘 일어남

② 강제 탈산법
㉠ 강욕의 직접 탈산을 주체로 하는 작업

> 참고

산화기 조업 시 강욕 온도가 낮을 경우
① 탈탄반응이 충분하게 진행되지 않으므로 산소 사용량 증가
② 과도한 산화철을 용강 중에 남기게 되어 과산화 상태로 되는 문제점 발생
③ 정련시간의 연장이나 노 바닥의 손상을 가져옴
④ 품질 좋은 강을 얻을 수 없음

> 참고

산화기 조업 시 채취 및 배재
① 산소를 취입한 다음에 분석 시료를 채취
② 강욕의 성분이 판명될 때까지 충분한 고온을 유지하면서 강욕을 진정시킴
③ 10~15분 후에 슬래그 제거 작업 실시

> 참고

환원기 소요시간
① 보통 40~59분
② 70~120톤급 노에서는 20분 이하로

소요 전력량
50~100kWh/톤

> **꼭 찝어 어드바이스**
> 환원기 작업순서 ◉◉◉
> ① 제재 직후의 가탄
> ② 초기 합금 첨가에 의한 탈산
> ③ 환원 슬래그에 의한 탈산
> ④ 성분조정 및 온도조정

ⓛ 산화기 슬래그를 제거한 다음 Fe-Si, Fe-Mn, 금속 Al 등을 강욕 중에 직접 첨가
ⓒ 탈산 생성 부산물을 부상 분리와 동시에 조재제를 투입하여 빠르게 환원 슬래그를 형성하는 환원 정련하는 방법
ⓔ 강욕 성분의 변동이 적음
ⓜ **탈산**과 **탈황반응**이 빠르게 진행되어 환원시간이 단축

(3) 제재 직후의 탈산 및 가탄

① 탈산
  ㉠ 망간 첨가량은 성분 규격의 최저값으로 투입
  ㉡ 규소는 망간의 1/6~2/3를 첨가
  ㉢ Si-Mn 합금철에 의한 복합 탈산제를 이용하면 상태가 좋아짐
  ㉣ Al에 의한 탈산을 함께 하기도 함

② 가탄
  ㉠ 가탄이 필요할 때는 제재 직후 강욕의 미세한 전극가루 등을 투입
  ㉡ 탈산제를 동시에 투입한 후 송전
  ㉢ 조재제를 투입하여 강욕을 보호
  ㉣ 사용 합금철의 크기 : 50~100mm
  ㉤ 합금철은 투입 전 충분한 가열을 통하여 함유된 수분을 제거

> **꼭 찝어 어드바이스**
> 형석사용 효과 ◉◉◉
> ① 슬래그 유동성 향상
> ② 탈황 효과
> ③ 내화물에 악영향

(4) 환원기 슬래그와 탈산 및 탈황 ◉◉

① 슬래그 조성 : $CaO + SiO_2 + FeO$

② 조재제
  ㉠ 산화칼슘 및 형석
  ㉡ 슬래그 환원제 : 석탄가루, Fe-Si 가루
  ㉢ 조재제 사용량 : 산화칼슘 20~30kgf/t, 형석은 산화칼슘의 20%
  ㉣ 조재제 살포 후 7~10분 정도 송전, 교반해서 용융시키고 환원제 살포

> **꼭 찝어 어드바이스**
> 환원기 슬래그 유형 ◉◉◉
> ① 화이트 슬래그
> ② 카바이드 슬래그

③ 석탄가루
  ㉠ 석탄가루의 양에 따라 **카바이드 슬래그**가 **화이트 슬래그**로 변화
  ㉡ 환원 정련과 출강 시 탄소 양이 증가하므로 환원기 후반은 탄소의 사용을 보류
  ㉢ 출강 전에 화이트 슬래그 또는 약한 카바이드 슬래그로 유지해야 함

④ Fe-Si 사용량 : 1.5~2.0kgf/t 정도, 수회 나누어 살포

⑤ 교반
  ㉠ 슬래그를 빠르고 균일하게 생성
  ㉡ 강욕의 탈산, 탈황을 촉진

⑥ 탈황 촉진법 ❋❋❋
  ㉠ 환원제에 의하여 슬래그 중의 FeO의 양을 감소시켜 환원력이 강한 슬래그 생성
  ㉡ 강욕 중의 산소를 차례로 감소시켜 슬래그의 염기도를 높임
  ㉢ 강욕 중의 규소량 감소
  ㉣ 강욕 온도를 높게 조정
  ㉤ Mn 첨가(Mn은 탈산 및 탈황 효과가 있음)

⑥ 환원기 슬래그 표준 성분

산화 칼슘	이산화 규소	산화 마그네슘	황화 칼슘	탄화 칼슘	산화 제일철	산화 망간	알루 미나
60~65	15~20	5~10	1~2	2 이하	1 이하	1 이하	3 이하

(5) 강욕 성분의 조정

① 채취 및 조정 과정
  ㉠ 조재제 투입 10~15분 경과 후 화이트 슬래그 또는 약한 카바이드 슬래그가 형성되면 슬래그를 교반 후 시료 채취
  ㉡ 분석 후 첨가 합금량을 계산하고 필요량을 첨가
  ㉢ 첨가 후 용해시킨 후 다시 시료 채취하여 성분 확인
  ㉣ 추가 투입으로 성분 조절
  ㉤ 분석 시료 채취 시 성분의 편석을 방지하기 위하여 충분히 교반 후 채취

② 탄소
  ㉠ 카바이드 슬래그에 의해서 증가
  ㉡ Fe-Mn, Fe-Cr 등의 합금철에서도 들어옴
  ㉢ 증가량을 미리 계산에 넣고 목적의 탄소량으로 조정
  ㉣ 부족 시에는 선철, 가탄제 첨가

③ 황
  ㉠ 유해한 원소이므로 가능한 함유량을 적게 유지(고급강 : 0.015% 이하)
  ㉡ 카바이드 슬래그에 의한 환원이 효과가 있으나, 탄소 함유량과의 관계를 고려해야 함
  ㉢ 황이 많은 쾌삭강의 황 첨가는 레이들에서 이루어짐

④ 규소
  ㉠ Fe-Si은 최종 탈산제로 사용, 첨가 10~15분 후 출강
  ㉡ 규소 합금강의 경우 다른 원소 조정이 완료된 후 첨가
  ㉢ 용해가 종료되면 빠르게 출강

⑤ 망간
  ㉠ 제재 직후 규격 최저값까지 첨가
  ㉡ 분석 후 부족분을 추가 투입

꼭 찝어 어드바이스

환원기 제강 작업에서의 슬래그의 역할 ❋❋❋
① 정련작용
  (불순물 제거 : P, S 등)
② 산소 운반자로서 산화철을 보유
③ 외부가스 흡수방지 및 산화 방지
④ 보온(열의 방출차단)

> 참고

환원기 강욕 온도조정
① 환원기에 조재제 첨가 후 용해와 제재에 의한 온도강하를 보충하기 위해 승온 탭을 사용
② 10~15분 후에 슬래그를 만들고 용강 온도가 회복하면 곧바로 전압을 바꾸어 전류 흐름을 억제하여 출강 온도조정
③ 출강온도는 강의 종류, 강괴 크기, 주입방법, 출강 후 레이들의 온도 강하에 따라 결정
④ 출강온도가 제강에서 품질을 좌우하는 중요한 인자이고, 전기로에서 정확하게 조절이 가능함
⑤ 온도 측정 : 이머전(Immersion) 고온계 사용

> 참고

환원기 탄소가 많을 때 조치 사항
① 슬래그 상태 확인
② 전극 상태 확인
③ 산화 말기의 탄소량 조정
④ 제재 후의 가탄량 조정

꼭 찝어 어드바이스

환원기 특수 합금원소 조정 ●●●
① 니켈
  산화 말기의 니켈 분석값으로부터 부족분을 추가 투입
② 크롬
  환원 초기의 분석값을 기초로 적열 탈수소한 Fe-Cr을 투입
③ 몰리브덴
  ㉠ Fe-Mo, 산화몰리브덴 상태로 원료와 함께 장입
  ㉡ 산화 말기에 분석값을 기초로 부족분을 투가 투입
  ㉢ 추가 투입 후 30분 이상 유지하고 교반하여 출강
④ 텅스텐
  ㉠ 텅스텐은 용융점이 높으므로 10~15mm 크기의 Fe-W를 장입 원료와 함께 전극 바로 밑에 장입
  ㉡ 환원 초기에 투입하는 경우 첨가 후 30분 이상 유지하고 교반하여 출강

▶참고
침식이 심한 경우의 보수
① 마그네시아 클링커를 간수에 개어서 삽으로 투입
② 일부분이 많이 침식되었을 때는 그 밑부분에 보수재를 투입
③ 이때 노를 보수 작업 가능한 한도까지 경동하면서 보수재를 투입하여 실 레벨(Seal Level) 부분 보수가 가능한 기초가 되도록 보수재를 투입
④ 보수 기초가 끝나면 실 레벨 부위를 투사기를 이용하여 보수 실시

꼭 찝어 어드바이스

UHP 조업의 개선점
① 노의 전기 용량 상승은, 송전 설비 쪽의 용량도 크게 해야 함
② 높은 전류 밀도에 소모가 적고, 높은 전자력에 강한 전극이 필요(비저항이 낮고, 열팽창 계수가 낮고, 기계적 강도가 우수한 전극)
③ 노벽, 노 뚜껑의 내화물의 개량, 전극 아래에 생기는 화점(Hot Spot)부는 고품질 내화 벽돌 및 수랭 상자가 필요
④ 전극 홀더나 모선 용량도 강화

(6) 가스 함유량

① 산소
  ㉠ 환원 초기의 강욕 중에 400~500ppm 산소가 함유
  ㉡ 탄소, 망간, 규소, 알루미늄 등의 탈산제를 사용하여 제거
  ㉢ 슬래그에 의한 확산 탈산을 한 후 규소를 첨가하고 알루미늄에 의한 최종 탈산을 진행
  ㉣ 출강 직전의 산소량 : 10~40ppm
  ㉤ 출강 및 주입 후 산소량 : 약간 증가하여 40~70ppm 정도

② 수소
  ㉠ 용락할 때 4~6ppm 함유
  ㉡ 산화, 비등, 정련에 의하여 2~3ppm으로 감소
  ㉢ 환원기에 대기 중, 합금철과 산화칼슘의 첨가제 등을 통하여 침입
  ㉣ 환원시간이 길어지면 수소량이 증가하므로 가능한 환원시간을 짧게 함
  ㉤ 첨가제를 투입 전 충분한 가열로 탈수하는 것이 필수
  ㉥ 출강 전 수소량 : 4~6ppm

7. 출강작업과 보수작업

① 성분과 온도 조정 후 용강 진정 상태를 조사한 다음 출강
② 아크식 전기로 조업 순서 ●●
  노보수 장입 → 용해기 → 산화기 → 제재 → 환원기 → 출강
③ 슬래그 라인 보수 : 대부분 노상은 슬래그와 닿는 부분이 많이 침식하게 되는데, 이 부분을 원상태로 도포하여 두는 것을 의미
  출강 후 백운석을 보수재 투사기로 보수

8. 특수 조업법

(1) 초고전력(UHP : Ultra High Power) 조업 ●●●

① 단위 시간에 투입되는 전력량을 증가시켜서 장입물의 용해 시간을 단축하여 생산성을 높이는 방법
② 종전의 RP 조업에 비해 2~3배의 큰 전력을 투입하고 저전압, 고전류의 저역률에 의한 굵고 짧은 아크에 의해 조업을 실시
③ 짧은 아크는 장입물의 용락 전후에 노벽의 내화물에 주는 영향이 감소
④ 아크가 안정되고 명멸 현상이 감소
⑤ 용락 이후 용강의 열전달 효율이 증가
⑥ 아크 부근의 용탕의 교반 운동이 커져 균일한 승온 가능
⑦ 용해 시간이 단축되어 생산성과 열효율이 높아 전력 원단위 감소

(2) 직접 제철법

① 해면철-전기 아크 방식에 의한 철강 생산
② 선철 제조공정을 거치지 않고 철강 생산
③ 환원철 : 금속화율이 90% 이상, 맥석을 5~10% 함유
④ 환원철을 전기로에서 제강하는 경우 소요에너지, 조업기술, 설비개조면을 고려해야 함
⑤ 전기로 전극과 노벽 사이로 해면철을 연속적으로 장입하는 방법도 있음

> **참고**
> 직접 제철법 개발 배경
> ① 고로 용선용 강점결탄의 부족
> ② 고로법에 비해 투자비가 저렴
> ③ 소규모 시장에 알맞은 생산체제

(3) 고철 예열 조업(Consteel Process)

① 고철을 연속 장입하여 고철 용해 및 정련을 동시에 할 수 있는 방법
② 고철 장입 전에 예열 시설이 갖추어져 있어 전기로 용해 시 발생하는 폐열을 이용하여 고철을 예열
③ 많은 잔탕과 일정량의 고철 연속 장입으로 용해 초기부터 용락이 형성
④ 고철 장입 시 전기로 루프를 통하지 않기 때문에 공장 내 분진 감소 효과

	Consteel 법	Top Charge 법(기존 방법)
구조		
고철 장입	컨베이어 연속 장입	버킷 장입
전극 사고	거의 없음	가끔 발생
아크 안정성	용해 초기부터 안정	용락 형성 후 안정
노이즈	적음	용락 형성 전까지 큼
공장 내 환경	전기로 루프를 열지 않기 때문에 공장 내 분진 발생이 적음	버킷 장입 시마다 전기로 루프를 열기 때문에 분진 발생이 상대적으로 많음

> **참고**
> 컴퓨터 제어범위
> ① 용해기의 최적 전력제어
> ② 전력 부하를 제어하는 수요 제어
> ③ 제강 작업의 지시를 주는 오퍼레이터 가이드 방식에 의한 관리

(4) 컴퓨터 제어 필요성

① 전기로의 대형화
② 제강시간의 단축
③ 공정의 복잡화
④ 생산성 향상

개념잡기

전기로 산화정련작업에서 일어나는 화학반응식이 아닌 것은?

① $Si + 2O \rightarrow SiO_2$
② $Mn + O \rightarrow MnO$
③ $2P + 5O \rightarrow P_2O_5$
④ $O + 2H \rightarrow H_2O$

> 전기로 산화정련 반응
> $Si + O_2 = SiO_2$ 　　　　　$2Mn + O_2 = 2MnO$
> $2C + O_2 = CO_2$ 　　　　　$2P + \frac{5}{2}O_2 = P_2O_5$
> $4Cr + 3O_2 = 2Cr_2O_3$
>
> **답 ④**

개념잡기

아크식 전기로 조업 중에 환원기 작업의 주 목적은?

① 탈산과 탈황　② 탈인　③ 탈규소　④ 탈질소

> • 전기로 환원기 목적 : 탈황, 탈산
> • 산화기 : 탈인, 탈탄
>
> **답 ①**

개념잡기

정상적인 전기 아크로의 조업에서 산화 슬래그의 표준 성분은?

① MgO, Al_2O_3, Cr_2O_3
② CaO, SiO_2, FeO
③ CuO, CaO, MnO
④ FeO, P_2O_5, PbO

> 전기로 슬래그 조성
> $CaO + SiO_2 + FeO$
>
> **답 ②**

개념잡기

아크식 전기로 조업에서 탈수소를 유리하게 하는 조건은?

① 탈가스 방지를 위해 슬래그의 두께를 두껍게 한다.
② 끓음이 발생하지 않도록 탈산속도를 적게 한다.
③ 대기 중의 습도를 높게 한다.
④ 강욕온도를 충분히 높게 한다.

> 탈수소를 유리하게 하는 조건
> ① 강욕 온도가 충분히 높을 것
> ② 강욕 중의 규소, 망간, 크롬 등의 탈산 원소를 적게 함유할 것
> ③ 적당히 탈가스가 되도록 슬래그의 두께가 두껍지 않을 것
> ④ 탈탄 속도가 클 것(비등이 활발할 것)
> ⑤ 산화제와 첨가제에 수분을 함유하지 않을 것
> ⑥ 대기 중의 습도가 낮을 것
>
> **답 ④**

CHAPTER 04 기타 제강법 및 2차 정련법

단원 들어가기 전

Ⓐ
1. 유도로 제강법
2. 2차 정련법의 종류와 특징
3. 유도로의 전기설비는 필기시험에 자주 출제됩니다.
4. 제2차 정련의 탈가스법은 출제빈도가 많으므로 중점적으로 학습하세요.
5. 제2차 정련의 종류가 많으므로 종류와 특징을 명확히 구분하여 학습하세요.

빅데이터 키워드

제선, 제강, 유도로, 제2장련, 탈가스, 콘덴서, VOD, VAD, COD

1. 기타 제강법

1. 에이젝스 노드럽(Ajax-Northrup)식 유도로

(1) 형식

① 무철심 고주파 유도로
② 무철심 솔레노이드 중에 용해시킬 재료를 넣고 고주파 전류를 통하면 재료 중에 2차 유도 전류가 발생하여 그 저항열로 재료를 용해하는 방식
③ 전류 주파수 : 1,000~60,000Hz

(2) 특징

① 구조가 간단하고 취급이 용이
② 온도 조절이 용이
③ 고주파 전원을 필요로 하며, 전력 효율을 높이기 위한 축전기설비 필요하여 설비비가 고가
④ 고열을 발생할 수 없어 슬래그에 의한 정련을 할 수 없음
⑤ 자가 발생 고철의 재용해에 주로 이용

> **참고**
> 고주파 유도로를 특수강 용해에 사용하는 이유
> ① 산화성 합금 원소의 회수율이 높고 안정적이며, 고합금강 용해에 유리
> ② 용강의 자동교반효과로 인한 노 내의 성분조정, 온도조정이 용이
> ③ 강종의 종류에 제한이 없으므로 아크로에서 제조가 곤란한 성분을 가지는 합금강 제조가 가능
> ④ 탈탄, 탈인, 탈황 등의 정련이 진행되지 않으므로 조업 시 정련을 하지 않음
> ⑤ 장입재료의 원료를 절감할 때에는 탄소, 인, 황 등의 양이 규격보다 많지 않도록 주의

꼭 찝어 어드바이스

고주파 유도로 특징 ◐◐
① 조업비가 저렴
② 예정 성분을 쉽게 용해
③ 성분조절이 용이
④ 고합금강 제조에 사용
⑤ 제강 공장, 주물 공장, 특수강 공장에서 많이 사용

> 참고

고주파 유도로 구조

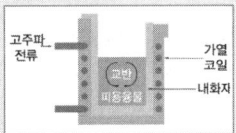

> 참고

고주파 유도로 내화물
① 산성(SiO_2) 라이닝 : 내화도가 낮아 용강 온도를 1,650℃ 이상 올릴 수 없음
② 염기성(MgO) 라이닝 : 주성분이 산화마그네슘(마그네시아 : MgO), 마그네시아 용융점이 높고, 용식에 강하고, 산화칼슘(CaO) 강재에 잘 침식되지 않음
③ 산화알루미늄(Al_2O_3)은 내화도가 크고 팽창율이 작으나 산화칼슘에 대한 저항성이 작아 많이 사용하지 않음

(3) 발전설비

① 고주파 발생방식 ◐◐
　㉠ 진공관 발전기식 : 진공관의 수명과 용량에 제한이 있어, 특수한 소량 금속의 용해, 특수 재료의 열처리에 사용
　㉡ 방전 간극식 : 용량이 1~10kgf의 소규모의 귀금속 용해, 실험용 용해로에 사용
　㉢ 3배 주파변환식 : 직류로서 포화된 철심을 가진 반응로를 통해서 파형을 변환하여 상용 주파수의 3배 주파수를 얻는 방법
　㉣ 사이리스터(Thyrister) 변환식 : 트랜지스터를 이용한 사이리스터를 조합하여 고주파를 얻는 방법

② 진상 콘덴서 ◐◐
　㉠ **유도저항**은 주파수가 커짐에 따라 증가하므로 전류 위상의 누연을 보호하고 효율을 개선하기 위해 진상 콘덴서가 필요
　㉡ 유도로의 임피던스는 장입재료의 모양과 용해의 진행에 따라 변화하므로, 임피던스를 맞추어 효율이 떨어지는 것을 방지

(4) 노체설비

① 도가니 : 노체 중앙에 용해를 하는 원통형의 내화물 도가니

② 중공 코일
　㉠ 도가니 주위에 중공 코일이 사선 모양으로 감겨있음
　㉡ 이 코일에 고주파 전류를 흘려보냄
　㉢ 코일 내부에는 냉각수를 통하게 하여 코일 자체와 도가니 냉각 및 보호

③ 출강 장치 : 양쪽 앞쪽에 회전축을 붙여 받쳐 주고, 도가니에는 그 방향으로 출강구를 설치

④ 전원 설비 하나에 노체를 2기 이상 설치하여 사용 가능

⑤ 도가니를 라이닝한 벽돌이 손상 및 마멸되면 라이닝을 다시하여 조업

(5) 진공 고주파 유도로의 특징

① 정련의 온도, 분위기의 종류와 압력, 시간 등에 영향을 받지 않음
② 폭넓은 범위에서 사용 가능
③ 정련에 유리한 자기 교반 작용이 있어서 성분 조절을 정확하게 할 수 있음
④ 함유가스, 함유 비금속 개재물, 유해원소 등이 쉽게 제거
⑤ 순수하고 열간 가공성이 좋은 재질을 얻을 수 있음
⑥ 진공 설비에 대한 투자비가 많고, 노의 용량이 작아짐

(6) 조업법

① 교반 운동의 효과
  ㉠ 교반은 성분, 온도를 균일하게 하는 효과가 있음
  ㉡ 탈산반응 촉진 및 첨가 합금의 급속 용해에 큰 도움이 됨
  ㉢ Fe-W, Fe-Mo 등 아크로에서 노저에 가라앉기 쉬운 합금도 용해 가능

② 고주파 유도로 정련의 특징
  ㉠ 유해 반응 물질의 외부로부터 유입을 방지
  ㉡ 성분 원소의 함유량이 변동되지 않도록 유지(반응을 일으키지 않는 것)
  ㉢ 일반적인 탈탄, 탈인, 탈황은 진행되지 않음
  ㉣ 장입재료를 선별하여 C, P, S 등이 규격보다 높지 않도록 조정이 필요

③ 슬래그 정련을 진행하기 어려운 이유
  ㉠ 온도가 낮고 유동성이 나쁘기 때문
  ㉡ 대책 : 형석 등을 용제에 첨가하여 유동성을 향상, 노 뚜껑을 덮어 강재 전체를 고온으로 유지

④ 조업 순서 : 송전 → 용해 → 용락 → 제재 → 탈산 → 조제 → 시료채취 → 부족 합금첨가 → 온도조정 → 출강

2. 평로법

(1) 특징

① W. Simens가 고안한 것으로 축열실을 가지고 있는 반사로에서 고철과 선철로부터 강을 제조하는 방법
② 불순물을 산화성 슬래그로 제거
③ 고철 및 선철 사용에 제한이 없어 사용 원료의 융통성이 넓음
④ 불순물 제거가 용이
⑤ 광범위한 강종 제조가 가능

(2) 종류

① 노 바닥 연와재질에 따른 분류
  ㉠ 산성 평로법 : 산성의 내화물로 내장, 대형 주강품, 단강품, 특수강 제조에 적합
  ㉡ 염기성 평로법 : 염기성 내화물로 내장, 경강제조에 적합

② 노체의 구동방식에 따라 : 고정식, 경주식

(3) 평로의 구조 및 설비

① 상부구조 : 용해실, 분출구(Port)

> 참고

합금 실수율
① 아크 전기로보다 회수율이 높아 합금분의 장입비율을 높일 수 있음
② Ni, Co, Mo 등의 무산화원소의 회수율 100% 수준
③ Mn, Cr, W, V, Nb 등도 조건만 맞으면 거의 100% 회수가능
④ Si, Ti, Al 등은 손실이 크므로 대량 첨가할 때 출강 직전에 노중이나 레이들에 투입

교반 운동의 원리
① 코일에 의하여 생긴 자속 때문에 코일과 역방향의 전류가 흐름
② 이 전류로 인해 용강과 코일 사이에 반발력이 작용
③ 노 중앙에서는 자속 밀도가 크고, 상부와 하부에는 작음
④ 도가니 주위의 용강은 인력이 발생
⑤ 반발력과 인력이 합성되어 노내 용강이 회전운동을 일으킴

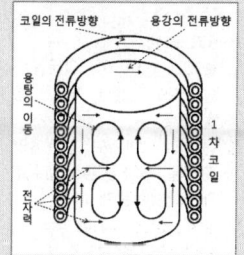

교반 운동의 힘
① 투입 전력에 비례하여 커짐
② 주어진 전류의 주파수 f에 따라 달라지며 $\sqrt{f}$ 에 반비례
③ 저주파를 사용할수록 교반 운동이 강하여 도가니 침식, 강재 면이 분할되어 용강 면이 노출되기도 함
④ 1,000Hz 정도에서 교반작용이 온전하여 불규칙을 일으키는 경우가 거의 없음

평로 기타설비
원료적치장, 평로작업장, 조괴장, 슬래그처리 설비, 폐열 보일러, 집진설비 등

부원료의 역할
① 철광석 : 철원, 산화제
② Mn : 탈황, 슬래그 조정
③ CaO, 석회석 : 슬래그 조정
④ 합금철 : 탈산, 성분추가용
⑤ 형석 : 슬래그화 촉진, 슬래그 유동성 향상, 탈황, 열전달 효과

평로용 철광석의 구비조건
① 철분이 높을 것
② 산화규소, 인, 황, 구리 등의 불순물이 적을 것
③ 비중이 크고, 괴상일 것
④ 결합수가 적을 것

산소 불어넣기
① 흡열반응 : 산화철(철광석) + C ↔ CO
② 발열반응 : O_2 + C ↔ CO_2

슬래그 조절
① 슬래그 성분, 양, 유동성은 탈탄속도, 탈인, 탈황능력을 좌우
② 용강의 산화속도, 강욕에의 열전달, 첨가 합금철 회수율과 밀접한 관계
③ 강종, 정련 시기에 따라 슬래그를 적절히 조정

성분조정과 출강
① 정련 후 용강의 탄소량 조정
② 온도가 적당할 때 마무리 작업 진행 후 출강
③ Blocking : 탈탄반응을 소정 탄소로 정지하기 위해 잘 건조된 적당량의 선철, Fe-Si, Fe-Mn 등의 탈산제를 용강에 첨가하는 조작법

② 하부구조 : 강재실, 축열실, 변환밸브
③ 노의 용량 : 1회 조업당 표준강괴 생산톤수

(4) 사용원료 및 연료

① 주원료 : 선철, 고철
② 연료 : 석탄가스, 발생로가스, 중유, 벙커C유 등

(5) 조업

① 조업순서 : 장입 → 용해 → 정련 → 마무리(가탄 또는 탈탄) → 출강 → 노 바닥 보수

② 장입 및 용해작업
  ㉠ 장입순서 : 석회석 → 경량의 고철 → 철광석 → 중량의 고철 → 냉선
  ㉡ 후장입 : 용선 배합비 냉재가 어느 정도 용해 시 용선 장입

③ 정련 : 산화촉진을 위한 철광석 추가 장입, 산소취입, 슬래그 조절, 용강 및 슬래그 성분 검사, 온도 검사

개념잡기

고주파 유도로에서 유도 저항 증가에 따른 전류의 손실을 방지하고 전력 효율을 개선하기 위한 것은?

① 노체설비   ② 노용 변압기   ③ 진상 콘덴서   ④ 고주파 전원 장치

• 진상 콘덴서 : 전류 손실을 줄이고 전력효율을 개선하기 위한 장치
• 고주파 전원장치 : 고주파를 발생하기 위한 전원장치

답 ③

개념잡기

염기성 평로 제강법의 특징으로 옳은 것은?

① 소결광을 주원료로 한다.
② 규석질 계통의 내화물을 사용한다.
③ 용선 중의 P, S 제거가 불가능하다.
④ 광석 투입에 의한 반응은 흡열 반응이다.

평로법의 특징
① 고철 및 선철 사용에 제한이 없어 사용원료의 융통성이 넓음
② P, S 등 불순물 제거가 용이
③ 광범위한 강종 제조가 가능
④ 산성, 염기성 내화물 모두 사용 가능
⑤ 철광석은 산화반응을 위해 투입하며 흡열반응

답 ④

2 노외 2차 정련법

1. 노외 정련법의 기대 효과

① 강 중의 가스(N, H, O 등), 비금속 개재물 등의 불순물을 제거
② 합금 원소의 성분 범위를 축소시키고, 합금 원소의 실수율을 향상
③ 제강로에서는 용해만 하고, 정련은 노외 정련로에서 하면 제강 능력이 향상되고 제조 원가가 낮아짐

2. 진공 탈가스법

(1) 진공 탈가스법의 효과 ★★★

① 불순물 가스(N, H, O 등)의 감소
② 비금속 개재물의 감소
③ 유해 원소의 증발 제거
④ 온도와 성분의 균일화

> 꼭 찝어 어드바이스
> 진공 탈가스로 제거되는 가스 ★★
> C, N, H 등이며, Si는 가스성분이 아니므로 제거되지 않는다.

(2) 유적 탈가스법(Stream Droplet Degassing Process, BV법)

① 진공실 내에 레이들 또는 주형을 설치하여 진공실 밖에서 실(Seal)을 통해 용강을 떨어뜨리면 진공실의 급격한 압력 저하로 용강 중 가스가 방출
② 문제점
  ㉠ 탈가스 처리가 된 용강을 대기 중에서 주형에 응고시키면 다시 가스를 재흡수
  ㉡ 진공실 내에 주형을 설치하고 응고시키면 가스의 재흡수가 없으나, 합금 원소의 첨가가 어렵고, 많은 주형에 주입하기에 부적당

> 참고
> 유적 탈가스법
>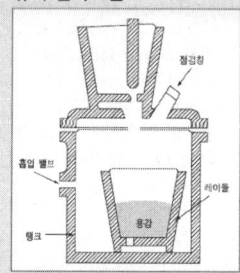

(3) 흡인 탈가스법(DH법, DHHU법, 도르트문트법)

① 진공조 밑에 있는 흡입관을 용강에 담근 후 진공조를 감압하여 레이들에 있는 용강이 진공조로 올라오면서 탈가스 처리하는 방법
② DH법의 특징 ★★
  ㉠ 탈산이 잘 이루어짐
  ㉡ 탈탄반응이 활발하여 극저탄소강 제조가 가능
  ㉢ 탈수소가 잘 이루어짐
  ㉣ 처리 말기 또는 처리 후에 합금원소 첨가가 용이

> 흡인 탈가스법 ★★
>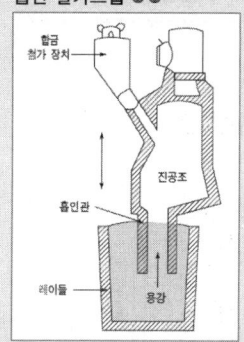
> 용강이 진공조로 빨려 올라간다.

> 참고
순환 탈가스법

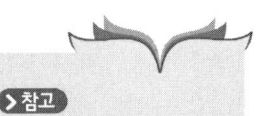

레이들 탈가스법

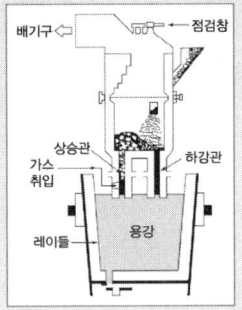

(4) 순환 탈가스법(RH법, 라인스탈법)

① 흡인관과 배출관 2개가 달린 진공조에 Ar 가스를 **흡인관**(상승관) 쪽으로 취입하면서 탈가스 처리하는 방법

② O, H, N 가스가 제거되는 장소 ✪✪
  ㉠ 상승관에 취입된 가스 표면
  ㉡ 상승관, 하강관, 진공조 내부의 내화물 표면
  ㉢ 진공조 내에서 노출된 용강 표면
  ㉣ 취입 가스와 함께 비산하는 splash 표면

(5) 레이들 탈가스법(LD법)

① 대형 진공조 내에 용강의 레이들을 놓고 용강을 교반하면서 용강면을 진공 분위기로 노출시켜 탈가스 처리하는 방법

② 용강을 교반하는 방법
  ㉠ 레이들 바깥쪽에 설치된 저주파 코일로 인한 전자력을 이용하는 방법
  ㉡ 레이들 밑부분의 포러스 플러그를 거쳐 Ar 가스로 교반하는 방법

☆ 꼭 찝어 어드바이스
2차 정련의 효과
① 전기아 상하, 정련, 합금기를 생략하고 레이들 정련 과정에서 탈황과 성분 조절이 가능하므로 생산성이 향상
② 스테인리스강을 대기 중에서 용해한 후 진공처리(VOD법 등)를 하여 크롬의 회수율을 90~95%로 향상
③ 저탄소 스테인리스강 제조 시 진공처리를 하면 온도는 1,800℃ 정도로 낮아서 내화물의 손상이 적음 (내화물 원단위 절감)

3. 2차 정련법(레이들 정련)

(1) 2차 정련의 목적

① 품질향상
② 생산성을 높이고 원가 절감
③ 불순물이 적고 성분 범위가 좁은 고품위 합금강 생산
④ 내화물 수명 연장

(2) 종류 ✪✪✪

① ASEA-SKF법 : 가열장치와 진공장치가 함께 있어 진공처리, 탈가스 처리, 탈황처리, 성분조정, 온도조정 등을 동시에 하는 방법

② VAD법(Finkle-Mohr법) : 레이들을 진공실에 넣어 감압한 후 아크로 가열하면서 Ar 가스로 교반하는 방법

③ LF법 : 전기 제강로에서 실시하던 환원 정련을 레이들에 옮겨서 조업하는 방법으로, 진공설비가 없고, 용강 위의 슬래그 중에 **아크**를 발생시켜 정련하는 방법

④ VOD법(진공 탈탄법, witten법) : 진공실 상부에 산소 취입용 랜스가 있어 탈탄반응이 일어나고, 많은 CO 가스가 발생, 가열 장치가 없으며, 진공조 내에서 용강의 표면부에서 탈가스가 진행되는 방법

⑤ RH-OB법 : 전로 정련을 마친 용강을 RH 진공조에서 산소 취입에 의한 진공 탈탄시키는 방법으로, **스테인리스 강** 제조에 사용

> 참고
LF 법

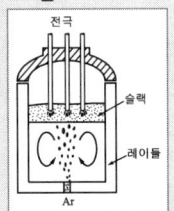

⑥ AOD법 : 진공설비를 사용하지 않고 Ar가스와 산소가스를 노저에서 혼합가스 취입에 의해 CO 가스를 희석시켜 탈탄하는 방법으로, 대기 중에 강렬한 교반으로 정련하므로 탈황, 성분조정에 유리
⑦ CLU법 : AOD법의 Ar에 의한 CO 가스 분압 저하를, 값싼 수증기를 이용하여 탈탄하는 방법

(3) 각종 노외 정련법 비교
① 가열장치와 진공장치가 같이 있는 노외 정련법 : ASEA-SKF법, VAD법
② 가열장치는 있고 진공장치는 없는 노외 정련법 : LF법
③ 가열장치는 없고 진공장치만 있는 노외 정련법 : VOD, RH-OB법
④ 가열장치, 진공장치 모두 없는 노외 정련법 : AOD법, CLU법

LF 법의 특징
① 서브머지드 아크에 의한 정련
② 탈산, 탈황 용이
③ 용강 온도조정 및 승온 용이
④ 성분조정이 용이
⑤ 불순물 및 비금속 개재물 제거 용이

VOD법(Witten법)의 특징
① 진공실 상부에 산소 취입용 랜스가 있어서 탈탄이 활발
② 전로, 전기로와 조합하여 사용이 가능
③ 스테인리스강 제조에 적합
④ Ar 가스를 저취하면서 감압하여 탈가스 처리
⑤ 보일링이 왕성한 초기에 급감압하면 용강이 넘침

개념잡기

RH법에서 진공조를 가열하는 이유는?
① 진공조를 감압시키기 위해
② 용강의 환류 속도를 감소시키기 위해
③ 진공조 안으로 합금 원소의 첨가를 쉽게 하기 위해
④ 진공조 내화물에 붙은 용강 스플래시를 용락시키기 위해

진공조(진공 철피)를 가열하지 않으면 순환에 의해 비산하는 용강이 노벽에 붙어있기 때문에, 이를 용해시켜 용락시키기 위해서 가열한다.

답 ④

> 참고
RH-OB 법

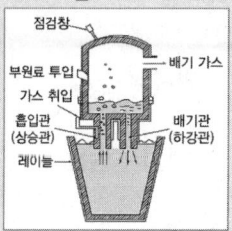

개념잡기

정련법 중 진공실 내에 레이들 또는 주형을 설치하여 진공실 밖에서 실(seal)을 통해 용강을 떨어뜨리면 진공실의 급격한 압력 저하로 용강 중 가스가 방출하는 방법은?
① 흡인 탈가스법
② 유적 탈가스법
③ 순환 탈가스법
④ 레이들 탈가스법

탈가스 처리법
① 유적 탈가스법(BV법) : 용강을 진공조 안에 있는 주형에 흘려 내리면서 탈가스 처리하는 방법
② 흡인 탈가스법(DH법, 도르트문트법) : 진공조 밑에 있는 흡입관을 용강에 담근 후 진공조를 감압하여 레이들에 있는 용강이 진공조로 올라오면서 탈가스 처리하는 방법
③ 순환 탈가스법(RH법) : 흡입관과 배출관 2개가 달린 진공조에 Ar 가스를 흡입관(상승관) 쪽으로 취입하면서 탈가스 처리하는 방법
④ 레이들 탈가스법(LD법) : 진공조 내에 용강의 레이들을 놓고 용강을 교반하면서 탈가스 처리하는 방법

답 ②

> **개념잡기**
>
> AOD(Argon Oxygen Decarburization)에서 O_2, Ar 가스를 취입하는 풍구의 위치가 설치되어 있는 곳은?
>
> ① 노상 부근의 측면
> ② 노저 부근의 측면
> ③ 임의로 조절이 가능한 노상 위쪽
> ④ 트러니언이 있는 중간 부분의 측면
>
> AOD법에서 산소나 아르곤 가스는 노저에서 취입한다.
>
> 답 ②

3 특수 용해 정련법

1. 개요

① 전로, 전기로, 평로, 유도로 등의 제강방법 이외의 정련법을 특수용해 정련법이라 함
② 품질의 개선, 대기 용해에 적합하지 않은 활성 금속을 많이 함유한 합금의 제조에 이용
③ 특수 용도강, 고온용 합금, 니켈 합금 등의 제조에 사용
④ 품질에 따라서는 2회 이상의 용해를 조합하는 경우도 있음

2. 종류

(1) 진공 유도 용해법(VIM법)

① 진공 유도로 중에서 장입물을 용해하고 진공 하에서 주조를 하는 용해법
② 불순물의 유입이 적고 탈산 효과가 우수
③ 합금 원소의 정확한 성분조정이 용이
④ 증발하기 쉬운 금속의 첨가가 어렵고, 편석의 우려도 있음

(2) 진공 아크 용해법(VAR법)

① 고진공 하의 수랭 구리 도가니 속에서 소모 전극을 아크 방전으로 용해하여 떨어뜨려서 도가니 속에서 적층 용해시키는 방법
② 특징
　㉠ 개재물 부상 분리, 적층 응고에 의한 재질 개선 효과
　㉡ 내화물과 접촉하지 않으므로 불순물이 적음

> **참고**
> 진공 유도 용해법
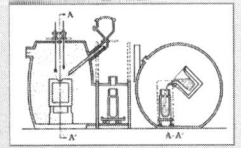

> **참고**
> VAR법의 용해법(3단계)
> ① 초기 용해 : 저전류로 시작하여 아크 안정기까지의 시간
> ② 정상 용해 : 전극의 대부분을 용해하는 시간
> ③ 핫톱(Hot Top) : 전류를 낮추어 두부에 발생하기 쉬운 수축공을 제거
>
> VAR법
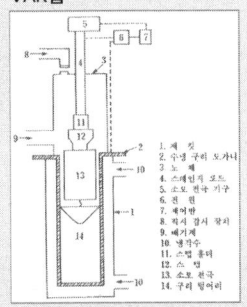

ⓒ 가스 방출이나 불용성 불순물 분리가 용이
ⓔ 소모전극은 산소 함유량이 적어야 함

③ VAR법 제품의 기계적 성질 ✸✸
  ㉠ 인성의 개선, 충격값 향상
  ㉡ 천이온도가 저온으로 이동
  ㉢ 가로 세로의 방향성 감소
  ㉣ 피로 및 크리프 강도의 향상

(3) 일렉트로 슬래그 용해법(ESR법)

① 용융 슬래그의 전기 저항열에 의해 소모 전극을 녹여 용융 슬래그 속을 통하여 수랭 주형 내에 적층 응고시키는 방법

② 특징
  ㉠ 진공배기 장치가 없어 설비비가 저렴하고, 대기 중의 용해이므로 조업이 용이
  ㉡ 강괴의 표면이 깨끗하고 균질함
  ㉢ 불순 원소나 비금속 개재물을 효과적으로 감소시켜 재질이 우수함
  ㉣ 직류나 교류 모두 사용 가능
  ㉤ 전극의 치수에 제한이 없고, 강괴의 형상이나 크기도 자유로움
  ㉥ VAR법에 비하여 강괴의 내부 조직이 치밀

(4) 플라즈마 아크 용해법(PAM법)

① 플라즈마의 고온에너지를 강의 용해와 정련에 이용하는 방법
② 전기 아크로와 비슷한 구조이지만 흑연 전극 대신 플라즈마 토치(Plasma Torch)를 사용

(5) 일렉트론 빔 용해법(EBM법)

① 전자 빔을 열원으로 사용하여 용해하는 방법
② 활성 금속, 고용융점 금속(Ti, Zr, Ta, Nb 등), 스테인리스 강, 내열합금에 이용
③ 소모 전극식과 연속식이 있음
④ 소모 전극식은 높은 진공도에서 고온 용해가 이루어지므로 탈가스가 잘되고 증기압이 높은 불순 원소의 제거가 용이

> 참고

ESR법에 사용하는 전극이 지녀야 할 특성
① 전기적인 저항 발열체이며 용해, 정련의 열공급원으로 작용할 것
② 외기와 주형으로부터 용융 금속을 덮어 보호할 것
③ 용융 금속을 정제 또는 정화할 것
④ 전기전도도가 작고 온도 의존성이 낮을 것
⑤ 융점, 점도가 가능한 낮을 것

> 참고

플라즈마 아크 용해법

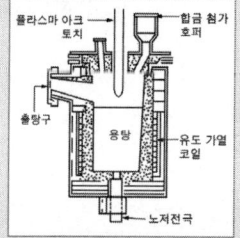

> 참고

플라즈마 유도로의 특징
① 보온 효과가 우수
② 유도 코일 장치로 인해 가열 및 교반의 기능 수행
③ 고온을 얻기 용이
④ Ar 분위기에서 조업하므로 오염이 적어 진공 유도로 수준에 가까운 제품을 얻을 수 있음

진공아크용해법(VAR)을 통한 제품의 기계적 성질 변화로 옳은 것은?

① 피로 및 크리프 강도가 감소한다.
② 가로 세로의 방향성이 증가한다.
③ 충격값이 향상되고, 천이온도가 저온으로 이동한다.
④ 연성은 개선되나, 연신율과 단면수축률이 낮아진다.

VAR법 제품의 기계적 성질
① 인성의 개선, 충격값 향상
② 천이온도가 저온으로 이동
③ 가로 세로의 방향성 감소
④ 피로 및 크리프 강도의 향상

답 ③

CHAPTER 05 조괴법

A
1. 탈산처리와 조괴
2. 강괴의 종류와 결함
3. 탈산의 성질은 필기시험에 자주 출제됩니다.
4. 강괴의 종류와 특징이 출제빈도가 많으므로 중점적으로 학습하세요.
5. 조괴법에서 상주법과 하주법의 특징을 명확히 구분하여 학습하세요.

빅데이터 키워드

제선, 제강, 탈산, 조괴, 상주법, 하주법, 주형, 응고, 킬드강, 림드강, 세미킬드강, 캡드강, 수축공, 기공, 편석, 비금속개재물, 백점

1 ▶ 용강의 탈산

1. 탈산 반응의 종류

(1) 용강 중의 탄소에 의한 탈산
① 산소는 탄소와 결합하여 가스 상태의 CO 가스를 생성하면서 **탈산**
② 일정 온도, CO 분압에서 용강 중의 탄소량이 많으면 탈산이 잘 이루어짐
③ 철강 재료는 탄소 함유량에 따라 특성이 달라지므로 탄소에 의한 탈산은 사용하지 않음

(2) 확산 탈산
① 슬래그 중의 FeO와 용강 중의 산소와 일정 비율을 유지
② 슬래그 중의 FeO 농도를 감소시키면 슬래그와 접촉하고 있는 용강이 탈산 반응이 일어나며, 일정 비율에 도달할 때까지 진행 즉, 용강 중의 산소는 FeO로 되어 슬래그로 확산이 진행
③ 탈산 정도에 제약이 있으므로 거의 사용하지 않음

> ☆ 꼭 찝어 어드바이스
>
> 탈산의 목적
> ① 용강의 탈산은 용해된 산소나 산화 개재물을 제거
> ② 개재물의 형태나 분포 조정 조업비가 저렴

꼭 찝어 어드바이스

석출 탈산제의 구비조건
① 산소와의 친화력이 Fe보다 클 것
② 탈산제의 융점이 낮아 쉽게 용강 중에 용융될 것
③ 탈산 생성물의 부상 속도가 커서 쉽게 슬래그화 될 것

용어정의

탈산속도
탈산 생성물이 용강 위쪽으로 떠오르기까지의 공정

참고

분체취입법

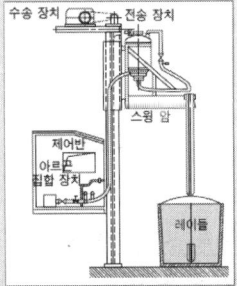

꼭 찝어 어드바이스

SCAT법
ABS법에서 알루미늄 대신 Ca-Si 분말탄을 사용하는 방법

(3) 탈산제에 의한 석출 탈산(강제 탈산)

① 산소와의 친화력이 Fe보다 큰 원소를 용강 중에 첨가하여 용강 중의 FeO를 환원 탈산하는 방법
② 산화물은 슬래그 중에 부상되어 분리
③ 첨가 원소는 합금철, 알루미늄 단괴로 첨가
④ 두 가지 이상의 탈산제를 첨가하는 복합 탈산이 효과적

(4) 탈산 속도를 좌우하는 요인

① 첨가한 탈산제가 용강 중에 용해
② 탈산제가 용강 중의 산소와 화학반응
③ 탈산 생성물의 핵 생성
④ 생성된 핵의 성장
⑤ 탈산 생성물의 부상 분리

(5) 탈산 반응 생성물의 핵 성장 기구 ✪✪

① 탈산 원소와 산소의 확산에 따른 성장
② 탈산 생성물의 용강 중 Brown 운동
③ 부상 속도의 상대적인 차에 의한 충돌에 따른 응집 및 성장
④ 용강 교반에 의한 충돌에 따른 응집 및 성장

2. 탈산방법

(1) 분체취입법(TN법)

① 초기는 탈황이 목적이었으나 최근에는 탈황, 탈산, 개재물의 형상 조절용으로 사용
② 탈산제 : Al, CaC_2, Ca-Si 화합물, CaO, Mg
③ 탈산제를 0.1~1.0mm 크기의 탈산제를 아르곤 캐리어 가스와 함께 랜스를 통해 레이들에 취입
④ 처리 후 생성물인 황화물, 산화물이 슬래그로 부상하지 못하면 용강 중에 슬래그 이방성이 나타나므로 주의해야 함

(2) Al탄 발사법(ABS법)

① 탈산제를 탄환 형태로 만들어 용강을 향해 깊숙이 발사하는 방법
② 발사된 탄환은 용강 표면에서 산화되기 전에 용강 깊숙이 투입되고 부상하면서 균일한 탈산작용을 할 수 있음
③ 탈산제나 합금원소의 실수율을 높이고 안정된 탈산도, 용해 알루미늄의 함유량을 줄일 수 있음

④ 탄환의 형상과 발사 속도에 따라 탈산제의 실수율과 용해 알루미늄의 양이 결정됨

(3) Al선 발사법(WF법)

① Al-Killed steel을 만들 때에 첨가하는 탈산제의 실수율을 높이고 용해 알루미늄의 양을 정확하게 조절
② 10mm 굵기의 알루미늄 선을 **핀치 롤(Pinch Roll)**에 의해 고속으로 용강 중에 첨가
③ 속도 : 8m/sec
④ 레이들 아래에서는 질소, Ar 가스로 교반하여 첨가된 알루미늄의 균일한 산화를 촉진
⑤ 알루미늄 선의 지름과 첨가 속도에 따라 효과가 좌우됨

> 참고
Al선 발사법
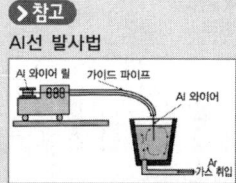

(4) CAS법(SAB법, 레이들 내 성분 조정법)

① 레이들 내의 용강에 내화물로 축조된 별도의 작은 용기를 담가서 합금철을 첨가하여 탈산시키는 방법
② 레이들 아래에 포러스 플러그를 통해 Ar가스를 취입

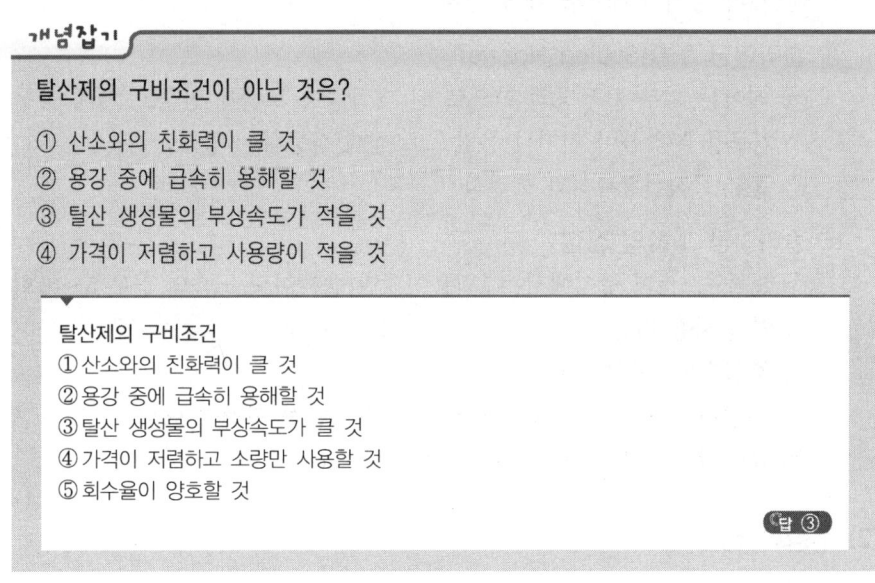

개념잡기

탈산제의 구비조건이 아닌 것은?

① 산소와의 친화력이 클 것
② 용강 중에 급속히 용해할 것
③ 탈산 생성물의 부상속도가 적을 것
④ 가격이 저렴하고 사용량이 적을 것

탈산제의 구비조건
①산소와의 친화력이 클 것
②용강 중에 급속히 용해할 것
③탈산 생성물의 부상속도가 클 것
④가격이 저렴하고 소량만 사용할 것
⑤회수율이 양호할 것

답 ③

용어정의

조괴
전로, 전기로 등의 제강로에서
정련한 용강을 레이들에 받아
이것을 일정한 형상의 주형에
주입, 응고시켜 강괴(Ingot)로
만드는 방법

참고

하주식 레이들

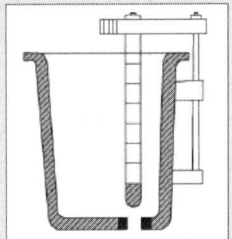

경사식 레이들

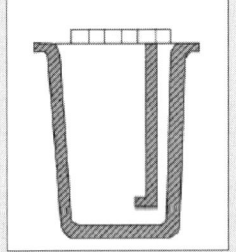

스토퍼 노즐

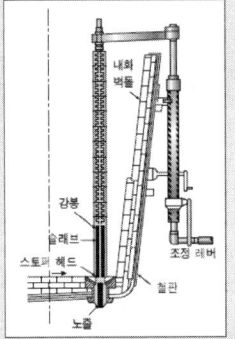

슬라이딩 노즐

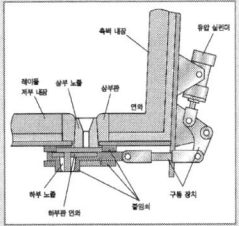

2 조괴법

1. 조괴설비

(1) 레이들

① 제강로로부터 출강된 용강을 받는 그릇으로 외부는 철피, 내부는 내화 벽돌로 내장된 용기

② 종류
  ㉠ 경사식 : 레이들을 기울여 용강을 주입하는 방법
  ㉡ 하주식 : 레이들의 밑부분에 있는 구멍(Nozzle)을 통해 주입

③ 내화재
  ㉠ 샤모트, 지르콘질, 고알루미나질, 마그네시아질 벽돌 사용
  ㉡ 벽돌 대신 알갱이를 내화재에 투사(Sand Slinger)하거나 스탬프 (Stamp)법으로 축조

④ 스토퍼(Stopper)
  ㉠ 레버를 조작하여 노즐을 개폐 작동하는 방식
  ㉡ 개폐 장치가 레이들 내에 설치

⑤ 슬라이딩 노즐(Sliding Nozzle)
  ㉠ 레이들 외부에 두장의 판으로 된 내화물에 노즐을 만들고 개폐 작동 기구를 부착하여 전기나 유압으로 개폐 작동하는 방식
  ㉡ 종류 : 직선왕복식과 회전식

⑥ 슬라이딩 노즐의 장점
  ㉠ 노즐-스토퍼 방식에서는 1회용이지만 슬라이딩 노즐의 경우 5~10회 연속 사용 가능
  ㉡ 주입속도 조절이 용이
  ㉢ 주입사고가 적고 원격 조정이 가능하여 안전 작업이 보장
  ㉣ 유량제어가 정확하고 자동화 가능

(2) 주형과 정반

① 주형
  ㉠ 강괴를 생산하기 위한 틀
  ㉡ 주형의 재질 : 주철제(4.0~4.3%C)

② 주형의 종류(높이 방향에 따른 분류)
  ㉠ 상광형 : 위가 넓고 밑이 좁은 형태. 킬드강괴에 사용
  ㉡ 하광형 : 위가 좁고 밑이 넓은 형태. 림드강괴, 세미킬드강괴에 사용

ⓒ 캡드형 : 하광형에 뚜껑을 덮을 수 있는 것, 캡드강괴에 사용

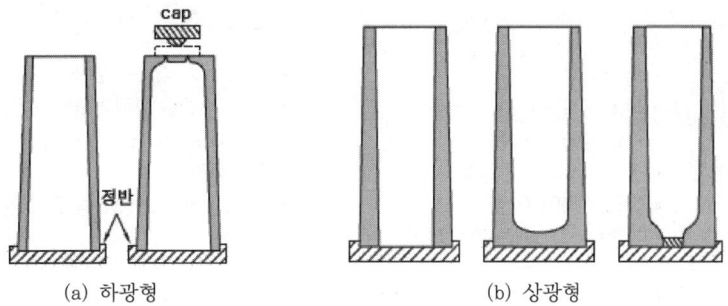

(a) 하광형   (b) 상광형

주형의 종류

③ 정반(Stool, Bottom Plate)
  ㉠ 주형을 올려놓는 깔판으로 주형과 같은 재질 사용
  ㉡ 상주법일 때는 주형 하나에 정반 1개 사용
  ㉢ 하주법일 때는 하나의 정반에 몇 개의 주형을 사용

④ 압탕틀
  ㉠ 응고수축에 의한 손실을 최소화하기 위해 주형 상부에 설치
  ㉡ 강괴의 실수율을 높임

⑤ 주형 준비작업
  ㉠ 작업순서 : 정반연와조립 → 정반장치 → 정반보호철판 및 Splash Can 설치 → 주형 설치(주형 냉각 및 도포 실시)
  ㉡ 정반연와, 정반보호판 사용 목적 : 정반 보호
  ㉢ Splash Can 설치 목적 : Splash 홈 방지
  ㉣ 주형 냉각(100℃) 목적 : 주형 수명연장
  ㉤ 주형 도포 목적 : 주형과 강괴 부착방지, 주형 수명연장, 형발 용이, 주름홈 방지

⑥ 만주비(M/I비) : 주형 최고 높이까지 주입할 때의 주형과 강괴 단중과의 비

2. 조괴방법

(1) 주입방법

① 주입작업 : 레이들 내 용강을 주형에 주입하는 방법

② 주입법
  ㉠ 상주법(Top Pouring) : 용강을 주형 위에서 직접 부어 주형 안을 채우는 방법
  ㉡ 하주법(Bottom Pouring) : 세워 놓은 주형 밑으로 용강이 들어가게 하여 점차 주형 안에 용강이 차도록 하는 방법

> 참고

형상에 따른 주형 분류
① 각형 : 편평도(장편/단편)가 1인 주형, 분괴용 Billet 등의 형강용
② 편평형 : 편평도가 1.3~3.0인 주형, 슬래브(Slab)용 등의 강판용
③ 파형(Corrugate형) : 접촉면을 크게 하여 응고 촉진시킨 균열을 방지하기 위하여 내면을 파형으로 가공한 것
④ 골파인형(요철형, Flute형) : 접촉면을 크게 하여 응고 촉진시킨 균열을 방지하기 위하여 내면을 요철형으로 가공한 것

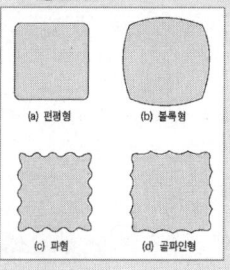

(a) 편평형 (b) 볼록형
(c) 파형   (d) 골파인형

> 참고

압탕틀의 종류
① 벽돌 압탕틀 : 과거에 많이 사용
② 발열성 슬리브 : 현재 주로 사용
③ 단열성 슬리브 : 외부로 열방출을 억제
④ 아크 압탕 가열 : 아크열에 의한 응고속도를 줄이는 방법

> 참고

주형 수명에 미치는 영향(수명연장 조건)
① Taper : 크다
② 편평도 : 작다
③ 주입단중 : 적다
④ 성분 : P, S, As, V 감소
⑤ 주입법 : 하주
⑥ 주형회전율 : 감소
⑦ 주형수리 : 증가

③ 상주법과 하주법의 장단점 비교

분류	상주법	하주법
장점	• 생산비가 저렴 • 작업이 간단 • 연와혼입이 적음 • 강괴 회수율이 양호 • 작업환경이 양호 • 고중량, 대량생산에 적합	• Splash가 없어 표면이 양호 • 작은 강괴를 일시에 많이 얻을 수 있음 • 주입속도 및 탈산속도 조정이 양호 • 주입시간 단축 • 고급강 및 표면을 중요시하는 강괴 생산용
단점	• Splash에 의해 표면이 불량 • 본당 주입속도가 빠름 • 용강의 산화에 의한 탈산 생성물이 다량 발생	• 생산비가 높음 • 양피실수율이 불량 • 연와혼입이 많음 • 사고 발생이 많음(용강유출, 일시에 수본 단척 발생) • 작업이 복잡하고 작업환경이 불량

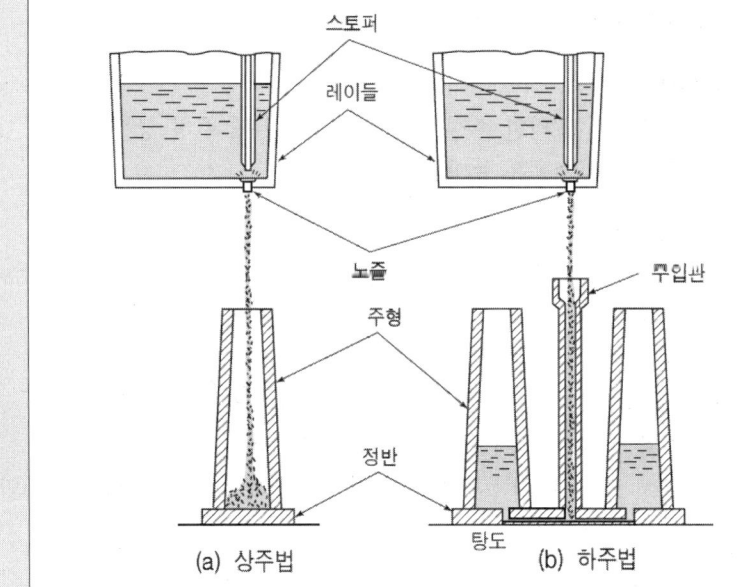

(a) 상주법 (b) 하주법

꼭 찝어 어드바이스

주입 시 유의사항
① 적정 온도, 속도 유지
② 적정 탈산
③ 편심 및 갑작스런 주입 방지 (Scab, Crack 원인)

참고

주입속도 계산

$V = \alpha \cdot \rho \sqrt{2gh}$

V : 단위시간당 용강 유출량
α : 노즐 단면적
ρ : 용강비중
g : 중력가속도
h : 레이들 내 용강 깊이

용강의 탈산 정도가 부족 시 주입속도
① 탈산제를 첨가하여 보정
② 킬드강의 경우 압탕틀까지 올라오면 코크스나 짚의 재 같은 보온재로 덮거나, 발열제 투입
③ 전기 아크로 가열시켜서 응고할 때 수축관 발생에 주의

(2) 주입속도와 주입온도

① 고온, 고속 주입 시 : 강괴표면 양호, Crack 발생, 주형과 강괴 용착
② 저온, 저속 주입 시 : 주름흠, Scab 발생(2중흠 원인)
③ 적정 주입온도 : 응고온도 30~50℃ 높게 유지(고온 정련, 저온 주입이 원칙)

(3) 용강의 응고

① 응고속도는 처음은 빠르고, 점점 늦어진 후 중간 이후 점차 빨라짐
② 불순물은 최종 응고되는 강괴의 중앙 상부로 응집
③ 불순물은 응고온도를 저하시킴

(4) 조직
① 응고 속도가 빠를수록 조직은 치밀
② Chill정 : 주형과 주형에 접한 부분으로 급랭된 조직, 극히 미세하고 질이 양호
③ 주상정 : 응고 진행 방향으로 주형면에 수직하게 발달된 조직, 미세한 편석 및 기포가 존재
④ 입상정 : 강괴 중앙부에서 응고핵이 발생하여 응고된 조직, 다각형의 조대한 조직이 형성
⑤ 침전정 : 용강 중 순질 부분이 침전하여 생성된 조직, 날카로운 입상정 형상
⑥ 수지상정 : 응고점에 도달했을 때 발생된 미결정에 나뭇가지 형상으로 결정이 성장하여 형성된 조직

> 참고
응고 조직

(5) 형발작업
① 형발 : 주형과 강괴 분리하며, 발취기로 발취작업하는 작업으로 Track Time으로 규제
② 강괴가 완전 응고 전에 주형을 움직이면 수축관 등의 상황이 악화
③ 너무 늦추면 균열로에서 강괴의 균열 시간이 길어짐
④ 주형의 회전율이 낮아지고 주형 소비량 증가

☆ 꼭 찝어 어드바이스

Track Time ◐◐
① 주입 완료 후 균열로 장입 완료까지 경과시간
② 규제목적 : 생산성 향상, 품질 향상, 열경제성 향상, 주형 수명 연장, 주형 회전율 증가
③ 너무 빠르면 편석 및 수축관 악화, 너무 늦으면 생산성 저하·주형 회전율 감소

> 참고
형발시기
① 킬드강(K강) : 완전 응고 후
② 림드강(R강), 세미킬드강 (S-K강) : 40~50% 응고 시

개념잡기

상주법으로 강괴를 제조하는 경우에 대한 설명으로 틀린 것은?
① 양괴실수율이 높다. ② 강괴표면이 우수하다.
③ 내화물에 의한 개재물이 적다. ④ 탈산생성물이 많아 부상분리가 어렵다.

강괴표면은 하주법이 우수하다.   답 ②

개념잡기

조괴작업에서 트랙타임(T.T)이란?
① 제강주입시작 – 분괴 도착시간까지
② 형발완료 – 분괴장입 시작시간까지
③ 제강주입 시작시간 – 분괴장입 완료시간
④ 제강주입 완료시간 – 균열로에 장입 완료시간

트랙타임(T.T)
주입 완료 후 균열로 장입 완료까지의 경과 시간   답 ④

3. 강괴의 종류와 결함

1. 강괴의 종류

(1) 킬드강(Killed steel, K강)
① 강중 산소 50ppm이하
② 강력 탈산제로 완전히 탈산한 강(탈산제 : Al, Fe-Si)
③ 강괴 상부에 Pipe생성
④ 기포가 없고 편석이 적으며, 내부 조직 균일(CO가스 발생 거의 없음)
⑤ 회수율이 불량하여 고가
⑥ 표면이 깨끗하지 못함

(2) 세미킬드강(Semikilled steel, S-K강)
① 강중 산소 150~200ppm
② 림드강과 킬드강의 중간 정도 탈산한 강(탈산제 : Fe-Si, Fe-Mn)
③ 림드강(표면미려)과 킬드강(내부균질) 중간 성질 겸비
④ 과탈산 시 Pipe, 약탈산 시 기포흠 발생(S-K강 특징기포 : 두부입상기포)
⑤ 양괴 실수율 양호

(3) 림드강(Rimmed steel, R강)
① 전혀 탈산을 하지 않거나, 약간만 탈산한 강(탈산제 : Fe-Mn)
② 표면미려, 회수율 양호
③ 편석이 심하고 내부 불균일

(4) 캡드강(Capped steel)
① 림드강의 일종
② 주입 즉시 뚜껑을 덮어 R/A 강제 정지
③ Hitting Time(뚜껑치기시간)으로 규제
④ 림드강보다 편석 감소
⑤ 강괴 중량 변경 곤란, 양괴 실수율 양호

꼭 찝어 어드바이스

Pipe(수축공) 경감책
① **입탕법**(Hot Top) : 주형 상부에 단열제(Sleeve)부착, 주입완료 후 탕면에 발열·보온제 투입
② **수장법** : 주입 종료 후 수랭
③ **하주법** : 주입 직후 탕면 노출 시 탕상조정제 투입(보온, 산화방지, 윤활)

참고

림드강의 CO가스에 의한 리밍액션(R/A : Rimming Action) 생성
① R/A 활성화 조건 : 0.6~0.8%C, 강중 Mn, S 저하, 주입온도 및 속도 저하
② R/A 활발 시 : 표면층 미려, 내부편석 증가
③ R/A 불활발 시 : 편석 감소, 표면 기포 노출
④ Rim층(림드강의 바깥부분) : 40~60mm

림드강의 편석 증가 요인
① S, P, C 함유량
② R/A 활발 및 R/A시간이 길어질 때
③ 고중량 및 응고속도 저하(고온)

용어정의

뚜껑치기시간(Hitting Time, H/T)
① 주입 완료 후 용강이 상승하여 뚜껑에 닿을 때까지 시간
② H/T이 너무 길면 편석 증가, 너무 짧으면 표면흠 발생
③ 적정 H/T 시간 : 8~12분

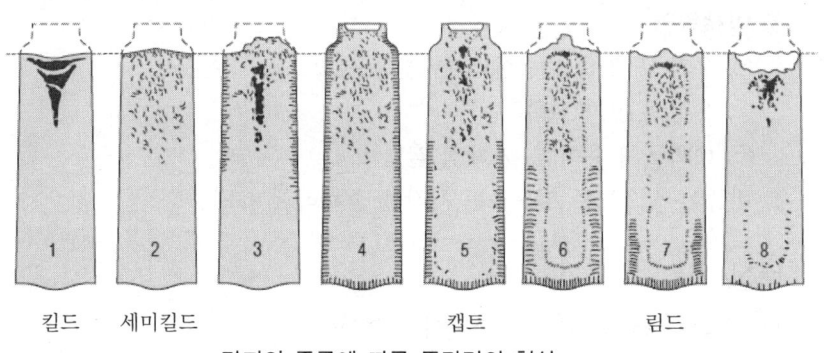

강괴의 종류에 따른 종단면의 형상

2. 강괴의 결함

(1) 수축관(Pipe)
① 강이 응고할 때 수축에 의하여 강괴의 윗부분 및 중심축을 따라 발생
② 킬드강에서 주로 발생
③ 세미킬드강은 과탈산 되었을 때 발생
④ 림드강은 CO 가스가 과다하게 잔류할 때 발생
⑤ 수축공은 대기에 접하고 있어 표면이 산화되므로 압연해도 압착되지 않음

(2) 기공
① 강괴에는 크기가 다른 기공이 많이 존재
② **외부에 노출된 기공** : 산화되어 있기 때문에 압연과정에서 균열이 발생, 표면이 고르지 못한 홈의 발생 원인
③ 내부 기공 : 압연 시 압착

(3) 편석
① 용질 성분이 불균일하게 존재하는 것
② **부편석(Negative Segregation)** : 편석도가 적은 부분(먼저 응고한 부분)
③ **정편석(Positive Segregation)** : 편석도가 큰 부분(늦게 응고한 부분)
④ 편석 원소 : S 〉P 〉C 〉Mn, Si

(4) 비금속 개재물
① 산화물, 황화물 등의 비금속 화합물이 강괴 중에 들어간 것
② 재료의 강도와 내충격성 저하의 원인

📖 **용어정의**

수축관의 모양

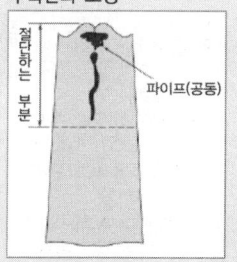

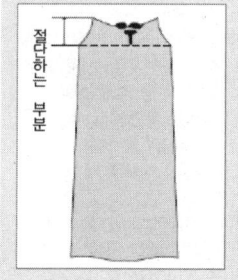

✂️ **꼭 찝어 어드바이스**

강괴별 편석 위치
① 림드강
   바깥부분(Rim zone)은 부편석, 중앙부는 정편석
② 킬드강
   아랫부분은 부편석, 윗부분은 정편석(편석이 가장 적음)

방지대책
① 편석성분 감소
② 편석성분을 두부로 모이게 하여 절단
③ 중량 감소

③ 발생원인
　　㉠ 용강 내 각종 반응에 의한 반응 생성물
　　㉡ 용강의 공기 산화
　　㉢ 내화물의 용식 및 기계적 혼입
④ 비중이 작으므로 떠오르는 시간을 충분하게 유지

(5) 백점

① 백점(White Spot) : 파단면이 은회색
② 발생원인
　　㉠ 응고 시 방출된 고용 수소가 열간 가공 시 잔류된 응력
　　㉡ 응고 시 온도 강하에서 생기는 응력
　　㉢ 변태응력 또는 과포화수소의 발생 압에 의해 생기는 응력

(6) 용강 중의 기체 성분

① 용강의 온도가 낮아져 응고할 때 가스의 용해도가 낮아져 방출
② 일부는 강의 성분이며, 화합물을 형성하여 품질 저하의 원인이 됨
③ 탈가스법을 이용하여 제거

(7) 이중표피 결함의 원인과 대책

① 원인
　　㉠ 스플래시 발생
　　㉡ 킬드강의 과도한 압탕으로 인한 결함
　　㉢ 림드강의 탕면이 일시적으로 저하할 때
　　㉣ 강괴의 파단
　　㉤ 정반 불량 및 사고
② 방지책
　　㉠ 스플래시 캔 설치
　　㉡ 적정 압탕 실시
　　㉢ 적정 탈산 및 주입속도 유지
　　㉣ 요철 정반 사용
　　㉤ 주형 내부 도포

기타 결함원인
① **2중 표피(Double Skin)** : Splash, 킬드강 압탕불량 (과압탕, Sleeve 부착불량), 림드강 과산화
② **탕주름(Ripple Surface)** : 저온·저속주입, 하주시, 주입 중 용강 동요(주로 킬드강)
③ **균열(Crack)** : 고온·고속 주입, 고온 주형 사용, 편심 주입, 주형 설계 불량
④ **거북등 표면(Crazing)** : Crazing주형 사용
⑤ **선상흠** : 림드강, 세미킬드강 약탈산
⑥ **딱지흠(Scab)** : Splash, 주입류 불량, 저온·저속 주입, 편심주입
⑦ **이물흠(비금속개재물)** : 내화물혼입, Slag혼입

개념잡기

킬드강(killed steel)의 특성이 아닌 것은?

① 파이프(pipe)가 심하다.　　② 탄소(C)의 성분 범위가 비교적 넓다.
③ 표면이 깨끗하다.　　　　　④ 편석이 적다.

> **킬드강의 특징**
> ① 강력 탈산제를 사용하여 완전 탈산한 강이다.
> ② 강괴 상부에 파이프가 심하다.
> ③ 기포가 없으며, 편석이 적고 내부 조직이 균일한다.
> ④ 회수율이 불량하여 고가이다.
> ⑤ 표면이 깨끗하지 못하다.
>
> 답 ③

개념잡기

강괴의 발취작업에서 발취를 너무 늦추었을 때 어떤 현상이 발생하는가?

① 강괴의 열적균일화 시간이 길어진다.
② 주형소비량이 작고 주형의 회전율이 크다.
③ 편석, 수축관, 균열 등의 상황이 더욱 악화된다.
④ 강괴의 결함 및 성품과 발취시기와는 관계가 없다.

> **발취작업**
> 강괴의 발취가 너무 늦으면 응고 및 냉각 시간이 길어져서 조직이 내부와 표면부 차이가 심하게 된다. (적정 발취 시간 : 킬드강은 완전 응고 후, 림드강과 세미킬드강은 40~50% 응고 시)
>
> 답 ①

개념잡기

용강이 주형에 주입되었을 때 강괴의 평균 품위보다 이상 부분의 성분 품위가 높은 부분을 무엇이라 하는가?

① 터짐(crack)
② 콜드 셧(cold shut)
③ 정편석(positive segregation)
④ 비금속 개재물(non metallic inclusion)

> **편석**
> 강괴에서 일정 부분의 품위가 높은 부분
>
> 답 ③

CHAPTER 06 연속주조법

📖 단원 들어가기 전

A
1. 연속주조법의 종류와 특징
2. 연속주조기 설비와 조업
3. 연속주조의 설비는 필기시험 및 실기시험의 필답형에서도 자주 출제됩니다.
4. 연속주조 주조조건 및 냉각방법의 출제빈도가 많으므로 중점적으로 학습하세요.
5. 연속주조 주편의 표면 및 내부결함의 종류와 특징을 명확히 구분하여 학습하세요.

📖 빅데이터 키워드

제선, 제강, 연속주조, 몰드, 턴디시, 레이들, 주형진동장치, 주형냉각, TCM, 침지노즐, 브레이크 아웃, 턴디시카

1 ▶ 연속주조의 특징

1. 연속주조의 장점 ●●

① 실수율 향상(조괴법, 연주법)
② 생산성 향상
③ 소비에너지 면에서 우수
④ 자동화, 기계화가 용이
⑤ 공장의 소요면적의 감소
⑥ 작업 환경의 개선
⑦ 강재의 균질화와 품질 향상
⑧ 인건비의 절약
⑨ 조괴법보다 12.5%정도 저렴하게 빌릿을 생산

2. 연속주조 공정

① 턴디시(Tundish)를 통한 용강의 **스트랜드(Strand)**별 공급
② 턴디시로부터 주형 내로의 용강의 배분
③ 수랭 주형 내에서의 응고단면의 형성
④ 더미바를 이용한 주편의 인출

🔖 꼭 찝어 어드바이스

연속주조
(Continueous Casting)
조괴, 균열로 및 분괴 압연의 공정을 단일 공정으로 하여 용강으로부터 직접 빌릿(Billet), 슬래브(Slab), 블룸(Bloom)을 생산하는 것

⑤ 주형 직하 2차 냉각대에서의 스프레이에 의한 냉각
⑥ 가스 절단에 의한 더미바의 제거 및 주편의 소정 길이 절단
⑦ 공랭, 수랭방식에 의한 주편의 냉각

> **참고**
> 스트랜드(Strand)
> ① 생산량을 높이기 위해 단일 스트랜드보다는 복수 스트랜드(2~8개) 사용
> ② 용강은 턴디시에서 필요한 수의 스트랜드 수와 같은 주형으로 분류, 주입
>
> 스트랜드 수를 결정하는 요소
> ① 제강로의 기수와 용량
> ② 제강시간
> ③ 목표 강괴의 단면의 크기
> ④ 주조 준비시간

개념잡기

연속주조의 생산성 향상 요소가 아닌 것은?
① 강종의 다양화
② 주조속도의 증대
③ 연연주 준비시간의 합리화
④ 사고 및 전로와의 간섭시간 단축

연속주조는 소강종 대량생산에 유리하다.   답 ①

2 연속주조기 설비

1. 연속주조기 형식

(1) 연속주조기 기본설비 ●●●

① 레이들 : 용강을 담는 용기
② 레이들 터렛 : 레이들을 교환해주는 장치로 180° 회전 가능
③ 턴디시 : 용강을 레이들로부터 받아 각 스트랜드에 배분
④ 수랭 주형 : 턴디시 밑의 노즐을 통해 흘러간 용탕을 응고
⑤ 살수 장치 : 주형 밑에서 나오는 반응고 주편을 냉각
⑥ 가이드 롤 : 주편을 안내
⑦ 주편 절단 장치(TCM) : 주편을 일정 길이로 절단하는 장치

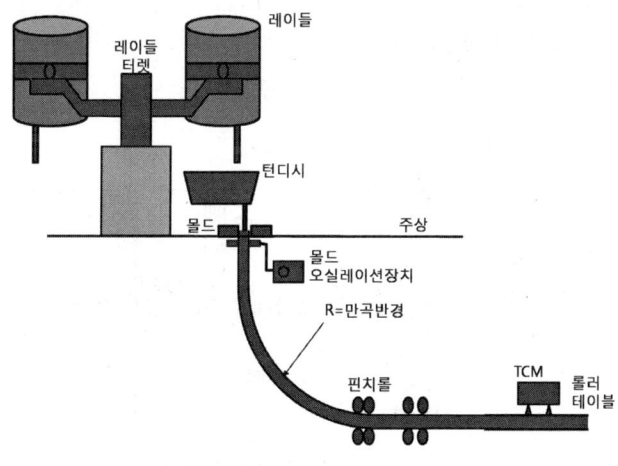

연속주조기 기본 구조

(2) 형식

① 수직형 : 모든 설비가 수직으로 일직선 상에 있는 형식

② 전만곡형 : 원호 모양으로 구부려서 설비 높이를 낮춘 형식

③ 수직만곡형 : 수직형과 전만곡형의 중간으로 핀치롤까지는 수직형, 그 다음은 만곡형인 형식

④ 수평형 : 설비를 수평으로 배치한 형식

2. 연속주조기 설비

(1) 레이들(Ladle)

① 출강으로부터 연속주조기의 턴디시까지 용강을 옮길 때 사용하는 용기

② 레이들에 용강을 받기 전에 800℃로 예열

③ 버블링(Bubbling) 작업 ❊❊
  ㉠ 용강을 받은 후 용강 내에 불활성 가스 취입, 교반하는 작업
  ㉡ 사용 가스 : 질소, 아르곤

④ 턴디시에 주입하는 방법
  ㉠ 경주법
  ㉡ 스토퍼-노즐법
  ㉢ 슬라이딩 노즐 사용

⑤ 레이들 터렛 : 레이들 교환 장치

(2) 턴디시(Tundish)

① 주형에 용강을 공급하기 위한 중간 장치

② 턴디시의 역할 ❊❊❊
  ㉠ 주입량 조절
  ㉡ 주형에 용강 배분
  ㉢ 용강 중의 비금속 개재물 부상 분리

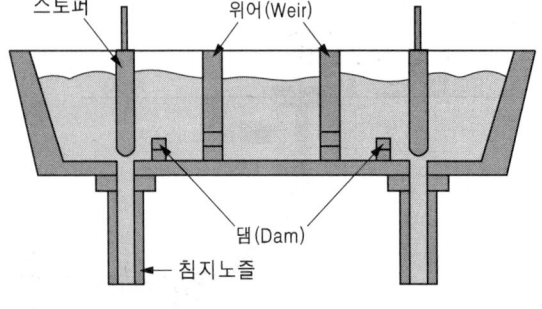

턴디시의 구조

꼭 찝어 어드바이스

버블링 작업의 목적 ❊❊
① 용강의 온도 균일화
② 용강의 성분 균일화
③ 비금속 개재물 부상분리
④ 용강의 청정도 향상

버블링 작업

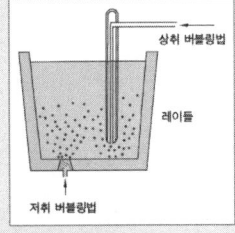

개재물 혼입방지 ❊❊
① 내화물 개량으로 내화재 탈락 방지
② 침지노즐 사용
③ 용강의 공기에 의한 재산화 방지
④ 주형 도료(파우더) 사용
⑤ 탕도, 탕구 등 청소

꼭 찝어 어드바이스

턴디시의 재산화 방지법 ❊❊
① 턴디시의 밀폐
② 침지노즐 사용
③ 슬래그 중 FeO, MnO, SiO₂ 저감

③ 레이들에서 용강을 받기 전에 턴디시를 900~1,100℃로 예열
④ 레이들과 턴디시의 씰링(Sealing) 방법(무산화 주조법) ❸❸❸
   ㉠ 쉬라우드 노즐(Shroud Nozzle) 사용
   ㉡ Ar 씰링 쉬라우드 노즐 사용
   ㉢ Ar 씰링 카바 사용
   ㉣ Ar 챔버 사용
⑤ 턴디시 예열 온도 : 1,000℃, 턴디시 내 용강온도 : 1,550℃
⑥ 복수의 스트랜드에 적합한 턴디시의 형태로 보트(Boat)형을 사용

(3) 주형(Mold) ❸❸❸
① 턴디시에서 용강을 받아 수랭된 주형에서 주형 단면적 모양으로 1차적 응고가 시작
② 주형 재질 : 열전도도와 내마멸성이 우수한 재질을 사용하는데, 동(Cu) 판 내면에 Cr을 도금
③ 주형 진동장치(Oscillation, 오실레이션) : 주입된 용강이 주형벽에 부착하는 것을 방지
④ Oscillation Mark : 주형 진동으로 생긴 강편 표면의 횡방향 줄무늬
⑤ 침지노즐 : 턴디시에서 주형(몰드)에 주입할 때 용강의 재산화, 스플래시 등을 방지하기 위하여 용강 중에 노즐이 잠기게 하는 노즐
⑥ 몰드 Powder의 기능
   ㉠ 용강면을 덮어 공기산화 방지, 열방산 방지
   ㉡ 윤활제 역할
   ㉢ 강의 청정도 향상
   ㉣ 부상한 개재물의 용해 흡수
   ㉤ 주형 내 용강의 보호
⑦ 용강 교반장치(EMS) : 몰드 내에서 전자 기력을 이용하여 침지노즐로부터 토출되는 용강의 유동속도를 제어하는 설비

(4) 핀치롤(Pinch roll)
① 2~3쌍의 롤로 구성되어 있고, 주형으로부터 응고된 주편을 인발하는 장치
② 주편 끝은 더미바에 의해 인출 안내됨

(5) 더미바(Dummg Bar) ❸❸❸
① 주조를 처음 시작할 때 용강이 새지 않도록 아래쪽을 막는 설비
② 핀치롤까지 주편을 인출
③ 단면은 주형의 단면보다 약간 작게 하고, 주형과의 간격을 석면 등으로

꼭 찝어 어드바이스

턴디시 주입법
① 개방주입법 : 용강류가 대기와 접촉하므로 산화물 발생 (개재물로 주형에 혼입)
② 침지노즐법 : 주형에 주입하는 동안 용강이 공기와 접촉하지 않음

▶참고

주형의 종류
① 관상 주형 : 두께 6~12mm의 동관을 주편 크기로 프레스 가공한 것을 지지틀에 넣은 것이며, 구조가 간단하고 냉각 능력이 좋아서 고속 주조에 적합
② 블록 주형 : 주조 또는 단조한 구리의 블록에서 깎아낸 주형으로 냉각수의 통로를 드릴 가공하기 때문에 통로 단면적이 커지고 냉각 능력도 나쁘다.
③ 조립식 주형 : 4매의 구리판을 조립하여 주형으로 한 것으로, 최근 블룸, 슬래브 연주기에 주로 쓰이고 있다.

▶참고
침지노즐

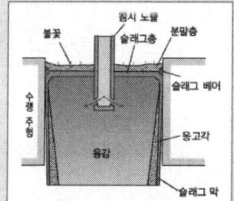

꼭 찝어 어드바이스

주형과 주편의 용착방지 및 대책
① 주형 상하 진동
② 윤활제 사용 : 채종유 사용
③ Powder Casting : 합성 슬래그 투입

EMS의 사용효과
① 편석 방지
② 용강 균일화
③ 개재물 분리부상
④ 핀홀 저감

> 참고

더미바

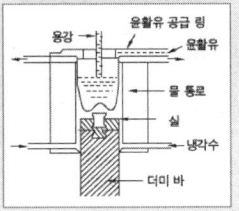

완전 밀폐하여 용강이 새는 것을 방지
④ 강편이 응고되어 핀치롤에 이르면 더미바 헤드는 강편으로부터 용이하게 분리될 수 있도록 되어 있음

(5) 2차 냉각장치
① 주형에서 나온 주편에 물을 뿌려 냉각, 응고시키는 장치
② 롤러 에이프런(Roller Apron) : 2차 냉각대에서 용강의 정압에 의해 주편이 부푸는 것을 방지하기 위해 설치 ❋❋
③ 냉각수의 양이 응고속도에 영향을 주어 주조 조직을 변화시킴
④ 같은 양이라도 분사방식, 배치, 냉각대의 길이에 따라 냉각 효과가 달라짐

(6) 절단 및 반출장치
① 가스 절단(TCM) ❋❋❋ : 산소, 아세틸렌, 프로판 가스 등을 사용하여 주편 절단
② 전단기 절단 : 가스 절단 장치보다 정밀하게 자를 수 있음

> 꼭 찝어 어드바이스

더미바 삽입 방식 ❋❋
최근에는 주형 상부에서 삽입하는 방식이 실용화(작업속도 향상, 생산성 향상)

더미바 인출시기 ❋❋
용강이 몰드에 250~300mm 채워졌을 때

> 참고

스프레이 노즐의 종류
① 분극 스프레이 노즐 : 롤러 에이프런의 좁은 틈 사이로 분무가 가능해 가장 많이 사용
② 분무상 스프레이 노즐
③ 원뿔상 스프레이 노즐

> 참고

반출 장치
① 수평형은 롤러 콘테이너 위에서 절단하므로 반출 장치가 필요 없음
② 수직형은 절단된 주편이 지하에 있으므로 반출하는 장치가 필요

개념잡기

연속주조에서 레이들에 용강을 받은 후 용강 내에 불활성 가스를 취입하여 교반 작업하는 이유가 아닌 것은?

① 강 중의 가탄
② 용강의 온도 균일화
③ 용강의 청정도 향상
④ 용강 중 비금속 개재물 분리 부상

버블링의 목적
① 용강의 온도 균일화
② 용강의 성분 균일화
③ 비금속개재물 부상분리
④ 용강의 청정도 향상

답 ①

개념잡기

턴디시(tundish)의 역할이 아닌 것은?

① 각 스트랜드에 용강을 분배한다.
② 주형에 들어가는 용강의 양을 조절한다.
③ 주형에 들어가는 용강의 성분을 조정한다.
④ 비금속 개재물을 부상분리하는 역할을 한다.

턴디시의 역할
① 주입량 조절
② 주형에 용강 분배
③ 용강 중의 비금속 개재물 부상분리

답 ③

개념잡기

주형과 주편의 마찰을 경감하고 구리판과의 융착을 방지하여 안정한 주편을 얻을 수 있도록 하는 것은?

① 주형　　② 레이들　　③ 슬라이딩 노즐　　④ 주형 진동장치

주형 진동장치(오실레이션)
주입된 용강이 주형벽에 부착되는 것을 방지

답 ④

3. 연속주조 조업

1. 주조조업

(1) 조업순서

① 용강 주입순서 : 레이들 → 턴디시 → 노즐 → 주형 ❷❷

② 연주 작업순서 : 레이들에 수강 → 버블링(Bubbling) → 주입탑 위에 거치 → 주형에 냉각수, 윤활유 주입 → 용강 주입 → 핀치롤 작동 → 주형 상하진동 → 2차 냉각 → 주편 인출 → 더미바 제거 → 주편 절단 → 제품(2차 조업 공정으로 이송)

③ 사이클 타임 : 주조시간 + 준비시간 + 대기시간 ❷❷

(2) 조업조건

① 주입조건
　㉠ 설비요인 : 연주기 기종, 주편 크기 및 형상, 주형진동 기구, 냉각 기구, 인발 기구
　㉡ 조업요인 : 주조온도, 주조속도, 진동수와 폭, 냉각수, 윤활제 재질

② 주조 온도의 영향 ❷❷
　㉠ 고온주조 : Break Out 발생
　㉡ 저온주조 : 턴디시 노즐에 용강부착, 주조 불능 상황에 빠질 수 있음

③ 연속주조 조업에서 노즐의 막힘의 원인 ❷❷
　㉠ 개재물 및 석출물 등에 의한 막힘
　㉡ 주입온도 저하에 의한 막힘
　㉢ 침지노즐의 예열 불량에 의한 막힘

> **꼭 찝어 어드바이스**
> 연속주조기에서 윤활제는 채종유를 많이 사용한다. ❷❷

> **참고**
> 연-연주법
> 생산능률을 향상시키기 위해 몇 개의 레이들을 계속해서 주조하는 방법

> **꼭 찝어 어드바이스**
> Break Out
> 주편의 일부가 파단되어 내부 용강이 유출되는 현상
>
> 주형 내 구속에 의한 사고
> ① 주형직하에서 일어나는 구속성 브레이크 아웃
> ② 설비 내에서 응고의 불균일로 인해 일어나는 브레이크 아웃
>
> 브레이크 아웃 발생에 따른 손실
> ① 설비의 휴지에 따른 생산성 감소
> ② 대기시간 발생
> ③ 주조 중 용강의 비상처리

> **참고**
> 진동방법
> ① 진동 파형 : 사인 커브 사용
> ② 소진폭, 대사이클 수 조업

> **꼭 찝어 어드바이스**
> 연속주조의 냉각 ●●
> ① 1차 냉각(간접 냉각) : 몰드에서의 냉각
> ② 2차 냉각(직접 냉각) : 살수에 의한 냉각
> ③ 3차 냉각(기계 냉각) : 기계 접촉에 의한 냉각
>
> 사용 냉각수 : 연수
> 방식제 : 인산염

> **용어정의**
> 메니스커스부
> (Meniscus Level)
> 1차 냉각대에서 응고가 시작되는 지점

> **참고**
> 주편 스카핑
> ① 열간 스카핑 : 열간 상태에서 표면을 손질하는 작업
> ② 냉간 스카핑 : 냉간 상태에서 표면을 손질하는 작업

> **참고**
> 림드강을 연속주조하지 않는 이유
> 림드강은 응고속도가 빨라 리밍 액션이 일어나지 않고 표면에 기포 발생 등의 악영향 때문에 거의 사용하지 않음

(3) 주형 진동 목적 ●●
① 주편의 주형 내 구속에 의한 사고를 방지
② 안정된 조업 유지

(4) 주형 냉각 ●●●
① 1차 냉각
  ㉠ 주형에 주입된 용강을 간접 응고
  ㉡ 주형 외측에 냉각수를 공급하여 동판에 의한 간접 응고
  ㉢ 표층은 응고 셸, 내부는 미응고 용강
② 2차 냉각
  ㉠ 주형 내에서 응고된 주편 셸이 주형을 빠져나와 설비 내에서 응고 진행
  ㉡ 스프레이 노즐 분무에 의한 직접냉각
  ㉢ 2차 냉각 조절 : 비수량($0.5 \sim 2.0\ \ell/kg_f \cdot Steel$)
③ 주편응고 길이(Metallurgical length) : 주형 내 용강 표면으로부터 주편의 core부(내부)가 완전히 응고될 때까지의 길이
④ 스티킹(Sticking) : 주형과 주편 사이가 구속되는 현상
⑤ 벌징 : 철정압이 중력에 의해 아래로 작용하여 미응고 용강이 부풀게 되고 심하면 균열이 발생(벌징의 원인 : 고온 고속 수입하였을 때 발생)

(5) 고속 주조 시 발생하는 현상 ●●
① 개재물의 분리부상 시간이 부족하여 개재물 혼입이 이루어진다.
② 응고시간이 부족하여 응고층이 얇아진다.
③ 인발 도중 균열이 발생하여 브레이크 아웃이 발생할 수 있다.
④ 급격한 응고로 중심부 편석이 심하게 된다.

2. 제품

(1) 생산 제품 ●●
① 제품 : 빌릿, 슬래브
② 주조 강종 : 킬드강, 세미킬드강

(2) 주편의 매크로 조직
① 표면 : Chill 정
② 중심부 : 등축정(자유정)
③ 표면에서 내부로 갈수록 **수지상정**이 발달

(3) 연속주조 제품의 장점

① 표면이 매끄러움
② 단면의 모양과 치수가 일정
③ 분괴 과정을 거쳐 만든 강괴보다 표면 손질이 적음
④ 이유 : 구리로 된 주형의 매끈한 내벽을 따라 응고하기 때문

개념잡기

연속주조에서 용강의 1차 냉각이 되는 곳은?

① 더미바 ② 레이들 ③ 턴디시 ④ 몰드

> 연속주조의 냉각
> ① 1차 냉각(간접 냉각) : 몰드에서의 냉각
> ② 2차 냉각(직접 냉각) : 살수에 의한 냉각
> ③ 3차 냉각(기계 냉각) : 기계접촉에 의한 냉각
>
> 답 ④

개념잡기

연속주조 설비의 기본적인 배열 순서로 옳은 것은?

① 턴디시 → 주형 → 스프레이 냉각대 → 핀치 롤 → 절단 장치
② 턴디시 → 주형 → 핀치 롤 → 절단 장치 → 스프레이 냉각대
③ 주형 → 스프레이 냉각대 → 핀치 롤 → 턴디시 → 절단 장치
④ 주형 → 턴디시 → 스프레이 냉각대 → 핀치 롤 → 절단 장치

> 연속주조 설비 순서
> 레이들 → 턴디시 → 주형(몰드) → 2차 냉각대(수랭 스프레이) → 핀치롤 → 주편절단장치(TCM)
>
> 답 ①

> **참고**
>
> 특수 연속주조
> ① H형강의 연속 주조기
>   ㉠ H형강, I형강을 연속주조기의 응고 과정에서 직접 압연하는 연속주조기
>   ㉡ 단면 형상이 복잡하여 균열, 부풀림(Bulging)이 발생 : 단면 형상, 스프레이대의 균일 냉각, 롤 배치의 조절 등으로 억제
> ② 회전 연속 주조기
>   ㉠ 이음매 없는 강관 소재, 강편을 얻기 위하여 원심 주조법을 이용한 회전 연속 주조기
>   ㉡ 수형으로부터 절단기까지 설비가 회전
> ③ 수평 연속 주조기
>   ㉠ 연속 주조 설비의 높이를 낮추면 건설비가 절감되고 좋은 강편을 얻을 수 있음
>   ㉡ 알루미늄, 주철에서 실용화하고 있으며, 강편의 품질이 우수하고 설비도 간단하여 복잡한 단면의 주편도 주조 가능

4 주편의 결함

1. 표면 결함

(1) 표면 세로 크랙(면세로 터짐)
① 발생상황 : 주조 방향에 따라 슬래브 폭 중앙부 표면에 발생
② 원인 : 몰드 테이퍼, 편평비, 주형 내의 용강류, 오실레이션 등의 영향으로 응고각 두께가 불균일할 때

(2) 표면 가로 크랙(면가로 터짐)
① 발생상황 : 만곡형 연주기에서 슬래브 상면에 오실레이션 마크에 따라 발생
② 원인 : Al, Nb, V, Cu의 첨가, 인장응력에 의해 발생
③ 대책 : 고온취화 온도영역(700~900℃)에서의 교정 금지

(3) 스타크랙(방사상 균열) ❆❆
① 발생상황 : 국부적으로 미세한 터짐이 발생
② 원인 : 주편 인발 시 응고각이 주형벽 내의 Cu를 긁어내어 Cu 분이 주편에 침투되어 발생
③ 대책 : 주형표면에 Cr 또는 Ni 도금, 몰드 테이퍼를 적절히 조정

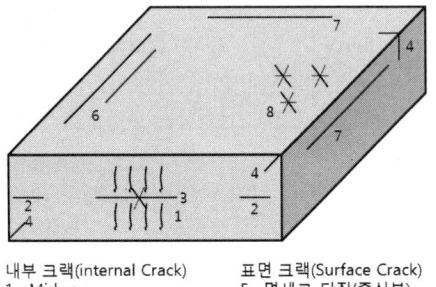

내부 크랙(internal Crack)
1. Midway
2. Triple-point
3. Centerline
4. Diagonal

표면 크랙(Surface Crack)
5. 면세로 터짐(중심부)
6. 면세로 터짐(코너부)
7. 면가로 터짐(중심부)
8. 면가로 터짐(코너부)
9. 스타 크랙

주편 표면 결함의 종류

2. 표층 결함

① 슬래그 스폿(Slag Spot) : 주형 내 급격한 탕면 변동에 의한 몰드 파우더나 Scum이 응고각에 부착하여 발생

② 블로홀(Blow Hole), 핀홀(Pin Hole) : 약탈산으로 용강 중에 있던 산소, 수소, 질소 등의 기체가 응고 과정에서 가스로 방출함에 따라 생기는 것으로 강편의 응고 진행 방향에 따라 발생

> **참고**
> **면세로 크랙 대책**
> ① 주형의 완냉각
> ② 주편의 장변과 단변의 균일 냉각
> ③ 몰드 파우더의 용융 특성과 점도 및 결정화 온도의 개량
> ④ 정밀한 탕면 제어
> ⑤ 에어 미스트 노즐 사용에 의한 균일하고 완만한 2차 냉각

> **꼭 찝어 어드바이스**
> **코너 세로 크랙(터짐)**
> ① **발생상황** : 주편의 코너부에 발생
> ② **원인** : 1차 냉각 불균일 및 주조온도가 높을 경우 발생
>
> **코너 가로 크랙(터짐)**
> ① **발생상황** : 면가로 터짐과 유사
> ② **원인** : 2차 냉각대 과냉, 빌릿의 오실레이션 마크에 의해 발생
> ③ **대책** : 적정한 파우더 선택, 오실레이션 스트로크의 적정화

> **참고**
> **블로홀, 핀홀 발생 원인**
> ① 탕면의 변동이 심한 경우
> ② 윤활유 중에 수분이 있는 경우
> ③ 몰드 파우더에 수분이 많은 경우

3. 내부 결함 ●●

① **중심편석** : 고온주조 시에는 선상이나 정상편석 벌징 시 발생하고, 저온 주조 시에는 V상편석 벌징 시 발생
② **수소성 결함** : 수축공(Porosity)이 많은 주편 중심부의 수소 집적으로 발생
③ **내부 균열(Crack)** : 취약한 응고내면의 인장응력으로 발생된 터짐
④ **개재물** : 파우더 및 탈산 생성물 혼입

4. 주편의 중심 편석 및 기공 억제법

① 중심부 등축정을 확대
② 최종 응고부분 벌징 방지
③ 미응고 용강의 유동을 억제
④ 균일 확산 처리

※ 주상정 입계에 용질 성분이 농축되면 편석이 발생한다.

> **참고**
> 중심편석 대책
> ① 중심부 등축정 확대
> ② 최종 응고부분 벌징 방지
>
> 수소성 결함 대책
> ① 중심편석 경감
> ② 용강의 탈가스 철저
> ③ 주편의 서랭

> **참고**
> 내부균열 대책
> ① 롤간격 단축
> ② 핀치롤의 다짐교정
> ③ 다단 밴딩
> ④ 압하력 조정
>
> 개재물 대책
> ① 레이들 내 용강의 청정 : 레이들 내 버블링 처리로 개재물 분리 부상
> ② 용강성분의 영향 : 탈산의 제어가 필요
> ③ 턴디시 내 개재물 제거 및 산화방지
> ④ 주조온도를 높이는 것이 개재물 부상에 유리
> ⑤ 침지노즐의 공경을 확대하거나 다공노즐을 사용하여 유출 속도를 늦추거나 유출구 각도를 크게 하여 용강류가 하부까지 침입하지 않도록 함

개념잡기

연주주편에 발생하는 내부 결함이 아닌 것은?

① 중심편석　　　　　② 중심 수축공
③ 대형 개재물　　　　④ 방사상 균열

> 주편의 결함 종류
> ① 표면 결함 : 면세로 터짐, 면가로 터짐, 코너 세로 터짐, 코너 가로 터짐, 스타 크랙(방사상 균열)
> ② 표층 결함 : 슬래그 스폿, 블로홀, 핀홀
> ③ 내부 결함 : 중심 편석, 수소성 결함, 내부 균열, 개재물

답 ④

개념잡기

연주 조업 중 주편 표면에 발생하는 블로홀이나 핀홀의 발생 원인이 아닌 것은?

① 탕면의 변동이 심한 경우
② 윤활유 중에 수분이 있는 경우
③ 몰드 파우더에 수분이 많은 경우
④ Al선 투입 중 탕면 유동이 있는 경우

> Al선 투입은 탈산을 목적으로 하는 것이므로 블로홀이나 핀홀을 감소시킨다.

답 ④

5 연속주조의 신기술

1. 연연주 조업

① 연연주 조업 : 주조 중 레이들의 용강이 주입 완료될 때 새로운 레이들을 주입 위치로 바꾸어 계속적으로 주조를 하는 방식

② 연연주 조업방식의 종류
  ㉠ 턴디시 교환 연연주 : 2대의 턴디시 카를 사용하여 턴디시를 교환하며, 연속주조하는 방식
  ㉡ 이강종 연연주 : 공정상 제약에 의해 동일 강종 주조가 불가능할 경우 강종이 다른 것끼리 주조를 계속하는 방법
  ㉢ 주조 중 폭가변 연연주 : 주편의 단면을 수동식 또는 자동식으로 주조 중에 이동시켜 연연주를 계속하는 방식

2. 고속 주조법

① 생산성 향상을 위한 중요한 수단으로 일반 주조의 3배 정도 되는 1.6m/min 주속을 유지하면서 연주를 실시
② 브레이크 아웃 능의 조업상의 문제점들을 고려해야 함

3. 주조단면의 변화

① 단면의 대형화 : 단면이 커질수록 용강의 1차 및 2차 냉각에서의 응고 과정 중 균일 냉각에 의한 응고 셀 생성 및 지지, 인발이 곤란해지므로 단면은 최대 두께 350mm, 폭 2,500~3,000mm 까지 가능
② 배폭 주조 : 열연재 중 소폭재를 2배수 폭으로 하여 후판용 주형에서 주조

4. Sizing Mill 법의 장점

① 주편의 조직 미세화
② 주편의 품질 개선
③ 생산성 향상
④ 주편 현열 이용으로 열정산에 유리

> 참고
연연주의 기대효과
① 가동율 향상
② 주편 실수율의 향상
③ 준비시간 단축
④ 작업용 재료의 절감

> 참고
익스펜디드 메탈
(Expanded Metal)
이강종 연연주 작업 시 턴디시를 교환하는 경우에는 이전 조업에서 레이들에서 주조한 최종 주편의 마지막 부분을 더미바 대용으로 사용하여 주조를 계속하고, 성분의 혼합을 막기 위해 사용하는 것

★ 꼭 찍어 어드바이스
브레이크-아웃(Break Out) 발생 및 대책 ◐◐
① 원인 : 고속화에 수반하여 주형 하단을 빠져나온 주편의 응고 셸(Shell) 두께가 감소하는 것과 응고 셸의 불균일 때문에 발생
② 대책 : 장주형(Long Mold), 쿨링 플레이트(Cooling Plate), 쿨링 그리드(Cooling Grid) 사용, 응고 셸을 면으로 지지하여 성장시킴으로써 충분한 셸 두께를 만들어 줄 수 있음

5. 자동화 및 성에너지

① **자동화** : 레이들-턴디시-주형의 주입에서 파우더 투입을 포함한 전 공정 무인화, 냉각수, 절단의 제어, 주편 야드관리 등 연주 작업 전체에 응용
② **성에너지** : 조괴법에 비해 에너지를 크게 절약할 수 있는 방법이지만 성에너지를 위해 다양한 방법이 실시

> **참고**
> **성에너지의 가장 효과적인 방법**
> ① 압연공장에서의 열편직송법이 있음
> ② 주편의 품질이 양호해야 함
> ③ 후판재, 냉연용 박판재, 대형 조강재 등에 적용

개념잡기

주조의 생산능률을 높이기 위해서 여러 개의 레이들 용강을 계속해서 사용하는 방법은?

① Oscillation mark법
② Gas bubbling법
③ 무산화 주조법
④ 연-연주법(漣-蓮鑄法)

연-연주법
연속주조의 능률을 향상시키기 위해 여러개의 레이들을 사용하여 연속해서 주조하는 방법

답 ④

CHAPTER 07 산업안전 및 제강의 계산

1. 산업안전관리
2. 압연조업 안전관리
3. 산업안전 및 제강조업 안전관리는 필기시험에서 필수로 출제됩니다.
4. 제강조업 안전장비 및 보호구에 대한 출제빈도가 많으므로 중점적으로 학습하세요.
5. 계산문제는 풀이과정을 보면서 지속적인 학습이 필요합니다.

 단원 들어가기 전

 빅데이터 키워드

산업안전, 화재, 재해예방, 가스안전, 하인리히, 브레인스토밍, 강도율, 도수율, 안전장비, 보호구

1 ▶ 산업안전관리

1. 화재의 종류

꼭 찝어 어드바이스

화재의 원인
① 유류에 의한 착화 : 유류의 증기, 유류 기구의 과열, 유류 누출 등
② 유류에 의한 발화 : 연소 기구의 전도 또는 가연물의 낙하
③ 전기에 의한 발화 : 단락, 누전, 과전류 등

화재의 3요소
연료, 산소, 점화원

화제 예방
3요소 중 하나를 제거
① 연료를 제거하거나 연소 범위 밖의 농도 유지
② 공기(산소 또는 산화제)를 최소 농도 이하로 유지

구분	명칭	내용	소화방법
A급	일반 화재	• 연소 후 재가 남는 화재(일반 가연물) • 목재, 섬유류, 플라스틱 등	분말 소화기, CO_2 소화기, 물, 모래
B급	유류 화재	• 연소 후 재가 없는 화재(유류 및 가스) • 가연성 액체(가솔린, 석유 등) 및 기체(프로판 등)	분말 소화기, CO_2 소화기
C급	전기 화재	• 전기 기구 및 기계에 의한 화재 • 변압기, 개폐기, 전기 다리미 등	CO_2 소화기, 분말 소화기
D급	금속 화재	• 금속(마그네슘, 알루미늄 등)에 의한 화재 • 금속이 물과 접촉하면 열을 내며 분해되어 폭발하며, 소화 시에는 모래나 질석 또는 팽창 질석을 사용	건조 모래, 할로겐 소화기

2. 가스 안전 색체 표시

① 산소 : 녹색
② 액화 이산화탄소 : 파랑색
③ 액화 암모니아 : 흰색
④ 액화 염소 : 갈색
⑤ 아세틸렌 : 노란색
⑥ LPG, 기타 : 쥐색

3. 재해 이론

(1) 무재해 3원칙

① 무의 원칙
② 전원 참여의 원칙
③ 선취 해결의 원칙

(2) 위험예지훈련 4단계

① 1단계 : 현상 파악
② 2단계 : 본질 추구
③ 3단계 : 대책 수립
④ 4단계 : 목표 설정

(3) 하인리히 사고예방 5단계(하인리히 도미노 이론)

① 1단계 : 유전적 요소 및 사회적 환경
② 2단계 : 개인적 결함
③ 3단계 : 불안전한 행동 또는 상태
④ 4단계 : 사고
⑤ 5단계 : 재해

(4) 브레인스토밍 4원칙

① 비판금지(suppert)
② 대량발언(speed)
③ 수정발언(synergy)
④ 자유분방(silly)

(5) 재해의 기본원인 4M

① 사람(Man)
② 설비(Machine)

> **참고**
> 재해의 경향
> ① 재해가 가장 많은 계절
> : 여름(7~8월)
> ② 재해가 가장 많은 요일
> : 토요일
> ③ 재해가 가장 많은 작업
> : 운반 작업
> ④ 재해가 가장 많은 전동장치
> : 벨트

> **꼭 찝어 어드바이스**
> 불안전한 행동(인적요인)
> 장치의 기능을 제거, 잘못 사용, 조작 미숙, 자세 및 동작의 불안전, 취급 부주의 등
>
> 불안전한 상태(물적요인)
> 기계, 방호장치, 보호구, 작업환경, 생산공정이나 배치의 결함 등

> **참고**
> 버즈의 수정 도미노 이론
> ① 통제의 부족(관리)
> ② 기본 원리(기원)
> ③ 직접 원인(징후)
> ④ 사고(접촉)
> ⑤ 상해 및 손상(손실)

③ 작업(Media)
④ 관리(Management)

(6) 재해관련 계산식

① 강도율 = $\dfrac{\text{근로손실 일수}}{\text{연 근로시간수}} \times 1{,}000$

② 도수율 = $\dfrac{\text{재해발생건수}}{\text{연 근로시간수}} \times 100\text{만 시간}$

③ 천인율 = $\dfrac{\text{재해자 수}}{\text{평균 근로자수}} \times 1{,}000$

4. 재해 예방

(1) 사고의 간접 원인

① 교육적 원인 : 안전의식의 부족, 안전의식의 오해, 경험, 훈련의 부족 및 미숙, 작업방법의 교육 불충분, 유해 위험작업의 교육 불충분

② 기술적 원인 : 건물 및 기계장치설계 불량, 구조 및 재료의 부적합, 생산공정의 부적당, 점검 및 정비보존 불량

③ 작업관리적 원인 : 안전관리 조직 결함, 인진수칙 미제정, 작업준비 불충분, 인원배치 부적당, 작업지시 부적당

(2) 재해 누발자 유형

① 미숙성 누발자
  ㉠ 기능 미숙 때문에
  ㉡ 환경에 익숙하지 못하기 때문에

② 상황성 누발자
  ㉠ 작업이 어렵기 때문에
  ㉡ 기계 설비에 결함이 있기 때문에
  ㉢ 환경상 주의력의 집중이 혼란되기 때문에
  ㉣ 심신에 근심이 있기 때문에

③ 습관성 누발자
  ㉠ 재해의 경험에 의해 겁쟁이가 되거나 신경 과민이 되기 때문에
  ㉡ 일종의 슬럼프 상태에 빠져 있기 때문에

④ 소질성 누발자
  ㉠ 개인적 소질 가운데서 재해 원인의 요소를 가지고 있는 자
  ㉡ 개인의 특수 성격 소유자

> **참고**
> 재해율
> ① 재해 발생의 빈도 및 손실의 정도를 나타내는 비율
> ② 재해 발생의 빈도 : 연천인율, 도수율
> ③ 재해 발생에 의한 손실 정도 : 강도율
>
> 천인율과 도수율의 관계
> 천인율=도수율×2.4
> 도수율=연천인율/2.4

> **참고**
> 재해원인과 상호관계
> ① 불안전 행동
>   ㉠ 인간의 작업행동의 결함 (전체 재해의 54%)
>   ㉡ 무리한 행동(16%)
>   ㉢ 필요이상 급한 행동(15%)
>   ㉣ 위험한 자세, 위치, 동작 (8%)
>   ㉤ 작업상태 미확인(6%)
> ② 불안전 상태
>   ㉠ 기계 설비의 결함 (전체 재해의 46%)
>   ㉡ 보전불비(17%)
>   ㉢ 안전을 고려하지 않은 구조(15%)
>   ㉣ 안전커버가 없는 상태 (6%)
>   ㉤ 통로, 작업장 협소(7%)

> **꼭 찝어 어드바이스**
> 재해예방의 4원칙
> ① 손실 우연의 원칙
> ② 원인 계기의 원칙
> ③ 예방 가능의 원칙
> ④ 대책 선정의 원칙

(3) 재해발생 조치 순서

재해발생 → 긴급조치 → 재해조치 → 원인분석 → 대책수립 → 평가

(4) 사고에 의한 부상

① **협착** : 물건에 끼워진 상태, 말려든 상태
② **파열** : 용기 또는 장치가 물리적인 압력에 의해 파열한 경우
③ **충돌** : 사람이 정지물에 부딪친 경우
④ **낙하, 비래** : 물건이 주체가 되어 사람이 맞은 경우
⑤ **절상** : 뼈가 부러지는 상해
⑥ **찰과상** : 스치거나 문질러서 벗겨진 상해
⑦ **부종** : 인체 내부에 수액이 축적되어 몸이 붓는 상해
⑧ **자상** : 칼 같은 물건에 찔린 상해

개념잡기

다음 중 무재해운동의 이념 3원칙이 아닌 것은?

① 무의 원칙 ② 전원 참가의 원칙
③ 이익의 원칙 ④ 선취 해결의 원칙

무재해 3원칙
무의 원칙, 전원 참여의 원칙, 선취 해결의 원칙

답 ③

2 ▶ 제강조업 현장 안전사항

1. 일반 현장 안전사항

① 현장 점검은 정해진 안전통로로 하며, 절대로 뛰어서는 안된다.
② 주차는 주차선 안에 한다.
③ 재해사고 조사는 유사한 종류의 재해에 대한 예방 및 재발방지 차원에서 한다.
④ 출입금지 구역의 안전장치는 항상 설치되어 있어야 한다.
⑤ 불안전한 행동은 작업 방법이 잘못된 것이며, 불안전한 상태는 작업 전 안전에 필요한 조치를 하지 않은 상태로 보호구 미착용 등이 해당한다.
⑥ 자체 점검은 위험성이 크거나 긴급을 요하는 것부터 먼저 해야 한다.
⑦ **불안전한 상태** : 작업 상태가 불량한 상태
⑧ 재해발생 시 즉시 응급조치를 하고 119에 신고한다.
⑨ 가연성 가스는 폭발한계의 1/4 이하이어야 한다.
⑩ 가스가 새면 압력계의 계기가 하락한다.
⑪ 차량운전자, 고소작업자 등은 안전벨트를 반드시 착용한다.
⑫ 보호구를 부식성 액체, 유기용제, 기름, 산과 같이 보관하면 오염이 되어 인체에 해를 끼치다
⑬ 산업재해를 예방하려면 계획 단계부터 철저히 해야 한다.
⑭ 공기중에 산소 농도가 감소하면 연소가 잘 안되어 불완전연소를 하게 된다.
⑮ 산소가 결핍된 장소에서는 산소 공급기가 달린 송기 마스크를 착용해야 한다.
⑯ CO가스(일산화탄소)는 인체에 흡입되면 적혈구의 산소 이동을 방해하여 사망에 이르게 하는 치명적인 가스이다.
⑰ **산소결핍** : 산소 18% 이하

2. 제강조업 중 안전사항

① **출강 안전장비** : 방열복, 방호면, 보안경, 안전화 등
② Over flow가 발생하면 주입을 중단하고 주조속도를 높이고, 폭발의 위험이 있는 물질을 제거한다.
③ 용선차에 출선시 용선의 비산은 제선 주상작업 시 안전사항이다.
④ 고철 슈트가 지나가면 고철의 낙하 위험이 있으므로 슈트가 통과한 후에 통행해야 한다.
⑤ 냉각 시 몰드 안을 살펴보면서 살수하면 수증기에 의한 화상의 위험이 있다.

⑥ OG설비 점검 시는 유해가스의 누출에 대비하여 방독마스크를 착용해야 한다.
⑦ 분진은 건식작업에서 많이 발생하므로 습식으로 바꾸는 것이 좋다.
⑧ 전로 경동 시 노구 앞에 있으면 용융물에 의한 재해를 입을 가능성이 있으므로 노구 정면에 있으면 안된다.
⑨ 취련 중에는 노외 분출물로 인한 화상 재해 가능성이 있으므로 접근을 제한한다.
⑩ 용강이 유출되었을 때 수랭을 위하여 물을 뿌리면 급격한 수증기 발생에 의해 폭발이 일어날 수 있다.
⑪ 누수될 경우 슬래그의 비산이 발생할 수 있으므로 도그 하우스를 닫아야 한다.

개념잡기

용강 유출에 대비한 유의사항 및 사고 시에 취할 사항으로 틀린 것은?

① 용강 유출 시 주위 작업원을 대피시킨다.
② 주위의 인화물질 및 폭발물을 제거한다.
③ 용강 유출 부위에 수랭으로 소화한다.
④ 용강 폭발에 주의하고 방열복, 방호면을 착용한다.

> **용강 유출 사고대비**
> 용강이 유출되었을 때 수랭을 위하여 물을 뿌리면 급격한 수증기 발생에 의해 폭발이 일어날 수 있다.
>
> 답 ③

3 ▶ 제강관련 계산식 정리

꼭 찝어 어드바이스

발열량 단위 : kcal/kg
① 1cal : 물 1g을 1℃ 올리는데 필요한 열량
② 비열 : 물질 1g을 1℃ 올리는데 필요한 열량

① 열량 계산

열량 = 비열×온도차×무게

예) 비열이 0.6kcal/kg$_f$·℃인 물질 100g을 25℃에서 225℃까지 높이는데 필요한 열량(kcal)은?

풀이) 비열
물질 1g을 1℃ 올리는데 필요한 열량이므로
열량 = 온도차×비열×무게
= (225-25)℃×0.6kcal/kg·℃×0.1kg
= 12kcal

② 합금철 투입량 계산

투입량 = 출강량×합금성분

예) 출강 중 합금철 투입 시 출강량이 140ton이고, 용강 중에 Mn이 없다고 판단될 때, 목표 Mn이 0.25%라면 Mn의 투입량(kg$_f$)은?

풀이) 투입량 = 출강량×합금성분 = 140,000kg×0.0025 = 350kg

③ 합금철로서의 Mn 투입량 계산

$$\text{Mn 투입량} = \frac{(\text{전장입량}\times\text{철강 실수율})\times(\text{목표함량}-\text{종점함량})}{(\text{Fe}-\text{Mn 중 Mn함유량})\times(\text{Mn 실수율})}$$

④ 탈규에 필요한 산소량 계산

$$\text{산소사용량} = \text{규소량}\times\frac{\text{산소원자량}}{\text{규소원자량}}\times(\text{용선량})$$

예) 용선 중에 Si가 300kg$_f$일 때, Si와 결합하는 이론적인 산소량은 약 몇 kg$_f$인가?(단, Si 원자량 : 28, 산소 원자량 : 16이다)

풀이) 산소는 O_2로 반응하므로 16×2 = 32로 계산한다.
$Si+O_2 = SiO_2$의 반응이다.
28 : 32 = 300 : x이므로
$x = \frac{32\times300}{28} = 342.9$

※ 산소원자량은 16이지만 산소는 O_2로 존재하므로 32로 계산

⑤ 전로 선철 배합률 계산

$$\text{선철배합률} = \frac{\text{용선+냉선}}{\text{총장입량}} \times 100$$

⑥ 산소제거(환원)량 계산

$$\text{환원도} = \frac{\text{환원으로 제거된 산소량}}{\text{철광석 중의 전 산소량}} \times 100$$

⑦ 출강실수율 계산

$$\text{출강실수율} = \frac{\text{양괴량}}{\text{용선량+냉선량+고철량}} \times 100 = \frac{\text{출강량}}{\text{전장입량}} \times 100$$

예 LD 전로 조업시 용선 95톤, 고철 25톤, 냉선 2톤을 장입했을 때 출강량이 110톤이었다면 출강실수율(%)은 약 얼마인가?

풀이 출강실수율 $= \dfrac{\text{출강량}}{\text{전장입량}} \times 100 = \dfrac{110}{95+25+2} \times 100 = 90.2$

⑧ 염기도 계산

$$\text{염기도} = \frac{CaO}{SiO_2}$$

예 슬래그의 염기도를 2로 조업하려고 한다. SiO_2가 20 kg_f, Al_2O_3가 5 kg_f이라하면, $CaCO_3$는 약 몇 kg_f이 필요한가? (단, 염기도 = CaO / SiO_2, $CaCO_3$ 중 유효 CaO는 50%로 한다)

풀이 염기도 $= \dfrac{CaO}{SiO_2} = 2$

∴ CaO = 염기도 × SiO_2 = 2×20 = 40

그런데 $CaCO_3$ 중 CaO가 50%이므로

∴ $CaCO_3 = \dfrac{40}{0.5} = 80$ kg 필요

⑨ Si 성분 계산

SiO_2가 되는 Si = 용선중 Si% − 용강중 Si%

예 Si가 0.71%의 용선 80톤과 고철을 전로에 장입 취련하면 몇 kg_f의 SiO_2가 발생하는가? (단, 취련 종료 시 용강 중 Si는 0.01%가 남아 있고, 화학 반응식은 Si+O_2 → SiO_2를 이용하며, Si의 원자량은 28, O의 원자량은 16이다)

풀이 SiO_2가 되는 Si = 용선중 $Si\%$ - 용강중 $Si\%$
= 0.71 - 0.01 = 0.7%

Si양 = 용선량 × $Si\%$ = 80000 × $\frac{0.7}{100}$ = 560kg

Si는 산소와 반응하여 SiO_2로 될 때 원자비는 28 : 60이다.
∴ 28 : 60 = 560 : x에서
$x = \frac{60 \times 560}{28} = 1200kg$

⑩ 공기량(부피) 계산

공기량(무게) = $\frac{산소량}{0.21}$

무게비를 부피비로 바꾸면 산소원자 32는 부피비로 22.4ℓ이다.

∴ 32 : 22.4 = 공기량(무게) : x(부피)

x(부피) = $\frac{22.4 \times 공기량(무게)}{32}$

예 순산소 320kg$_f$을 얻으려면 약 몇 Nm^3의 공기가 필요한가? (단, 공기 중의 산소의 함량은 21%이다)

풀이 공기량 = $\frac{산소량}{0.21} = \frac{320}{0.21}$ = 1523.8kg

부세비를 부피비로 바꾸면 산소원자 32는 부피비로 22.4ℓ이다.
∴ 32 : 22.4 = 1523.8 : x
$x = \frac{22.4 \times 1523.8}{32} = 1067 Nm^3$

⑪ 탈탄에 필요한 산소량(부피) 계산

CO_2 분자량은 C가 12, O_2가 32이므로 44

1mol의 부피는 22.4이므로

44 : 22.4 = 산소량(무게) : x

$x = \frac{22.4 \times 산소량(무게)}{44}$

예 LD전로 제강 후 폐가스량을 측정한 결과 CO_2가 1.50kg$_f$이었다면 CO_2 부피는 약 몇 m^3 정도인가? (단, 표준상태이다)

풀이 CO_2 분자량은 C가 12, O_2가 32이므로 44
1mol의 부피는 22.4이므로
44 : 22.4 = 1.5 : x
$x = \frac{22.4 \times 1.5}{44} = 0.76$

⑫ 전류밀도 계산

전류밀도 = 전류 / 전극단면적

예 10ton의 전기로에 355mm 전극을 사용하여 12,000A의 전류를 통과시켰을 때 전류밀도(A/cm^2)는?

풀이 전류밀도 = 전류 / 전극단면적 = $\dfrac{12{,}000}{3.14 \times (35.5/2)^2}$
= $12.12 A/cm^2$

Part 1 ▶ 금속재료일반

chapter 01 금속재료 총론

01. 금속의 특징
① 고체상태에서 결정구조를 가진다.
② 전기 및 열을 잘 전달하는 양도체이다.
③ 전성 및 연성이 좋다.
④ 금속 고유의 광택을 가진다.

02. 금속의 결정구조
① 결정입자 : 결정체를 이루고 있는 각 결정
② 결정입계 : 결정 입자의 경계
③ 금속의 대표적인 결정구조
　㉠ 체심입방격자(body centered cubic lattice, BCC), 배위수 8, 충진율 68%
　㉡ 면심입방격자(face centered cubic lattice, FCC), 배위수 12, 충진율 74%
　㉢ 조밀육방격자(hexagonal close-packed lattice, HCP), 배위수 12, 충진율 74%

03. 금속의 기계적 성질
① 강도 : 재료에 외력이 가해질 때, 재료를 파괴하는 힘에 대한 재료 단면에 작용하는 최대 저항력
② 경도 : 재료 표면에 가압하였을 때, 이 외력에 대한 저항의 크기를 재료의 단단한 정도로 나타낸 것
③ 연성 : 재료가 인장, 압축 등의 외력을 받아서 파괴되지 않고 변형되는 정도를 나타내는 변형 한계 능력으로, 길고 가늘게 늘어나는 성질
④ 인성 : 충격, 굽힘, 비틀림 등의 외력이 작용하였을 때에 파괴되지 않고 견디는 성질로서 재료의 질긴 정도
⑤ 취성 : 인성의 반대되는 성질로 잘 부서지고, 잘 깨지는 성질

04. 금속의 물리적 성질
① 비중
　㉠ 비중은 4℃의 물과 똑같은 부피를 가지는 물체와의 무게의 비
　㉡ 중금속과 경금속은 비중 4.5 기준

② 용융 온도
　㉠ 금속을 가열하면 열적 성질이 변화하여 녹아서 액체가 되는 온도
　㉡ 저융점 금속과 고융점 금속은 235℃ 기준
③ 전기 전도율 : 전기가 흐르는 정도
④ 자성 : 물질이 나타내는 자기적 성질

05. 금속의 화학적 성질
① 부식
　㉠ 습식 : 전기·화학적 부식이며, 금속 주위의 수분 또는 그 밖의 전해질과 작용하여 비금속성의 화합물로 변하는 현상
　㉡ 건식 : 화학적 부식이라고 하며, 상온 또는 고온에서 금속의 산화, 황화, 질화 등 금속과 가스의 접촉에 의해 일어나는 현상
② 내식성 : 이온화 경향이 큰 금속일수록 화합물이 되기 쉬워 부식이 잘 된다.

06. 금속의 변태

종류	형태	온도(℃)	비고
A_0변태	자기변태	210	시멘타이트(6.67%)
A_1변태	공석변태	723	공석강(0.8%)
A_2변태	자기변태	768	순철
A_3변태	동소변태	910	순철
A_4변태	동소변태	1,400	순철

07. 금속의 응고
① 응고 잠열 : 응고할 때 방출하는 것, 숨은 열
② 과냉 : 금속이 액체 상태에서 냉각될 때 응고점에 도달하였어도 응고가 시작되지 않고 계속 액체 상태로 남아있는 것(과냉의 정도는 냉각 속도가 클수록 커지며 결정립은 미세해진다)
③ 수지상정 : 용융 금속이 응고할 때 먼저 작은 결정을 만드는 핵이 생기는데, 이 핵을 중심으로 금속이 나뭇가지 모양으로 발달하는 것
④ 동소변태 : 고체 상태에서 온도에 따라 결정 구조의 변화를 가져오는 것
⑤ 평형상태 : 한 계에서 존재하는 각 상의 관계가 시간이 경과해도 변화하지 않는 상태
⑥ 용체 : 한 물질 중에 다른 물질이 용해하여 균일한 물질을 만든 것

08. 인장시험

① **항복점** : 하중이 일정한 상태에서 하중의 증가없이 연신율이 증가되는 점

$$\text{항복강도} = \frac{\text{항복점}}{\text{원래의 단면적}}$$

② 연신율 $= \dfrac{\text{시험 후 늘어난 길이}}{\text{표점길이}} = \dfrac{L - L_0}{L_0} \times 100$

③ 인장강도 $= \dfrac{\text{최대하중}}{\text{원단면적}}$

④ **내력** : 주철과 같이 항복점이 없는 재료에서는 0.2%의 영구변형이 일어날 때의 응력 값을 내력으로 표시

chapter 02 철과 강

01. 순철의 결정격자

① 알파철 : 911℃이하 체심입방격자(BCC)
② 감마철 : 1,394℃이하 면심입방격자(FCC)
③ 델타철 : 1,538℃이하 체심입방격자(BCC)

02. 탄소강의 조직

① **페라이트** : α-Fe에 미량의 C가 고용한 고용체
② **오스테나이트** : γ-Fe에 C를 고용한 고용체, 면심 입방 격자, 강을 A_1변태점 이상 가열했을 때 얻을 수 있는 조직
③ **시멘타이트** : Fe_3C로 나타내며 6.67%의 C와 Fe의 화합물
④ **펄라이트** : 오스테나이트 상태에서 서서히 냉각하면 723℃에서 분해하여 나오는 페라이트와 시멘타이트의 공석정

03. 탄소강의 열처리

① 열처리의 기초적인 요인
  ㉠ 적당한 가열 온도의 설정 : 변태점, 고용한
  ㉡ 가열 속도 : 급속한 가열, 서서히 가열
  ㉢ 적당한 온도 범위 : 임계 구역, 위험 구역
  ㉣ 적당한 냉각 속도 : 급랭, 서랭
② 열처리법의 분류
  ㉠ 일반 열처리 : 불림(노멀라이징), 풀림(어닐링), 담금질(퀜칭), 뜨임(템퍼링)

ⓒ 항온 열처리 : 오스템퍼링, 마템퍼링, 마퀜칭
ⓒ 표면 경화 열처리 : 침탄법, 질화법, 화염 경화법, 고주파 경화법

04. 합금강의 특성
① 첨가하는 원소에 따라 탄소강과 다른 새로운 특성과 성질이 나타난다.
② 탄소강에 비하여 강의 열처리성을 향상시켜 기계적 성질과 강인성 향상
③ 강의 내식성과 내마멸성을 증대시키고 전자기적 성질 변화

05. 합금강의 종류와 용도

분류	종류	주요 용도
구조용 합금강	강인강 표면 경화용 강 침탄강, 질화강	크랭크축, 기어, 볼트, 너트, 키축 등 기어축, 피스톤 핀, 스플라인축 등
공구용 합금강	합금 공구강 고속도 공구강	절삭 공구, 프레스 금형, 정, 펀치 등 절삭 공구, 금형 등
내식·내열용 합금강	스테인리스강 내열강 내식·내열 초합금	칼, 식기, 취사 용구, 화학 공업 장치 등 내열 기관의 흡기·배기 밸브, 터빈 날개, 고온·고압 용기 제트 엔진 부품, 터빈 날개
특수 목적용 합금강	쾌삭강 스프링강 내마멸강 베어링강 자석용 강 규소강(철심 재료) 불변강	볼트, 너트, 기어축 등 스프링축 등 크로스 레일, 피쇄기 등 볼 베어링, 전동체(강구, 롤러) 등 전력 기기, 자석 등 변압기, 발전기, 차단기 커버 및 배전판 바이메탈, 계측기 부품, 시계 진자 등

06. 공구용 합금강의 특성과 구비조건
① 칼날, 바이트, 커터, 드릴에는 절삭성, 정이나 펀치 등에는 내충격성, 게이지나 다이스 등에는 내마멸성과 불변형성이 필요
② 각각 알맞은 특성을 지닌 재료 필요
③ 상온 및 고온에서 경도가 크고, 가열에 의한 경도 변화가 적어야 함
④ 인성과 마멸 저항이 크고, 가공이 쉬우며, 열처리에 의한 변형이 적어야 함

07. 고속도강
① 고속도강은 절삭 공구강의 일종이며 500~600℃까지 가열하여도 뜨임에 의해서 연화되지 않고, 또 고온에서도 경도 감소가 적은 것이 특징이다.

② 기본 성분 : 18-4-1형 18%W, 4%Cr, 1%V이고 0.8-1.5%C를 함유
③ W계 고속도강 : KS D 3522는 고속도강의 규격이며 SKH 2가 표준형의 조성이고, 여기에 Co를 5~10% 첨가해서 재질을 향상시킨다.
④ Mo계 고속도강 : 강에서 석출 경화를 일으키는 원소로는 Mo이 가장 대표적이며, V이 그 영향이 강하다.

08. 담금질

① 강의 경도나 강도를 높이기 위하여 강을 오스테나이트 조직으로 될 때까지 A_1~A_3변태점보다 30~50℃ 높은 온도로 가열한 후 물이나 기름에 급랭하여 마르텐사이트 변태가 생기도록 하는 조직
② 냉각속도에 따라(빠른-느린)
　오스테나이트 〉 마르텐사이트 〉 트루스타이트 〉 소르바이트
③ 경도에 따라(강함-약함)
　마르텐사이트 〉 트루스타이트 〉 소르바이트 〉 오스테나이트
④ 탄소량이 많거나 냉각 속도가 빠를수록 담금질 효과가 크다.

09. 뜨임

① 적당한 강인성을 주기 위해서 A_1변태점 이하의 온도에서 재가열하는 열처리
② 목적
　㉠ 조직 및 기계적 성질을 안정화시키기 위함이다.
　㉡ 경도는 조금 낮아지나 인성을 좋게 함이다.
　㉢ 잔류 응력을 감소시키거나 제거하고 탄성 한계, 항복강도가 향상시키기 위함이다.

10. 풀림

① A_1~A_3 변태점보다 30~50℃ 높은 온도로 가열하여 오스테나이트로 변환시킨 후 노나 재 속에서 서서히 냉각시켜 연화시키는 작업
② 풀림 처리하는 목적
　㉠ 주조, 단조, 기계 가공에서 생긴 내부 응력을 제거하기 위함
　㉡ 열처리로 인해 경화된 재료를 연화시키기 위함
　㉢ 가공 또는 공장에서 경화된 재료를 연화시키기 위함
　㉣ 금속 결정 입자를 균일화하고 미세화시키기 위함

11. 불림

① A_1~Acm변태점보다 40~60℃ 정도의 높은 온도로 가열하여 균일한 오스테나이트 조직으로 개선한 후에 공기 중에서 냉각시키는 작업

② 목적 : 단조된 재료나 주조된 재료 내부에 생긴 내부 응력을 제거하거나 결정 조직을 균일화시키는 데 있다.

12. 표면경화법
① 표면 경화 열처리의 종류
　㉠ 침탄법 : 표면에 탄소를 침투시키는 방법
　㉡ 질화법 : 강철을 암모니아 가스와 같이 질소를 함유한 물질 속에서 500℃ 정도로 50 ~ 100시간 가열하여 질소 화합물을 만들어 표면을 경화하는 방법
　㉢ 청화법(침탄질화법) : NaCN, KCN을 용융시킨 고온의 염욕로에 20 ~ 60분 간 넣어 침탄과 질화를 동시에 하는 것
　㉣ 화염 경화법 : 담금질 효과를 나타낼 수 있는 0.35 ~ 0.7%의 탄소를 함유한 탄소강이나 합금강을 산소와 아세틸렌가스 등의 화염으로 일부를 가열한 뒤에 공기 제트나 물로 냉각시키는 방법
　㉤ 고주파 경화법 : 가열물의 표면만을 담금질 온도로 가열하기 위해 고주파 유도 전류를 이용하여 표면층을 가열한 뒤에 급랭하는 방법

13. 기타 표면경화법
① 금속 용사법 : 강의 표면에 용융 또는 반용융 상태의 미립자를 고속으로 분사시키는 방법
② 하드 페이싱 : 금속 표면에 스텔라이트, 초경합금 등의 금속을 융착시켜 표면 경화층을 만드는 방법
③ 숏 피닝 : 금속 재료의 표면에 강이나 주철의 작은 입자를 고속으로 분사시켜, 표면층을 가공 경화에 의하여 경도를 높이는 방법
④ 금속 침투법 : 제품을 가열하여 표면에 다른 종류의 금속을 피복시키는 동시에, 확산에 의하여 합금 피복층을 얻는 방법

14. 불변강의 종류
① 인바 : Fe-Ni계, 선팽창 계수가 현저하게 작음(줄자, 표준 자, 시계 추 등)
② 엘린바 : Fe-Ni-Cr계, 탄성률의 변화가 거의 없음(지진계의 부품, 고급 시계 유사, 정밀 저울의 스프링 등)
③ 초인바 : Fe-Ni-Co계, 온도 변화에 따른 탄성률의 변화가 매우 작고, 공기나 물 속에서 부식되지 않는 특성을 가짐(특수용 스프링, 기상 관측용 기구 부품 등)
④ 플래티나이트 : Fe-Ni(45%)계, 열팽창계수가 백금과 거의 동일(전구의 도입선 등)

15. 주철

① 주철의 성질과 조직
  ㉠ 주철은 철강보다 낮은 온도에서 용해되어 유동성이 좋고, 복잡한 형상의 부품 제작 용이
  ㉡ 표면은 단단하고 녹이 잘 슬지 않으며, 절삭 가공 용이
  ㉢ 충격에 약하고 인성이 낮아 소성 가공이 어려움
  ㉣ 압축 강도가 커 공작 기계 베드와 프레임, 기계 구조물 몸체 등에 사용

② 주철의 종류
  ㉠ 백주철 : 흑연의 생성이 없고, 시멘타이트로 구성 주물의 두께가 얇고, 규소량이 적으며, 냉각 속도가 빠른 경우에 형성
  ㉡ 회주철 : 탄소가 전부 흑연으로 변한 것으로 파면이 회색, 주로 주물의 두께가 두껍고, 규소량이 많으며, 냉각 속도가 느린 경우에 형성
  ㉢ 반주철 : 시멘타이트와 흑연이 혼합되어 있는 상태

chapter 03 비철 금속재료와 특수 금속재료

01. 구리

① 비중 8.06, 용융점 1,083℃
② 가공성, 내식성, 합금성 우수
③ 물리적 성질
  ㉠ 구리의 빛깔은 고유한 담적색 → 공기 중 표면 산화되어 암적색
  ㉡ 전기 전도율과 열전도율이 금속 중에서 은 다음으로 높음
  ㉢ 비자성체
  ㉣ 결정격자 : 면심 입방 격자(변태점이 없음)
④ 기계적 성질
  ㉠ 연하고 가공성이 풍부하여, 냉간 가공으로 적당한 강도 부여 가능
  ㉡ 밴드(band), 관, 선, 주발(bowl), 플랜지(flange) 등 사용
  ㉢ 상온에서 가공할 때 가공도에 따라 인장 강도가 증가하여 가공도 70~80% 부근에서 최대(상온 가공 후 풀림 작업 중요)
⑤ 화학적 성질
  ㉠ 구리는 건조한 공기 중에서는 산화하지 않지만, 이산화탄소 또는 습기가 있으면 염기성 황산구리[$CuSO_4 \cdot Cu(OH)_2$], 염기성 탄산구리[$CuCO_3 \cdot Cu(OH)_2$]가 생겨 산화(녹청색이 됨)
  ㉡ 맑은 물에는 거의 침식되지 않지만, 소금물에는 빨리 부식되어 염기성 산화물이 생기고 묽은 황산이나 염산에는 서서히 용해

02. 황동
① 기계적 성질
  ㉠ 연율 : Zn 30% 부근에서 최대값
  ㉡ 인장강도 : Zn 45%(γ상)에서 최대
② 화학적 성질
  ㉠ 응력 부식 균열
    ⓐ 공기 중의 암모니아나 염소류에 의해 입계 부식을 일으키는데, 이는 상온 가공에 의한 내부 응력 때문에 발생
    ⓑ 방지법 : 도금을 하는 방법, 칠을 하는 방법, 가공재를 180~260℃로 응력 제거, 풀림을 하는 방법
  ㉡ 탈아연 부식
    ⓐ 불순한 물질 또는 부식성 물질이 녹아 있는 수용액의 작용에 의해 황동의 표면 또는 깊은 곳까지 탈아연되는 현상
    ⓑ 방지법 : Sn을 1~2% 첨가
  ㉢ 고온 탈아연
    ⓐ 높은 온도에서 증발에 의해 황동 표면으로부터 Zn이 탈출되는 현상
    ⓑ 방지법 : 표면에 산화물 피막을 형성시키면 효과

03. 청동
① 청동의 조직
  ㉠ Cu에 Sn이 첨가되면 응고점이 내려간다.
  ㉡ 주조상태는 수지상 조직이며 부드럽고 전연성이 좋다.
② 물리적 성질 : Sn의 증가하면 전기전도율이 악화되고 비중이 감소된다.
③ 기계적 성질
  ㉠ 인장강도의 최대값은 Sn 17~20%에서 최대이다.
  ㉡ 풀림 시 경도는 Sn의 증가에 따라 감소한다.
  ㉢ 경도는 Sn 30%에서 최대이고 주조성은(유동성이 좋고 수축율이 적다) 좋다.

04. 알루미늄
① 백색, 비중 약 2.7
② 순도가 높을수록 연성을 가짐
③ 가공도에 따라 강도와 경도가 높아짐
④ 연신율은 감소

⑤ 알루미늄 방식법
  ㉠ 수산법(알루마이트법)
  ㉡ 황산법
  ㉢ 크롬산법

05. 니켈
① 물리적 성질 : Ni은 은백색이며 인성이 있다.
② 기계적 성질
  ㉠ Ni은 열간 및 냉간 가공이 가능하다.
  ㉡ 열간 가공은 1,000~1,200℃에서 실시하고, 재결정은 500℃ 정도에서 시작하며, 풀림 열처리는 800℃ 정도에서 한다.
③ 화학적 성질
  ㉠ 내식성이 좋아 대기 중에서는 부식되지 않으나, 이산화황을 함유한 대기 중에서는 심하게 부식된다.
  ㉡ 증류수, 수돗물, 바닷물 등에는 내식성이 강하며, 내열성이 있다.

06. Ni-Fe계 합금
① 인바
  ㉠ 열팽창 계수가 상온 부근에서 매우 작아 길이의 변화가 거의 없다.
  ㉡ 길이 측정용 표준 자, 바이메탈, VTR의 헤드 고정대 등에 널리 사용된다.
② 슈퍼 인바(Fe-Ni 합금) : 20℃의 팽창 계수가 0에 가깝다.
③ 엘린바
  ㉠ 온도에 따른 탄성률의 변화가 없다.
  ㉡ 고급 시계, 지진계, 압력계, 스프링 저울, 다이얼 게이지, 유량계, 계측 기기 등의 부품에 사용된다.
④ 플래티나이트 : 전등의 봉입선 등에 사용된다.
⑤ 니칼로이 : 초투자율, 포화 자기, 전기 저항이 크므로 저출력 변성기, 저주파 변성기 등의 자심으로 널리 사용된다.
⑥ 퍼멀로이 : 투자율이 높고, 약한 자기장 내에서의 초투자율도 높다.
⑦ 퍼민바 : 자기장 강도의 어느 범위 내에서 일정한 투자율을 가지며, 고주파용 철심이나 오디오 헤드로 사용된다.

Part 3 ▸ 제강법

chapter 01 제강의 개요

01. 선철의 특징
① 제선 공정에서 용광로에서 철광석을 환원하여 제조된 철
② 탄소 함유량이 많고, P, S, Si, Mn 등의 불순물이 많이 함유
③ 경도가 높고 취약해 정련하여 탄소량을 줄이고, 유해원소를 제거하는 공정이 제강공정

02. 조재제(Flux)
① 정련 시 품질이 우수한 강재를 얻기 위해서 좋은 슬래그를 만드는 것이 중요
② 좋은 슬래그를 위한 조재제 : 생석회(CaO), 석회석($CaCO_3$), 형석(CaF_2), 망간광석, 모래 등
③ 조재제가 첨가되므로 화학조성 및 유동성을 갖춘 슬래그 생성

03. 슬래그를 구성하는 산화물
① **염기성 산화물** : 산소 이온을 쉽게 내보내어 상대방에게 주는 산화물
   CaO, MgO, FeO, Na_2O 등
② **산성 산화물** : 산소 이온을 받아 강하게 결합하는 것, SiO_2, P_2O_5, B_2O_3 등
③ 규산도 = $\dfrac{SiO_2 \text{ 중의 산소 무게}}{\text{염기성 산화물 중의 전체 산소무게}}$
④ 염기도 = $\dfrac{\text{염기성 성분의 합}}{\text{산성 성분의 합}} = \dfrac{CaO}{SiO_2}$
⑤ 좋은 슬래그를 만들기 위하여 용제가 지녀야 할 조건
   ㉠ 용융점이 낮을 것
   ㉡ 점성이 낮고 좋은 유동성을 지닐 것
   ㉢ 조금속과 비중차가 클 것
   ㉣ 불순물의 용해도는 크고, 목적 금속의 용해도가 작을 것
   ㉤ 쉽게 구입이 가능하며, 가격이 저렴할 것
   ㉥ 환경에 유해한 성분이 없을 것

04. 제강 중 슬래그의 역할
① 정련 작용(불순물 제거)
② 용강의 산화 방지

③ 외부 가스 흡수 방지
④ 보온(열의 방출 차단)

05. 용선차의 기능
① 고로에 공급하는 용선을 보온·저장하며, 이것을 제강 공장으로 운반하는 역할
② 용선의 온도는 8시간 후부터 8℃/h, 15시간부터 5℃씩 하강하므로 30시간 정도 저장 가능

06. 용선 탈황법의 분류
① 기체에 의한 탈황법
② 슬래그와의 반응에 의한 탈황법
③ 황과 결합력이 큰 원소(탈황제)를 첨가하는 탈황법

07. 탈황제 선택 조건
① 탈황 능력
② 목표로 하는 탈황의 정도
③ 탈황 방법
④ 탈황 비용 및 작업성

08. 내화물의 분류
① **염기성 내화물** : 마그네시아질, 크롬 마그네시아질, 백운석질(돌로마이트), 석회질
② **산성 내화물** : 샤모트질, 점토질, 규석질, 납석질, 내화점토
③ **중성 내화물** : 알루미나질, 크롬질, 탄소질, 탄화규소질

09. 내화재료의 구비조건
① 높은 온도에서 용융하지 않을 것
② 높은 온도에서 쉽게 연화하지 않을 것
③ 온도 급변에 잘 견딜 것(내스폴링성 우수)
④ 높은 온도에서 형상이 변화하지 않을 것
⑤ 용제 및 기타 물질 등에 대해서 침식저항이 클 것(내식성 우수)
⑥ 마멸에 잘 견딜 것(내마멸성 우수)
⑦ 높은 온도에서 전기 절연성이 클 것
⑧ 열전도율과 열팽창이 낮을 것

chapter 02 LD 전로 제강법

01. LD 전로법의 특징
① 다른 제강법에 비해 생산능률이 높아 대량생산이 가능하다.
② 규칙적인 출강이 가능하다.
③ 염기성내화물을 사용하여 탈인, 탈황이 가능하다.
④ 제강시간이 매우 짧다.
⑤ 연료비가 필요 없어 원가가 저렴하다. (평로법의 60~70%, 강괴 원가의 5~10% 절감)
⑥ 산소 효율이 높고, 탈탄속도가 빠르다.
⑦ 제강능력이 우수하다. (평로법의 6~8배)
⑧ 건설비가 저렴하다. (평로 공장의 60~80%)

02. LD 전로 조업 공정
전로 조업 순서 : 장입 → 취련(정련) → 측온(시료채취) → 출강 → 배재 → 슬래그 코팅

03. LD 전로 조업 주원료
주원료 : 용선, 냉선, 고철

04. 탈산법의 종류
① 용강 중 C에 의한 탈산 : 탄소강에서는 C에 따라 용도가 달라지므로 사용하지 않음 ($FeO + C \rightarrow Fe + CO$)
② 확산 탈산 : FeO를 함유한 용강을 FeO를 함유하지 않은 강재와 접촉시켜 용강 중의 FeO와 강재와의 평형 관계로 FeO 감소
③ 석출 탈산 : 산소와의 친화력이 Fe보다 큰 원소를 용강 중에 첨가하여 강제 탈산하는 방법(Si, Mn, Ca, Mg, Ti, Al 등 첨가)

05. 탈산제
① 탈산제의 구비조건
  ㉠ 산소와의 친화력이 클 것
  ㉡ 용강 중에 급속히 용해할 것
  ㉢ 탈산 생성물의 부상속도가 클 것
  ㉣ 가격이 저렴하고 소량만 사용할 것
  ㉤ 회수율이 양호할 것

② 탈산제 탈산능력
  ㉠ Al > CaC_2 > Fe-Si > Fe-Mn
  ㉡ Al은 규소의 17배, 망간의 90배까지 탈산할 수 있다.

06. 비연소방식(OG 시스템)
① 전로 노구와 연도사이에 가동식 뚜껑(skirt)을 설치하여 공기의 침입을 방지하고 CO 가스를 연소시키지 않고 회수
② CO가스가 연소하지 않으므로 폐가스 온도가 낮고 양도 적음
③ 냉각설비가 소형화
④ 회수 가스는 연료로도 사용

07. 제강 조업법(취련 순서)
고철, 용선 장입 → 노체 직립 → 랜스 하강 → 취련 개시 → 부원료 투입 → 취련 끝 → 랜스 상승 → 노체 경동 → 시료 채취 및 온도 측정 → (재취련) → 출강 → 슬래그 배제

08. 전로제강에서 밀스케일이나 소결광 투입의 효과
① 냉각제
② 산소 공급원
③ 생석회 슬래그와 촉진(매용제)
④ 철강 실수율 향상

09. 슬로핑의 대책
① 슬래그 진정제를 투입한다.
② 랜스를 낮춘다.
③ 형석, 석회석을 투입한다.
④ 취련 중기 산소량을 감소한다.
⑤ 취련 초기 산소 압력을 증가한다.
⑥ 탈탄속도를 낮춘다.

10. 슬래그 염기도
① 염기도 = $\dfrac{\text{슬래그 중 CaO중량}}{\text{슬래그 중 SiO}_2\text{중량}}$
② 탈인과 탈황에 직접 영향
③ 적정 염기도 : 3.0~4.5

④ 생석회의 양은 용선 중의 규소량, 슬래그양, 조괴강의 종류에 따라 결정
⑤ 저규소 용선의 경우 규사를 추가로 사용

11. 특수 조업법

소프트 블로법	하드 블로법	캐치 카본법
① 산소 압력을 낮추어 조업 ② 랜스 높이를 높여서 조업 ③ 산소량을 줄여서 조업 ④ 탈탄보다 탈인이 주목적	① 탈탄 반응을 촉진 ② 산화철(FeO) 생성을 억제 ③ 산소 압력을 크게 조업 ④ 랜스 거리를 낮추어 조업	① 취련 시간의 단축 ② 취련 산소량의 감소 ③ 철분의 재화 손실의 감소 ④ 강 중의 산소 용해의 감소 ⑤ 탈인 반응은 불충분함

12. 분체취입법 장점
① 용강 중 탈황 효율 향상
② 비금속 개재물 생성 감소
③ 불순물 제거 용이

13. 전로 노체 수명 감소 요인
① 연속적인 고온 조업을 할 때
② 산소 사용량이 많을 때
③ 용선 중 Si함유량이 많을 때
④ 형석의 사용량이 많을 때

14. LD 전로의 취련 조건을 결정하는 요인
① 랜스 노즐에서 분사된 산소 제트는 주위의 기체를 흡수하여 부피를 늘리면서 넓어지면서 강욕으로 향함
② 랜스 높이와 산소 충돌 압력
③ 분사된 산소 제트에 의한 강욕 충돌면의 변화와 흐름

15. 탈인의 조건
① 강재 중 CaO가 많을 것(염기도가 높음)
② 강재 중 FeO가 많을 것(산화력이 큼)
③ 용강의 온도가 낮을 것
④ 강재 중 P_2O_5가 낮을 것
⑤ 강재의 유동성이 좋을 것

16. 탈황 반응을 촉진시키는 요인
① 슬래그의 염기도를 높일 것
② 생석회의 슬래그화를 촉진시키기 위하여 소프트 블로(Soft Blow)를 하여 슬래그 중의 전체 Fe를 높게 할 것
③ 슬래그의 유동성을 높이기 위해 형석을 첨가할 것
④ 슬래그 중의 황의 농도를 희석시키기 위해 슬래그 양을 증가시킬 것
⑤ 용강의 온도를 높일 것
⑥ 슬래그의 유동성이 좋을 것

17. 탈질을 촉진하기 위한 방법
① 용선 중 질소량을 하강시키는 것
② 탈탄 반응을 강하게 하여 강욕을 강력 교반하는 것
③ 강욕 끓음(Boiling)을 조장하는 것
④ 노구에서의 공기 침입을 방지하는 것

chapter 03 전기로 제강법

01. 전기로의 장점
① 아크는 약 3,500℃의 고온을 얻을 수 있으며, 온도 조절이 용이
② 노 내의 분위기를 자유롭게 조절이 가능(산화, 환원)하며, 용강 중에 인과 황과 같은 불순물 원소 제거가 용이
③ 열효율이 좋아 용해 작업 시 열손실을 최소화
④ 사용 원료에 대한 제약이 적고, 모든 강종의 정련에 적합
⑤ 합금철은 직접 용강 속에 넣으므로 실수율이 좋고 분포도 균일
⑥ 설비가 비교적 저렴하고, 장소를 적게 차지하며, 소량 강종 제조에 유리
⑦ 대형화, 대전력화, 설비개량으로 생산성 향상, 특수강 및 보통강 어느 분야에도 널리 이용

02. 용제의 사용 목적
① 용융성 강재를 만들어 용강 중의 불순물을 산화 제거
② 용강의 표면을 덮어 노 내 가스 접촉 방지
③ 전극으로부터 탄소흡수 방지
④ 염기성 아크로에서는 염기성 슬래그 생성을 위한 플럭스 사용

03. 산화제로서의 철광석의 조건
① 적철광, 자철광 등을 주로 사용
② P, S의 함유량이 적은 적철광이 유리

04. 전기로의 부원료
① 대부분 고철 사용(장입물 중 약 90% 차지)
② 전기로 강의 품질과 가격은 고철의 양과 가격에 의해 좌우
③ 환원철 및 용선을 추가로 사용하기도 함
④ 원료 배합
　㉠ 일반 원료 : 고철 40~60%, 회수철 10~30%, 프레스 또는 절삭 칩 5~10%
　㉡ 특수강에서는 선철을 10~30% 배합

05. 전극 재료의 구비조건
① 전기 비저항이 작을 것
② 열팽창계수가 작을 것
③ 과부하에 견딜 수 있는 기계적 강도가 클 것
④ 탄성률이 너무 크지 않을 것
⑤ 화학반응에 안정할 것
⑥ 고온 내산화성이 우수할 것
⑦ 불순물이 적을 것

06. 전극 사용 재료 : 주로 인조 흑연전극 사용

07. 노 뚜껑(천정) 벽돌로 요구되는 품질
① 내화도가 높을 것
② 내스폴링성이 강할 것
③ 슬래그에 대한 내식성이 강할 것
④ 연화되었을 때 점성이 높을 것
⑤ 하중 연화점이 높을 것

08. slag 도어
① 출강구의 반대쪽에 설치
② 슬래그 배출
③ 측온 작업
④ 시편 채취

09. 노정 장입 장치
장입 버킷, 장입 크레인, 장입 컨베이어, 장입 슈트

10. 전기 집진 방식의 특징
① 설비비가 고가
② 집진 효과는 우수
③ 대형로에 적합

11. 산소 부하 조업의 효과
① 용해말기 용해 촉진
② 산화 탈탄(C 제거)
③ 산화 정련(Si, P, Mn 등)
④ 소비전력 절감
⑤ 적극적 산소 취입에 의한 용강 교반 효과가 증대된다.
⑥ 기계화 작업에 의한 작업 안전도 증가한다.

12. 산화기 반응
① 산화정련 : Si, C, P, Mn, Cr 등의 불순물을 산소와의 산화반응으로 제거
② 각 원소의 정련 반응식
  ㉠ $Si + O_2 \rightarrow SiO_2$(슬래그 중으로)
  ㉡ $2Mn + O_2 \rightarrow 2MnO$(슬래그 중으로)
  ㉢ $4Cr + 3O_2 \rightarrow 2Cr_2O_3$(슬래그 중으로)
  ㉣ $2P + 5/2O_2 \rightarrow P_2O_5$(슬래그 중으로)
  ㉤ $C + O_2 \rightarrow CO_2$(대기 중으로)

13. 산화기 강욕 중의 원소의 반응순서
Si → Mn → Cr → P → C

14. 탈인을 유리하게 하는 조건
① 비교적 저온도에서 탈인 작용을 할 것
② 슬래그 중에 산화제일철(FeO)이 많을 것
③ 슬래그의 염기도가 클 것
④ 슬래그 중의 P_2O_5가 적을 것

⑤ 슬래그 중의 규소, 망간, 크롬 등과 같은 탈인 저해하는 원소(C, Si, Mn, Cr 등)가 적을 것
⑥ 슬래그 중의 형석(플로오르화칼슘)은 탈인을 촉진

15. 탈수소를 유리하게 하는 조건
① 강욕 온도가 충분히 높을 것
② 강욕 중의 규소, 망간, 크롬 등의 탈산 원소를 적게 함유할 것
③ 적당히 탈가스가 되도록 슬래그의 두께가 두껍지 않을 것
④ 탈탄 속도가 클 것(비등이 활발할 것)
⑤ 산화제와 첨가제에 수분을 함유하지 않을 것
⑥ 대기 중의 습도가 낮을 것

16. 환원기 작업 순서
① 제재 직후의 가탄
② 초기 합금 첨가에 의한 탈산
③ 환원 슬래그에 의한 탈산
④ 성분 조정 및 온도 조정

17. 탈황 촉진법
① 환원제에 의하여 슬래그 중의 FeO의 양을 감소시켜 환원력이 강한 슬래그 생성
② 강욕 중의 산소를 차례로 감소시켜 슬래그의 염기도를 높임
③ 강욕 중의 규소량 감소
④ 강욕 온도 높게 조정
⑤ Mn 첨가(Mn은 탈산 및 탈황 효과가 다 있음)

18. 환원기 제강 작업에서의 슬래그의 역할
① 정련 작용(불순물 제거 : P, S 등)
② 산소 운반자로서 산화철을 보유
③ 외부 가스 흡수 방지 및 산화 방지
④ 보온(열의 방출 차단)

19. 아크식 전기로 조업 순서
노보수 장입 → 용해기 → 산화기 → 제재 → 환원기 → 출강

chapter 04 기타 제강법 및 2차 정련법

01. 고주파 유도로 특징용
① 조업비가 저렴
② 예정성분을 쉽게 용해
③ 성분조절이 용이
④ 고합금강 제조에 사용
⑤ 제강 공장, 주물 공장, 특수강 공장에서 많이 사용

02. 에이젝스 노드럽(Ajax-Northrup)식 유도로 조업법
조업 순서 : 송전 → 용해 → 용락 → 제재 → 탈산 → 조제 → 시료채취 → 부족 합금첨가 → 온도조정 →출강

03. 평로법 조업법
① 조업순서 : 장입 → 용해 → 정련 → 마무리(가탄 또는 탈탄) → 출강 → 노바닥 보수
② 장입순서 : 석회석 → 경량의 고철 → 철광석 → 중량의 고철 → 냉선
③ 후장입 : 용선배합비 냉재가 어느 정도 용해 시 용선 장입

04. 진공 탈가스법의 효과
① 불순물 가스(N, H, O 등)의 감소
② 비금속 개재물의 감소
③ 유해 원소의 증발 제거
④ 온도와 성분의 균일화

05. 진공 탈가스법의 종류
① 유적 탈가스법(BV법)
② 흡인 탈가스법(DH법, DHHU법, 도르트문트법)
③ 순환 탈가스법(RH법, 라인스탈법)
④ 레이들 탈가스법(LD법)

06. 진공 탈가스로 제거되는 가스
C, N, H 등이며, Si는 가스성분이 아니므로 제거되지 않는다.

07. DH법의 특징
① 탈산이 잘 이루어짐
② 탈탄 반응이 활발하여 극저탄소강 제조가 가능
③ 탈수소가 잘 이루어짐
④ 처리 말기 또는 처리 후에 합금원소 첨가가 용이

08. RH(순환탈가스)법에서 O, H, N 가스가 제거되는 장소
① 상승관에 취입된 가스 표면
② 상승관, 하강관, 진공조 내부의 내화물 표면
③ 진공조 내에서 노출된 용강 표면
④ 취입 가스와 함께 비산하는 splash 표면

09. LF 법의 특징
① 서브머지드 아크에 의한 정련
② 탈산, 탈황 용이
③ 용강 온도 조정 및 승온 용이
④ 성분 조정이 용이
⑤ 불순물 및 비금속 개재물 제거 용이

10. VOD법(Witten법)의 특징
① 진공실 상부에 산소 취입용 랜스가 있어서 탈탄이 활발
② 전로, 전기로와 조합하여 사용이 가능
③ 스테인리스강 제조에 적합
④ Ar 가스를 저취하면서 감압하여 탈가스 처리
⑤ 보일링이 왕성한 초기에 급 감압하면 용강이 넘침

chapter 05 조괴법

01. 탈산의 목적
① 용강의 탈산은 용해된 산소나 산화 개재물을 제거
② 개재물의 형태나 분포 조정
③ 조업비가 저렴

02. 석출 탈산제의 구비조건
① 산소와의 친화력이 Fe보다 클 것
② 탈산제의 융점이 낮아 쉽게 용강 중에 용융될 것
③ 탈산생성물의 부상 속도가 커서 쉽게 슬래그화 될 것

03. 탈산 반응 생성물의 핵 성장 기구
① 탈산 원소와 산소의 확산에 따른 성장
② 탈산 생성물의 용강 중 Brown 운동
③ 부상 속도의 상대적인 차에 의한 충돌에 따른 응집 및 성장
④ 용강 교반에 의한 충돌에 따른 응집 및 성장

04. 주형 작업 순서
작업 순서 : 정반연와조립 → 정반장치 → 정반보호철판 및 Splash Can 설치 → 주형 설치 (주형 냉각 및 도포 실시)

05. 주형의 종류
① 상광형 : 위가 넓고 밑이 좁은 형태, 킬드강괴에 사용
② 하광형 : 위가 좁고 밑이 넓은 형태, 림드강괴·세미킬드강괴에 사용
③ 캡드형 : 하광형에 뚜껑을 덮을 수 있는 것, 캡드강괴에 사용

06. 상주법과 하주법 장단점

분류	상주법	하주법
장점	• 생산비가 저렴 • 작업이 간단 • 연와혼입이 적음 • 강괴 회수율이 양호 • 작업환경이 양호 • 고중량, 대량생산에 적합	• Splash가 없어 표면이 양호 • 작은 강괴를 일시에 많이 얻을 수 있음 • 주입속도 및 탈산속도 조정이 양호 • 주입시간 단축 • 고급강 및 표면을 중요시하는 강괴 생산용
단점	• Splash에 의해 표면이 불량 • 본당 주입속도가 빠름 • 용강의 산화에 의한 탈산 생성물이 다량 발생	• 생산비가 높음 • 양피실수율이 불량 • 연와혼입이 많음 • 사고 발생이 많음 (용강유출, 일시에 수본 단척발생) • 작업이 복잡하고 작업환경이 불량

07. Track Time
　① 주입완료 후 균열로 장입완료까지 경과시간
　② 규제목적 : 생산성 향상, 품질 향상, 열경제성 향상, 주형 수명 연장, 주형 회전율 증가
　③ 너무 빠르면 편석 및 수축관약화, 너무 늦으면 생산성 저하·주형 회전율 감소

chapter 06 연속주조법

01. 연속주조의 장점
　① 실수율 향상(조괴법, 연주법)
　② 생산성 향상
　③ 소비 에너지 면에서 우수
　④ 자동화, 기계화가 용이
　⑤ 공장의 소요 면적의 감소
　⑥ 작업 환경의 개선
　⑦ 강재의 균질화와 품질 향상
　⑧ 인건비의 절약
　⑨ 조괴법보다 12.5% 정도 싸게 빌릿을 생산

02. 연속주조기 기본 설비
　① 레이들 : 용강을 담는 용기
　② 레이들 터렛 : 레이들을 교환해주는 장치로 180° 회전한다.
　③ 턴디시 : 용강을 레이들로부터 받아 각 스트랜드에 배분
　④ 수랭 주형 : 턴디시 밑의 노즐을 통해 흘러간 용탕을 응고
　⑤ 살수 장치 : 주형 밑에서 나오는 반응고 주편을 냉각
　⑥ 가이드 롤 : 주편을 안내
　⑦ 주편 절단 장치(TCM) : 주편을 일정 길이로 절단하는 장치

03. 버블링(Bubbling) 작업
　① 용강을 받은 후 용강 내에 불활성 가스 취입, 교반하는 작업
　② 사용 가스 : 질소, 아르곤

04. 버블링 작업의 목적
　① 용강의 온도 균일화
　② 용강의 성분 균일화

③ 비금속개재물 부상분리
④ 용강의 청정도 향상

05. 개재물 혼입방지
① 내화물 개량으로 내화재 탈락 방지
② 침지노즐 사용
③ 용강의 공기에 의한 재산화 방지
④ 주형 도료(파우더) 사용
⑤ 탕도, 탕구 등 청소

06. 턴디시의 역할
① 주입량 조절
② 주형에 용강 배분
③ 용강중의 비금속 개재물 부상 분리

07. 턴디시의 재산화 방지법
① 턴디시의 밀폐
② 침지노즐 사용
③ 슬래그 중 FeO, MnO, SiO_2 저감

08. 2차 냉각장치
① 주형에서 나온 주편에 물을 뿌려 냉각, 응고시키는 장치
② 롤러 에이프런(Roller Apron) : 2차 냉각대에는 용강의 정압에 의해 주편이 부푸는 것을 방지하기 위해 설치

09. 가스 절단(TCM)
산소, 아세틸렌, 프로판 가스 등을 사용하여 주편 절단

10. 더미바 삽입 방식
최근에는 주형 상부에서 삽입하는 방식이 실용화(작업속도 향상, 생산성 향상)

11. 더미바 인출시기
용강이 몰드에 250~300mm 채워졌을 때

12. 주조 작업
① 용강 주입 순서 : 레이들 → 턴디시 → 노즐 → 주형
② 연주작업 순서 : 레이들에 수강 → 버블링(Bubbling) → 주입탑 위에 거치 → 주형에 냉각수, 윤활유 주입 → 용강 주입 → 핀치롤 작동 → 주형 상하진동 → 2차 냉각 → 주편 인출 → 더미바 제거 → 주편 절단 → 제품(2차 조업 공정으로 이송)
③ 사이클 타임 : 주조시간 + 준비시간 + 대기시간

13. 연속주조 조업 조건
① 주조 온도의 영향
　㉠ 고온주조 : Break Out 발생
　㉡ 저온주조 : 턴디시 노즐에 용강부착, 주조 불능 상황에 빠질 수 있음
② 연속주조 조업에서 노즐의 막힘의 원인
　㉠ 개재물 및 석출물 등에 의한 막힘
　㉡ 주입온도 저하에 의한 막힘
　㉢ 침지노즐의 예열 불량에 의한 막힘
③ 주형 진동 목적
　㉠ 주편의 주형 내 구속에 의한 사고를 방지
　㉡ 안정된 조업 유지

14. 연속주조의 냉각
① 1차 냉각(간접 냉각) : 몰드에서의 냉각
② 2차 냉각(직접 냉각) : 살수에 의한 냉각
③ 3차 냉각(기계 냉각) : 기계접촉에 의한 냉각
　사용 냉각수 : 연수
　방식제 : 인산염

15. 고속 주조 시 발생하는 현상
① 개재물의 분리부상 시간이 부족하여 개재물 혼입이 이루어진다.
② 응고시간이 부족하여 응고층이 얇아진다.
③ 인발 도중 균열이 발생하여 브레이크 아웃이 발생할 수 있다.
④ 급격한 응고로 중심부 편석이 심하게 된다.

16. 브레이크-아웃(Break Out)발생 및 대책
① 원인 : 고속화에 수반하여 주형 하단을 빠져나온 주편의 응고 셸(Shell) 두께가 감소하는 것과 응고 셸의 불균일 때문에 발생

② 대책 : 장주형(Long Mold), 쿨링 플레이트(Cooling Plate), 쿨링 그리드(Cooling Grid) 사용, 응고 셸을 면으로 지지하여 성장시킴으로써 충분한 셸두께를 만들어 줄 수 있음

17. 주편의 결함 종류
① **표면 결함** : 면세로 터짐, 면가로 터짐, 코너 세로 터짐, 코너 가로 터짐, 스타 크랙(방사상 균열)
② **표층 결함** : 슬래그 스폿, 블로홀, 핀홀
③ **내부 결함** : 중심 편석, 수소성 결함, 내부 균열, 개재물

chapter 07 산업안전 및 제강의 계산

01. 화재의 종류

구분	명칭	내용	소화방법
A급	일반 화재	• 연소 후 재가 남는 화재(일반 가연물) • 목재, 섬유류, 플라스틱 등	분말 소화기, CO_2 소화기, 물, 모래
B급	유류 화재	• 연소 후 재가 없는 화재(유류 및 가스) • 가연성 액체(가솔린, 석유 등) 및 기체(프로판 등)	분말 소화기, CO_2 소화기
C급	전기 화재	• 전기 기구 및 기계에 의한 화재 • 변압기, 개폐기, 전기 다리미 등	CO_2 소화기, 분말 소화기
D급	금속 화재	• 금속(마그네슘, 알루미늄 등)에 의한 화재 • 금속이 물과 접촉하면 열을 내며 분해되어 폭발하며, 소화 시에는 모래나 질석 또는 팽창 질석을 사용	건조 모래, 할로겐 소화기

02. 재해관련 계산식

① 강도율 = $\dfrac{\text{근로손실일수}}{\text{연 근로시간수}} \times 1{,}000$

② 도수율 = $\dfrac{\text{재해발생건수}}{\text{연 근로시간수}} \times 100$만 시간

③ 천인율 = $\dfrac{\text{재해자 수}}{\text{평균 근로자수}} \times 1{,}000$

03. 재해관련 조치 순서
재해발생 → 긴급조치 → 재해조치 → 원인분석 → 대책수립 → 평가

04. 제강관련 계산식 정리
① 열량 계산

열량 = 비열×온도차×무게

② 합금철 투입량 계산

투입량 = 출강량×합금성분

③ 합금철로서의 Mn 투입량 계산

$$\text{Mn 투입량} = \frac{(\text{전장입량}\times\text{철강실수율})\times(\text{목표함량}-\text{종점함량})}{(\text{Fe}-\text{Mn중 Mn함유량})\times(\text{Mn실수율})}$$

④ 탈규에 필요한 산소량 계산

$$\text{산소사용량} = \text{규소량}\times\frac{\text{산소원자량}}{\text{규소원자량}}\times(\text{용선량})$$

⑤ 전로 선철 배합률 계산

$$\text{선철 배합률} = \frac{\text{용선}+\text{냉선}}{\text{총장입량}}\times 100$$

⑥ 산소제거(환원)량 계산

$$\text{환원도} = \frac{\text{환원으로 제거된 산소량}}{\text{철광석 중의 전 산소량}}\times 100$$

⑦ 출강 실수율 계산

$$\text{출강 실수율} = \frac{\text{양괴량}}{\text{용선량}+\text{냉선량}+\text{고철량}}\times 100 = \frac{\text{출강량}}{\text{전장입량}}\times 100$$

PART 04 과년도 기출문제 & CBT 복원문제

2013년
- 1회 제강기능사 과년도 기출문제
- 2회 제강기능사 과년도 기출문제

2014년
- 1회 제강기능사 과년도 기출문제
- 2회 제강기능사 과년도 기출문제

2015년
- 1회 제강기능사 과년도 기출문제
- 2회 제강기능사 과년도 기출문제
- 3회 제강기능사 과년도 기출문제

2016년
- 1회 제강기능사 과년도 기출문제

2017년
- 1회 제강기능사 CBT 복원문제
- 3회 제강기능사 CBT 복원문제

2018년
- 1회 제강기능사 CBT 복원문제
- 3회 제강기능사 CBT 복원문제

2019년
- 1회 제강기능사 CBT 복원문제
- 3회 제강기능사 CBT 복원문제

2020년
- 1회 제강기능사 CBT 복원문제
- 3회 제강기능사 CBT 복원문제

2021년
- 1회 제강기능사 CBT 복원문제
- 3회 제강기능사 CBT 복원문제

2022년
- 1회 제강기능사 CBT 복원문제
- 3회 제강기능사 CBT 복원문제

2023년
- 1회 제강기능사 CBT 복원문제
- 3회 제강기능사 CBT 복원문제

2024년
- 1회 제강기능사 CBT 복원문제
- 3회 제강기능사 CBT 복원문제

2013년 1회 제강기능사 과년도 기출문제

01 다음 중 진정강(Killed steel)이란?

① 탄소(C)가 없는 강
② 완전 탈산한 강
③ 캡을 씌워 만든 강
④ 탈산제를 첨가하지 않은 강

> 진정강은 완전 탈산한 킬드강이다.

02 처음에 주어진 특정한 모양의 것을 인장하거나 소성변형한 것이 가열에 의하여 원래의 상태로 돌아가는 현상은?

① 석출경화 효과
② 시효현상 효과
③ 형상기억 효과
④ 자기변태 효과

> **형상기억**
> 소성변형이 진행된 것에 열을 가하면 소성가공 전 원래의 형상으로 되돌아가는 현상

03 Fe-C 평형상태도에서 δ(고용체) + L(융체) $\rightleftarrows$ γ(고용체)로 되는 반응은?

① 공정점
② 포정점
③ 공석점
④ 편정점

> ① 포정반응 : α고용체 + 용액 = β고용체
> ② 공정반응 : 용액 = α고용체 + β고용체
> ③ 편정반응 : 용액 I = α고용체 + 용액 II
> ④ 공석반응 : α고용체 + β고용체 = γ고용체

04 강대금(steel back)에 접착하여 바이메탈 베어링으로 사용하는 구리(Cu)-납(Pb)계 베어링 합금은?

① 켈멧(kelmet)
② 백동(cupronickel)
③ 배빗메탈(babbit metal)
④ 화이트메탈(white metal)

> **켈멧(kelmet)**
> 납청동(Cu-Pb)으로 고속 고하중용 베어링에 사용

05 동(Cu)합금 중에서 가장 큰 강도와 경도를 나타내며 내식성, 도전성, 내피로성 등이 우수하여 베어링, 스프링, 전기접점 및 전극재료 등으로 사용되는 재료는?

① 인(P) 청동
② 베릴륨(Be) 동
③ 니켈(Ni) 청동
④ 규소(Si) 동

> 베릴륨 청동은 동합금 중에서 석출경화(시효경화)에 의해 가장 강도가 우수한 합금이다.

정답 01 ② 02 ③ 03 ② 04 ① 05 ②

06 라우탈(Lautal) 합금의 특징을 설명한 것 중 틀린 것은?

① 시효경화성이 있는 합금이다.
② 규소를 첨가하여 주조성을 개선한 합금이다.
③ 주조 균열이 크므로 사형 주물에 적합하다.
④ 구리를 첨가하여 피삭성을 좋게 한 합금이다.

> 라우탈의 특징
> ① Al-Cu-Si계 주조용 합금
> ② Si 첨가로 주조성이 우수
> ③ Cu 첨가로 절삭성이 향상
> ④ 시효경화성이 있어 강도가 우수

07 금속의 성질 중 전성(展性)에 대한 설명으로 옳은 것은?

① 광택이 촉진되는 성질
② 소재를 용해하여 접합하는 성질
③ 얇은 박(箔)으로 가공할 수 있는 성질
④ 원소를 첨가하여 단단하게 하는 성질

> 전성
> 금속이 퍼지는 성질로 얇은 박으로 만들 수 있는 성질

08 Fe-C계 평형상태도에서 냉각 시 A_{cm}선이란?

① δ고용체에서 γ고용체가 석출하는 온도선
② γ고용체에서 시멘타이트가 석출하는 온도선
③ α고용체에서 펄라이트가 석출하는 온도선
④ γ고용체에서 α고용체가 석출하는 온도선

> A_{cm}선
> γ고용체에서 시멘타이트가 석출되기 시작하는 온도선
> ※ A_{13}선 : γ고용체에서 페라이트가 석출되기 시작하는 온도선

09 오스테나이트계의 스테인리스강의 대표강인 18-8스테인리스강의 합금 원소와 그 함유량이 옳은 것은?

① Ni(18%) - Mn(8%)
② Mn(18%) - Ni(8%)
③ Ni(18%) - Cr(8%)
④ Cr(18%) - Ni(8%)

> 18-8스테인리스강 : Cr 18%, Ni 8%

10 급냉 또는 상온가공 후 시효(aging)를 단단하게 하는 방법은 무엇이라 하는가?

① 시효 경화   ② 개량 처리
③ 용체화 처리 ④ 실루민 처리

> 시효 경화
> 급냉 후 또는 가공 후에 실온에서 일정시간이 지남에 따라 강도가 증가하는 현상

11 실용되고 있는 주철의 탄소 함유량(%)으로 가장 적합한 것은?

① 0.5~1   ② 1.0~1.5
③ 1.5~2   ④ 3.2~3.8

> 주철은 탄소가 2.01~6.67% 함유된 것이지만, 실용으로 많이 사용하는 것은 탄소가 3.2~3.8% 함유된 것이다.

정답 06 ③ 07 ③ 08 ② 09 ④ 10 ① 11 ④

12 열팽창계수가 아주 작아 줄자, 표준자 재료에 적합한 것은?

① 인바
② 센더스트
③ 초경합금
④ 바이탈륨

> **인바**
> Fe-Ni(36%)계 불변합금, 탄성계수가 작고 내식성이 우수

13 80Cu-15Zn 합금으로서 연하고 내식성이 좋으므로 건축용, 소켓, 체결구 등에 사용되는 합금은?

① 실루민(silumin)
② 문츠메탈(muntz metal)
③ 틴 브라스(tin brass)
④ 레드 브라스(red brass)

> ① Red brass : Cu(85%)-Zn(15%) 합금으로 연하고 내식성이 우수
> ② 문쯔메탈 ; 6-4황동
> ③ 틴브라스 : 주석황동
> ④ 실루민 : Al-Si 합금

14 탄소강 중에 포함되어 있는 망간(Mn)의 영향이 아닌 것은?

① 고온에서 결정립 성장을 억제시킨다.
② 주조성을 좋게 하고 황(S)의 해를 감소시킨다.
③ 강의 담금질 효과를 증대시켜 경화능을 크게 한다.
④ 강의 연신율은 그다지 감소시키지 않으나, 강도, 경도, 인성을 감소시킨다.

> **Mn의 영향**
> ① 강도, 경도 증가
> ② 고온 취성 방지
> ③ 탈산, 탈황 효과
> ④ 담금질성 및 경화능 증가
> ⑤ 결정립 미세화 효과

15 특수강에서 함유량이 증가하면 자경성을 주는 원소로 가장 좋은 것은?

① Cr
② Mn
③ Ni
④ Si

> **자경성 효과**
> Cr 〉 W 〉 V 〉 Mo 〉 Ni 〉 Mn 〉 Si 〉 P

16 다음 그림에서 나타난 치수 보조기호의 설명이 옳은 것은?

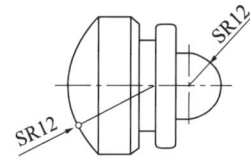

① 반지름
② 참고치수
③ 구의 반지름
④ 원호의 길이

> SR : 구의 반지름

17 연삭의 가공방법 중 센터리스 연삭의 기호로 옳은 것은?

① GI
② GE
③ GCL
④ GCN

> 센터리스 연삭 GCL

정답 12① 13④ 14④ 15① 16③ 17③

18 강종 SNCM8에서 영문 각각이 옳게 표시된 것은?

① S-강, N-니켈, C-탄소, M-망간
② S-강, N-니켈, C-크롬, M-망간
③ S-강, N-니켈, C-탄소, M-몰리브덴
④ S-강, N-니켈, C-크롬, M-몰리브덴

> **SNCM**
> 니켈, 크롬, 몰리브덴이 함유된 강

19 대상물의 구멍, 홈 등과 같이 한 부분의 모양을 도시하는 것으로 충분한 경우에 도시하는 방법은?

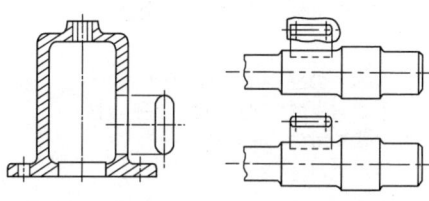

① 보조 투상도   ② 회전 투상도
③ 국부 투상도   ④ 부분 확대 투상도

> **국부 투상도**
> 대상물에서 한 부분의 모양을 도시한 것

20 물체의 각 면과 바라보는 위치에서 시선을 평행하게 연결하면, 실제의 면과 같은 크기의 투상도를 보는 물체의 사이에 설치해 놓은 투상면을 얻게 되는 투상법은?

① 투시도법   ② 정투상법
③ 사투상법   ④ 등각투상법

> **정투상도**
> 물체의 각면과 눈에서 바라본 것을 그대로 연결하여 평면으로 나타낸 것으로 도면 크기가 실제 물체 크기와 같다.

21 15mm 드릴 구멍의 지시선을 도면에 바르게 나타낸 것은?

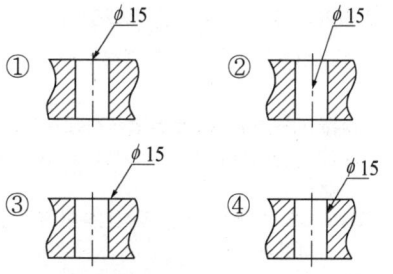

> 구멍의 지시선은 구멍의 중심에 맨 위의 외형선에 지시를 한다.

22 투상도에서 화살표 방향을 정면도로 하였을 때 평면도는?

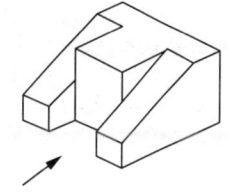

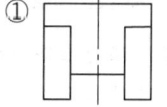 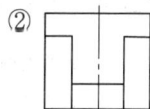

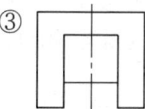 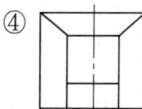

> 평면도는 위에서 바라본 것이므로 ①과 같다.

정답 18 ④ 19 ③ 20 ② 21 ① 22 ①

23 미터 가는 나사로서 호칭지름 20mm, 피치 1mm인 나사의 표시로 옳은 것은?

① M20 – 1
② M20×1
③ TM20×1
④ TM20 – 1

> 피치를 미터단위로 표시하는 경우 다음과 같이 표시
> [나사의 종류 표시 기호]×[나사의 호칭지름 숫자]×[피치]
> [예시] M8×1 : 미터나사, 호칭지름이 8mm, 피치가 1mm

24 도면의 종류를 사용목적 및 내용에 따라 분류할 때 사용목적에 따라 분류한 것이 아닌 것은?

① 승인도
② 부품도
③ 설명도
④ 제작도

> 목적에 따른 도면 분류
> 계획도, 제작도, 주문도, 승인도, 견적도, 설명도
> ※ 부품도는 내용에 따른 분류이다.

25 다음 중 최대 죔새를 나타낸 것은?

① 구멍의 최소허용치수 + 축의 최대허용치수
② 구멍의 최대허용치수 + 축의 최소허용치수
③ 축의 최소허용치수 – 구멍의 최대허용치수
④ 축의 최대허용치수 – 구멍의 최소허용치수

> ① 최대 죔새 : 축의 최대허용치수 – 구멍의 최소허용치수
> ② 최소 죔새 : 축의 최소허용치수 – 구멍의 최대허용치수
> ③ 최대 틈새 : 구멍의 최대허용치수 – 축의 최소허용치수
> ④ 최소 틈새 : 구멍의 최소허용치수 – 축의 최대허용치수

26 물체의 실제 길이 치수가 500mm인 경우 척도 1 : 5 도면에서 그려지는 길이(mm)는?

① 100
② 500
③ 1,000
④ 2,500

> 척도가 1 : 5면 축척이므로 500mm는 100mm로 그린다.

27 용도에 따른 선의 종류와 선의 모양이 옳게 연결된 것은?

① 가상선 – 굵은 실선
② 숨은선 – 가는 실선
③ 피치선 – 굵은 2점 쇄선
④ 중심선 – 가는 1점 쇄선

> ① 가상선 : 가는 2점 쇄선
> ② 숨은선 : 가는 파선, 굵은 파선
> ③ 피치선 : 가는 1점 쇄선
> ④ 중심선 : 가는 1점 쇄선

28 Si가 0.71%의 용선 80톤과 고철을 전로에 장입 취련하면 몇 kgf의 SiO_2가 발생하는가? (단, 취련 종료 시 용강 중 Si는 0.01%가 남아 있고, 화학 반응식은 $Si + O_2 \rightarrow SiO_2$를 이용하며, Si의 원자량은 28, O의 원자량은 16이다)

① 1,500
② 1,200
③ 560
④ 140

> SiO_2가 되는 Si = 용선중 Si% – 용강중 Si%
> = 0.71 – 0.01 = 0.7%
> Si양 = 용선량 × Si% = $80000 \times \frac{0.7}{100}$ = 560kg
> Si는 산소와 반응하여 SiO_2로 될 때 원자비는 28 : 60이다.
> ∴ 28 : 60 = 560 : x에서
> $x = \frac{60 \times 560}{28} = 1,200$kg

정답 23 ② 24 ② 25 ④ 26 ① 27 ④ 28 ②

29 전기로 산화기 반응으로 제거되는 원소는?

① Ca ② Cr
③ Cu ④ Al

> 산화기에서 제거되는 원소
> C, Si, Cr, Mn, P 등

30 전로의 반응속도 결정요인과 관련이 가장 적은 것은?

① 산소 사용량
② 산소 분출압
③ 랜스 노즐의 직경
④ 출강 시 알루미늄 첨가량

> 알루미늄은 탈산제로 첨가하는 것이다.

31 전기로의 밑부분에 용탕이 있는 부분의 명칭은?

① 노체 ② 노상
③ 천정 ④ 노벽

> 노상
> 노의 하부에 용융물이 고여있는 곳

32 전기로의 특징에 관한 설명으로 틀린 것은?

① 용강의 온도 조절이 쉽다.
② 사용원료의 제약이 적다.
③ 합금철을 모두 직접 용강 속으로 넣을 수 있다.
④ 노 안의 분위기는 환원 쪽으로만 사용할 수 있다.

> 전기로의 장점
> ① 고온용해가 가능하고 온도 조절이 용이
> ② 노 내 분위기 조절이 자유롭게 조절이 가능
> ③ 열효율이 우수하여 열손실 최소화
> ④ 사용원료에 대한 제약이 적고, 모든 강종의 정련이 가능
> ⑤ 합금철 실수율이 좋고, 분포도 양호
> ⑥ 장소가 적고, 설비가 저렴하여 소량 강종에 유리
> ※ 단점 : 전력소비가 많고, 불순물 혼입이 많음

33 전로에서 주원료 장입 시 용선보다 고철을 먼저 장입하는 안전상 이유로 가장 적합한 것은?

① 폭발방지
② 노구지금 탈락방지
③ 용강유출 사고 방지
④ 랜스 파손에 의한 충돌방지

> 전로에 고철을 용선보다 나중에 장입하면 고철 중에 부착된 수분에 의해 폭발이 발생할 수 있다.

34 산소랜스(lance)를 통하여 산화칼슘을 노 안에 장입하는 방법은?

① 칼도(Kaldo)법
② 로터(Rotor)법
③ LD-AC법
④ 오프 헬스(Open hearth)법

> LD-AC법
> 산소랜스를 통하여 산화칼슘을 함께 취입하여 탈인 효율을 높일 수 있다.

정답 29 ② 30 ④ 31 ② 32 ④ 33 ① 34 ③

35 산화광(Fe_2O_3, PbO, WO_3)을 환원하여 금속을 얻고자 할 때 환원제로서 가장 거리가 먼 것은?

① 카본(C)
② 수소(H_2)
③ 일산화탄소(CO)
④ 질소(N_2)

> 환원제는 산소와 결합력이 좋은 것이어야 하므로 질소는 부적당하다.

36 산성전로 제강법의 특징이 아닌 것은?

① 원료로 용선을 사용한다.
② 규산질 내화물을 사용한다.
③ 원료 중의 인(P)의 제거가 가능하다.
④ 불순물의 산화열을 열원으로 사용한다.

> 산성전로 제강법에서는 탈인이 잘 되지 않는다.

37 고주파 유도로에 사용되는 염기성 내화물 중 가장 널리 사용되는 것은?

① MgO   ② SiO_2
③ CaF_2 ④ Al_2O_3

> ① 염기성 : MgO, CaO
> ② 산성 : SiO_2
> ③ 중성 : Cr_2O_3, Al_2O_3, SiC, 흑연

38 강괴 중에 발생하는 비금속 개재물의 생성 원인에 대한 설명으로 틀린 것은?

① 공기 중 질소의 혼입 때문
② 용강이 공기에 의한 산화 때문
③ 여러 반응에 의한 반응 생성물 때문
④ 내화물의 용식 및 기계적 혼입 때문

> 비금속 개재물의 생성 원인
> ① 공기에 의한 용강의 산화
> ② 내화물의 탈락에 의한 혼입
> ③ 정련반응 생성물 제거 불량

39 용선의 황을 제거하기 위해 사용되는 탈황제 중 고체의 것으로 강력한 탈황제로 사용되는 것은?

① CaC_2 ② KOH
③ NaCl   ④ Na_2CO_3

> • 고체 탈황제 : CaC_2, CaO, CaF_2
> • 액체 탈황제 : Na_2CO_3, NaOH, KOH, NaCl, NaF

40 제강작업에 사용되는 합금철이 구비해야 하는 조건 중 틀린 것은?

① 산소와의 친화력이 철에 비하여 클 것
② 용강 중에 있어서 확산속도가 작을 것
③ 화학적 성질에 의해 유해원소를 제거시킬 것
④ 용강 중에서 탈산 생성물이 용이하게 부상 분리될 것

> 합금철의 구비조건
> ① 산소와의 친화력이 철보다 클 것
> ② 용강 중에서 확산속도가 클 것
> ③ 유해한 불순물 원소를 제거할 것
> ④ 탈산 생성물의 부상을 용이하게 할 것

정답 35 ④ 36 ③ 37 ① 38 ① 39 ① 40 ②

41 슬로핑(slopping)이 발생하는 원인이 아닌 것은?

① 용선 배합율이 낮은 경우
② 노 내 슬래그의 혼입이 많은 경우
③ 슬래그 배재를 충분히 하지 않은 경우
④ 노 내 용적에 비해 장입량이 과다한 경우

> **슬로핑의 발생원인**
> ① 용선 배합율이 높을 때
> ② 노 내 슬래그 양이 많을 때
> ③ 슬래그 배재가 불충분할 때
> ④ 장입량이 과다할 때
> ⑤ 용선 중 Si 성분이 많을 때

42 그림은 DH법(흡인탈가스법)의 구조이다. ( )의 구조 명칭은?

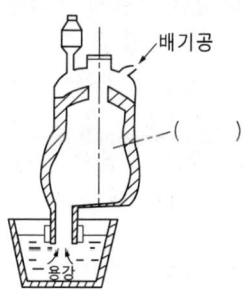

① 레이들
② 취상관
③ 진공조
④ 합금 첨가장치

> DH법(흡인탈가스법)은 진공조를 레이들 내의 용강에 직접 담가서 배기공으로 진공을 하면서 탈가스하는 방법이다.

43 제강조업에서 소량의 첨가로 염기도의 저하없이 슬래그의 용융온도를 낮추어 유동성을 좋게 하는 것은?

① 생석회   ② 석회석
③ 형석   ④ 철광석

> **형석**
> 슬래그의 염기도 저하없이 슬래그의 용융점을 낮추어 유동성 향상에 효과적이다.

44 재해율 중 강도율을 구하는 식으로 옳은 것은?

① $\dfrac{\text{총 근로시간수}}{\text{근로손실일수}} \times 1{,}000$

② $\dfrac{\text{근로손실일수}}{\text{총 근로시간수}} \times 1{,}000$

③ $\dfrac{\text{근로손실일수}}{\text{총 근로시간수}} \times 1{,}000{,}000$

④ $\dfrac{\text{총 근로시간수}}{\text{근로손실일수}} \times 1{,}000{,}000$

> 강도율 $= \dfrac{\text{근로손실일수}}{\text{총 근로시간수}} \times 1{,}000$

45 상주법으로 강괴를 제조하는 경우에 대한 설명으로 틀린 것은?

① 내화물에 의한 개재물이 적다.
② 주형 정비작업이 간단하다.
③ 강괴표면이 우수하다.
④ 대량생산이 적합하다.

> 상주법은 강괴의 표면이 깨끗하지 못하고 하주법이 표면이 깨끗하다.

정답 41 ① 42 ③ 43 ③ 44 ② 45 ③

46 완전 탈산한 강으로 주형 상부에 압탕 틀(hot top)을 설치하여 이곳에 파이프를 집중 생성시켜 분괴 압연한 후 이 부분을 잘라내는 강괴는?

① 림드강　　② 캡드강
③ 킬드강　　④ 세미킬드강

> 킬드강은 완전탈산을 하였으므로 응고수축이 심하므로 상부에 압탕을 설치해야 한다.

47 롤러 에이프런의 설명으로 옳은 것은?

① 수축공의 제거
② 턴디시의 교환역할
③ 주조 중 폭의 증가 촉진
④ 주괴가 부푸는 것을 막음

> **롤러 에이프런**
> 주편이 인발되어 주형에 나올 때 주편 내 미응고 용강에 의한 철정압으로 주편이 부푸는 것을 방지하는 롤리이다.

48 단조나 열간 가공한 재료의 파단면에 은회색의 반점이 원형으로 집중되어 나타나는 결함은 주로 강의 어떤 성분 때문인가?

① 수소　　② 질소
③ 산소　　④ 이산화탄소

> **백점**
> 재료의 파단면에 은회색 반점이 원형으로 집중되는 결함으로 수소에 의해 발생한다.

49 몰드 플럭스(Mold Flux)의 주요기능을 설명한 것 중 틀린 것은?

① 주형 내 용강의 보온 작용
② 주형과 주편 간의 윤활 작용
③ 부상한 개재물의 용해 흡수 작용
④ 주형 내 용강 표면의 산화 촉진 작용

> **몰드 파우더의 기능**
> 용강산화방지, 열손실방지, 개재물 부상, 윤활 작용

50 전기 아크로의 조업순서를 옳게 나열한 것은?

① 원료 장입 → 용해 → 산화 → 슬래그 제거 → 환원 → 출강
② 원료 장입 → 용해 → 환원 → 슬래그 제거 → 산화 → 출강
③ 원료 장입 → 산화 → 용해 → 환원 → 슬래그 제거 → 출강
④ 원료 장입 → 환원 → 용해 → 산화 → 슬래그 제거 → 출강

> **아크식 전기로 조업순서**
> 장입 → 용해기 → 산화기 → (슬래그 제거) → 환원기 → 출강

51 연속주조에서 조업 조건의 내용을 설비 요인과 조업 요인으로 나눌 때 조업요인에 해당되지 않는 것은?

① 주조 온도
② 윤활제 재질
③ 진동수와 진폭
④ 주편 크기 및 형상

> 주편 크기와 형상은 주형의 크기에 따라 달라지므로 설비 요인에 해당한다.

정답　46 ③　47 ④　48 ①　49 ④　50 ①　51 ④

52 LF(ladle furnace) 조업에서 LF 기능과 거리가 먼 것은?

① 용해기능　② 교반기능
③ 정련기능　④ 가열기능

> LF로는 가열기능은 있지만 용해기능은 없다.

53 주형의 밑을 막아주고 핀치롤까지 주편을 인발하는 것은?

① 몰드　② 레이들
③ 더미바　④ 침지노즐

> **더미바**
> 주조 초기 주형 하부를 막아주고 용강이 응고하기 시작하면 주편을 핀치롤까지 인발하는 장치

54 전로 제강법의 특징을 설명한 것 중 틀린 것은?

① 성분을 조절하기 위한 부원료 등의 조절이 필요하다.
② 장입 주원료인 고철을 무제한으로 사용이 가능하다.
③ 강의 최종성분을 조절하기 위하여 용강에 첨가하는 합금철, 탈산제가 있다.
④ 용선 중의 C, Si, Mn 등은 취련 중에 산소와 화학반응에 의해 열을 발생한다.

> 전로 제강법은 반드시 용선이 필요하므로 고철을 무제한 사용할 수 없다.

55 슬래그(slag)의 역할이 아닌 것은?

① 정련 작용
② 용강의 산화방지
③ 가스의 흡수방지
④ 열의 방출 작용

> **슬래그의 역할**
> ① 정련 작용(불순물 제거)
> ② 용강의 산화 방지
> ③ 외부 가스 흡수 방지
> ④ 보온(열의 방출 차단)

56 저취 전로조업에 대한 설명으로 틀린 것은?

① 극저탄소(C = 0.04%)까지 탈탄이 가능하다.
② 교반이 강하고, 강욕의 온도, 성분이 균질하다.
③ 철의 산화손실이 적고, 강중에 산소가 낮다.
④ 간접반응을 하기 때문에 탈인 및 탈황이 효과적이지 못하다.

> **저취 전로법의 특징**
> ① 극저탄소인 0.04%까지 탈탄이 가능하다.
> ② 교반이 강하고, 강욕의 온도 및 성분이 균일하다.
> ③ 산소와 용강이 직접 반응하므로 탈인, 탈황이 양호하다.
> ④ 철의 산화손실이 적고, 강중 산소 비율이 낮다.

57 비금속 개재물에 대한 설명 중 옳은 것은?

① 용강보다 비중이 크다.
② 제품의 강도에는 영향이 없다.
③ 압연 중 균열의 원인은 되지 않는다.
④ 용강의 공기 산화에 의해 발생한다.

> **비금속 개재물**
> ① 용강보다 비중이 가볍다.
> ② 압연 중 균열의 원인이 된다.
> ③ 제품의 품질에 영향을 준다.
> ④ 용강이 공기와 접하여 산화에 의해 발생한다.

정답　52 ①　53 ③　54 ②　55 ④　56 ④　57 ④

58 출강작업의 관찰 시 필히 착용해야 할 안전장비는?

① 방열복, 방호면
② 운동모, 귀마개
③ 방한복, 안전벨트
④ 면장갑, 운동화

> **출강 안전장비**
> 방열복, 방호면, 보안경, 안전화 등

59 [보기]의 반응은 어떤 반응식인가?

$$C+FeO \rightleftarrows Fe+CO(g)$$
$$CO(g)+1/2O_2 \rightleftarrows CO_2(g)$$

① 탈인 반응
② 탈황 반응
③ 탈탄 반응
④ 탈규소 반응

> 탄소가 산소와 반응하여 CO, CO_2로 제거되는 탈탄반응이다.

60 턴디시 노즐 막힘 사고를 방지하기 위하여 사용되는 것이 아닌 것은?

① 포러스 노즐
② 경동 장치
③ 가스 취입 스토퍼
④ 가스 슬리브 노즐

> 경동장치는 전로나 전기로에서 노체를 기울이는 장치이다.

정답 58 ① 59 ③ 60 ②

2013년 2회 제강기능사 과년도 기출문제

01 다음 중 니켈 황동에 대한 설명으로 옳은 것은?

① 양은 또는 양백이라 한다.
② 5 : 5 황동에 Sn을 첨가한 합금을 니켈 황동이라 한다.
③ Zn이 30% 이상이 되면 냉간가공성이 좋아진다.
④ 스크루, 시계톱니 등과 같은 제품의 재료로 사용한다.

> **양백**
> Cu-Ni계 황동합금으로 내식성, 탄성계수 우수, 전기저항선에 사용

02 T.T.T 곡선에서 히부 임계냉각 속도란?

① 50% 마텐자이트를 생성하는데 요하는 최대의 냉각속도
② 100% 오스테나이트를 생성하는데 요하는 최소의 냉각속도
③ 최초에 소르바이트가 나타나는 냉각속도
④ 최초에 마텐자이트가 나타나는 냉각속도

> TTT 곡선에서 하부 임계냉각속도
> 마텐자이트가 생성되기 시작하는 냉각속도

03 주철의 물리적성질은 조직과 화학 조성에 따라 크게 변화한다. 주철을 600℃ 이상의 온도에서 가열과 냉각을 반복하면 주철이 성장한다. 주철 성장의 원인으로 옳은 것은?

① 시멘타이트(cementite)의 흑연화로 발생한다.
② 균일 가열로 인하여 발생한다.
③ 니켈의 산화에 의한 팽창으로 발생한다.
④ A_4 변태로 인한 부피 팽창으로 발생한다.

> **주철 성장의 원인**
> ① 가열과 냉각이 반복될 때
> ② 시멘타이트의 흑연화에 의해
> ③ 규소의 산화에 의해
> ④ A_1 변태로 인한 부피변화에 의해

04 다음 중 용융금속이 가장 늦게 응고하여 불순물이 가장 많이 모이는 부분은?

① 금속의 모서리 부분
② 결정 입계 부분
③ 결정 입자 중심 부분
④ 가장 먼저 응고하는 금속 표면 부분

> 용융금속의 응고과정은 결정핵이 생성되고, 이 결정핵이 성장하면서 하나의 결정을 이루면서 다른 결정과 만나는 부분이 결정입계가 된다. 결정입계는 가장 늦게 응고되며 편석이 집중되게 된다.

정답 01 ① 02 ④ 03 ① 04 ②

05 다음 상태도에서 액상선을 나타내는 것은?

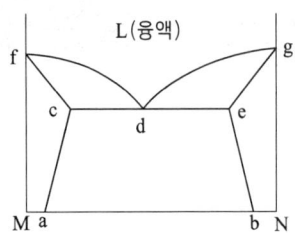

① acf
② cde
③ fdg
④ beg

> 액상선 : fdg

06 다음 중 초경합금과 관계없는 것은?

① TiC
② WC
③ Widia
④ Lautal

> 라우탈은 Al-Cu-Si 합금이다.

07 강의 서브제로 처리에 관한 설명으로 틀린 것은?

① 퀜칭 후의 잔류오스테나이트를 마텐자이트로 변태시킨다.
② 냉각제는 드라이아이스+알콜이나, 액체질소를 사용한다.
③ 게이지, 베어링, 정밀금형 등의 경년변화를 방지할 수 있다.
④ 퀜칭 후 실온에서 장시간 방치하여 안정화시킨 후 처리하면 더욱 효과적이다.

> **심냉처리**
> 강을 담금질하면 마텐자이트로 변태가 되지만 일부에는 변태가 되지 못한 잔류 오스테나이트가 존재하므로 이를 마텐자이트로 변태시키기 위해 영하의 저온으로 냉각하면 잔류 오스테나이트가 마텐자이트로 변태가 된다.
> ※ 시효경화 : 급냉 후 또는 가공 후에 실온에서 일정시간이 지남에 따라 강도가 증가하는 현상

08 금속에 열을 가하여 액체상태로 한 후에 고속으로 급냉하면 원자가 규칙적으로 배열되지 못하고 액체상태로 응고되어 고체 금속이 되는데, 이와 같이 원자들의 배열이 불규칙한 상태의 합금을 무엇이라 하는가?

① 비정질 합금
② 형상 기억 합금
③ 제진 합금
④ 초소성 합금

> **비정질 합금**
> 용융금속을 급냉하여 원자배열을 무질서하게 배열하여 결정구조를 갖지 않는 것

09 다음 [보기]의 성질을 갖추어야 하는 공구용 합금강은?

- HRC 55 이상의 경도를 가져야 한다.
- 팽창계수가 보통 강보다 작아야 한다.
- 시간이 지남에 따라서 치수변화가 없어야 한다.
- 담금질에 의하여 변형이나 담금질 균열이 없어야 한다.

① 게이지용 강
② 내충격용 공구강
③ 절삭용 합금 공구강
④ 열간 금형용 공구강

> 다른 공구강과 달리 게이지용 공구강은 치수변화가 없어야 한다.

정답 05 ③ 06 ④ 07 ④ 08 ① 09 ①

10 구조용 특수강 중 Cr-Mo 강에서 Mo의 역할 중 가장 옳은 것은?

① 내식성을 향상시킨다.
② 산화성을 향상시킨다.
③ 절삭성을 양호하게 한다.
④ 뜨임 취성을 없앤다.

> Mo
> 뜨임 취성 방지

11 주물용 마그네슘(Mg) 합금을 용해할 때 주의해야 할 사항으로 틀린 것은?

① 주물 조각을 사용할 때에는 모래를 투입하여야 한다.
② 주조조직의 미세화를 위하여 적절한 용탕 온도를 유지해야 한다.
③ 수소가스를 흡수하기 쉬우므로 탈가스 처리를 해야 한다.
④ 고온에서 취급할 때는 산화와 연소가 잘 되므로 산화방지책이 필요하다.

> Mg은 고온에서 쉽게 발화될 가능성이 있으므로 조각으로 사용하지 않는다.

12 다음 중 내식성 알루미늄(Al) 합금이 아닌 것은?

① 하스텔로이(hastelloy)
② 하이드로날륨(htdronalium)
③ 알클래드(alclad)
④ 알드리(aldrey)

> 하스텔로이는 Fe-Ni-Mo계 내식용 합금이다.

13 로크웰 경도를 시험할 때 주로 사용하지 않는 시험하중(kgf)이 아닌 것은?

① 60 ② 100
③ 150 ④ 250

> 로크웰 경도 시험
> 60kgf, 100kgf, 150kgf

14 다음 중 2,500℃ 이상의 고용융점을 가진 금속이 아닌 것은?

① Cr ② W
③ Mo ④ Ta

> Cr 1,890℃, W 3,410℃, Mo 2,610℃, Ta 2,996℃

15 60%Cu-40%Zn 황동으로 복수기용 판, 볼트, 너트 등에 사용되는 합금은?

① 톰백(Tombac)
② 길딩메탈(Gilding metal)
③ 문쯔메탈(Muntz metal)
④ 애드미럴티메탈(Admiralty metal)

> 6-4황동(문쯔메탈)
> Cu(60%)-Zn(40%)

16 도면의 지시선 위에 "46-φ20"이라고 기입되어 있을 때의 설명으로 옳은 것은?

① 지름이 20mm인 구멍이 46개
② 지름이 46mm인 구멍이 20개
③ 드릴 치수가 20mm인 드릴이 46개
④ 드릴 치수가 46mm인 드릴이 20개

> 46-φ20
> φ20은 지름 20mm, 46은 구멍의 개수가 46개

정답 10 ④ 11 ① 12 ① 13 ④ 14 ① 15 ③ 16 ①

17 도면의 양식에 대한 설명으로 [보기]에서 옳은 내용을 모두 나열한 것은?

> a. 도면에 반드시 마련해야 할 사항으로 윤곽선, 중심마크, 표제란 등이 있다.
> b. 표제란을 그릴 때에는 도면의 오른쪽 아래에 설치하여 알아보기 쉽도록 한다.
> c. 표제란에는 도면번호, 도명, 척도, 투상법, 작성 연월일, 제도자 이름 등을 기입한다.

① a, b ② b, c
③ a, c ④ a, b, c

> 보기의 내용은 모두 옳은 내용이다.

18 구멍의 치수가 $\phi 45^{+0.025}_{0}$ 와 축의 치수가 $\phi 45^{-0.009}_{-0.025}$ 를 끼워 맞춤할 때 어떠한 끼워 맞춤이 되는가?

① 헐거운 끼워맞춤
② 중간 끼워맞춤
③ 정상 끼워맞춤
④ 억지 끼워맞춤

> 구멍의 최소지름은 45이고, 축의 최대지름이 44.991(45-0.009)이므로 구멍이 축보다 크다. 따라서 헐거운 끼워맞춤에 해당한다.

19 다음 그림의 지시기호가 뜻하는 것은?

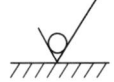

① 제거가공을 필요로 한다.
② 제거가공을 하지 않는다.
③ 연삭가공을 해야 한다.
④ 리밍가공을 해야 한다.

- ∀ : 제거가공을 허용하지 않는 면
- ∀ : 제거가공을 필요로 하는 면

20 치수기입에 대한 설명 중 잘못된 것은?

① 치수의 단위에는 길이와 각도가 있다.
② 숫자로 기입되는 치수의 길이 단위는 cm를 사용하며 단위를 기입한다.
③ 도면에는 특별히 명시하지 않는 한 최종적으로 완성된 물체의 치수를 기입하는 것이 원칙이다.
④ 각도의 단위는 도(°)를 쓰며 필요에 따라서 분(′)과 초(″)의 단위도 쓸 수 있다.

> 치수기입은 원칙적으로 mm 단위로 기입한다.

21 멀고 가까운 거리감을 느낄 수 있도록 하나의 시점과 물체의 각 점을 방사선으로 이어서 그리는 투상법은?

① 정투상법   ② 전개도법
③ 사투상법   ④ 투시 투상법

> 투시도는 원근감을 나타낸 그림으로 건축물, 다리 등의 도면에 사용한다.

22 중심선, 피치선을 표시하는 선은?

① 가는 1점 쇄선
② 굵은 실선
③ 가는 2점 쇄선
④ 굵은 쇄선

> **중심선, 피치선, 기준선**
> 가는 1점 쇄선

정답 17 ④ 18 ① 19 ② 20 ② 21 ④ 22 ①

23 도면에 표시된 나사의 호칭이 M50×2-4h일 때, 2가 의미하는 것은?

① 피치
② 나사의 호칭
③ 나사의 종류
④ 나사의 줄 수

> 피치를 미터단위로 표시한 것이므로 2는 피치를 의미한다.
> ※ 피치를 미터단위로 표시하는 경우의 표시법
> [나사의 종류 표시 기호]×[나사의 호칭지름 숫자]×[피치]
> [예시] M8×1 : 미터나사, 호칭지름이 8mm, 피치가 1mm

24 다음 그림에서 표시된 부분을 절단하면 단면도의 종류로 옳은 것은?

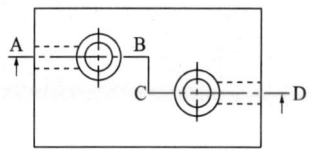

① 회전 단면도
② 구의 반지름
③ 한쪽 단면도
④ 계단 단면도

> **계단 단면도(조합에 의한 단면도)**
> 2개 이상의 평면 또는 곡면을 계단 모양으로 조합한 합성면의 절단을 나타낸 도면

25 다음 투상도에서 우측면도가 옳은 것은? (단, 화살표 방향은 정면도이다)

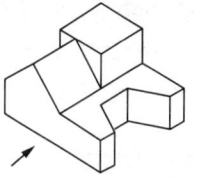

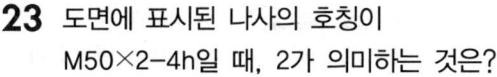

> 우측면도는 오른쪽에서 바라본 도면이므로 ③과 같다.

26 실물보다 확대해서 도면을 작성하는 경우의 척도는?

① 배척
② 축척
③ 실척
④ 현척

> 실물보다 확대한 도면 작성을 배척이라 하고, 축소하는 것을 축척이라 하고, 실물크기 그대로를 현척이라 한다.

27 SF340A에서 SF가 의미하는 것은?

① 주강
② 회주철
③ 탄소강 단강품
④ 탄소강 압연강재

> SF 탄소강 단강품, SM 기계구조용 탄소강, SS 압연용 탄소강, SC 탄소용 주강품, GC 회주철, GCD 구상흑연주철, STC 탄소공구강, SKH 고속도강

정답 23① 24④ 25③ 26① 27③

28 탈산제의 구비조건이 아닌 것은?

① 산소와의 친화력이 클 것
② 용강 중에 급속히 용해할 것
③ 탈산 생성물의 부상속도가 적을 것
④ 가격이 저렴하고 사용량이 적을 것

> **탈산제의 구비조건**
> ① 산소와의 친화력이 클 것
> ② 용강 중에 급속히 용해할 것
> ③ 탈산 생성물의 부상속도가 클 것
> ④ 가격이 저렴하고 소량만 사용할 것
> ⑤ 회수율이 양호할 것

29 연속주조법에서 고온 주조 시 발생되는 현상으로 주편의 일부가 파단되어 내부 용강이 유출되는 것은?

① Over Flow
② Break out
③ 침지노즐 폐쇄
④ 턴디시 노즐에 용강부착

> **브레이크 아웃**
> 고온주조 또는 고속주조 시 주편의 표면 일부가 파단되어 내부의 용강이 유출되는 현상

30 순산소 상취 전로 제강법에서 냉각제를 사용할 때 사용하는 양과 시기에 따라 냉각효과가 상관성이 있다는 설명을 가장 옳게 표현된 것은?

① 투입시기를 정련시간 후반에 되도록 소량을 분할 투입하는 것이 냉각효과가 크다.
② 투입시기를 정련시간 초기에 되도록 일시에 다량 투입하는 것이 냉각효과가 크다.
③ 투입시기를 정련시간 초기에 전량을 일시에 투입하는 것이 냉각효과가 크다.
④ 투입시기를 정련시간의 후반에 되도록 일시에 다량 투입하는 것이 냉각효과가 크다.

> 전로법에서 냉각제는 취련 후반기 용강온도 조절용으로 투입하는 것으로 소량을 분할하여 투입해야 한다.

31 순산소 320kg$_f$을 얻으려면 약 몇 Nm^{3}의 공기가 필요한가? (단, 공기 중의 산소의 함량은 21%이다)

① 1,005 ② 1,067
③ 1,134 ④ 1,350

> 공기량 = $\frac{산소량}{0.21}$ = $\frac{320}{0.21}$ = 1523.8kg
> 무게비를 부피비로 바꾸면 산소원자 32는 부피비로 22.4ℓ이다.
> ∴ 32 : 22.4 = 1523.8 : x
> $x = \frac{22.4 \times 1523.8}{32}$ = 1,067Nm^3

32 제강에서 탈황하기 위하여 CaC$_2$ 등을 첨가하는 탈황법을 무엇이라 하는가?

① 가스에 의한 탈황 방법
② 슬래그에 의한 탈황 방법
③ S의 함량을 증대시키는 탈황 방법
④ S와 화합하는 물질을 첨가하는 탈황 방법

> **탈황제 첨가법**
> CaC$_2$, CaO 등을 첨가하여 S와 화합하는 물질을 첨가하는 탈황법

33 전기로 제강법에서 환원철을 사용하였을 때의 장점이 아닌 것은?

① 생산성이 향상된다.
② 맥석분이 많다.
③ 제강시간을 단축한다.
④ 전기로의 자동 조작이 쉽다.

> **환원철 사용시 장·단점**
> ① 장점 : 제강시간 단축, 생산성 향상, 취급이 용이, 자동조업이 용이
> ② 단점 : 맥석분이 많음, 다량의 촉매(석회석 또는 산화칼슘)가 필요, 철분 회수가 불량, 가격이 고가

34 전로제강법의 주원료가 아닌 것은?

① 냉선　② 고철
③ 코크스　④ 용선

> 제강에서 코크스는 가탄제인 부원료로 사용한다.

35 산소 전로강의 특징에 관한 설명 중 틀린 것은?

① 극저탄소강의 제조에 적합하다.
② P, S의 함량이 낮은 강을 얻을 수 있다.
③ 강중 N, O, H 함유 가스량이 많다.
④ 고철사용량이 적어 Ni, Cr 등의 tramp element 원소가 적다.

> **전로 제강의 품질 특징**
> ① 강중 가스(N, O, H) 함유량이 적다.
> ② 고철 사용량이 적어 Cr, Ni, Mo, Cu 등의 혼입이 적다.
> ③ 극저탄소강을 제조할 수 있다.
> ④ P, S 함유량이 적은 강을 제조할 수 있다.

36 전기로 조업에서 UHP조업이란?

① 고전압 저전류 조업으로 사용 전류량 증가
② 저전압 저전류 조업으로 전력 소비량 감소
③ 저전압 대전류 조업으로 단위시간당 투입 전력량 증가
④ 고전압 대전류 조업으로 단위시간당 사용 전력량의 감소

> **UHP(초고전력) 조업**
> 단위 시간에 투입되는 전력량을 증가시켜서 장입물의 용해 시간을 단축하여 생산성을 높이는 방법

37 턴디시 노즐(nozzle) 막힘을 방지하기 위해 사용하는 것이 아닌 것은?

① 스키머
② 포러스 노즐
③ 가스 슬라브 노즐
④ 가스 취입 스토퍼

> 스키머는 용강과 슬래그를 비중차에 의해 분리하는 장치이다.

38 전로제강법에서 일어나는 스피팅(spitting)이란?

① 강재 및 용강을 형성하는 현상이다.
② 노 내의 과수분과 가스의 불균형 폭발현상이다.
③ 산소제트(jet)에 의해 철 입자가 노 외로 분출하는 현상이다.
④ 석회석과 이산화탄소의 분해 시 생긴 이산화탄소의 비등 현상이다.

> **스피팅(spitting)**
> 취련 초기 산소압력에 의해 미세한 철입자가 노구로 비산하는 현상

정답　33 ②　34 ③　35 ③　36 ③　37 ①　38 ③

39 제강 조업 시 종점에서의 강 중 산소량과 탄소량의 관계는?

① 항상 일정하다.
② 서로 반비례 관계에 있다.
③ 서로 비례 관계에 있다.
④ 항상 산소량에 비해 탄소량이 많다.

> 전로 제강에서 산소 사용량이 많아지면 탈탄이 많이 되므로 탄소 함유량이 적게 된다.

40 용선 장입 시 안전사항으로 관계가 먼 것은?

① 작업 전 노전 통행자를 대피시킨다.
② 작업자를 노정면으로부터 대피시킨다.
③ 코팅슬랙이 굳기 전에 용선을 장입한다.
④ 걸이 상태를 확인한다.

> 용선을 장입할 경우 전로 내 코팅을 한 슬래그가 굳은 뒤에 장입해야 노 내화물을 보호할 수 있다.

41 전기로 산화정련작업에서 일어나는 화학 반응식이 아닌 것은?

① $Si + 2O \rightarrow SiO_2$
② $Mn + O \rightarrow MnO$
③ $2P + 5O \rightarrow P_2O_5$
④ $O + 2H \rightarrow H_2O$

> $O+2H = H_2O$ 반응은 환원기에 발생한다.

42 제강 작업에서 가스가 새고 있는지의 여부를 점검하는 항목으로 부적합한 것은?

① 배관 내 소리가 난다.
② 압력계 계기가 상승한다.
③ Seal pot에 물 누수가 발생한다.
④ 비누칠을 했을 때 거품이 발생한다.

> 가스가 새면 압력계의 계기가 하락해야 한다.

43 저취전로법의 특징을 설명 중 틀린 것은?

① 극저탄소(0.04%C)까지 탈탄이 가능하다.
② 직접반응 때문에 탈인, 탈황이 양호하다.
③ 교반이 강하고, 강욕의 온도 및 성분이 균질하다.
④ 철의 산화손실이 많고, 강중 산소가 비율이 높다.

> 저취전로법의 특징
> ① 극저탄소인 0.04%까지 탈탄이 가능하다
> ② 교반이 강하고, 강욕의 온도 및 성분이 균일하다.
> ③ 산소와 용강이 직접 반응하므로 탈인, 탈황이 양호하다.
> ④ 철의 산화손실이 적고, 강중 산소 비율이 낮다.

44 전로에서 분체 취입법 (Powder Injection)의 목적이 아닌 것은?

① 용강 중 황을 감소시키기 위하여
② 용강 중의 탈탄을 증가시키기 위하여
③ 용강 중의 개재물을 저감시키기 위하여
④ 용강 중에 남아 있는 불순물을 구상화하여 고급강제조를 용이하게 하기 위하여

> 분체 취입법의 장점
> ① 용강 중 탈황 효율 향상
> ② 비금속 개재물 생성 감소
> ③ 불순물 제거 용이

정답 39 ② 40 ③ 41 ④ 42 ② 43 ④ 44 ②

45 위험예지 훈련의 4단계에 맞지 않는 것은?

① 1단계 : 현상 파악
② 2단계 : 본질 추구
③ 3단계 : 대책 수립
④ 4단계 : 피드백 수립

> **위험예지 훈련 4단계**
> ① 1단계 : 현상 파악
> ② 2단계 : 본질 추구
> ③ 3단계 : 대책 수립
> ④ 4단계 : 목표 설정

46 제강 부원료 중 매용제로 사용되는 것이 아닌 것은?

① 석회석   ② 소결광
③ 철광석   ④ 형석

> **전로 매용제**
> 형석, 밀 스케일, 철광석, 소결광

47 LD 전로의 노 내 반응 중 저질소 강을 제조하기 위한 관리항목에 대한 설명 중 틀린 것은?

① 용선 배합비(HMR)을 올린다.
② 탈탄속도를 높이고 종점 [C]를 가능한 높게 취련한다.
③ 용선 중의 티타늄 함유율을 높이고, 용선 중의 질소를 낮춘다.
④ 취련 말기 노안으로 가능한 한 공기를 유입시키고, 재취련을 실시한다.

> 취련 말기 공기를 유입시키면 공기 중의 질소가 다시 혼입될 수 있다.

48 대화하는 방법으로 브레인스토밍(Brain Storming : BS)의 4원칙이 아닌 것은?

① 자유비평   ② 대량발언
③ 수정발언   ④ 자유분방

> **브레인스토밍 4원칙**
> 비판금지(suppert), 대량발언(speed), 수정발언(synergy), 자유분방(silly)

49 주조의 생산능률을 높이기 위해서 여러 개의 레이들 용강을 계속해서 사용하는 방법은?

① Oscillation mark법
② Gas bubbling법
③ 무산화 주조법
④ 연-연주법(連-連鑄法)

> **연-연주법**
> 연속주조의 능률을 향상시키기 위해 여러개의 레이들을 사용하여 연속해서 주조하는 방법

50 전기로 제강법 중 환원기의 목적으로 옳은 것은?

① 탈인   ② 탈규소
③ 탈황   ④ 탈망간

> • 환원기 : 탈황, 탈산
> • 산화기 : 탈인, 탈규, 탈망간, 탈탄

정답 45 ④ 46 ① 47 ④ 48 ① 49 ④ 50 ③

51 염기성 평로 제강법의 특징으로 옳은 것은?

① 소결광을 주원료로 한다.
② 규석질 계통의 내화물을 사용한다.
③ 용선 중의 P, S 제거가 불가능하다.
④ 광석 투입에 의한 반응은 흡열 반응이다.

> **평로법의 특징**
> ① 고철 및 선철 사용에 제한이 없어 사용원료의 융통성이 넓음
> ② P, S 등 불순물 제거가 용이
> ③ 광범위한 강종 제조가 가능
> ④ 산성, 염기성 내화물 모두 사용할 수 있다.
> ⑤ 철광석은 산화반응을 위해 투입하며 흡열반응이다.

52 전로 취련 중 공급된 산소와 용선 중의 탄소가 반응하여 무엇을 주성분으로 하는 전로가스가 발생하는가?

① CO
② O_2
③ H_2
④ CH_4

> 전로가스 주성분 : CO

53 연속주조 설비의 각 부분에 대한 설명 중 옳은 것은?

① 더미바(dummy bar) : 주조 종료 시 주형 밑을 막아주며 주조 시 주편을 냉각시킨다.
② 핀치 롤(pinch roll) : 주조된 주편을 적정 두께로 압연해 주며 벌징(bulging)을 유발시킨다.
③ 턴디시(tundish) : 레이들과 주형의 중간 용기로 용강의 분배와 일시저장 역할을 한다.
④ 주형(mold) : 재질은 알루미늄을 많이 쓰며 대량생산에 적합한 블록형이 보편화되어 있다.

> ① 더미바 : 주조 초기에 주형을 막아준다.
> ② 핀치롤 : 주편을 압연하며 벌징을 막아준다.
> ③ 턴디시 : 레이들과 주형의 중간에서 용강 분배와 일시저장을 한다.
> ④ 주형 : 재질은 구리(Cu)이며 대량생산을 적합한 것은 조립식을 사용한다.

54 RH법에서는 상승관과 하강관을 통해 용강이 환류하면서 탈가스가 진행된다. 그렇다면 용강이 환류되는 이유는 무엇인가?

① 상승관에 가스를 취입하므로
② 레이들을 승·하강하므로
③ 하부조를 승·하강하므로
④ 레이들 내를 진공으로 하기 때문에

> RH법은 상승관으로 아르곤 가스를 취입하여 용강이 상승하게 되며 하강관으로 하강을 하게 된다. 상승관으로 가스를 취입하지 않으면 용강이 상승관, 하강관에서 한꺼번에 진공조로 올라오게 된다.

55 전기로 제강법에서 천정연와의 품질에 대한 설명으로 틀린 것은?

① 내화도가 높을 것
② 스폴링성이 좋을 것
③ 하중연화점이 높을 것
④ 연화 시의 점성이 높을 것

> **전기로 노 뚜껑(천정) 벽돌로 요구되는 품질**
> ① 내화도가 높을 것
> ② 내스폴링성이 높을 것
> ③ 슬래그에 대한 내식성이 강할 것
> ④ 연화되었을 때 점성이 높을 것
> ⑤ 하중 연화점이 높을 것

정답 51 ④ 52 ① 53 ③ 54 ① 55 ②

56 외부로부터 열원을 공급받지 않고 용선을 정련하는 제강법은?

① 전로법 ② 고주파법
③ 전기로법 ④ 도가니법

> 전로법은 용선의 현열 및 산소와 불순물 원소 사이의 산화열을 이용한다.

57 진공실 내에 미리 레이들 또는 주형을 놓고 진공실 내를 배기하여 감압한 후 위의 레이들로부터 용강을 주입하는 탈가스법은?

① 유적 탈가스법(BV법)
② 흡인 탈가스법(DH법)
③ 출강 탈가스법(TD법)
④ 레이들 탈가스법(LD법)

> **탈가스 처리법**
> ① 유적 탈가스법(BV법) : 용강을 진공조 안에 있는 주형에 흘려 내리면서 탈가스 처리하는 방법
> ② 흡인 탈가스법(DH법) : 진공조 밑에 있는 흡입관을 용강에 담근 후 진공조를 감압하여 레이들에 있는 용강이 진공조로 올라오면서 탈가스 처리하는 방법
> ③ 순환 탈가스법(RH법) : 흡인관과 배출관 2개가 달린 진공조에 Ar 가스를 흡입관(상승관) 쪽으로 취입하면서 탈가스 처리하는 방법
> ④ 레이들 탈가스법(LD법) : 진공조 내에 용강의 레이들을 놓고 용강을 교반하면서 탈가스 처리하는 방법

58 전기로에 사용되는 흑연전극의 구비조건 중 틀린 것은?

① 고온에서 산화되지 않을 것
② 전기 전도도가 양호할 것
③ 화학반응에 안정해야 할 것
④ 열팽창 계수가 커야 할 것

> **흑연전극의 구비조건**
> ① 전기저항이 작을 것
> ② 열팽창계수가 작을 것
> ③ 기계적 강도가 클 것
> ④ 화학반응에 안정할 것
> ⑤ 전기전도도가 우수할 것
> ⑥ 탄성률이 너무 크지 않을 것
> ⑦ 고온 내산화성이 우수할 것

59 탈산도에 따라 강괴를 분류할 때 탈산도가 큰 순서대로 옳게 나열된 것은?

① 킬드강 > 림드강 > 세미킬드강
② 킬드강 > 세미킬드강 > 림드강
③ 림드강 > 세미킬드강 > 킬드강
④ 림드강 > 킬드강 > 세미킬드강

> **탈산도 큰 순서**
> 킬드강 > 세미킬드강 > 캡드강 > 림드강

60 강괴 내에 있는 용질 성분이 불균일하게 존재하는 결함으로 처음에 응고한 부분과 나중에 응고한 부분의 성분이 균일하지 않게 나타나는 현상의 결함은?

① 백점 ② 편석
③ 기공 ④ 비금속 개재물

> **편석**
> 강괴에서 일정 부분의 품위가 높은 부분으로 응고가 가장 늦은 부분으로 집중하게 된다.

정답 56 ① 57 ① 58 ④ 59 ② 60 ②

2014년 1회 제강기능사 과년도 기출문제

01 주철에서 어떤 물체에 진동을 주면 진동에너지가 그 물체에 흡수되어 점차 약화되면서 정지하게 되는 것과 같이 물체가 진동을 흡수하는 능력은?

① 감쇠능
② 유동성
③ 연신능
④ 용해능

> **감쇠능**
> 진동에너지가 물체에 흡수되면 점차 약해지면서 진동이 정지되는 능력

02 6 : 4황동에 철을 1% 내외 첨가한 것으로 주조재, 가공재로 사용되는 합금은?

① 인바
② 라우탈
③ 델타메탈
④ 하이드로날륨

> **델타메탈**
> Cu-Zn-Fe(6-4황동에 Fe첨가)

03 체심입방격자(BCC)의 근접 원자 간 거리는? (단, 격자정수는 a이다)

① a
② $\frac{1}{2}a$
③ $\frac{1}{\sqrt{2}}a$
④ $\frac{\sqrt{3}}{2}a$

결정구조	기호	배위수	원자수	충진율	최인접 원자 간 거리
체심입방격자	BCC	8	2	68%	$\frac{\sqrt{3}}{2}a$
면심입방격자	FCC	12	4	74%	$\frac{1}{\sqrt{2}}a$
조밀육방격자	HCP (CPH)	12	6 (2)	74%	a축방향 = a c축방향 = $\sqrt{\frac{a^3}{3}+\frac{c^2}{4}}$

04 Fe-C 평형상태도에서 자기변태만으로 짝지어진 것은?

① A_0변태, A_1변태
② A_1변태, A_2변태
③ A_0변태, A_2변태
④ A_3변태, A_4변태

> **순철의 자기변태(A_2 변태) : 768℃**
>
> | 종류 | 형태 | 온도(℃) | 비고 |
> |---|---|---|---|
> | A_0변태 | 자기변태 | 210 | 시멘타이트 |
> | A_1변태 | 공석변태 | 723 | 공석강(0.8%C) |
> | A_2변태 | 자기변태 | 768 | 순철 |
> | A_3변태 | 동소변태 | 910 | 순철 |
> | A_4변태 | 동소변태 | 1,400 | 순철 |

정답 01 ① 02 ③ 03 ④ 04 ③

05 비중 7.14, 용융점 약 419℃이며, 다이 캐스팅용으로 많이 이용되는 조밀육방격자 금속은?

① Cr   ② Cu
③ Zn   ④ Pb

> **Zn**
> 용융점 419℃, 비중 7.14, 결정구조 HCP, 다이캐스팅용 합금으로 이용

06 다음 합금 중에서 알루미늄 합금에 해당되지 않는 것은?

① Y 합금   ② 콘스탄탄
③ 라우탈   ④ 실루민

> 콘스탄탄은 Cu-Ni계 합금이다.

07 주철의 물리적 성질을 설명한 것 중 틀린 것은?

① 비중은 C, Si 등이 많을수록 커진다.
② 흑연편이 클수록 자기 감응도가 낮아진다.
③ C, Si 등이 많을수록 용융점이 낮아진다.
④ 화합 탄소를 적게 하고 유리탄소를 균일하게 분포시키면 투자율이 좋아진다.

> 주철의 비중은 C, Si 함유량이 증가할수록 감소한다.

08 탄소강 중에 포함된 구리(Cu)의 영향으로 옳은 것은?

① 내식성을 저하시킨다.
② Ar_1의 변태점을 저하시킨다.
③ 탄성한도를 감소시킨다.
④ 강도, 경도를 감소시킨다.

> 주철 중 Cu는 Ar_1 변태온도 저하로 강도, 경도, 탄성한계 등을 증가시키고, 내식성도 향상된다.

09 다음 중 소성가공에 해당되지 않는 가공법은?

① 단조   ② 인발
③ 압출   ④ 표면처리

> **소성가공**
> 압연, 압출, 인발, 전조, 단조 등
> ※ 표면처리는 소성가공에 해당하지 않는다.

10 다음 중 슬립(slip)에 대한 설명으로 틀린 것은?

① 슬립이 계속 진행하면 변형이 어려워진다.
② 원자밀도가 최대인 방향으로 슬립이 잘 일어난다.
③ 원자밀도가 가장 큰 격자면에서 슬립이 잘 일어난다.
④ 슬립에 의한 변형은 쌍정에 의한 변형보다 매우 작다.

> 소성변형은 쌍정변형보다 많이 일어난다.

정답 05 ③ 06 ② 07 ① 08 ② 09 ④ 10 ④

11 분말상 Cu에 약 10% Sn 분말과 2% 흑연 분말을 혼합하고, 윤활제 또는 휘발성 물질을 가한 후 가압 성형하여 소결한 베어링 합금은?

① 켈밋 메탈　② 배빗 메탈
③ 앤티프릭션　④ 오일리스 베어링

> 오일리스 베어링용 합금(소결 베어링용 합금)
> Cu 분말에 8~12%의 Sn 분말과 4~5%의 흑연 분말을 배합하여 압축성형하고 900℃ 온도에서 소결한 합금으로 다공질이므로 20~40%의 기름을 흡수할 수 있는 베어링용 합금이다.

12 다음 중 시효경화성이 있는 합금은?

① 실루민　② 알팍스
③ 문쯔메탈　④ 두랄루민

> 두랄루민은 가공용 Al 합금으로 시효경화 효과로 강도를 증가시킬 수 있다.

13 보통 주철(회주철) 성분에 0.7~1.5% Mo, 0.5~4.0% Ni을 첨가하고 별도로 Cu, Cr을 소량 첨가한 것으로 강인하고 내마멸성이 우수하여 크랭크축, 캠축, 실린더 등의 재료로 쓰이는 것은?

① 듀리론
② 니-레지스트
③ 애시큘러 주철
④ 미하나이트 주철

> ① 듀리론 : Si-Cr-Al계 주철로 내식, 내열용
> ② 니-레지스트 : Ni-Cr-Cu계 주철로 내열용
> ③ 애시큘러 : Mo-Ni-Cr-Cu계 주철로 내마모성과 강인성이 우수
> ④ 미하나이트 : 회주철에 접종처리한 고급주철

14 알루미늄 합금의 일종으로 피스톤, 베어링에 사용되는 것은?

① Al-Fe-Ni
② Al-Cu-Ni-Mg
③ Al-Cr-Mo
④ Al-Fe-Co

> Y합금
> Al-Cu-Mg-Ni계 합금으로 피스톤, 실린더 등의 내연기관용으로 사용한다.

15 다음 중 볼트, 너트, 전동기축 등에 사용되는 것으로 탄소함량이 약 0.2~0.3% 정도인 기계구조용 강재는?

① SM25C　② STC4
③ SKH2　④ SPS8

> 탄소함유량이 0.2~0.3%이면 SM25C에 해당한다. 25C가 탄소함유량이 0.25%를 의미한다.

16 나사의 일반도시에서 수나사의 바깥지름과 암나사의 안지름을 나타내는 선은?

① 가는 실선
② 굵은 실선
③ 1점 쇄선
④ 2점 쇄선

> 수나사의 바깥지름과 암나사의 안지름은 외형선에 해당하므로 굵은 실선을 사용한다.

정답　11 ④　12 ④　13 ③　14 ②　15 ①　16 ②

17 대상물의 보이지 않는 부분의 모양을 표시하는데 사용하는 선의 종류는?

① ——————— ② —·—·—·—
③ —··—··—··— ④ ············

> 물체의 보이지 않는 곳을 나타내는 선인 은선은 파선(············)으로 표시한다.

18 화살표 방향이 정면도라면 평면도는?

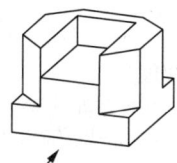

①    ②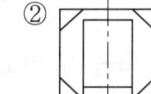

③ 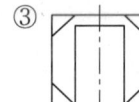   ④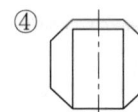

> 평면도는 위에서 바라본 도면이므로 ③과 같이 나타낸다.

19 가공에 의한 컷의 줄무늬 방향이 기호를 기입한 그림의 투영면에 비스듬하게 2방향으로 교차할 때 도시하는 기호는?

① X   ② =
③ M   ④ C

줄무늬 기호			
기호	=	⊥	×
뜻	가공으로 생긴 앞 줄의 방향이 기호를 기입한 그림의 투상면에 평행	가공으로 생긴 앞 줄의 방향이 기호를 기입한 그림의 투상면에 직각	가공으로 생긴 선이 2방향으로 교차
설명도			
기호	M	C	R
뜻	가공으로 생긴 선이 다방면으로 교차 또는 방향이 없음	가공으로 생긴 선이 거의 동심원	가공으로 생긴 선이 거의 방사상
설명도			

20 도면에서 표제란의 위치는?

① 오른쪽의 아래에 위치한다.
② 왼쪽의 아래에 위치한다.
③ 오른쪽 위에 위치한다.
④ 왼쪽 위에 위치한다.

> 표제란은 도면의 오른쪽 아래에 도시한다.

정답 17 ④ 18 ③ 19 ① 20 ①

21 다음의 입체도법에 대한 설명으로 옳은 것은?

① 제3각법은 물체를 제3면각 안에 놓고 투상하는 방법으로 눈 → 물체 → 투상면의 순서로 놓는다.
② 제1각법은 물체를 제1각 안에 놓고 투상하는 방법으로 눈 → 투상면 → 물체의 순서로 놓는다.
③ 전개도법에는 평행선법, 삼각형법, 방사선법을 이용한 전개도법의 세 가지가 있다.
④ 한 도면에는 제1각법과 제3각법을 혼용하여 그려야 한다.

① 제3각법 : 눈 → 투상도 → 물체(물체의 보이는 부분을 그대로 그린 것)
② 제1각법 : 눈 → 물체 → 투상도(물체의 보이는 부분을 물체의 뒤쪽에 그린 것)
③ 한 도면에서는 제1각법과 제3각법을 같이 사용하지 않으며, 원칙적으로 제3각법을 사용하게 되어 있다.

22 치수 □20에 대한 설명으로 옳은 것은?

① 두께가 20mm인 평면
② 넓이가 20mm^{2}인 정사각형
③ 긴 변의 길이가 20mm인 정사각형
④ 한 변의 길이가 20mm인 정사각형

□는 정사각형을 나타내므로 □20은 한변의 길이가 20mm인 정사각형을 나타낸다.

23 그림은 어떤 단면도를 나타낸 것인가?

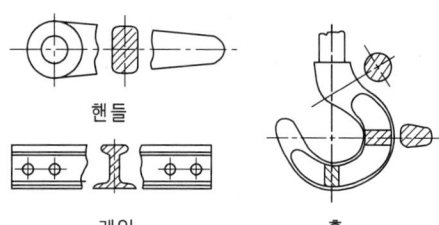

① 전 단면도
② 부분 단면도
③ 계단 단면도
④ 회전 단면도

회전 단면도
핸들이나 바퀴 등의 암 및 림, 리브, 축, 구조물의 부재 등의 절단면은 90도 회전하여 표시한다.

24 주조품을 나타내는 재료의 기호로 옳은 것은?

① C
② P
③ T
④ F

주조품 C, 단강품 F, 관용 T, 판재용 P

25 다음 중 공차가 가장 큰 것은?

① $50^{+0.05}_{+0}$
② $50^{+0.05}_{+0.02}$
③ $50^{+0.05}_{-0.02}$
④ $50^{+0}_{-0.05}$

최대공차와 최소공차의 차가 가장 큰 것은 ③이다.
①의 공차는 0.05−0 = 0.05
②의 공차는 0.05−0.02 = 0.03
③의 공차는 0.05−(−0.02) = 0.07
④의 공차는 0−(−0.05) = 0.05

정답 21 ③ 22 ④ 23 ④ 24 ① 25 ③

26 다음 도면에서 (a)에 해당하는 길이(mm)는?

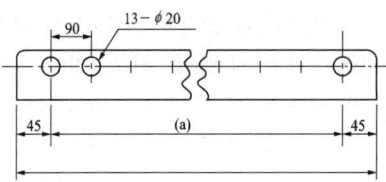

① 260 ② 1,080
③ 1,170 ④ 1,260

> (a)의 길이는 구멍의 개수가 13개이고 구멍과 구멍 간의 간격이 90이므로 1,080이 된다.
> (구멍개수-1)×구멍간격 = (13-1)×90 = 1,080
> * 구멍이 2개일 경우 구멍간격은 1번만 계산하므로 구멍개수에서 1개를 빼야한다.

27 다음의 축척 중 기계제도에서 쓰이지 않는 것은?

① 1/2 ② 1/3
③ 1/20 ④ 1/50

> 1:3의 축적은 사용하지 않는다. 3으로 나누면 무한소수가 나오기 때문이다.

28 탈산에 이용하는 원소를 산소와의 친화력이 강한 순서로 옳은 것은?

① Al → Ti → Si → V → Cr
② Cr → V → Si → Ti → Al
③ Ti → V → Si → Cr → Al
④ Si → Ti → Cr → V → Al

> 산소 친화력
> Al 〉Ti 〉Si 〉V 〉Cr

29 노외정련 설비 중 RH법에서 산소, 수소, 질소가 제거되는 장소가 아닌 것은?

① 상승관에 취입된 가스 표면
② 진공조 내에서 용강의 내부 중심부
③ 취입가스와 함께 비산하는 스플래시 표면
④ 상승관, 하강관, 진공조 내부의 내화물 표면

> 진공조 내에서 용강의 표면부에서 탈가스가 진행된다.

30 연속주조 가스절단장치에 쓰이는 가스가 아닌 것은?

① 산소 ② 프로판
③ 아세틸렌 ④ 발생로가스

> 발생로 가스는 열량이 적어서 주편 절단에 사용할 수 없다.

31 내화물의 요구조건으로 틀린 것은?

① 고온에서 강도가 클 것
② 열팽창, 수축이 작을 것
③ 연화점과 융해점이 높을 것
④ 화학적으로 슬래그와 반응성이 좋을 것

> **내화재료의 구비조건**
> ① 높은 온도에서 용융하지 않을 것
> ② 높은 온도에서 쉽게 연화하지 않을 것
> ③ 온도 급변에 잘 견딜 것(내스폴링성 우수)
> ④ 높은 온도에서 형상이 변화하지 않을 것
> ⑤ 용제 및 기타 물질 등에 대해서 침식저항이 클 것(내식성 우수)
> ⑥ 마멸에 잘 견딜 것(내마멸성 우수)
> ⑦ 높은 온도에서 전기 절연성이 클 것
> ⑧ 열전도율과 열팽창이 낮을 것

정답 26 ② 27 ② 28 ① 29 ② 30 ④ 31 ④

32 전로에서 하드 블로우(hard blow)의 설명으로 틀린 것은?

① 랜스로부터 산소의 유량이 많다.
② 탈탄반응을 촉진시키고 산화철의 생성량을 낮춘다.
③ 랜스로부터 산소가스의 분사압력을 크게 한다.
④ 랜스의 높이를 높이거나 산소압력을 낮추어 용강면에서의 산소 충돌에너지를 적게 한다.

> 하드 블로우(Hard Blow)
> 탈탄 반응을 촉진시키고 산화철(FeO)의 생성을 억제하기 위하여 산소의 취입 압력을 크게 하고 랜스 거리를 낮게 하는 방법

33 RH법에서 불활성가스인 Ar은 어느 곳에 취입하는가?

① 하강관 ② 상승관
③ 레이들 노즐 ④ 진공로 측벽

> 순환 탈가스법(RH법)
> 흡인관(상승관)과 배출관(하강관) 2개가 달린 진공조에 Ar 가스를 흡인관(상승관) 쪽으로 취입 하면서 탈가스 처리하는 방법

34 산소랜스 누수 발견 시 안전사항으로 관계가 먼 것은?

① 노를 경동시킨다.
② 노전 통행자를 대피시킨다.
③ 누수의 노 내 유입을 최대한 억제한다.
④ 슬래그 비산을 대비하여 장입측 도그 하우스를 완전히 개방(open)시킨다.

> 누수될 경우 슬래그의 비산이 발생할 수 있으므로 도그 하우스를 닫아야 한다.

35 진공 탈가스법의 처리 효과가 아닌 것은?

① H, N, O 등의 가스성분들을 증가시킨다.
② 비금속 개재물을 저감시킨다.
③ 유해원소를 증발시켜 제거한다.
④ 온도 및 성분을 균일화한다.

> 진공 탈가스법의 효과
> ① 불순물 가스(N, H, O 등)의 감소
> ② 비금속 개재물의 감소
> ③ 유해 원소의 증발 제거
> ④ 온도와 성분의 균일화

36 LD 전로 제강 후 폐가스량을 측정한 결과 CO_2가 1.50kg이었다면 CO_2 부피는 약 몇 m^3 정도인가? (단, 표준상태이다)

① 0.76 ② 1.50
③ 2.00 ④ 3.28

> CO_2 분자량은 C가 12, O_2가 32이므로 44
> 1mol의 부피는 22.4l이므로
> $44 : 22.4 = 1.5 : x$
> $x = \dfrac{22.4 \times 1.5}{44} = 0.76$

37 용강의 탈산을 완전하게 하여 주입하므로 가스의 방출없이 조용하게 응고되는 강은?

① 캡드강 ② 림드강
③ 킬드강 ④ 세미킬드강

> 킬드강은 완전탈산을 하였으므로 기체 발생이 가장 적다.

정답 32 ④ 33 ② 34 ④ 35 ① 36 ① 37 ③

38 레이들 바닥의 다공질 내화물을 통해 캐리어 가스(N_2)를 취입하여 탈황 반응을 촉진시키는 탈황법은?

① KR법　② 인젝션법
③ 레이들 탈황법　④ 포러스 플러그법

> **탈황법**
> ① 레이들 탈황법(치주법) : 레이들 바닥에 탈황제를 넣고 용강을 주입하여 탈황하는 방법
> ② 포러스 플러그법 : 레이들 바닥에 다공질 내화물을 사용하고 이곳으로 기체를 취입하여 탈황하는 방법
> ③ 인젝션법 : 용강 상부에서 취입관을 이용하여 취입하는 방법
> ④ 교반법 : 탈황제는 넣고 용강을 교반하여 탈황하는 방법(KR법, 라인슈탈법, 데마크-오스트베르그법)
> ⑤ 요동레이들법 : 레이들에 편심을 주어 회전을 하면서 탈황하는 방법(DM전로법, 회전드럼법)

39 스피팅(spitting)현상에 대한 설명으로 옳은 것은?

① 강재층의 두께가 충분할 때 생기는 현상
② 강욕에 대한 심한 충돌이 없을 때 생기는 현상
③ 강재의 발포작용(foaming)이 충분할 때 생기는 현상
④ 착화 후 광휘도가 낮은 화염이 노구로부터 나오며 미세한 철립이 비산할 때 생기는 현상

> **스피팅(spitting)**
> 취련 초기 산소압력에 의해 미세한 철입자가 노구로 비산하는 현상

40 전극재료가 갖추어야 할 조건을 설명한 것 중 틀린 것은?

① 강도가 높아야 한다.
② 전기전도도가 높아야 한다.
③ 열팽창성이 높아야 한다.
④ 고온에서의 내산화성이 우수해야 한다.

> **흑연전극의 구비조건**
> ① 전기저항이 작을 것
> ② 열팽창계수가 작을 것
> ③ 기계적 강도가 클 것
> ④ 화학반응에 안정할 것
> ⑤ 전기전도도가 우수할 것
> ⑥ 탄성률이 너무 크지 않을 것
> ⑦ 고온 내산화성이 우수할 것

41 주조 초기에 하부를 막아 용강이 새지 않도록 역할을 하는 것은?

① 핀치 롤　② 냉각대
③ 더미바　④ 인발설비

> **더미바**
> 주조 초기에 주형을 막아준다.

42 단위시간에 투입되는 전력량을 증가시켜 장입물의 용해시간을 단축함으로써 생산성을 높이는 전기로 조업법은?

① HP법　② RP법
③ UHP법　④ URP법

> **UHP(초고전력) 조업**
> 단위 시간에 투입되는 전력량을 증가시켜서 장입물의 용해 시간을 단축하여 생산성을 높이는 방법

정답 38 ④　39 ④　40 ③　41 ③　42 ③

43 LD 전로 조업에서 탈탄 속도가 점차 감소하는 시기에서의 산소 취입 방법은?

① 산소 취입 중지
② 산소제트 압력을 점차 감소
③ 산소제트 압력을 점차 증가
④ 산소제트 압력을 최대로

> 탈탄속도가 감소하면 탄소의 함유량이 줄어들고 있으므로 탈탄에 필요한 산소 유량도 감소해야 한다.

44 연속주조 설비 중 용강을 받아 스트랜드 주형에 공급하는 것은?

① 레이들   ② 턴디시
③ 더미바   ④ 가이드 롤

> **턴디시의 역할**
> ① 주입량 조절
> ② 주형에 용강 분배
> ③ 용강 중의 비금속 개재물 부상 분리

45 전로설비에서 출강구의 형상을 경사형과 원통형으로 나눌 때 경사형 출강구에 대한 설명으로 틀린 것은?

① 원통형에 비해 슬래그의 유입이 많다.
② 원통형에 비해 출강류 퍼짐방지로 산화가 많다.
③ 원통형에 비해 출강구 마모는 사용수명이 길다.
④ 원통형에 비해 출강구 사용초기와 말기의 출강 시간 편차가 적다.

> 경사형은 원통형에 비해 슬래그의 유입이 적다.

46 전로 내에서 산소와 반응하여 가장 먼저 제거되는 것은?

① C   ② P
③ Si   ④ Mn

> 전로 반응에서 Si가 가장 먼저 제거되고 C가 다음으로 제거된다.

47 우천 시 고철에 수분이 있다고 판단되면 장입 후 출강측으로 느리게 1회만 경동시키는 이유는?

① 습기를 제거하여 폭발 방지를 위해
② 불순물의 혼입을 방지하기 위해
③ 취련시간을 단축시키기 위해
④ 양질의 강을 얻기 위해

> 수분이 부착되어 있을 경우 폭발의 위험이 있다.

48 재해발생 시 일반적인 업무처리 요령을 순서대로 나열한 것은?

① 재해발생 → 재해조사 → 긴급처리 → 대책수립 → 원인분석 → 평가
② 재해발생 → 긴급처리 → 재해조사 → 원인분석 → 대책수립 → 평가
③ 재해발생 → 대책수립 → 재해조사 → 긴급처리 → 원인분석 → 평가
④ 재해발생 → 원인분석 → 긴급처리 → 대책수립 → 재해조사 → 평가

> **재해발생 시 조치 순서**
> 재해발생 → 긴급조치 → 재해조치 → 원인분석 → 대책수립 → 평가

정답 43 ② 44 ② 45 ① 46 ③ 47 ① 48 ②

49 주조방향에 따라 주편에 생기는 결함으로 주형 내 응고각(Shell) 두께의 불균일에 기인한 응력발생에 의한 것으로 2차 냉각 과정으로 더욱 확대되는 결함은?

① 표면가로 크랙
② 방사상 크랙
③ 표면세로 크랙
④ 모서리 세로 크랙

> **표면세로 크랙**
> 주편의 주조방향을 따라서 발생하는 결함으로 응고각 두께가 불균일할 때 발생

50 진공장치와 가열장치를 갖춘 방법으로 탈황, 성분조정, 온도조정 등을 할 수 있는 특징이 있는 노외 정련법은?

① LF법　　② AOD법
③ RH-OB법　　④ ASEA-SKF법

> ① 가열장치와 진공장치가 같이 있는 노외 정련법
> 　: ASEA-SKF법, VAD법
> ② 가열장치는 있고 진공장치는 없는 노외 정련법
> 　: LF법
> ③ 가열장치는 없고 진공장치만 있는 노외 정련법
> 　: VOD법, RH-OB법
> ④ 가열장치, 진공장치 모두 없는 노외 정련법
> 　: AOD법, CLU법

51 LD전로에서 제강작업 중 사용하는 랜스(Lance)의 용도로 옳게 설명한 것은?

① 정련을 위해 산소를 용탕 중에 불어 넣기 위한 랜스를 서브 랜스(Sub Lance)라 한다.
② 노 용량이 대형화함에 따라 정련효과를 증대시키기 위해 단공노즐을 사용한다.
③ 용강 내 탈인(P)을 촉진시키기 위한 특수 랜스로 LD-AC Lance를 사용한다.
④ 용선 배합율을 증대시키기 위한 방법으로 산소와 연료를 동시에 불어 넣기 위해 옥시퓨얼랜스(Oxyfuel Lance)를 사용한다.

> 전로에서 주랜스를 통해 산소를 취련하고, 서브랜스는 측온 샘플링 및 탕면측정 등을 한다. 주랜스는 다공 노즐을 사용하여 취련효율을 높이고, 탈인 촉진을 위해 LD-AC랜스를 사용하고, 옥시퓨얼 랜스를 사용하면 고철 배합율을 50%까지 할 수 있다.

52 연속주조 시 탕면상부에 투입되는 몰드 파우더의 기능으로 틀린 것은?

① 윤활제의 역할
② 강의 청정도 상승
③ 산화 및 환원의 촉진
④ 용강의 공기 산화방지

> **몰드 파우더의 기능**
> 용강산화방지, 열손실방지, 개재물 부상, 윤활 작용

53 탈질을 촉진시키기 위한 방법이 아닌 것은?

① 강욕 끓음을 조장하는 방법
② 노구에서의 공기를 침입시키는 방법
③ 용선 중 질소량을 하강시키는 방법
④ 탈탄 반응을 강하게 하여 강욕을 강력 교반하는 방법

> **탈질 촉진 방법**
> ① 용강의 끓음과 교반을 강하게 한다.
> ② 노구에서의 공기 침입을 방지한다.
> ③ 용선 중 질소량 자체를 낮게 한다.

정답 49 ③　50 ④　51 ③　52 ③　53 ②

54 전기로에 환원철을 사용하였을 때의 설명으로 틀린 것은?

① 제강시간이 단축된다.
② 철분의 회수가 용이하다.
③ 다량의 산화칼슘이 필요하다.
④ 전기로의 자동조작이 필요하다.

> **환원철 사용시 장·단점**
> ① 장점 : 제강시간 단축, 생산성 향상, 취급이 용이, 자동조업이 용이
> ② 단점 : 맥석분이 많음, 다량의 촉매(석회석 또는 산화칼슘)가 필요, 철분 회수가 불량, 가격이 고가

55 혼선로의 역할 중 틀린 것은?

① 용선의 승온
② 용선의 저장
③ 용선의 보온
④ 용선의 균질화

> **혼선로의 기능**
> ① 열방산 방지 및 보온 기능
> ② 용선의 성분 균일화
> ③ 용선의 임시 저장

56 다음 중 탄소강에서 편석을 가장 심하게 일으키는 원소는?

① P   ② Si
③ Cr ④ Al

> **편석 조장 원소**
> S, P 특히 S가 가장 심하게 발생

57 상취 산소 전로 제강법의 특징이 아닌 것은?

① P, S의 함량이 낮은 강을 얻을 수 있다.
② 제강능률이 평로법에 비해 6~8배 높은 제강법이다.
③ 고철 사용량이 많아 Ni, Cr, Mo 등의 tramp element가 많다.
④ 강종의 범위도 극저탄소강으로부터 고탄소강 제조가 가능하다.

> **전로 제강의 품질 특징**
> ① 강중 가스(N, O, H) 함유량이 적다.
> ② 고철 사용량이 적어 Cr, Ni, Mo, Cu 등의 혼입이 적다.
> ③ 극저탄소강을 제조할 수 있다.
> ④ P, S 함유량이 적은 강을 제조할 수 있다.

58 비열이 0.6kcal/kgf·℃인 물질 100g을 25℃에서 225℃까지 높이는 데 필요한 열량(kcal)은?

① 10   ② 12
③ 14   ④ 16

> **비열**
> 물질 1g을 1℃ 올리는데 필요한 열량이므로
> 열량 = 온도차×비열×무게
>   = (225−25)℃×0.6kcal/kg·℃×0.1kg
>   = 12kcal

정답 54 ② 55 ① 56 ① 57 ③ 58 ②

59 전로제강의 진보된 기술로 상취(上吹)의 문제점을 보완한 복합취련에 대한 설명으로 틀린 것은?

① 일반적으로 전로 상부에는 산소, 하부에는 불활성 가스인 아르곤이나 질소가스를 불어 넣는다.
② 상취로 하는 것보다 용강의 교반력이 우수하며 온도와 성분이 균일해 주는 이점이 있다.
③ 취련시간을 단축시킬 수 있으며 따라서 내화물 수명을 연장시킬 수 있다.
④ 용강중의 [C]와 [O]의 반응정도가 상취에 비해 약해지므로 고탄소강 제조에 적합하다.

> 복합취련은 O와 C의 반응이 활발하여 극저탄소강 제조에 유리하다.

60 산화정련을 마친 용강을 제조할 때, 즉 응고 시 탈산제로 사용하는 것이 아닌 것은?

① Fe-Mn ② Fe-Si
③ Sn   ④ Al

> **탈산제**
> Al, CaC_2, Fe-Si, Fe-Mn

정답 59 ④ 60 ③

2014년 2회 제강기능사 과년도 기출문제

01 금속의 응고에 대한 설명으로 옳은 것은?

① 결정입계는 가장 먼저 응고한다.
② 용융금속이 응고할 때 결정을 만드는 핵이 만들어진다.
③ 금속이 응고점보다 낮은 온도에서 응고하는 것을 응고잠열이라 한다.
④ 결정입계에 불순물이 있는 경우 응고점이 높아져 입계에는 모이지 않는다.

> 용융금속의 응고과정은 결정핵이 생성되고, 이 결정핵이 성장하면서 하나의 결정을 이루면서 다른 결정과 만나는 부분이 결정입계가 된다. 결정입계는 가장 늦게 응고되며 편석이 집중되게 된다.
> ※ 응고점보다 낮은 온도에서 응고하는 것을 과냉(supercooling)이라고 한다.

02 주철명과 그에 따른 특징을 설명한 것으로 틀린 것은?

① 가단주철은 백주철을 열처리로에 넣어 가열해서 탈탄 또는 흑연화 방법으로 제조한 주철이다.
② 미해나이트주철은 저급주철이라고 하며, 흑연이 조대하고, 활모양으로 구부러져 고르게 분포한 주철이다.
③ 합금주철은 합금강의 경우와 같이 주철에 특수원소를 첨가하여 내식성, 내마멸성, 내충격성 등을 우수하게 만든 주철이다.
④ 회주철은 보통주철이라고 하며, 펄라이트 바탕 조직에 검고 연한 흑연이 주철의 파단면에서 회색으로 보이는 주철이다.

> **미해나이트주철**
> 흑연 및 기지조직을 미세화한 고급주철이다.

03 공업적으로 생산되는 순도가 높은 순철 중에서 탄소 함유량이 가장 적은 것은?

① 전해철   ② 해면철
③ 암코철   ④ 카보닐철

> **전해철**
> 전기분해를 통하여 불순물을 제거한 철로 순도가 가장 높다.

04 다음 중 재료의 연성을 파악하기 위하여 실시하는 시험은?

① 피로시험
② 충격시험
③ 커핑시험
④ 크리프시험

> 재료의 연성을 알기 위해서는 에릭센시험(커핑시험)을 한다.

정답 01 ② 02 ② 03 ① 04 ③

05 Al-Cu-Si계 합금으로 Si를 넣어 주조성을 좋게 하고 Cu를 넣어 절삭성을 좋게 한 합금의 명칭은?

① 라우탈
② 알민 합금
③ 로엑스 합금
④ 하이드로날륨

> ① 라우탈 : Al-Cu-Si계 주조용 합금으로 강도와 주조성이 우수하다.
> ② 알민 : Al-Mn계 내식용 합금
> ③ 로엑스 : Al-Cu-Mg-Ni-Si계 주조용 합금
> ④ 하이드로날륨 : Al-Mg계 내식용 합금

06 산화성산, 염류, 알칼리, 함황가스 등에 우수한 내식성을 가진 Ni-Cr 합금은?

① 엘린바   ② 인코넬
③ 콘스탄탄   ④ 모넬메탈

> ① 엘린바 : Fe-Ni-Cr계 불변용 합금
> ② 인코넬 : Ni-Cr계 내식용 합금
> ③ 콘스탄탄 : Ni-Cu(55%)계 합금, 열전용, 온도계용
> ④ 모넬메탈 : Ni-Cu(60~70%)계 내식용 합금

07 Cu-Pb계 베어링 합금으로 고속 고하중 베어링으로 적합하여 자동차, 항공기 등에 쓰이는 것은?

① 켈멧(kelmet)
② 백동(cupronickel)
③ 배빗메탈(babbit metal)
④ 화이트메탈(white metal)

> **켈멧(kelmet)**
> 납청동(Cu-Pb)으로 고속 고하중용 베어링에 사용

08 금속에 열을 가하여 액체 상태로 한 후 고속으로 급냉시켜 원자의 배열이 불규칙한 상태로 만든 합금은?

① 제진합금
② 수소저장합금
③ 형상기억합금
④ 비정질합금

> **비정질합금**
> 용융금속을 급냉하여 원자배열을 무질서하게 배열하여 결정구조를 갖지 않는 것

09 금속의 일반적인 특성이 아닌 것은?

① 전성 및 연성이 나쁘다.
② 전기 및 열의 양도체이다.
③ 금속 고유의 광택을 가진다.
④ 수은을 제외한 고체 상태에서 결정구조를 가진다.

> 금속은 전성, 연성이 다른 재료보다 우수하다.

10 Y-합금의 조성으로 옳은 것은?

① Al – Cu – Mg – Si
② Al – Si – Mg – Ni
③ Al – Cu – Ni – Mg
④ Al – Mg – Cu – Mn

> Y합금은 Al-Cu-Mg-Ni계 합금으로 내연기관용으로 사용한다.

정답 05 ① 06 ② 07 ① 08 ④ 09 ① 10 ③

11 Fe-Fe₃C 상태도에서 포정점 상에서의 자유도는? (단, 압력은 일정하다)

① 0　　　② 1
③ 2　　　④ 3

> 자유도 N = n+1−P = 2+1−3=0
> (n = 성분 수, P = 상의 수)
> 성분은 2(Fe와 C), 상은 포정이므로 액상, 고상1, 고상2의 3가지 상이 존재한다.

12 베어링용 합금에 해당되지 않는 것은?

① 루기 메탈　　② 배빗 메탈
③ 화이트 메탈　　④ 엘렉트론 메탈

> 엘렉트론
> Mg-Al-Zn계 합금으로 비강도가 우수한 내연기관용 합금

13 다음의 금속 중 재결정온도가 가장 높은 것은?

① Mo　　② W
③ In　　④ Pt

> 용융점이 높으면 재결정온도도 높다.
> W 3,410℃, Mo 2,610℃, In 155℃, Pt 1,774℃

14 6-4황동에 대한 설명으로 옳은 것은?

① 구리 60%에 주석을 40% 합금한 것이다.
② 구리 60%에 아연을 40% 합금한 것이다.
③ 구리 40%에 아연을 60% 합금한 것이다.
④ 구리 40%에 주석을 60% 합금한 것이다.

> • 6-4황동(문쯔메탈) : Cu(60%)-Zn(40%)
> • 7-3황동 : Cu(70%)-Zn(30%)

15 구상흑연주철이 주조상태에서 나타나는 조직의 형태가 아닌 것은?

① 페라이트형　　② 펄라이트형
③ 시멘타이트형　　④ 헤마타이트형

> 헤마타이트는 적철광이다.

16 회주철을 표시하는 기호로 옳은 것은?

① SC360　　② SS330
③ GC250　　④ BMC270

> 회주철 GC, 구상흑연주철 GCD

17 특수한 가공을 하는 부분 등 특별한 요구사항을 적용할 수 있는 범위를 표시하는 데 사용하는 선은?

① 굵은 파선
② 굵은 1점 쇄선
③ 가는 1점 쇄선
④ 가는 2점 쇄선

> 특수 지정선
> 굵은 1점 쇄선으로 특수한 가공을 하는 부분 등 특별한 요구 사항을 적용할 수 있는 범위를 표시하는 데 사용

18 간단한 기계 장치부를 스케치하려고 할 때 측정 용구에 해당되지 않는 것은?

① 정반
② 스패너
③ 각도기
④ 버니어 캘리퍼스

> 스패너는 결합용 공구이다.

정답　11① 12④ 13② 14② 15④ 16③ 17② 18②

19 도형의 일부분을 생략할 수 없는 경우에 해당되는 것은?

① 물체의 내부가 비었을 때
② 같은 모양이 반복될 때
③ 중심선을 중심으로 대칭할 때
④ 물체가 길어서 한 도면에 나타내기 어려울 때

> 생략 도면을 사용하는 경우
> ① 연속된 같은 모양이 반복할 때
> ② 도형이 대칭일 경우 중심선의 한쪽을 생략할 때
> ③ 물체가 길어서 중간 부분을 생략할 때

20 다음 투상도에서 화살표 방향이 정면도일 때 우측면도로 옳은 것은?

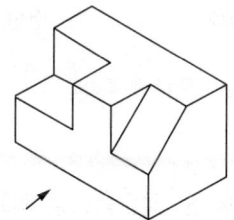

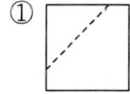 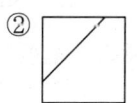

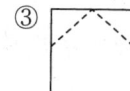 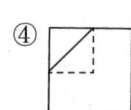

> 우측면도는 오른쪽에서 본 그림이므로 ④와 같다.

21 다음 그림에 대한 설명으로 틀린 것은?

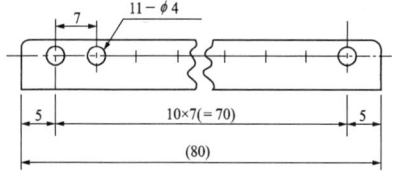

① 80은 참고치수이다.
② 구멍의 개수는 10개이다.
③ 구멍의 지름은 4mm이다.
④ 구멍 사이의 총 간격은 70mm이다.

> 구멍의 개수는 11개이다.

22 그림과 같은 방법으로 그린 투상도는?

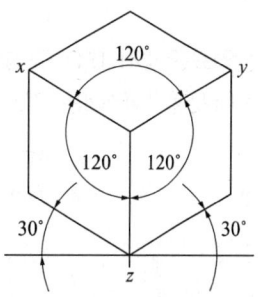

① 정투상도   ② 평면도법
③ 등각투상도 ④ 사투상도

> 등각투상도
> x, y, z 축이 120도로 같은 투상도

23 제도에 있어서 척도에 관한 설명으로 틀린 것은?

① 척도는 도면의 표제란에 기입한다.
② 비례척이 아닌 경우 NS로 표기된다.
③ 같은 도면에서 서로 다른 척도를 사용한 경우에는 해당 그림 부근에 적용한 척도를 표시한다.
④ 척도는 A : B로 표시하며, 현척에서는 A, B를 다같이 1, 축척의 경우 B를 1, 배척의 경우 A를 1로 나타낸다.

> 척도 표시 A : B에서 원래 치수는 축척에서는 A를 1로 하고, 배척은 B를 1로 한다.
> ※ 축척 1 : 2 → 원래 치수의 1/2로 축소
> 　 배척 2 : 1 → 원래 치수의 2배로 확대

정답 19① 20④ 21② 22③ 23④

24 치수 보조기호에 대한 설명이 잘못 짝지어진 것은?

① R25 : 반지름이 25mm
② t5 : 판의 두께가 5mm
③ SR450 : 구의 반지름이 450mm
④ C45 : 동심원의 길이가 45mm

C : 모따기 표시이다.

25 한국산업표준에서 ISO 규격에 없는 관용 테이퍼나사를 나타내는 기호는?

① M   ② PF
③ PT   ④ UNF

① M : 미터 보통 나사
② PF : 관용 평행 나사
③ PT : 관용 테이퍼 나사
④ UNF : 유니파이 가는 나사

26 끼워맞춤의 방식 및 적용에 대한 설명 중 옳은 것은?

① 구멍은 영문의 대문자, 축은 소문자로 표기한다.
② 부품번호에 영문 대문자가 사용되기 때문에 구멍과 축은 다같이 소문자로 사용한다.
③ 표준품을 사용해야 하는 경우와 기능상 필요한 설계 도면에서는 구멍기준 끼워맞춤 방식을 적용한다.
④ 구멍이 축보다 가공하거나 검사하기가 어려울 때는 어떤 끼워맞춤도 선택하지 않는다.

구멍은 대문자, 축은 소문자로 표시하고, 구멍이 축보다 가공 및 검사가 어려우므로 구멍기준 끼워 맞춤을 선택한다.

27 한국산업표준에서 표면 거칠기를 나타내는 방법이 아닌 것은?

① 최소 높이 거칠기(Rc)
② 최대 높이 거칠기(Ry)
③ 10점 평균 거칠기(Rz)
④ 산술 평균 거칠기(Ra)

표면거칠기 표시
① 중심선 표면 거칠기(산술 평균 거칠기 : Ra)
② 최대 높이 거칠기(Rmax)
③ 10점 평균 거칠기(Rz)

28 전로 공정에서 주원료에 해당되지 않는 것은?

① 용선   ② 고철
③ 생석회   ④ 냉선

생석회는 부원료에 속한다

29 제강반응 중 탈탄속도를 빠르게 하는 경우가 아닌 것은?

① 온도가 높을수록
② 철광석 투입량이 적을수록
③ 용재의 유동성이 좋을수록
④ 산성강재보다 염기성강재의 유리 FeO가 많을수록

탈탄속도를 빠르게 하는 경우
① 온도가 높을수록
② 슬래그 유동성이 좋을수록
③ 철광석, 밀 스케일 투입량이 많을수록
④ 슬래그 중에 FeO가 많을수록
⑤ Si, Mn, P 등의 원소가 적을수록

정답 24 ④ 25 ③ 26 ① 27 ① 28 ③ 29 ②

30 전로법의 종류 중 저취법이며 내화재가 산성인 것은?

① 로터법　② 칼도법
③ LD-AC법　④ 베서머법

> 베서머법은 산성 전로법에 해당한다.

31 연속 주조법에서 노즐의 막힘 원인과 거리가 먼 것은?

① 석출물이 용강 중에 섞이는 경우
② 용강의 온도가 높아 유동성이 좋은 경우
③ 용강온도 저하에 따라 용강이 응고하는 경우
④ 용강으로부터 석출물이 노즐에 부착 성장 하는 경우

> 연속주조 조업에서 노즐의 막힘의 원인
> ① 개재물 및 석출물 등에 의한 막힘
> ② 주입온도 저하에 의한 막힘
> ③ 침지노즐의 예열 불량에 의한 막힘

32 연주 파우더(Powder)에 포함된 미분 카본(C)의 역할은?

① 윤활작용을 한다.
② 용융속도를 조절한다.
③ 점성을 저하시킨다.
④ 보온작용을 한다.

> 연주 파우더 중 탄소 분말의 역할
> 용융속도 조절

33 아크식 전기로의 주 원료로 가장 많이 사용되는 것은?

① 고철　② 철광석
③ 소결광　④ 보크사이트

> • 전기로의 주원료 : 고철
> • 전로의 주원료 : 용선

34 슬래그의 역할이 아닌 것은?

① 정련작용을 한다.
② 용강의 재산화를 방지한다.
③ 가스의 흡수를 방지한다.
④ 열손실이 일어난다.

> 슬래그의 역할
> ① 정련작용(불순물 제거)
> ② 용강의 산화방지
> ③ 외부가스 흡수방지
> ④ 보온(열의 방출 차단)

35 하인리히의 사고예방의 단계 5단계에서 4단계에 해당되는 것은?

① 조직
② 평가분석
③ 사실의 발견
④ 시정책의 선정

> 사고예방 대책 5단계
> ① 안전조직 관리
> ② 사실의 발견(위협의 발견)
> ③ 분석평가(원인규명)
> ④ 시정방법의 선정
> ⑤ 시정책의 적용(목표달성)

정답　30 ④　31 ②　32 ②　33 ①　34 ④　35 ④

36 노외정련법 중 LF(Ladle Furnace)의 목적과 특성을 설명한 것 중 틀린 것은?

① 탈수소를 목적으로 한다.
② 탈황을 목적으로 한다.
③ 탈산을 목적으로 한다.
④ 레이들 용강온도의 제어가 용이하다.

> **LF 법의 특징**
> ① 서브머지드 아크에 의한 정련
> ② 탈산, 탈황 용이
> ③ 용강 온도 조정 및 승온 용이
> ④ 성분 조정이 용이
> ⑤ 불순물 및 비금속 개재물 제거 용이

37 상취 산소전로법에 사용되는 밀 스케줄(mill scale) 또는 소결광의 사용 목적이 아닌 것은?

① 슬로핑(sloopung) 방지제
② 냉각 효과의 기대
③ 출강 실수율이 향상
④ 산소 사용량의 절약

> **전로법에서 소결광이나 밀스케일 사용 효과**
> ① 슬래그화 촉진(슬로핑이 발생)
> ② 냉각 효과
> ③ 슬래그 중 전철(T-Fe) 상승으로 산소 사용량 감소
> ④ 출강 실수율 향상

38 LD 전로의 열정산에서 출열에 해당하는 것은?

① 용선의 현열
② 산소의 현열
③ 석회석 분해열
④ 고철 및 플럭스의 현열

> **전로 열정산**
> ① 입열 항목
>   • 용선의 현열
>   • 불순물 원소(C, Si, Mn, P 등) 연소열
>   • 강재의 복염 생성열
>   • Fe_3C 분해열
>   • 고철 및 부원료의 현열
>   • 순산소의 현열
> ② 출열 항목
>   • 용강 및 슬래그의 현열
>   • 연진(철진) 및 폐가스의 현열
>   • 석회석의 분해열
>   • 밀 스케일, 철광석의 분해 흡수열
>   • 냉각수의 현열
>   • 노외 방산열

39 다음 중 턴디시(Tundish)의 역할과 관계가 없는 것은?

① 용강을 탈산한다.
② 개재물을 부상분리한다.
③ 용강을 연주기에 분배한다.
④ 주형으로 주입량을 조절한다.

> **턴디시의 역할**
> ① 주입량 조절
> ② 주형에 용강 분배
> ③ 용강 중의 비금속 개재물 부상 분리

40 전기로 제강법에서 환원기 작업의 특성을 설명한 것 중 틀린 것은?

① 강욕 성분의 변동이 적다.
② 환원기 슬래그를 만들기 쉽다.
③ 탈산이 천천히 진행되어 환원시간이 늦어진다.
④ 탈황이 빨리 진행되어 환원시간이 빠르다.

> **전기로 제강 환원기 특징**
> ① 염기성 슬래그로 정련
> ② 산화기에 증가된 산소 제거
> ③ 탈산과 탈황이 빠르게 진행되어 환원시간 단축
> ④ 강욕의 성분 변동이 적음

41 용강 1톤 중의 C를 0.10% 떨어뜨리는데 필요한 이론산소 가스량(Nm³)은? (단, 반응은 $C+\frac{1}{2}O_2 \rightarrow CO$에 따라 완전 반응했다고 가정한다)

① 930　　② 93
③ 9.3　　④ 0.93

> 산소량 = 탄소량 × $\frac{\text{산소 원자량}}{\text{탄소 원자량}}$ = $1 \times \frac{16}{12}$ = 1.33kg
> 1.3kg을 부피로 환산하면 : $\frac{22.4}{32} \times 1.33 = 0.93$

42 전로 조업법 중 강욕에 대한 산소제트 에너지를 감소시키기 위하여 산소취입 압력을 낮추거나 또는 랜스 높이를 보통보다 높게 하는 취련 방법은?

① 소프트 블로우
② 스트랭스 블로우
③ 더블 슬래그
④ 하드 블로우

> **소프트 블로우**
> ① 산소 압력을 낮추어 조업
> ② 랜스 높이를 높여서 조업
> ③ 산소량을 줄여서 조업
> ④ 탈탄보다 탈인이 주목적

43 연속주조에서 주조를 처음 시작할 때 주형의 밑을 막아주는 것은?

① 핀치 롤　　② 자유 롤
③ 턴디시　　④ 더미바

> **더미바**
> 주조 초기 주형 하부를 막아주고 용강이 응고하기 시작하면 주편을 핀치롤까지 인발하는 장치

44 주형과 주편의 마찰을 경감하고 구리판과의 융착을 방지하여 안정한 주편을 얻을 수 있도록 하는 것은?

① 주형
② 레이들
③ 슬라이딩 노즐
④ 주형 진동장치

> **주형 진동장치(오실레이션)**
> 주입된 용강이 주형벽에 부착되는 것을 방지

45 규소의 약 17배, 망간의 90배까지 탈산시킬 수 있는 것은?

① Al　　② Ti
③ Si-Mn　　④ Ca-Si

> Al은 규소의 17배, 망간의 90배까지 탈산할 수 있다.

46 LD 전로에서 슬로핑(slooping)이란?

① 취련압력을 낮추거나 랜스 높이를 높게 하는 현상
② 취련 중기에 용재 및 용강이 노 외로 분출되는 현상
③ 취련 초기 산소에 의해 미세한 철 입자가 비산하는 현상
④ 용강 용제가 노 외로 비산하지 않고 노구 근방에 도넛 모양으로 쌓이는 현상

> ① 슬로핑은 취련 중기에 용융물(슬래그)이 취련 시 노구 밖으로 분출하는 현상이다. 장입량이 많을 경우는 취련 초기에 스피팅이 일어날 수 있다.
> ② 스피팅은 취련 초기에 용강이 노구 밖으로 분출하는 현상
> ③ 베렌현상은 용강 용제가 노 외로 비산하지 않고 노구 근방에 도넛 모양으로 쌓이는 현상

47 LD 전로의 주원료인 용선중에 Si 함량이 과다할 경우 노 내 반응의 설명이 틀린 것은?

① 강재량이 증가한다.
② 이산화규소량이 증가한다.
③ 산화반응열이 감소한다.
④ 출강 실수율이 감소한다.

> 용선 중 Si이 많아지면 산화를 위한 산소가 많이 필요하며, SiO_2가 많이 생성됨에 따라 슬래그 염기도가 낮아지고, 석회석이 많이 필요하고, 내화물을 침식할 수 있다.

48 다음 중 B급 화재가 아닌 것은?

① 타르　　② 구리스
③ 목재　　④ 가연성 액체

> **화재의 분류**
>
> | 구분 | 명칭 | 내용 |
> |---|---|---|
> | A급 | 일반 화재 | • 연소 후 재가 남는 화재(일반 가연물)
• 목재, 섬유류, 플라스틱 등 |
> | B급 | 유류 화재 | • 연소 후 재가 없는 화재(유류 및 가스)
• 가연성 액체(가솔린, 석유 등) 및 기체 (프로판 등) |
> | C급 | 전기 화재 | • 전기 기구 및 기계에 의한 화재
• 변압기, 개폐기, 전기 다리미 등 |
> | D급 | 금속 화재 | • 금속(마그네슘, 알루미늄 등)에 의한 화재
• 금속이 물과 접촉하면 열을 내며 분해되어 폭발하며, 소화 시에는 모래나 질석 또는 팽창 질석을 사용 |

49 연속주조공정에서 중심 편석과 기공의 저감 대책으로 틀린 것은?

① 균일 확산처리다.
② 등축점의 생성을 촉진한다.
③ 압하에 의한 미응고 용강의 유동을 억제한다.
④ 주상정 간의 입계에 용질 성분을 농축시킨다.

> **주편의 중심 편석 및 기공을 억제**
> ① 중심부 등축정을 확대
> ② 최종 응고부분 벌징 방지
> ③ 미응고 용강의 유동을 억제
> ④ 균일 확산 처리
> ※ 주상정 입계에 용질 성분이 농축되면 편석이 발생한다.

정답　46 ②　47 ③　48 ③　49 ④

50 전로 정련작업에서 노체를 기울여 미리 평량한 고철과 용선의 장입방법은?

① 사다리차로 장입
② 지게차로 장입
③ 크레인으로 장입
④ 정련작업자의 수작업

전로 고철 장입은 크레인으로 한다.

51 스테인리스의 전기로 조업과정의 순서로 옳은 것은?

① 산화기 → 환원기 → 완성기 → 용해기 → 출강
② 용해기 → 산화기 → 환원기 → 완성기 → 출강
③ 환원기 → 산화기 → 용해기 → 완성기 → 출강
④ 완성기 → 산화기 → 환원기 → 용해기 → 출강

스테인리스강 전기로 조업과정
용해기 → 산화기 → 환원기 → 완성기 → 출강

52 용선을 전로 장입전에 용선 예비탈황을 실시할 때 탈황제로서 적당하지 못한 것은?

① 형석
② 생석회
③ 코크스
④ 석회질소

코크스는 가탄 역할을 하고, 탈황 역할을 하지 않는다.

53 염기성 제강법이 등장하게 된 것은 용선 중 어떤 성분 때문인가?

① C
② P
③ Mn
④ Si

염기성 제강은 탈인, 탈황에 유리하다.

54 전기로의 전극에 대용량의 전력을 공급하기 위해 반드시 구비해야 하는 설비는?

① 집진기
② 변압기
③ 수냉 판넬
④ 장입장치

전기로에 고전력을 공급하려면 변압설비가 필요하다.

55 킬드강에서 편석을 일으키는 원인이 되는 가장 큰 원소는?

① P
② S
③ C
④ Si

편석 조장 원소
S, P 특히 S가 가장 심하게 발생

56 진공 탈가스 효과로 볼 수 없는 것은?

① 인의 제거
② 가스 성분 감소
③ 비금속 개재물의 저감
④ 온도 및 성분의 균일화

진공 탈가스법의 효과
① 불순물 가스(N, H, O 등)의 감소
② 비금속 개재물의 감소
③ 유해 원소의 증발 제거
④ 온도와 성분의 균일화

정답 50 ③ 51 ② 52 ③ 53 ② 54 ② 55 ② 56 ①

57 수강 대차 사고로 기관차 유도 출강 시 안전 보호구로 적당하지 않은 것은?

① 방열복
② 안전모
③ 안전벨트
④ 방진 마스크

> 안전벨트는 차량운전자, 고소작업자 등이 착용한다.

58 순환 탈가스법에서 용강을 교반하는 방법은?

① 아르곤 가스를 취입한다.
② 레이들을 편심 회전시킨다.
③ 스터러를 회전시켜 강제 교반한다.
④ 산소를 불어 넣어 탄소와 직접 반응시킨다.

> RH법(순환탈가스법)에서 용강 교반은 Ar 가스를 사용하여 교반을 한다.

59 전기로의 산화기 정련작업에서 산화제를 투입하였을 때 강욕 중 각 원소의 반응 순서로 옳은 것은?

① Si → P → C → Mn → Cr
② Si → C → Mn → P → Cr
③ Si → Cr → C → P → Mn
④ Si → Mn → Cr → P → C

> 전기로 산화기 원소의 산화 순서
> Si → Mn → Cr → P → C

60 연속주조에서 용강의 1차 냉각이 되는 곳은?

① 더미바   ② 레이들
③ 턴디시   ④ 몰드

> 연속주조의 냉각
> ① 1차 냉각(간접 냉각) : 몰드에서의 냉각
> ② 2차 냉각(직접 냉각) : 살수에 의한 냉각
> ③ 3차 냉각(기계 냉각) : 기계접촉에 의한 냉각

정답 57 ③ 58 ① 59 ④ 60 ④

2015년 1회 제강기능사 과년도 기출문제

01 Al의 실용합금으로 알려진 실루민(Silumin)의 적당한 Si 함유량(%)은?

① 0.5~2 ② 3~5
③ 6~9   ④ 10~13

> 실루민은 Al-Si계 합금으로 공정점 부근인 Si이 10~13% 함유된 합금이다.

02 비정질 합금의 제조는 금속을 기체, 액체, 금속 이온 등에 의하여 고속 급냉하여 제조한다. 기체 급냉법에 해당하는 것은?

① 원심법
② 화학 증착법
③ 쌍롤(Double roll)법
④ 단롤(Single roll)법

> • 기체 급냉법 : 화학증착법, 진공증착법, 스퍼터링법
> • 액체 급냉법 : 원심법, 쌍롤법, 단롤법

03 구조용 합금강 중 강인강에서 Fe_3C 중에 용해하여 경도 및 내마멸성을 증가시키며 임계냉각 속도를 느리게 하여 공기 중에 냉각하여도 경화하는 자경성이 있는 원소는?

① Ni   ② Mo
③ Cr   ④ Si

> Cr은 경도 및 내마멸성을 증가시키고 자경성을 증가시킨다.

04 다음 중 Sn을 함유하지 않은 청동은?

① 납 청동
② 인 청동
③ 니켈 청동
④ 알루미늄 청동

> **알루미늄 청동** : Cu-Al계 청동이다.

05 니켈 60~70% 함유한 모넬 메탈은 내식성, 화학적 성질 및 기계적 성질이 매우 우수하다. 이 합금에 소량의 황(S)을 첨가하여 쾌삭성을 향상시킨 특수 합금에 해당하는 것은?

① H – Monel
② K – Monel
③ R – Monel
④ KR – Monel

> **모넬 메탈**
> ① H-모넬 : 모넬 + Si
> ② K-모넬 : 모넬 + Al
> ③ R-모넬 : 모넬 + S
> ④ KR-모넬 : 모넬 + C

정답 01 ④ 02 ② 03 ③ 04 ④ 05 ③

06 나사 각부를 표시하는 선의 종류로 틀린 것은?

① 가려서 보이지 않는 나사부는 파선으로 그린다.
② 수나사의 골 지름과 암나사의 골 지름은 가는 실선으로 그린다.
③ 완전 나사부와 불완전 나사부의 경계선은 가는 실선으로 그린다.
④ 수나사의 바깥지름과 암나사의 안지름은 굵은 실선으로 그린다.

> 완전 나사부와 불완전 나사부의 경계선은 굵은 실선으로 그린다.

07 다음 표에서 (a), (b)의 값으로 옳은 것은?

허용치수 \ 기준	구멍	축
최대 허용치수	50.025mm	49.975mm
최소 허용치수	50.000mm	49.950mm
최소 틈새	(a)	
최대 틈새	(b)	

① (a) 0.075 (b) 0.025
② (a) 0.025 (b) 0.075
③ (a) 0.05   (b) 0.05
④ (a) 0.025 (b) 0.025

> • 최소 틈새 : 구멍의 최소치수 − 축의 최대치수
>   = 50−49.975 = 0.025
> • 최대 틈새 : 구멍의 최대치수 − 축의 최소치수
>   = 50.025−49.950 = 0.075

08 치수의 종류 중 주조공장이나 단조공장에서 만들어진 그대로의 치수를 의미하는 반제품 치수는?

① 재료 치수   ② 소재 치수
③ 마무리 치수 ④ 다듬질 치수

> 소재 치수 : 반제품 그대로의 치수

09 단면 표시방법에 대한 설명 중 틀린 것은?

① 절단면의 위치는 다른 관계도에 절단선으로 나타낸다.
② 단면도와 다른 도면과의 관계는 정투상법에 따른다.
③ 단면에는 절단하지 않은 면과 구별하기 위하여 해칭이나 스머징을 한다.
④ 투상도는 전부 또는 일부를 단면으로 도시하여 나타내지 않는 것을 원칙으로 한다.

> 투상도는 전부 또는 일부를 단면으로 도시한다.

10 한국산업표준에서 규정하고 있는 제도용지 A2의 크기(mm)는?

① 841×1,189   ② 420×594
③ 294×420   ④ 210×297

> A2 : 420×594

11 Ti 및 Ti 합금에 대한 설명으로 틀린 것은?

① Ti의 비중은 약 4.54 정도이다.
② 용융점이 높고 열전도율이 낮다.
③ Ti은 화학적으로 매우 반응성이 강하나 내식성은 우수하다.
④ Ti의 재료 중에 O_2와 N_2가 증가함에 따라 강도와 경도는 감소되나 전연성은 좋아진다.

> Ti의 재료 중에 O_2와 N_2가 증가하면 취성이 증가하여 전연성이 떨어지게 된다.

정답 06 ③ 07 ② 08 ② 09 ④ 10 ② 11 ④

12 주철의 일반적인 성질을 설명한 것 중 옳은 것은?

① 비중은 C와 Si 등이 많을수록 커진다.
② 흑연편이 클수록 자기 감응도가 좋아진다.
③ 보통 주철에서는 압축강도가 인장강도보다 낮다.
④ 시멘타이트의 흑연화에 의한 팽창은 주철의 성장 원인이다.

> 주철의 성장은 시멘타이트의 흑연화에 의해 발생한다.

13 금속의 일반적인 특성에 관한 설명으로 틀린 것은?

① 수은을 제외하고 상온에서 고체이며 결정체이다.
② 일반적으로 강도와 경도는 낮으나 비중은 크다.
③ 금속 특유의 광택을 갖는다.
④ 열과 전기의 양도체이다.

> 금속은 일반적으로 강도와 경도가 크고 결정체이다.

14 열간가공한 재료 중 Fe, Ni과 같은 금속은 S와 같은 불순물이 모여 가공 중에 균열이 생겨 열간가공을 어렵게 하는 것은 무엇 때문인가?

① S에 의한 수소 메짐성 때문이다.
② S에 의한 청열 메짐성 때문이다.
③ S에 의한 적열 메짐성 때문이다.
④ S에 의한 냉간 메짐성 때문이다.

> S는 적열취성을 일으키는 원소이다.

15 불변강이 다른 강에 비해 가지는 가장 뛰어난 특성은?

① 대기 중에서 녹슬지 않는다.
② 마찰에 의한 마멸에 잘 견딘다.
③ 고속으로 절삭할 때에 절삭성이 우수하다.
④ 온도 변화에 따른 열팽창 계수나 탄성률의 성질 등이 거의 변하지 않는다.

> 불변강은 온도 변화에 따른 열팽창 계수나 탄성률의 성질 등이 거의 변하지 않는 강으로 인바, 엘린바, 슈퍼인바, 플래티나이트 등이 있다.

16 공구용 합금강이 공구 재료로서 구비해야 할 조건으로 틀린 것은?

① 강인성이 커야 한다.
② 내마멸성이 작아야 한다.
③ 열처리와 공작이 용이해야 한다.
④ 상온과 고온에서의 경도가 높아야 한다.

> 공구강은 내마멸성이 커야 한다.

17 Ni과 Cu의 2성분계 합금은 용액상태에서나 고체상태에서나 완전히 융합되어 1상이 된 것은?

① 전율 고용체
② 공정형 합금
③ 부분 고용체
④ 금속간 화합물

> **전율 고용체**
> 2성분계 합금은 용액상태에서나 고체상태에서나 완전히 융합되어 1상이 된 것

정답 12 ④ 13 ② 14 ③ 15 ④ 16 ② 17 ①

18 전극재료를 제조하기 위해 전극재료를 선택하고자 할 때의 조건으로 틀린 것은?

① 비저항이 클 것
② SiO_2와 밀착성이 우수할 것
③ 산화 분위기에서 내식성이 클 것
④ 금속규화물의 용융점이 웨이퍼 처리 온도보다 높을 것

> 전극재료는 비저항이 작아야 한다.

19 귀금속에 속하는 금은 전연성이 가장 우수하며 황금색을 띤다. 순도 100%를 나타내는 것은?

① 24캐럿(carat, K)
② 48캐럿(carat, K)
③ 50캐럿(carat, K)
④ 100캐럿(carat, K)

> 귀금속의 순도는 캐럿(carat, K)으로 나타내는데 24K를 순도가 100%에 가까운 것으로 한다.

20 물의 상태도에서 고상과 액상의 경계선상에서의 자유도는?

① 0   ② 1
③ 2   ④ 3

> 자유도
> $F = n - P + 2 = 1 - 2 + 2 = 1$
> (n : 성분 수, P : 상의 수)

21 도면에 표시하는 가공방법의 기호 중 연삭가공을 나타내는 기호는?

① G   ② M
③ F   ④ B

> G : 연삭가공, M : 밀링가공, B : 보링머신가공

22 다음 선 중 가장 굵은 선으로 표시되는 것은?

① 외형선   ② 가상선
③ 중심선   ④ 치수선

> 굵은 실선 : 외형선

23 도면의 치수기입 방법에 대한 설명으로 [보기]에서 옳은 것을 모두 고른 것은?

> ㉠ 치수의 단위에는 길이와 각도 및 좌표가 있다.
> ㉡ 길이는 m를 사용하되 단위는 숫자 뒷부분에 항상 기입한다.
> ㉢ 각도는 도(°), 분('), 초(")를 사용한다.
> ㉣ 도면에 기입되는 치수는 완성된 물체의 치수를 기입한다.

① ㉠, ㉡   ② ㉡, ㉢
③ ㉢, ㉣   ④ ㉠, ㉣

> 치수의 단위는 길이와 각도가 있다.
> 길이는 mm를 사용하고 단위는 기입하지 않는다.

정답 18① 19① 20② 21① 22① 23③

24 다음 물체를 3각법으로 옳게 나타낸 투상도는?

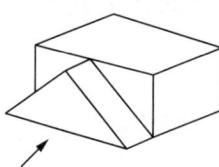

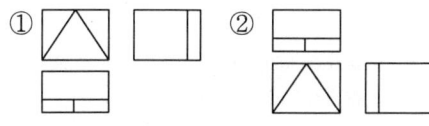

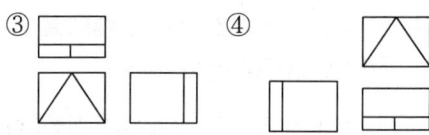

> 정면도는 삼각형 모양이 보이는 것이며, 평면도는 삼각형 부분이 둘로 나뉘어 보이게 되고, 우측면도는 왼쪽으로 삼각형 모양이 보이게 된다. 따라서 ②와 같다.

25 부품을 제작할 수 있도록 각 부품의 형상, 치수, 다듬질 상태 등 모든 정보를 기록한 도면은?

① 조립도　　② 배치도
③ 부품도　　④ 견적도

> ① 조립도 : 기계나 구조물의 전체적인 조립 상태를 나타내는 도면
> ② 부품도 : 물품을 구성하는 각 부품에 대하여 가장 상세하게 나타내는 도면
> ③ 견적도 : 만드는 사람이 견적서에 첨부하여 주문할 사람에게 주문품의 내용을 설명하는 도면

26 KS D 3503 SS330은 일반 구조용 압연 강재를 나타내는 것이다. 이 중 제품의 형상별 종류나 용도 등을 나타내는 기호로 옳은 것은?

KS D 3503	S	S	330
㉠	㉡	㉢	㉣

① ㉠　　② ㉡
③ ㉢　　④ ㉣

> ① KS D 3503 : KS 규격 위치
> ② S : 재질기호로 강을 나타냄
> ③ S : 규격과 제품명을 나타내는 기호로 일반 구조용 압연재이다.
> ④ 330 : 최저 인장강도가 330

27 한국산업표준에 의한 표면의 결(거칠기) 도시 기호 중 "제거 가공을 허락하지 않는 것의 지시"를 나타내는 기호로 옳은 것은?

① 　　②

③ 　　④

> • ✓ : 제거가공을 허용하지 않는 면
> • ✓ : 제거가공을 필요로 하는 면
> • ✓ : 제거가공의 필요 여부를 문제삼지 않는 면

28 용강의 탈산을 완전하게 하여 주입하므로 가스 발생 없이 응고되며 고급강, 합금강 등에 사용되는 강은?

① 림드강　　② 킬드강
③ 캡드강　　④ 세미킬드강

> **킬드강**
> 강력탈산제를 사용하여 완전히 탈산한 강으로 회수율이 낮지만 품질이 우수하다.

정답　24 ② 25 ③ 26 ③ 27 ① 28 ②

29 무재해 시간의 산정방법을 설명한 것 중 옳은 것은?

① 하루 3교대 작업은 3일로 계산한다.
② 사무직은 1일 9시간으로 산정한다.
③ 생산직 과장급 이하는 사무직으로 간주한다.
④ 휴일, 공휴일에 1명만이 근무한 사실이 있다면 이 기간도 산정한다.

> 3교대라도 1일로 계산, 사무직 1일 8시간, 생산직 과장급 이하는 생산직이다.

30 연속주조에서 주편 내 개재물 생성 방지 대책으로 틀린 것은?

① 레이들 내 버블링 처리로 개재물을 부상 분리시킨다.
② 가능한 한 주조 온도를 낮추어 개재물을 분리시킨다.
③ 내용손성이 우수한 재질의 침지노즐을 사용한다.
④ 턴디시 내 용강 깊이를 가능한 크게 한다.

> 주조온도를 낮추면 개재물의 분리가 더 어려워지며, 주조 작업에도 나쁜 영향을 준다.

31 순 산소 상취전로의 취련 중에 일어나는 현상인 스피팅(spitting)에 관한 설명으로 옳은 것은?

① 취련 초기에 발생하며 랜스 높이를 높게 하여 취련할때 발생되는 현상이다.
② 취련 초기에 발생하며 주로 철 및 슬래그 입자가 노 밖으로 비산되는 현상이다.
③ 취련 초기에 밀 스케일 등을 많이 넣었을 때 발생하는 현상이다.
④ 취련 말기 철광석 투입이 완료된 직후 발생하기 쉬우며 소프트 블로우(soft blow)를 행한 경우 나타나는 현상이다.

> **스피팅(spitting)**
> 취련 초기 산소압력에 의해 미세한 철입자가 노로 비산하는 현상으로 장입량이 많을 경우 발생

32 전기로 산화정련작업에서 제거되는 것은?

① Si, C   ② Mo, H_2
③ Al, S   ④ O_2, Zr

> • 산화기 : 탈탄, 탈규, 탈인
> • 환원기 : 탈산, 탈황

33 상취 산소전로법에서 극저황강을 얻기 위한 방법으로 옳은 것은?

① 저황(S) 합금철, 가탄재를 사용한다.
② 저용선비조업 또는 고황(S) 고철을 사용한다.
③ 용선을 제강 전에 예비탈황없이 작업한다.
④ 저염기도의 유동성이 없는 슬래그로 조업한다.

> **저황강 제조**
> 원료 중 황의 성분이 적은 것 사용, 고온도조업, 고염기도 조업, 예비 탈황 실시

34 진공탈가스법의 처리효과에 관한 설명으로 틀린 것은?

① 기계적 성질이 향상된다.
② H, N, O 가스 성분이 증가된다.
③ 비금속 개재물이 저감된다.
④ 온도 및 성분의 균일화를 기할 수 있다.

> 진공탈가스는 각종 가스를 거의 제거할 수 있다.

정답 29④ 30② 31② 32① 33① 34②

35 연속주조 설비의 기본적인 배열 순서로 옳은 것은?

① 턴디시 → 주형 → 스프레이 냉각대 → 핀치 롤 → 절단 장치
② 턴디시 → 주형 → 핀치 롤 → 절단 장치 → 스프레이 냉각대
③ 주형 → 스프레이 냉각대 → 핀치 롤 → 턴디시 → 절단 장치
④ 주형 → 턴디시 → 스프레이 냉각대 → 핀치 롤 → 절단 장치

> 연속주조 설비 순서
> 레이들 → 턴디시 → 주형(몰드) → 1차 냉각대 (수냉 스프레이) → 핀치롤 → 주편 절단장치(TCM)

36 용강의 합금 첨가법 중 칼슘(Ca) 첨가법에 대한 설명으로 틀린 것은?

① 강재 개재물의 형상이 변화되지 않고 안정적으로 유지된다.
② Ca를 탄형상(彈形狀)으로 용강 중에 발사하므로 실수율이 높고 안정하다.
③ 어떠한 제강공장에서도 적용이 가능하다.
④ 청정도가 높은 강을 얻을 수 있다.

> Ca가 첨가되면 Ca가 개재물과 쉽게 반응하여 분리부상될 수 있다.

37 턴디시(tundish)의 역할이 아닌 것은?

① 용강의 탈산작용을 한다.
② 용강 중에 비금속 개재물을 부상시킨다.
③ 주형에 들어가는 용강의 양을 조절해 준다.
④ 용강을 각 스트랜드(strand)로 분배하는 역할을 한다.

> 탈산작용은 제강로나 2차 정련에서 이루어진다.

38 순환탈가스(RH)법에서 산소, 수소, 질소 가스가 제거되는 장소가 아닌 곳은?

① 진공조 외부의 공기와 닿는 철피 표면
② 진공조 내에서 노출된 용강 표면
③ 하강관, 진공조 내부의 내화물 표면
④ 취입가스와 함께 비산하는 스플래시 표면

> 진공조 외부 공기와 접하는 철피로는 탈가스가 이루어지지 않는다.

39 아크식 전기로 조업에서 탈수소를 유리하게 하는 조건은?

① 대기 중의 습도를 높게 한다.
② 강욕의 온도를 충분히 높게 한다.
③ 끓음이 발생하지 않도록 탈산속도를 낮게 한다.
④ 탈가스 방지를 위해 슬래그의 두께를 두껍게 한다.

> 탈수소를 유리하게 하는 조건
> ① 강욕 온도가 충분히 높을 것
> ② 강욕 중의 규소, 망간, 크롬 등의 탈산 원소를 적게 함유할 것
> ③ 적당히 탈가스가 되도록 슬래그의 두께가 두껍지 않을 것
> ④ 탈산 속도가 클 것(비등이 활발할 것)
> ⑤ 산화제와 첨가제에 수분을 함유하지 않을 것
> ⑥ 대기 중의 습도가 낮을 것

정답 35 ① 36 ① 37 ① 38 ① 39 ②

40 용선의 예비처리법 중 레이들 내의 용선에 편심회전을 주어 그때에 일어나는 특이한 파동을 반응물질의 혼합 교반에 이용하는 처리법은?

① 교반법 ② 인젝션법
③ 요동 레이들법 ④ 터뷰레이터법

- **인젝션법**: 용강 상부에서 취입관을 이용하여 취입하는 방법
- **교반법**: 탈황제를 넣고 용강을 교반하여 탈황하는 방법
- **요동 레이들법**: 레이들에 편심을 주어 회전을 하면서 탈황하는 방법

41 안전점검표 작성 시 유의사항에 관한 설명 중 틀린 것은?

① 사업장에 적합한 독자적인 내용일 것
② 일정 양식을 정하여 점검대상을 정할 것
③ 점검표의 내용은 점검의 용이성을 위하여 대략적으로 표현할 것
④ 정기적으로 검토하여 재해방지에 실효성 있게 개조된 내용일 것

점검표의 내용은 상세하게 표현되어야 한다.

42 LD 전로 설비에 관한 설명 중 틀린 것은?

① 노체는 강판용접구조이며 내부는 연와로 내장되어 있다.
② 노구 하부에는 출강구가 있어 노체를 경동시켜 용강을 레이들로 배출할 수 있다.
③ 트러니언링은 노체를 지지하고 구동설비의 구동력을 노체에 전달할 수 있다.
④ 산소관은 고압의 산소에 견딜 수 있도록 고장력강으로 만들어졌다.

LD 전로의 산소취련관은 열전도성이 우수한 구리로 만든다.

43 전로법에서 냉각제로 사용되는 원료가 아닌 것은?

① 페로실리콘 ② 소결광
③ 철광석 ④ 밀 스케일

페로실리콘(Fe-Si)은 탈산 합금철용으로 사용한다.

44 LD 전로 공장에 반드시 설치해야 할 설비는?

① 산소 제조설비
② 질소 제조설비
③ 코크스 제조설비
④ 소결광 제조설비

LD 전로는 순산소를 사용하므로 산소 제조설비가 필수이다.

45 전로에서 저용선 배합 조업 시 취해야 할 사항 중 틀린 것은?

① 용선의 온도를 높인다.
② 고철을 냉각하여 배합한다.
③ 페로실리콘과 같은 발열제를 첨가한다.
④ 취련용 산소와 함께 연료를 첨가한다.

저용선을 배합하고 고철량을 높이려면 고철을 미리 예열해야 한다.

46 순산소 상취전로 제강법에서 소프트 블로우 (soft blow)의 의미는?

① 취련 압력을 낮추고 산소유량은 높여서 랜스 높이를 낮추어 취련하는 것이다.
② 취련 압력을 낮추고 산소유량도 낮추며 랜스 높이를 높여 취련하는 것이다.
③ 취련 압력을 높이고 산소유량은 낮추되 랜스 높이를 높여 취련하는 것이다.
④ 용강이 넘쳐 나오지 않게 부드럽게 취련하기 위해 랜스 높이만을 높여 취련하는 것이다.

> **소프트 블로우**
> ① 산소 압력을 낮추어 조업
> ② 랜스 높이를 높여서 조업
> ③ 산소량을 줄여서 조업
> ④ 탈탄보다 탈인이 주목적

47 고인선을 처리하는 방법으로 노체를 기울인 상태에서 고속을 회전시키며 취련하는 방법은?

① LD – AC법
② 칼도법
③ 로터법
④ 이중강재법

> **특수전로법**
> ① 칼도법 : 노체를 기울인 상태에서 고속으로 회전하면서 취련하는 방법으로 고인선을 처리하는 방법이다.
> ② 로터법은 고인선 처리용 특수전로법이다.
> ③ LD–AC법(OLP법) : 조재제인 산화칼슘 분말을 산소와 동시에 취입하는 방법

48 AOD(Argon Oxygen Decarburization) 에서 O_2, Ar 가스를 취입하는 풍구의 위치가 설치되어 있는 곳은?

① 노상 부근의 측면
② 노저 부근의 측면
③ 임의로 조절이 가능한 노상 위쪽
④ 트러니언이 있는 중간 부분의 측면

> AOD법에서 산소나 아르곤 가스는 노저에서 취입한다.

49 연속주조에서 주형 하부를 막고 주편이 핀치 롤에 이르기까지 인발하는 장치는?

① 전단기   ② 에이프런
③ 냉각장치   ④ 더미바

> **더미바**
> 주조 초기 주형 하부를 막아주고 용강이 응고하기 시작하면 주편을 핀치롤까지 인발하는 장치

50 전기로 제강 조업 시 안전측면에서 원료장입과 출강할 때의 전원상태는 각각 어떻게 해야 하는가?

① 장입 시는 On, 출강 시는 Off
② 장입 시는 Off, 출강 시는 On
③ 장입 시, 출강 시 모두 On
④ 장입 시, 출강 시 모두 Off

> 원료장입 및 출강 시에 모두 전원을 off 상태로 해야 한다.

정답 46 ② 47 ② 48 ② 49 ④ 50 ④

51 전기로와 전로의 가장 큰 차이점은?

① 열원
② 취련 강종
③ 용제의 첨가
④ 환원제의 종류

> 전기로와 전로는 열원의 차이이다. 전기로 열원은 아크열, 전로 열원은 산소와 불순물의 반응열이다.

52 LD 전로에서 일어나는 반응 중 [보기]와 같은 반응은?

$$C + FeO \rightarrow Fe + CO(g)$$
$$CO(g) + \frac{1}{2}O_2 \rightarrow CO_2(g)$$

① 탈탄반응
② 탈황반응
③ 탈인반응
④ 탈규소반응

> C가 제거되는 반응이므로 탈탄반응이다.

53 제강 원료 중 부원료에 해당되지 않는 것은?

① 석회석
② 생석회
③ 형석
④ 고철

> 고철은 주원료에 해당한다.

54 염기성 전로의 내벽 라이닝(lining) 물질로 옳은 것은?

① 규석질
② 샤모트질
③ 알루미나질
④ 돌로마이트질

> • 염기성 내화물 : 돌로마이트질, 마그네시아질
> • 중성 내화물 : 알루미나질, 흑연질
> • 산성 내화물 : 규석질, 샤모트질, 납석질

55 용선 중의 인(P) 성분을 제거하는 탈인제의 주요 성분은?

① SiO
② Al_2O_3
③ CaO
④ MnO

> CaO는 탈인과 탈황을 동시에 한다.

56 다음 중 정련 원리가 다른 노외 정련 설비는?

① LF
② RH
③ DH
④ VOD

> LF로는 진공기능이 없다.

57 연속주조에서 사용되는 몰드 파우더의 기능이 아닌 것은?

① 개재물을 흡수한다.
② 용강의 재산화를 방지한다.
③ 용강의 성분을 균일화시킨다.
④ 주편과 주형 사이에서 윤활작용을 한다.

> **몰드 파우더의 기능**
> 용강산화방지, 열손실방지, 개재물 부상, 윤활작용

정답 51 ① 52 ① 53 ④ 54 ④ 55 ③ 56 ① 57 ③

58 강괴 결함 중 딱지흠(스캡)의 발생 원인이 아닌 것은?

① 주입류가 불량할 때
② 저온·저속으로 주입할 때
③ 강탈산 조업을 하였을 때
④ 주형 내부에 용손이나 박리가 있을 때

> 스캡(scab)의 원인
> 주입류 불량, 스플래시, 저온 저속 주입, 편심 주입, 주형 내부 용손 및 박리

59 LD 전로에서 주원료 장입 시 용선보다 고철을 먼저 장입하는 주된 이유는?

① 고철 사용량 증대
② 노저 내화물 보호
③ 고철 중 불순물 신속 제거
④ 고철 내 수분에 의한 폭발완화

> 고철을 먼저 장입해야 수분에 의한 폭발을 방지할 수 있다.

60 다음 중 유도식 전기로에 해당되는 것은?

① 에루(Heroult) 로
② 지로드(Girod) 로
③ 스타사노(Stassano) 로
④ 에이잭스 – 노드럽(Ajax – Northrup) 로

> • 스타사노 로 : 간접 아크로
> • 에루식 로 : 직접 아크로
> • 에이젝트 와이어트 로 : 유도로

정답 58 ③ 59 ④ 60 ④

2015년 2회 제강기능사 과년도 기출문제

01 수소 저장합금에 대한 설명으로 옳은 것은?

① NaNi₅계는 밀도가 낮다.
② TiFe계는 반응로 내에서 가열시간이 필요하지 않다.
③ 금속수소화물의 형태로 수소를 흡수 방출하는 합금이다.
④ 수소 저장합금은 도가니로, 전기로에서 용해가 가능하다.

> 수소 저장합금은 수소가스와 반응하여 금속수소화물의 형태로 수소를 흡수 방출하는 합금이다.

02 다음 중 비중이 가장 가벼운 금속은?

① Mg   ② Al
③ Cu   ④ Ag

> Mg은 비중이 1.74로 실용금속 중에서 가장 가벼운 금속이다.

03 금속이 탄성변형 후에 소성변형을 일으키지 않고 파괴되는 성질은?

① 인성   ② 취성
③ 인발   ④ 연성

> 탄성변형 후에 소성변형을 일으키지 않고 파괴되는 성질을 취성이라고 한다.

04 Fe-C 평형 상태도는 무엇을 알아보기 위해 만드는가?

① 강도와 경도값
② 응력과 탄성계수
③ 융점과 변태점, 자기적 성질
④ 용융상태에서의 금속의 기계적 성질

> 상태도는 융점, 변태점, 조직변화, 자기적 성질을 알 수 있다.

05 동소변태에 대한 설명으로 틀린 것은?

① 결정격자의 변화이다.
② 원자배열의 변화이다.
③ A_0, A_2 변태가 있다.
④ 성질이 비연속적으로 변화한다.

> 동소변태는 A_3, A_4 변태가 있다.

정답 01 ③ 02 ① 03 ② 04 ③ 05 ③

06 물체의 각 면과 바라보는 위치에서 시선을 평행하게 연결하면, 실제의 면과 같은 크기의 투상도를 보는 물체의 사이에 설치해 놓은 투상면을 얻게 되는 투상법은?

① 투시도법 ② 정투상법
③ 사투상법 ④ 등각투상법

> ① 정투상법 : 물체의 각 면과 바라보는 위치에서 시선을 평행하게 연결하면, 실제의 면과 같은 크기의 투상도를 보는 물체의 사이에 설치해 놓은 투상면을 얻게 되는 투상법
> ② 투시도법 : 시점과 물체의 각 점을 연결하는 방사선에 의하여 그리는 투상법
> ③ 사투상법 : 정투상도에서 정면도의 크기와 모양은 그대로 사용하고, 평면도와 우측면도를 경사시켜 그리는 투상법
> ④ 등각투상법(등각 투상도) : 3면의 각도가 120°인 투시도법

07 다음 도면에서 가는 실선으로 그려야 할 곳을 모두 고르면?

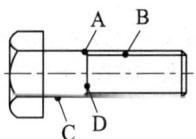

① A   ② A, B
③ A, B, C   ④ A, B, C, D

> 수나사의 골을 나타내는 선은 가는 실선으로 표시하므로 A, B는 가는 실선이다.

08 다음 중 도면의 크기가 가장 큰 것은?

① A0 ② A2
③ A3 ④ A4

> A0가 가장 크고 이것을 기준으로 1/2 크기로 한 것이 A1, A1을 1/2 크기로 한 것이 A2, A2를 1/2 크기로 한 것이 A3, A3를 1/2 크기로 한 것이 A4이다.

09 대상물의 보이지 않는 부분의 모양을 표시하는데 쓰이는 선의 명칭은?

① 숨은선   ② 외형선
③ 파단선   ④ 2점 쇄선

> **숨은선**
> 대상물의 보이지 않는 부분의 모양을 표시 (파선으로 나타냄)

10 다음 중 치수공차가 다른 하나는?

① $\phi 50^{+0.06}_{+0.04}$ ② $\phi 50 \pm 0.01$
③ $\phi 50^{+0.029}_{-0.009}$ ④ $\phi 50^{+0.02}_{0}$

> ③은 치수공차가 0.029+0.009 = 0.038이다. 나머지는 0.02이다.

11 금속을 부식시켜 현미경 검사를 하는 이유는?

① 조직 관찰   ② 비중 측정
③ 전도율 관찰 ④ 인장강도 측정

> 금속의 조직은 현미경으로 검사한다.

12 불변강(invariable steel)에 대한 설명 중 옳은 것은?

① 불변강의 주성분은 Fe과 Cr이다.
② 인바는 선팽창계수가 크기 때문에 줄자, 표준자 등에 사용한다.
③ 엘린바는 탄성률 변화가 크기 때문에 고급시계 정밀 저울의 스프링 등에 사용한다.
④ 코엘린바는 온도변화에 따른 탄성률의 변화가 매우 적고 공기나 물속에서 부식되지 않는 특성이 있다.

> 불변강은 Fe-Ni계로 선팽창이 작고, 탄성률 변화가 적다.

정답 06② 07② 08① 09① 10③ 11① 12④

13 냉간가공한 재료를 풀림처리하면 변형된 입자가 새로운 결정입자로 바뀌는데 이러한 현상을 무엇이라 하는가?

① 회복 ② 복원
③ 재결정 ④ 결정성장

> **재결정**
> 풀림처리하면 변형된 입자가 새로운 결정입자로 바뀌는 현상

14 5~20%Zn 황동으로 강도는 낮으나 전연성이 좋고, 색깔이 금색에 가까워 모조금이나 판 및 선에 사용되는 합금은?

① 톰백
② 네이벌 황동
③ 알루미늄 황동
④ 애드미럴티 황동

> 톰백은 구리에 5~20%의 아연을 합금한 황동으로 전연성이 우수하고 색이 금에 가까우므로 장식품에 많이 사용한다.

15 알루미늄의 방식을 위해 표면을 전해액 중에서 양극산화처리하여 치밀한 산화피막을 만드는 방법이 아닌 것은?

① 수산법 ② 황산법
③ 크롬산법 ④ 수산화암모늄법

> **알루미늄 방식법**
> 수산법, 크롬산법, 황산법 등 산 용액을 사용한다.

16 상온일 때 순철의 단위격자 중 원자를 제외한 공간의 부피는 약 몇 %인가?

① 26 ② 32
③ 42 ④ 46

> 순철은 상온에서 BCC 이므로 충진율이 68%이므로 공간은 32%이다.

17 단조되지 않으므로 주조한 그대로 연삭하여 사용하는 재료는?

① 실루민 ② 라우탈
③ 하드필드강 ④ 스텔라이트

> **스텔라이트**
> Co를 주성분으로 하는 주조경질합금으로 열처리를 하지 않아도 고속도강보다 경도가 크다.

18 활자금속에 대한 설명으로 틀린 것은?

① 응고할 때 부피 변화가 커야 한다.
② 주요 합금조성은 Pb – Sn – Sb이다.
③ 내마멸성 및 상당한 인성이 요구된다.
④ 비교적 용융점이 낮고, 유동성이 좋아야 한다.

> 활자금속은 용해 후 응고 시 부피 변화가 없어야 원래 모양을 유지할 수 있다.

19 오일리스 베어링(Oilless bearing)의 특징이라고 할 수 없는 것은?

① 다공질의 합금이다.
② 급유가 필요하지 않은 합금이다.
③ 원심 주조법으로 만들며 강인성이 좋다.
④ 일반적으로 분말 야금법을 사용하여 제조한다.

> 오일리스 베어링은 주조로 만들지 않으며, 내마멸성이 우수하다.

정답 13 ③ 14 ① 15 ④ 16 ② 17 ④ 18 ① 19 ③

20 공구용 재료가 구비해야 할 조건을 설명한 것 중 틀린 것은?

① 내마멸성이 커야 한다.
② 강인성이 작아야 한다.
③ 열처리와 가공이 용이해야 한다.
④ 상온 및 고온에서 경도가 높아야 한다.

> 공구용 재료는 강인성이 커야 한다.

21 탄소 공구강의 한국산업표준(KS) 재료 기호는?

① SKH ② STC
③ STS ④ SMC

> SKH 고속도강, STC 탄소공구강,
> STS 합금공구강

22 축이나 원통같이 단면의 모양이 같거나 규칙적인 물체가 긴 경우 중간 부분을 잘라내고 중요한 부분만을 나타내는데 이 때 잘라내는 부분의 파단선으로 사용하는 선은?

① 굵은 실선 ② 1점 쇄선
③ 가는 실선 ④ 2점 쇄선

> **파단선**
> 대상물의 일부를 파단한 경계 또는 일부를 떼어낸 경계를 표시(파형의 가는 실선으로 나타냄)

23 도면의 치수기입에서 치수에 괄호를 한 것이 의미하는 것은?

① 비례척이 아닌 치수
② 정확한 치수
③ 완성 치수
④ 참고 치수

> 치수의 ( ) 표시는 참고치수를 나타낸다.

24 가공 방법의 약호 중 래핑 다듬질을 표시한 것은?

① FR ② B
③ FL ④ C

> FR : 리머가공, B : 보링머신가공
> FL : 래핑가공, C : 주조

25 투상도의 선정 방법으로 틀린 것은?

① 숨은선이 적은쪽으로 투상한다.
② 물체의 오른쪽과 왼쪽이 대칭일 때에는 좌측면도는 생략할 수 있다.
③ 물체의 길이가 길 때, 정면도와 평면도만으로 표시할 수 있을 경우에는 측면도를 생략한다.
④ 물체의 모양과 특징을 가장 잘 나타낼 수 있는 면을 평면도로 선정한다.

> 물체의 모양과 특징을 가장 잘 나타낼 수 있는 면은 평면도가 아닌 정면도로 선정한다.

26 도면에 치수 200의 기입이 가장 적절하게 표현된 것은?

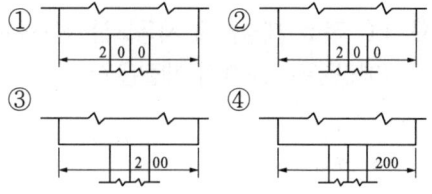

> 치수는 다른 것을 피해서 기입해야 한다.

27 핸들이나 바퀴 등이 암 및 리브, 훅(hook), 축 등의 단면도시는 어떤 단면도를 이용하는가?

① 온 단면도
② 부분 단면도
③ 한쪽 단면도
④ 회전도시 단면도

> **회전 단면도**
> 여러 가지 모양의 핸들, 바퀴의 암, 레일, 훅의 절단면은 90°회전시켜 나타낸다.

28 고주파 유도로에 대한 설명으로 옳은 것은?

① 피산화성 합금원소의 실수율이 낮다.
② 노 내 용강의 성분 및 온도조절이 용이하지 않다.
③ 용강을 교반하기 위해 유도 교반장치가 설치되어 있다.
④ 산화성 합금 원소의 회수율이 높아 고합금강 용해에 유리하다.

> 고주파 유도로는 합금원소의 회수율이 높아 주로 고급합금강의 재용해로 많이 사용한다.

29 LD 전로 제강법에 사용되는 산소랜스(메인랜스) 노즐의 재질은?

① 니켈
② 구리
③ 내열 합금강
④ 스테인리스강

> **랜스 재질** : 구리(순동)

30 교육훈련 방법 중 강의법의 장점에 해당하는 것은?

① 자기 스스로 사고하는 능력을 길러준다.
② 집단으로서 결속력, 팀워크의 기반이 생긴다.
③ 토의법에 비하여 시간이 길게 걸린다.
④ 시간에 대한 계획과 통제가 용이하다.

> 강의법은 강사 주도의 교육이므로 시간에 대한 계획과 통제가 용이하다.

31 취련 초기 미세한 철입자가 노구로 비산하는 현상은?

① 스피팅(spitting)
② 슬로핑(slopping)
③ 포밍(foaming)
④ 행깅(hanging)

> • 스피팅(spitting) : 취련 초기 산소압력에 의해 미세한 철입자가 노구로 비산하는 현상
> • 슬로핑(slopping) : 취련 중기에 용융물(슬래그)가 취련 시 노구 밖으로 분출하는 현상

32 연속주조에서 주조 중 레이들의 용강이 주입이 완료될 때 새로운 레이들을 주입위치로 바꾸어 계속적으로 주조를 하는 방식은?

① 고속연주법
② 연연주법
③ 수평연속연주법
④ 회전연속주조법

> **연연주법**
> 연속주조의 능률을 향상시키기 위해 여러 개의 레이들을 사용하여 연속해서 주조하는 방법

정답 27 ④ 28 ④ 29 ② 30 ④ 31 ① 32 ②

33 슬래그의 생성을 도와주는 첨가제는?

① 냉각제 ② 탈산제
③ 가탄제 ④ 매용제

> **매용제**
> 슬래그를 형성시켜주는 역할, 형석, 밀 스케일, 철광석, 소결광

34 RH법에서 진공조를 가열하는 이유는?

① 진공조를 감압시키기 위해
② 용강의 환류 속도를 감소시키기 위해
③ 진공조 안으로 합금 원소의 첨가를 쉽게 하기 위해
④ 진공조 내화물에 붙은 용강 스플래시를 용락시키기 위해

> 진공조(진공 철피)를 가열하지 않으면 순환에 의해 비산하는 용강이 노벽에 붙어있기 때문에, 이를 용해시켜 용락시키기 위해서 가열한다.

35 전로조업의 공정을 순서대로 옳게 나열한 것은?

① 원료장입 → 취련(정련) → 출강 → 온도측정(시료채취) → 슬래그 제거(배재)
② 원료장입 → 온도측정(시료채취) → 출강 → 슬래그 제거(배재) → 취련(정련)
③ 원료장입 → 취련(정련) → 온도측정(시료채취) → 출강 → 슬래그 제거(배재)
④ 원료장입 → 취련(정련) → 슬래그 제거(배재) → 출강 → 온도측정(시료채취)

> **전로조업 순서**
> 장입 → 취련(정련) → 측온(시료채취) → 출강 → 배재 → 슬래그 코팅

36 그림은 턴디시를 나타내는 것으로 (라)의 명칭은?

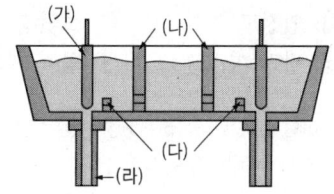

① 댐(dam)
② 위어(weir)
③ 스토퍼(stopper)
④ 침지노즐(nozzle)

> (가) 스토퍼, (나) 위어, (다) 댐, (라) 침지노즐
> ※ 댐 및 위어 : 용강류의 제어 및 개재물의 부상 분리 촉진

37 전로 내화물의 수명에 영향을 주는 인자에 대한 설명으로 옳은 것은?

① 염기도가 증가하면 노체사용 횟수는 저하한다.
② 휴지시간이 길어지면 노체사용 횟수는 증가한다.
③ 산소사용량이 많게 되면 노체사용 횟수는 증가한다.
④ 슬래그 중의 T-Fe가 높으면 노체사용 횟수는 저하한다.

> **전로 내화물 노체지속 횟수 저하 요인**
> ① 용선에 함유되어 있는 Si이 증가할 때
> ② 슬래그 염기도가 낮을 때
> ③ 슬래그 중의 T-Fe가 높을 때
> ④ 산소 사용량이 많을 때
> ⑤ 재취련률이 높을 때
> ⑥ 종점 온도가 높을 때
> ⑦ 취련 종점에서 용강 중의 C함유량이 저하할 때
> ⑧ 휴지시간이 길어질 때
> ⑨ 형석(CaF_2)을 첨가하여 슬래그의 유동성이 증가할 때
> ⑩ 냉각제로 투입되는 철광석에 의해 격렬한 끓음(Boiling) 반응을 일으킬 때

정답 33 ④ 34 ④ 35 ③ 36 ④ 37 ④

38 대차 연결부 지금부착 점검 시 필히 착용하지 않아도 되는 보호 장비는?

① 안전모　② 보안경
③ 방진 마스크　④ 방독 마스크

> 방독 마스크는 아황산가스 등의 유해가스가 발생하는 곳에서 착용한다.

39 용강의 성분을 알아보기 위해 샘플 채취 시 가장 주의하여야 할 것은?

① 실족 추락에 주의
② 용강류 비산에 주의
③ 낙하물에 의한 주의
④ 누전에 의한 감전주의

> 샘플 채취할 때 채취기구에 의한 용강이 비산할 수 있으므로 주의해야 한다.

40 탈인(P)을 촉진시키는 방법으로 틀린 것은?

① 강재의 산화력과 염기도가 낮을 것
② 강재의 유동성이 좋을 것
③ 강재 중 P_2O_5가 낮을 것
④ 강욕의 온도가 낮을 것

> 탈인은 염기도가 높아야 한다.

41 용강이 주형에 주입되었을 때 강괴의 평균 농도보다 이상 부분의 성분 품위가 높은 부분을 무엇이라 하는가?

① 터짐(crack)
② 콜드 셧(cold shut)
③ 정편석(positive segregation)
④ 비금속 개재물(non metallic inclusion)

> **편석**
> 강괴에서 일정 부분의 품위가 높은 부분

42 노 내 반응에 근거하는 LD 전로의 특징을 설명한 것 중 틀린 것은?

① 메탈 – 슬래그의 교반이 일어나지 않으며, 취련 초기에 탈인반응과 탈탄반응이 활발하게 동시에 일어난다.
② 취련 말기에 용강 탄소 농도의 저하와 함께 탈탄속도가 저하하므로 목표 탄소농도 적중이 용이하다.
③ 산화반응에 의한 발열로 정련온도를 충분히 유지가능하며 스크랩도 용해된다.
④ 공급산소의 반응효율이 높고, 탈탄반응이 극히 빠르게 진행하고 정련시간이 짧다.

> LD 전로는 메탈-슬래그에 의한 반응으로 불순물을 제거하는 것으로, 취련 초기에 탈탄반응이 일어나고 그 이후에 탈인이 진행된다.

43 연속주조 설비 중 2차 냉각대를 지나 더미바 및 주편을 잡아 당기기 위한 롤은?

① 자유롤　② 핀치롤
③ 수평롤　④ 에이프런롤

> • 핀치롤 : 더미바 및 주편 인발, 주편 압연
> • 에이프런롤 : 주편이 주조 초기에 부푸는 것을 방지

44 LD 전로에 요구되는 산화칼슘의 성질을 설명한 것 중 틀린 것은?

① 소성이 잘 되어 반응성이 좋을 것
② 가루가 적어 다룰 때의 손실이 적을 것
③ 세립이고 정립되어 있어 반응성이 좋을 것
④ 황, 이산화규소 등의 불순물을 되도록 많이 포함할 것

> 산화칼슘에는 황, 이산화규소 등의 불순물이 적어야 한다.

정답 38 ④ 39 ② 40 ① 41 ③ 42 ① 43 ② 44 ④

45 수공구 중 드라이버 사용방법에 대한 설명으로 틀린 것은?

① 날끝이 홈의 폭과 길이가 다른 것을 사용한다.
② 날끝이 수평이어야 하며 둥글거나 빠진 것을 사용하지 않는다.
③ 작은 공작물이라도 한 손으로 잡지 않고 바이스 등으로 고정시킨다.
④ 전기 작업 시 금속부분이 자루 밖으로 나와 있지 않고 절연된 자루를 사용한다.

> 드라이버는 날끝의 폭과 길이가 홈의 폭과 길이가 같은 것을 사용한다.

46 정련법 중 진공실 내에 레이들 또는 주형을 설치하여 진공실 밖에서 실(seal)을 통해 용강을 떨어뜨리면 진공실의 급격한 압력 저하로 용강 중 가스가 방출하는 방법은?

① 흡인 탈가스법
② 유적 탈가스법
③ 순환 탈가스법
④ 레이들 탈가스법

> **탈가스 처리법**
> ① 유적 탈가스법(BV법) : 용강을 진공조 안에 있는 주형에 흘려 내리면서 탈가스 처리하는 방법
> ② 흡인 탈가스법(DH법, 도르트문트법) : 진공조 밑에 있는 흡입관을 용강에 담근 후 진공조를 감압하여 레이들에 있는 용강이 진공조로 올라오면서 탈가스 처리하는 방법
> ③ 순환 탈가스법(RH법) : 흡입관과 배출관 2개가 달린 진공조에 Ar 가스를 흡입관(상승관) 쪽으로 취입하면서 탈가스 처리하는 방법
> ④ 레이들 탈가스법(LD법) : 진공조 내에 용강의 레이들을 놓고 용강을 교반하면서 탈가스 처리하는 방법

47 AOD(Argon Oxygen Decarburization)법과 VOD(Vacuum Oxygen Decarburization)법의 설명으로 옳은 것은?

① AOD법에 비해 VOD법이 성분 조정이 용이하다.
② AOD법에 비해 VOD법이 온도 조절이 용이하다.
③ VOD법에 비해 AOD법이 탈황률이 높다.
④ VOD법에 비해 AOD법이 일반강의 탈가스가 가능하다.

> **AOD 법의 특징**
> ① 진공 및 가열기능이 없이 대기중에서 정련한다.
> ② 탈황 및 성분조정에 유리하다.
> ③ 설비비, 원료비, 실수율이 유리하다.
> ④ 고탄소강에서부터 신속하게 탈탄, 탈황이 가능하다.
> ⑤ 스테인리스강의 제조에만 이용된다.
> ⑥ 공기의 오염에 유의해야 한다.

48 진공아크 용해법(VAR)을 통한 제품의 기계적 성질 변화로 옳은 것은?

① 피로 및 크리프 강도가 감소한다.
② 가로세로의 방향성이 증가한다.
③ 충격값이 향상되고, 천이온도가 저온으로 이동한다.
④ 연성은 개선되나, 연신율과 단면수축률이 낮아진다.

> 진공용해를 하면 각종 불순물 제거에 유리하고 공기 혼입이 적으므로 강의 재질이 좋아져서 강도가 좋아지고, 충격값도 향상된다.

정답 45 ① 46 ② 47 ③ 48 ③

49 턴디시(tundish)의 역할이 아닌 것은?

① 각 스트랜드에 용강을 분배한다.
② 주형에 들어가는 용강의 양을 조절한다.
③ 주형에 들어가는 용강의 성분을 조정한다.
④ 비금속 개재물을 부상 분리하는 역할을 한다.

> 턴디시의 역할
> ① 주입량 조절
> ② 주형에 용강 분배
> ③ 용강 중의 비금속 개재물 부상 분리

50 LD 전로의 노 내 반응이 아닌 것은?

① $Si + 2O \rightarrow SiO_2$
② $2P + 5O \rightarrow P_2O_5$
③ $C + O \rightarrow CO$
④ $Si + S \rightarrow SiS$

> 규소 반응 : $Si + O_2 = SiO_2$

51 LD 전로에서 고철과 동일 중량을 사용하는 경우 냉각제의 냉각계수가 가장 큰 것은?

① 냉선　　② 철광석
③ 생석회　　④ 석회석

> 냉각제 냉각능
>
> | 냉각제 | 고철 | 석회석 | 철광석 |
> |---|---|---|---|
> | 냉각능 | 1 | 2.2 | 2.7 |

52 연속주조법의 장점이 아닌 것은?

① 자동화가 용이하다.
② 단위시간당 생산능률이 높다.
③ 소비에너지가 많다.
④ 조괴법에 비하여 용강 실수율이 높다.

> 연속주조법은 소비에너지가 작아서 성에너지 측면에서 유리하다.

53 림드강(rimmed steel) 제조 시 $FeO + C \leftrightarrows Fe + CO$의 반응에 의해 응고할 때 강에 비등작용을 일으키는 현상은?

① 보일링(Boiling)
② 스피팅(Spitting)
③ 리밍액션(Rimming Action)
④ 베세마아징(Bessemerizing)

> 림드강은 CO 가스에 의한 리밍액션(Rimming action)이 일어난다.

54 전기로 조업 중 탈수소를 유리하게 하는 조건이 아닌 것은?

① 탈산 속도가 작을 것
② 대기 중의 습도가 낮을 것
③ 용강온도가 충분히 높을 것
④ 탈산원소를 과도하게 포함하지 않을 것

> 탈수소가 잘되려면 탈산 속도가 커야 한다.

55 10ton의 전기로에 355mm 전극을 사용하여 12,000A의 전류를 통과시켰을 때 전류밀도(A/cm²)는?

① 12.12　　② 20.12
③ 98.12　　④ 430.12

> 전류밀도 $= \dfrac{전류}{전극단면적} = \dfrac{12,000}{3.14 \times (35.5/2)^2}$
> $= 12.12 A/cm^2$

정답　49 ③　50 ④　51 ②　52 ③　53 ③　54 ①　55 ①

56 제강조업에서 고체 탈황제로 탈황력이 우수한 것은?

① CO_2 ② KOH
③ CaC_2 ④ NaCN

- 고체 탈황제 : CaC_2, CaO, Fe-Mn
- 액체 탈황제 : KOH, NaCN

57 강괴의 응고 시 과포화된 수소가 응력 발생의 주된 원인으로 발생한 결함은?

① 백점   ② 수축관
③ 코너 크랙   ④ 방사상 균열

백점의 원인 : 수소

58 용선 중에 Si가 300kg$_f$일 때, Si와 결합하는 이론적인 산소량은 약 몇 kg$_f$인가? (단, Si 원자량 : 28, 산소 원자량 : 16이다)

① 171.4   ② 262.5
③ 342.9   ④ 462.9

산소는 O_2로 반응하므로 16×2 = 32로 계산한다.
Si+O_2 = SiO_2의 반응이다.
28 : 32 = 300 : x이므로
$x = \dfrac{32 \times 300}{28} = 342.9$

59 고순도강 제조를 위한 레이들 기능으로 진공탈가스법(탈수소)이 아닌 것은?

① DH법   ② LF법
③ RH법   ④ VOD법

LF법
가열장치는 있고 진공장치는 없는 노 외 정련법

60 전기로 조업 중 슬래그 포밍 발생 인자와 관련이 적은 것은?

① 슬래그 염기도
② 슬래그 표면 장력
③ 슬래그 중 NaO 농도
④ 탄소 취입 입자 크기

슬래그 포밍 발생 인자
① 슬래그 표면 장력
② 슬래그 염기도
③ 슬래그 중 FeO 농도
④ 탄소 취입 위치
⑤ 탄소 취입 입자 크기

정답 56 ③ 57 ① 58 ③ 59 ② 60 ③

2015년 3회 제강기능사 과년도 기출문제

01 다음 중 탄소 함유량을 가장 많이 포함하고 있는 것은?

① 공정주철 ② α – Fe
③ 전해철 ④ 아공석강

> 주철은 탄소가 2.01% 이상이며 강은 2.01% 이하이다.

02 금속의 성질 중 연성(延性)에 대한 설명으로 옳은 것은?

① 광택이 촉진되는 성질
② 가는 선으로 늘일 수 있는 성질
③ 얇은 박(箔)으로 가공할 수 있는 성질
④ 원소를 첨가하여 단단하게 하는 성질

> • 연성 : 가는 선으로 늘어나게 하는 성질
> • 전성 : 얇은 박을 만들 수 있도록 퍼지는 성질

03 과공석강에 대한 설명으로 옳은 것은?

① 층상 조직인 시멘타이트이다.
② 페라이트와 시멘타이트의 층상조직이다.
③ 페라이트와 펄라이트의 층상조직이다.
④ 펄라이트와 시멘타이트의 혼합조직이다.

> 과공석강은 탄소가 0.8~2.0%인 강으로 조직은 펄라이트와 시멘타이트로 되어 있다.

04 Fe에 0.8~1.5%C, 18%W, 4%Cr 및 1%V을 첨가한 재료를 1,250℃에서 담금질하고 550~600℃로 뜨임한 합금강은?

① 절삭용 공구강 ② 초경 공구강
③ 금형용 공구강 ④ 고속도 공구강

> 고속도 공구강 : 18-4-1형(18%W-4%Cr-1%V)

05 Fe-C 상태도에 나타나지 않는 변태점은?

① 포정점 ② 포석점
③ 공정점 ④ 공석점

> Fe-C 상태도의 3가지 반응
> 포정 반응, 공정 반응, 공석 반응

06 그림과 같이 표시되는 단면도는?

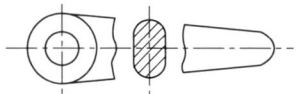

① 온 단면도 ② 한쪽 단면도
③ 부분 단면도 ④ 회전 단면도

> 회전 단면도
> 여러가지 모양의 핸들, 바퀴의 암, 레일, 훅의 절단면은 90° 회전시켜 나타낸다.

정답 01 ① 02 ② 03 ④ 04 ④ 05 ② 06 ④

07 축의 최대허용치수 44.991mm, 최소허용치수 44.975mm인 경우 치수 공차(mm)는?

① 0.012　　② 0.016
③ 0.018　　④ 0.020

> 치수공차 = 최대허용치수−최소허용치수
> = 44.991−44.975 = 0.016

08 그림에 표시된 점을 3각법으로 투상했을 때 옳은 것은? (단, 화살표 방향이 정면도이다)

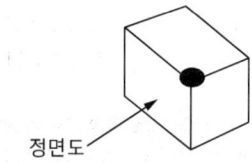

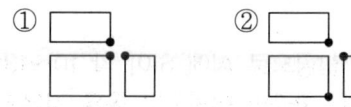

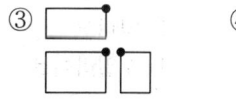 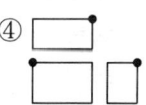

> 점은 정면도에서는 오른쪽 위에, 평면도에선 오른쪽 아래, 우측면도에서는 왼쪽 위에 나타난다.

09 "KS D 3503 SS 330"으로 표기된 부품의 재료는 무엇인가?

① 합금 공구강
② 탄소용 단강품
③ 기계구조용 탄소강
④ 일반 구조용 압연강재

> SS 일반 구조용 압연강재로 최저 인장강도가 330이다.

10 한 도면에서 각 도형에 대하여 공통적으로 사용된 척도의 기입 위치는?

① 부품란
② 표제란
③ 도면명칭 부근
④ 도면번호 부근

> 척도는 표제란에 기입한다.

11 원표점거리가 50mm이고, 시험편이 파괴되기 직전의 표점거리가 60mm일 때 연신율(%)은?

① 5　　② 10
③ 15　　④ 20

> 연신율 = $\dfrac{\text{시험 후 거리}-\text{시험 전 거리}}{\text{시험 전 거리}} \times 100$
> = $\dfrac{60-50}{50} \times 100 = 20\%$

12 주석의 성질에 대한 설명 중 옳은 것은?

① 동소변태를 하지 않는 금속이다.
② 13℃ 이하의 주석(Sn)은 백주석이다.
③ 주석은 상온에서 재결정이 일어나지 않으므로 가공경화가 용이하다.
④ 주석(Sn)의 용융점은 232℃로 저용융점 합금의 기준이다.

> 주석(Sn)의 용융점은 232℃로 저용융점 합금의 기준이며 13℃에서 백주석이 회색주석으로 변태를 하며, 상온 이하에서 재결정이 일어난다.

정답　07 ②　08 ①　09 ④　10 ②　11 ④　12 ④

13 금속의 결정구조에서 다른 결정들보다 취약하고 전연성이 작으며 Mg, Zn 등이 갖는 결정격자는?

① 체심입방격자 ② 면심입방격자
③ 조밀육방격자 ④ 단순입방격자

> HCP(조밀육방격자)
> 전연성 작음, 가공성 불량, 강도 낮음

14 절삭성이 우수한 쾌삭 황동(free cutting brass)으로 스크류, 시계의 톱니 등으로 사용되는 것은?

① 납 황동 ② 주석 황동
③ 규소 황동 ④ 망간 황동

> 쾌삭 황동
> 황동에 P, Pb, S 등을 함유한 것으로 기계절삭성을 향상시킨 재료

15 다음 중 경금속에 해당되지 않는 것은?

① Na ② Mg
③ Al ④ Ni

> Ni은 비중이 8.9로 중금속에 해당한다.
> (중금속 : 비중이 4.5 이상)

16 고 Cr계보다 내식성과 내산화성이 더 우수하고 조직이 연하여 가공성이 좋은 18-8 스테인리스강의 조직은?

① 페라이트 ② 펄라이트
③ 오스테나이트 ④ 마텐자이트

> 18-8 스테인리스강은 상온에서 조직이 오스테나이트로 비자성체이며, 강인성이 우수하다.

17 다음 중 1~5μm 정도의 비금속 입자가 금속이나 합금의 기지 중에 분산되어 있는 재료를 무엇이라 하는가?

① 합금공구강 재료
② 스테인리스 재료
③ 서멧(cermet) 재료
④ 탄소공구강 재료

> 서멧
> TiC에 Ni, Co, Mo 등을 조합한 세라믹 재료로 고온강도가 우수한 절삭공구

18 톰백(tombac)의 주성분으로 옳은 것은?

① Au + Fe ② Cu + Zn
③ Cu + Sn ④ Al + Mn

> 톰백은 Cu+Zn(8~20%)의 황동으로 전연성이 우수하고 색이 금에 가까우므로 장식품에 많이 사용한다.

19 실용 합금으로 Al에 Si이 약 10~13% 함유된 합금의 명칭으로 옳은 것은?

① 라우탈 ② 알니코
③ 실루민 ④ 오일라이트

> 실루민은 Al-Si계 합금으로 공정점 부근인 Si이 10~13% 함유된 합금이다.

20 금속 재료의 표면에 강이나 주철의 작은 입자를 고속으로 분사시켜, 표면층을 가공경화에 의하여 경도를 높이는 방법은?

① 금속용사법 ② 하드페이싱
③ 숏피닝 ④ 금속침투법

> 숏피닝법은 표면에 강이나 주철 재질의 작은 입자를 고속으로 분사시켜 표면의 가공경화 현상을 이용하여 경화하는 방법이다.

정답 13 ③ 14 ① 15 ④ 16 ③ 17 ③ 18 ② 19 ③ 20 ③

21 도면을 접어서 보관할 때 표준이 되는 것으로 크기가 210×297mm인 것은?

① A2　② A3
③ A4　④ A5

도면은 A4 210×297 크기로 접어서 보관한다.

22 치수 보조기호 중 "SR"이 의미하는 것은?

① 구의 지름
② 참고 치수
③ 45°모따기
④ 구의 반지름

SR : 구의 반지름
C : 모따기
SØ : 구의 지름
( ) : 참고 치수

23 회전운동을 직선운동으로 바꾸거나, 직선운동을 회전운동으로 바꿀 때 사용되는 기어는?

① 헬리컬 기어
② 스크류 기어
③ 직선베벨 기어
④ 랙과 피니언

① 헬리컬 기어 : 두 축이 평행하고 이를 축에 경사시킨 것
② 스크류 기어 : 비틀림 각이 서로 다른 헬리컬 기어를 엇갈리는 축에 조합시킨 것
③ 직선베벨 기어 : 원뿔면에 이를 만든 것으로 두 축이 서로 만나는 것
④ 랙과 피니언 : 피니언은 회전운동하고, 랙은 직선운동하는 것

24 다음 그림에서 두께(mm)는 얼마인가?

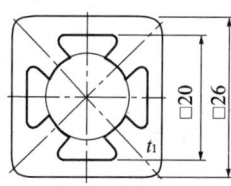

① 0.1　② 1
③ 10　④ 100

t1 이므로 두께는 1mm이다.

25 물체를 투상면에 대하여 한쪽으로 경사지게 투상하여 입체적으로 나타낸 투상도는?

① 사투상도　② 투시투상도
③ 등각투상도　④ 부등각투상도

사투상도
정투상도에서 정면도의 크기와 모양은 그대로 사용하고, 평면도와 우측면도를 경사시켜 그린 것

26 그림에서 절단면을 나타내는 선의 기호와 이름이 옳은 것은?

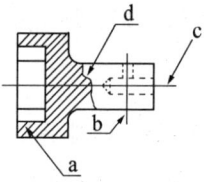

① a – 해칭선　② b – 숨은선
③ c – 파단선　④ d – 중심선

절단면은 해칭선으로 나타낸다.

27 다음 중 위치 공차의 기호는?

① ⊥   ② ○
③ ⊕   ④ ⌀

- ⊥ : 직각도 공차
- ○ : 진원도 공차
- ⊕ : 위치도 공차
- ⌀ : 원통도 공차

28 돌로마이트(dolomite)연와의 주성분으로 옳은 것은?

① CaO + SiO₂   ② MgO + SiO₂
③ CaO + MgO   ④ MgO + CaF₂

돌로마이트는 CaO와 MgO가 혼합된 염기성 내화물이다.

29 슬래그의 주역할로 적합하지 않은 것은?

① 정련작용   ② 가탄작용
③ 용강보온   ④ 용강산화방지

제강 중 슬래그의 역할
① 정련 작용(불순물 제거)
② 용강의 산화 방지
③ 외부 가스 흡수 방지
④ 보온(열의 방출 차단)

30 주편을 인장할 때에 응고각이 주형벽 내의 Cu를 마모시켜 Cu분이 주편에 침투되어 Cu 취하를 일으켜 국부적 미세 균열을 일으키는 일명 '스타 크랙(star crack)'이라 불리는 결함은?

① 슬래그 물림   ② 방사상 균열
③ 표면 가로균열   ④ 모서리 가로균열

스타 크랙
주편 인발 시 응고각이 주형벽 내의 Cu를 긁어내어 Cu 분이 주편에 침투되어 국부적으로 미세한 터짐이 발생하는 방사상 균열

31 연속주조기에서 몰드 및 가이드 에이프론에서 냉각 응고된 주편을 연속적으로 인발하는 장치는?

① 반송롤   ② 핀치롤
③ 몰드 진동장치   ④ 사이드 센터롤

핀치롤
더미바 및 주편 인발, 주편 압연

32 노구로부터 나오는 불꽃(flame)관찰 시 슬래그량의 증가로 노구 비산 위험이 있을 때 작업자의 화상위험을 방지하기 위해 투입되는 것은?

① 진정제   ② 합금철
③ 냉각제   ④ 가탄제

슬래그량이 증가하면 슬래그가 노구로 비산하는 경우가 발생하는데 이때 진정제를 투입하여 슬래그의 비산을 방지한다.

33 LD 전로 조업 시 용선 90톤, 고철 30톤, 냉선 3톤을 장입했을 때 출강량이 115톤이었다면 출강실수율(%)은 약 얼마인가?

① 80.6   ② 83.5
③ 93.5   ④ 96.6

$$실수율 = \frac{출강량}{장입량} \times 100 = \frac{115}{90+30+3} \times 100 = 93.5\%$$

정답 27 ③ 28 ③ 29 ② 30 ② 31 ② 32 ① 33 ③

34 폐기를 좁은 노즐을 통하게 하여 고속화하고 고압수를 안개같이 내뿜게 하여 가스 중 분진을 포집하는 처리 설비는?

① 침전법
② 이르시드(Irsid)법
③ 백필터(Bag filter)법
④ 벤튜리 스크러버(Venturi scrubber)

> **벤튜리 스크러버**
> 노즐로 가스를 분출할 때 고압수를 뿌려서 가스 중의 분진을 제거하는 집진장치

35 전기로 제강조업에서 환원기에 증가하는 원소는?

① P   ② S
③ V   ④ C

> **환원기**
> 탈산, 탈황, 가탄

36 사고의 원인 중 불안전한 행동에 해당되지 않는 것은?

① 위험한 장소 접근
② 안전방호장치의 결함
③ 안전장치의 기능 제거
④ 복장보호구의 잘못 사용

> 안전방호장치의 결함은 기술적인 원인으로 불안전한 상태에 해당한다.

37 용강이나 용재가 노 밖으로 비산하지 않고 노구 부근에 도넛형으로 쌓이는 것을 무엇이라 하는가?

① 포밍   ② 베렌
③ 스티핑   ④ 라임 보일링

> **베렌현상**
> 용강·용제가 노 외로 비산하지 않고 노구 근방에 도넛 모양으로 쌓이는 현상

38 제강의 산화제로 사용되는 철광석에 대한 설명으로 틀린 것은?

① 수분이 적어야 좋다.
② 인(P)이나 황(S)이 적은 적철광이 좋다.
③ 광석의 크기는 적당한 크기의 것이 좋다.
④ SiO_2의 함유량은 약 30% 이상의 것이 좋다.

> 철광석은 맥석 성분인 SiO_2의 함유량이 낮아야 한다.

39 연속주조에서 레이들에 용강을 받은 후 용강 내에 불활성 가스를 취입하여 교반 작업하는 이유가 아닌 것은?

① 용강 중의 가탄
② 용강의 온도 균일화
③ 용강의 청정도 향상
④ 용강 중 비금속 개재물 분리 부상

> **버블링의 목적**
> ① 용강의 온도 균일화
> ② 용강의 성분 균일화
> ③ 비금속개재물 부상분리
> ④ 용강의 청정도 향상
> ⑤ 아르곤, 질소 가스를 사용

정답   34 ④ 35 ④ 36 ② 37 ② 38 ④ 39 ①

40 파우더 캐스팅(Powder casting)에서 파우더의 기능이 아닌 것은?

① 용강면을 덮어서 열방산을 방지한다.
② 용강면을 덮어서 공기 산화를 촉진시킨다.
③ 용융한 파우더가 주형벽으로 흘러서 윤활제로 작용한다.
④ 용탕 중에 함유된 알루미나 등의 개재물을 용해하여 강의 재질을 향상시킨다.

> **몰드 파우더(합성 파우더)의 기능**
> ① 용강 보호 및 산화방지
> ② 열손실방지
> ③ 개재물 부상
> ④ 윤활작용
> ⑤ 강의 청정도 향상
> ⑥ 연주 파우더 중 탄소 분말의 역할 : 용융 속도 조절

41 가탄제로 많이 사용하는 것은?

① 흑연   ② 규소
③ 석회석   ④ 벤토나이트

> **가탄제**
> 흑연, 전극설, 코크스

42 전기로 산화기 반응으로 제거되는 원소는?

① Ca   ② Cr
③ Cu   ④ Al

> Cr은 산소와 반응하여 제거된다.
> • 반응식 : $4Cr + 3O_2 = 2Cr_2O_3$

43 레이들 용강을 진공실 내에 넣고 아크가열을 하면서 아르곤가스 버블링 하는 방법으로 Finkel-Mohr법이라고도 하는 것은?

① DH법   ② VOD법
③ RH – OB법   ④ VAD법

> **2차 정련법**
> ① VOD법 : 진공실 상부에 산소 취입용 랜스가 있어 정련하지만, 가열할 수 있는 가열장치는 없다.
> ② VAD법(Finkel-Mohr법) : 진공실 내에서 아크 가열이 가능하고, Ar가스로 교반하는 정련법
> ③ RH-OB법 : 전로 정련을 마친 용강을 RH 진공조에서 산소 취입에 의한 진공 탈탄시키는 방법, 스테인리스 강 제조에 사용
> ④ 흡인 탈가스법(DH법, 도르트문트법) : 진공조 밑에 있는 흡입관을 용강에 담근 후 진공조를 감압하여 레이들에 있는 용강이 진공조로 올라오면서 탈가스 처리하는 방법

44 제선공장에서 용선을 제강공장에 운반하여 공급해주는 것은?

① 디엘카   ② 오지카
③ 토페도카   ④ 호트스토브카

> **토페도카(Toperdo car)**
> 고로에서 나온 용선을 제강공장으로 운반하는 설비

45 레이들 정련효과를 설명한 것 중 틀린 것은?

① 생산성이 향상된다.
② 내화의 수명이 연장된다.
③ 전력원단위가 상승한다.
④ Cr 회수율이 향상된다.

> 전기로에서 정련을 하지 않고 용해만 하고, 정련은 레이들에서 하면 전력원단위를 감소할 수 있다.

정답 40 ② 41 ① 42 ② 43 ④ 44 ③ 45 ③

46 연속주조의 생산성 향상 요소가 아닌 것은?

① 강종의 다양화
② 주조속도의 증대
③ 연연주 준비시간의 합리화
④ 사고 및 전로와의 간섭시간 단축

> 연속주조는 소강종 대량생산에 유리하다.

47 상주법으로 강괴를 제조하는 경우에 대한 설명으로 틀린 것은?

① 양괴실수율이 높다.
② 강괴표면이 우수하다.
③ 내화물에 의한 개재물이 적다.
④ 탈산생성물이 많아 부상분리가 어렵다.

> 강괴표면은 하주법이 우수하다.

48 전기로 제강법의 특징을 설명한 것 중 틀린 것은?

① 열효율이 좋다.
② 합금철은 모두 직접 용강 속에 넣어주므로 회수율이 좋다.
③ 사용 원료의 제약이 많아 공구강의 정련만 할 수 있다.
④ 노안의 분위기를 산화, 환원 어느 쪽이든 조절이 가능하다.

> 전기로는 거의 모든 원료를 사용할 수 있어 원료 제약이 없다. LD 전로가 용선을 사용해야만 하는 원료 제약이 있다.

49 연주 조업 중 주편표면에 발생하는 블로홀이나 핀홀의 발생 원인이 아닌 것은?

① 탕면의 변동이 심한 경우
② 윤활유 중에 수분이 있는 경우
③ 몰드 파우더에 수분이 많은 경우
④ Al선 투입 중 탕면 유동이 있는 경우

> Al선 투입은 탈산을 목적으로 하는 것이므로 블로홀이나 핀홀을 감소시킨다.

50 주편 수동 절단 시 호스에 역화가 되었을 때 가장 먼저 취해야 할 일은?

① 토치에서 고무관을 뺀다.
② 토치에서 나사부분을 죈다.
③ 산소밸브를 즉시 닫는다.
④ 노즐을 빼낸다.

> 역화가 되면 산소밸브를 즉시 닫아야 누출가스에 의한 폭발을 방지할 수 있다.

51 복합 취련조업에서 상취산소와 저취가스의 역할을 옳게 설명한 것은?

① 상취산소는 환원작용, 저취가스는 냉각 작용을 한다.
② 상취산소는 산화작용, 저취가스는 교반 작용을 한다.
③ 상취산소는 냉각작용, 저취가스는 산화 작용을 한다.
④ 상취산소는 교반작용, 저취가스는 환원 작용을 한다.

> • 상취 : 산화정련
> • 저취 : 교반

정답 46 ① 47 ② 48 ③ 49 ④ 50 ③ 51 ②

52 조재제(造滓劑)인 생석회분을 취련용 산소와 같이 강욕면에 취입하는 전로의 취련방식은?

① RHB법 ② TLC법
③ LNG법 ④ OLP법

> **LD-AC법(OLP법)**
> 조재제인 산화칼슘 분말을 산소와 동시에 취입하는 방법

53 조성에 의한 내화물 분류에서 염기성 내화물에 해당하는 것은?

① 크롬질
② 샤모트질
③ 마그네시아질
④ 고알루미나질

> • 염기성 내화물 : 돌로마이트질, 마그네시아질
> • 중성 내화물 : 알루미나질, 흑연질
> • 산성 내화물 : 규석질, 샤모트질, 납석질

54 유적탈가스법의 표기로 옳은 것은?

① RH ② DH
③ TD ④ BV

> • BV : 유적탈가스
> • RH : 순환탈가스
> • DH : 흡인탈가스

55 재해예방의 4원칙에 해당되지 않는 것은?

① 결과가능의 원칙
② 손실우연의 원칙
③ 원인연계의 원칙
④ 대책선정의 원칙

> **재해예방 4원칙**
> ① 손실우연의 원칙
> ② 원인계기의 원칙
> ③ 예방가능의 원칙
> ④ 대책선정의 원칙

56 UHP 조업에 대한 설명으로 틀린 것은?

① 초고전력 조업이라고도 한다.
② 용해와 승열시간을 단축하여 생산성을 높인다.
③ 동일 용량인 노에서는 RP 조업보다 많은 전력이 필요하다.
④ 고전압·저전류의 투입으로 노벽 소모를 경감하는 조업이다.

> **UHP(초고전력) 조업의 특징**
> ① 단위 시간에 투입되는 전력량을 증가시켜서 장입물의 용해 시간을 단축하여 생산성을 높이는 방법
> ② 종전의 RP 조업에 비해 2~3배의 큰 전력을 투입하고 저전압, 고전류의 저역률에 의한 굵고 짧은 아크에 의해 조업을 실시
> ③ 짧은 아크는 장입물의 용락 전후에 노벽의 내화물에 주는 영향이 감소
> ④ 아크가 안정되고 명멸 현상이 감소
> ⑤ 용락 이후 용강의 열전달 효율이 증가
> ⑥ 아크 부근의 용탕의 교반 운동이 커져 균일한 승온 가능
> ⑦ 용해 시간이 단축되어 생산성과 열효율이 높아 전력 원단위 감소

정답 52 ④ 53 ③ 54 ④ 55 ① 56 ④

57 탈산된 탄소강에 있어서 가장 편석되기 쉬운 용질원소로 짝지어진 것은?

① 황, 인
② 인, 망간
③ 탄소, 규소
④ 탄소, 망간

> 편석 조장 원소 : S, P

58 제강작업에서 탈P(인)을 유리하게 하는 조건으로 틀린 것은?

① 강재의 염기도가 높아야 한다.
② 강재 중에 P_2O_5가 낮아야 한다.
③ 강재 중에 FeO가 높아야 한다.
④ 강욕의 온도가 높아야 한다.

> 탈인은 온도가 낮아야 하며, 탈황은 온도가 높아야 한다.

59 중간 정도 탈산한 강으로 강괴 두부에 입상 기포가 존재하지만 파이프양이 적고 강괴 실수율이 좋은 것은?

① 캡드강
② 림드강
③ 킬드강
④ 세미킬드강

> **세미킬드강**
> 탈산을 중간 정도 진행한 강으로 림드강과 킬드강의 중간 성질을 가진다.

60 순 산소 상취 전로의 조업 시 취련종점의 결정은 무엇이 가장 적합한가?

① 비등현상
② 불꽃상황
③ 노체경동
④ 슬래그형성

> 종점판정은 불꽃의 상황(모양, 색, 크기 등)으로 판정한다.

정답 57 ① 58 ④ 59 ④ 60 ②

2016년 1회 제강기능사 과년도 기출문제

01 용강 중에 Fe-Si, Al 분말을 넣어 완전히 탈산한 강괴는?

① 킬드강   ② 림드강
③ 캡드강   ④ 세미킬드강

> **킬드강**
> Al 등으로 강력 탈산한 강괴로 품질이 우수하지만 회수율이 떨어진다.

02 액체 금속이 응고할 때 응고점(녹는점)보다는 낮은 온도에서 응고가 시작되는 현상은?

① 과냉 현상
② 과열 현상
③ 핵 정지 현상
④ 응고 잠열 현상

> **과냉**
> 금속이 응고 시 응고점보다 낮은 온도에서 응고가 시작되는 현상으로 냉각속도가 빠를때 심하게 일어난다.

03 비정질 합금의 제조법 중에서 기체 급냉법에 해당되지 않는 것은?

① 진공 증착법   ② 스퍼터링법
③ 화학 증착법   ④ 스프레이법

> • **기체 급냉법**: 화학 증착법, 진공 증착법, 스퍼터링법
> • **액체 급냉법**: 원심법, 쌍롤법, 단롤법

04 다음 중 대표적인 시효 경화성 경합금은?

① 주강   ② 두랄루민
③ 화이트메탈   ④ 흑심가단주철

> 두랄루민은 Al계 시효경화성 고강도합금이다.

05 조성은 30~32%Ni, 4~6%Co 및 나머지 Fe를 함유한 합금으로 20℃에서 팽창계수가 0(zero)에 가까운 합금은?

① 알민(almin)
② 알드리(aldrey)
③ 알클래드(alclad)
④ 슈퍼 인바(super invar)

> **슈퍼 인바(초인바)**
> Fe-Ni-Co계 불변강으로 팽창계수가 제로에 가깝다.

06 편정반응의 반응식을 나타낸 것은?

① 액상 + 고상(S_1) → 고상(S_2)
② 액상(L_1) → 고상 + 액상(L_2)
③ 고상(S_1) → 고상(S_2) + 고상(S_3)
④ 액상 → 고상(S_1) + 고상(S_2)

> • 공정 : 액상 → 고상1 + 고상2
> • 포정 : 액상 + 고상1 → 고상2
> • 공석 : 고상1 → 고상2 + 고상3
> • 포석 : 고상1 + 고상2 → 고상3
> • 편정 : 액상1 → 고상 + 액상2
> • 융합 : 액상1 + 액상2 → 고상

정답 01 ① 02 ① 03 ④ 04 ② 05 ④ 06 ②

07 저용융점 합금의 금속원소가 아닌 것은?

① Mo ② Sn
③ Pb ④ In

> Mo은 용융점이 2,610℃인 고용융점 금속

08 금속의 기지에 1~5μm 정도의 비금속 입자가 금속이나 합금의 기지 중에 분산되어 있는 것으로 내열재료로 사용되는 것은?

① FRM ② SAP
③ cermet ④ kelmet

> 서멧
> TiC에 Ni, Co, Mo 등을 조합한 세라믹 재료로 고온강도가 우수한 절삭공구

09 오스테나이트 조직을 가지며, 내마멸성과 내충격성이 우수하고 특히 인성이 우수하기 때문에 각종 광산기계의 파쇄장치, 임펠라 플레이트 등이나 굴착기 등의 재료로 사용되는 강은?

① 고 Si강 ② 고 Mn강
③ Ni-Cr강 ④ Cr-Mo강

> 기지가 오스테나이트인 강
> • 고Mn강(Hadfiedl steel)
> • 18-8스테인리스강

10 페라이트형 스테인리스강에서 Fe 이외의 주요한 성분 원소 1가지는?

① W ② Cr
③ Sn ④ Pb

> 스테인리스강은 Cr이 13% 이상 함유되어야 한다.

11 다음 중 경질 자성재료에 해당되는 것은?

① Si 강판 ② Nd 자석
③ 센더스트 ④ 퍼멀로이

> • **경질자석** : ND자석, 알니코 자석, 페라이트 자석
> • **연질자석** : 센더스트, 규소강판

12 다음 중 베어링 합금의 구비조건으로 틀린 것은?

① 마찰계수가 커야 한다.
② 경도 및 내압력이 커야 한다.
③ 소착에 대한 저항성이 커야 한다.
④ 주조성 및 절삭성이 좋아야 한다.

> 베어링 합금은 마찰계수가 작아야 한다.

13 스프링강에 요구되는 성질에 대한 설명으로 옳은 것은?

① 취성이 커야 한다.
② 산화성이 커야 한다.
③ 큐리전이 높아야 한다.
④ 탄성한도가 높아야 한다.

> 스프링강은 탄성한도가 높아야 한다.

14 다음 중 내열용 알루미늄 합금이 아닌 것은?

① Y-합금
② 코비탈륨
③ 플래티나이트
④ 로엑스(Lo-Ex)합금

> 플래티나이트는 Fe-Ni계 불변강이다.

정답 07 ① 08 ③ 09 ② 10 ② 11 ② 12 ① 13 ④ 14 ③

15 소성가공에 대한 설명으로 옳은 것은?

① 재결정 온도 이하에서 가공하는 것을 냉간 가공이라고 한다.
② 열간가공은 기계적 성질이 개선되고 표면 산화가 안 된다.
③ 재결정은 결정을 단결정으로 만드는 것이다.
④ 금속의 재결정 온도는 모두 동일하다.

> 재결정 온도 이하에서의 가공을 냉간가공, 이상에서의 가공을 열간가공이라 한다.

16 구멍 φ50±0.01일 때 억지끼워맞춤의 축 지름의 공차는?

① $\phi 50^{+0.01}_{0}$
② $\phi 50^{0}_{-0.02}$
③ $\phi 50 \pm 0.01$
④ $\phi 50^{+0.03}_{+0.02}$

> 억지끼워맞춤은 구멍보다 축이 항상 클 때이므로 ④가 항상 구멍보다 크다.

17 핸들, 바퀴의 암, 레일의 절단면 등을 그림 처럼 90° 회전시켜 나타내는 단면도는?

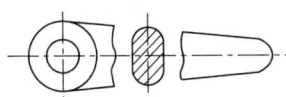

① 전 단면도
② 한쪽 단면도
③ 부분 단면도
④ 회전 단면도

> **회전 단면도**
> 핸들이나 바퀴 등의 암 및 림, 리브, 축, 구조물의 부재 등의 절단면은 90도 회전하여 표시한다.

18 도면 A4에 대하여 윤곽의 나비는 최소 몇 mm인 것이 바람직한가?

① 4 ② 10
③ 20 ④ 30

> A4~A2까지는 10mm, A1~A0는 20mm

19 대상물의 표면으로부터 임의로 채취한 각 부분에서의 표면 거칠기를 나타내는 파라미터인 10점 평균 거칠기 기호로 옳은 것은?

① R_y ② R_a
③ R_z ④ R_x

> • 최대 높이(R_{max})
> • 10점 평균 거칠기(R_z)
> • 중심선 평균 거칠기(R_a)

20 다음 그림에서 테이퍼 값은 얼마인가?

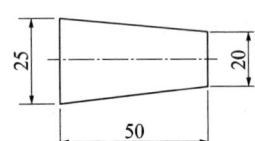

① $\frac{1}{10}$ ② $\frac{1}{5}$
③ $\frac{2}{5}$ ④ $\frac{1}{2}$

> (25−20)/50=1/10

정답 15① 16④ 17④ 18② 19③ 20①

21 다음 재료 기호 중 고속도공구강을 나타낸 것은?

① SPS ② SKH
③ STD ④ STS

- SKH : 고속도강
- SPS : 스프링강
- STD : 다이스강
- STS : 합금공구강

22 모따기의 각도가 45°일 때의 모따기 기호는?

① φ ② R
③ C ④ t

- C : 모따기
- t : 두께
- R : 반지름
- φ : 지름

23 다음 물체를 3각법으로 표현할 때 우측면도로 옳은 것은? (단, 화살표 방향이 정면도 방향이다)

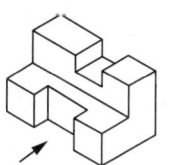

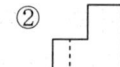

우측면도는 오른쪽에서 본 그림이므로 ④와 같다.

24 도면은 철판에 구멍을 가공하기 위하여 작성한 도면이다. 도면에 기입된 치수에 대한 설명으로 틀린 것은?

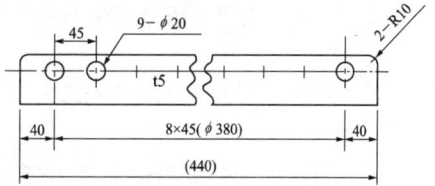

① 철판의 두께는 10mm이다.
② 구멍의 반지름은 10mm이다.
③ 같은 크기의 구멍은 9개이다.
④ 구멍의 간격은 45mm로 일정하다.

도면상에 t5는 두께를 나타낸 것으로 두께가 5mm이다.

25 도면에서 가공방법 지시기호 중 밀링가공을 나타내는 약호는?

① L ② M
③ P ④ G

l : 선반, M : 밀링, P : 평삭, G : 연삭

26 그림과 같은 물체를 3각법으로 나타낼 때 우측면도에 해당하는 것은? (단, 화살표 방향이 정면이다)

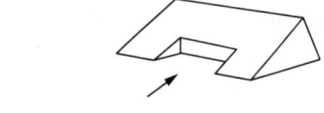

우측면도는 오른쪽에서 본 그림이므로 ④와 같다.

정답 21 ② 22 ③ 23 ④ 24 ① 25 ② 26 ④

27 도면에 치수를 기입할 때 유의해야 할 사항으로 옳은 것은?

① 치수는 계산을 하도록 기입해야 한다.
② 치수의 기입은 되도록 중복하여 기입해야 한다.
③ 치수는 가능한 한 보조 투상도에 기입해야 한다.
④ 관련되는 치수는 가능한 한 곳에 모아서 기입해야 한다.

> **치수기입**
> 계산하지 않도록 하고, 중복기입하지 않으며, 가급적 주투상도에 모아서 기입한다.

28 전기로 조업 시 환원기 작업의 주요 목적은?

① 탈황(S)   ② 탈탄(C)
③ 탈인(P)   ④ 탈규소(Si)

> **환원기 작업** : 탈황, 탈산

29 산소와의 친화력이 강한 것부터 약한 순으로 나열한 것은?

① Al → Ti → Si → V → Cr
② Cr → V → Si → Ti → Al
③ Ti → V → Si → Cr → Al
④ Si → Ti → Cr → V → Al

> **산소 친화력**
> Al 〉 Ti 〉 Si 〉 V 〉 Cr

30 철광석이 산화제로 이용되기 위하여 갖추어야 할 조건 중 틀린 것은?

① 산화철이 많을 것
② P 및 S의 성분이 낮을 것
③ 산성성분인 TiO_2가 높을 것
④ 결합수 및 부착수분이 낮을 것

> 철광석 중에는 산화철(Fe_2O_3)은 많고 불순물이 적어야 한다.

31 진공탈가스 처리 시 용강의 온도를 보상할 수 있는 방법이 아닌 것은?

① 산소를 분사한다.
② 탄소를 첨가한다.
③ 알루미늄을 투입한다.
④ 환류가스 유량을 증대시킨다.

> 환류가스 유량 증대는 온도 보상에 아무런 관련이 없다.

32 저취 전로조업에 대한 설명으로 틀린 것은?

① 극저탄소까지 탈탄이 가능하다.
② 철의 산화손실이 적고, 강중에 산소가 낮다.
③ 교반이 강하고, 강욕의 온도, 성분이 균질하다.
④ 간접반응을 하기 때문에 탈인 및 탈황이 효과적이지 못하다.

> 저취전로법은 산소와 직접반응을 한다.

33 진공조에 의한 순환 탈가스 방법에서 탈가스가 이루어지는 장소로 부적합한 것은?

① 상승관에 취입된 가스표면
② 레이들 상부의 용강표면
③ 진공조 내에서 노출된 용강표면
④ 취입가스와 함께 비산하는 스프레쉬 표면

> 탈가스는 레이들 상부는 공기와 접하는 부분이므로 탈가스는 일어나지 않는다.

정답 27 ④ 28 ① 29 ① 30 ③ 31 ④ 32 ④ 33 ②

34 제강법에 사용하는 주원료가 아닌 것은?

① 고철 ② 냉선
③ 용선 ④ 철광석

> 제강에서 철광석은 부원료이다.

35 전기로 제강법에 대한 설명으로 옳은 것은?

① 일반적으로 열효율이 나쁘다.
② 용강의 온도 조절이 용이하지 못하다.
③ 사용원료의 제약이 적고, 모든 강종의 정련에 용이하다.
④ 노 내 분위기를 산화 및 환원한 상태로만 조절이 가능하며, 불순원소를 제거하기 쉽지 않다.

> 전기로는 열효율이 좋아 원료에 대한 제약이 없어 모든 강종에 적용이 가능하며, 불순물 제거가 용이하고 합금원소 첨가가 용이해서 특수강용으로 많이 사용한다.

36 노 내 반응에 근거한 LD 전로의 특징과 관계가 적은 것은?

① Metal-Slag 교반이 심하고 탈C, 탈P 반응이 거의 동시에 진행된다.
② 산화반응에 의한 발열로 정련온도를 충분히 유지한다.
③ 강력한 교반에 의하여 강중 가스 함유량이 증가한다.
④ 공급 산소의 반응효율이 높고 탈탄반응이 빠르게 진행된다.

> LD전로는 강력한 용강의 교반에 의해 강중 가스 함유량이 저하한다.

37 LD 전로 취련 시 종점 판정에 필요한 불꽃상황을 변동시키는 요인이 아닌 것은?

① 노체 사용횟수
② 취련 패턴
③ 랜스 사용횟수
④ 출강구 상태

> 전로불꽃 상황을 변화시키는 요인
> ① 노체 사용횟수
> ② 산소 취부 조건(취련 패턴)
> ③ 랜스 사용횟수
> ④ 슬래그량
> ⑤ 강욕의 온도

38 턴디시에 용강을 공급하기 위하여 사용되는 것이 아닌 것은?

① 포러스 노즐
② 경동 장치
③ 가스 취입 스토퍼
④ 가스 슬리브 노즐

> 레이들에서 턴디시로 용강의 공급은 레이들 하부의 노즐로 한다.

39 혼선로의 역할 중 틀린 것은?

① 용선의 승온
② 용선의 저장
③ 용선의 보온
④ 용선의 균질화

> 혼선로에서 가열 기능은 없다.

40 용강 유출에 대비한 유의사항 및 사고 시에 취할 사항으로 틀린 것은?

① 용강 유출 시 주위 작업원을 대피시킨다.
② 주위의 인화물질 및 폭발물을 제거한다.
③ 액상의 용강 유출 부위에 수냉으로 소화한다.
④ 용강 폭발에 주의하고 방열복, 방호면을 착용한다.

> 용강의 유출 부위에 물을 뿌리면 폭발의 위험성이 있다.

41 연속주조에서 몰드 파우더(Mold Powder)의 기능이 아닌 것은?

① 윤활제 작용을 한다.
② 열방산을 촉진한다.
③ 개재물을 흡수한다.
④ 강의 청정도를 높인다.

> 몰드 파우더는 열방산을 방지한다.

42 이중표피(Double skin) 결함이 발생하였을 때 예상되는 가장 주된 원인은?

① 고온고속으로 주입할 때
② 탈산이 과도하게 되었을 때
③ 주형의 설계가 불량할 때
④ 용강의 스플래시(splash)가 발생되었을 때

> 이중표피는 용강의 스플래시에 의해 발생한다.

43 용강의 점성을 상승시키는 것은?

① W ② Si
③ Mn ④ Al

> W은 용융점이 높으므로 용강의 점성을 상승시킨다.

44 LD 전로의 노 내 반응 중 저질소 강을 제조하기 위한 관리 항목에 대한 설명 중 틀린 것은?

① 용선 배합비(HMR)를 올린다.
② 탈탄속도를 높이고 종점 [C]를 가능한 높게 취련한다.
③ 용선 중의 티타늄 함유율을 높이고, 용선 중의 질소를 낮춘다.
④ 취련 말기 노안으로 가능한 한 공기를 유입시키고, 재취련을 실시한다.

> 노구에서의 공기 침입을 방지하고 재취련은 금지한다.

45 저취산소전로법(Q-BOP)의 특징에 대한 설명으로 틀린 것은?

① 탈황과 탈인이 어렵다.
② 종점에서의 Mn이 높다.
③ 극저탄소강의 제조에 적합하다.
④ 취련시간이 단축되고 폐가스의 효율적인 회수가 가능하다.

> Q-BOP법은 탈황과 탈인이 용이하다.

46 강괴 내에 있는 용질 성분이 불균일하게 분포하는 결함으로 처음에 응고한 부분과 나중에 응고한 부분의 성분이 균일하지 않게 나타나는 현상의 결함은?

① 백점 ② 편석
③ 기공 ④ 비금속 개재물

> **편석**
> 강괴에서 일정 부분의 품위가 높은 부분으로 응고가 가장 늦은 부분으로 집중하게 된다.

정답 40 ③ 41 ② 42 ④ 43 ① 44 ④ 45 ① 46 ②

47 물질 연소의 3요소로 옳은 것은?

① 가연물, 산소 공급원, 공기
② 가연물, 산소 공급원, 점화원
③ 가연물, 불꽃, 점화원
④ 가연물, 가스, 산소 공급원

> 연소의 3요소
> 가연물, 산소공급원, 점화원

48 LD 전로 조업에서 탈탄속도가 점차 감소하는 시기에서의 산소 취입 방법은?

① 산소 취입 중지
② 산소제트 압력을 점차 감소
③ 산소제트 압력을 점차 증가
④ 산소제트 유량을 점차 증가

> 탈탄속도가 감소하면 산소제트의 압력도 줄여야 한다.

49 연속주조 작업 중 주조 초기 Over Flow가 발생되었을 때 안전상 조치사항이 아닌 것은?

① 작업자 대피
② 신속히 전원 차단
③ 주상바닥 습기류 제거
④ 각종 호스(hose), 케이블(cable) 제거

> 전원을 차단하면 다른 안전장치가 작동하지 않는다.

50 유도식 전기로의 형식에 속하는 전기로는?

① 스타사노로
② 노상 가열로
③ 에루식로
④ 에이작스 노드럽로

> 에이작스 노드럽식 로는 고주파 유도로이다.

51 복합취련법에 대한 설명으로 틀린 것은?

① 취련시간이 단축된다.
② 용강의 실수율이 높다.
③ 위치에 따른 성분 편차는 없으나 온도의 편차가 발생한다.
④ 강욕 중의 C와 O의 반응이 활발해지므로 극저탄소강 등 청정강의 제조가 유리하다.

> 복합취련법은 용강 교반이 심하므로 성분 및 온도 편차가 없다.

52 순 산소 상취 전로제강법에서 냉각효과를 높일 수 있는 가장 효과적인 냉각제 투입 방법은?

① 투입시기를 정련시간 후반에 되도록 소량을 분할 투입한다.
② 투입시기를 정련시간 초기에 되도록 일시에 다량 투입한다.
③ 투입시기를 정련시간 초기에 전량을 일시에 투입한다.
④ 투입시기를 정련시간의 후반에 되도록 일시에 다량 투입한다.

> 냉각제는 소량씩 분할 투입하며 시기는 정련 후반기에 용강 온도 강하를 목적으로 한다.

정답 47 ② 48 ② 49 ② 50 ④ 51 ③ 52 ①

53 다음 중 염기성 내화물에 속하는 것은?

① 규석질 ② 돌로마이트질
③ 납석질 ④ 샤모트질

> 돌로마이트는 염기성 내화물이다.

54 정상적인 전기아크로의 조업에서 산화슬래그의 표준 성분은?

① MgO, Al_2O_3, Cr_2O_3
② CaO, SiO_2, FeO
③ CuO, CaO, MnO
④ FeO, P_2O_5, PbO

> 슬래그 주 성분 : CaO, SiO_2, FeO

55 연속주조의 주조 설비가 아닌 것은?

① 턴디시
② 디미바
③ 주형이송대차
④ 2차 냉각 장치

> 주형이송대차는 조괴 설비에 해당한다.

56 조괴작업에서 트랙타임(T.T)이란?

① 제강주입 시작 – 분괴도착 시간까지
② 형발완료 – 분괴장입시작 시간까지
③ 제강주입 시작시간 – 분괴장입 완료시간
④ 제강주입 완료시간 – 균열로에 장입완료 시간

> 트랙타임
> 제강주입 완료시간에서부터 균열로에 장입을 완료할 때까지의 시간이다.

57 진공조 하부에 흡입용관과 배기용관이 있어 탈가스를 할때 2개의 관을 용강에 담그고 용강을 순환시켜 진공 중에서 탈가스를 행하는 탈가스법은?

① DH법 ② RH법
③ TD법 ④ LD탈가스법

> RH법
> 상승관과 하강관의 2개의 관을 용강에 담그고 상승관으로 순환 가스로 진공 탈가스하는 방법

58 연속주조에서 가장 일반적으로 사용되는 몰드의 재질은?

① 구리 ② 내화물
③ 저탄소강 ④ 스테인리스 스틸

> 몰드는 열전도도가 우수한 구리로 하고, 표면을 크롬으로 도금한다.

59 제강에서 탈황시키는 방법으로 틀린 것은?

① 가스에 의한 방법
② 슬래그에 의한 결합 방법
③ 황과 결합하는 원소를 첨가하는 방법
④ 황의 활량을 감소시키는 방법

> 탈황을 촉진하려면 황의 활량을 증가시켜야 한다.

60 LD 전로 제강 후 폐가스량을 측정한 결과 CO_2가 1.50kg이었다면 CO_2 부피는 약 몇 m^3인가? (단, 표준상태이다)

① 0.76 ② 1.50
③ 2.00 ④ 3.28

> 1몰의 부피는 22.4에 해당한다.
> CO_2 1몰의 질량은 12(C)+16×2(O_2)=44이다.
> 따라서 44:22.4=1.50:x 로 하면
> x=22.4×1.50/44=0.76

정답 53② 54② 55③ 56④ 57② 58① 59④ 60①

2017년 1회 제강기능사 CBT 복원문제

01 비중 7.14, 용융점 약 419℃이며, 다이캐스팅용으로 많이 이용되는 조밀육방격자 금속은?

① Cr   ② Cu
③ Zn   ④ Pb

> **Zn**
> 용융점 419℃, 비중 7.14, 결정구조 HCP, 다이캐스팅용 합금으로 이용

03 체심입방격자(BCC)의 근접 원자 간 거리는?
(단, 격자정수는 a이다)

① a   ② $\dfrac{1}{2}a$
③ $\dfrac{1}{\sqrt{2}}a$ ④ $\dfrac{\sqrt{3}}{2}a$

결정구조

	기호	배위수	원자수	충진율	최인접 원자 간 거리
체심입방격자	BCC	8	2	68%	$\dfrac{\sqrt{3}}{2}a$
면심입방격자	FCC	12	4	74%	$\dfrac{1}{\sqrt{2}}a$
조밀육방격자	HCP (CPH)	12	6 (2)	74%	a축방향 = a c축방향 = $\sqrt{\dfrac{a^3}{3} + \dfrac{c^2}{4}}$

03 Al-Si계 합금의 개량처리에 사용되는 나트륨의 첨가량과 용탕의 적정온도로 옳은 것은?

① 약 0.01%, 약 750~800℃
② 약 0.1%, 약 750~800℃
③ 약 0.01%, 약 850~900℃
④ 약 0.1%, 약 850~900℃

> **개량처리**
> Na 0.01% 첨가, 처리온도 750~800℃

04 라우탈(Lautal) 합금의 특징을 설명한 것 중 틀린 것은?

① 시효경화성이 있는 합금이다.
② 규소를 첨가하여 주조성을 개선한 합금이다.
③ 주조 균열이 크므로 사형 주물에 적합하다.
④ 구리를 첨가하여 피삭성을 좋게 한 합금이다.

> **라우탈의 특징**
> ① Al-Cu-Si계 주조용 합금
> ② Si 첨가로 주조성이 우수
> ③ Cu 첨가로 절삭성이 향상
> ④ 시효경화성이 있어 강도가 우수

정답 01 ③ 02 ④ 03 ① 04 ③

05 금속이 탄성변형 후에 소성변형을 일으키지 않고 파괴되는 성질은?

① 인성
② 취성
③ 인발
④ 연성

> 탄성변형 후에 소성변형을 일으키지 않고 파괴되는 성질을 취성이라고 한다.

06 니켈 60~70% 함유한 모넬 메탈은 내식성, 화학적 성질 및 기계적 성질이 매우 우수하다. 이 합금에 소량의 황(S)을 첨가하여 쾌삭성을 향상시킨 특수 합금에 해당하는 것은?

① H – Monel
② K – Monel
③ R – Monel
④ KR – Monel

> 모넬 메탈
> ① H-모넬 : 모넬 + Si
> ② K-모넬 : 모넬 + Al
> ③ R-모넬 : 모넬 + S
> ④ KR-모넬 : 모넬 + C

07 다음 성분 중 질화층의 경도를 높이는 데 기여하는 원소로만 나열된 것은?

① Al, Cr, Mo
② Zn, Mg, P
③ Pb, Au, Cu
④ Au, Ag, Pt

> 질화층의 경도를 높이는 원소
> Al, Cr, Mo, V, W 등

08 다음의 금속 중 재결정온도가 가장 높은 것은?

① Mo
② W
③ In
④ Pt

> 용융점이 높으면 재결정온도도 높다.
> W 3,410℃, Mo 2,610℃, In 155℃, Pt 1,774℃

09 단조되지 않으므로 주조한 그대로 연삭하여 사용하는 재료는?

① 실루민
② 라우탈
③ 하드필드강
④ 스텔라이트

> 스텔라이트
> Co를 주성분으로 하는 주조경질합금으로 열처리를 하지 않아도 고속도강보다 경도가 크다.

10 금속의 성질 중 전성(展性)에 대한 설명으로 옳은 것은?

① 광택이 촉진되는 성질
② 소재를 용해하여 접합하는 성질
③ 얇은 박(箔)으로 가공할 수 있는 성질
④ 원소를 첨가하여 단단하게 하는 성질

> 전성
> 금속이 퍼지는 성질로 얇은 박으로 만들 수 있는 성질

정답 05 ② 06 ③ 07 ① 08 ② 09 ④ 10 ③

11 실용 합금으로 Al에 Si이 약 10~13% 함유된 합금의 명칭으로 옳은 것은?

① 라우탈 ② 알니코
③ 실루민 ④ 오일라이트

> 실루민은 Al-Si계 합금으로 공정점 부근인 Si이 10~13% 함유된 합금이다.

12 스프링강에 요구되는 성질에 대한 설명으로 옳은 것은?

① 취성이 커야 한다.
② 산화성이 커야 한다.
③ 큐리점이 높아야 한다.
④ 탄성한도가 높아야 한다.

> 스프링강은 탄성한도가 높아야 한다.

13 금속의 표면에 Zn을 침투시켜 대기 중 철강의 내식성을 증대시켜 주기 위한 처리법은?

① 세라다이징
② 크로마이징
③ 칼로라이징
④ 실리코나이징

> 금속침투법의 종류
> ① 세라다이징 : Zn을 재료표면에 침투시키는 방법, 내식성 향상과 표면경화층을 얻음
> ② 크로마이징 : Cr을 침투, 내식·내열성 및 내마모성이 향상
> ③ 칼로라이징 : Al을 침투, 내식성 향상
> ④ 실리코나이징 : Si를 침투, 내산성이 향상
> ⑤ 보로나이징 : B를 침투, 표면경도가 향상

14 로크웰 경도를 시험할 때 주로 사용하지 않는 시험하중(kg_f)이 아닌 것은?

① 60 ② 100
③ 150 ④ 250

> 로크웰 경도 시험
> $60kg_f$, $100kg_f$, $150kg_f$

15 60%Cu-40%Zn 황동으로 복수기용 판, 볼트, 너트 등에 사용되는 합금은?

① 톰백(Tombac)
② 길딩메탈(Gilding metal)
③ 문쯔메탈(Muntz metal)
④ 애드미럴티메탈(Admiralty metal)

> 6-4황동(문쯔메탈)
> Cu(60%)-Zn(40%)

16 다음 중 볼트, 너트, 전동기축 등에 사용되는 것으로 탄소함량이 약 0.2~0.3% 정도인 기계구조용 강재는?

① SM25C ② STC4
③ SKH2   ④ SPS8

> 탄소함유량이 0.2~0.3%이면 SM25C에 해당한다. 25C가 탄소함유량이 0.25%를 의미한다.

정답 11 ③ 12 ④ 13 ① 14 ④ 15 ③ 16 ①

17 도면에서 표제란의 위치는?

① 오른쪽의 아래에 위치한다.
② 왼쪽의 아래에 위치한다.
③ 오른쪽 위에 위치한다.
④ 왼쪽 위에 위치한다.

> 표제란은 도면의 오른쪽 아래에 도시한다.

18 특수한 가공을 하는 부분 등 특별한 요구 사항을 적용할 수 있는 범위를 표시하는 데 사용하는 선은?

① 굵은 파선
② 굵은 1점 쇄선
③ 가는 1점 쇄선
④ 가는 2점 쇄선

> **특수 지정선**
> 굵은 1점 쇄선으로 특수한 가공을 하는 부분 등 특별한 요구 사항을 적용할 수 있는 범위를 표시하는 데 사용

19 도형의 일부분을 생략할 수 없는 경우에 해당되는 것은?

① 물체의 내부가 비었을 때
② 같은 모양이 반복될 때
③ 중심선을 중심으로 대칭할 때
④ 물체가 길어서 한 도면에 나타내기 어려울 때

> **생략 도면을 사용하는 경우**
> ① 연속된 같은 모양이 반복할 때
> ② 도형이 대칭일 경우 중심선의 한쪽을 생략할 때
> ③ 물체가 길어서 중간 부분을 생략할 때

20 다음 중 나사의 리드(lead)를 구하는 식으로 옳은 것은? (단, 줄수 : n, 피치 : P)

① $L = \dfrac{n}{P}$ ② $L = n \times P$

③ $L = \dfrac{P}{n}$ ④ $L = \dfrac{n \times P}{2}$

> 피치 = $\dfrac{리드}{줄수}$
> ∴ 리드(L) = 피치(P)×줄수(n)

21 부품을 제작할 수 있도록 각 부품의 형상, 치수, 다듬질 상태 등 모든 정보를 기록한 도면은?

① 조립도   ② 배치도
③ 부품도   ④ 견적도

> ① 조립도 : 기계나 구조물의 전체적인 조립 상태를 나타내는 도면
> ② 부품도 : 물품을 구성하는 각 부품에 대하여 가장 상세하게 나타내는 도면
> ③ 견적도 : 만드는 사람이 견적서에 첨부하여 주문할 사람에게 주문품의 내용을 설명하는 도면

22 정면, 평면, 측면을 하나의 투상도에서 동시에 볼 수 있도록 그린 것으로 직육면체 투상도의 경우 직각으로 만나는 3개의 모서리가 각각 120°를 이루는 투상법은?

① 등각투상도법
② 사투상도법
③ 부등각투상도법
④ 정투상도법

> **등각투상도**
> x, y, z 축이 120도로 같은 투상도

정답 17 ① 18 ② 19 ① 20 ② 21 ③ 22 ①

23 표면거칠기 기호에 의한 줄 다듬질의 약호는?

① FB ② FS
③ FL ④ FF

> FL 래핑 다듬질, FF 줄 다듬질

24 다음의 입체도법에 대한 설명으로 옳은 것은?

① 제3각법은 물체를 제3면각 안에 놓고 투상하는 방법으로 눈 → 물체 → 투상면의 순서로 놓는다.
② 제1각법은 물체를 제1각 안에 놓고 투상하는 방법으로 눈 → 투상면 → 물체의 순서로 놓는다.
③ 전개도법에는 평행선법, 삼각형법, 방사선법을 이용한 전개도법의 세 가지가 있다.
④ 한 도면에는 제1각법과 제3각법을 혼용하여 그려야 한다.

> ① 제3각법 : 눈 → 투상도 → 물체(물체의 보이는 부분을 그대로 그린 것)
> ② 제1각법 : 눈 → 물체 → 투상도(물체의 보이는 부분을 물체의 뒤쪽에 그린 것)
> ③ 한 도면에서는 제1각법과 제3각법을 같이 사용하지 않으며, 원칙적으로 제3각법을 사용하게 되어 있다.

25 도면 A4에 대하여 윤곽의 나비는 최소 몇 mm인 것이 바람직한가?

① 4   ② 10
③ 20 ④ 30

> A4~A2까지는 10mm, A1~A0는 20mm

26 구멍의 최대허용치수 50.025mm, 최소허용치수 50.000mm, 축의 최대허용치수 50.000mm, 최소허용치수 49.950mm일 때 최대 틈새(mm)는?

① 0.025 ② 0.050
③ 0.075 ④ 0.015

> **최대 틈새**
> = 구멍의 최대허용치수 − 축의 최소허용치수
> = 50.025 − 49.950 = 0.075

27 치수 보조기호 중 "SR"이 의미하는 것은?

① 구의 지름   ② 참고 치수
③ 45°모따기   ④ 구의 반지름

> SR : 구의 반지름
> C : 모따기
> SØ : 구의 지름
> ( ) : 참고 치수

28 전기로 제강법에서 탈인을 유리하게 하는 조건 중 옳은 것은?

① 슬래그 중에 P_2O_5가 많아야 한다.
② 슬래그의 염기도가 커야 한다.
③ 슬래그 중 FeO가 적어야 한다.
④ 비교적 고온도에서 탈인작용을 한다.

> **탈인의 조건**
> ① 강재 중 CaO가 많을 것(염기도가 높을 것)
> ② 강재 중 FeO가 많을 것(산화력이 큼)
> ③ 온도가 낮을 것
> ④ 강재 중 P_2O_5가 낮을 것
> ⑤ 강재의 유동성이 좋을 것

정답 23 ④ 24 ③ 25 ② 26 ③ 27 ④ 28 ②

29 전로 취련 종료 시 종점판정의 실시기준으로 적당하지 않은 것은?

① 취련시간　② 불꽃의 형상
③ 산소 사용량　④ 부원료 사용량

> **종점 판정기준**
> 산소 사용량, 취련시간, 불꽃형상 판정

30 전기로 제강법에서 환원철을 사용하였을 때의 장점이 아닌 것은?

① 생산성이 향상된다.
② 맥석분이 많다.
③ 제강시간을 단축한다.
④ 전기로의 자동 조작이 쉽다.

> **환원철 사용 시 장·단점**
> ① 장점 : 제강시간 단축, 생산성 향상, 취급이 용이, 자동조업이 용이
> ② 단점 : 맥석분이 많음, 다량의 촉매(석회석 또는 산화칼슘)가 필요, 철부 회수가 복잡, 가격이 고가

31 전기로 산화정련 작업에서 일어나는 화학 반응식이 아닌 것은?

① $Si + 2O \rightarrow SiO_2$
② $Mn + O \rightarrow MnO$
③ $2P + 5O \rightarrow P_2O_5$
④ $O + 2H \rightarrow H_2O$

> **전기로 산화정련 반응**
> $Si + O_2 = SiO_2$
> $2Mn + O_2 = 2MnO$
> $2C + O_2 = CO_2$
> $2P + \frac{5}{2}O_2 = P_2O_5$
> $4Cr + 3O_2 = 2Cr_2O_3$

32 전로의 반응속도 결정요인과 관련이 가장 적은 것은?

① 산소 사용량
② 산소 분출압
③ 랜스 노즐의 직경
④ 출강 시 알루미늄 첨가량

> 알루미늄은 탈산제로 첨가하는 것이다.

33 전기로의 밑부분에 용탕이 있는 부분의 명칭은?

① 노체　② 노상
③ 천정　④ 노벽

> **노상**
> 노의 하부에 용융물이 고여있는 곳

34 지킹로 내부에 사용되는 내화물의 구비조건으로 틀린 것은?

① 연화점이 높을 것
② 견고하여 큰 힘에 변형되지 않아야 할 것
③ 고온에서 열전도 및 전기전도가 클 것
④ 슬래그나 용융금속에 침식되지 않을 것

> **내화재료의 구비조건**
> ① 높은 온도에서 용융하지 않을 것
> ② 높은 온도에서 쉽게 연화하지 않을 것
> ③ 온도 급변에 잘 견딜 것(내스폴링성 우수)
> ④ 높은 온도에서 형상이 변화하지 않을 것
> ⑤ 용제 및 기타 물질 등에 대해서 침식저항이 클 것(내식성 우수)
> ⑥ 마멸에 잘 견딜 것(내마멸성 우수)
> ⑦ 높은 온도에서 전기 절연성이 클 것
> ⑧ 열전도율과 열팽창이 낮을 것

정답 29 ④ 30 ② 31 ④ 32 ④ 33 ② 34 ③

35 노외정련 설비 중 RH법에서 산소, 수소, 질소가 제거되는 장소가 아닌 것은?

① 상승관에 취입된 가스 표면
② 진공조 내에서 용강의 내부 중심부
③ 취입가스와 함께 비산하는 스플래시 표면
④ 상승관, 하강관, 진공조 내부의 내화물 표면

> 진공조 내에서 용강의 표면부에서 탈가스가 진행된다.

36 연속주조 개시 때 주형저부를 막아 주어 주편을 핀치롤까지 인출시키는 장치는?

① 더미바   ② 턴디시
③ 주형   ④ 롤러 테이블

> **더미바**
> 주조 초기 주형 하부를 막아주고 용강이 응고하기 시작하면 주편을 핀치롤까지 인발하는 장치

37 연속주조 시 탕면상부에 투입되는 몰드 파우더의 기능으로 틀린 것은?

① 윤활제의 역할
② 강의 청정도 상승
③ 산화 및 환원의 촉진
④ 용강의 공기 산화방지

> **몰드 파우더의 기능**
> 용강산화방지, 열손실방지, 개재물 부상, 윤활 작용

38 강괴의 비금속 개재물 생성원인이 아닌 것은?

① 슬래그가 강재에 혼입
② 내화재가 침식하여 강재에 혼입
③ 대기에 의한 산화
④ 주형과 정반에 도포 실시

> **비금속 개재물의 생성원인**
> ① 공기에 의한 용강의 산화
> ② 내화물의 탈락에 의한 혼입
> ③ 정련반응 생성물 제거 불량

39 흡인 탈가스법(DH법)에서 제거되지 않은 원소는?

① 산소   ② 탄소
③ 규소   ④ 수소

> **진공탈가스로 제거되는 가스**
> C, N, H 등이며, Si는 가스성분이 아니므로 제거되지 않는다.

40 하인리히의 사고예방의 단계 5단계에서 4단계에 해당되는 것은?

① 조직
② 평가분석
③ 사실의 발견
④ 시정책의 선정

> **사고예방 대책 5단계**
> ① 안전조직 관리
> ② 사실의 발견(위험의 발견)
> ③ 분석평가(원인규명)
> ④ 시정방법의 선정
> ⑤ 시정책의 적용(목표달성)

정답   35 ② 36 ① 37 ③ 38 ④ 39 ③ 40 ④

41 LD 전로에서 고철과 동일 중량을 사용하는 경우 냉각제의 냉각계수가 가장 큰 것은?

① 냉선　　② 철광석
③ 생석회　④ 석회석

냉각제	고철	석회석	철광석
냉각능	1	2.2	2.7

42 주편을 인장할 때에 응고각이 주형벽 내의 Cu를 마모시켜 Cu분이 주편에 침투되어 Cu 취하를 일으켜 국부적 미세 균열을 일으키는 일명 '스타 크랙(star crack)'이라 불리는 결함은?

① 슬래그 물림
② 방사상 균열
③ 표면 가로균열
④ 모서리 가로균열

스타 크랙
주편 인발 시 응고각이 주형벽 내의 Cu를 긁어내어 Cu 분이 주편에 침투되어 국부적으로 미세한 터짐이 발생하는 방사상 균열

43 취련 중에 노하 청소를 금하는 가장 큰 이유는?

① 감전사고가 우려되므로
② 질식사고가 우려되므로
③ 실족사고가 우려되므로
④ 화상재해가 우려되므로

취련 중에는 노외 분출물로 인한 화상 재해 가능성이 있으므로 접근을 제한한다.

44 용선의 예비처리법 중 레이들 내의 용선에 편심회전을 주어 그때에 일어나는 특이한 파동을 반응물질의 혼합 교반에 이용하는 처리법은?

① 교반법
② 인젝션법
③ 요동 레이들법
④ 터뷰레이터법

- **인젝션법** : 용강 상부에서 취입관을 이용하여 취입하는 방법
- **교반법** : 탈황제를 넣고 용강을 교반하여 탈황하는 방법
- **요동 레이들법** : 레이들에 편심을 주어 회전하면서 탈황하는 방법

45 전로법에서 냉각제로 사용되는 원료가 아닌 것은?

① 페로실로콘　② 소결광
③ 철광석　　　④ 밀 스케일

페로실리콘(Fe–Si)은 탈산 합금철용으로 사용한다.

46 다음의 부원료 중 전로 내화물의 용출을 억제하기 위하여 사용되는 부원료는?

① 생석회(CaO)
② 백운석(MgO)
③ HBI
④ 철광석

MgO가 함유된 백운석은 MgO 자체가 용융점이 높아 슬래그에 의한 내화물의 침식을 억제하는 효과가 있다.

정답　41 ②　42 ②　43 ④　44 ③　45 ①　46 ②

47 다음 중 유도식 전기로에 해당되는 것은?

① 에루(Heroult) 로
② 지로드(Girod) 로
③ 스타사노(Stassano) 로
④ 에이잭스 – 노드럽(Ajax – Northrup) 로

- 스타사노 로 : 간접 아크로
- 에루식 로 : 직접 아크로
- 에이젝트 와이어트 로 : 유도로

48 염기성 전로의 내벽 라이닝(lining) 물질로 옳은 것은?

① 규석질
② 샤모트질
③ 알루미나질
④ 돌로마이트질

- 염기성 내화물 : 돌로마이트질, 마그네시아질
- 중성 내화물 : 알루미나질, 흑연질
- 산성 내화물 : 규석질, 샤모트질, 납석질

49 용강이 주형에 주입되었을 때 강괴의 평균 농도보다 이상 부분의 성분 품위가 높은 부분을 무엇이라 하는가?

① 터짐(crack)
② 콜드 셧(cold shut)
③ 정편석(positive segregation)
④ 비금속 개재물(non metallic inclusion)

편석
강괴에서 일정 부분의 품위가 높은 부분

50 LD 전로 제강법에 사용되는 랜스 노즐의 재질은?

① 내열 합금강 ② 구리
③ 니켈   ④ 스테인리스강

- 전로 랜스 재질 : 구리
- 전기로 산소 취입관 재질 : 스테인리스강

51 염기성 전로법에 해당하는 것은?

① 황(S)의 산화열을 이용한다.
② 탈인(P), 탈황(S)이 불가능하다.
③ 저인(P), 저황(S)의 고품위 광석을 원료로 한다.
④ 탈인(P)과 어느 정도의 탈황(S)을 할 수 있다.

염기성 전로법은 탈인이 우수하고, 탈황도 가능하다.

52 노외정련법 중 LF(Ladle Furnace)의 목적과 특성을 설명한 것 중 틀린 것은?

① 탈수소를 목적으로 한다.
② 탈황을 목적으로 한다.
③ 탈산을 목적으로 한다.
④ 레이들 용강온도의 제어가 용이하다.

LF 법의 특징
① 서브머지드 아크에 의한 정련
② 탈산, 탈황 용이
③ 용강 온도 조정 및 승온 용이
④ 성분 조정이 용이
⑤ 불순물 및 비금속 개재물 제거 용이

정답 47 ④ 48 ④ 49 ③ 50 ② 51 ④ 52 ①

53 LD 전로의 노 내 반응이 아닌 것은?

① Si + 2O → SiO₂
② 2P + 5O → P₂O₅
③ C + O → CO
④ Si + S → SiS

> 규소 반응 : Si+O₂ = SiO₂

54 노즐로부터 유출되는 용강량을 구하는 식은? (단, V : 단위시간당 용강 유출량(g / s), α : 노즐의 단면적(cm²), ρ : 용강의 밀도 (g / cm³), h : 레이들 내 용강의 높이(cm), g : 중력가속도(cm / s²))

① $V = \sqrt{\alpha\rho \cdot 2gh}$
② $V = \sqrt{\dfrac{\alpha\rho}{2gh}}$
③ $V = \dfrac{\alpha\rho}{\sqrt{2gh}}$
④ $V = \alpha\rho \cdot \sqrt{2yh}$

> $V = \alpha\rho \cdot \sqrt{2gh}$

55 상취 산소전로법에 사용되는 밀 스케줄(mill scale) 또는 소결광의 사용 목적이 아닌 것은?

① 슬로핑(sloopung) 방지제
② 냉각 효과의 기대
③ 출강 실수율의 향상
④ 산소 사용량의 절약

> **전로법에서 소결광이나 밀스케일 사용 효과**
> ① 슬래그화 촉진(슬로핑이 발생)
> ② 냉각 효과
> ③ 슬래그 중 전철(T-Fe) 상승으로 산소 사용량 감소
> ④ 출강 실수율 향상

56 레이들 용강을 진공실 내에 넣고 아크가열을 하면서 아르곤가스 버블링 하는 방법으로 Finkel-Mohr법이라고도 하는 것은?

① DH법
② VOD법
③ RH - OB법
④ VAD법

> **2차 정련법**
> ① VOD법 : 진공실 상부에 산소 취입용 랜스가 있어 정련하지만, 가열할 수 있는 가열장치는 없다.
> ② VAD법(Finkel-Mohr법) : 진공실 내에서 아크 가열이 가능하고, Ar가스로 교반하는 정련법
> ③ RH-OB법 : 전로 정련을 마친 용강을 RH 진공조에서 산소 취입에 의한 진공 탈탄시키는 방법, 스테인리스 강 제조에 사용
> ④ 흡인 탈가스법(DH법, 도르트문트법) : 진공조 밑에 있는 흡입관을 용강에 담근 후 진공조를 감압하여 레이들에 있는 용강이 진공조로 올라오면서 탈가스 처리하는 방법

57 유적탈가스법의 표기로 옳은 것은?

① RH
② DH
③ TD
④ BV

> • BV : 유적탈가스
> • RH : 순환탈가스
> • DH : 흡인탈가스

58 용강의 점성을 상승시키는 것은?

① W
② Si
③ Mn
④ Al

> W은 용융점이 높으므로 용강의 점성을 상승시킨다.

정답 53④ 54④ 55① 56④ 57④ 58①

59 저취 전로조업에 대한 설명으로 틀린 것은?

① 극저탄소까지 탈탄이 가능하다.
② 철의 산화손실이 적고, 강중에 산소가 낮다.
③ 교반이 강하고, 강욕의 온도, 성분이 균질하다.
④ 간접반응을 하기 때문에 탈인 및 탈황이 효과적이지 못하다.

> 저취전로법은 산소와 직접반응을 한다.

60 정상적인 전기아크로의 조업에서 산화슬래그의 표준 성분은?

① MgO, Al_2O_3, Cr_2O_3
② CaO, SiO_2, FeO
③ CuO, CaO, MnO
④ FeO, P_2O_5, PbO

> 슬래그 주 성분 : CaO, SiO_2, FeO

정답 59 ④ 60 ②

2017년 3회 제강기능사 CBT 복원문제

01 주철에서 어떤 물체에 진동을 주면 진동에너지가 그 물체에 흡수되어 점차 약화되면서 정지하게 되는 것과 같이 물체가 진동을 흡수하는 능력은?

① 감쇠능   ② 유동성
③ 연신능   ④ 용해능

> **감쇠능**
> 진동에너지가 물체에 흡수되면 점차 약해지면서 진동이 정지되는 능력

02 다음 중 슬립(slip)에 대한 설명으로 틀린 것은?

① 슬립이 계속 진행하면 변형이 어려워진다.
② 원자밀도가 최대인 방향으로 슬립이 잘 일어난다.
③ 원자밀도가 가장 큰 격자면에서 슬립이 잘 일어난다.
④ 슬립에 의한 변형은 쌍정에 의한 변형보다 매우 작다.

> 소성변형은 쌍정변형보다 많이 일어난다.

03 다음 중 자기변태에 대한 설명으로 옳은 것은?

① 자기적 성질의 변화를 자기변태라 한다.
② 결정격자의 결정구조가 바뀌는 것을 자기변태라 한다.
③ 일정한 온도에서 급격히 비연속적으로 일어나는 변태이다.
④ 원자배열이 변하여 두 가지 이상의 결정구조를 갖는 것이 자기변태이다.

> 자기변태는 원자배열과는 관계없이 자기적 성질이 변화하는 것으로 일정온도에서 연속적으로 일어난다.

04 다음 중 재료의 연성을 파악하기 위하여 실시하는 시험은?

① 피로시험   ② 충격시험
③ 커핑시험   ④ 크리프시험

> 재료의 연성을 알기 위해서는 에릭센시험(커핑시험)을 한다.

정답 01 ① 02 ④ 03 ① 04 ③

05 금속에 열을 가하여 액체상태로 한 후에 고속으로 급냉하면 원자가 규칙적으로 배열되지 못하고 액체상태로 응고되어 고체 금속이 되는데, 이와 같이 원자들의 배열이 불규칙한 상태의 합금을 무엇이라 하는가?

① 비정질 합금
② 형상 기억 합금
③ 제진 합금
④ 초소성 합금

> **비정질 합금**
> 용융금속을 급냉하여 원자배열을 무질서하게 배열하여 결정구조를 갖지 않는 것

06 열간가공에서 마무리 온도(Finishing Temperature)란?

① 전성을 회복시키는 온도를 말한다.
② 고온가공을 끝맺는 온도를 말한다.
③ 상온에서 경화되는 온도를 말한다.
④ 강도, 인성이 증가되는 온도를 말한다.

> **마무리 온도**
> 열간가공에서 열간가공(고온가공)을 끝내는 온도

07 Fe-Fe₃C 상태도에서 포정점 상에서의 자유도는? (단, 압력은 일정하다)

① 0   ② 1
③ 2   ④ 3

> 자유도 N = n+1-P = 2+1-3=0
> (n = 성분 수, P = 상의 수)
> 성분은 2(Fe와 C), 상은 포정이므로 액상, 고상1, 고상2의 3가지 상이 존재한다.

08 비정질 합금의 제조는 금속을 기체, 액체, 금속 이온 등에 의하여 고속 급냉하여 제조한다. 기체 급냉법에 해당하는 것은?

① 원심법
② 화학 증착법
③ 쌍롤(Double roll)법
④ 단롤(Single roll)법

> • 기체 급냉법 : 화학증착법, 진공증착법, 스퍼터링법
> • 액체 급냉법 : 원심법, 쌍롤법, 단롤법

09 불변강이 다른 강에 비해 가지는 가장 뛰어난 특성은?

① 대기 중에서 녹슬지 않는다.
② 마찰에 의한 마멸에 잘 견딘다.
③ 고속으로 절삭할 때에 절삭성이 우수하다.
④ 온도 변화에 따른 열팽창 계수나 탄성률의 성질 등이 거의 변하지 않는다.

> 불변강은 온도 변화에 따른 열팽창 계수나 탄성률의 성질 등이 거의 변하지 않는 강으로 인바, 엘린바, 슈퍼인바, 플래티나이트 등이 있다.

10 Fe-C 평형 상태도는 무엇을 알아보기 위해 만드는가?

① 강도와 경도값
② 응력과 탄성계수
③ 융점과 변태점, 자기적 성질
④ 용융상태에서의 금속의 기계적 성질

> 상태도는 융점, 변태점, 조직변화, 자기적 성질을 알 수 있다.

정답 05 ① 06 ② 07 ① 08 ② 09 ④ 10 ③

11 금속을 부식시켜 현미경 검사를 하는 이유는?

① 조직 관찰 ② 비중 측정
③ 전도율 관찰 ④ 인장강도 측정

> 금속의 조직은 현미경으로 검사한다.

12 액체 금속이 응고할 때 응고점(녹는점) 보다는 낮은 온도에서 응고가 시작되는 현상은?

① 과냉 현상
② 과열 현상
③ 핵 정지 현상
④ 응고 잠열 현상

> **과냉**
> 금속이 응고 시 응고점보다 낮은 온도에서 응고가 시작되는 현상으로 냉각속도가 빠를때 심하게 일어난다.

13 Fe-C 상태도에 나타나지 않는 변태점은?

① 포정점 ② 포석점
③ 공정점 ④ 공석점

> **Fe-C 상태도의 3가지 반응**
> 포정 반응, 공정 반응, 공석 반응

14 저용융점 합금의 금속원소가 아닌 것은?

① Mo ② Sn
③ Pb ④ In

> Mo은 용융점이 2,610℃인 고용융점 금속

15 고 Cr계보다 내식성과 내산화성이 더 우수하고 조직이 연하여 가공성이 좋은 18-8 스테인리스강의 조직은?

① 페라이트 ② 펄라이트
③ 오스테나이트 ④ 마텐자이트

> 18-8 스테인리스강은 상온에서 조직이 오스테나이트로 비자성체이며, 강인성이 우수하다.

16 치수 보조기호에 대한 설명이 잘못 짝지어진 것은?

① R25 : 반지름이 25mm
② t5 : 판의 두께가 5mm
③ SR450 : 구의 반지름이 450mm
④ C45 : 동심원의 길이가 45mm

> C : 모따기 표시이다.

17 다음 중 회전단면을 주로 이용하는 부품은?

① 파이프 ② 기어
③ 훅크 ④ 중공축

> **회전 단면도**
> 핸들, 바퀴 등의 암, 리브, 축, 훅 등

18 간단한 기계 장치부를 스케치하려고 할 때 측정 용구에 해당되지 않는 것은?

① 정반 ② 스패너
③ 각도기 ④ 버니어 캘리퍼스

> 스패너는 결합용 공구이다.

정답 11① 12① 13② 14① 15③ 16④ 17③ 18②

19 나사의 일반도시에서 수나사의 바깥지름과 암나사의 안지름을 나타내는 선은?

① 가는 실선
② 굵은 실선
③ 1점 쇄선
④ 2점 쇄선

> 수나사의 바깥지름과 암나사의 안지름은 외형선에 해당하므로 굵은 실선을 사용한다.

20 가공면의 줄무늬 방향 표시기호 중 가공으로 생긴 선이 다방면으로 교차 또는 무방향인 경우 기입하는 기호는?

① X   ② M
③ R   ④ C

> X : 선이 두 방향으로 교차
> R : 선이 거의 방사상 모양
> C : 선이 거의 동심원 모양

21 제품의 구조, 원리, 기능, 취급방법 등의 설명을 목적으로 하는 도면으로 참고자료 도면이라 하는 것은?

① 주문도   ② 설명도
③ 승인도   ④ 견적도

> ① 주문도 : 주문서에 첨부되어 주문하는 물품의 모양, 정밀도 등의 개요를 주문받는 사람에게 제시하는 도면
> ② 승인도 : 주문자 또는 기타 관계자의 승인을 얻은 도면
> ③ 설명도 : 제품의 구조, 원리, 기능 등의 설명이 목적인 도면
> ④ 견적도 : 제작자가 견적서에 첨부하여 주문자에게 주문품의 내용을 설명하는 도면

22 그림과 같은 육각볼트를 제작용 약도로 그릴 때의 선의 종류를 설명한 것 중 옳은 것은?

① 볼트 머리의 모든 외형선은 직선으로 그린다.
② 골지름을 나타내는 선은 굵은실선으로 그린다.
③ 가려서 보이지 않는 나사부는 가는 실선으로 그린다.
④ 완전 나사부와 불완전 나사부의 경계선은 굵은 실선으로 그린다.

> 볼트의 머리는 원호와 직선을 사용하고, 골지름은 가는 실선으로 나타내며, 보이지 않는 나사부는 파선으로 한다.

23 척도를 기입하는 방법으로 틀린 것은?

① 척도에서 1 : 2는 축척이고, 2 : 1은 배척이다.
② 척도는 도면의 오른쪽 아래에 있는 표제란에 기입한다.
③ 표제란이 없을 경우에는 척도의 기입을 생략해도 무방하다.
④ 같은 도면에 다른 척도를 사용할 때 각 품번 옆에 사용된 척도를 기입한다.

> 표제란이 없어도 척도는 도명이나 품번 가까운 곳에 반드시 기록한다.

정답 19 ② 20 ② 21 ② 22 ④ 23 ③

24 도면의 치수기입에서 치수에 괄호를 한 것이 의미하는 것은?

① 비례척이 아닌 치수
② 정확한 치수
③ 완성 치수
④ 참고 치수

> 치수의 ( ) 표시는 참고치수를 나타낸다.

25 나사의 종류 중 미터 사다리꼴 나사를 나타내는 기호는?

① Tr   ② PT
③ UNC   ④ UNF

> ① Tr : 미터 사다리꼴 나사
> ② PT : 관용 테이퍼 나사
> ③ UNC : 유니파이 보통 나사
> ④ UNF : 유니파이 가는 나사

26 모따기의 각도가 45°일 때의 모따기 기호는?

① ϕ ② R
③ C   ④ t

> • C : 모따기   • R : 반지름
> • t : 두께   • ϕ : 지름

27 도면에서 가공방법 지시기호 중 밀링가공을 나타내는 약호는?

① L   ② M
③ P   ④ G

> L : 선반, M : 밀링, P : 평삭, G : 연삭

28 LD 전로 취련 시 종점 판정에 필요한 불꽃상황을 변동시키는 요인이 아닌 것은?

① 노체 사용횟수
② 취련 패턴
③ 랜스 사용횟수
④ 출강구 상태

> 전로불꽃 상황을 변화시키는 요인
> ① 노체 사용횟수
> ② 산소 취부 조건(취련 패턴)
> ③ 랜스 사용횟수
> ④ 슬래그량
> ⑤ 강욕의 온도

29 전기로 제강법에서 환원기 작업의 특성을 설명한 것 중 틀린 것은?

① 강욕 성분의 변동이 적다.
② 환원기 슬래그를 만들기 쉽다.
③ 탈산이 천천히 진행되어 환원시간이 늦어진다.
④ 탈황이 빨리 진행되어 환원시간이 빠르다.

> 전기로 제강 환원기 특징
> ① 염기성 슬래그로 정련
> ② 산화기에 증가된 산소 제거
> ③ 탈산과 탈황이 빠르게 진행되어 환원시간 단축
> ④ 강욕의 성분 변동이 적음

30 레이들 정련효과를 설명한 것 중 틀린 것은?

① 생산성이 향상된다.
② 내화의 수명이 연장된다.
③ 전력원단위가 상승한다.
④ Cr 회수율이 향상된다.

> 전기로에서 정련을 하지 않고 용해만 하고, 정련은 레이들에서 하면 전력원단위를 감소할 수 있다.

정답 24 ④ 25 ① 26 ③ 27 ② 28 ④ 29 ③ 30 ③

31 가탄제로 많이 사용하는 것은?

① 흑연　　　② 규소
③ 석회석　　④ 벤토나이트

> **가탄제**
> 흑연, 전극설, 코크스

32 LD 전로 주원료 장입 시 용선보다 고철을 먼저 장입하는 주된 이유는?

① 고철 내 수분에 의한 폭발방지
② 노저 내화물 보호
③ 고철 중 불순물 신속 제거
④ 고철 사용량 증대

> **용선보다 고철을 먼저 장입하는 이유**
> 고철 내 부착된 수분에 의한 폭발방지

33 연속주조에서 주조 중 레이들의 용강이 주입이 완료될 때 새로운 레이들을 주입 위치로 바꾸어 계속적으로 주조를 하는 방식은?

① 고속연주법
② 연연주법
③ 수평연속연주법
④ 회전연속주조법

> **연연주법**
> 연속주조의 능률을 향상시키기 위해 여러 개의 레이들을 사용하여 연속해서 주조하는 방법

34 용강의 성분을 알아보기 위해 샘플 채취 시 가장 주의하여야 할 것은?

① 실족 추락에 주의
② 용강류 비산에 주의
③ 낙하물에 의한 주의
④ 누전에 의한 감전주의

> 샘플 채취할 때 채취기구에 의한 용강이 비산할 수 있으므로 주의해야 한다.

35 진공아크 용해법(VAR)을 통한 제품의 기계적 성질 변화로 옳은 것은?

① 피로 및 크리프 강도가 감소한다.
② 가로세로의 방향성이 증가한다.
③ 충격값이 향상되고, 천이온도가 저온으로 이동한다.
④ 연성은 개선되나, 연신율과 단면수축률이 낮아진다.

> 진공용해를 하면 각종 불순물 제거에 유리하고 공기 혼입이 적으므로 강의 재질이 좋아서 강도가 좋아지고, 충격값도 향상된다.

36 연속주조 조업에서 주형의 진동으로 인하여 강편 표면에 횡방향으로 발생하는 줄무늬는?

① Capping Mark
② Oscillation Mark
③ Roll Mark
④ Reel Mark

> **Oscillation Mark**
> 주형 진동으로 생긴 강편 표면의 횡방향 줄무늬

정답 31 ① 32 ① 33 ② 34 ② 35 ③ 36 ②

37 돌로마이트(dolomite)연와의 주성분으로 옳은 것은?

① CaO + SiO$_2$ ② MgO + SiO$_2$
③ CaO + MgO   ④ MgO + CaF$_2$

> 돌로마이트는 CaO와 MgO가 혼합된 염기성 내화물이다.

38 연속주조 설비 중 2차 냉각대를 지나 더미바 및 주편을 잡아 당기기 위한 롤은?

① 자유롤   ② 핀치롤
③ 수평롤   ④ 에이프런롤

> • 핀치롤 : 더미바 및 주편 인발, 주편 압연
> • 에이프런롤 : 주편이 주조 초기에 부푸는 것을 방지

39 연속주조 설비의 각 부분에 대한 설명 중 옳은 것은?

① 더미바(dummy bar) : 주조 종료 시 주형 밑을 막아주며 주조 시 주편을 냉각시킨다.
② 핀치 롤(pinch roll) : 주조된 주편을 적정 두께로 압연해 주며 벌징(bulging)을 유발시킨다.
③ 턴디시(tundish) : 레이들과 주형의 중간 용기로 용강의 분배와 일시저장 역할을 한다.
④ 주형(mold) : 재질은 알루미늄을 많이 쓰며 대량생산에 적합한 블록형이 보편화되어 있다.

> ① 더미바 : 주조 초기에 주형을 막아준다.
> ② 핀치롤 : 주편을 압연하며 벌징을 막아준다.
> ③ 턴디시 : 레이들과 주형의 중간에서 용강 분배와 일시저장을 한다.
> ④ 주형 : 재질은 구리(Cu)이며 대량생산을 적합한 것은 조립식을 사용한다.

40 흡인 탈가스법(DH법)에서 제거되지 않은 원소는?

① 산소   ② 탄소
③ 규소   ④ 수소

> 진공탈가스로 제거되는 가스
> C, N, H 등이며, Si는 가스성분이 아니므로 제거되지 않는다.

41 전기로 노외 정련작업의 VOD 설비에 해당되지 않은 것은?

① 배기장치를 갖춘 진공실
② 아르곤가스 취입장치
③ 산소 취입용가스
④ 아크 가열장치

> VOD법은 진공실 상부에 산소 취입용 랜스가 있어 정련하지만, 가열할 수 있는 가열장치는 없다.
> ※ 가열장치가 있는 노외 정련법 : LF법

42 산화광(Fe$_2$O$_3$, PbO, WO$_3$)을 환원하여 금속을 얻고자 할 때 환원제로서 가장 거리가 먼 것은?

① 카본(C)
② 수소(H$_2$)
③ 일산화탄소(CO)
④ 질소(N$_2$)

> 환원제는 산소와 결합력이 좋은 것이어야 하므로 질소는 부적당하다.

정답 37 ③ 38 ② 39 ③ 40 ③ 41 ④ 42 ④

43 롤러 에이프런의 설명으로 옳은 것은?

① 수축공의 제거
② 턴디시의 교환역할
③ 주조 중 폭의 증가 촉진
④ 주괴가 부푸는 것을 막음

> **롤러 에이프런**
> 주편이 인발되어 주형에 나올 때 주편 내 미응고 용강에 의한 철정압으로 주편이 부푸는 것을 방지하는 롤러이다.

44 UHP 조업에 대한 설명으로 틀린 것은?

① 초고전력 조업이라고도 한다.
② 용해와 승열시간을 단축하여 생산성을 높인다.
③ 동일 용량인 노에서는 RP 조업보다 많은 전력이 필요하다.
④ 고전압·저전류의 투입으로 노벽 소모를 경감하는 조업이다.

> **UHP(초고전력) 조업의 특징**
> ① 단위 시간에 투입되는 전력량을 증가시켜서 장입물의 용해 시간을 단축하여 생산성을 높이는 방법
> ② 종전의 RP 조업에 비해 2~3배의 큰 전력을 투입하고 저전압, 고전류의 저역률에 의한 굵고 짧은 아크에 의해 조업을 실시
> ③ 짧은 아크는 장입물의 용락 전후에 노벽의 내화물에 주는 영향이 감소
> ④ 아크가 안정되고 명멸 현상이 감소
> ⑤ 용락 이후 용강의 열전달 효율이 증가
> ⑥ 아크 부근의 용탕의 교반 운동이 커져 균일한 승온 가능
> ⑦ 용해 시간이 단축되어 생산성과 열효율이 높아 전력 원단위 감소

45 연속주조법에서 고온 주조 시 발생되는 현상으로 주편의 일부가 파단되어 내부 용강이 유출되는 것은?

① Over Flow
② Break out
③ 침지노즐 폐쇄
④ 턴디시 노즐에 용강부착

> **브레이크 아웃**
> 고온주조 또는 고속주조 시 주편의 표면 일부가 파단되어 내부의 용강이 유출되는 현상

46 전기로 제강법에 사용되는 천정연와에 적합한 품질이 아닌 것은?

① 내화도가 높은 것
② 스폴링성이 좋은 것
③ 하중 연화점이 높은 것
④ 연화 시 점성이 높은 것

> **전기로 노 뚜껑(천정) 벽돌로 요구되는 품질**
> ① 내화도가 높을 것
> ② 내스폴링성이 높을 것
> ③ 슬래그에 대한 내식성이 강할 것
> ④ 연화되었을 때 점성이 높을 것
> ⑤ 하중 연화점이 높을 것

47 다음 중 강괴의 편석 발생이 적은 상태에서 많은 순서로 나열한 것은?

① 킬드강 – 캡드강 – 림드강
② 킬드강 – 림드강 – 캡드강
③ 캡드강 – 킬드강 – 림드강
④ 캡드강 – 림드강 – 킬드강

> **편석이 적은 강괴 순서**
> 킬드강 → 세미킬드강 → 캡드강 → 림드강

정답 43 ④ 44 ④ 45 ② 46 ② 47 ①

48 전로에서 하드 블로우(hard blow)의 설명으로 틀린 것은?

① 랜스로부터 산소의 유량이 많다.
② 탈탄반응을 촉진시키고 산화철의 생성량을 낮춘다.
③ 랜스로부터 산소가스의 분사압력을 크게 한다.
④ 랜스의 높이를 높이거나 산소압력을 낮추어 용강면에서의 산소 충돌에너지를 적게 한다.

> **하드 블로우(Hard Blow)**
> 탈탄 반응을 촉진시키고 산화철(FeO)의 생성을 억제하기 위하여 산소의 취입 압력을 크게 하고 랜스 거리를 낮게 하는 방법

49 레이들 바닥의 다공질 내화물을 통해 캐리어 가스(N_2)를 취입하여 탈황 반응을 촉진시키는 탈황법은?

① KR법
② 인젝션법
③ 레이들 탈황법
④ 포러스 플러그법

> **탈황법**
> ① 레이들 탈황법(치주법) : 레이들 바닥에 탈황제를 넣고 용강을 주입하여 탈황하는 방법
> ② 포러스 플러그법 : 레이들 바닥에 다공질 내화물을 사용하고 이곳으로 기체를 취입하여 탈황하는 방법
> ③ 인젝션법 : 용강 상부에서 취입관을 이용하여 취입하는 방법
> ④ 교반법 : 탈황제를 넣고 용강을 교반하여 탈황하는 방법(KR법, 라인슈탈법, 데마크-오스트베르그법)
> ⑤ 요동레이들법 : 레이들에 편심을 주어 회전을 하면서 탈황하는 방법(DM전로법, 회전드럼법)

50 진공 탈가스법의 처리 효과가 아닌 것은?

① 비금속 개재물을 저감시킨다.
② H, N, O 등의 가스성분을 증가시킨다.
③ 유해원소를 증발시켜 제거한다.
④ 온도 및 성분을 균일화 한다.

> **진공 탈가스법의 효과**
> ① 불순물 가스(N, H, O 등)의 감소
> ② 비금속 개재물의 감소
> ③ 유해 원소의 증발 제거
> ④ 온도와 성분의 균일화

51 가스교반(Bubblling) 처리의 목적이 아닌 것은?

① 용강의 청정화
② 용강성분의 조정
③ 용강온도의 상승
④ 용강온도의 균일화

> **버블링의 목적**
> ① 용강의 온도 균일화
> ② 용강의 성분 균일화
> ③ 비금속 개재물 부상분리
> ④ 용강의 청정도 향상
> ⑤ 아르곤, 질소 가스를 사용

52 전기로 산화정련작업에서 제거되는 것은?

① Si, C
② Mo, H_2
③ Al, S
④ O_2, Zr

> • 산화기 : 탈탄, 탈규, 탈인
> • 환원기 : 탈산, 탈황

정답 48 ④ 49 ④ 50 ② 51 ③ 52 ①

53 LD 전로의 열정산에서 출열에 해당하는 것은?

① 용선의 현열
② 복염의 생성열
③ 강재의 현열
④ 산소의 현열

> 전로 열정산
> ① 입열 항목
>   • 불순물 원소(C, Si, Mn, P 등) 연소열
>   • 강재의 복염 생성열
>   • Fe_3C 분해열
>   • 고철 및 부원료의 현열
>   • 순산소의 현열
> ② 출열 항목
>   • 용강 및 슬래그의 현열
>   • 연진(철진) 및 폐가스의 현열
>   • 석회석의 분해열
>   • 밀 스케일, 철광석의 분해 흡수열
>   • 냉각수의 현열
>   • 노외 방산열

54 전로법의 종류 중 저취법이며 내화재가 산성인 것은?

① 로터법
② 칼도법
③ LD-AC법
④ 베서머법

> 베서머법은 산성 전로법에 해당한다.

55 다음 중 전로 공정에서 주원료에 해당되지 않는 것은?

① 용선
② 고철
③ 생석회
④ 냉선

> 전로 주원료는 용선, 냉선, 고철이며, 생석회는 부원료에 해당한다.

56 다음 중 턴디쉬(Tundish)의 역할로 관계가 없는 것은?

① 용강을 탈산한다.
② 개재물을 부상분리한다.
③ 용강을 연주기에 분배한다.
④ 주형으로 주입량을 조절한다.

> 턴디시의 역할
> ① 주입량 조절
> ② 주형에 용강 분배
> ③ 용강 중의 비금속 개재물 부상 분리

57 AOD(Argon Oxygen Decarburization)에서 O_2, Ar 가스를 취입하는 풍구의 위치가 설치되어 있는 곳은?

① 노상 부근의 측면
② 노저 부근의 측면
③ 임의로 조절이 가능한 노상 위쪽
④ 트러니언이 있는 중간 부분의 측면

> AOD법에서 산소나 아르곤 가스는 노저에서 취입한다.

58 강괴 결함 중 딱지흠(스캡)의 발생 원인이 아닌 것은?

① 주입류가 불량할 때
② 저온·저속으로 주입할 때
③ 강탈산 조업을 하였을 때
④ 주형 내부에 용손이나 박리가 있을 때

> 스캡(scab)의 원인
> 주입류 불량, 스플래시, 저온 저속 주입, 편심 주입, 주형 내부 용손 및 박리

정답 53 ③ 54 ④ 55 ③ 56 ① 57 ② 58 ③

59 전로조업의 공정을 순서대로 옳게 나열한 것은?

① 원료장입 → 취련(정련) → 출강 → 온도측정(시료채취) → 슬래그 제거(배재)
② 원료장입 → 온도측정(시료채취) → 출강 → 슬래그 제거(배재) → 취련(정련)
③ 원료장입 → 취련(정련) → 온도측정(시료채취) → 출강 → 슬래그 제거(배재)
④ 원료장입 → 취련(정련) → 슬래그 제거(배재) → 출강 → 온도측정(시료채취)

> **전로조업 순서**
> 장입 → 취련(정련) → 측온(시료채취) → 출강 → 배재 → 슬래그 코팅

60 연주법에서 cycle time을 구하는 식으로 옳은 것은?

① 주조시간 − 준비시간 − 대기시간
② 주조시간 + 준비시간 + 대기시간
③ 주조시간 / (준비시간 + 대기시간)
④ 대기시간 / (준비시간 + 주조시간)

> 싸이클타임 = 주조시간+준비시간+대기시간

정답 59 ③ 60 ②

2018년 1회 제강기능사 CBT 복원문제

01 금속의 응고에 대한 설명으로 옳은 것은?

① 결정입계는 가장 먼저 응고한다.
② 용융금속이 응고할 때 결정을 만드는 핵이 만들어진다.
③ 금속이 응고점보다 낮은 온도에서 응고하는 것을 응고잠열이라 한다.
④ 결정입계에 불순물이 있는 경우 응고점이 높아져 입계에는 모이지 않는다.

> 용융금속의 응고과정은 결정핵이 생성되고, 이 결정핵이 성장하면서 하나의 결정을 이루면서 다른 결정과 만나는 부분이 결정입계가 된다. 결정입계는 가장 늦게 응고되며 편석이 집중되게 된다.
> ※ 응고점보다 낮은 온도에서 응고하는 것을 과냉(supercooling)이라고 한다.

02 다음 중 대표적인 시효 경화성 경합금은?

① 주강
② 두랄루민
③ 화이트메탈
④ 흑심가단주철

> 두랄루민은 Al계 시효경화성 고강도합금이다.

03 다음 합금 중에서 알루미늄 합금에 해당되지 않는 것은?

① Y 합금   ② 콘스탄탄
③ 라우탈   ④ 실루민

> 콘스탄탄은 Cu-Ni계 합금이다.

04 Fe-C 평형상태도에서 자기변태만으로 짝지어진 것은?

① A_0변태, A_1변태
② A_1변태, A_2변태
③ A_0변태, A_2변태
④ A_3변태, A_4변태

> 순철의 자기변태(A_2 변태) : 768℃
>
> | 종류 | 형태 | 온도(℃) | 비고 |
> |---|---|---|---|
> | A_0변태 | 자기변태 | 210 | 시멘타이트 |
> | A_1변태 | 공석변태 | 723 | 공석강(0.8%C) |
> | A_2변태 | 자기변태 | 768 | 순철 |
> | A_3변태 | 동소변태 | 910 | 순철 |
> | A_4변태 | 동소변태 | 1,400 | 순철 |

정답 01 ② 02 ② 03 ② 04 ③

05 활자금속에 대한 설명으로 틀린 것은?

① 응고할 때 부피 변화가 커야 한다.
② 주요 합금조성은 Pb – Sn – Sb이다.
③ 내마멸성 및 상당한 인성이 요구된다.
④ 비교적 용융점이 낮고, 유동성이 좋아야 한다.

> 활자금속은 용해 후 응고 시 부피 변화가 없어야 원래 모양을 유지할 수 있다.

06 다음 중 탄소(C)의 함유량을 가장 많이 포함하고 있는 금속은?

① 암코(Armco)철
② 전해철
③ 카보니(Carbony)철
④ SM45C

> 암코철, 전해철, 카보닐철은 순철에 가까운 철이며, SM45C는 탄소함유량이 0.45% 함유된 것이다.

07 다음 중 자석강에 해당하지 않는 것은?

① SM강 ② MK강
③ KS강 ④ OP강

> • MK강 : 알리코 영구자석의 3배 이상의 고자석강
> • KS강 : Fe-Co-Ni-Al-Cu-Ti계 담금질 경화형 영구자석강
> • OP강 : Fe(자철광)계 미립자형 영구 자석강
> • SM강 : 기계구조용 탄소강

08 다음 중 Sn을 함유하지 않은 청동은?

① 납 청동   ② 인 청동
③ 니켈 청동   ④ 알루미늄 청동

> 알루미늄 청동 : Cu-Al계 청동이다.

09 Al의 실용합금으로 알려진 실루민(Silumin)의 적당한 Si 함유량(%)은?

① 0.5~2   ② 3~5
③ 6~9   ④ 10~13

> 실루민은 Al-Si계 합금으로 공정점 부근인 Si이 10~13% 함유된 합금이다.

10 상온일 때 순철의 단위격자 중 원자를 제외한 공간의 부피는 약 몇 %인가?

① 26   ② 32
③ 42   ④ 46

> 순철은 상온에서 BCC 이므로 충진율이 68%이므로 공간은 32%이다.

11 Ti 및 Ti 합금에 대한 설명으로 틀린 것은?

① Ti의 비중은 약 4.54 정도이다.
② 용융점이 높고 열전도율이 낮다.
③ Ti은 화학적으로 매우 반응성이 강하나 내식성은 우수하다.
④ Ti의 재료 중에 O_2와 N_2가 증가함에 따라 강도와 경도는 감소되나 전연성은 좋아진다.

> Ti의 재료 중에 O_2와 N_2가 증가하면 취성이 증가하여 전연성이 떨어지게 된다.

정답 05 ① 06 ④ 07 ① 08 ④ 09 ④ 10 ② 11 ④

12 동소변태에 대한 설명으로 틀린 것은?

① 결정격자의 변화이다.
② 원자배열의 변화이다.
③ A_0, A_2 변태가 있다.
④ 성질이 비연속적으로 변화한다.

동소변태는 A_3, A_4 변태가 있다.

13 원자로용 재료에 해당하는 것은?

① Ti 합금, Cu 합금
② 우라늄(U), 토륨(Th)
③ 순철, 고합금강
④ 마그네슘 합금, 두랄루민

원자로용 핵연료
우라늄(U), 토륨(Th)

14 수소 저장합금에 대한 설명으로 옳은 것은?

① $NaNi_5$계는 밀도가 낮다.
② TiFe계는 반응로 내에서 가열시간이 필요하지 않다.
③ 금속수소화물의 형태로 수소를 흡수 방출하는 합금이다.
④ 수소 저장합금은 도가니로, 전기로에서 용해가 가능하다.

수소 저장합금은 수소가스와 반응하여 금속수소화물의 형태로 수소를 흡수 방출하는 합금이다.

15 열간가공한 재료 중 Fe, Ni과 같은 금속은 S와 같은 불순물이 모여 가공 중에 균열이 생겨 열간가공을 어렵게 하는 것은 무엇 때문인가?

① S에 의한 수소 메짐성 때문이다.
② S에 의한 청열 메짐성 때문이다.
③ S에 의한 적열 메짐성 때문이다.
④ S에 의한 냉간 메짐성 때문이다.

S는 적열취성을 일으키는 원소이다.

16 스퍼기어 제도에서 피치원은 어떤 선으로 그리는가?

① 가는 실선
② 굵은 실선
③ 가는 은선
④ 가는 1점 쇄선

가는 1점 쇄선은 중심선, 기준선, 피치선을 그릴 때 사용된다.

17 다음 그림과 같은 단면도는?

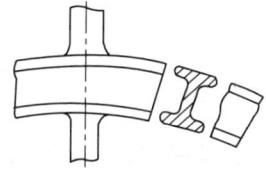

① 부분 단면도   ② 계단 단면도
③ 한쪽 단면도   ④ 회전 단면도

회전 단면도
핸들이나 바퀴 등의 암 및 림, 리브, 축, 구조물의 부재 등의 절단면은 90도 회전하여 표시한다.

정답 12 ③ 13 ② 14 ③ 15 ③ 16 ④ 17 ④

18 주조품을 나타내는 재료의 기호로 옳은 것은?

① C   ② P
③ T   ④ F

> 주조품 C, 단강품 F, 관용 T, 판재용 P

19 한국산업표준에서 ISO 규격에 없는 관용 테이퍼나사를 나타내는 기호는?

① M   ② PF
③ PT   ④ UNF

> ① M : 미터 보통 나사
> ② PF : 관용 평행 나사
> ③ PT : 관용 테이퍼 나사
> ④ UNF : 유니파이 가는 나사

20 탄소 공구강의 한국산업표준(KS) 재료 기호는?

① SKH   ② STC
③ STS   ④ SMC

> SKH 고속도강, STC 탄소공구강,
> STS 합금공구강

21 다음 중 치수공차가 다른 하나는?

① $\phi 50^{+0.06}_{+0.04}$ ② $\phi 50 \pm 0.01$
③ $\phi 50^{+0.029}_{-0.009}$ ④ $\phi 50^{+0.02}_{0}$

> ③은 치수공차가 0.029+0.009 = 0.038이다.
> 나머지는 0.02이다.

22 물체의 각 면과 바라보는 위치에서 시선을 평행하게 연결하면, 실제의 면과 같은 크기의 투상도를 보는 물체의 사이에 설치해 놓은 투상면을 얻게 되는 투상법은?

① 투시도법   ② 정투상법
③ 사투상법   ④ 등각투상법

> ① 정투상법 : 물체의 각 면과 바라보는 위치에서 시선을 평행하게 연결하면, 실제의 면과 같은 크기의 투상도를 보는 물체의 사이에 설치해 놓은 투상면을 얻게 되는 투상법
> ② 투시도법 : 시점과 물체의 각 점을 연결하는 방사선에 의하여 그리는 투상법
> ③ 사투상법 : 정투상도에서 정면도의 크기와 모양은 그대로 사용하고, 평면도와 우측면도를 경사시켜 그리는 투상법
> ④ 등각투상법(등각 투상도) : 3면의 각도가 120°인 투시도법

23 도면에서 가공방법 지시기호 중 밀링가공을 나타내는 약호는?

① L   ② M
③ P   ④ G

> L : 선반, M : 밀링, P : 평삭, G : 연삭

24 제도 시 도면의 길이를 재어 옮기는 경우나 선을 등분할 때 가장 적합한 제도 기구는?

① 디바이더   ② 컴퍼스
③ 운형자   ④ 형판

> **디바이더**
> 물체의 길이를 측정하여 도면으로 옮기는 경우나 선을 등분할 경우 사용

정답 18 ① 19 ③ 20 ② 21 ③ 22 ② 23 ② 24 ①

25 한국산업표준에서 규정하고 있는 제도용지 A2의 크기(mm)는?

① 841×1,189 ② 420×594
③ 294×420 ④ 210×297

> A2 : 420×594

26 한국산업표준에서 표면 거칠기를 나타내는 방법이 아닌 것은?

① 최소 높이 거칠기(Rc)
② 최대 높이 거칠기(Ry)
③ 10점 평균 거칠기(Rz)
④ 산술 평균 거칠기(Ra)

> 표면거칠기 표시
> ① 중심선 표면 거칠기(산술 평균 거칠기 : Ra)
> ② 최대 높이 거칠기(Rmax)
> ③ 10점 평균 거칠기(Rz)

27 치수의 종류 중 주조공장이나 단조공장에서 만들어진 그대로의 치수를 의미하는 반제품 치수는?

① 재료 치수
② 소재 치수
③ 마무리 치수
④ 다듬질 치수

> 소재 치수 : 반제품 그대로의 치수

28 복합취련법에서 환류용으로 저취하는 가스는?

① 수소 ② 아르곤
③ CO가스 ④ 산소

> 복합취련로에서 환류용으로 아르곤이나 질소를 저취구를 통해서 취입한다.

29 슬래그의 역할이 아닌 것은?

① 정련작용을 한다.
② 용강의 재산화를 방지한다.
③ 가스의 흡수를 방지한다.
④ 열손실이 일어난다.

> 슬래그의 역할
> ① 정련작용(불순물 제거)
> ② 용강의 산화방지
> ③ 외부가스 흡수방지
> ④ 보온(열의 방출 차단)

30 염기도를 바르게 나타낸 식은?

① $\dfrac{CaO(\%)}{SiO_2(\%)}$

② $\dfrac{SiO_2(\%)}{CaO(\%)}$

③ $SiO_2(\%) \times CaO(\%)$

④ $SiO_2(\%) - CaO(\%)$

> 염기도 $= \dfrac{CaO}{SiO_2}$

정답 25 ② 26 ① 27 ② 28 ② 29 ④ 30 ①

31 주조의 생산능률을 높이기 위해서 여러 개의 레이들 용강을 계속해서 사용하는 방법은?

① Oscillation mark법
② Gas bubbling법
③ 무산화 주조법
④ 연-연주법(連-連鑄法)

> **연-연주법**
> 연속주조의 능률을 향상시키기 위해 여러개의 레이들을 사용하여 연속해서 주조하는 방법

32 염기성 평로 제강법의 특징으로 옳은 것은?

① 소결광을 주원료로 한다.
② 규석질 계통의 내화물을 사용한다.
③ 용선 중의 P, S 제거가 불가능하다.
④ 광석 투입에 의한 반응은 흡열 반응이다.

> **평로법의 특징**
> ① 고철 및 선철 사용에 제한이 없어 사용원료의 융통성이 넓음
> ② P, S 등 불순물 제거가 용이
> ③ 광범위한 강종 제조가 가능
> ④ 산성, 염기성 내화물 모두 사용할 수 있다.
> ⑤ 철광석은 산화반응을 위해 투입하며 흡열반응 이다.

33 RH법에서 불활성가스인 Ar은 어느 곳에 취입하는가?

① 하강관   ② 상승관
③ 레이들 노즐   ④ 진공로 측벽

> **순환 탈가스법(RH법)**
> 흡인관(상승관)과 배출관(하강관) 2개가 달린 진공조에 Ar 가스를 흡인관(상승관) 쪽으로 취입 하면서 탈가스 처리하는 방법

34 용강의 탈산을 완전하게 하여 주입하므로 가스 발생 없이 응고되며 고급강, 합금강 등에 사용되는 강은?

① 림드강   ② 킬드강
③ 캡트강   ④ 세미킬드강

> **킬드강**
> 강력탈산제를 사용하여 완전히 탈산한 강으로 회수율이 낮지만 품질이 우수하다.

35 진공탈가스 처리 시 용강의 온도를 보상할 수 있는 방법이 아닌 것은?

① 산소를 분사한다.
② 탄소를 첨가한다.
③ 알루미늄을 투입한다.
④ 환류가스 유량을 증대시킨다.

> 환류가스 유량 증대는 온도 보상에 아무런 관련이 없다.

36 단조나 열간 가공한 재료의 파단면에 은회색의 반점이 원형으로 집중되어 나타나는 결함은 주로 강의 어떠한 성분 때문인가?

① 수소   ② 질소
③ 산소   ④ 이산화탄소

> **백점**
> 재료의 파단면에 은회색 반점이 원형으로 집중되는 결함으로 수소에 의해 발생한다.

정답 31 ④ 32 ④ 33 ② 34 ② 35 ④ 36 ①

37 복합 취련조업에서 상취산소와 저취가스의 역할을 옳게 설명한 것은?

① 상취산소는 환원작용, 저취가스는 냉각작용을 한다.
② 상취산소는 산화작용, 저취가스는 교반작용을 한다.
③ 상취산소는 냉각작용, 저취가스는 산화작용을 한다.
④ 상취산소는 교반작용, 저취가스는 환원작용을 한다.

- 상취 : 산화정련
- 저취 : 교반

38 파우더 캐스팅(Powder casting)에서 파우더의 기능이 아닌 것은?

① 용강면을 덮어서 열방산을 방지한다.
② 용강면을 덮어서 공기 산화를 촉진시킨다.
③ 용융한 파우더가 주형벽으로 흘러서 윤활제로 작용한다.
④ 용탕 중에 함유된 알루미나 등의 개재물을 용해하여 강의 재질을 향상시킨다.

몰드 파우더(합성 파우더)의 기능
① 용강 보호 및 산화방지
② 열손실방지
③ 개재물 부상
④ 윤활작용
⑤ 강의 청정도 향상
⑥ 연주 파우더 중 탄소 분말의 역할 : 용융 속도 조절

39 폐기를 좁은 노즐을 통하게 하여 고속화하고 고압수를 안개같이 내뿜게 하여 가스 중 분진을 포집하는 처리 설비는?

① 침전법
② 이르시드(Irsid)법
③ 백필터(Bag filter)법
④ 벤튜리 스크러버(Venturi scrubber)

벤튜리 스크러버
노즐로 가스를 분출할 때 고압수를 뿌려서 가스 중의 분진을 제거하는 집진장치

40 순환 탈가스법에서 용강을 교반하는 방법은?

① 아르곤 가스를 취입한다.
② 레이들을 편심 회전시킨다.
③ 스터러를 회전시켜 강제 교반한다.
④ 산소를 불어 넣어 탄소와 직접 반응시킨다.

RH법(순환탈가스법)에서 용강 교반은 Ar 가스를 사용하여 교반을 한다.

41 연속주조 작업 중 턴디시로부터 주형에 주입되는 용강의 재산화, splash 방지 등을 위하여 턴디시로부터 주형 내에 잠기는 내화물은?

① Shroud Nozzle
② 침지 Nozzle
③ Long Nozzle
④ Top Nozzle

침지 노즐
턴디시에서 주형(몰드)에 주입할 때 용강의 재산화, 스플래시 등을 방지하기 위하여 용강 중에 노즐이 잠기게 하는 침지노즐을 사용한다.

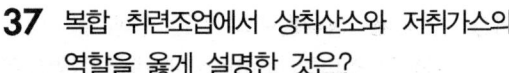
정답 37 ② 38 ② 39 ④ 40 ① 41 ②

42 산화정련을 마친 용강을 제조할 때, 즉 응고 시 탈산제로 사용하는 것이 아닌 것은?

① Fe-Mn   ② Fe-Si
③ Sn   ④ Al

> **탈산제**
> Al, CaC₂, Fe-Si, Fe-Mn

43 상취 산소전로법에서 극저황강을 얻기 위한 방법으로 옳은 것은?

① 저황(S) 합금철, 가탄재를 사용한다.
② 저용선비조업 또는 고황(S) 고철을 사용한다.
③ 용선을 제강 전에 예비탈황없이 작업한다.
④ 저염기도의 유동성이 없는 슬래그로 조업한다.

> **저황강 제조**
> 원료 중 황의 성분이 적은 것 사용, 고온도조업, 고염기도 조업, 예비 탈황 실시

44 전로에서 분체취입법(Powder Injection)의 목적으로 틀린 것은?

① 용강 중 탈황(S)
② 개재물 저감
③ 용강 중에 남아 있는 불순물의 구상화하는 고급강 제조에 용이함
④ 용선 중 탈인(P)

> **분체취입법의 장점**
> ① 용강 중 탈황 효율 향상
> ② 비금속 개재물 생성 감소
> ③ 불순물 제거 용이

45 순 산소 상취전로의 취련 중에 일어나는 현상인 스피팅(spitting)에 관한 설명으로 옳은 것은?

① 취련 초기에 발생하며 랜스 높이를 높게 하여 취련할때 발생되는 현상이다.
② 취련 초기에 발생하며 주로 철 및 슬래그 입자가 노 밖으로 비산되는 현상이다.
③ 취련 초기에 밀 스케일 등을 많이 넣었을 때 발생하는 현상이다.
④ 취련 말기 철광석 투입이 완료된 직후 발생하기 쉬우며 소프트 블로우(soft blow)를 행한 경우 나타나는 현상이다.

> **스피팅(spitting)**
> 취련 초기 산소압력에 의해 미세한 철입자가 노구로 비산하는 현상으로 장입량이 많을 경우 발생

46 아크식 전기로 조업에서 탈수소를 유리하게 하는 조건은?

① 대기 중의 습도를 높게 한다.
② 강욕의 온도를 충분히 높게 한다.
③ 끓음이 발생하지 않도록 탈산속도를 낮게 한다.
④ 탈가스 방지를 위해 슬래그의 두께를 두껍게 한다.

> **탈수소를 유리하게 하는 조건**
> ① 강욕 온도가 충분히 높을 것
> ② 강욕 중의 규소, 망간, 크롬 등의 탈산 원소를 적게 함유할 것
> ③ 적당히 탈가스가 되도록 슬래그의 두께가 두껍지 않을 것
> ④ 탈산 속도가 클 것(비등이 활발할 것)
> ⑤ 산화제와 첨가제에 수분을 함유하지 않을 것
> ⑥ 대기 중의 습도가 낮을 것

정답 42 ③ 43 ① 44 ④ 45 ② 46 ②

47 산화제를 강욕 중에 첨가 또는 취입하면 강욕 중에서 가장 먼저 제거되는 것은?

① Cr ② Si
③ Mn ④ P

> 가장 먼저 반응하는 것은 Si이다.

48 철광석이 산화제로 이용되기 위하여 갖추어야 할 조건을 설명한 것 중 틀린 것은?

① 산화철이 많을 것
② P 및 S의 성분이 낮을 것
③ 산성성분인 SiO_2가 높을 것
④ 결합수 및 부착수분이 낮을 것

> 산화제로서의 철광석
> ① 적철광, 자철광 등을 주로 사용
> ② P, S의 함유량이 적은 적철광이 유리
> ③ SiO_2 10% 이하, 입도 10~50mm가 적당
> ④ 수분 함량이 적은 것 사용

49 LD 전로의 OG 설비에서 IDF(Induced Draft fan)의 기능을 가장 적절히 설명한 것은?

① 취련 시 외부공기의 노 내 침투를 방지하는 설비
② 후드 내의 압력을 조절하는 장치
③ 취련 시 발생되는 폐가스를 흡인, 승압하는 장치
④ 연도 내의 CO 가스를 불활성가스로 희석시키는 장치

> OG 설비에서 IDF는 취련 시 발생되는 폐가스를 흡인, 승압하는 장치이다.

50 용강이나 용재가 노 밖으로 비산하지 않고 노구 부근에 도넛형으로 쌓이는 것을 무엇이라 하는가?

① 포밍 ② 베렌
③ 스티핑 ④ 라임 보일링

> 베렌현상
> 용강·용제가 노 외로 비산하지 않고 노구 근방에 도넛 모양으로 쌓이는 현상

51 전기로 제강법에서 환원기 작업의 특성을 설명한 것 중 틀린 것은?

① 강욕 성분의 변동이 적다.
② 환원기 슬래그를 만들기 쉽다.
③ 탈산이 천천히 진행되어 환원시간이 늦어진다.
④ 탈황이 빨리 진행되어 환원시간이 빠르다.

> 전기로 제강 환원기 특징
> ① 염기성 슬래그로 정련
> ② 산화기에 증가된 산소 제거
> ③ 탈산과 탈황이 빠르게 진행되어 환원시간 단축
> ④ 강욕의 성분 변동이 적음

52 LD 전로 공장에 반드시 설치해야 할 설비는?

① 산소 제조설비
② 질소 제조설비
③ 코크스 제조설비
④ 소결광 제조설비

> LD 전로는 순산소를 사용하므로 산소 제조설비가 필수이다.

정답 47 ② 48 ③ 49 ③ 50 ② 51 ③ 52 ①

53 연속주조에서 주편 내 개재물 생성 방지 대책으로 틀린 것은?

① 레이들 내 버블링 처리로 개재물을 부상 분리시킨다.
② 가능한 한 주조 온도를 낮추어 개재물을 분리시킨다.
③ 내용손성이 우수한 재질의 침지노즐을 사용한다.
④ 턴디시 내 용강 깊이를 가능한 크게 한다.

> 주조온도를 낮추면 개재물의 분리가 더 어려워지며, 주조 작업에도 나쁜 영향을 준다.

54 전로 내화물의 수명에 영향을 주는 인자에 대한 설명으로 옳은 것은?

① 염기도가 증가하면 노체사용 횟수는 저하한다.
② 휴지시간이 길어지면 노체사용 횟수는 증가한다.
③ 산소사용량이 많게 되면 노체사용 횟수는 증가한다.
④ 슬래그 중의 T-Fe가 높으면 노체사용 횟수는 저하한다.

> **전로 내화물 노체지속 횟수 저하 요인**
> ① 용선에 함유되어 있는 Si이 증가할 때
> ② 슬래그 염기도가 낮을 때
> ③ 슬래그 중의 T-Fe가 높을 때
> ④ 산소 사용량이 많을 때
> ⑤ 재취련률이 높을 때
> ⑥ 종점 온도가 높을 때
> ⑦ 취련 종점에서 용강 중의 C함유량이 저하할 때
> ⑧ 휴지시간이 길어질 때
> ⑨ 형석(CaF_2)을 첨가하여 슬래그의 유동성이 증가할 때
> ⑩ 냉각제로 투입되는 철광석에 의해 격렬한 끓음(Boiling) 반응을 일으킬 때

55 강괴의 응고 시 과포화된 수소가 응력 발생의 주된 원인으로 발생한 결함은?

① 백점
② 수축관
③ 코너 크랙
④ 방사상 균열

> 백점의 원인 : 수소

56 용강의 점성을 상승시키는 것은?

① W   ② Si
③ Mn   ④ Al

> W은 용융점이 높으므로 용강의 점성을 상승시킨다.

57 전로의 특수조업법 중 강욕에 대한 산소 제트 에너지를 감소시키기 위하여 취련 압력을 낮추거나 또는 랜스 높이를 보통보다 높게 하는 취련 방법은?

① 소프트 블로우(Soft blow)
② 스트랭스 블로우(Strength blow)
③ 더블 슬래그(Double slag)
④ 2단 취련법

> **소프트 블로우**
> ① 산소 압력을 낮추어 조업
> ② 랜스 높이를 높여서 조업
> ③ 산소량을 줄여서 조업
> ④ 탈탄보다 탈인이 주목적

58 전기로 제강 조업 시 안전측면에서 원료장입과 출강할 때의 전원상태는 각각 어떻게 해야 하는가?

① 장입 시는 On, 출강 시는 Off
② 장입 시는 Off, 출강 시는 On
③ 장입 시, 출강 시 모두 On
④ 장입 시, 출강 시 모두 Off

> 원료장입 및 출강 시에 모두 전원을 off 상태로 해야 한다.

59 이중표피(Double skin) 결함이 발생하였을 때 예상되는 가장 주된 원인은?

① 고온고속으로 주입할 때
② 탈산이 과도하게 되었을 때
③ 주형의 설계가 불량할 때
④ 용강의 스플래시(splash)가 발생되었을 때

> 이중표피는 용강의 스플래시에 의해 발생한다.

60 출강작업의 관찰 시 필히 착용해야 할 안전장비는?

① 방열복, 방호면
② 운동모, 귀마개
③ 방한복, 안전벨트
④ 면장갑, 운동화

> **출강 안전장비**
> 방열복, 방호면, 보안경, 안전화 등

정답 58 ④ 59 ④ 60 ①

2018년 3회 제강기능사 CBT 복원문제

01 강의 철-탄소계 평형상태도에서 탄소 0.99%되는 과공석강 조직은?

① 오스테나이트 + 페라이트
② 페라이트 + 펄라이트
③ 펄라이트 + 시멘타이트
④ 오스테나이트 + 소르바이트

- 아공석강 : 페라이트 + 펄라이트
- 공석강 : 펄라이트
- 과공석강 : 시멘타이트 + 펄라이트

02 열간 금형용 합금 공구강이 갖추어야 할 성능을 설명한 것 중 틀린 것은?

① 고온경도 및 강도가 높아야 한다.
② 내마모성은 크며, 소착을 일으켜야 한다.
③ 열충격 및 열피로에 잘 견뎌야 한다.
④ 히트 체킹(heat checking)에 잘 견뎌야 한다.

열간 금형용 공구강의 구비조건
① 고온 경도 및 강도가 크고 열충격, 열피로, 뜨임 연화에 대한 저항이 클 것
② 히트 체킹(가열 냉각에 따른 팽창 수축으로 인한 표면 균열)에 견딜 것
③ 내마모성이 크고, 용착 및 소착을 일으키지 않을 것
④ 피삭성, 용접성이 좋고, 값이 저렴할 것

03 편정반응의 반응식을 나타낸 것은?

① 액상 + 고상(S_1) → 고상(S_2)
② 액상(L_1) → 고상 + 액상(L_2)
③ 고상(S_1) → 고상(S_2) + 고상(S_3)
④ 액상 → 고상(S_1) + 고상(S_2)

- 공정 : 액상 → 고상1 + 고상2
- 포정 : 액상 + 고상1 → 고상2
- 공석 : 고상1 → 고상2 + 고상3
- 포석 : 고상1 + 고상2 → 고상3
- 편정 : 액상1 → 고상 + 액상2
- 융합 : 액상1 + 액상2 → 고상

04 탄소강 중에 포함된 구리(Cu)의 영향으로 옳은 것은?

① 내식성을 저하시킨다.
② Ar_1의 변태점을 저하시킨다.
③ 탄성한도를 감소시킨다.
④ 강도, 경도를 감소시킨다.

주철 중 Cu는 Ar_1 변태온도 저하로 강도, 경도, 탄성한계 등을 증가시키고, 내식성도 향상된다.

05 액체 금속이 응고할 때 응고점(녹는점)보다는 낮은 온도에서 응고가 시작되는 현상은?

① 과냉 현상
② 과열 현상
③ 핵 정지 현상
④ 응고 잠열 현상

> **과냉**
> 금속이 응고 시 응고점보다 낮은 온도에서 응고가 시작되는 현상으로 냉각속도가 빠를때 심하게 일어난다.

06 다음 중 탄소 함유량을 가장 많이 포함하고 있는 것은?

① 공정주철   ② $\alpha - Fe$
③ 전해철   ④ 아공석강

> 주철은 탄소가 2.01% 이상이며 강은 2.01% 이하이다.

07 다음 중 Mn을 2% 정도 함유한 저Mn강은?

① 해드필드강
② 듀콜강
③ 고속도강
④ 스테인리스강

> • 저망가니즈강(듀콜강) : 망가니즈 함유량 2% 이하, 강하고 연신율도 양호하여 조선, 차량, 건축, 교량 등 일반 구조용 강으로 사용
> • 고망가니즈강(해드필드강) : 망가니즈 함유량 10~14%, 내마멸성과 내충격성이 우수하고 조직이 오스테나이트인 강

08 Ni-Fe계 합금으로서 36%Ni, 12%Cr, 나머지는 Fe로서 온도에 따른 탄성률 변화가 거의 없어 고급시계, 압력계, 스프링 저울 등의 부품에 사용되는 것은?

① 인바(invar)
② 엘린바(elinvar)
③ 퍼멀로이(permalloy)
④ 플래티나이트(platinite)

> **불변강의 종류**
> ① 인바 : Fe-Ni(36%) 합금, 탄성계수가 작고 내식성이 우수
> ② 초인바 : Fe-Ni(36%)-Co(15%) 합금, 인바보다 열팽창계수가 작음
> ③ 엘린바 : Fe-Ni(36%)-Cr(12%) 합금, 상온에서 탄성계수가 거의 변하지 않음
> ④ 플래티나이트 : Fe-Ni(45%) 합금, 열팽창계수가 유리나 백금과 동일

09 다음 [보기]의 성질을 갖추어야 하는 공구용 합금강은?

> • HRC 55 이상의 경도를 가져야 한다.
> • 팽창계수가 보통 강보다 작아야 한다.
> • 시간이 지남에 따라서 치수변화가 없어야 한다.
> • 담금질에 의하여 변형이나 담금질 균열이 없어야 한다.

① 게이지용 강
② 내충격용 공구강
③ 절삭용 합금 공구강
④ 열간 금형용 공구강

> 다른 공구강과 달리 게이지용 공구강은 치수변화가 없어야 한다.

정답 05 ① 06 ① 07 ② 08 ② 09 ①

10 산화성산, 염류, 알칼리, 함황가스 등에 우수한 내식성을 가진 Ni-Cr 합금은?

① 엘린바
② 인코넬
③ 콘스탄탄
④ 모넬메탈

> ① 엘린바 : Fe-Ni-Cr계 불변용 합금
> ② 인코넬 : Ni-Cr계 내식용 합금
> ③ 콘스탄탄 : Ni-Cu(55%)계 합금, 열전용, 온도계용
> ④ 모넬메탈 : Ni-Cu(60~70%)계 내식용 합금

11 Ni과 Cu의 2성분계 합금은 용액상태에서나 고체상태에서나 완전히 융합되어 1상이 된 것은?

① 전율 고용체
② 공정형 합금
③ 부분 고용체
④ 금속간 화합물

> **전율 고용체**
> 2성분계 합금은 용액상태에서나 고체상태에서나 완전히 융합되어 1상이 된 것

12 다음 중 퀴리점이란?

① 동소변태점
② 결정격자가 변하는 점
③ 자기변태가 일어나는 온도
④ 입방격자가 변하는 점

> **퀴리점**
> 자기변태가 일어나기 시작하는 온도

13 6 : 4황동에 철을 1% 내외 첨가한 것으로 주조재, 가공재로 사용되는 합금은?

① 인바
② 라우탈
③ 델타메탈
④ 하이드로날륨

> **델타메탈**
> Cu-Zn-Fe(6-4황동에 Fe첨가)

14 구조용 합금강 중 강인강에서 Fe_3C 중에 용해하여 경도 및 내마멸성을 증가시키며 임계냉각 속도를 느리게 하여 공기 중에 냉각하여도 경화하는 자경성이 있는 원소는?

① Ni
② Mo
③ Cr
④ Si

> Cr은 경도 및 내마멸성을 증가시키고 자경성을 증가시킨다.

15 주철에서 응고 시 가장 강력한 흑연화를 촉진하는 원소는?

① 바나듐(V)
② 황(S)
③ 크롬(Cr)
④ 실리콘(Si)

> 흑연화 촉진원소 : Si, Ni, Al, Cu
> 흑연화 방해원소 : Mn, Cr, S, V, Mo

정답 10 ② 11 ① 12 ③ 13 ③ 14 ③ 15 ④

16 "KS D 3503 SS 330"으로 표기된 부품의 재료는 무엇인가?

① 합금 공구강
② 탄소용 단강품
③ 기계구조용 탄소강
④ 일반 구조용 압연강재

> SS 일반 구조용 압연강재로 최저 인장강도가 330이다.

17 그림에서 절단면을 나타내는 선의 기호와 이름이 옳은 것은?

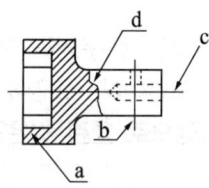

① a – 해칭선
② b – 숨은선
③ c – 파단선
④ d – 중심선

> 절단면은 해칭선으로 나타낸다.

18 나사의 도시에 대한 설명으로 옳은 것은?

① 수나사와 암나사의 골지름은 굵은 실선으로 그린다.
② 불완전 나사부의 끝 밑선은 45° 파선으로 그린다.
③ 수나사의 바깥지름과 암나사의 안지름은 굵은 실선으로 그린다.
④ 완전 나사부와 불완전 나사부의 경계선은 가는 실선으로 그린다.

> 수나사의 바깥지름과 암나사의 안지름은 외형선에 해당하므로 굵은 실선을 사용한다.

19 구멍의 치수가 $\phi 50^{+0.020}_{0}$, 축의 치수가 $\phi 50^{-0.025}_{-0.050}$ 일 때의 끼워맞춤은?

① 헐거운 끼워맞춤
② 중간 끼워맞춤
③ 억지 끼워맞춤
④ 가열 끼워맞춤

> 구멍 최소치수는 50이고, 축의 최대치수는 49.975이므로 구멍이 축보다 크므로 헐거운 끼워맞춤에 해당한다.

20 도면에서 가공방법 지시기호 중 밀링가공을 나타내는 약호는?

① L   ② M
③ P   ④ G

> L : 선반, M : 밀링, P : 평삭, G : 연삭

21 회전운동을 직선운동으로 바꾸거나, 직선운동을 회전운동으로 바꿀 때 사용되는 기어는?

① 헬리컬 기어
② 스크류 기어
③ 직선베벨 기어
④ 랙과 피니언

> ① 헬리컬 기어 : 두 축이 평행하고 이를 축에 경사시킨 것
> ② 스크류 기어 : 비틀림 각이 서로 다른 헬리컬 기어를 엇갈리는 축에 조합시킨 것
> ③ 직선베벨 기어 : 원뿔면에 이를 만든 것으로 두 축이 서로 만나는 것
> ④ 랙과 피니언 : 피니언은 회전운동하고, 랙은 직선운동하는 것

정답 16 ④ 17 ① 18 ③ 19 ① 20 ② 21 ④

22 도면의 부품란에 기입되는 사항이 아닌 것은?

① 도면명칭 ② 부품번호
③ 재질   ④ 부품수량

> 부품란 기재사항
> 품번, 품명, 재질, 수량, 무게, 공정

23 다음 표에서 (a), (b)의 값으로 옳은 것은?

기준\허용치수	구멍	축
최대 허용치수	50.025mm	49.975mm
최소 허용치수	50.000mm	49.950mm
최소 틈새	(a)	
최대 틈새	(b)	

① (a) 0.075 (b) 0.025
② (a) 0.025 (b) 0.075
③ (a) 0.05   (b) 0.05
④ (a) 0.025 (b) 0.025

> • 최소 틈새 : 구멍의 최소치수 − 축의 최대치수
>   = 50−49.975 = 0.025
> • 최대 틈새 : 구멍의 최대치수 − 축의 최소치수
>   = 50.025−49.950 = 0.075

24 회주철을 표시하는 기호로 옳은 것은?

① SC360   ② SS330
③ GC250   ④ BMC270

> 회주철 GC, 구상흑연주철 GCD

25 투상도의 선정 방법으로 틀린 것은?

① 숨은선이 적은쪽으로 투상한다.
② 물체의 오른쪽과 왼쪽이 대칭일 때에는 좌측면도는 생략할 수 있다.
③ 물체의 길이가 길 때, 정면도와 평면도만으로 표시할 수 있을 경우에는 측면도를 생략한다.
④ 물체의 모양과 특징을 가장 잘 나타낼 수 있는 면을 평면도로 선정한다.

> 물체의 모양과 특징을 가장 잘 나타낼 수 있는 면은 평면도가 아닌 정면도로 선정한다.

26 도면은 철판에 구멍을 가공하기 위하여 작성한 도면이다. 도면에 기입된 치수에 대한 설명으로 틀린 것은?

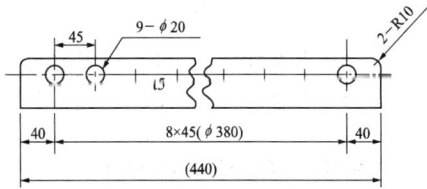

① 철판의 두께는 10mm이다.
② 구멍의 반지름은 10mm이다.
③ 같은 크기의 구멍은 9개이다.
④ 구멍의 간격은 45mm로 일정하다.

> 도면상에 t5는 두께를 나타낸 것으로 두께가 5mm 이다.

정답 22① 23② 24③ 25④ 26①

27 대상물의 표면으로부터 임의로 채취한 각 부분에서의 표면 거칠기를 나타내는 파라미터인 10점 평균 거칠기 기호로 옳은 것은?

① R_y ② R_a
③ R_z ④ R_x

- 최대 높이(R_{max})
- 10점 평균 거칠기(R_z)
- 중심선 평균 거칠기(R_a)

28 LD 전로에서 주원료 장입 시 용선보다 고철을 먼저 장입하는 주된 이유는?

① 고철 사용량 증대
② 노저 내화물 보호
③ 고철 중 불순물 신속 제거
④ 고철 내 수분에 의한 폭발완화

고철을 먼저 장입해야 수분에 의한 폭발을 방지할 수 있다.

29 주조방향에 따라 주편에 생기는 결함으로 주형 내 응고각(Shell) 두께의 불균일에 기인한 응력발생에 의한 것으로 2차 냉각 과정으로 더욱 확대되는 결함은?

① 표면가로 크랙
② 방사상 크랙
③ 표면세로 크랙
④ 모서리 세로 크랙

표면세로 크랙
주편의 주조방향을 따라서 발생하는 결함으로 응고각 두께가 불균일할 때 발생

30 다음 RH 설비구성 중 주요설비가 아닌 것은?

① 주입장치
② 배기장치
③ 진공조 지지장치
④ 합금철 첨가장치

RH 설비는 용강이 담겨있는 레이들 위에 흡인 및 하강관을 설치한 것으로 주입장치는 필요하지 않다.

31 10ton의 전기로에 355mm 전극을 사용하여 12,000A의 전류를 통과시켰을 때 전류밀도(A/cm²)는?

① 12.12   ② 20.12
③ 98.12   ④ 430.12

$$전류밀도 = \frac{전류}{전극단면적} = \frac{12,000}{3.14 \times (35.5/2)^2} = 12.12 A/cm^2$$

32 강괴 결함 중 딱지흠(스캡)의 발생 원인이 아닌 것은?

① 주입류가 불량할 때
② 저온·저속으로 주입할 때
③ 강탈산 조업을 하였을 때
④ 주형 내부에 용손이나 박리가 있을 때

스캡(scab)의 원인
주입류 불량, 스플래시, 저온 저속 주입, 편심 주입, 주형 내부 용손 및 박리

33 고인(P) 선철을 처리하는 방법으로 노체를 기울인 상태에서 고속으로 회전하여 취련하는 방법은?

① 가탄법 ② 로터법
③ 칼도법 ④ 캐치카아본법

> **칼도법**
> 노체를 기울인 상태에서 고속으로 회전하면서 취련하는 방법으로 고인선을 처리하는 방법이다.
> ※ 로터법 : 원통형 전로를 수평 상태에서 회전시키면서 고인선을 처리하는 방법이다.

34 다음 중 마그네시아(Magnesia) 벽돌에 대한 설명으로 틀린 것은?

① 염기성 내화물이다.
② 내화도가 높아 SK36 이상이다.
③ 스폴링(Spalling)이 일어나기 쉽다.
④ 열전도율이 적고 내광재성이 크다.

> **마그네시아 내화물 특징**
> ① 염기성 내화물
> ② 내화도가 가장 높음
> ③ 수축 및 팽창이 커서 스폴링 발생
> ④ 열전도율이 크고, 산성 슬래그와 반응

35 규소의 약 17배, 망간의 90배까지 탈산시킬 수 있는 것은?

① Al ② Ti
③ Si-Mn ④ Ca-Si

> Al은 규소의 17배, 망간의 90배까지 탈산할 수 있다.

36 노구로부터 나오는 불꽃(flame)관찰 시 슬래그량의 증가로 노구 비산 위험이 있을 때 작업자의 화상위험을 방지하기 위해 투입되는 것은?

① 진정제 ② 합금철
③ 냉각제 ④ 가탄제

> 슬래그량이 증가하면 슬래그가 노구로 비산하는 경우가 발생하는데 이때 진정제를 투입하여 슬래그의 비산을 방지한다.

37 LD 전로 제강 후 폐가스량을 측정한 결과 CO_2가 1.50kgf이었다면 CO_2 부피는 약 몇 m^3 정도인가? (단, 표준상태이다)

① 0.76 ② 1.50
③ 2.00 ④ 3.28

> CO_2 분자량은 C가 12, O_2가 32이므로 44
> 1mol의 부피는 22.4l이므로
> $44 : 22.4 = 1.5 : x$
> $x = \dfrac{22.4 \times 1.5}{44} = 0.76$

38 용강 중에 생성된 핵이 성장하는 기구에 해당되지 않는 것은?

① 확산에 의한 성장
② 산화에 의한 성장
③ 부상속도의 차에 의한 충돌에 기인하는 응집 성장
④ 용강의 교반에 의한 충돌에 기인하는 응집 성장

> 핵성장과 산화반응과는 관계가 없다.

정답 33 ③ 34 ④ 35 ① 36 ① 37 ① 38 ②

39 산소랜스 누수 발견 시 안전사항으로 관계가 먼 것은?

① 노를 경동시킨다.
② 노전 통행자를 대피시킨다.
③ 누수의 노 내 유입을 최대한 억제한다.
④ 슬래그 비산을 대비하여 장입측 도그 하우스를 완전히 개방(open)시킨다.

> 누수될 경우 슬래그의 비산이 발생할 수 있으므로 도그 하우스를 닫아야 한다.

40 혼선로의 역할 중 틀린 것은?

① 용선의 승온
② 용선의 저장
③ 용선의 보온
④ 용선의 균질화

> 혼선로에서 가열 기능은 없다.

41 연속 주조법에서 노즐의 막힘 원인과 거리가 먼 것은?

① 석출물이 용강 중에 섞이는 경우
② 용강의 온도가 높아 유동성이 좋은 경우
③ 용강온도 저하에 따라 용강이 응고하는 경우
④ 용강으로부터 석출물이 노즐에 부착 성장하는 경우

> **연속주조 조업에서 노즐의 막힘의 원인**
> ① 개재물 및 석출물 등에 의한 막힘
> ② 주입온도 저하에 의한 막힘
> ③ 침지노즐의 예열 불량에 의한 막힘

42 LD 전로 조업 시 용선 90톤, 고철 30톤, 냉선 3톤을 장입했을 때 출강량이 115톤이었다면 출강실수율(%)은 약 얼마인가?

① 80.6   ② 83.5
③ 93.5   ④ 96.6

> 실수율 = $\dfrac{출강량}{장입량} \times 100 = \dfrac{115}{90+30+3} \times 100$
> = 93.5%

43 연속주조법에서 고속 주조 시 나타나는 현상으로 틀린 것은?

① 개재물의 부상분리가 용이하다.
② 응고층이 얇아진다.
③ 내부 균열의 위험성이 있다.
④ 중심부 편석의 가능성이 크다.

> **고속 주조 시 현상**
> ① 개재물의 분리부상 시간이 부족하여 개재물 혼입이 이루어진다.
> ② 응고시간이 부족하여 응고층이 얇아진다.
> ③ 인발 도중 균열이 발생하여 브레이크 아웃이 발생할 수 있다.
> ④ 급격한 응고로 중심부 편석이 심하게 된다.

44 강괴 내에 있는 용질 성분이 불균일하게 존재하는 결함으로 처음에 응고한 부분과 나중에 응고한 부분의 성분이 균일하지 않게 나타나는 현상의 결함은?

① 백점   ② 편석
③ 기공   ④ 비금속 개재물

> **편석**
> 강괴에서 일정 부분의 품위가 높은 부분으로 응고가 가장 늦은 부분으로 집중하게 된다.

45 다음의 부원료 중 전로 내화물의 용출을 억제하기 위하여 사용되는 부원료는?

① 생석회(CaO) ② 백운석(MgO)
③ HBI ④ 철광석

> MgO가 함유된 백운석은 MgO 자체가 용융점이 높아 슬래그에 의한 내화물의 침식을 억제하는 효과가 있다.

46 LD 전로 조업에서 탈탄 속도가 점차 감소하는 시기에서의 산소 취입 방법은?

① 산소 취입 중지
② 산소제트 압력을 점차 감소
③ 산소제트 압력을 점차 증가
④ 산소제트 압력을 최대로

> 탈탄속도가 감소하면 탄소의 함유량이 줄어들고 있으므로 탈탄에 필요한 산소 유량도 감소해야 한다.

47 제강법에 사용하는 주원료가 아닌 것은?

① 고철 ② 냉선
③ 용선 ④ 철광석

> 제강에서 철광석은 부원료이다.

48 외부로부터 열원을 공급받지 않고 용선을 정련하는 제강법은?

① 전로법 ② 고주파법
③ 전기로법 ④ 도가니법

> 전로법은 용선의 현열 및 산소와 불순물 원소 사이의 산화열을 이용한다.

49 치주법이라고도하며, 용선 레이들 중에 미리 탈황제를 넣어 놓고 그 위에 용선을 주입하여 탈황시키는 방법은?

① 교반 탈황법
② 상취 탈황법
③ 레이들 탈황법
④ 인젝션 탈황법

> **탈황법**
> ① 레이들 탈황법(치주법) : 레이들 바닥에 탈황제를 넣고 용강을 주입하여 탈황하는 방법
> ② 포러스 플러그법 : 레이들 바닥에 다공질 내화물을 사용하고 이곳으로 기체를 취입하여 탈황하는 방법
> ③ 인젝션법 : 용강 상부에서 취입관을 이용하여 취입하는 방법
> ④ 교반법 : 탈황제를 넣고 용강을 교반하여 탈황하는 방법(KR법, 라인슈탈법, 데마크-오스트베르그법)
> ⑤ 요동레이들법 : 레이들에 편심을 주어 회전을 하면서 탈황하는 방법(DM전로법, 회전드럼법)

50 주편 수동 절단 시 호스에 역화가 되었을 때 가장 먼저 취해야 할 일은?

① 토치에서 고무관을 뺀다.
② 토치에서 나사부분을 죈다.
③ 산소밸브를 즉시 닫는다.
④ 노즐을 빼낸다.

> 역화가 되면 산소밸브를 즉시 닫아야 누출가스에 의한 폭발을 방지할 수 있다.

정답 45 ② 46 ② 47 ④ 48 ① 49 ③ 50 ③

51 RH법에서 진공조를 가열하는 이유는?

① 진공조를 감압시키기 위해
② 용강의 환류 속도를 감소시키기 위해
③ 진공조 안으로 합금 원소의 첨가를 쉽게 하기 위해
④ 진공조 내화물에 붙은 용강 스플래시를 용락시키기 위해

> 진공조(진공 철피)를 가열하지 않으면 순환에 의해 비산하는 용강이 노벽에 붙어있기 때문에, 이를 용해시켜 용락시키기 위해서 가열한다.

52 미탈산 상태의 용강을 처리하여 감압 하에서 CO 반응을 이용하여 탈산할 수 있고, 대기 중에서 제조하지 못하는 극저탄소강의 제조가 가능한 탈가스 처리법은?

① RH 탈가스법(순환 탈가스법)
② BV 탈가스법(유적 탈가스법)
③ DH 탈가스법(흡인 탈가스법)
④ TD 탈가스법(출강 탈가스법)

> **탈가스 처리법**
> ① 유적 탈가스법(BV법) : 용강을 진공조 안에 있는 주형에 흘려 내리면서 탈가스 처리하는 방법
> ② 흡인 탈가스법(DH법) : 진공조 밑에 있는 흡입관을 용강에 담근 후 진공조를 감압하여 레이들에 있는 용강이 진공조로 올라오면서 탈가스 처리하는 방법
> ③ 순환 탈가스법(RH법) : 흡입관과 배출관 2개가 달린 진공조에 Ar 가스를 흡입관(상승관) 쪽으로 취입하면서 탈가스 처리하는 방법
> ④ 레이들 탈가스법(LD법) : 진공조 내에 용강의 레이들을 놓고 용강을 교반하면서 탈가스 처리하는 방법

53 전로 정련작업에서 노체를 기울여 미리 평량한 고철과 용선의 장입방법은?

① 사다리차로 장입
② 지게차로 장입
③ 크레인으로 장입
④ 정련작업자의 수작업

> 전로 고철 장입은 크레인으로 한다.

54 조괴작업에서 트랙타임(T.T)이란?

① 제강주입 시작 - 분괴도착 시간까지
② 형발완료 - 분괴장입시작 시간까지
③ 제강주입 시작시간 - 분괴장입 완료시간
④ 제강주입 완료시간 - 균열로에 장입완료 시간

> **트랙타임**
> 제강주입 완료시간에서부터 균열로에 장입을 완료할 때까지의 시간이다.

55 림드강(rimmed steel) 제조 시 $FeO + C \leftrightarrows Fe + CO$의 반응에 의해 응고할 때 강에 비등작용을 일으키는 현상은?

① 보일링(Boiling)
② 스피팅(Spitting)
③ 리밍액션(Rimming Action)
④ 베세마아징(Bessemerizing)

> 림드강은 CO 가스에 의한 리밍액션(Rimming action)이 일어난다.

정답 51 ④ 52 ③ 53 ③ 54 ④ 55 ③

56 연속주조 설비에서 용강을 받아 주형에 공급해 주는 용기는?

① 턴디시　　② 레이들
③ 더미바　　④ 펀치롤

> **턴디시의 역할**
> ① 주입량 조절
> ② 주형에 용강 분배
> ③ 용강 중의 비금속 개재물 부상 분리

57 진공 탈가스 효과로 볼 수 없는 것은?

① 인의 제거
② 가스 성분 감소
③ 비금속 개재물의 저감
④ 온도 및 성분의 균일화

> **진공 탈가스법의 효과**
> ① 불순물 가스(N, H, O 등)의 감소
> ② 비금속 개재물의 감소
> ③ 유해 원소의 증발 제거
> ④ 온도와 성분의 균일화

58 용선의 탈황반응 결과 일산화탄소가 발생하고 이것의 끓음 현상에 의해 탈황 생성물을 슬래그로 부상시키는 탈황제는?

① 탄산나트륨(Na_2CO_3)
② 탄화칼슘(CaC_2)
③ 산화칼슘(CaO)
④ 플루오르화칼슘(CaF_2)

> **Na_2CO_3 탈황 반응식**
> • $(FeS)+(Na_2CO_3)+[Si]$
> $=(Na_2S)+(SiO_2)+[Fe]+CO$
> • $(FeS)+(Na_2CO_3)+2[Mn]$
> $=(Na_2S)+2[MnO]+[Fe]+CO$
> 생성된 Na_2S는 CO 가스에 의한 용선의 비등으로 부상하여 슬래그화 한다.

59 연속주조의 생산성 향상 요소가 아닌 것은?

① 강종의 다양화
② 주조속도의 증대
③ 연연주 준비시간의 합리화
④ 사고 및 전로와의 간섭시간 단축

> 연속주조는 소강종 대량생산에 유리하다.

60 전로에서 저용선 배합 조업 시 취해야 할 사항 중 틀린 것은?

① 용선의 온도를 높인다.
② 고철을 냉각하여 배합한다.
③ 페로실리콘과 같은 발열제를 첨가한다.
④ 취련용 산소와 함께 연료를 첨가한다.

> 저용선을 배합하고 고철량을 높이려면 고철을 미리 예열해야 한다.

정답　56 ①　57 ①　58 ①　59 ①　60 ②

2019년 1회 제강기능사 CBT 복원문제

01 Fe에 0.8~1.5%C, 18%W, 4%Cr 및 1%V을 첨가한 재료를 1,250°C에서 담금질하고 550~600°C로 뜨임한 합금강은?

① 절삭용 공구강
② 초경 공구강
③ 금형용 공구강
④ 고속도 공구강

> **고속도 공구강** : 18-4-1형(18%W-4%Cr-1%V)

02 처음에 주어진 특정한 모양의 것을 인장하거나 소성변형한 것이 가열에 의하여 원래의 상태로 돌아가는 현상은?

① 석출경화 효과
② 시효현상 효과
③ 형상기억 효과
④ 자기변태 효과

> **형상기억**
> 소성변형이 진행된 것에 열을 가하면 소성가공 전 원래의 형상으로 되돌아가는 현상

03 다음 비철합금 중 비중이 가장 가벼운 것은?

① 아연(Zn) 합금
② 니켈(Ni) 합금
③ 알루미늄(Al) 합금
④ 마그네슘(Mg) 합금

> **마그네슘**
> 비중이 1.74로 실용금속 중 가장 가볍다.

04 페라이트형 스테인리스강에서 Fe 이외의 주요한 성분 원소 1가지는?

① W   ② Cr
③ Sn   ④ Pb

> 스테인리스강은 Cr이 13% 이상 함유되어야 한다.

05 동합금 중 석출경화(시효경화) 현상이 가장 크게 나타나는 것은?

① 순동   ② 황동
③ 청동   ④ 베릴륨 동

> 베릴륨 청동은 동합금 중에서 석출경화(시효경화)에 의해 가장 강도가 우수한 합금이다.

정답 01 ④ 02 ③ 03 ④ 04 ② 05 ④

06 원표점거리가 50mm이고, 시험편이 파괴되기 직전의 표점거리가 60mm일 때 연신율(%)은?

① 5 ② 10
③ 15 ④ 20

> 연신율 = (시험후 거리 − 시험전 거리) / 시험전 거리 × 100
> = (60−50)/50 × 100 = 20%

07 열팽창계수가 아주 작아 줄자, 표준자 재료에 적합한 것은?

① 인바 ② 센더스트
③ 초경합금 ④ 바이탈륨

> 인바
> Fe-Ni(36%)계 불변합금, 탄성계수가 작고 내식성이 우수

08 다음 중 1~5μm 정도의 비금속 입자가 금속이나 합금의 기지 중에 분산되어 있는 재료를 무엇이라 하는가?

① 합금공구강 재료
② 스테인리스 재료
③ 서멧(cermet) 재료
④ 탄소공구강 재료

> 서멧
> TiC에 Ni, Co, Mo 등을 조합한 세라믹 재료로 고온강도가 우수한 절삭공구

09 강대금(steel back)에 접착하여 바이메탈 베어링으로 사용하는 구리(Cu)-납(Pb)계 베어링 합금은?

① 켈멧(kelmet)
② 백동(cupronickel)
③ 배빗메탈(babbit metal)
④ 화이트메탈(white metal)

> 켈멧(kelmet)
> 납청동(Cu-Pb)으로 고속 고하중용 베어링에 사용

10 5~20%Zn 황동으로 강도는 낮으나 전연성이 좋고, 색깔이 금색에 가까워 모조금이나 판 및 선에 사용되는 합금은?

① 톰백
② 네이벌 황동
③ 알루미늄 황동
④ 애드미럴티 황동

> 톰백은 구리에 5~20%의 아연을 합금한 황동으로 전연성이 우수하고 색이 금에 가까우므로 장식품에 많이 사용한다.

11 특수강에서 함유량이 증가하면 자경성을 주는 원소로 가장 좋은 것은?

① Cr ② Mn
③ Ni ④ Si

> 자경성 효과
> Cr > W > V > Mo > Ni > Mn > Si > P

정답 06 ④ 07 ① 08 ③ 09 ① 10 ① 11 ①

12 다음 중 베어링 합금의 구비조건으로 틀린 것은?

① 마찰계수가 커야 한다.
② 경도 및 내압력이 커야 한다.
③ 소착에 대한 저항성이 커야 한다.
④ 주조성 및 절삭성이 좋아야 한다.

> 베어링 합금은 마찰계수가 작아야 한다.

13 고탄소 크롬베어링강의 탄소함유량의 범위(%)로 옳은 것은?

① 0.12~0.17
② 0.21~0.45
③ 0.95~1.10
④ 2.20~4.70

> **고탄소 크롬베어링강(STB)**
> C 0.95~1.10%, Cr 0.9~1.6%

14 문쯔메탈(Muntz metal)이라 하며 탈아연 부식이 발생하기 쉬운 동합금은?

① 6-4 황동
② 주석청동
③ 네이벌 황동
④ 애드미럴티 황동

> **6-4황동(문쯔메탈)**
> Cu(60%)-Zn(40%)

15 오일리스 베어링(Oilless bearing)의 특징이라고 할 수 없는 것은?

① 다공질의 합금이다.
② 급유가 필요하지 않은 합금이다.
③ 원심 주조법으로 만들며 강인성이 좋다.
④ 일반적으로 분말 야금법을 사용하여 제조한다.

> 오일리스 베어링은 주조로 만들지 않으며, 내마멸성이 우수하다.

16 정투상도법에서 눈 → 투상면 → 물체의 순으로 투상할 경우는 제 몇 각법인가?

① 제1각법   ② 제2각법
③ 제3각법   ④ 제4각법

> • 제3각법 : 눈 → 투상도 → 물체(물체의 보이는 부분을 그대로 그린 것)
> • 제1각법 : 눈 → 물체 → 투상도(물체의 보이는 부분을 물체의 뒤쪽에 그린 것)

17 제도에서 타원 등의 기본 도형이나 문자, 숫자, 기호 및 부호 등을 원하는 모양으로 정확하게 그릴 수 있는 것은?

① 형판   ② 운형자
③ 지우개판   ④ 디바이더

> ① 형판 : 여러가지 원, 타원 숫자, 기호 등의 모양을 정확하게 그릴 수 있는 판
> ② 운형자 : 컴퍼스로 그리기 어려운 원호나 곡선을 그릴 때 사용
> ③ 디바이더 : 치수를 옮기거나 길이를 분할할 때 사용

정답 12 ① 13 ③ 14 ① 15 ③ 16 ③ 17 ①

18 축이나 원통같이 단면의 모양이 같거나 규칙적인 물체가 긴 경우 중간 부분을 잘라내고 중요한 부분만을 나타내는데 이 때 잘라내는 부분의 파단선으로 사용하는 선은?

① 굵은 실선　② 1점 쇄선
③ 가는 실선　④ 2점 쇄선

파단선
대상물의 일부를 파단한 경계 또는 일부를 떼어낸 경계를 표시(파형의 가는 실선으로 나타냄)

19 미터 가는 나사로서 호칭지름 20mm, 피치 1mm인 나사의 표시로 옳은 것은?

① M20－1　② M20×1
③ TM20×1　④ TM20－1

피치를 미터단위로 표시하는 경우 다음과 같이 표시
[나사의 종류 표시 기호]×[나사의 호칭지름 숫자]×[피치]
[예시] M8×1 : 미터나사, 호칭지름이 8mm, 피치가 1mm

20 물체를 투상면에 대하여 한쪽으로 경사지게 투상하여 입체적으로 나타낸 투상도는?

① 사투상도　② 투시투상도
③ 등각투상도　④ 부등각투상도

사투상도
정투상도에서 정면의 크기와 모양은 그대로 사용하고, 평면도와 우측면도를 경사시켜 그린 것

21 도면의 종류를 사용목적 및 내용에 따라 분류할 때 사용목적에 따라 분류한 것이 아닌 것은?

① 승인도　② 부품도
③ 설명도　④ 제작도

목적에 따른 도면 분류
계획도, 제작도, 주문도, 승인도, 견적도, 설명도
※ 부품도는 내용에 따른 분류이다.

22 한국산업표준 중에서 공업부문에 쓰이는 제도의 기본적이며 공통적인 사항인 도면의 크기, 투상법, 선, 작도 일반, 단면도, 글자, 치수 등을 규정한 제도통칙은?

① KS A 0005
② KS B 0005
③ KS D 0005
④ KS V 0005

제도통칙은 KS A 0005에 규정되어 있다.

23 금속 가공공정의 기호가 올바르게 연결된 것은?

① 줄 다듬질 － BR
② 스크레이퍼 － FF
③ 브로치가공 － FS
④ 리머가공 － FR

줄다듬질 : FF, 스크레이퍼 : FS, 브로치가공 : BR

정답 18 ③ 19 ② 20 ① 21 ② 22 ① 23 ④

24 위치수 허용차와 아래치수 허용차와의 차는?

① 기준선 공차 ② 기준 공차
③ 기본 공차 ④ 치수 공차

> 치수 공차
> 위치수 허용차 - 아래치수 허용차

25 연삭의 가공방법 중 센터리스 연삭의 기호로 옳은 것은?

① GI ② GE
③ GCL ④ GCN

> 센터리스 연삭 GCL

26 도면에 치수를 기입할 때 유의해야 할 사항으로 옳은 것은?

① 치수는 계산을 하도록 기입해야 한다.
② 치수의 기입은 되도록 중복하여 기입해야 한다.
③ 치수는 가능한 한 보조 투상도에 기입해야 한다.
④ 관련되는 치수는 가능한 한 곳에 모아서 기입해야 한다.

> 치수기입
> 계산하지 않도록 하고, 중복기입하지 않으며, 가급적 주투상도에 모아서 기입한다.

27 선의 굵기가 가는 실선과 굵은 실선의 굵기 비율로 옳은 것은?

① 1 : 2 ② 2 : 3
③ 1 : 4 ④ 2 : 5

> 가는 선 : 굵은 선 = 1 : 2

28 순산소 320kgf을 얻으려면 약 몇 Nm^3의 공기가 필요한가? (단, 공기 중의 산소의 함량은 21%이다)

① 1,005 ② 1,067
③ 1,134 ④ 1,350

> 공기량 = $\frac{산소량}{0.21}$ = $\frac{320}{0.21}$ = 1523.8kg
> 무게비를 부피로 바꾸면 산소원자 32는 부피비로 22.4ℓ이다.
> ∴ 32 : 22.4 = 1523.8 : x
> $x = \frac{22.4 \times 1523.8}{32} = 1,067 Nm^3$

29 주입 작업 시 하주법에 대한 설명으로 틀린 것은?

① 용강이 조용하게 상승하므로 강괴 표면이 깨끗하다.
② 주형 내 용강면을 관찰할 수 있어 탈산 조정이 쉽다.
③ 주형 내 용강면을 관찰할 수 있어 주입속도 조정이 쉽다.
④ 작은 강괴를 한꺼번에 많이 얻을 수 없고, 주입 시간은 짧아진다.

> 하주법은 한번의 주입으로 한꺼번에 많은 강괴를 얻을 수 있다.

30 T자형 파이프 스티러(교반기)를 사용하여 용선을 교반시키는 탈황법은?

① 데마크 – 오스트베르그법
② 요동 레이들법
③ 터뷸레이터법
④ 라인슈탈법

> 교반 탈황법
> ① 데마크–오스트베르그법 : T자형 내화재의 교반봉을 회전시켜 탈황하는 방법
> ② 라인슈탈법 : ㄴ모양 내화재의 교반봉을 회전시켜 탈황하는 방법
> ③ KR법 : 여러개의 회전날개를 붙인 교반봉을 회전시켜 탈황하는 방법

31 다음 중 탄소강에서 편석을 가장 심하게 일으키는 원소는?

① S   ② Si
③ Cr   ④ Al

> 편석 조장 원소
> S, P 특히 S가 가장 심하게 발생

32 전기로 제강법의 특징을 설명한 것 중 틀린 것은?

① 열효율이 좋다.
② 합금철은 모두 직접 용강 속에 넣어주므로 회수율이 좋다.
③ 사용 원료의 제약이 많아 공구강의 정련만 할 수 있다.
④ 노안의 분위기를 산화, 환원 어느 쪽이든 조절이 가능하다.

> 전기로는 거의 모든 원료를 사용할 수 있어 원료 제약이 없다. LD 전로가 용선을 사용해야만 하는 원료 제약이 있다.

33 염기성 전로의 내벽 라이닝(lining) 물질로 옳은 것은?

① 규석질
② 샤모트질
③ 알루미나질
④ 돌로마이트질

> • 염기성 내화물 : 돌로마이트질, 마그네시아질
> • 중성 내화물 : 알루미나질, 흑연질
> • 산성 내화물 : 규석질, 샤모트질, 납석질

34 몰드 플럭스(Mold Flux)의 주요기능을 설명한 것 중 틀린 것은?

① 주형 내 용강의 보온 작용
② 주형과 주편 간의 윤활 작용
③ 부상한 개재물의 용해 흡수 작용
④ 주형 내 용강 표면의 산화 촉진 작용

> 몰드 파우더의 기능
> 용강산화방지, 열손실방지, 개재물 부상, 윤활 작용

35 탈질을 촉진시키기 위한 방법이 아닌 것은?

① 강욕 끓음을 조장하는 방법
② 노구에서의 공기를 침입시키는 방법
③ 용선 중 질소량을 하강시키는 방법
④ 탈탄 반응을 강하게 하여 강욕을 강력 교반하는 방법

> 탈질 촉진 방법
> ① 용강의 끓음과 교반을 강하게 한다.
> ② 노구에서의 공기 침입을 방지한다.
> ③ 용선 중 질소량 자체를 낮게 한다.

36 단위시간에 투입되는 전력량을 증가시켜 장입물의 용해시간을 단축함으로써 생산성을 높이는 전기로 조업법은?

① HP법　　② RP법
③ UHP법　　④ URP법

> **UHP(초고전력) 조업**
> 단위 시간에 투입되는 전력량을 증가시켜서 장입물의 용해 시간을 단축하여 생산성을 높이는 방법

37 LD 전로 조업에서 탈탄속도가 점차 감소하는 시기에서의 산소 취입 방법은?

① 산소 취입 중지
② 산소제트 압력을 점차 감소
③ 산소제트 압력을 점차 증가
④ 산소제트 유량을 점차 증가

> 탈탄속도가 감소하면 산소제트의 압력도 줄여야 한다.

38 LD 전로용 용선 중 Si 함유량이 높았을 때의 현상과 관련이 없는 것은?

① 강재량이 많아진다.
② 고철 소비량이 줄어든다.
③ 산소 소비량이 증가한다.
④ 내화재의 침식이 심하다.

> 용선 중 Si이 많아지면 산화를 위한 산소가 많이 필요하며, SiO_2가 많이 생성됨에 따라 슬래그 염기도가 낮아지고, 석회석이 많이 필요하고, 내화물을 침식할 수 있다.

39 제강조업에서 소량의 첨가로 염기도의 저하없이 슬래그의 용융온도를 낮추어 유동성을 좋게 하는 것은?

① 생석회　　② 석회석
③ 형석　　　④ 철광석

> **형석**
> 슬래그의 염기도 저하없이 슬래그의 용융점을 낮추어 유동성 향상에 효과적이다.

40 슬래그의 생성을 도와주는 첨가제는?

① 냉각제　　② 탈산제
③ 가탄제　　④ 매용제

> **매용제**
> 슬래그를 형성시켜주는 역할, 형석, 밀 스케일, 철광석, 소결광

41 전기로 조업 중 슬래그 포밍 발생 인자와 관련이 적은 것은?

① 슬래그 염기도
② 슬래그 표면 장력
③ 슬래그 중 NaO 농도
④ 탄소 취입 입자 크기

> **슬래그 포밍 발생 인자**
> ① 슬래그 표면 장력
> ② 슬래그 염기도
> ③ 슬래그 중 FeO 농도
> ④ 탄소 취입 위치
> ⑤ 탄소 취입 입자 크기

정답　36 ③　37 ②　38 ②　39 ③　40 ④　41 ③

42 산소와의 친화력이 강한 것부터 약한 순으로 나열한 것은?

① Al → Ti → Si → V → Cr
② Cr → V → Si → Ti → Al
③ Ti → V → Si → Cr → Al
④ Si → Ti → Cr → V → Al

> 산소 친화력
> Al 〉 Ti 〉 Si 〉 V 〉 Cr

43 턴디시의 재산화 방지법으로 틀린 것은?

① 턴디시의 밀폐
② 침지노즐의 사용
③ 슬래그 중 FeO의 저감
④ 슬래그 중 SiO_2의 증가

> 턴디시에서의 재산화 방지법
> • 턴디시 밀폐
> • 침지노즐 사용
> • 슬래그 중 FeO, MnO, SiO_2 저감

44 고주파 유도로에서 유도 저항 증가에 따른 전류의 손실을 방지하고 전력 효율을 개선하기 위한 것은?

① 노체 설비
② 노용 변압기
③ 진상 콘덴서
④ 고주파 전원 장치

> • 진상 콘덴서 : 전류 손실을 줄이고 전력효율을 개선하기 위한 장치
> • 고주파 전원장치 : 고주파를 발생하기 위한 전원 장치

45 전로 조업에서 염기성 강재는 산화칼슘이 많으므로 형석을 첨가하는데, 이때 형석의 첨가 효과가 아닌 것은?

① 유동성이 좋은 강재를 형성
② 탈인 및 탈황을 촉진
③ 강재 중 전체 철분의 증가
④ 포밍 조업에 의한 슬로핑 감소

> 형석 첨가 영향
> ① 온도를 높이지 않고 유동성 좋은 강재 형성
> ② 탈인 및 탈황 반응 촉진
> ③ 강재 중 전체 철분의 증가
> ④ 포밍에 의한 슬로핑 증가
> ⑤ 내화물 침식이 증가

46 재해예방의 4원칙이 아닌 것은?

① 예방가능의 원칙
② 사고지연의 원칙
③ 원인계기의 원칙
④ 대책선정의 원칙

> 재해예방 4원칙
> 예방가능, 손실우연, 원인연계, 대책선정

47 저취산소전로법(Q-BOP)의 특징에 대한 설명으로 틀린 것은?

① 탈황과 탈인이 어렵다.
② 종점에서의 Mn이 높다.
③ 극저탄소강의 제조에 적합하다.
④ 취련시간이 단축되고 폐가스의 효율적인 회수가 가능하다.

> Q-BOP법은 탈황과 탈인이 용이하다.

정답 42 ① 43 ④ 44 ③ 45 ④ 46 ② 47 ①

48 주조방향에 따라 주편에 생기는 결함으로 주형 내 응고각(Shell) 두께의 불균일에 기인한 응력발생에 의한 것으로 2차 냉각 과정으로 더욱 확대되는 결함은?

① 표면가로 크랙
② 방사상 크랙
③ 표면세로 크랙
④ 모서리 세로 크랙

> **표면세로 크랙**
> 주편의 주조방향을 따라서 발생하는 결함으로 응고각 두께가 불균일할 때 발생

49 연속주조 가스절단장치에 쓰이는 가스가 아닌 것은?

① 산소
② 프로판
③ 아세틸렌
④ 발생로가스

> 발생로 가스는 열량이 적어서 주편 절단에 사용할 수 없다.

50 LD 전로 조업에서 탈탄 속도가 점차 감소하는 시기에서의 산소 취입 방법은?

① 산소 취입 중지
② 산소제트 압력을 점차 감소
③ 산소제트 압력을 점차 증가
④ 산소제트 압력을 최대로

> 탈탄속도가 감소하면 탄소의 함유량이 줄어들고 있으므로 탈탄에 필요한 산소 유량도 감소해야 한다.

51 주형과 주편의 마찰을 경감하고 구리판과의 융착을 방지하여 안정한 주편을 얻을 수 있도록 하는 것은?

① 주형
② 레이들
③ 슬라이딩 노즐
④ 주형 진동장치

> **주형 진동장치(오실레이션)**
> 주입된 용강이 주형벽에 부착되는 것을 방지

52 순 산소 상취 전로의 조업 시 취련종점의 결정은 무엇이 가장 적합한가?

① 비등현상
② 불꽃상황
③ 노체경동
④ 슬래그형성

> 종점판정은 불꽃의 상황(모양, 색, 크기 등)으로 판정한다.

53 RH 탈가스법에서 일어나는 주요 반응으로 틀린 것은?

① 탈규소 반응
② 탈탄 반응
③ 탈질소 반응
④ 탈수소 반응

> **진공 탈가스로 제거되는 가스**
> C, N, H 등이며, Si는 가스성분이 아니므로 제거되지 않는다.

54 제강조업에서 고체 탈황제로 탈황력이 우수한 것은?

① CO_2
② KOH
③ CaC_2
④ NaCN

> • 고체 탈황제 : CaC_2, CaO, Fe-Mn
> • 액체 탈황제 : KOH, NaCN

정답 48 ③ 49 ④ 50 ② 51 ④ 52 ② 53 ① 54 ③

55 노 내 반응에 근거한 LD 전로의 특징과 관계가 적은 것은?

① Metal-Slag 교반이 심하고 탈C, 탈P 반응이 거의 동시에 진행된다.
② 산화반응에 의한 발열로 정련온도를 충분히 유지한다.
③ 강력한 교반에 의하여 강중 가스 함유량이 증가한다.
④ 공급 산소의 반응효율이 높고 탈탄반응이 빠르게 진행된다.

> LD전로는 강력한 용강의 교반에 의해 강중 가스 함유량이 저하한다.

56 전로 내에서 산소와 반응하여 가장 먼저 제거되는 것은?

① S   ② P
③ Si   ④ Mn

> 전로 조업에서 Si이 가장 먼저 반응하고 C가 반응한다.

57 연주 조업 중 주편표면에 발생하는 블로홀이나 핀홀의 발생 원인이 아닌 것은?

① 탕면의 변동이 심한 경우
② 윤활유 중에 수분이 있는 경우
③ 몰드 파우더에 수분이 많은 경우
④ Al선 투입 중 탕면 유동이 있는 경우

> Al선 투입은 탈산을 목적으로 하는 것이므로 블로홀이나 핀홀을 감소시킨다.

58 순산소 상취 전로 제강법에서 냉각제를 사용할 때 사용하는 양과 시기에 따라 냉각효과가 상관성이 있다는 설명을 가장 옳게 표현된 것은?

① 투입시기를 정련시간 후반에 되도록 소량을 분할 투입하는 것이 냉각효과가 크다.
② 투입시기를 정련시간 초기에 되도록 일시에 다량 투입하는 것이 냉각효과가 크다.
③ 투입시기를 정련시간 초기에 전량을 일시에 투입하는 것이 냉각효과가 크다.
④ 투입시기를 정련시간의 후반에 되도록 일시에 다량 투입하는 것이 냉각효과가 크다.

> 전로법에서 냉각제는 취련 후반기 용강온도 조절용으로 투입하는 것으로 소량을 분할하여 투입해야 한다.

59 칼도(Kaldo)법의 특징으로 틀린 것은?

① 반응속도가 커서 초기 탈인이 가능하다.
② 고인선 처리가 가능하다.
③ 노구를 통하여 산소와 산화칼슘 분말을 동시에 취입한다.
④ 내화물의 침식이 심하다.

> 산화칼슘 분말을 산소와 동시에 취입하는 방법은 LD-AC법(OPL법)이다.

60 염기성 제강법이 등장하게 된 것은 용선 중 어떤 성분 때문인가?

① C   ② Si
③ Mn   ④ P

> **염기성 제강법**
> 탈인 및 탈황 능력이 우수

2019년 3회 제강기능사 CBT 복원문제

01 T.T.T 곡선에서 하부 임계냉각 속도란?

① 50% 마텐자이트를 생성하는데 요하는 최대의 냉각속도
② 100% 오스테나이트를 생성하는데 요하는 최소의 냉각속도
③ 최초에 소르바이트가 나타나는 냉각속도
④ 최초에 마텐자이트가 나타나는 냉각속도

> TTT 곡선에서 하부 임계냉각속도
> 마텐자이트가 생성되기 시작하는 냉각속도

02 라우탈은 Al-Cu-Si 합금이다. 이 중 3~8% Si를 첨가하여 향상되는 성질은?

① 주조성   ② 내열성
③ 피삭성   ④ 내식성

> Si은 유동성을 증가시키므로 주조성을 향상시킨다.

03 분말상 Cu에 약 10% Sn 분말과 2% 흑연 분말을 혼합하고, 윤활제 또는 휘발성 물질을 가한 후 가압 성형하여 소결한 베어링 합금은?

① 켈밋 메탈
② 배빗 메탈
③ 앤티프릭션
④ 오일리스 베어링

> **오일리스 베어링용 합금(소결 베어링용 합금)**
> Cu 분말에 8~12%의 Sn 분말과 4~5%의 흑연 분말을 배합하여 압축성형하고 900℃ 온도에서 소결한 합금으로 다공질이므로 20~40%의 기름을 흡수할 수 있는 베어링용 합금이다.

04 알루미늄(Al)의 특성을 설명한 것 중 옳은 것은?

① 온도에 관계없이 항상 체심입방격자이다.
② 강(Steel)에 비하여 비중이 가볍다.
③ 주조품 제작 시 주입온도는 1,000℃이다.
④ 전기전도율이 구리보다 높다.

> Al은 FCC구조로 용융점은 660℃이어서 주조 온도도 낮으며, 비중이 약 2.7정도로 철보다 가벼우며, 전기전도도는 구리 다음으로 높다.

정답 01 ④ 02 ① 03 ④ 04 ②

05 귀금속에 속하는 금은 전연성이 가장 우수하며 황금색을 띤다. 순도 100%를 나타내는 것은?

① 24캐럿(carat, K)
② 48캐럿(carat, K)
③ 50캐럿(carat, K)
④ 100캐럿(carat, K)

> 귀금속의 순도는 캐럿(carat, K)으로 나타내는데 24K를 순도가 100%에 가까운 것으로 한다.

06 Fe-C계 평형상태도에서 냉각 시 A_{cm} 선이란?

① δ고용체에서 γ고용체가 석출하는 온도선
② γ고용체에서 시멘타이트가 석출하는 온도선
③ α고용체에서 펄라이트가 석출하는 온도선
④ γ고용체에서 α고용체가 석출하는 온도선

> A_{cm}선
> γ고용체에서 시멘타이트가 석출되기 시작하는 온도선
> ※ A_{l3}선 : γ고용체에서 페라이트가 석출되기 시작하는 온도선

07 물의 상태도에서 고상과 액상의 경계선상에서의 자유도는?

① 0   ② 1
③ 2   ④ 3

> 자유도
> $F = n - P + 2 = 1 - 2 + 2 = 1$
> (n : 성분 수, P : 상의 수)

08 다음 중 반자성체에 해당하는 금속은?

① 철(Fe)   ② 니켈(Ni)
③ 안티몬(Sb)   ④ 코발트(Co)

> ① 강자성체 : 자계를 접근시키면 강하게 자화되고 자계가 사라져도 자계가 남아있는 물질로 자석에 잘 달라붙는 성질을 갖는다. (Fe, Co, Mn 등)
> ② 상자성체 : 자계를 접근시키면 약하게 자계 방향으로 약하게 자화되고, 자계가 자계되면 자화되지 않는 물질 (Al, Pt, Sn, Ir 등)
> ③ 반자성체 : 자계를 접근시키면 자계와 반대 방향으로 자화되는 물질 (Bi, Si, Au, Ag, Cu, Sb 등)
> ④ 비자성체 : 자계를 접근시켜도 자화되지 않는 물질 (스테인리스강, 플라스틱, 고무 등의 비금속)

09 다음 상태도에서 액상선을 나타내는 것은?

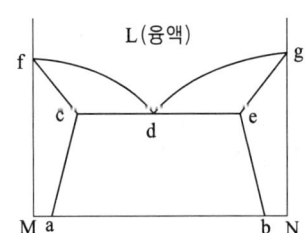

① acf   ② cde
③ fdg   ④ beg

> 액상선 : fdg

10 주석-구리-안티몬의 합금으로 주석계 화이트 메탈이라고 하는 것은?

① 인코넬   ② 배빗메탈
③ 콘스탄탄   ④ 알클래드

> 배빗메탈
> Sn-Cu-Sb계 베어링용 화이트메탈

11 80Cu-15Zn 합금으로서 연하고 내식성이 좋으므로 건축용, 소켓, 체결구 등에 사용되는 합금은?

① 실루민(silumin)
② 문츠메탈(muntz metal)
③ 틴 브라스(tin brass)
④ 레드 브라스(red brass)

> ① Red brass : Cu(85%)-Zn(15%) 합금으로 연하고 내식성이 우수
> ② 문쯔메탈 : 6-4황동
> ③ 틴브라스 : 주석황동
> ④ 실루민 : Al-Si 합금

12 공구용 합금강이 공구 재료로서 구비해야 할 조건으로 틀린 것은?

① 강인성이 커야 한다.
② 내마멸성이 작아야 한다.
③ 열처리와 공작이 용이해야 한다.
④ 상온과 고온에서의 경도가 높아야 한다.

> 공구강은 내마멸성이 커야 한다.

13 금속간화합물에 관한 설명 중 틀린 것은?

① 변형이 어렵다.
② 경도가 높고 취약하다.
③ 일반적으로 복잡한 결정구조를 갖는다.
④ 경도가 높고 전연성이 좋다.

> 금속간화합물의 특징
> ① 일정한 원자량의 정수비로 결합된다.
> ② 복잡한 결정구조를 가진다.
> ③ 매우 단단하고 취성이 크다.
> ④ 비금속의 성질이 강하고, 녹는점이 높으며 전기저항이 크다.

14 Y-합금의 조성으로 옳은 것은?

① Al – Cu – Mg – Si
② Al – Si – Mg – Ni
③ Al – Cu – Ni – Mg
④ Al – Mg – Cu – Mn

> Y합금은 Al-Cu-Mg-Ni계 합금으로 내연기관용으로 사용한다.

15 다음 중 Mg에 대한 설명으로 틀린 것은?

① 상온에서 비중은 약 1.74이다.
② 구상흑연의 첨가제로 사용한다.
③ 절삭성이 양호하고, 산이나 염수에 잘 견디나 알칼리에는 침식된다.
④ Mg은 용융점 이상에서 공기와 접촉하여 가열되면 폭발 및 발화하기 때문에 주의가 필요하다.

> Mg은 절삭성이 불량하고, 산이나 염수에 침식된다.

16 척도를 기입하는 방법으로 틀린 것은?

① 척도에서 1 : 2는 축척이고, 2 : 1은 배척이다.
② 척도는 도면의 오른쪽 아래에 있는 표제란에 기입한다.
③ 표제란이 없을 경우에는 척도의 기입을 생략해도 무방하다.
④ 같은 도면에 다른 척도를 사용할 때 각 품번 옆에 사용된 척도를 기입한다.

> 표제란이 없어도 척도는 도명이나 품번 가까운 곳에 반드시 기록한다.

정답 11 ④ 12 ② 13 ④ 14 ③ 15 ③ 16 ③

17 도면의 지시선 위에 "46-φ20"이라고 기입되어 있을 때의 설명으로 옳은 것은?

① 지름이 20mm인 구멍이 46개
② 지름이 46mm인 구멍이 20개
③ 드릴 치수가 20mm인 드릴이 46개
④ 드릴 치수가 46mm인 드릴이 20개

> 46-φ20
> φ20은 지름 20mm, 46은 구멍의 개수가 46개

18 도면을 접어서 보관할 때 표준이 되는 것으로 크기가 210×297mm인 것은?

① A2 ② A3
③ A4 ④ A5

> 도면은 A4 210×297 크기로 접어서 보관한다.

19 용도에 따른 선의 종류와 선의 모양이 옳게 연결된 것은?

① 가상선 – 굵은 실선
② 숨은선 – 가는 실선
③ 피치선 – 굵은 2점 쇄선
④ 중심선 – 가는 1점 쇄선

> ① 가상선 : 가는 2점 쇄선
> ② 숨은선 : 가는 파선, 굵은 파선
> ③ 피치선 : 가는 1점 쇄선
> ④ 중심선 : 가는 1점 쇄선

20 대상물의 구멍, 홈 등과 같이 한 부분의 모양을 도시하는 것으로 충분한 경우에 도시하는 방법은?

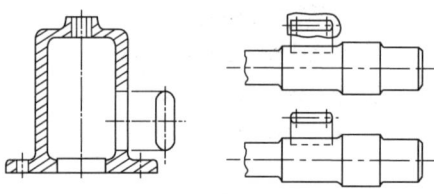

① 보조 투상도
② 회전 투상도
③ 국부 투상도
④ 부분 확대 투상도

> 국부 투상도
> 대상물에서 한 부분의 모양을 도시한 것

21 KS D 3503 SS330은 일반 구조용 압연 강재를 나타내는 것이다. 이 중 제품의 형상별 종류나 용도 등을 나타내는 기호로 옳은 것은?

KS D 3503	S	S	330
㉠	㉡	㉢	㉣

① ㉠ ② ㉡
③ ㉢ ④ ㉣

> ① KS D 3503 : KS 규격 위치
> ② S : 재질기호로 강을 나타냄
> ③ S : 규격과 제품명을 나타내는 기호로 일반 구조용 압연재이다.
> ④ 330 : 최저 인장강도가 330

정답 17① 18③ 19④ 20③ 21③

22 물체의 실제 길이 치수가 500mm인 경우 척도 1 : 5 도면에서 그려지는 길이(mm)는?

① 100 ② 500
③ 1,000 ④ 2,500

> 척도가 1 : 5면 축척이므로 500mm는 100mm로 그린다.

23 그림에서 절단면을 나타내는 선의 기호와 이름이 옳은 것은?

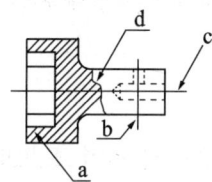

① a – 해칭선 ② b – 숨은선
③ c – 파단선 ④ d – 중심선

> 절단면은 해칭선으로 나타낸다.

24 SF340A에서 SF가 의미하는 것은?

① 주강
② 회주철
③ 탄소강 단강품
④ 탄소강 압연강재

> SF 탄소강 단강품, SM 기계구조용 탄소강, SS 압연용 탄소강, SC 탄소용 주강품, GC 회주철, GCD 구상흑연주철, STC 탄소공구강, SKH 고속도강

25 도면에서 단위 기호를 생략하고 치수 숫자만 기입할 수 있는 단위는?

① inch ② m
③ cm ④ mm

> 치수 단위에서 mm는 생략가능하다.

26 다음 중 도면의 크기가 가장 큰 것은?

① A0 ② A2
③ A3 ④ A4

> A0가 가장 크고 이것을 기준으로 1/2 크기로 한 것이 A1, A1을 1/2 크기로 한 것이 A2, A2를 1/2 크기로 한 것이 A3, A3를 1/2 크기로 한 것이 A4 이다.

27 투상도법에서 원근감을 나타낸 투상도법은?

① 정 투상도 ② 부등각 투상도
③ 등각 투상도 ④ 투시도

> 투시도는 원근감을 나타낸 그림으로 건축물, 다리 등의 도면에 사용한다.

28 상주법으로 강괴를 제조하는 경우에 대한 설명으로 틀린 것은?

① 양괴실수율이 높다.
② 강괴표면이 우수하다.
③ 내화물에 의한 개재물이 적다.
④ 탈산생성물이 많아 부상분리가 어렵다.

> 강괴표면은 하주법이 우수하다.

29 용강의 합금 첨가법 중 칼슘(Ca) 첨가법에 대한 설명으로 틀린 것은?

① 강재 개재물의 형상이 변화되지 않고 안정적으로 유지된다.
② Ca를 탄형상(彈形狀)으로 용강 중에 발사하므로 실수율이 높고 안정하다.
③ 어떠한 제강공장에서도 적용이 가능하다.
④ 청정도가 높은 강을 얻을 수 있다.

> Ca가 첨가되면 Ca가 개재물과 쉽게 반응하여 분리부상될 수 있다.

30 우천 시 고철에 수분이 있다고 판단되면 장입 후 출강측으로 느리게 1회만 경동시키는 이유는?

① 습기를 제거하여 폭발 방지를 위해
② 불순물의 혼입을 방지하기 위해
③ 취련시간을 단축시키기 위해
④ 양질의 강을 얻기 위해

> 수분이 부착되어 있을 경우 폭발의 위험이 있다.

31 연속주조 작업 중 턴디시로부터 주형에 주입되는 용강의 재산화, splash 방지 등을 위하여 턴디시로부터 주형 내에 잠기는 내화물은?

① Shroud Nozzle
② 침지 Nozzle
③ Long Nozzle
④ Top Nozzle

> 침지 노즐
> 턴디시에서 주형(몰드)에 주입할 때 용강의 재산화, 스플래시 등을 방지하기 위하여 용강 중에 노즐이 잠기게 하는 침지노즐을 사용한다.

32 연주작업 중 주형 내 용강표면으로부터 주편의 Core(내부)부가 완전 응고될 때까지의 길이는?

① 주편응고 길이(Metallugical Length)
② 주편응고 Taper 길이
③ AMCL(Air Mist Colling Length)
④ EMBRL(Electromagnetic Mold Brake Ruler Length)

> 주편응고 길이
> 주편의 표면부터 내부까지 완전히 응고되는 길이
> ※ 매니스커스 : 주형 내 주편이 응고가 시작되는 지점

33 연속주조에서 조업 조건의 내용을 설비 요인과 조업 요인으로 나눌 때 조업요인에 해당되지 않는 것은?

① 주조 온도
② 윤활제 재질
③ 진동수와 진폭
④ 주편 크기 및 형상

> 주편 크기와 형상은 주형의 크기에 따라 달라지므로 설비 요인에 해당한다.

34 슬래그(slag)의 역할이 아닌 것은?

① 정련 작용
② 용강의 산화방지
③ 가스의 흡수방지
④ 열의 방출 작용

> 슬래그의 역할
> ① 정련 작용(불순물 제거)
> ② 용강의 산화 방지
> ③ 외부 가스 흡수 방지
> ④ 보온(열의 방출 차단)

정답 29 ② 30 ① 31 ② 32 ① 33 ④ 34 ④

35 염기성 전로 및 산성 전로 제강법의 특징으로 틀린 것은?

① 염기성 전로는 황(S)의 제거가 거의 되지 않는다.
② 산성, 염기성의 구분은 전로 내장 연와의 종류에 따라 구분한다.
③ 염기성 전로는 인(P)의 제거가 잘된다.
④ 염기성 전로의 내장 연와로 마그네시아, 돌로마이트가 사용된다.

> 전로 제강로의 구분은 산성 내화물을 사용하면 산성 제강법, 염기성 내화물을 사용하면 염기성 제강법으로 구분한다. 염기성 전로는 마그네시아나 돌로마이트의 염기성 내장 연와를 사용하며, 탈인 및 탈황이 가능하다.

36 파우더 캐스팅(Powder casting)에서 파우더의 기능이 아닌 것은?

① 용강면을 덮어서 열방산을 방지한다.
② 용강면을 덮어서 공기 산화를 촉진시킨다.
③ 용융한 파우더가 주형벽으로 흘러서 윤활제로 작용한다.
④ 용탕 중에 함유된 알루미나 등의 개재물을 용해하여 강의 재질을 향상시킨다.

> 몰드 파우더(합성 파우더)의 기능
> ① 용강 보호 및 산화방지
> ② 열손실방지
> ③ 개재물 부상
> ④ 윤활작용
> ⑤ 강의 청정도 향상
> ⑥ 연주 파우더 중 탄소 분말의 역할 : 용융 속도 조절

37 전로제강법에서 일어나는 스피팅(spitting)이란?

① 강재 및 용강을 형성하는 현상이다.
② 노 내의 과수분과 가스의 불균형 폭발현상이다.
③ 산소제트(jet)에 의해 철 입자가 노 외로 분출하는 현상이다.
④ 석회석과 이산화탄소의 분해 시 생긴 이산화탄소의 비등 현상이다.

> 스피팅(spitting)
> 취련 초기 산소압력에 의해 미세한 철입자가 노구로 비산하는 현상

38 그림은 턴디시를 나타내는 것으로 (라)의 명칭은?

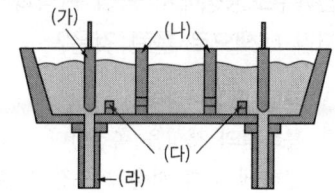

① 댐(dam)
② 위어(weir)
③ 스토퍼(stopper)
④ 침지노즐(nozzle)

> (가) 스토퍼, (나) 위어, (다) 댐, (라) 침지노즐
> ※ 댐 및 위어 : 용강류의 제어 및 개재물의 부상 분리 촉진

39 진공장치와 가열장치를 갖춘 방법으로 탈황, 성분조정, 온도조정 등을 할 수 있는 특징이 있는 노외 정련법은?

① LF법
② AOD법
③ RH-OB법
④ ASEA-SKF법

> ① 가열장치와 진공장치가 같이 있는 노외 정련법
>   : ASEA-SKF법, VAD법
> ② 가열장치는 있고 진공장치는 없는 노외 정련법
>   : LF법
> ③ 가열장치는 없고 진공장치만 있는 노외 정련법
>   : VOD법, RH-OB법
> ④ 가열장치, 진공장치 모두 없는 노외 정련법
>   : AOD법, CLU법

40 연속주조공정에서 중심 편석과 기공의 저감 대책으로 틀린 것은?

① 균일 확산처리다.
② 등축점의 생성을 촉진한다.
③ 압하에 의한 미응고 용강의 유동을 억제한다.
④ 주상정 간의 입계에 용질 성분을 농축시킨다.

> **주편의 중심 편석 및 기공을 억제**
> ① 중심부 등축정을 확대
> ② 최종 응고부분 벌징 방지
> ③ 미응고 용강의 유동을 억제
> ④ 균일 확산 처리
> ※ 주상정 입계에 용질 성분이 농축되면 편석이 발생한다.

41 산소랜스(lance)를 통하여 산화칼슘을 노 안에 장입하는 방법은?

① 칼도(Kaldo)법
② 로터(Rotor)법
③ LD-AC법
④ 오픈 헬스(Open hearth)법

> **LD-AC법**
> 산소랜스를 통하여 산화칼슘을 함께 취입하여 탈인 효율을 높일 수 있다.

42 전기로 환원기 조업에서 제재 직후 가장 먼저 투입하는 탈산제는?

① Al   ② Ca-Si
③ Fe-Mn   ④ Fe-Si

> 전기로 환원기 조업에서 산화기 슬래그를 제거한 후 환원 슬래그 형성에 의해 탈산을 하기 위해 Fe-Mn을 가장 먼저 투입하여 슬래그에 의한 킬욕을 탈산한다.

43 연속주조 설비의 기본적인 배열 순서로 옳은 것은?

① 턴디시 → 주형 → 스프레이 냉각대 → 핀치 롤 → 절단 장치
② 턴디시 → 주형 → 핀치 롤 → 절단 장치 → 스프레이 냉각대
③ 주형 → 스프레이 냉각대 → 핀치 롤 → 턴디시 → 절단 장치
④ 주형 → 턴디시 → 스프레이 냉각대 → 핀치 롤 → 절단 장치

> **연속주조 설비 순서**
> 레이들 → 턴디시 → 주형(몰드) → 1차 냉각대 (수냉 스프레이) → 핀치롤 → 주편 절단장치(TCM)

정답 39 ④ 40 ④ 41 ③ 42 ③ 43 ①

44 아크식 전기로의 주 원료로 가장 많이 사용되는 것은?

① 고철 ② 철광석
③ 소결광 ④ 보크사이트

- 전기로의 주원료 : 고철
- 전로의 주원료 : 용선

45 연속주조에서 벌징(Bulging)의 원인으로 적합한 것은?

① 주조속도가 느릴 때
② 주편두께가 얇을 때
③ 철정압이 높을 때
④ 주조온도가 낮을 때

벌징은 철정압에 의해 발생한다.

46 전로설비에서 출강구의 형상을 경사형과 원통형으로 나눌 때 경사형 출강구에 대한 설명으로 틀린 것은?

① 원통형에 비해 슬래그의 유입이 많다.
② 원통형에 비해 출강류 퍼짐방지로 산화가 많다.
③ 원통형에 비해 출강구 마모는 사용수명이 길다.
④ 원통형에 비해 출강구 사용초기와 말기의 출강 시간 편차가 적다.

경사형은 원통형에 비해 슬래그의 유입이 적다.

47 다음과 같은 조건일 때 전로 출강 중에 투입해야 할 Fe-Mn의 투입량은?
(전장입량 : 348톤, 용강 중 함유 목표 Mn성분 : 1.7%, 취련 종료 후 용강 중 Mn 함량 : 0.15%, Fe-Mn 실수율 : 85%, Fe-Mn 품위 : 78%, 출강 실수율 : 95%)

① 6,185kg ② 7,729kg
③ 5,210kg ④ 7,131kg

Mn 투입량
$= \dfrac{(전장입량 \times 출강실수율) \times (함유목표함량 - 종점함량)}{(Fe-Mn 중\ Mn 함유량 \times Mn 실수율)}$
$= \dfrac{(348,000 \times 0.95) \times (0.017 - 0.0015)}{(0.78 \times 0.85)}$
$= 7,729kg$

48 조재제(造滓劑)인 생석회분을 취련용 산소와 같이 강욕면에 취입하는 전로의 취련방식은?

① RHB법 ② TLC법
③ LNG법 ④ OLP법

LD-AC법(OLP법)
조재제인 산화칼슘 분말을 산소와 동시에 취입하는 방법

49 LD 전로에서 고철과 동일 중량을 사용하는 경우 냉각제의 냉각계수가 가장 큰 것은?

① 냉선 ② 철광석
③ 생석회 ④ 석회석

냉각제 냉각능

냉각제	고철	석회석	철광석
냉각능	1	2.2	2.7

정답 44 ① 45 ③ 46 ① 47 ② 48 ④ 49 ②

50 다음 중 제강반응 중 탈탄속도를 빠르게 하는 경우가 아닌 것은?

① 온도가 높을수록
② 철광석의 투입량이 많을수록
③ 용재의 유동성이 좋을수록
④ 염기성 강재보다 산성 강재의 유리의 FeO가 많을수록

> 탈탄속도를 빠르게 하는 경우
> ① 온도가 높을수록
> ② 슬래그 유동성이 좋을수록
> ③ 철광석, 밀 스케일 투입량이 많을수록
> ④ 슬래그 중에 FeO가 많을수록
> ⑤ Si, Mn, P 등의 원소가 적을수록

51 턴디시 노즐 막힘 사고를 방지하기 위하여 사용되는 것이 아닌 것은?

① 포러스 노즐
② 경동 장치
③ 가스 취입 스토퍼
④ 가스 슬리브 노즐

> 경동장치는 전로나 전기로에서 노체를 기울이는 장치이다.

52 제강에서 탈황하기 위하여 CaC_2 등을 첨가하는 탈황법을 무엇이라 하는가?

① 가스에 의한 탈황 방법
② 슬래그에 의한 탈황 방법
③ S의 함량을 증대시키는 탈황 방법
④ S와 화합하는 물질을 첨가하는 탈황 방법

> 탈황제 첨가법
> CaC_2, CaO 등을 첨가하여 S와 화합하는 물질을 첨가하는 탈황법

53 용선 예비처리에서 회전드럼법(Kalling)법에 대한 설명으로 옳은 것은?

① 회전로에서 탈탄하는 방법
② 회전로에서 산화 반응으로 탈규, 탈질하는 방법
③ 회전로에서 소석회에 의해 탈황하는 방법
④ 회전로에서 Fe-Si에 의해 탈산하는 방법

> 회전드럼법(Kalling법)
> 용선 예비처리방법으로 회전로에서 탈황제(분석회, 분코크스)를 넣고 회전하여 교반력에 의해 탈황을 촉진하는 방법

54 전기로의 전극에 대용량의 전력을 공급하기 위해 반드시 구비해야 하는 설비는?

① 집진기
② 변압기
③ 수냉 판넬
④ 장입장치

> 전기로에 고전력을 공급하려면 변압설비가 필요하다.

55 용선 중의 인(P) 성분을 제거하는 탈인제의 주요 성분은?

① SiO
② Al_2O_3
③ CaO
④ MnO

> CaO는 탈인과 탈황을 동시에 한다.

정답 50 ④ 51 ② 52 ④ 53 ③ 54 ② 55 ③

56 일반 전로의 송풍 풍구 풍함은 LD전로에서는 무엇으로 대치하여 설치되어 있는가?

① 노상
② 출강구
③ 슬래그홀
④ 산소랜스

> 일반 전로의 취련은 풍구로 하고, LD전로에서는 산소랜스에서 한다.

57 진공조에 의한 순환 탈가스 방법에서 탈가스가 이루어지는 장소로 부적합한 것은?

① 상승관에 취입된 가스표면
② 레이들 상부의 용강표면
③ 진공조 내에서 노출된 용강표면
④ 취입가스와 함께 비산하는 스프레쉬 표면

> 탈가스는 레이들 상부는 공기와 접하는 부분이므로 탈가스는 일어나지 않는다.

58 고인선을 처리하는 방법으로 노체를 기울인 상태에서 고속을 회전시키며 취련히는 방법은?

① LD – AC법
② 칼도법
③ 로터법
④ 이중강재법

> **특수전로법**
> ① 칼도법 : 노체를 기울인 상태에서 고속으로 회전하면서 취련하는 방법으로 고인선을 처리하는 방법이다.
> ② 로터법은 고인선 처리용 특수전로법이다.
> ③ LD-AC법(OLP법) : 조재제인 산화칼슘 분말을 산소와 동시에 취입하는 방법

59 LD 전로에서 슬로핑(slooping)이란?

① 취련압력을 낮추거나 랜스 높이를 높게 하는 현상
② 취련 중기에 용재 및 용강이 노 외로 분출 되는 현상
③ 취련 초기 산소에 의해 미세한 철 입자가 비산하는 현상
④ 용강 용제가 노 외로 비산하지 않고 노구 근방에 도넛 모양으로 쌓이는 현상

> ① 슬로핑은 취련 중기에 용융물(슬래그)이 취련 시 노구 밖으로 분출하는 현상이다. 장입량이 많을 경우는 취련 초기에 스피팅이 일어날 수 있다.
> ② 스피팅은 취련 초기에 용강이 노구 밖으로 분출하는 현상
> ③ 베렌현상은 용강 용제가 노 외로 비산하지 않고 노구 근방에 도넛 모양으로 쌓이는 현상

60 재해가 발생되었을 때 대처사항 중 가장 먼저 해야 할 일은?

① 보고를 한다.
② 응급조치를 한다.
③ 사고원인을 파악한다.
④ 사고대책을 세운다.

> 재해발생 시 즉시 응급조치를 하고 119에 신고한다.

정답 56 ④ 57 ② 58 ② 59 ② 60 ②

2020년 1회 제강기능사 CBT 복원문제

01 Al-Si 합금의 강도와 인성을 개선하기 위해 Na나 Sr, Sb 등을 첨가하여 공정 Si 상을 미세화시키는 처리는?

① 고용화처리
② 시효처리
③ 탈산처리
④ 개량처리

> 실루민(Al-Si) 합금은 초정 Si의 생성을 억제하기 위하여 Na 등으로 개량처리를 하여 공정조직으로 바꾸면 강도가 증가하고 취성이 개선된다.

02 탄소가 0.50~0.70%이고, 인장강도는 590~690MPa이며, 축, 기어, 레일, 스프링 등에 사용되는 탄소강은?

① 톰백
② 극연강
③ 반연강
④ 최경강

> **최경강**
> 탄소 0.5~0.7% 정도 함유된 고탄소강으로 인장강도가 600~700MPa에 이르는 강

03 면심입방격자에 포함되어 있는 원자의 수는 몇 개인가?

① 1개
② 2개
③ 3개
④ 4개

결정구조

	기호	배위수	원자수	충진율
체심입방격자	BCC	8	2	68%
면심입방격자	FCC	12	4	74%
조밀육방격자	HCP (CPH)	12	6(2)	74%

04 Ti금속의 특징을 설명한 것 중 옳은 것은?

① Ti 및 그 합금은 비강도가 높다.
② 저용융점 금속이며, 열전도율이 높다.
③ 상온에서 면심입방격자(FCC)의 구조를 갖는다.
④ Ti은 화학적으로 반응성이 없어 내식성이 나쁘다.

> • 티타늄은 비중 4.5, 융점 1,800℃ 상자성체이며 매우 경도가 높고 여림 강도는 거의 탄소강과 같음
> • 비강도는 비중이 철보다 작으므로 철의 약 2배
> • 열전도와 열팽창률도 작은 편
> • 타이타늄은 전형적인 금속 조밀육방격자(hcp) 구조(α형)를 갖는데, 882℃ 이상에서는 β형 체심입방(bcc) 구조로 변함
> • 단점 : 고온에서 쉽게 산화하는 것과 값이 고가인 점
> • 항공기, 우주 개발 등에 사용되는 이외에 고도의 내식재료로서 중용

정답 01 ④ 02 ④ 03 ④ 04 ①

05 금속의 결정구조를 생각할 때 결정면과 방향을 규정하는 것과 관련이 가장 깊은 것은?

① 밀러지수　② 탄성계수
③ 가공지수　④ 전이계수

> 금속의 결정구조에서 결정면과 방향은 밀러지수에 의해 정한다.

06 금속 중에 0.01~0.1μm 정도의 산화물 등 미세한 입자를 균일하게 분포시킨 금속 복합재료는 고온에서 재료의 어떤 성질을 향상시킨 것인가?

① 내식성　② 크리프
③ 피로강도　④ 전기전도도

> 분산강화 금속복합재료는 1μm 이하의 입자를 분포시킨 것으로 강도와 고온 크리프성이 개선된다.

07 금속의 가공 시 열간가공을 마무리하는 온도는?

① 재결정 온도　② 피니싱 온도
③ 변태 온도　④ 응고 온도

> 열간가공을 마무리하는 온도를 피니싱 온도라 하고, 열간가공과 냉간가공을 구분하는 온도를 재결정 온도라 한다.

08 강괴의 종류에 해당되지 않는 것은?

① 쾌삭강　② 캡드강
③ 킬드강　④ 림드강

> 쾌삭강의 성질상 분류하는 강으로 절삭성이 우수한 강이다.

09 분산강화 금속 복합재료에 대한 설명으로 틀린 것은?

① 고온에서 크리프 특성이 우수하다. 단단함과 거리가 멀다.
② 실용재료로는 SAP, TD Ni이 대표적이다.
③ 제조방법은 일반적으로 단접법이 사용된다.
④ 기지 금속 중에 0.01~0.1μm 정도의 미세한 입자를 분산시켜 만든 재료이다.

> **분산강화 금속 복합재료**
> • 금속에 0.01~0.1μm 정도의 산화물을 분산시킨 재료
> • 고온에서 크리프 특성이 우수
> • Al, Ni, Ni-Cr, Ni-Mo, Fe-Cr 등이 기지로 사용
> • 혼합법, 표면산화법, 공침법, 용융체 포화법 등의 제조방법이 있음

10 용융금속을 주형에 주입할 때 응고하는 과정을 설명한 것으로 틀린 것은?

① 나뭇가지 모양으로 응고하는 것을 수지상정이라 한다.
② 핵생성 속도가 핵 성장 속도보다 빠르면 입자가 미세해진다.
③ 주형에 접한 부분이 빠른 속도로 응고하고 차차 내부로 가면서 천천히 응고한다.
④ 주상결정입자 조직이 생성된 주물에서는 주상결정 입내 부분에 불순물이 집중하므로 메짐이 생긴다.

> 불순물은 주상결정 입계에 주로 편석이 되어 메짐이 생긴다.

정답　05 ① 06 ② 07 ② 08 ① 09 ③ 10 ④

11 초정(primary crystal)이란 무엇인가?

① 냉각 시 제일 늦게 석출하는 고용체를 말한다.
② 공정반응에서 공정반응 전에 정출한 결정을 말한다.
③ 고체 상태에서 2가지 고용체가 동시에 석출하는 결정을 말한다.
④ 용액 상태에서 2가지 고용체가 동시에 정출하는 결정을 말한다.

> **초정**
> 공정반응에서 반응 전에 먼저 고상이 정출하는 것

12 문쯔메탈(Muntz metal)이라 하며 탈아연 부식이 발생하기 쉬운 동합금은?

① 6-4 황동
② 주석 청동
③ 네이벌 황동
④ 애드미럴티 황동

> **문쯔메탈**
> 6-4(Cu+40%Zn) 황동, 탈아연부식이 발생

13 다음 중 저용융점 합금에 대한 설명으로 틀린 것은?

① 저용융점 합금의 재료로는 Pb이 있다.
② 용융점이 낮은 합금은 Bi를 많이 품는다.
③ 화재경보기, 압축 공기용 안전밸브 등에 사용한다.
④ 저용융점 합금은 거의 약 650℃ 이하의 융용점을 갖는다.

> 저융점 합금은 350℃ 이하의 용융점을 갖는다.

14 비중 7.3 용융점 232℃, 13℃에서 동소변태하는 금속으로 전연성이 우수하며, 의약품, 식품 등의 포장용튜브, 식기, 장식기 등에 사용되는 것은?

① Al
② Ag
③ Ti
④ Sn

> 주석 Sn, 원자량 118.7g/mol, 녹는점 231.93℃, 끓는점 2,602℃이다. 모든 원소 중 동위원소가 가장 많으며 전성, 연성과 내식성이 크고 쉽게 녹기 때문에 주조성이 좋아 널리 사용되는 전이후 금속이다.

15 다음 중 슬립(slip)에 대한 설명으로 옳은 것은?

① 원자 밀도가 가장 큰 격자면과 최대인 방향에서 잘 일어난다.
② 원자 밀도가 가장 큰 격자면과 최소인 방향에서 잘 일어난다.
③ 원자 밀도가 가장 작은 격자면과 최대인 방향에서 잘 일어난다.
④ 원자 밀도가 가장 작은 격자면과 최소인 방향에서 잘 일어난다.

> 슬립은 원자의 이동으로 원자 밀도가 큰 격자면과 최대 방향을 따라서 원자가 이동한다.

16 한국산업표준에서 규정한 탄소 공구강의 기호로 옳은 것은?

① SCM
② STC
③ SKH
④ SPS

> • SCM : 크롬 몰리브덴 합금강
> • STC : 탄소공구강
> • SKH : 고속도강
> • SPS : 스프링강

정답 11② 12① 13④ 14④ 15① 16②

17 볼트를 고정하는 방법에 따라 분류할 때, 물체의 한쪽에 암나사를 깎은 다음 나사박기를 하여 죄며 너트를 사용하지 않는 볼트는?

① 관통 볼트 ② 기초 볼트
③ 탭 볼트   ④ 스터드 볼트

> **체결용 볼트의 종류**
> ① 관통 볼트 : 너트와 같이 사용하는 볼트로, 체결하고자 하는 2개 부분에 구멍을 뚫고 볼트를 관통시킨 다음 너트로 조인다.
> ② 기초 볼트 : 기계류 및 구조물의 고정에 사용하는 것으로 기초 토대에 고정하기 위한 볼트
> ③ 탭 볼트 : 너트를 사용하지 않고 체결하는 상대쪽에 암나사를 내고 볼트를 나사박음하여 체결하는 볼트
> ④ 스터드 볼트 : 봉의 양 끝에 나사가 절삭되어 있어 한쪽을 기계의 본체 등에 체결하고 다른 쪽은 너트로 체결하는 볼트
> ⑤ 양너트 볼트 : 볼트의 양쪽에 수나사를 깎아 관통시킨 후 양끝 모두 너트로 죄는 볼트

18 치수기입을 위한 치수선과 치수보조선 위치가 가장 적합한 것은?

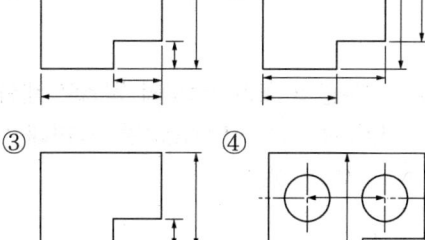

> 치수선은 작은 수치를 안쪽에, 큰 수치를 바깥쪽에 배치하고, 치수보조선은 외형의 끝에서 연장선을 그려서 나타낸다.

19 다음 중 도면의 표제란에 표시되지 않는 것은?

① 품명, 도면 내용
② 척도, 도면 번호
③ 투상법, 도면 명칭
④ 제도자, 도면 작성일

> 표제란에 표시되는 항목은 품명, 척도, 도면 번호, 투상법, 도면 명칭, 제도자, 작성일 등이며 도면 내용은 기록하지 않는다.

20 제품 사용상 실용적으로 허용할 수 있는 범위의 차이는?

① 데이텀   ② 공차
③ 죔쇠   ④ 끼워맞춤

> **공차**
> 제품의 치수의 허용되는 범위는 나타내는 척도로 최대 허용치수와 최소 허용치수와의 차를 말함

21 침탄, 질화 등 특수 가공할 부분을 표시할 때 나타내는 선으로 옳은 것은?

① 가는 파선
② 가는 1점 쇄선
③ 가는 2점 쇄선
④ 굵은 1점 쇄선

> 특수 가공 부위는 굵은 1점 쇄선으로 나타낸다.

정답 17 ③ 18 ① 19 ① 20 ② 21 ④

22 제도 용구 중 디바이더의 용도가 아닌 것은?

① 치수를 옮길 때 사용
② 원호를 그릴 때 사용
③ 선을 같은 길이로 나눌 때 사용
④ 도면을 축소하거나 확대한 치수로 복사할 때 사용

> 원호를 그릴 때는 컴퍼스를 사용한다.

23 리드가 12mm인 3줄 나사의 피치는 몇 mm인가?

① 3 ② 4
③ 5 ④ 6

> 피치 = 리드/줄수 = 12/3 = 4

24 다음 그림과 같은 투상도는?

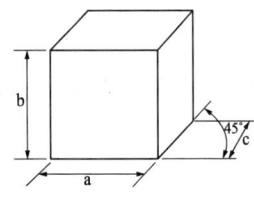

① 정투상도
② 등각투상도
③ 사투상도
④ 투시도

> 사투상도는 물체를 투상면에 대하여 한쪽으로 경사지게 투상하여 입체적으로 나타내는 것이다.

25 다음의 현과 호에 대한 설명 중 옳은 것은?

① 호의 길이를 표시하는 치수선은 호에 평행인 직선으로 표시한다.
② 현의 길이를 표시하는 치수선은 그 현과 동심인 원호로 표시한다.
③ 원호와 현을 구별해야 할 때에는 호의 치수숫자 위에 ⌒표시를 한다.
④ 원호로 구성되는 곡선의 치수는 원호의 반지름과 그 중심 또는 원호와의 접선 위치를 기입할 필요가 없다.

> 호의 길이는 호와 동심원인 원호로 표시하고, 현은 호에 평행인 직선으로 표시하며, 원호와 현을 구분할 때는 호의 치수숫자 위에 ⌒표시를 한다.

26 수면이나 유면 등의 위치를 나타내는 수준면선의 종류는?

① 파선   ② 가는 실선
③ 굵은 실선 ④ 1점 쇄선

> 수준면은 가는 실선으로 나타낸다.
> ※ **가는 실선**: 치수선, 치수보조선, 지시선, 수준면선

27 대상물의 표면으로부터 임의로 채취한 각 부분에서의 표면거칠기를 나타내는 기호가 아닌 것은?

① S_{tp} ② S_m
③ R_z ④ R_a

> **표면거칠기**
> R_a(중심선 평균 거칠기), R_{max}(최대 높이 거칠기), R_z(10점 평균 거칠기), S_m(평균 요철 폭 간격)

28 연속주조의 주조 설비가 아닌 것은?

① 턴디시
② 더미바
③ 주형이송대차
④ 2차 냉각 장치

> 주형이송대차는 조괴 설비에 해당한다.

29 순산소 320kg$_f$을 얻으려면 약 몇 Nm³의 공기가 필요한가? (단, 공기 중의 산소의 함량은 21%이다)

① 1,005
② 1,067
③ 1,134
④ 1,350

> 공기량 = $\dfrac{산소량}{0.21}$ = $\dfrac{320}{0.21}$ = 1523.8kg
> 무게비를 부피비로 바꾸면 산소원자 32는 부피비로 22.4ℓ이다.
> ∴ 32 : 22.4 = 1523.8 : x
> $x = \dfrac{22.4 \times 1523.8}{32} = 1,067 Nm^3$

30 산소 전로 제강에서 사용되는 매용제로 가장 적합한 부원료는?

① 흑연, 돌로마이트
② 연와설, 고철
③ 마그네시아, 강철
④ 형석, 밀 스케일

> **전로 매용제**
> 형석, 밀 스케일, 철광석, 소결광

31 레이들 바닥의 다공질 내화물을 통해 캐리어 가스(N)를 취입하여 탈황 반응을 촉진시키는 탈황법은?

① HR법
② 인젝션법
③ 레이들 탈황법
④ 포러스 플러그법

> **탈황법**
> ① 레이들 탈황법 : 레이들 바닥에 탈황제를 넣고 용강을 주입하여 탈황하는 방법
> ② 포러스 플러그법 : 레이들 바닥에 다공질 내화물을 사용하고 이곳으로 기체를 취입하여 탈황하는 방법
> ③ 인젝션법 : 용강 상부에서 취입관을 이용하여 취입하는 방법
> ④ 교반법 : 탈황제는 넣고 용강을 교반하여 탈황하는 방법(KR법, 라인슈탈법, 데마크-오스트베르그법)
> ⑤ 요동레이들법 : 레이들에 편심을 주어 회전을 하면서 탈황하는 방법(DM전로법, 회전드럼법)

32 전기로 조업에서 UHP조업이란?

① 고전압 저전류 조업으로 사용 전류량 증가
② 저전압 저전류 조업으로 전력 소비량 감소
③ 저전압 대전류 조업으로 단위시간당 투입 전력량 증가
④ 고전압 대전류 조업으로 단위시간당 사용 전력량의 감소

> **UHP(초고전력) 조업**
> 단위 시간에 투입되는 전력량을 증가시켜서 장입물의 용해 시간을 단축하여 생산성을 높이는 방법

정답 28 ③ 29 ② 30 ④ 31 ④ 32 ③

33 주조의 생산능률을 높이기 위해서 여러 개의 레이들 용강을 계속해서 사용하는 방법은?

① Oscillation mark법
② Gas bubbling법
③ 무산화 주조법
④ 연-연주법(漣-蓮鑄法)

> **연-연주법**
> 연속주조의 능률을 향상시키기 위해 여러 개의 레이들을 사용하여 연속해서 주조하는 방법

34 저취 전로조업에 대한 설명으로 틀린 것은?

① 극저탄소(C = 0.04%)까지 탈탄이 가능하다.
② 교반이 강하고, 강욕의 온도, 성분이 균질하다.
③ 철의 산화손실이 적고, 강중에 산소가 낮다.
④ 간접반응을 하기 때문에 탈인 및 탈황이 효과적이지 못하다.

> **저취 전로법의 특징**
> ① 극저탄소인 0.04%까지 탈탄이 가능하다.
> ② 교반이 강하고, 강욕의 온도 및 성분이 균일하다.
> ③ 산소와 용강이 직접 반응하므로 탈인, 탈황이 양호하다.
> ④ 철의 산화손실이 적고, 강중 산소 비율이 낮다.

35 LD 전로 공장에 반드시 설치해야 할 설비는?

① 산소 제조설비
② 질소 제조설비
③ 코크스 제조설비
④ 소결광 제조설비

> LD 전로는 순산소를 사용하므로 산소 제조설비가 필수이다.

36 전로의 특수조업법 중 강욕에 대한 산소 제트 에너지를 감소시키기 위하여 취련 압력을 낮추거나 또는 랜스 높이를 보통보다 높게 하는 취련 방법은?

① 소프트 블로우(Soft blow)
② 스트랭스 블로우(Strength blow)
③ 더블 슬래그(Double slag)
④ 2단 취련법

> **소프트 블로우**
> ① 산소 압력을 낮추어 조업
> ② 랜스 높이를 높여서 조업
> ③ 산소량을 줄여서 조업
> ④ 탈탄보다 탈인이 주목적

37 AOD(Argon Oxygen Decarburization)에서 O_2, Ar 가스를 취입하는 풍구의 위치가 설치되어 있는 곳은?

① 노상 부근의 측면
② 노저 부근의 측면
③ 임의로 조절이 가능한 노상 위쪽
④ 트러니언이 있는 중간 부분의 측면

> AOD법에서 산소나 아르곤 가스는 노저에서 취입한다.

38 전기로와 전로의 가장 큰 차이점은?

① 열원
② 취련 강종
③ 용제의 첨가
④ 환원제의 종류

> 전기로와 전로는 열원의 차이이다. 전기로 열원은 아크열, 전로 열원은 산소와 불순물의 반응열이다.

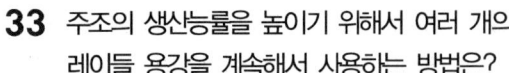

39 LD 전로에서 용강 위에 필요한 산소를 취입하기 위한 설비로 노즐이 처음에는 1개의 구멍에서 용량이 대형화됨에 따라 다공 노즐로 발전되고 있는 설비는?

① 용선차 ② 노체
③ 혼선로 ④ 산소랜스

> 산소랜스는 취련 효율을 높이기 위해서 다공노즐을 사용한다.

40 턴디시의 역할로 틀린 것은?

① 주형에 들어가는 용강의 성분조정
② 주형에 들어가는 용강의 양 조절
③ 용강 중의 비금속 개재물 부상
④ 각 스트랜드에 용강을 분배

> **턴디시의 역할**
> ① 주입량 조절
> ② 주형에 용강 분배
> ③ 용강 중의 비금속 개재물 부상 분리

41 탈질을 촉진시키기 위한 방법이 아닌 것은?

① 강욕 끓음을 조장하는 방법
② 노구에서의 공기를 침입시키는 방법
③ 용선 중 질소량을 하강시키는 방법
④ 탈탄 반응을 강하게 하여 강욕을 강력 교반하는 방법

> **탈질 촉진 방법**
> ① 용강의 끓음과 교반을 강하게 한다.
> ② 노구에서의 공기 침입을 방지한다.
> ③ 용선 중 질소량 자체를 낮게 한다.

42 LD 전로에서 슬로핑(slooping)이란?

① 취련압력을 낮추거나 랜스 높이를 높게 하는 현상
② 취련 중기에 용재 및 용강이 노 외로 분출되는 현상
③ 취련 초기 산소에 의해 미세한 철 입자가 비산하는 현상
④ 용강 용제가 노 외로 비산하지 않고 노구 근방에 도넛 모양으로 쌓이는 현상

> ① 슬로핑은 취련 중기에 용융물(슬래그)이 취련 시 노구 밖으로 분출하는 현상이다. 장입량이 많을 경우는 취련 초기에 스피팅이 일어날 수 있다.
> ② 스피팅은 취련 초기에 용강이 노구 밖으로 분출하는 현상
> ③ 베렌현상은 용강 용제가 노 외로 비산하지 않고 노구 근방에 도넛 모양으로 쌓이는 현상

43 연주법에서 주편품질에 미치는 주조온도의 영향을 설명한 것 중 옳은 것은?

① 용강 내에 혼재하는 개재물의 부상온도는 높은 편이 좋고, 응고에 따른 macro 편석에 대하여는 고온주조를 해야 한다.
② 용강 내에 혼재하는 개재물의 부상온도는 낮은 편이 좋고, 응고에 따른 macro 편석에 대하여는 저온주조를 해야 한다.
③ 용강 내에 혼재하는 개재물의 부상온도는 높은 편이 좋고, 응고에 따른 macro 편석에 대하여는 저온주조를 해야 한다.
④ 용강 내에 혼재하는 개재물의 부상온도는 낮은 편이 좋고, 응고에 따른 macro 편석에 대하여는 고온주조를 해야 한다.

> 용강온도가 높으면 개재물이 부상할 수 있는 시간을 충분히 줄 수 있지만 편석은 심하게 되며, 용강온도가 낮으면 개재물의 부상시간이 부족하여 개재물 혼입이 일어나지만 편석은 감소하게 된다.

정답 39 ④ 40 ① 41 ② 42 ② 43 ③

44 연속주조에서 주조 중 레이들의 용강이 주입이 완료될 때 새로운 레이들을 주입 위치로 바꾸어 계속적으로 주조를 하는 방식은?

① 고속연주법
② 연연주법
③ 수평연속연주법
④ 회전연속주조법

> **연연주법**
> 연속주조의 능률을 향상시키기 위해 여러 개의 레이들을 사용하여 연속해서 주조하는 방법

45 연속주조 설비의 각 부분에 대한 설명 중 옳은 것은?

① 더미바(dummy bar) : 주조 종료 시 주형 밑을 막아주며 주조 시 주편을 냉각시킨다.
② 핀치 롤(pinch roll) : 주조된 주편을 적정 두께로 압연해 주며 벌징(bulging)을 유발시킨다.
③ 턴디시(tundish) : 레이들과 주형의 중간 용기로 용강의 분배와 일시저장 역할을 한다.
④ 주형(mold) : 재질은 알루미늄을 많이 쓰며 대량생산에 적합한 블록형이 보편화되어 있다.

> ① 더미바 : 주조 초기에 주형을 막아준다.
> ② 핀치롤 : 주편을 압연하며 벌징을 막아준다.
> ③ 턴디시 : 레이들과 주형의 중간에서 용강 분배와 일시저장을 한다.
> ④ 주형 : 재질은 구리(Cu)이며 대량생산을 적합한 것은 조립식을 사용한다.

46 롤러 에이프런의 설명으로 옳은 것은?

① 수축공의 제거
② 턴디시의 교환역할
③ 주조 중 폭의 증가 촉진
④ 주괴가 부푸는 것을 막음

> **롤러 에이프런**
> 주편이 인발되어 주형에 나올 때 주편 내 미응고 용강에 의한 철정압으로 주편이 부푸는 것을 방지하는 롤러이다.

47 주형과 주편의 마찰을 경감하고 구리판과의 융착을 방지하여 안정한 주편을 얻을 수 있도록 하는 것은?

① 주형
② 레이들
③ 슬라이딩 노즐
④ 주형 진동장치

> **주형 진동장치(오실레이션)**
> 주입된 용강이 주형벽에 부착되는 것을 방지

48 다음 중 정련 원리가 다른 노외 정련 설비는?

① LF
② RH
③ DH
④ VOD

> LF로는 진공기능이 없다.

49 전기로의 밑부분에 용탕이 있는 부분의 명칭은?

① 노체
② 노상
③ 천정
④ 노벽

> **노상**
> 노의 하부에 용융물이 고여있는 곳

정답 44 ② 45 ③ 46 ④ 47 ④ 48 ① 49 ②

50 LD 전로 조업에서 탈탄속도가 점차 감소하는 시기에서의 산소 취입 방법은?

① 산소 취입 중지
② 산소제트 압력을 점차 감소
③ 산소제트 압력을 점차 증가
④ 산소제트 유량을 점차 증가

> 탈탄속도가 감소하면 산소제트의 압력도 줄여야 한다.

51 전기로 산화기 반응으로 제거되는 원소는?

① Ca   ② Cr
③ Cu   ④ Al

> Cr은 산소와 반응하여 제거된다.
> • 반응식 : $4Cr + 3O_2 = 2Cr_2O_3$

52 탈산도에 따른 강괴의 면 조직을 표시한 것 중 림드강괴의 형상은?

① 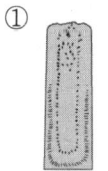   ②

③    ④

> ① 림드강, ② 킬드강, ③ 세미킬드강

53 유도식 전기로의 형식에 속하는 전기로는?

① 스타사노로
② 노상 가열로
③ 에루식로
④ 에이작스 노드럽로

> 에이작스 노드럽식 로는 고주파 유도로이다.

54 전로에서 분체취입법(Powder Injection)의 목적으로 틀린 것은?

① 용강 중 탈황(S)
② 개재물 저감
③ 용강 중에 남아 있는 불순물의 구상화하는 고급강 제조에 용이함
④ 용선 중 탈인(P)

> **분체취입법의 장점**
> ① 용강 중 탈황 효율 향상
> ② 비금속 개재물 생성 감소
> ③ 불순물 제거 용이

55 전기로 제강법에서 환원기 작업의 특성을 설명한 것 중 틀린 것은?

① 강욕 성분의 변동이 적다.
② 환원기 슬래그를 만들기 쉽다.
③ 탈산이 천천히 진행되어 환원시간이 늦어진다.
④ 탈황이 빨리 진행되어 환원시간이 빠르다.

> **전기로 제강 환원기 특징**
> ① 염기성 슬래그로 정련
> ② 산화기에 증가된 산소 제거
> ③ 탈산과 탈황이 빠르게 진행되어 환원시간 단축
> ④ 강욕의 성분 변동이 적음

56 연속주조에서 용강의 1차 냉각이 되는 곳은?

① 더미바　② 레이들
③ 턴디시　④ 몰드

> **연속주조의 냉각**
> ① 1차 냉각(간접 냉각) : 몰드에서의 냉각
> ② 2차 냉각(직접 냉각) : 살수에 의한 냉각
> ③ 3차 냉각(기계 냉각) : 기계접촉에 의한 냉각

57 전기로 전극으로서 구비하여야 할 성질로 틀린 것은?

① 고온에서 산화도가 높아야 한다.
② 열팽창계수가 작아야 한다.
③ 화학반응에 안정해야 한다.
④ 온도의 급변에 잘 견딜 수 있어야 한다.

> **흑연전극의 구비조건**
> ① 전기저항이 작을 것
> ② 열팽창계수가 작을 것
> ③ 기계적 강도가 클 것
> ④ 화학반응에 안정할 것
> ⑤ 전기전도도가 우수할 것
> ⑥ 탄성률이 너무 크지 않을 것
> ⑦ 고온 내산화성이 우수할 것

58 전로 내 관찰 시 안전사항으로 가장 관계가 먼 것은?

① 앞면 보호구를 착용한다.
② 전로 경동시 노구 정면에서 정확히 관찰한다.
③ 노 경동을 여러 번 한 후 정밀 점검한다.
④ 슬래그 자연낙하 위험을 없앤 후 점검한다.

> 전로 경동 시 노구 앞에 있으면 용융물에 의한 재해를 입을 가능성이 있으므로 노구 정면에 있으면 안된다.

59 환원철을 전기로에 사용할 때의 장점으로 옳은 것은?

① 제강시간이 길다.
② 생산성이 향상된다.
③ 형상 품위 등이 일정하여 취급이 어렵다.
④ 자동조업이 쉬운 장점이 있으나, 맥석분이 많으므로 석회가 필요하고 가격이 고철보다 비싸다.

> **환원철 사용시 장·단점**
> ① 장점 : 제강시간 단축, 생산성 향상, 취급이 용이, 자동조업이 용이
> ② 단점 : 맥석분이 많음, 다량의 촉매(석회석 또는 산화칼슘)가 필요, 철분 회수가 불량, 가격이 고가

60 다음 중 재해예방의 4원칙에 해당되지 않는 것은?

① 결과기능의 원칙
② 손실우연의 원칙
③ 원인연계의 원칙
④ 대책선정의 원칙

> **재해예방 4원칙**
> ① 손실우연의 원칙
> ② 원인계기의 원칙
> ③ 예방가능의 원칙
> ④ 대책선정의 원칙

정답　56 ④　57 ①　58 ②　59 ②　60 ①

2020년 3회 제강기능사 CBT 복원문제

01 Al-Si계 합금의 개량처리에 사용되는 나트륨의 첨가량과 용탕의 적정 온도로 옳은 것은?

① 약 0.01%, 약 750~800℃
② 약 0.1%, 약 750~800℃
③ 약 0.01%, 약 850~900℃
④ 약 0.1%, 약 850~900℃

> **개량처리**
> Na 0.01% 첨가, 처리온도 750~800℃

02 라우탈(Lautal) 합금의 특징을 설명한 것 중 틀린 것은?

① 시효경화성이 있는 합금이다.
② 규소를 첨가하여 주조성을 개선한 합금이다.
③ 주조 균열이 크므로 사형 주물에 적합하다.
④ 구리를 첨가하여 피삭성을 좋게 한 합금이다.

> **라우탈의 특징**
> ① Al-Cu-Si계 주조용 합금
> ② Si 첨가로 주조성이 우수
> ③ Cu 첨가로 절삭성이 향상
> ④ 시효경화성이 있어 강도가 우수

03 60%Cu+40%Zn으로 구성된 합금으로 조직은 $\alpha+\beta$이며, 인장강도는 높으나, 전연성이 비교적 낮고, 열교환기, 열간 단조품, 볼트, 너트 등에 사용되는 것은?

① 문쯔메탈   ② 길딩메탈
③ 모넬메탈   ④ 콘스탄탄

> ① 6-4황동(문쯔메탈) : Cu(60%)-Zn(40%)
> ② 길딩메탈 : 길딩메탈 : Cu+Zn(5%) 합금
> ③ 콘스탄탄 : Ni-Cu(55%)계 합금, 열전용, 온도계용
> ④ 모넬메탈 : Ni-Cu(60~70%)계 내식용 합금

04 불변강(invariable steel)에 대한 설명 중 옳은 것은?

① 불변강의 주성분은 Fe과 Cr이다.
② 인바는 선팽창계수가 크기 때문에 줄자, 표준자 등에 사용한다.
③ 엘린바는 탄성률 변화가 크기 때문에 고급 시계 정밀 저울의 스프링 등에 사용한다.
④ 코엘린바는 온도변화에 따른 탄성률의 변화가 매우 적고 공기나 물속에서 부식되지 않는 특성이 있다.

> 불변강은 Fe-Ni계로 선팽창이 작고, 탄성률 변화가 적다.

정답 01 ① 02 ③ 03 ① 04 ④

05 저용융점 합금의 금속원소가 아닌 것은?
① Mo ② Sn
③ Pb ④ In

> Mo은 용융점이 2,610℃인 고용융점 금속

06 비중 7.14, 용융점 약 419℃이며, 다이캐스팅용으로 많이 이용되는 조밀육방격자 금속은?
① Cr ② Cu
③ Zn ④ Pb

> Zn
> 용융점 419℃, 비중 7.14, 결정구조 HCP, 다이캐스팅용 합금으로 이용

07 액체 금속이 응고할 때 응고점(녹는점)보다는 낮은 온도에서 응고가 시작되는 현상은?
① 과냉 현상 ② 과열 현상
③ 핵 정지 현상 ④ 응고 잠열 현상

> 과냉
> 금속이 응고 시 응고점보다 낮은 온도에서 응고가 시작되는 현상으로 냉각속도가 빠를때 심하게 일어난다.

08 금속을 부식시켜 현미경 검사를 하는 이유는?
① 조직 관찰 ② 비중 측정
③ 전도율 관찰 ④ 인장강도 측정

> 금속의 조직은 현미경으로 검사한다.

09 산화성산, 염류, 알칼리, 함황가스 등에 우수한 내식성을 가진 Ni-Cr 합금은?
① 엘린바 ② 인코넬
③ 콘스탄탄 ④ 모넬메탈

> ① 엘린바 : Fe-Ni-Cr계 불변용 합금
> ② 인코넬 : Ni-Cr계 내식용 합금
> ③ 콘스탄탄 : Ni-Cu(55%)계 합금, 열전용, 온도계용
> ④ 모넬메탈 : Ni-Cu(60~70%)계 내식용 합금

10 다음 중 재료의 연성을 파악하기 위하여 실시하는 시험은?
① 피로시험 ② 충격시험
③ 커핑시험 ④ 크리프시험

> 재료의 연성을 알기 위해서는 에릭션시험(커핑시험)을 한다.

11 고 Cr계보다 내식성과 내산화성이 더 우수하고 조직이 연하여 가공성이 좋은 18-8 스테인리스강의 조직은?
① 페라이트 ② 펄라이트
③ 오스테나이트 ④ 마텐자이트

> 18-8 스테인리스강은 상온에서 조직이 오스테나이트로 비자성체이며, 강인성이 우수하다.

정답 05 ① 06 ③ 07 ① 08 ① 09 ② 10 ③ 11 ③

12 Y-합금의 조성으로 옳은 것은?

① Al – Cu – Mg – Si
② Al – Si – Mg – Ni
③ Al – Cu – Ni – Mg
④ Al – Mg – Cu – Mn

> Y합금은 Al-Cu-Mg-Ni계 합금으로 내연기관용으로 사용한다.

13 체심입방격자(BCC)의 근접 원자 간 거리는?
(단, 격자정수는 a이다)

① a
② $\frac{1}{2}a$
③ $\frac{1}{\sqrt{2}}a$
④ $\frac{\sqrt{3}}{2}a$

결정구조	기호	배위수	원자수	충진율	최인접 원자 간 거리
체심입방격자	BCC	8	2	68%	$\frac{\sqrt{3}}{2}a$
면심입방격자	FCC	12	4	74%	$\frac{1}{\sqrt{2}}a$
조밀육방격자	HCP (CPH)	12	6 (2)	74%	a축방향 = a c축방향 = $\sqrt{\frac{a^3}{3}+\frac{c^2}{4}}$

14 과공석강에 대한 설명으로 옳은 것은?

① 층상 조직인 시멘타이트이다.
② 페라이트와 시멘타이트의 층상조직이다.
③ 페라이트와 펄라이트의 층상조직이다.
④ 펄라이트와 시멘타이트의 혼합조직이다.

> 과공석강은 탄소가 0.8~2.0%인 강으로 조직은 펄라이트와 시멘타이트로 되어 있다.

15 구상흑연주철이 주조상태에서 나타나는 조직의 형태가 아닌 것은?

① 페라이트형
② 펄라이트형
③ 시멘타이트형
④ 헤마타이트형

> 헤마타이트는 적철광이다.

16 다음 중 치수공차가 다른 하나는?

① $\phi 50^{+0.06}_{+0.04}$
② $\phi 50 \pm 0.01$
③ $\phi 50^{+0.029}_{-0.009}$
④ $\phi 50^{+0.02}_{0}$

> ③은 치수공차가 0.029+0.009 = 0.038이다. 나머지는 0.020이다.

17 도면에 표시하는 가공방법의 기호 중 연삭가공을 나타내는 기호는?

① G
② M
③ F
④ B

> G : 연삭가공, M : 밀링가공, B : 보링머신가공

18 치수 보조기호 중 "SR"이 의미하는 것은?

① 구의 지름
② 참고 치수
③ 45°모따기
④ 구의 반지름

> SR : 구의 반지름
> C : 모따기
> SØ : 구의 지름
> ( ) : 참고 치수

정답 12③ 13④ 14④ 15④ 16③ 17① 18④

19 미터 가는 나사로서 호칭지름 20mm, 피치 1mm인 나사의 표시로 옳은 것은?

① M20 – 1
② M20×1
③ TM20×1
④ TM20 – 1

> 피치를 미터단위로 표시하는 경우 다음과 같이 표시
> [나사의 종류 표시 기호]×[나사의 호칭지름 숫자]×[피치]
> [예시] M8×1 : 미터나사, 호칭지름이 8mm, 피치가 1mm

20 나사의 일반도시에서 수나사의 바깥지름과 암나사의 안지름을 나타내는 선은?

① 가는 실선
② 굵은 실선
③ 1점 쇄선
④ 2점 쇄선

> 수나사의 바깥지름과 암나사의 안지름은 외형선에 해당하므로 굵은 실선을 사용한다.

21 제품의 구조, 원리, 기능, 취급방법 등의 설명을 목적으로 하는 도면으로 참고자료 도면이라 하는 것은?

① 주문도
② 설명도
③ 승인도
④ 견적도

> ① 주문도 : 주문서에 첨부되어 주문하는 물품의 모양, 정밀도 등의 개요를 주문받는 사람에게 제시하는 도면
> ② 승인도 : 주문자 또는 기타 관계자의 승인을 얻은 도면
> ③ 설명도 : 제품의 구조, 원리, 기능 등의 설명이 목적인 도면
> ④ 견적도 : 제작자가 견적서에 첨부하여 주문자에게 주품의 내용을 설명하는 도면

22 구멍의 치수가 $\phi 50^{+0.025}_{+0.001}$, 축의 치수가 $\phi 50^{+0.042}_{+0.026}$ 일때 최대 죔새(mm)는?

① 0.001
② 0.017
③ 0.041
④ 0.051

> 최대 죔새
> = 축의 최대허용치수 − 구멍의 최소허용치수
> = 50.042 − 50.001
> = 0.041mm

23 용도에 따른 선의 종류와 선의 모양이 옳게 연결된 것은?

① 가상선 – 굵은 실선
② 숨은선 – 가는 실선
③ 피치선 – 굵은 2점 쇄선
④ 중심선 – 가는 1점 쇄선

> ① 가상선 : 가는 2점 쇄선
> ② 숨은선 : 가는 파선, 굵은 파선
> ③ 피치선 : 가는 1점 쇄선
> ④ 중심선 : 가는 1점 쇄선

24 SS330으로 표시된 재료 기호를 옳게 설명한 것은?

① 기계구조용 탄소강재, 최대 인장강도 330N/m²
② 기계구조용 탄소강재, 탄소 함유량 3.3%
③ 일반구조용 압연강재, 최저 인장강도 330N/m²
④ 일반구조용 압연강재, 탄소 함유량 3.3%

> SS330
> 일반구조용 압연강재로 최저 인장강도가 300N/m²이다.

25 도면의 치수기입 방법에 대한 설명으로 [보기]에서 옳은 것을 모두 고른 것은?

> ㉠ 치수의 단위에는 길이와 각도 및 좌표가 있다.
> ㉡ 길이는 m를 사용하되 단위는 숫자 뒷부분에 항상 기입한다.
> ㉢ 각도는 도(°), 분(′), 초(″)를 사용한다.
> ㉣ 도면에 기입되는 치수는 완성된 물체의 치수를 기입한다.

① ㉠, ㉡ ② ㉡, ㉢
③ ㉢, ㉣ ④ ㉠, ㉣

치수의 단위는 길이와 각도가 있다.
길이는 mm를 사용하고 단위는 기입하지 않는다.

26 다음 투상도에서 우측면도가 옳은 것은? (단, 화살표 방향은 정면도이다)

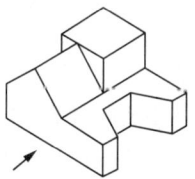

① 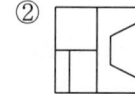 ②
③  ④

우측면도는 오른쪽에서 바라본 도면이므로 ③과 같다.

27 간단한 기계 장치부를 스케치하려고 할 때 측정 용구에 해당되지 않는 것은?

① 정반
② 스패너
③ 각도기
④ 버니어 캘리퍼스

스패너는 결합용 공구이다.

28 저취산소전로법(Q-BOP)의 특징에 대한 설명으로 틀린 것은?

① 탈황과 탈인이 어렵다.
② 종점에서의 Mn이 높다.
③ 극저탄소강의 제조에 적합하다.
④ 취련시간이 단축되고 폐가스의 효율적인 회수가 가능하다.

Q-BOP법은 탈황과 탈인이 용이하다.

29 연속주조 설비의 기본적인 배열 순서로 옳은 것은?

① 턴디시 → 주형 → 스프레이 냉각대 → 핀치 롤 → 절단 장치
② 턴디시 → 주형 → 핀치 롤 → 절단 장치 → 스프레이 냉각대
③ 주형 → 스프레이 냉각대 → 핀치 롤 → 턴디시 → 절단 장치
④ 주형 → 턴디시 → 스프레이 냉각대 → 핀치 롤 → 절단 장치

연속주조 설비 순서
레이들 → 턴디시 → 주형(몰드) → 1차 냉각대(수냉 스프레이) → 핀치롤 → 주편 절단장치(TCM)

30 AOD(Argon Oxygen Decarburization)법과 VOD(Vacuum Oxygen Decarburization)법의 설명으로 옳은 것은?

① AOD법에 비해 VOD법이 성분 조정이 용이하다.
② AOD법에 비해 VOD법이 온도 조절이 용이하다.
③ VOD법에 비해 AOD법이 탈황률이 높다.
④ VOD법에 비해 AOD법이 일반강의 탈가스가 가능하다.

> AOD 법의 특징
> ① 진공 및 가열기능이 없이 대기중에서 정련한다.
> ② 탈황 및 성분조정에 유리하다.
> ③ 설비비, 원료비, 실수율이 유리하다.
> ④ 고탄소강에서부터 신속하게 탈탄, 탈황이 가능하다.
> ⑤ 스테인리스강의 제조에만 이용된다.
> ⑥ 공기의 오염에 유의해야 한다.

31 LD 전로의 노 내 반응 중 저질소 강을 제조하기 위한 관리 항목에 대한 설명 중 틀린 것은?

① 용선 배합비(HMR)를 올린다.
② 탈탄속도를 높이고 종점 [C]를 가능한 높게 취련한다.
③ 용선 중의 티타늄 함유율을 높이고, 용선 중의 질소를 낮춘다.
④ 취련 말기 노안으로 가능한 한 공기를 유입시키고, 재취련을 실시한다.

> 노구에서의 공기 침입을 방지하고 재취련은 금지한다.

32 UHP 조업에 대한 설명으로 틀린 것은?

① 초고전력 조업이라고도 한다.
② 용해와 승열시간을 단축하여 생산성을 높인다.
③ 동일 용량인 노에서는 RP 조업보다 많은 전력이 필요하다.
④ 고전압·저전류의 투입으로 노벽 소모를 경감하는 조업이다.

> UHP(초고전력) 조업의 특징
> ① 단위 시간에 투입되는 전력량을 증가시켜서 장입물의 용해 시간을 단축하여 생산성을 높이는 방법
> ② 종전의 RP 조업에 비해 2~3배의 큰 전력을 투입하고 저전압, 고전류의 저역률에 의한 굵고 짧은 아크에 의해 조업을 실시
> ③ 짧은 아크는 장입물의 용락 전후에 노벽의 내화물에 주는 영향이 감소
> ④ 아크가 안정되고 명멸 현상이 감소
> ⑤ 용락 이후 용강의 열전달 효율이 증가
> ⑥ 아크 부근의 용탕의 교반 운동이 커져 균일한 승온 가능
> ⑦ 용해 시간이 단축되어 생산성과 열효율이 높아 전력 원단위 감소

33 연속주조법에서 고온 주조 시 발생되는 현상으로 주편의 일부가 파단되어 내부 용강이 유출되는 것은?

① Over Flow
② Break out
③ 침지노즐 폐쇄
④ 턴디시 노즐에 용강부착

> 브레이크 아웃
> 고온주조 또는 고속주조 시 주편의 표면 일부가 파단되어 내부의 용강이 유출되는 현상

정답 30 ③ 31 ④ 32 ④ 33 ②

34 전기로의 산화기 정련작업에서 산화제를 투입하였을 때 강욕 중 각 원소의 반응 순서로 옳은 것은?

① Si → P → C → Mn → Cr
② Si → C → Mn → P → Cr
③ Si → Cr → C → P → Mn
④ Si → Mn → Cr → P → C

> 전기로 산화기 원소의 산화 순서
> Si → Mn → Cr → P → C

35 염기성 전로의 내벽 라이닝(lining) 물질로 옳은 것은?

① 규석질   ② 샤모트질
③ 알루미나질   ④ 돌로마이트질

> • 염기성 내화물 : 돌로마이트질, 마그네시아질
> • 중성 내화물 : 알루미나질, 흑연질
> • 산성 내화물 : 규석질, 샤모트질, 납석질

36 연속 주조법에서 노즐의 막힘 원인과 거리가 먼 것은?

① 석출물이 용강 중에 섞이는 경우
② 용강의 온도가 높아 유동성이 좋은 경우
③ 용강온도 저하에 따라 용강이 응고하는 경우
④ 용강으로부터 석출물이 노즐에 부착 성장하는 경우

> 연속주조 조업에서 노즐의 막힘의 원인
> ① 개재물 및 석출물 등에 의한 막힘
> ② 주입온도 저하에 의한 막힘
> ③ 침지노즐의 예열 불량에 의한 막힘

37 순산소 상취 전로 제강법에서 냉각제를 사용할 때 사용하는 양과 시기에 따라 냉각 효과가 상관성이 있다는 설명을 가장 옳게 표현된 것은?

① 투입시기를 정련시간 후반에 되도록 소량을 분할 투입하는 것이 냉각효과가 크다.
② 투입시기를 정련시간 초기에 되도록 일시에 다량 투입하는 것이 냉각효과가 크다.
③ 투입시기를 정련시간 초기에 전량을 일시에 투입하는 것이 냉각효과가 크다.
④ 투입시기를 정련시간의 후반에 되도록 일시에 다량 투입하는 것이 냉각효과가 크다.

> 전로법에서 냉각제는 취련 후반기 용강온도 조절용으로 투입하는 것으로 소량을 분할하여 투입해야 한다.

38 완전 탈산한 강으로 응고 중에는 가스 발생이 거의 없으며, 편석이 가장 적은 것은?

① 림드강   ② 세미킬드강
③ 킬드강   ④ 캡드강

> 탈산에 따른 강괴의 종류
> ① 킬드강 : 강력탈산제를 사용하여 완전히 탈산한 강으로 회수율이 낮지만 품질이 우수하다.
> ② 림드강 : 탈산을 하지 않은 강으로 회수율이 높다.
> ③ 세미킬드강 : 탈산을 중간 정도 진행한 강으로 림드강과 킬드강의 중간 성질을 가진다.
> ④ 캡드강 : 림드강의 리밍작용을 억제하기 위해 뚜껑을 덮은 강으로 림드강과 세미킬드강의 중간 성질을 가진다.

정답 34 ④ 35 ④ 36 ② 37 ① 38 ③

39 주조 중 투입되는 파우더 역할로 틀린 것은?

① 용강탕면 산화방지
② 주편의 용강 유출방지
③ 강의 청정도 향상
④ 용강탕면 열 방산방지

> **몰드 파우더의 기능**
> 용강산화방지, 열손실방지, 개재물 부상, 윤활 작용

40 턴디시에 용강을 공급하기 위하여 사용되는 것이 아닌 것은?

① 포러스 노즐
② 경동 장치
③ 가스 취입 스토퍼
④ 가스 슬리브 노즐

> 레이들에서 턴디시로 용강의 공급은 레이들 하부의 노즐로 한다.

41 연속주조에서 조업 조건의 내용을 설비요인과 조업 요인으로 나눌 때 조업요인에 해당되지 않는 것은?

① 주조 온도
② 윤활제 재질
③ 진동수와 진폭
④ 주편 크기 및 형상

> 주편 크기와 형상은 주형의 크기에 따라 달라지므로 설비 요인에 해당한다.

42 턴디시 노즐(nozzle) 막힘을 방지하기 위해 사용하는 것이 아닌 것은?

① 스키머
② 포러스 노즐
③ 가스 슬라브 노즐
④ 가스 취입 스토퍼

> 스키머는 용강과 슬래그를 비중차에 의해 분리하는 장치이다.

43 전기로 제강 조업 시 안전측면에서 원료장입과 출강할 때의 전원상태는 각각 어떻게 해야 하는가?

① 장입 시는 On, 출강 시는 Off
② 장입 시는 Off, 출강 시는 On
③ 장입 시, 출강 시 모두 On
④ 장입 시, 출강 시 모두 Off

> 원료장입 및 출강 시에 모두 전원을 off 상태로 해야 한다.

44 상취 산소 전로 제강법의 특징이 아닌 것은?

① P, S의 함량이 낮은 강을 얻을 수 있다.
② 제강능률이 평로법에 비해 6~8배 높은 제강법이다.
③ 고철 사용량이 많아 Ni, Cr, Mo 등의 tramp element가 많다.
④ 강종의 범위도 극저탄소강으로부터 고탄소강 제조가 가능하다.

> **전로 제강의 품질 특징**
> ① 강중 가스(N, O, H) 함유량이 적다.
> ② 고철 사용량이 적어 Cr, Ni, Mo, Cu 등의 혼입이 적다.
> ③ 극저탄소강을 제조할 수 있다.
> ④ P, S 함유량이 적은 강을 제조할 수 있다.

정답 39 ② 40 ② 41 ④ 42 ① 43 ④ 44 ③

45 용강이나 용재가 노 밖으로 비산하지 않고 노구 부근에 도넛형으로 쌓이는 것을 무엇이라 하는가?

① 포밍 ② 베렌
③ 스티핑 ④ 라임 보일링

> **베렌현상**
> 용강·용제가 노 외로 비산하지 않고 노구 근방에 도넛 모양으로 쌓이는 현상

46 연속주조에서 벌징(Bulging)의 원인으로 적합한 것은?

① 주조속도가 느릴 때
② 주편두께가 얇을 때
③ 철정압이 높을 때
④ 주조온도가 낮을 때

> 벌징은 철정압에 의해 발생한다.

47 연주작업 중 주형 내 용강표면으로부터 수변의 Core(내부)부가 완전 응고될 때까지의 길이는?

① 주편응고 길이(Metallugical Length)
② 주편응고 Taper 길이
③ AMCL(Air Mist Colling Length)
④ EMBRL(Electromagnetic Mold Brake Ruler Length)

> **주편응고 길이**
> 주편의 표면부터 내부까지 완전히 응고되는 길이
> ※ 매니스커스 : 주형 내 주편이 응고가 시작되는 지점

48 연속주조 설비의 각 부분에 대한 설명 중 옳은 것은?

① 더미바(dummy bar) : 주조 종료 시 주형 밑을 막아주며 주조 시 주편을 냉각시킨다.
② 핀치 롤(pinch roll) : 주조된 주편을 적정 두께로 압연해 주며 벌징(bulging)을 유발시킨다.
③ 턴디시(tundish) : 레이들과 주형의 중간 용기로 용강의 분배와 일시저장 역할을 한다.
④ 주형(mold) : 재질은 알루미늄을 많이 쓰며 대량생산에 적합한 블록형이 보편화되어 있다.

> ①더미바 : 주조 초기에 주형을 막아준다.
> ②핀치롤 : 주편을 압연하며 벌징을 막아준다.
> ③턴디시 : 레이들과 주형의 중간에서 용강 분배와 일시저장을 한다.
> ④주형 : 재질은 구리(Cu)이며 대량생산을 적합한 것은 조립식을 사용한다.

49 Soft Blow법에 대한 설명으로 틀린 것은?

① 고탄소강의 용제(溶劑)에 효과적이다.
② Soft Blow를 하면 T·Fe가 높은 발포성 강재(foaming slag)가 생성되어 탈인이 잘 된다.
③ 산화성 강재와 고염기도 조업을 하면 탈인, 탈황을 효과적으로 할 수 있다.
④ 취련압력을 높이거나 랜스 높이를 보통보다 낮게 하는 취련하는 방법이다.

> **소프트 블로우**
> ①산소 압력을 낮추어 조업
> ②랜스 높이를 높여서 조업
> ③산소량을 줄여서 조업
> ④탈탄보다 탈인이 주목적

정답 45② 46③ 47① 48③ 49④

50 노외정련법 중 LF(Ladle Furnace)의 목적과 특성을 설명한 것 중 틀린 것은?

① 탈수소를 목적으로 한다.
② 탈황을 목적으로 한다.
③ 탈산을 목적으로 한다.
④ 레이들 용강온도의 제어가 용이하다.

> **LF 법의 특징**
> ① 서브머지드 아크에 의한 정련
> ② 탈산, 탈황 용이
> ③ 용강 온도 조정 및 승온 용이
> ④ 성분 조정이 용이
> ⑤ 불순물 및 비금속 개재물 제거 용이

51 전로에서 분체 취입법 (Powder Injection)의 목적이 아닌 것은?

① 용강 중 황을 감소시키기 위하여
② 용강 중의 탈탄을 증가시키기 위하여
③ 용강 중의 개재물을 저감시키기 위하여
④ 용강 중에 남아 있는 불순물을 부상화하여 고급강제조를 용이하게 하기 위하여

> **분체 취입법의 장점**
> ① 용강 중 탈황 효율 향상
> ② 비금속 개재물 생성 감소
> ③ 불순물 제거 용이

52 아크식 전기로 조업 중에 환원기 작업의 주 목적은?

① 탈산과 탈황   ② 탈인
③ 탈규소   ④ 탈질소

> • 전기로 환원기 목적 : 탈황, 탈산
> • 산화기 : 탈인, 탈탄

53 LD 전로 설비에 관한 설명 중 틀린 것은?

① 노체는 강판용접구조이며 내부는 연와로 내장되어 있다.
② 노구 하부에는 출강구가 있어 노체를 경동시켜 용강을 레이들로 배출할 수 있다.
③ 트러니언링은 노체를 지지하고 구동설비의 구동력을 노체에 전달할 수 있다.
④ 산소관은 고압의 산소에 견딜 수 있도록 고장력강으로 만들어졌다.

> LD 전로의 산소취련관은 열전도성이 우수한 구리로 만든다.

54 제강에서 탈황하기 위하여 CaC_2 등을 첨가하는 탈황법을 무엇이라 하는가?

① 가스에 의한 탈황 방법
② 슬래그에 의한 탈황 방법
③ S의 함량을 증대시키는 탈황 방법
④ S와 화합하는 물질을 첨가하는 탈황 방법

> **탈황제 첨가법**
> CaC_2, CaO 등을 첨가하여 S와 화합하는 물질을 첨가하는 탈황법

55 산소랜스 누수 발견 시 안전사항으로 관계가 먼 것은?

① 노를 경동시킨다.
② 노전 통행자를 대피시킨다.
③ 누수의 노 내 유입을 최대한 억제한다.
④ 슬래그 비산을 대비하여 장입측 도그 하우스를 완전히 개방(open)시킨다.

> 누수될 경우 슬래그의 비산이 발생할 수 있으므로 도그 하우스를 닫아야 한다.

56 전기로 제강법에서 천정연와의 품질에 대한 설명으로 틀린 것은?

① 내화도가 높을 것
② 내스폴링성이 좋을 것
③ 하중 연화점이 낮을 것
④ 연화 시의 점성이 높을 것

> 전기로 노 뚜껑(천정) 벽돌로 요구되는 품질
> ① 내화도가 높을 것
> ② 내스폴링성이 높을 것
> ③ 슬래그에 대한 내식성이 강할 것
> ④ 연화되었을 때 점성이 높을 것
> ⑤ 하중 연화점이 높을 것

57 아크식 전기로 조업에서 탈수소를 유리하게 하는 조건은?

① 대기 중의 습도를 높게 한다.
② 강욕의 온도를 충분히 높게 한다.
③ 끓음이 발생하지 않도록 탈산속도를 낮게 한다.
④ 탈가스 방지를 위해 슬래그의 두께를 두껍게 한다.

> 탈수소를 유리하게 하는 조건
> ① 강욕 온도가 충분히 높을 것
> ② 강욕 중의 규소, 망간, 크롬 등의 탈산 원소를 적게 함유할 것
> ③ 적당히 탈가스가 되도록 슬래그의 두께가 두껍지 않을 것
> ④ 탈산 속도가 클 것(비등이 활발할 것)
> ⑤ 산화제와 첨가제에 수분을 함유하지 않을 것
> ⑥ 대기 중의 습도가 낮을 것

58 전기로 제강법에서 전극의 구비조건으로 틀린 것은?

① 온도의 급변에 견뎌야 할 것
② 열팽창 속도가 클 것
③ 화학반응에 안정해야 할 것
④ 전기전도도가 양호할 것

> 흑연전극의 구비조건
> ① 전기저항이 작을 것
> ② 열팽창계수가 작을 것
> ③ 기계적 강도가 클 것
> ④ 화학반응에 안정할 것
> ⑤ 전기전도도가 우수할 것
> ⑥ 탄성률이 너무 크지 않을 것
> ⑦ 고온 내산화성이 우수할 것

59 전기로의 분류로 맞는 것은?

① 간접 아크로에는 스테사노(Stassano)식 로가 있다.
② 직접 아크로에는 레너펠트(Rennerfelt)식 로가 있다.
③ 저주파 유도로에는 에이젝스-노드럽 (Ajax-Northrup)식 로가 있다.
④ 고주파 유도로에는 에이젝스-위야트 (Ajax-Wyatt)식 로가 있다.

아크식	간접 아크	간접식 : 스테사노식 직간접식 : 레너펠트식
	직접 아크	비노상가열식 : 에루식 노상가열식 : 지로드식
유도식		저주파 유도로 : 에이젝스-위야트식 고주파 유도로 : 에이젝스-노드럽식

정답 56 ③ 57 ② 58 ② 59 ①

60 연속주조공정에서 중심 편석과 기공의 저감 대책으로 틀린 것은?

① 균일 확산처리다.
② 등축점의 생성을 촉진한다.
③ 압하에 의한 미응고 용강의 유동을 억제한다.
④ 주상정 간의 입계에 용질 성분을 농축시킨다.

주편의 중심 편석 및 기공을 억제
① 중심부 등축정을 확대
② 최종 응고부분 벌징 방지
③ 미응고 용강의 유동을 억제
④ 균일 확산 처리
※ 주상정 입계에 용질 성분이 농축되면 편석이 발생한다.

정답 60 ④

2021년 1회 제강기능사 CBT 복원문제

01 전자석이나 자극의 철심에 사용되는 것은 순철이나, 자심은 교류가 자기장에만 사용되는 예가 많으므로 이력손실, 항자력 등이 적은 동시에 맴돌이 전류 손실이 적어야 한다. 이 때 사용되는 강은?

① Si강　　② Mn강
③ Ni강　　④ Pb강

> **규소강판**: 순철에 Si을 1~3%

02 55~60% Cu를 함유한 Ni 합금으로 열전쌍용 선의 재료로 쓰이는 것은?

① 모넬 메탈　　② 콘스탄탄
③ 퍼민바　　④ 인코넬

> **콘스탄탄**
> Ni-Cu(55~60%) 합금으로 열전쌍재료에 사용

03 담금질의 깊이를 깊게하고, 크리프 저항과 내식성을 증가시키며 뜨임메짐을 방지하는데 효과가 큰 원소는?

① Mn　　② W
③ Si　　④ Mo

> Mo : 뜨임취성 방지

04 다음 중 10배 이내의 확대경을 사용하거나 육안을 직접 관찰하여 금속조직을 시험하는 것은?

① 라우에 법
② 에릭센 시험
③ 매크로 시험
④ 전자 현미경 시험

> **매크로 시험법**
> 금속을 육안 또는 10배 이내의 확대경으로 관찰하는 방법

05 가공으로 내부변형을 일으킨 결정립이 그 형태대로 내부변형을 해방하여 가는 과정은?

① 재결정　　② 회복
③ 결정핵성장　　④ 시효완료

> ① 회복 : 가공에 의한 내부응력을 가열에 의해 그 모양은 변하지 않고 내부응력이 감소되는 현상
> ② 재결정 : 내부응력이 존재하는 결정입자 가운데 내부응력이 없는 새로운 결정핵이 생성되고 그 핵이 성장하여 내부 결정입자가 점차로 새로운 결정입자로 치환하여 가는 현상
> ③ 결정입자성장 : 재결정으로 형성된 결정입자가 이웃 결정입자와 합해지거나, 근처의 작은 결정입자를 침식하여 커지는 결정이 성장하는 현상

정답 01 ① 02 ② 03 ④ 04 ③ 05 ②

06 [보기]는 강의 심랭처리에 대한 설명이다. (A), (B)에 들어갈 용어로 옳은 것은?

> 심랭처리란, 담금질한 강을 실온 이하로 냉각하여 (A)를 (B)로 변화시키는 조작이다.

① (A) : 잔류 오스테나이트, (B) : 마텐자이트
② (A) : 마텐자이트, (B) : 베이나이트
③ (A) : 마텐자이트, (B) : 소르바이트
④ (A) : 오스테나이트, (B) : 펄라이트

> **심랭처리**
> 강을 담금질하면 마텐자이트로 변태가 되지만 일부에는 변태가 되지 못한 잔류 오스테나이트가 존재하므로 이를 마텐자이트로 변태시키기 위해 영하의 저온으로 냉각하면 잔류 오스테나이트가 마텐자이트로 변태가 된다.

07 다음 중 자석강에 해당하지 않는 것은?

① SM강　　② MK강
③ KS강　　④ OP강

> • MK강 : 알리코 영구자석의 3배 이상의 고자석강
> • KS강 : Fe-Co-Ni-Al-Cu-Ti계 담금질 경화형 영구자석강
> • OP강 : Fe(자철광)계 미립자형 영구 자석강
> • SM강 : 기계구조용 탄소강

08 황(S)이 적은 선철을 용해하여 구상흑연 주철을 제조할 때 많이 사용되는 흑연 구상화제는?

① Zn　　② Mg
③ Pb　　④ Mn

> **흑연구상화제** : Mg, Ce

09 Fe-C계 평형상태도에서 냉각 시 A_{cm}선이란?

① δ고용체에서 γ고용체가 석출하는 온도선
② γ고용체에서 시멘타이트가 석출하는 온도선
③ α고용체에서 펄라이트가 석출하는 온도선
④ γ고용체에서 α고용체가 석출하는 온도선

> **A_{cm}선**
> γ고용체에서 시멘타이트가 석출되기 시작하는 온도선
> ※ A_{13}선 : γ고용체에서 페라이트가 석출되기 시작하는 온도선

10 탄소강에 함유된 원소가 철강에 미치는 영향으로 옳은 것은?

① S : 저온메짐의 원인이 된다.
② Si : 연신율 및 충격값을 감소시킨다.
③ Cu : 부식에 대한 저항을 감소시킨다.
④ P : 적열메짐이 원인이 된다.

> S 고온메짐, Cu 부식에 대한 저항성 증가
> P 청열메짐, Si 충격값 및 연신율 감소

11 Fe-C 평형상태도에서 레데뷰라이트의 조직은?

① 페라이트
② 페라이트 + 시멘타이트
③ 페라이트 + 오스테나이트
④ 오스테나이트 + 시멘타이트

> **레데뷰라이트**
> 오스테나이트(γ-Fe)+시멘타이트(Fe_3C)

정답　06 ① 07 ① 08 ② 09 ② 10 ② 11 ④

12 구조용 합금강과 공구용 합금강을 나눌 때 기어, 축 등에 사용되는 구조용 합금강 재료에 해당되지 않는 것은?

① 침탄강
② 강인강
③ 질화강
④ 고속도강

> 고속도강은 공구용 합금강에 해당한다.

13 텅스텐은 재결정에 의해 결정합 성장을 한다. 이를 방지하기 위해 처리하는 것을 무엇이라 하는가?

① 도핑(doping)
② 아말감(amalgam)
③ 라이닝(lining)
④ 비탈리움(vitallium)

> 텅스텐(W)은 내열성이 우수하여 진공관이나 전구 필라멘트 등에 사용되는데 고온에서 재결정 현상을 방지하고 조직을 안정화하기 위하여 알칼리 금속(칼륨 등)을 미량 첨가하는 것을 도핑이라고 한다.

14 재료의 강도를 이론적으로 취급할 때는 응력의 값으로서는 하중을 시편의 실제 단면적으로 나눈값을 쓰지 않으면 안 된다. 이것을 무엇이라 부르는가?

① 진응력
② 공칭응력
③ 탄성력
④ 하중력

> ① 공칭응력 : 외력을 받는 도중에 응력이 커지거나 소성이 생기는 따위의 변화를 무시하고, 탄성론에 의하여만 계산된 응력으로, 단면적의 변화를 무시하고 변형 전의 단면적을 사용하여 계산상으로 구한 응력
> ② 진응력 : 응력-변형도 시험에서 변형도가 증가함에 따라 단면이 감소되는데 이때 감소된 단면적을 기준으로 산출한 응력

15 Ni-Fe계 합금으로서 36%Ni, 12%Cr, 나머지는 Fe로서 온도에 따른 탄성률 변화가 거의 없어 고급시계, 압력계, 스프링 저울 등의 부품에 사용되는 것은?

① 인바(invar)
② 엘린바(elinvar)
③ 퍼멀로이(permalloy)
④ 플래티나이트(platinite)

> **불변강의 종류**
> ① 인바 : Fe-Ni(36%) 합금, 탄성계수가 작고 내식성이 우수
> ② 초인바 : Fe-Ni(36%)-Co(15%) 합금, 인바보다 열팽창계수가 작음
> ③ 엘린바 : Fe-Ni(36%)-Cr(12%) 합금, 상온에서 탄성계수가 거의 변하지 않음
> ④ 플래티나이트 : Fe-Ni(45%) 합금, 열팽창계수가 유리나 백금과 동일

16 다음 중 도면의 표제란에 표시되지 않는 것은?

① 품명, 도면 내용
② 척도, 도면 번호
③ 투상법, 도면 명칭
④ 제도자, 도면 작성일

> 표제란에 표시되는 항목은 품명, 척도, 도면 번호, 투상법, 도면 명칭, 제도자, 작성일 등이며 도면 내용은 기록하지 않는다.

17 회주철을 표시하는 기호로 옳은 것은?

① SC360
② SS330
③ GC250
④ BMC270

> 회주철 GC, 구상흑연주철 GCD

정답 12 ④ 13 ① 14 ① 15 ② 16 ① 17 ③

18 대상물의 표면으로부터 임의로 채취한 각 부분에서의 표면 거칠기를 나타내는 파라미터인 10점 평균 거칠기 기호로 옳은 것은?

① R_y
② R_a
③ R_z
④ R_x

> **표면 거칠기**
> R_a(중심선 평균 거칠기), R_{max}(최대 높이 거칠기), R_z(10점 평균 거칠기), S_m(평균 요철 폭 간격)

19 가공면의 줄무늬 방향 표시기호 중 가공으로 생긴 선이 다방면으로 교차 또는 무방향인 경우 기입하는 기호는?

① X
② M
③ R
④ C

> X : 선이 두 방향으로 교차
> R : 선이 거의 방사상 모양
> C : 선이 거의 동심원 모양

20 제품의 최대 허용 한계 치수와 최소 허용 한계 치수의 차이 값은?

① 실치수
② 기준 치수
③ 치수 공차
④ 치수 허용차

> ① 실치수(actual size) : 어떤 부품에 대하여 실제로 측정한 치수이다.
> ② 기준 치수(basic size) : 허용 한계 치수의 기준이 되며 호칭 치수라고도 한다.
> ④ 치수 허용차(deviation) : 허용 한계 치수에서 기준 치수를 뺀 값으로서 허용차라고도 한다.

21 도면에 치수를 기입할 때 유의해야 할 사항으로 옳은 것은?

① 치수는 계산을 하도록 기입해야 한다.
② 치수의 기입은 되도록 중복하여 기입해야 한다.
③ 치수는 가능한 한 보조 투상도에 기입해야 한다.
④ 관련되는 치수는 가능한 한 곳에 모아서 기입해야 한다.

> **치수기입**
> 계산하지 않도록 하고, 중복기입하지 않으며, 가급적 주투상도에 기입하되 투상도와 투상도 사이에 기입한다.

22 나사의 종류 중 미터 사다리꼴 나사를 나타내는 기호는?

① Tr
② PT
③ UNC
④ UNF

> ① Tr : 미터 사다리꼴 나사
> ② PT : 관용 테이퍼 나사
> ③ UNC : 유니파이 보통 나사
> ④ UNF : 유니파이 가는 나사

23 간단한 기계 장치부를 스케치하려고 할 때 측정 용구에 해당되지 않는 것은?

① 정반
② 스패너
③ 각도기
④ 버어니어캘리퍼스

> 스패너는 기계조립에 사용하는 공구이다.

정답 18 ③ 19 ② 20 ③ 21 ④ 22 ① 23 ②

24 다음 중 치수기입의 기본원칙에 대한 설명으로 틀린 것은?

① 치수는 계산할 필요가 없도록 기입해야 한다.
② 치수는 될 수 있는 한 주투상도에 기입해야 한다.
③ 구멍의 치수기입에서 관통 구멍이 원형으로 표시된 투상도에는 그 깊이를 기입한다.
④ 도면에 길이의 크기와 자세 및 위치를 명확하게 표시해야 한다.

> 구멍의 치수기입에서 관통 구멍이 원형으로 표시된 투상도에는 관통 원의 지름을 기입한다.

25 물품을 구성하는 각 부품에 대하여 상세하게 나타내는 도면으로 이 도면에 의해 부품이 실제로 제작되는 도면은?

① 상세도 ② 부품도
③ 공정도 ④ 스케치도

> • **부품도** : 물품을 구성하는 각 부품에 대하여 상세하게 나타내는 도면
> • **상세도** : 특정 부분의 형상, 치수, 구조 따위를 명시하기 위하여 축척을 바꾸어 사용하는 도면
> • **공정도** : 작업과 제조 과정의 순서에 대하여 알기 쉽게 그림으로 나타낸 도면

26 모따기의 각도가 45°일 때의 모따기 기호는?

① ϕ ② R
③ C ④ t

> • C : 모따기 • R : 반지름
> • t : 두께 • ϕ : 지름

27 투상도의 선정 방법으로 틀린 것은?

① 숨은선이 적은쪽으로 투상한다.
② 물체의 오른쪽과 왼쪽이 대칭일 때에는 좌측면도는 생략할 수 있다.
③ 물체의 길이가 길 때, 정면도와 평면도만으로 표시할 수 있을 경우에는 측면도를 생략한다.
④ 물체의 모양과 특징을 가장 잘 나타낼 수 있는 면을 평면도로 선정한다.

> 물체의 모양과 특징을 가장 잘 나타낼 수 있는 면은 평면도가 아닌 정면도로 선정한다.

28 제강로 내부에 사용되는 내화물의 구비조건으로 틀린 것은?

① 연화점이 높을 것
② 견고하여 큰 힘에 변형되지 않아야 할 것
③ 고온에서 열전도 및 전기전도가 클 것
④ 슬래그나 용융금속에 침식되지 않을 것

> **내화재료의 구비조건**
> ① 높은 온도에서 융융하지 않을 것
> ② 높은 온도에서 쉽게 연화하지 않을 것
> ③ 온도 급변에 잘 견딜 것(내스폴링성 우수)
> ④ 높은 온도에서 형상이 변화하지 않을 것
> ⑤ 용제 및 기타 물질 등에 대해서 침식저항이 클 것(내식성 우수)
> ⑥ 마멸에 잘 견딜 것(내마멸성 우수)
> ⑦ 높은 온도에서 전기 절연성이 클 것
> ⑧ 열전도율과 열팽창이 낮을 것

29 전기로 산화정련작업에서 제거되는 것은?

① Si, C ② Mo, H_2
③ Al, S ④ O_2, Zr

> • 산화기 : 탈탄, 탈규, 탈인
> • 환원기 : 탈산, 탈황

정답 24 ③ 25 ② 26 ③ 27 ④ 28 ③ 29 ①

30 치주법이라고도 하며, 용선 레이들 중에 미리 탈황제를 넣어 놓고 그 위에 용선을 주입하여 탈황시키는 방법은?

① 교반 탈황법 　② 상취 탈황법
③ 레이들 탈황법 　④ 인젝션 탈황법

> **탈황법**
> ① 레이들 탈황법(치주법) : 레이들 바닥에 탈황제를 넣고 용강을 주입하여 탈황하는 방법
> ② 포러스 플러그법 : 레이들 바닥에 다공질 내화물을 사용하고 이곳으로 기체를 취입하여 탈황하는 방법
> ③ 인젝션법 : 용강 상부에서 취입관을 이용하여 취입하는 방법
> ④ 교반법 : 탈황제는 넣고 용강을 교반하여 탈황하는 방법(KR법, 라인슈탈법, 데마크-오스트베르그법)
> ⑤ 요동레이들법 : 레이들에 편심을 주어 회전을 하면서 탈황하는 방법(DM전로법, 회전드럼법)

31 전로 조업에서 염기성 강재는 산화칼슘이 많으므로 형석을 첨가하는데, 이때 형석의 첨가 효과가 아닌 것은?

① 유동성이 좋은 강재를 형성
② 탈인 및 탈황을 촉진
③ 강재 중 전체 철분의 증가
④ 포밍 조업에 의한 슬로핑 감소

> **형석 첨가 영향**
> ① 온도를 높이지 않고 유동성 좋은 강재 형성
> ② 탈인 및 탈황 반응 촉진
> ③ 강재 중 전체 철분의 증가
> ④ 포밍에 의한 슬로핑 증가
> ⑤ 내화물 침식이 증가

32 상주법과 하주법에 대한 설명으로 틀린 것은?

① 상주법은 접촉하지 않으므로 강괴 내의 개재물이 적다.
② 상주법은 주입속도가 빠르며 스플래시(splash)에 의한 표면 기포가 생기기 쉽다.
③ 하주법은 용강이 빠르게 상승하므로 강괴 표면이 미려하지 못하다.
④ 하주법은 주형 내 용강면을 관찰할 수 있으므로 주입속도조정 및 탈산조정이 쉽다.

> 하주법은 용강의 상승 속도가 빠르지 않고 조용하게 채워 올라오므로 강괴 표면이 깨끗하다.

33 연속주조 설비의 각 부분에 대한 설명 중 옳은 것은?

① 더미바(dummy bar) : 주조 종료 시 주형 밑을 막아주며 주조 시 주편을 냉각시킨다.
② 핀치 롤(pinch roll) : 주조된 주편을 적정 두께로 압연해 주며 벌징(bulging)을 유발시킨다.
③ 턴디시(tundish) : 레이들과 주형의 중간 용기로 용강의 분배와 일시저장 역할을 한다.
④ 주형(mold) : 재질은 알루미늄을 많이 쓰며 대량생산에 적합한 블록형이 보편화되어 있다.

> ① 더미바 : 주조 초기에 주형을 막아준다.
> ② 핀치롤 : 주편을 압연하며 벌징을 막아준다.
> ③ 턴디시 : 레이들과 주형의 중간에서 용강 분배와 일시저장을 한다.
> ④ 주형 : 재질은 구리(Cu)이며 대량생산을 적합한 것은 조립식을 사용한다.

정답　30 ③　31 ④　32 ③　33 ③

34 연속주조에서 레이들에 용강을 받은 후 용강 내에 불활성 가스를 취입하여 교반 작업하는 이유가 아닌 것은?

① 용강 중의 가탄
② 용강의 온도 균일화
③ 용강의 청정도 향상
④ 용강 중 비금속 개재물 분리 부상

> 버블링의 목적
> ① 용강의 온도 균일화
> ② 용강의 성분 균일화
> ③ 비금속개재물 부상분리
> ④ 용강의 청정도 향상
> ⑤ 아르곤, 질소 가스를 사용

35 전기로 조업 중 슬래그 포밍 발생 인자와 관련이 적은 것은?

① 슬래그 염기도
② 슬래그 표면 장력
③ 슬래그 중 NaO 농도
④ 탄소 취입 입자 크기

> 슬래그 포밍 발생 인자
> ① 슬래그 표면 장력
> ② 슬래그 염기도
> ③ 슬래그 중 FeO 농도
> ④ 탄소 취입 위치
> ⑤ 탄소 취입 입자 크기

36 산화제를 강욕 중에 첨가 또는 취입하면 강욕 중에서 다음 중 가장 늦게 제거되는 것은?

① Cr   ② Si
③ Mn   ④ C

> 전기로 산화기 원소의 산화 순서
> Si → Mn → Cr → P → C

37 전로조업의 공정을 순서대로 옳게 나열한 것은?

① 원료장입 → 취련(정련) → 출강 → 온도측정(시료채취) → 슬래그 제거(배재)
② 원료장입 → 온도측정(시료채취) → 출강 → 슬래그 제거(배재) → 취련(정련)
③ 원료장입 → 취련(정련) → 온도측정(시료채취) → 출강 → 슬래그 제거(배재)
④ 원료장입 → 취련(정련) → 슬래그 제거(배재) → 출강 → 온도측정(시료채취)

> 전로조업 순서
> 장입 → 취련(정련) → 측온(시료채취) → 출강 → 배재 → 슬래그 코팅

38 연속주조에서 주편 내 개재물 생성 방지 대책으로 틀린 것은?

① 레이들 내 버블링 처리로 개재물을 부상 분리시킨다.
② 가능한 한 주조 온도를 낮추어 개재물을 분리시킨다.
③ 내용손성이 우수한 재질의 침지노즐을 사용한다.
④ 턴디시 내 용강 깊이를 가능한 크게 한다.

> 주조온도를 낮추면 개재물의 분리가 더 어려워지며, 주조 작업에도 나쁜 영향을 준다.

정답 34 ① 35 ③ 36 ④ 37 ③ 38 ②

39 진공실 내에 미리 레이들 또는 주형을 놓고 진공실 내를 배기하여 감압한 후 위의 레이들로부터 용강을 주입하는 탈가스법은?

① 유적 탈가스법(BV법)
② 흡인 탈가스법(DH법)
③ 출강 탈가스법(TD법)
④ 레이들 탈가스법(LD법)

> **탈가스 처리법**
> ① 유적 탈가스법(BV법) : 용강을 진공조 안에 있는 주형에 흘려 내리면서 탈가스 처리하는 방법
> ② 흡인 탈가스법(DH법) : 진공조 밑에 있는 흡입관을 용강에 담근 후 진공조를 감압하여 레이들에 있는 용강이 진공조로 올라오면서 탈가스 처리하는 방법
> ③ 순환 탈가스법(RH법) : 흡입관과 배출관 2개가 달린 진공조에 Ar 가스를 흡입관(상승관) 쪽으로 취입하면서 탈가스 처리하는 방법
> ④ 레이들 탈가스법(LD법) : 진공조 내에 용강의 레이들을 놓고 용강을 교반하면서 탈가스 처리하는 방법

40 전로에서 분체취입법(Powder Injection)의 목적으로 틀린 것은?

① 용강 중 탈황(S)
② 개재물 저감
③ 용강 중에 남아 있는 불순물의 구상화하는 고급강 제조에 용이함
④ 용선 중 탈인(P)

> **분체취입법의 장점**
> ① 용강 중 탈황 효율 향상
> ② 비금속 개재물 생성 감소
> ③ 불순물 제거 용이

41 산소 전로 제강에서 사용되는 매용제로 가장 적합한 부원료는?

① 흑연, 돌로마이트
② 연와설, 고철
③ 마그네시아, 강철
④ 형석, 밀 스케일

> **전로 매용제**
> 형석, 밀 스케일, 철광석, 소결광

42 침지노즐을 사용하는 대형 연주기에서는 Powder를 사용한다. 이 파우더의 기능을 설명한 것 중 틀린 것은?

① 열방산을 도와준다.
② 공기와의 산화를 방지한다.
③ 용융된 파우더가 주형벽에 흘러 윤활제 역할을 한다.
④ 용강 중에 함유된 알루미나 등의 개재물을 용해하여 청정도를 높인다.

> **몰드 파우더의 기능**
> 용강산화방지, 열손실방지, 개재물 부상, 윤활 작용

43 복합취련법에서 환류용으로 저취하는 가스는?

① 수소   ② 아르곤
③ CO가스   ④ 산소

> 복합취련로에서 환류용으로 아르곤이나 질소를 저취구를 통해서 취입한다.

정답 39① 40④ 41④ 42① 43②

44 산소 전로법에서 조재제가 아닌 것은?

① 소결광 ② 석회석
③ 생석회 ④ 연와설

> 소결광은 전로법에서 매용제나 냉각제로 사용한다.
> ※ 조재제 : 생석회, 석회석, 규사, 연와설

45 슬래그의 주역할로 적합하지 않은 것은?

① 정련작용 ② 가탄작용
③ 용강보온 ④ 용강산화방지

> 제강 중 슬래그의 역할
> ① 정련 작용(불순물 제거)
> ② 용강의 산화 방지
> ③ 외부 가스 흡수 방지
> ④ 보온(열의 방출 차단)

46 RH법에서 진공조를 가열하는 이유는?

① 진공조를 감압시키기 위해
② 용강의 환류 속도를 감소시키기 위해
③ 진공조 안으로 합금 원소의 첨가를 쉽게 하기 위해
④ 진공조 내화물에 붙은 용강 스플래시를 용락시키기 위해

> 진공조(진공 철피)를 가열하지 않으면 순환에 의해 비산하는 용강이 노벽에 붙어있기 때문에, 이를 용해시켜 용락시키기 위해서 가열한다.

47 연속주조에서 가장 일반적으로 사용되는 몰드의 재질은?

① 구리 ② 내화물
③ 저탄소강 ④ 스테인리스 스틸

> 몰드는 열전도도가 우수한 구리로 하고, 표면을 크롬으로 도금한다.

48 연속주조 설비에서 주조를 처음 시작할 때 주형의 밑을 막는 것은?

① 핀치롤(Pinch Roll)
② 턴디시(Tundish)
③ 더미바(Dummy Bar)
④ 전단기(Shear)

> 더미바
> 주조 초기 주형 하부를 막아주고 용강이 응고하기 시작하면 주편을 핀치롤까지 인발하는 장치

49 주편을 인장할 때에 응고각이 주형벽 내의 Cu를 마모시켜 Cu분이 주편에 침투되어 Cu 취하를 일으켜 국부적 미세 균열을 일으키는 일명 '스타 크랙(star crack)'이라 불리는 결함은?

① 슬래그 물림
② 방사상 균열
③ 표면 가로균열
④ 모서리 가로균열

> 스타 크랙
> 주편 인발 시 응고각이 주형벽 내의 Cu를 긁어내어 Cu 분이 주편에 침투되어 국부적으로 미세한 터짐이 발생하는 방사상 균열

정답 44 ① 45 ② 46 ④ 47 ① 48 ③ 49 ②

50 다음과 같은 조건일 때 전로 출강 중에 투입해야 할 Fe-Mn의 투입량은?
(전장입량 : 348톤, 용강 중 함유 목표 Mn성분 : 1.7%, 취련 종료 후 용강 중 Mn 함량 : 0.15%, Fe-Mn 실수율 : 85%, Fe-Mn 품위 : 78%, 출강 실수율 : 95%)

① 6,185kg　② 7,729kg
③ 5,210kg　④ 7,131kg

> Mn 투입량
> $= \dfrac{(전장입량 \times 출강실수율) \times (함유목표함량 - 종점함량)}{(Fe-Mn 중\ Mn 함유량 \times Mn 실수율)}$
> $= \dfrac{(348,000 \times 0.95) \times (0.017 - 0.0015)}{(0.78 \times 0.85)}$
> $= 7,729kg$

51 주편 수동 절단 시 호스에 역화가 되었을 때 가장 먼저 취해야 할 일은?

① 토치에서 고무관을 뺀다.
② 토치에서 나사부분을 죈다.
③ 산소밸브를 즉시 닫는다.
④ 노즐을 빼낸다.

> 역화가 되면 산소밸브를 즉시 닫아야 누출가스에 의한 폭발을 방지할 수 있다.

52 유도식 전기로의 형식에 속하는 전기로는?

① 스타사노로
② 노상 가열로
③ 에루식로
④ 에이작스 노드럽로

> 에이작스 노드럽식 로는 고주파 유도로이다.

53 순 산소 상취 전로의 조업 시 취련종점의 결정은 무엇이 가장 적합한가?

① 비등현상　② 불꽃상황
③ 노체경동　④ 슬래그형성

> 종점판정은 불꽃의 상황(모양, 색, 크기 등)으로 판정한다.

54 주조방향에 따라 주편에 생기는 결함으로 주형 내 응고각(shell) 두께의 불균일에 기인한 응력발생에 의한 것으로 2차 냉각 과정으로 더욱 확대되는 결함은?

① 표면가로 크랙
② 방사상 크랙
③ 표면세로 크랙
④ 모서리 세로 크랙

> **표면세로 크랙**
> 수편의 주조방향을 따라서 발생하는 결함으로 응고각 두께가 불균일할 때 발생

55 용강을 고온, 고속으로 주입할 때 강괴 표면에 나타나는 결함은?

① 수축관　② 편석
③ 주름살이　④ 균열

> 조괴 작업에서 고온, 고속으로 주입하면 표면에 균열이 일어날 가능성이 있다.

정답 50 ② 51 ③ 52 ④ 53 ② 54 ③ 55 ④

56 비열이 0.6kcal/kg℃인 물질 100g을 25℃에서 225℃까지 높이는 데 필요한 열량은(kcal)?

① 10 ② 12
③ 14 ④ 16

> 열량 = 비열×온도차×무게
> = 0.6Kcal/kg℃×(225-25℃)×0.1kg
> = 12kcal

57 전기로 제강법에서 천정연와의 품질에 대한 설명으로 틀린 것은?

① 내화도가 높을 것
② 스폴링성이 좋을 것
③ 하중연화점이 높을 것
④ 연화 시의 점성이 높을 것

> 전기로 노 뚜껑(천정) 벽돌로 요구되는 품질
> ① 내화도가 높을 것
> ② 내스폴링성이 높을 것
> ③ 슬래그에 대한 내식성이 강할 것
> ④ 연화되었을 때 점성이 높을 것
> ⑤ 하중 연화점이 높을 것

58 철광석의 환원도를 표시하는 환원율은?

① 환원율 = $\dfrac{환원으로\ 제거된\ 산소량}{철광석\ 중의\ 전\ 산소량}$ ×100

② 환원율 = $\dfrac{철광석\ 중의\ 전\ 산소량}{환원으로\ 제거된\ 산소량}$ ×100

③ 환원율 = $\dfrac{환원철\ 중의\ 금속철}{환원철\ 중의\ 전철분}$ ×100

④ 환원율 = $\dfrac{환원철\ 중의\ 전철분}{환원철\ 중의\ 금속철}$ ×100

> 환원도 = $\dfrac{환원으로\ 제거된\ 산소량}{철광석\ 중의\ 전\ 산소량}$ ×100

59 강괴 내에 있는 용질 성분이 불균일하게 존재하는 결함으로 처음에 응고한 부분과 나중에 응고한 부분의 성분이 균일하지 않게 나타나는 현상의 결함은?

① 백점 ② 편석
③ 기공 ④ 비금속 개재물

> 편석
> 강괴에서 일정 부분의 품위가 높은 부분으로 응고가 가장 늦은 부분으로 집중하게 된다.

60 제강공장의 크레인의 주요 안전장치와 관련이 가장 먼 것은?

① 반발 예방장치
② 과부하 방지장치
③ 권과 방지장치
④ 비상 정지장치

> 반발 예방장치는 가공용 전기톱 등에 사용하는 장치이다.
> 권과장치는 크레인에 달려있는 안전장치이다.

정답 56 ② 57 ② 58 ① 59 ② 60 ①

2021년 3회 제강기능사 CBT 복원문제

01 그림과 같은 결정격자의 금속 원소는?

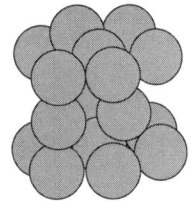 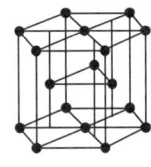

① Ni ② Mg
③ Al ④ Au

> HCP 결정구조이므로 Mg이다.
> Ni, Al, Au는 FCC이다.

02 니켈 황동이라 하며 7-3 황동에 7~30% Ni을 첨가한 합금은?

① 양백
② 톰백
③ 네이벌 황동
④ 애드미럴티 황동

> ① 양백 : 7-3황동에 7~30%Ni을 첨가한 황동으로 내식성이 우수
> ② 톰백 : Cu-Zn(8~20%) 합금으로 전연성이 좋고 색이 금색에 가까운 황동
> ③ 네이벌 황동 : 6-4황동에 주석(Sn)을 약 0.75% 첨가
> ④ 애드미럴티 황동 : 7-3황동에 주석(Sn)을 약 1% 첨가

03 다음 중 소성가공에 해당되지 않는 가공법은?

① 단조 ② 인발
③ 압출 ④ 표면처리

> **소성가공**
> 압연, 압출, 인발, 전조, 단조 등
> ※ 표면처리는 소성가공에 해당하지 않는다.

04 보통 주철(회주철) 성분에 0.7~1.5% Mo, 0.5~4.0% Ni을 첨가하고 별도로 Cu, Cr을 소량 첨가한 것으로 강인하고 내마멸성이 우수하여 크랭크축, 캠축, 실린더 등의 재료로 쓰이는 것은?

① 듀리론
② 니-레지스트
③ 애시큘러 주철
④ 미하나이트 주철

> ① 듀리론 : Si-Cr-Al계 주철로 내식, 내열용
> ② 니-레지스트 : Ni-Cr-Cu계 주철로 내열용
> ③ 애시큘러 : Mo-Ni-Cr-Cu계 주철로 내마모성과 강인성이 우수
> ④ 미하나이트 : 회주철에 접종처리한 고급주철

정답 01 ② 02 ① 03 ④ 04 ③

05 백선철을 900~1,000℃로 가열하여 탈탄시켜 만든 주철은?

① 칠드 주철　② 합금 주철
③ 편상흑연 주철　④ 백심가단 주철

> **가단 주철의 종류**
> ① 흑심가단 주철 : 백주철을 장시간 풀림처리하여 시멘타이트를 분해시켜 입상으로 석출시킨 주철
> ② 백심가단 주철 : 장시간 탈탄시켜 제조한 주철
> ③ 펄라이트가단 주철 : 흑연화를 완전히 하지 않고 제단 흑연화가 끝난 후 약 800℃에서 일정시간 유지 후 급랭하여 펄라이트가 적당히 존재

06 청동합금에서 탄성, 내마모성, 내식성을 향상시키고 유동성을 좋게 하는 원소는?

① P　② Ni
③ Zn　④ Mn

> **인청동의 특징**
> ① 탄성이 우수하다.
> ② 내식성과 내마모성이 우수하다.
> ③ 피삭성이 좋고 강도도 우수하다.
> ④ 유동성이 좋아 주조가 용이하다.

07 금속을 냉간가공할 때 결정입자가 가공방향으로 늘어나는 성질은?

① 등방성　② 결정성
③ 이방성　④ 절삭성

> 금속을 냉간가공하면 이방성에 의해 결정입자가 가공방향으로 늘어나게 된다.

08 강의 심냉처리에 대한 설명으로 틀린 것은?

① 서브제로 처리라 불린다.
② Ms 바로 위까지 급랭하고 항온 유지한 후 급랭한 처리이다.
③ 잔류 오스테나이트를 마텐자이트로 변태시키기 위한 열처리이다.
④ 게이지나 볼베어링 등의 정밀한 부품을 만들 때 효과적인 처리 방법이다.

> **심냉처리**
> 담금질한 강에 존재하는 변태가 되지 않은 잔류 오스테나이트를 마텐자이트로 변태시키기 위해 영하의 온도로 냉각시키는 열처리
> ※ 오스템퍼링 : Ms 바로 위까지 급랭하고 항온 유지한 후 급랭하는 열처리로 베이나이트 조직이 얻어진다.

09 활자금속에 대한 설명으로 틀린 것은?

① 응고할 때 부피 변화가 커야 한다.
② 주요 합금조성은 Pb – Sn – Sb이다.
③ 내마멸성 및 상당한 인성이 요구된다.
④ 비교적 용융점이 낮고, 유동성이 좋아야 한다.

> 활자금속은 용해 후 응고 시 부피 변화가 없어야 원래 모양을 유지할 수 있다.

10 다음 중 대표적인 시효 경화성 경합금은?

① 주강　② 두랄루민
③ 화이트메탈　④ 흑심가단주철

> 두랄루민은 Al계 시효경화성 고강도합금이다.

정답 05 ④ 06 ① 07 ③ 08 ② 09 ① 10 ②

11 황동 합금 중에서 강도는 낮으나 전연성이 좋고 금색에 가까워 모조금이나 판 및 선에 사용되는 합금명은?

① 톰백 ② 7-3 황동
③ 6-4 황동 ④ 주석 황동

> **톰백**
> Cu-Zn(8~20%) 합금으로 전연성이 좋고 색이 금색에 가까운 황동

12 오일리스 베어링(Oilless bearing)의 특징이라고 할 수 없는 것은?

① 다공질의 합금이다.
② 급유가 필요하지 않은 합금이다.
③ 원심 주조법으로 만들며 강인성이 좋다.
④ 일반적으로 분말 야금법을 사용하여 제조한다.

> 오일리스 베어링은 주조로 만들지 않으며, 내마멸성이 우수하다.

13 다음 중 슬립(slip)에 대한 설명으로 옳은 것은?

① 원자 밀도가 가장 큰 격자면과 최대인 방향에서 잘 일어난다.
② 원자 밀도가 가장 큰 격자면과 최소인 방향에서 잘 일어난다.
③ 원자 밀도가 가장 작은 격자면과 최대인 방향에서 잘 일어난다.
④ 원자 밀도가 가장 작은 격자면과 최소인 방향에서 잘 일어난다.

> 슬립은 원자의 이동으로 원자 밀도가 큰 격자면과 최대 방향을 따라서 원자가 이동한다.

14 다음 중 경질 자성재료에 해당되는 것은?

① Si 강판 ② Nd 자석
③ 센더스트 ④ 퍼멀로이

> • **경질자석** : ND자석, 알니코 자석, 페라이트 자석
> • **연질자석** : 센더스트, 규소강판

15 다음 중 용융금속이 가장 늦게 응고하여 불순물이 가장 많이 모이는 부분은?

① 금속의 모서리 부분
② 결정 입계 부분
③ 결정 입자 중심 부분
④ 가장 먼저 응고하는 금속 표면 부분

> 용융금속의 응고과정은 결정핵이 생성되고, 이 결정핵이 성장하면서 하나의 결정을 이루면서 다른 결정과 만나는 부분이 결정입계가 된다. 결정입계는 가장 늦게 응고되며 편석이 집중되게 된다.

16 주석의 성질에 대한 설명 중 옳은 것은?

① 동소변태를 하지 않는 금속이다.
② 13℃ 이하의 주석(Sn)은 백주석이다.
③ 주석은 상온에서 재결정이 일어나지 않으므로 가공경화가 용이하다.
④ 주석(Sn)의 용융점은 232℃로 저용융점 합금의 기준이다.

> 주석(Sn)의 용융점은 232℃로 저용융점 합금의 기준이며 13℃에서 백주석이 회색주석으로 변태를 하며, 상온 이하에서 재결정이 일어난다.

정답 11 ① 12 ③ 13 ① 14 ② 15 ② 16 ④

17 기어(Gear) 제도에서 피치원은 어떤 선으로 그리는가?

① 가는 실선 ② 굵은 실선
③ 가는 은선 ④ 가는 1점 쇄선

> 기어의 피치원은 가는 1점 쇄선을 사용한다.

18 한국산업표준에서 ISO 규격에 없는 관용 테이퍼나사를 나타내는 기호는?

① M ② PF
③ PT ④ UNF

> ① M : 미터 보통 나사
> ② PF : 관용 평행 나사
> ③ PT : 관용 테이퍼 나사
> ④ UNF : 유니파이 가는 나사

19 대상물의 구멍, 홈 등과 같이 한 부분의 모양을 도시하는 것으로 충분한 경우에 도시하는 방법은?

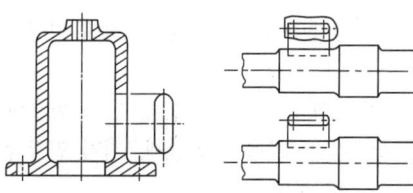

① 보조 투상도
② 회전 투상도
③ 국부 투상도
④ 부분 확대 투상도

> **국부 투상도**
> 대상물에서 한 부분의 모양을 도시한 것

20 한국산업표준에서 표면 거칠기를 나타내는 방법이 아닌 것은?

① 최소 높이 거칠기(Rc)
② 최대 높이 거칠기(Ry)
③ 10점 평균 거칠기(Rz)
④ 산술 평균 거칠기(Ra)

> **표면거칠기 표시**
> ① 중심선 표면 거칠기(산술 평균 거칠기 : Ra)
> ② 최대 높이 거칠기(Rmax)
> ③ 10점 평균 거칠기(Rz)

21 축의 최대허용치수 44.991mm, 최소허용치수 44.975mm인 경우 치수 공차(mm)는?

① 0.012 ② 0.016
③ 0.018 ④ 0.020

> 치수공차 = 최대허용치수 − 최소허용치수
> = 44.991 − 44.975 = 0.016

22 도면을 접을 때는 A4 크기를 원칙으로 하고 있다. A4 용지의 크기(mm)는?

① 148×210 ② 210×297
③ 297×420 ④ 420×594

> A4는 210mm×297mm
> A3는 297mm×420mm

정답 17 ④ 18 ③ 19 ③ 20 ① 21 ② 22 ②

23 제도 도면의 치수기입 원칙에 대한 설명으로 틀린 것은?

① 치수선은 부품의 모양을 나타내는 외형선과 평행하게 그어 표시한다.
② 길이, 높이 치수의 표시 위치는 되도록 정면도에 표시한다.
③ 치수는 계산하여 구할 수 있는 치수는 기입하지 않으며, 지시선은 굵은 실선으로 표시한다.
④ 대상물의 기능, 제작, 조립 등을 고려하여 필요하다고 생각되는 치수를 명료하게 기입한다.

> 치수는 되도록 계산하여 구할 필요가 없도록 기입하며, 지시선은 가는 실선을 사용한다.

24 다음 물체를 3각법으로 표현할 때 우측면도로 옳은 것은? (단, 화살표 방향이 정면도 방향이다)

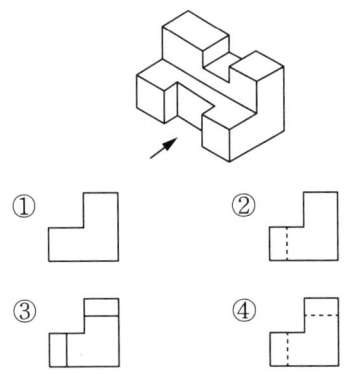

> 우측면도는 오른쪽에서 본 그림이므로 ④와 같다.

25 다음과 같은 물체의 테이퍼 값은?

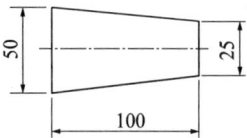

① 1/4   ② 1/5
③ 1/8   ④ 1/25

> 테이퍼 값 $= \dfrac{a-b}{l} = \dfrac{50-25}{100} = \dfrac{25}{100} = \dfrac{1}{4}$

26 스프링강(spring steel)의 기호는?

① STS   ② SPS
③ SKH   ④ STD

> 고속도강 SKH, 일반탄소강 SM, 탄소공구강 STC, 합금공구강 STS, 다이스강 STD, 스프링강 SPS

27 SS330으로 표시된 재료 기호를 옳게 설명한 것은?

① 기계구조용 탄소강재, 최대 인장강도 330N/m^2
② 기계구조용 탄소강재, 탄소 함유량 3.3%
③ 일반구조용 압연강재, 최저 인장강도 330N/m^2
④ 일반구조용 압연강재, 탄소 함유량 3.3%

> **SS330**
> 일반구조용 압연강재로 최저 인장강도가 300N/m^2이다.

정답 23 ③ 24 ④ 25 ① 26 ② 27 ③

28 용선 예비처리에서 회전드럼법(Kalling)법에 대한 설명으로 옳은 것은?

① 회전로에서 탈탄하는 방법
② 회전로에서 산화 반응으로 탈규, 탈질하는 방법
③ 회전로에서 소석회에 의해 탈황하는 방법
④ 회전로에서 Fe-Si에 의해 탈산하는 방법

> **회전드럼법(Kalling법)**
> 용선 예비처리방법으로 회전로에서 탈황제(분석회, 분코크스)를 넣고 회전하여 교반력에 의해 탈황을 촉진하는 방법

29 사고의 원인 중 불안전한 행동에 해당되는 것은?

① 작업환경의 결함
② 생산공정의 결함
③ 위험한 장소 접근
④ 안전방호장치의 결함

> 위험한 장소 접근은 잘못된 행동이므로 불안전한 행동이다.

30 복합취련법에 대한 설명으로 틀린 것은?

① 취련시간이 단축된다.
② 용강의 실수율이 높다.
③ 위치에 따른 성분 편차는 없으나 온도의 편차가 발생한다.
④ 강욕 중의 C와 O의 반응이 활발해지므로 극저탄소강 등 청정강의 제조가 유리하다.

> 복합취련법은 용강 교반이 심하므로 성분 및 온도 편차가 없다.

31 연속주조의 주조 설비가 아닌 것은?

① 턴디시
② 더미바
③ 주형이송대차
④ 2차 냉각 장치

> 주형이송대차는 조괴 설비에 해당한다.

32 전기로 제강법에서 산화제를 첨가하면 강욕 중 반응을 일으켜 가장 먼저 제거되는 것은?

① C
② P
③ Mn
④ Si

> **전기로 산화기 원소의 산화 순서**
> Si → Mn → Cr → P → C

33 냉각제로 사용하는 고철, 석회석, 철광석의 냉각 효과로 맞는 것은?

① 고철 : 석회석 : 철광석 = 1.0 : 2.2 : 2.7
② 고철 : 석회석 : 철광석 = 1.5 : 1.4 : 3.0
③ 고철 : 석회석 : 철광석 = 1.8 : 1.5 : 3.2
④ 고철 : 석회석 : 철광석 = 1.2 : 1.5 : 2.6

> **냉각제 냉각능**
>
> | 냉각제 | 고철 | 석회석 | 철광석, 밀스케일 |
> |---|---|---|---|
> | 냉각능 | 1 | 2.2 | 2.7 |

정답 28 ③ 29 ③ 30 ③ 31 ③ 32 ④ 33 ①

34 강괴 결함 중 딱지흠(스캡)의 발생 원인이 아닌 것은?

① 주입류가 불량할 때
② 저온·저속으로 주입할 때
③ 강탈산 조업을 하였을 때
④ 주형 내부에 용손이나 박리가 있을 때

> **스캡(scab)의 원인**
> 주입류 불량, 스플래시, 저온 저속 주입, 편심 주입, 주형 내부 용손 및 박리

35 제강조업에서 소량의 첨가로 염기도의 저하없이 슬래그의 용융온도를 낮추어 유동성을 좋게 하는 것은?

① 생석회　　② 석회석
③ 형석　　　④ 철광석

> **형석**
> 슬래그의 염기도 저하없이 슬래그의 용융점을 낮추어 유동성 향상에 효과적이다.

36 캐치 카본(Catch Carbon)법의 이점으로 틀린 것은?

① 취련 시간의 단축
② 산소 사용량의 감소
③ 강중의 산소의 감소
④ 탈인이 잘 됨

> **캐치 카본(Catch carbon)법의 특징**
> ① 목표 탄소 농도에 도달하였을 때 취련을 끝내어 출강하는 방법
> ② 취련 시간의 단축
> ③ 취련 산소량의 감소
> ④ 철분의 재화 손실의 감소
> ⑤ 강 중의 산소 용해의 감소
> ⑥ 탈인 반응은 불충분함

37 제강에 사용하는 고체 연료의 발열량의 단위는?

① cal/L　　② $kcal/cm^2$
③ kcal/kg　④ cal/m^3

> 고체 및 액체 연료의 발열량은 kcal/kg으로 나타낸다.

38 전기로 조업에서 산화정련기의 목적이 아닌 것은?

① 탄소량을 조정한다.
② 용강 중의 산소를 제거한다.
③ Si, Cr, P 등을 산화 제거한다.
④ 강욕 온도의 균일화 및 온도를 상승한다.

> **산화 정련기의 목적**
> ① 품질이 좋은 강을 만들기 위하여 환원기에서 제거할 수 없는 유해 원소(S, P, 불순물, 가스, 수소 등)를 삽시ㅏ 철광석에 의한 산화 정련으로 제거
> ② 탄소량을 조정
> ③ 강욕 온도의 균일화 및 온도 상승
> ④ 환원 조작을 용이하게 할 수 있도록 강욕을 만든 작업

39 연속 주조작업 중 몰드에 투입하는 파우더의 역할이 아닌 것은?

① 산화방지
② 윤활제 역할
③ 주편냉각 촉진
④ 강의 청정도 향상

> **몰드 파우더의 기능**
> 용강산화방지, 열손실방지, 개재물 부상, 윤활 작용

40 전기로의 분류로 맞는 것은?

① 간접 아크로에는 스테사노(Stassano)식 로가 있다.
② 직접 아크로에는 레너펠트(Rennerfelt)식 로가 있다.
③ 저주파 유도로에는 에이젝스-노드럽(Ajax-Northrup)식 로가 있다.
④ 고주파 유도로에는 에이젝스-위야트(Ajax-Wyatt)식 로가 있다.

아크식	간접 아크	간접식 : 스테사노식
		직간접식 : 페너펠트식
	직접 아크	비노상가열식 : 에루식
		노상가열식 : 지로드식
유도식		저주파 유도로 : 에이젝스-위야트식
		고주파 유도로 : 에이젝스-노드럽식

41 정련법 중 진공실 내에 레이들 또는 주형을 설치하여 진공실 밖에서 실(seal)을 통해 용강을 떨어뜨리면 진공실의 급격한 압력 저하로 용강 중 가스가 방출하는 방법은?

① 흡인 탈가스법
② 유적 탈가스법
③ 순환 탈가스법
④ 레이들 탈가스법

탈가스 처리법
① 유적 탈가스법(BV법) : 용강을 진공조 안에 있는 주형에 흘려 내리면서 탈가스 처리하는 방법
② 흡인 탈가스법(DH법, 도르트문트법) : 진공조 밑에 있는 흡입관을 용강에 담근 후 진공조를 감압하여 레이들에 있는 용강이 진공조로 올라오면서 탈가스 처리하는 방법
③ 순환 탈가스법(RH법) : 흡인관과 배출관 2개가 달린 진공조에 Ar 가스를 흡인관(상승관) 쪽으로 취입하면서 탈가스 처리하는 방법
④ 레이들 탈가스법(LD법) : 진공조 내에 용강의 레이들을 놓고 용강을 교반하면서 탈가스 처리하는 방법

42 상주법으로 주입 시 용강의 비산에 의해 강괴 하부에 생기는 이중 표피(Double skin)의 원인 및 방지법으로 틀린 것은?

① 상주초기에 용강의 splash(비말)에 의한 각의 형성 및 강괴하부에 생긴다.
② Splash can을 사용한다.
③ 주형내부에 도료를 바른다.
④ 볼록정반을 사용한다.

2중 표피(double skin)의 원인 및 방지책
① 원인
  • 스플래시 발생
  • 킬드강의 과도한 압탕으로 인하여
  • 림드강의 탕면이 일시적으로 저하할 때
  • 강과의 파단
  • 정반 불량 및 사고
② 방지책
  • 스플래시 캔 설치
  • 적정압탕 실시
  • 적정탈산 및 주입속도 유지
  • 요철 정반 사용
  • 주형 내부 도포

43 다음 중 산성 내화물이 아닌 것은?

① 규석질   ② 납석질
③ 샤모트질   ④ 돌로마이트질

내화물의 분류
① 염기성 내화물 : 마그네시아질, 크롬 마그네시아질, 백운석질(돌로마이트), 석회질
② 산성 내화물 : 샤모트질, 점토질, 규석질, 납석질, 내화점토
③ 중성 내화물 : 알루미나질, 크롬질, 탄소질, 탄화규소질

정답 40 ① 41 ② 42 ④ 43 ④

44 전기로 제강법 중 환원기의 목적으로 옳은 것은?

① 탈인 ② 탈규소
③ 탈황 ④ 탈망간

- 환원기 : 탈황, 탈산
- 산화기 : 탈인, 탈규, 탈망간, 탈탄

45 1기압하에서 14.5℃의 순수한 물 1g을 1℃ 올리는 데 필요한 열량은?

① 1J ② 1lb
③ 1cal ④ 1BTU

1cal : 물 1g을 1℃ 올리는 데 필요한 열량

46 조괴 작업에서 킬드강괴에 사용하는 주형은?

① 압탕형 ② 캡드형
③ 상광형 ④ 하광형

킬드강 : 하광형
림드강, 세미킬드강 : 하광형
캡드강 : 캡드형

47 연속주조 작업 중 주조 초기 Over Flow가 발생되었을 때 안전상 조치사항이 아닌 것은?

① 작업자 대피
② 신속히 전원 차단
③ 주상바닥 습기류 제거
④ 각종 호스(hose), 케이블(cable) 제거

전원을 차단하면 다른 안전장치가 작동하지 않는다.

48 강괴의 비금속 개재물 생성원인이 아닌 것은?

① 슬래그가 강재에 혼입
② 내화재가 침식하여 강재에 혼입
③ 대기에 의한 산화
④ 주형과 정반에 도포 실시

비금속 개재물의 생성원인
① 공기에 의한 용강의 산화
② 내화물의 탈락에 의한 혼입
③ 정련반응 생성물 제거 불량

49 우천 시 고철에 수분이 있다고 판단되면 장입 후 출강측으로 느리게 1회만 경동시키는 이유는?

① 습기를 제거하여 폭발 방지를 위해
② 불순물의 혼입을 방지하기 위해
③ 취련시간을 단축시키기 위해
④ 양질의 강을 얻기 위해

수분이 부착되어 있을 경우 폭발의 위험이 있다.

50 연속주조 개시 때 주형저부를 막아 주어 주편을 핀치롤까지 인출시키는 장치는?

① 더미바 ② 턴디시
③ 주형 ④ 롤러 테이블

더미바
주조 초기 주형 하부를 막아주고 용강이 응고하기 시작하면 주편을 핀치롤까지 인발하는 장치

정답 44③ 45③ 46④ 47② 48④ 49① 50①

51 용강의 탈산을 완전하게 하여 주입하므로 가스의 방출없이 조용하게 응고되는 강은?

① 캡드강 ② 림드강
③ 킬드강 ④ 세미킬드강

> 킬드강은 완전탈산을 하였으므로 기체 발생이 가장 적다.

52 강괴 표피의 일부가 2중으로 된 결함은?

① 칠(Chill)
② 스플래시(Splash)
③ 균열(Crack)
④ 더블스킨(Double Skin)

> **이중표피(Double Skin)**
> 림드강의 경우 주형 탈산 부적당할 경우, 급속 주입할 경우 표피 일부가 2중으로 겹쳐지는 결함

53 단조나 열간 가공한 재료의 파단면에 은회색의 반점이 원형으로 집중되어 나타나는 결함은 주로 강의 어떤 성분 때문인가?

① 수소 ② 질소
③ 산소 ④ 이산화탄소

> **백점**
> 재료의 파단면에 은회색 반점이 원형으로 집중되는 결함으로 수소에 의해 발생한다.

54 진공조에 의한 순환 탈가스 방법에서 탈가스가 이루어지는 장소로 부적합한 것은?

① 상승관에 취입된 가스표면
② 레이들 상부의 용강표면
③ 진공조 내에서 노출된 용강표면
④ 취입가스와 함께 비산하는 스프레쉬 표면

> 탈가스는 레이들 상부는 공기와 접하는 부분이므로 탈가스는 일어나지 않는다.

55 전로 내화물의 수명에 영향을 주는 인자에 대한 설명으로 옳은 것은?

① 염기도가 증가하면 노체사용 횟수는 저하한다.
② 휴지시간이 길어지면 노체사용 횟수는 증가한다.
③ 산소사용량이 많게 되면 노체사용 횟수는 증가한다.
④ 슬래그 중의 T-Fe가 높으면 노체사용 횟수는 저하한다.

> **전로 내화물 노체지속 횟수 저하 요인**
> ① 용선에 함유되어 있는 Si이 증가할 때
> ② 슬래그 염기도가 낮을 때
> ③ 슬래그 중의 T-Fe가 높을 때
> ④ 산소 사용량이 많을 때
> ⑤ 재취련률이 높을 때
> ⑥ 종점 온도가 높을 때
> ⑦ 취련 종점에서 용강 중의 C함유량이 저하할 때
> ⑧ 휴지시간이 길어질 때
> ⑨ 형석(CaF_2)을 첨가하여 슬래그의 유동성이 증가할 때
> ⑩ 냉각제로 투입되는 철광석에 의해 격렬한 끓음(Boiling) 반응을 일으킬 때

정답 51 ③ 52 ④ 53 ① 54 ② 55 ④

56 순 산소 상취 전로제강법에서 냉각효과를 높일 수 있는 가장 효과적인 냉각제 투입 방법은?

① 투입시기를 정련시간 후반에 되도록 소량을 분할 투입한다.
② 투입시기를 정련시간 초기에 되도록 일시에 다량 투입한다.
③ 투입시기를 정련시간 초기에 전량을 일시에 투입한다.
④ 투입시기를 정련시간의 후반에 되도록 일시에 다량 투입한다.

> 냉각제는 소량씩 분할 투입하며 시기는 정련 후반기에 용강 온도 강하를 목적으로 한다.

57 LD전로 조업에서 취련하는 산소의 소모를 가장 많이 되는 반응은?

① Si의 산화   ② P의 산화
③ C의 산화   ④ Mn의 산화

> LD전로조업에서 산소가 가장 많이 소모되는 반응은 탈탄(C) 반응이다.

58 용강의 버블링(Bubbling) 가스로 적합한 것은?

① COG   ② LDG
③ Ar_2 ④ H_2

> 버블링에는 불활성 가스인 Ar_2, N_2가 사용된다.

59 제강 부원료 중 매용제로 사용되는 것이 아닌 것은?

① 석회석   ② 소결광
③ 철광석   ④ 형석

> **전로 매용제**
> 형석, 밀 스케일, 철광석, 소결광

60 정상적인 전기아크로의 조업에서 산화슬래그의 표준 성분은?

① MgO, Al_2O_3, Cr_2O_3
② CaO, SiO_2, FeO
③ CuO, CaO, MnO
④ FeO, P_2O_5, PbO

> **슬래그 주 성분** : CaO, SiO_2, FeO

정답 56 ① 57 ③ 58 ③ 59 ① 60 ②

2022년 1회 제강기능사 CBT 복원문제

01 구조용 합금강과 공구용 합금강을 나눌 때 기어, 축 등에 사용되는 구조용 합금강 재료에 해당되지 않는 것은?

① 침탄강   ② 강인강
③ 질화강   ④ 고속도강

> 고속도강은 공구용 합금강에 해당한다.

02 구상흑연 주철품의 기호표시에 해당하는 것은?

① WMC 490   ② BMC 340
③ GCD 450   ④ PMC 490

> 회주철 GC, 구상흑연주철 GCD

03 Pb계 청동 합금으로 주로 항공기, 자동차용의 고속베어링으로 많이 사용되는 것은?

① 켈밋   ② 톰백
③ Y합금   ④ 스테인리스

> **켈밋(Kelmet)**
> Cu-Pb(30~40%) 합금으로 화이트 메탈보다 강하여 고속베어링에 사용

04 탄소강 중에 포함된 구리(Cu)의 영향으로 틀린 것은?

① Ar_1 변태점이 저하된다.
② 강도, 경도, 탄성한도가 증가된다.
③ 내식성이 저하된다.
④ 압연 시 균열의 원인이 된다.

> 강 중에 Cu가 들어가면 강도, 경도 등이 증가하고, 내식성이 향상되고, 가공성은 떨어진다.

05 용탕을 금속 주형에 주입 후 응고할 때, 주형의 면에서 중심 방향으로 성장하는 나란하고 가느다란 기둥 모양의 결정을 무엇이라고 하는가?

① 단결정
② 다결정
③ 주상 결정
④ 크리스탈 결정

> 용융금속을 금형에 주입하면 표면부부터 급랭되어 내부로 응고가 진행되는데 이때 성장 방향이 기둥 모양으로 자라난다. 이 기둥 모양을 주상정이라고 한다.

정답 01 ④ 02 ③ 03 ① 04 ③ 05 ③

06 전극재료를 제조하기 위해 전극재료를 선택하고자 할 때의 조건으로 틀린 것은?

① 비저항이 클 것
② SiO_2와 밀착성이 우수할 것
③ 산화 분위기에서 내식성이 클 것
④ 금속규화물의 용융점이 웨이퍼 처리 온도보다 높을 것

> 전극재료는 비저항이 작아야 한다.

07 다음의 금속 결함 중 체적결함에 해당되는 것은?

① 전위
② 수축공
③ 결정립계 경계
④ 침입형 불순물 원자

> • 점결함 : 공공, 불순물 원자
> • 선결함 : 전위, 쌍전
> • 면결함 : 결정입계
> • 체적결함 : 수축공

08 고체상태에서 하나의 원소가 온도에 따라 그 금속을 구성하고 있는 원자의 배열이 변하여 두 가지 이상의 결정구조를 가지는 것은?

① 전위   ② 동소체
③ 고용체   ④ 재결정

> **동소체**
> 고체상태에서 온도변화에 따라 원자의 결정구조가 변하는 것

09 열처리로에 사용하는 분위기 가스 중 불활성가스로만 짝지어진 것은?

① NH_3, CO   ② He, Ar
③ O_2, CH_4 ④ N_2, CO_2

> **불활성가스** : He, Ar, N_2, Ne

10 주물용 마그네슘(Mg) 합금을 용해할 때 주의해야 할 사항으로 틀린 것은?

① 주물 조각을 사용할 때에는 모래를 투입하여야 한다.
② 주조조직의 미세화를 위하여 적절한 용탕 온도를 유지해야 한다.
③ 수소가스를 흡수하기 쉬우므로 탈가스 처리를 해야 한다.
④ 고온에서 취급할 때는 산화와 연소가 잘 되므로 산화방지책이 필요하다.

> Mg은 고온에서 쉽게 발화할 가능성이 있으므로 조각으로 사용하지 않는다.

11 주물용 Al-Si 합금 용탕에 0.01% 정도의 금속나트륨을 넣고 주형에 용탕을 주입함으로써 조직을 미세화시키고 공정점을 이동시키는 처리는?

① 용체화처리   ② 개량처리
③ 접종처리   ④ 구상화처리

> 실루민(Al-Si) 합금은 초정 Si의 생성을 억제하기 위하여 Na 등으로 개량처리를 하여 공정조직으로 바꾸면 강도가 증가하고 취성이 개선된다.

정답 06 ① 07 ② 08 ② 09 ② 10 ① 11 ②

12 [보기]는 강의 심랭처리에 대한 설명이다. (A), (B)에 들어갈 용어로 옳은 것은?

> 심랭처리란, 담금질한 강을 실온 이하로 냉각하여 (A)를 (B)로 변화시키는 조작이다.

① (A) : 잔류 오스테나이트, (B) : 마텐자이트
② (A) : 마텐자이트, (B) : 베이나이트
③ (A) : 마텐자이트, (B) : 소르바이트
④ (A) : 오스테나이트, (B) : 펄라이트

심랭처리
강을 담금질하면 마텐자이트로 변태가 되지만 일부에는 변태가 되지 못한 잔류 오스테나이트가 존재하므로 이를 마텐자이트로 변태시키기 위해 영하의 저온으로 냉각하면 잔류 오스테나이트가 마텐자이트로 변태가 된다.

13 니켈-크롬 합금 중 사용한도가 1,000℃까지 측정할 수 있는 합금은?

① 망가닌   ② 우드메탈
③ 배빗메탈 ④ 크로멜-알루멜

크로멜-알루멜(CA)
크로멜(니켈-크롬), 알루멜(니켈-알루미늄)으로 된 것으로 온도계에 사용하며 1,000℃정도까지 측정이 가능하다.

14 만능 재료시험기의 인장시험을 할 경우 값을 구할 수 없는 금속의 기계적 성질은?

① 인장강도 ② 항복강도
③ 충격값   ④ 연신율

충격값은 충격시험으로 구할 수 있다.

15 다음 그림에서 공정반응선을 나타내는 구간은?

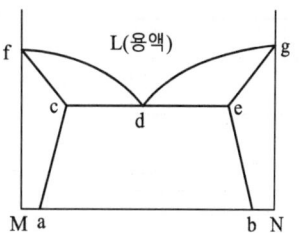

① acf   ② cde
③ fdg   ④ beg

공정반응은 L ↔ S1 + S2 반응이므로 cde선에 해당한다.

16 그림과 같은 방법으로 그린 투상도는?

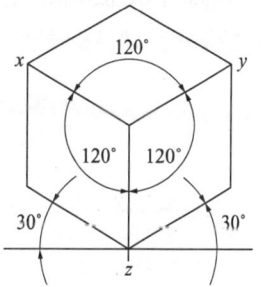

① 정투상도 ② 평면도법
③ 등각투상도 ④ 사투상도

등각투상도
x, y, z 축이 120도로 같은 투상도

17 다음 그림은 제3각법에 의해 그린 투상도이다. 평면도는 어느 것인가?

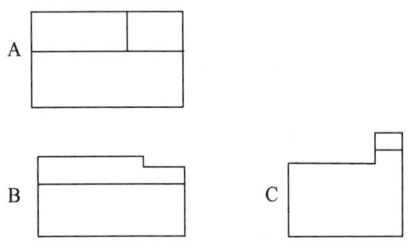

① A
② B
③ C
④ A와 B

> 평면도는 정면도의 위에 그린 것이다.

18 축에 풀리, 기어 등의 회전체를 고정시켜 축과 회전체가 미끄러지지 않고 회전을 정확하게 전달하는 데 사용하는 기계 요소는?

① 키
② 핀
③ 벨트
④ 볼트

> ① 키 : 기어, 벨트, 풀리 등의 축에 고정하여 회전 동력을 전달하는 것
> ② 핀 : 기계 부품의 체결용 기계요소
> ③ 벨트 : 먼 곳까지 운동을 전달하기 위한 기계 요소
> ④ 볼트 : 기계 부품의 체결용 기계요소

19 치수기입 시 치수 숫자와 같이 사용하는 기호의 설명 중 틀린 것은?

① ∅ : 지름
② R : 반지름
③ C : 구의 지름
④ t : 두께

> ∅ 지름, R 반지름, □ 사각형, t 두께, C 모따기

20 대상물의 표면으로부터 임의로 채취한 각 부분에서의 표면거칠기를 나타내는 기호가 아닌 것은?

① R_{tp}
② S_m
③ R_z
④ R_a

> **표면거칠기**
> R_a(중심선 평균거칠기), R_{max}(최대높이 거칠기), R_z(10점 평균거칠기), S_m(평균요철 폭간격)

21 볼트를 고정하는 방법에 따라 분류할 때, 물체의 한쪽에 암나사를 깎은 다음 나사박기를 하여 죄며 너트를 사용하지 않는 볼트는?

① 관통볼트
② 기초볼트
③ 탭볼트
④ 스터드볼트

> **체결용 볼트의 종류**
> ① 관통볼트 · 너트와 같이 사용하는 볼트로, 체결하고자 하는 2개 부분에 구멍을 뚫고 볼트를 관통시킨 다음 너트로 조인다.
> ② 기초볼트 : 기계류 및 구조물의 고정에 사용하는 것으로 토대에 고정하기 위한 볼트
> ③ 탭볼트 : 너트를 사용하지 않고 체결하는 상대 쪽에 암나사를 내고 볼트를 나사박음하여 체결하는 볼트
> ④ 스터드볼트 : 봉의 양끝에 나사가 절삭되어 있어 한쪽을 기계의 본체 등에 체결하고 다른 쪽은 너트로 체결하는 볼트
> ⑤ 양너트볼트 : 볼트의 양쪽에 수나사를 깎아 관통시킨 후 양끝 모두 너트로 죄는 볼트

정답 17 ① 18 ① 19 ③ 20 ① 21 ③

22 다음 그림 중에서 FL이 의미하는 것은?

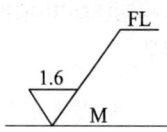

① 밀링가공을 나타낸다.
② 래핑가공을 나타낸다.
③ 가공으로 생긴 선이 거의 동심원임을 나타낸다.
④ 가공으로 생긴 선이 2방향으로 교차하는 것을 나타낸다.

> FL은 가공방법의 의미 중 래핑을 의미한다.

23 정면, 평면, 측면을 하나의 투상도에서 동시에 볼 수 있도록 그린 것으로 직육면체 투상도의 경우 직각으로 만나는 3개의 모서리가 각각 120°를 이루는 투상법은?

① 등각투상도법
② 사투상도법
③ 부등각투상도법
④ 정투상도법

> **등각투상도**
> x, y, z 축이 120도로 같은 투상도

24 대상물의 보이지 않는 부분의 모양을 표시하는데 사용하는 선의 종류는?

① ———
② —·—·—
③ —··—··—
④ ············

> 물체의 보이지 않는 곳을 나타내는 선인 은선은 파선(············)으로 표시한다.

25 그림에서 치수 20, 26에 치수 보조 기호가 옳은 것은?

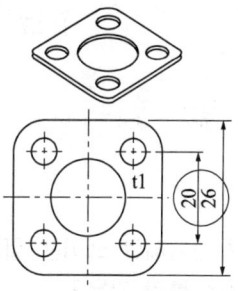

① S
② □
③ t
④ ( )

> □은 정사각형의 변을 의미하므로 구멍 4개의 위치가 사각형으로 배열되어 있다.
> S : 구, t : 두께, ( ) : 참고치수

26 다음 그림에서 A부분이 지시하는 표시로 옳은 것은?

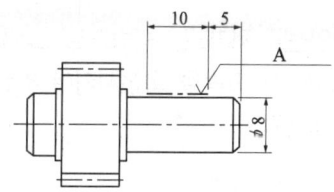

① 평면의 표시법
② 특정 모양 부분의 표시
③ 특수 가공 부분의 표시
④ 가공 전과 후의 모양 표시

> 특수 가공 부분은 굵은 1점 쇄선을 사용한다.

정답 22 ② 23 ① 24 ④ 25 ② 26 ③

27 리드가 9mm인 3줄 나사의 피치(mm)는?

① 3   ② 6
③ 9   ④ 27

> 피치 = $\dfrac{리드}{줄수} = \dfrac{9}{3} = 3$

28 제강의 산화제로 쓰이는 철광석에 대한 설명으로 틀린 것은?

① 인(P)이나 황(S)이 적은 적철광이 좋다.
② 광석의 크기는 약 10~15mm가 적당하다.
③ SiO_2의 함유량은 약 30% 이상의 것이 좋다.
④ 수분이 적어야 좋다.

> 제강 부원료로 사용하는 철광석에는 맥석성분인 SiO_2, Al_2O_3 성분이 적어야 한다.

29 고인선을 처리하는 방법으로 노체를 기울인 상태에서 고속을 회전시키며 취련하는 방법은?

① LD – AC법
② 칼도법
③ 로터법
④ 이중강재법

> **특수전로법**
> ① 칼도법 : 노체를 기울인 상태에서 고속으로 회전하면서 취련하는 방법으로 고인선을 처리하는 방법이다.
> ② 로터법은 고인선 처리용 특수전로법이다.
> ③ LD-AC법(OLP법) : 조재제인 산화칼슘 분말을 산소와 동시에 취입하는 방법

30 순 산소 상취전로의 취련 중에 일어나는 현상인 스피팅(spitting)에 관한 설명으로 옳은 것은?

① 취련 초기에 발생하며 랜스 높이를 높게 하여 취련할때 발생되는 현상이다.
② 취련 초기에 발생하며 주로 철 및 슬래그 입자가 노 밖으로 비산되는 현상이다.
③ 취련 초기에 밀 스케일 등을 많이 넣었을 때 발생하는 현상이다.
④ 취련 말기 철광석 투입이 완료된 직후 발생하기 쉬우며 소프트 블로우(soft blow)를 행한 경우 나타나는 현상이다.

> **스피팅(spitting)**
> 취련 초기 산소압력에 의해 미세한 철입자가 노구로 비산하는 현상으로 장입량이 많을 경우 발생

31 주조방향에 따라 주편에 생기는 결함으로 주형 내 응고각(Shell) 두께의 불균일에 기인한 응력발생에 의한 것으로 2차 냉각 과정으로 더욱 확대되는 결함은?

① 표면가로 크랙
② 방사상 크랙
③ 표면세로 크랙
④ 모서리 세로 크랙

> **표면세로 크랙**
> 주편의 주조방향을 따라서 발생하는 결함으로 응고각 두께가 불균일할 때 발생

정답 27 ① 28 ③ 29 ② 30 ② 31 ③

32 연속주조에서 용강의 1차 냉각이 되는 곳은?

① 더미바 ② 레이들
③ 턴디시 ④ 몰드

> **연속주조의 냉각**
> ① 1차 냉각(간접 냉각) : 몰드에서의 냉각
> ② 2차 냉각(직접 냉각) : 살수에 의한 냉각
> ③ 3차 냉각(기계 냉각) : 기계접촉에 의한 냉각

33 전기로 제강법에서 탈인을 유리하게 하는 조건 중 옳은 것은?

① 슬래그 중에 P_2O_5가 많아야 한다.
② 슬래그의 염기도가 커야 한다.
③ 슬래그 중 FeO가 적어야 한다.
④ 비교적 고온도에서 탈인작용을 한다.

> **탈인의 조건**
> ① 강재 중 CaO가 많을 것(염기도가 높을 것)
> ② 강재 중 FeO가 많을 것(산화력이 큼)
> ③ 온도가 낮을 것
> ④ 강재 중 P_2O_5가 낮을 것
> ⑤ 강재의 유동성이 좋을 것

34 저취 전로조업에 대한 설명으로 틀린 것은?

① 극저탄소(C = 0.04%)까지 탈탄이 가능하다.
② 교반이 강하고, 강욕의 온도, 성분이 균질하다.
③ 철의 산화손실이 적고, 강중에 산소가 낮다.
④ 간접반응을 하기 때문에 탈인 및 탈황이 효과적이지 못하다.

> **저취 전로법의 특징**
> ① 극저탄소인 0.04%까지 탈탄이 가능하다.
> ② 교반이 강하고, 강욕의 온도 및 성분이 균일하다.
> ③ 산소와 용강이 직접 반응하므로 탈인, 탈황이 양호하다.
> ④ 철의 산화손실이 적고, 강중 산소 비율이 낮다.

35 전로에서 분체취입법(Powder Injection)의 목적으로 틀린 것은?

① 용강 중 탈황(S)
② 개재물 저감
③ 용강 중에 남아 있는 불순물의 구상화하는 고급강 제조에 용이함
④ 용선 중 탈인(P)

> **분체취입법의 장점**
> ① 용강 중 탈황 효율 향상
> ② 비금속 개재물 생성 감소
> ③ 불순물 제거 용이

36 탈질을 촉진시키기 위한 방법이 아닌 것은?

① 강욕 끓음을 조장하는 방법
② 노구에서의 공기를 침입시키는 방법
③ 용선 중 질소량을 하강시키는 방법
④ 탈탄 반응을 강하게 하여 강욕을 강력 교반하는 방법

> **탈질 촉진 방법**
> ① 용강의 끓음과 교반을 강하게 한다.
> ② 노구에서의 공기 침입을 방지한다.
> ③ 용선 중 질소량 자체를 낮게 한다.

37 탈산에 이용하는 원소를 산소와의 친화력이 강한 순서로 옳은 것은?

① Al → Ti → Si → V → Cr
② Cr → V → Si → Ti → Al
③ Ti → V → Si → Cr → Al
④ Si → Ti → Cr → V → Al

> **산소 친화력**
> Al 〉 Ti 〉 Si 〉 V 〉 Cr

정답 32 ④ 33 ② 34 ④ 35 ④ 36 ② 37 ①

38 진공장치와 가열장치를 갖춘 방법으로 탈황, 성분조정, 온도조정 등을 할 수 있는 특징이 있는 노외 정련법은?

① LF법　　② AOD법
③ RH-OB법　　④ ASEA-SKF법

① 가열장치와 진공장치가 같이 있는 노외 정련법
　: ASEA-SKF법, VAD법
② 가열장치는 있고 진공장치는 없는 노외 정련법
　: LF법
③ 가열장치는 없고 진공장치만 있는 노외 정련법
　: VOD법, RH-OB법
④ 가열장치, 진공장치 모두 없는 노외 정련법
　: AOD법, CLU법

39 치주법이라고도 하며, 용선 레이들 중에 미리 탈황제를 넣어 놓고 그 위에 용선을 주입하여 탈황시키는 방법은?

① 교반 탈황법
② 상취 탈황법
③ 레이들 탈황법
④ 인젝션 탈황법

탈황법
① 레이들 탈황법(치주법) : 레이들 바닥에 탈황제를 넣고 용강을 주입하여 탈황하는 방법
② 포러스 플러그법 : 레이들 바닥에 다공질 내화물을 사용하고 이곳으로 기체를 취입하여 탈황하는 방법
③ 인젝션법 : 용강 상부에서 취입관을 이용하여 취입하는 방법
④ 교반법 : 탈황제를 넣고 용강을 교반하여 탈황하는 방법(KR법, 라인슈탈법, 데마크-오스트베르그법)
⑤ 요동레이들법 : 레이들에 편심을 주어 회전을 하면서 탈황하는 방법(DM전로법, 회전드럼법)

40 전로조업의 공정을 순서대로 옳게 나열한 것은?

① 원료장입 → 취련(정련) → 출강 → 온도측정(시료채취) → 슬래그 제거(배재)
② 원료장입 → 온도측정(시료채취) → 출강 → 슬래그 제거(배재) → 취련(정련)
③ 원료장입 → 취련(정련) → 온도측정(시료채취) → 출강 → 슬래그 제거(배재)
④ 원료장입 → 취련(정련) → 슬래그 제거(배재) → 출강 → 온도측정(시료채취)

전로조업 순서
장입 → 취련(정련) → 측온(시료채취) → 출강 → 배재 → 슬래그 코팅

41 1기압하에서 14.5℃의 순수한 물 1g을 1℃ 올리는 데 필요한 열량은?

① 1J　　② 1lb
③ 1cal　　④ 1BTU

1cal : 물 1g을 1℃ 올리는 데 필요한 열량

42 다음 중 산성 전로 제강법에 대한 설명이 틀린 것은?

① 탈인 및 탈황이 촉진된다.
② 용선을 주원료 사용한다.
③ 내화물을 산성인 규석질 내화물을 사용한다.
④ 열원으로 용선의 현열과 불순물의 산화열을 이용한다.

산성 내화물을 사용한 산성 전로에서는 슬래그의 분위기도 산성으로 해야 하므로, 탈인, 탈황이 어렵다.

정답 38 ④ 39 ③ 40 ③ 41 ③ 42 ①

43 전기를 열원으로 하여 합금을 용해하는 노가 아닌 것은?

① 유도로　　② 저항로
③ 아크로　　④ 용선로

> 용선로는 코크스를 이용하여 주철을 용해하는 노이다.

44 LD 전로용 용선 중 Si 함유량이 높았을 때의 현상과 관련이 없는 것은?

① 강재량이 많아진다.
② 고철 소비량이 줄어든다.
③ 산소 소비량이 증가한다.
④ 내화재의 침식이 심하다.

> 용선 중 Si이 많아지면 산화를 위한 산소가 많이 필요하며, SiO_2가 많이 생성됨에 따라 슬래그 염기도가 낮아지고, 석회석이 많이 필요하고, 내화물을 침식할 수 있다.

45 전로제강이 진부된 기술로 상취(上吹)의 문제점을 보완한 복합취련에 대한 설명으로 틀린 것은?

① 일반적으로 전로 상부에는 산소, 하부에는 불활성 가스인 아르곤이나 질소가스를 불어 넣는다.
② 상취로 하는 것보다 용강의 교반력이 우수하며 온도와 성분이 균일해 주는 이점이 있다.
③ 취련시간을 단축시킬 수 있으며 따라서 내화물 수명을 연장시킬 수 있다.
④ 용강중의 [C]와 [O]의 반응정도가 상취에 비해 약해지므로 고탄소강 제조에 적합하다.

> 복합취련은 O와 C의 반응이 활발하여 극저탄소강 제조에 유리하다.

46 LD전로에서 제강작업 중 사용하는 랜스(Lance)의 용도로 옳게 설명한 것은?

① 정련을 위해 산소를 용탕 중에 불어 넣기 위한 랜스를 서브 랜스(Sub Lance)라 한다.
② 노 용량이 대형화함에 따라 정련효과를 증대시키기 위해 단공노즐을 사용한다.
③ 용강 내 탈인(P)을 촉진시키기 위한 특수 랜스로 LD-AC Lance를 사용한다.
④ 용선 배합율을 증대시키기 위한 방법으로 산소와 연료를 동시에 불어 넣기 위해 옥시퓨얼랜스(Oxyfuel Lance)를 사용한다.

> 전로에서 주랜스를 통해 산소를 취련하고, 서브랜스는 측온 샘플링 및 탕면측정 등을 한다. 주랜스는 다공 노즐을 사용하여 취련효율을 높이고, 탈인 촉진을 위해 LD-AC랜스를 사용하고, 옥시퓨얼 랜스를 사용하면 고철 배합율을 50%까지 할 수 있다.

47 연속주조에서 가장 일반적으로 사용되는 몰드의 재질은?

① 구리　　　② 내화물
③ 저탄소강　④ 스테인리스 스틸

> 몰드는 열전도도가 우수한 구리로 하고, 표면을 크롬으로 도금한다.

48 고순도강 제조를 위한 레이들 기능으로 진공탈가스법(탈수소)이 아닌 것은?

① DH법　　② LF법
③ RH법　　④ VOD법

> **LF법**
> 가열장치는 있고 진공장치는 없는 노 외 정련법

정답　43 ④　44 ②　45 ④　46 ③　47 ①　48 ②

49 연속주조 설비의 각 부분에 대한 설명 중 옳은 것은?

① 더미바(dummy bar) : 주조 종료 시 주형 밑을 막아주며 주조 시 주편을 냉각시킨다.
② 핀치 롤(pinch roll) : 주조된 주편을 적정 두께로 압연해 주며 벌징(bulging)을 유발시킨다.
③ 턴디시(tundish) : 레이들과 주형의 중간 용기로 용강의 분배와 일시저장 역할을 한다.
④ 주형(mold) : 재질은 알루미늄을 많이 쓰며 대량생산에 적합한 블록형이 보편화되어 있다.

> ① 더미바 : 주조 초기에 주형을 막아준다.
> ② 핀치롤 : 주편을 압연하며 벌징을 막아준다.
> ③ 턴디시 : 레이들과 주형의 중간에서 용강 분배와 일시저장을 한다.
> ④ 주형 : 재질은 구리(Cu)이며 대량생산을 적합한 것은 조립식을 사용한다.

50 강괴의 비금속 개재물 생성원인이 아닌 것은?

① 슬래그가 강재에 혼입
② 내화재가 침식하여 강재에 혼입
③ 대기에 의한 산화
④ 주형과 정반에 도포 실시

> 비금속 개재물의 생성원인
> ① 공기에 의한 용강의 산화
> ② 내화물의 탈락에 의한 혼입
> ③ 정련반응 생성물 제거 불량

51 전로 취련 중 공급된 산소와 용선 중의 탄소가 반응하여 무엇을 주성분으로 하는 전로가스가 발생하는가?

① CO ② O_2
③ H_2 ④ CH_4

> 전로가스 주성분 : CO

52 용선의 황을 제거하기 위해 사용되는 탈황제 중 고체의 것으로 강력한 탈황제로 사용되는 것은?

① CaC_2 ② KOH
③ NaCl ④ Na_2CO_3

> • 고체 탈황제 : CaC_2, CaO, CaF_2
> • 액체 탈황제 : Na_2CO_3, NaOH, KOH, NaCl, NaF

53 연속주조법의 장점이 아닌 것은?

① 자동화가 용이하다.
② 단위시간당 생산능률이 높다.
③ 소비에너지가 많다.
④ 조괴법에 비하여 용강 실수율이 높다.

> 연속주조법은 소비에너지가 작아서 성에너지 측면에서 유리하다.

54 제강 작업에서 가스가 새고 있는지의 여부를 점검하는 항목으로 부적합한 것은?

① 배관 내 소리가 난다.
② 압력계 계기가 상승한다.
③ Seal pot에 물 누수가 발생한다.
④ 비누칠을 했을 때 거품이 발생한다.

> 가스가 새면 압력계의 계기가 하락해야 한다.

정답 49 ③ 50 ④ 51 ① 52 ① 53 ③ 54 ②

55 연속주조공정에 해당하는 주요설비가 아닌 것은?

① 몰드(Mold)
② 턴디시(Tundish)
③ 더미바(Dummy Bar)
④ 레이들 로(Ladle Furnace)

> **연주주요설비**
> 몰드, 턴디시, 오실레이터, EMS, 롤러에이프런, 수냉살수장치, 더미바, 핀치롤, TCM
> ※ 레이들 로는 용강 운반설비이다.

56 강괴의 응고 시 과포화된 수소가 응력 발생의 주된 원인으로 발생한 결함은?

① 백점   ② 코너 크랙
③ 수축관   ④ 방사상 균열

> **백점의 원인** : 수소

57 재해발생 시 일반적인 업무처리 요령을 순서대로 나열한 것은?

① 재해발생 → 재해조사 → 긴급처리 → 대책수립 → 원인분석 → 평가
② 재해발생 → 긴급처리 → 재해조사 → 원인분석 → 대책수립 → 평가
③ 재해발생 → 대책수립 → 재해조사 → 긴급처리 → 원인분석 → 평가
④ 재해발생 → 원인분석 → 긴급처리 → 대책수립 → 재해조사 → 평가

> **재해발생 시 조치 순서**
> 재해발생 → 긴급조치 → 재해조사 → 원인분석 → 대책수립 → 평가

58 혼선차(Torpedo car)의 장점으로 틀린 것은?

① 온도강하가 적고 철 손실이 적다.
② 작업인력이 적게 들며 레들크레인을 감소시킨다.
③ 레들을 포함한 혼선로의 건설비가 싸다.
④ 출선구가 커서 slag가 전혀 유출되지 않는다.

> **토페도카의 특징**
> ① 용강의 보온 및 온도 강하가 적고 전로에 직접 장입할 수 있다.
> ② 혼선로에 비해 건설비가 싸다.
> ③ 작업 인원 및 장비가 많지 않다.
> ④ 부착금속이 되는 선철 손실이 적다.
> ⑤ 성분 조정 및 탈황, 탈인이 가능하다.
> ⑥ 용선 장입 및 출강이 하나의 입구로 가능하다.
> ※ 입구가 넓어 출강시 슬래그가 혼입될 수 있는 단점이 있다.

59 전기로에 사용되는 흑연전극의 구비조건으로 틀린 것은?

① 고온에서 산화가 되지 않아야 한다.
② 경도가 높아야 한다.
③ 전기 비저항이 작아야 한다.
④ 전기전도율이 낮아야 한다.

> **흑연전극의 구비조건**
> ① 전기저항이 작을 것
> ② 열팽창계수가 작을 것
> ③ 기계적 강도가 클 것
> ④ 화학반응에 안정할 것
> ⑤ 전기전도도가 우수할 것
> ⑥ 탄성률이 너무 크지 않을 것
> ⑦ 고온 내산화성이 우수할 것

정답 55 ④ 56 ① 57 ② 58 ④ 59 ④

60 전로 내화물의 수명에 영향을 주는 인자에 대한 설명으로 옳은 것은?

① 염기도가 증가하면 노체사용 횟수는 저하한다.
② 휴지시간이 길어지면 노체사용 횟수는 증가한다.
③ 산소사용량이 많게 되면 노체사용 횟수는 증가한다.
④ 슬래그 중의 T – Fe가 높으면 노체사용 횟수는 저하한다.

전로 내화물 노체지속 횟수 저하 요인
① 용선에 함유되어 있는 Si이 증가할 때
② 슬래그 염기도가 낮을 때
③ 슬래그 중의 T-Fe가 높을 때
④ 산소 사용량이 많을 때
⑤ 재취련률이 높을 때
⑥ 종점 온도가 높을 때
⑦ 취련 종점에서 용강 중의 C함유량이 저하할 때
⑧ 휴지시간이 길어질 때
⑨ 형석 (CaF_2)을 첨가하여 슬래그의 유동성이 증가할 때
⑩ 냉각제로 투입되는 철광석에 의해 격렬한 끓음 (Boiling) 반응을 일으킬 때

정답 60 ④

2022년 3회 제강기능사 CBT 복원문제

01 탄소강의 표준조직에 대한 설명 중 틀린 것은?

① 탄소강에 나타나는 조직의 비율은 C량에 의해 달라진다.
② 탄소강의 표준조직이란 강종에 따라 A_3점 또는 Acm보다 30~50℃ 높은 온도로 강을 가열하여 오스테나이트 단일 상으로 한 후, 대기 중에서 냉각했을 때 나타나는 조직을 말한다.
③ 탄소강은 표준조직에 의해 탄소량을 추정할 수 없다.
④ 탄소강의 표준조직은 오스테나이트, 펄라이트, 페라이트 등이다.

> 탄소강의 표준조직은 탄소 함유량에 따라 페라이트, 펄라이트, 시멘타이트의 양이 달라지므로 탄소량을 추정할 수 있다.

02 황이 적은 선철을 용해하여 주입 전에 Mg, Ce, Ca 등을 첨가하여 제조한 주철은?

① 구상흑연주철
② 칠드주철
③ 흑심가단주철
④ 미하나이트주철

> **구상흑연주철**
> 회주철에 Mg, Ce, Ca 등을 첨가하여 제조한 주철로 흑연의 모양이 구상으로 되어 있어서, 강도와 전연성이 우수한 주철이다.

03 80Cu-15Zn 합금으로서 연하고 내식성이 좋으므로 건축용, 소켓, 체결구 등에 사용되는 합금은?

① 실루민(silumin)
② 문츠메탈(muntz metal)
③ 틴 브라스(tin brass)
④ 레드 브라스(red brass)

> ① Red brass : Cu(85%)-Zn(15%) 합금으로 연하고 내식성이 우수
> ② 문쯔메탈 : 6-4황동
> ③ 틴브라스 : 주석황동
> ④ 실루민 : Al-Si 합금

04 공구용 합금강이 공구 재료로서 구비해야 할 조건으로 틀린 것은?

① 강인성이 커야 한다.
② 내마멸성이 작아야 한다.
③ 열처리와 공작이 용이해야 한다.
④ 상온과 고온에서의 경도가 높아야 한다.

> 공구강은 내마멸성이 커야 한다.

정답 01 ③ 02 ① 03 ④ 04 ②

05 고탄소 크롬베어링강의 탄소함유량의 범위(%)로 옳은 것은?

① 0.12~0.17 ② 0.21~0.45
③ 0.95~1.10 ④ 2.20~4.70

> 고탄소 크롬베어링강(STB)
> C 0.95~1.10%, Cr 0.9~1.6%

06 주철의 물리적성질은 조직과 화학 조성에 따라 크게 변화한다. 주철을 600℃ 이상의 온도에서 가열과 냉각을 반복하면 주철이 성장한다. 주철 성장의 원인으로 옳은 것은?

① 시멘타이트(cementite)의 흑연화로 발생한다.
② 균일 가열로 인하여 발생한다.
③ 니켈의 산화에 의한 팽창으로 발생한다.
④ A_4 변태로 인한 부피 팽창으로 발생한다.

> 주철 성장의 원인
> ① 가열과 냉각이 반복될 때
> ② 시멘타이트의 흑연화에 의해
> ③ 규소의 산화에 의해
> ④ A_1 변태로 인한 부피변화에 의해

07 다음 중 2,500℃ 이상의 고용융점을 가진 금속이 아닌 것은?

① Cr ② W
③ Mo ④ Ta

> Cr 1,890℃, W 3,410℃, Mo 2,610℃, Ta 2,996℃

08 강대금(steel back)에 접착하여 바이메탈 베어링으로 사용하는 구리(Cu)-납(Pb)계 베어링 합금은?

① 켈멧(kelmet)
② 백동(cupronickel)
③ 배빗메탈(babbit metal)
④ 화이트메탈(white metal)

> 켈멧(kelmet)
> 납청동(Cu-Pb)으로 고속 고하중용 베어링에 사용

09 6-4황동에 대한 설명으로 옳은 것은?

① 구리 60%에 주석을 40% 합금한 것이다.
② 구리 60%에 아연을 40% 합금한 것이다.
③ 구리 40%에 아연을 60% 합금한 것이다.
④ 구리 40%에 주석을 60% 합금한 것이다.

> • 6-4황동(문쯔메탈) : Cu(60%)-Zn(40%)
> • 7-3황동 : Cu(70%)-Zn(30%)

10 오스테나이트계의 스테인리스강의 대표강인 18-8스테인리스강의 합금 원소와 그 함유량이 옳은 것은?

① Ni(18%) - Mn(8%)
② Mn(18%) - Ni(8%)
③ Ni(18%) - Cr(8%)
④ Cr(18%) - Ni(8%)

> 18-8스테인리스강 : Cr 18%, Ni 8%

정답 05 ③ 06 ① 07 ① 08 ① 09 ② 10 ④

11 Al에 1~1.5%의 Mn을 합금한 내식성 알루미늄 합금으로 가공성, 용접성이 우수하여 저장탱크, 기름탱크 등에 사용되는 것은?

① 알민 ② 알드리
③ 알클래드 ④ 하이드로날륨

- **알민** : Al-Mn계 내식성 합금
- **알드리** : Al-Mg-Si계 합금
- **하이드로날륨** : Al-Mg계 합금
- **알클래드** : 고강도 알루미늄 합금 판재

12 백선철을 900~1,000℃로 가열하여 탈탄시켜 만든 주철은?

① 칠드 주철 ② 합금 주철
③ 편상흑연 주철 ④ 백심가단 주철

가단 주철의 종류
① 흑심가단 주철 : 백주철을 장시간 풀림처리하여 시멘타이트를 분해시켜 입상으로 석출시킨 주철
② 백심가단 주철 : 장시간 탈탄시켜 제조한 주철
③ 펄라이트가단 주철 : 흑연화를 완전히 하지 않고 제단 흑연화가 끝난 후 약 800℃에서 일정시간 유지 후 급냉하여 펄라이트가 적당히 존재

13 구조용 합금강 중 강인강에서 Fe_3C 중에 용해하여 경도 및 내마멸성을 증가시키며 임계냉각 속도를 느리게 하여 공기 중에 냉각하여도 경화하는 자경성이 있는 원소는?

① Ni ② Mo
③ Cr ④ Si

Cr은 경도 및 내마멸성을 증가시키고 자경성을 증가시킨다.

14 T.T.T 곡선에서 하부 임계냉각 속도란?

① 50% 마텐자이트를 생성하는데 요하는 최대의 냉각속도
② 100% 오스테나이트를 생성하는데 요하는 최소의 냉각속도
③ 최초에 소르바이트가 나타나는 냉각속도
④ 최초에 마텐자이트가 나타나는 냉각속도

TTT 곡선에서 하부 임계냉각속도
마텐자이트가 생성되기 시작하는 냉각속도

15 알루미늄(Al)의 특성을 설명한 것 중 옳은 것은?

① 온도에 관계없이 항상 체심입방격자이다.
② 강(Steel)에 비하여 비중이 가볍다.
③ 주조품 제작 시 주입온도는 1,000℃이다.
④ 전기전도율이 구리보다 높다.

Al은 FCC구조로 용융점은 660℃이어서 주조 온도도 낮으며, 비중이 약 2.7정도로 철보다 가벼우며, 전기전도도는 구리 다음으로 높다.

16 멀고 가까운 거리감을 느낄 수 있도록 하나의 시점과 물체의 각 점을 방사선으로 이어서 그리는 투상법은?

① 정투상법 ② 전개도법
③ 사투상법 ④ 투시 투상법

투시도는 원근감을 나타낸 그림으로 건축물, 다리 등의 도면에 사용한다.

17 강종 SNCM8에서 영문 각각이 옳게 표시된 것은?

① S-강, N-니켈, C-탄소, M-망간
② S-강, N-니켈, C-크롬, M-망간
③ S-강, N-니켈, C-탄소, M-몰리브덴
④ S-강, N-니켈, C-크롬, M-몰리브덴

> SNCM
> 니켈, 크롬, 몰리브덴이 함유된 강

18 투명이나 반투명 플라스틱 얇은 판에 여러가지 크기의 원, 타원 등의 기본도형, 문자, 숫자 등을 뚫어 놓아 원하는 모양으로 정확하게 그릴 수 있는 것은?

① 형판   ② 축척자
③ 삼각자 ④ 디바이더

> ① 형판: 여러가지 원, 타원, 숫자, 기호 등의 모양을 정확하게 그릴 수 있는 판
> ② 디바이더: 치수를 옮기거나 길이를 분할할 때 사용

19 물체의 실제 길이 치수가 500mm인 경우 척도 1:5 도면에서 그려지는 길이(mm)는?

① 100   ② 500
③ 1,000 ④ 2,500

> 척도가 1:5면 축척이므로 500mm는 100mm로 그린다.

20 다음의 축척 중 기계제도에서 쓰이지 않는 것은?

① 1/2   ② 1/3
③ 1/20 ④ 1/50

> 1:3의 축적은 사용하지 않는다. 3으로 나누면 무한소수가 나오기 때문이다.

21 도면의 지시선 위에 "46-⌀20"이라고 기입되어 있을 때의 설명으로 옳은 것은?

① 지름이 20mm인 구멍이 46개
② 지름이 46mm인 구멍이 20개
③ 드릴 치수가 20mm인 드릴이 46개
④ 드릴 치수가 46mm인 드릴이 20개

> 46-φ20
> φ20은 지름 20mm, 46은 구멍의 개수가 46개

22 물체를 중심에서 반으로 절단하여 단면도로 나타내는 것은?

① 부분 단면도   ② 회전 단면도
③ 온 단면도   ④ 한쪽 단면도

> 단면도의 종류
> ① 온 단면도: 기본 중심선에서 반으로 전부 절단해서 도시한 것
> ② 계단 단면도: 단면의 위치가 다른 것을 하나의 도면으로 나타낸 것
> ③ 회전 단면도: 핸들이나 바퀴 등의 암 및 림, 리브, 축, 구조물의 부재 등의 절단면은 90도 회전하여 표시한다.
> ④ 반 단면도: 물체의 외형도의 절반과 온 단면도의 절반을 조합한 단면도로 내부와 외부를 동시에 표시할 수 있는 도면이다.
> ⑤ 한쪽 단면도: 단면도 중 한쪽이 대칭일 때 나타내는 도면

정답 17 ④ 18 ① 19 ① 20 ② 21 ① 22 ③

23 주조품을 나타내는 재료의 기호로 옳은 것은?

① C ② P
③ T ④ F

주조품 C, 단강품 F, 관용 T, 판재용 P

24 SF340A에서 SF가 의미하는 것은?

① 주강 ② 탄소강 단강품
③ 회주철 ④ 탄소강 압연강재

SF340
탄소강 단강품으로 인장강도가 340이다.

25 구멍의 치수가 $\phi 50^{+0.020}_{0}$, 축의 치수가 $\phi 50^{-0.025}_{-0.050}$ 일 때의 끼워맞춤은?

① 헐거운 끼워맞춤
② 중간 끼워맞춤
③ 억지 끼워맞춤
④ 가열 끼워맞춤

구멍 최소치수는 50이고, 축의 최대치수는 49.975이므로 구멍이 축보다 크므로 헐거운 끼워맞춤에 해당한다.

26 중심선, 피치선을 표시하는 선은?

① 가는 1점 쇄선 ② 굵은 실선
③ 가는 2점 쇄선 ④ 굵은 쇄선

중심선, 피치선, 기준선
가는 1점 쇄선

27 KS A 0005 제도 통칙에서 문장의 기록 방법을 설명한 것 중 틀린 것은?

① 문체는 구어체로 한다.
② 문장은 간결한 요지로서 가능하면 항목별로 적는다.
③ 기록 방법은 우측에서부터 하고, 나누어 적지 않는다.
④ 전문용어는 원칙적으로 용어에 관련한 한국산업표준에 규정된 용어를 사용한다.

문장은 좌측에서 우측으로 기록한다.

28 제강전처리로 혼선차(Torpedo Car)를 들 수 있다. 이에 대한 설명 중 틀린 것은?

① 노체 중앙부에 노구가 있다.
② 출선할 때는 최대 120°~145°까지 경동시킨다.
③ 노내벽은 점토질 연와 및 고알루미나 연와로 쌓는다.
④ 탄소 성분의 변화는 1~3시간에 0.3~0.5% 상승한다.

토페토카에 담긴 용선에서 탄소의 성분변화는 일어나지 않는다. 탄소 성분변화는 제강과정에서 산소를 취입함에 따라 변화가 일어나는 것이다.

29 조재제(造滓劑)인 생석회분을 취련용 산소와 같이 강욕면에 취입하는 전로의 취련방식은?

① RHB법 ② TLC법
③ LNG법 ④ OLP법

LD-AC법(OLP법)
조재제인 산화칼슘 분말을 산소와 동시에 취입하는 방법

정답 23① 24② 25① 26① 27③ 28④ 29④

30 연속주조에서 주조를 처음 시작할 때 주형의 밑을 막아주는 것은?

① 핀치 롤 ② 자유 롤
③ 턴디시 ④ 더미바

> **더미바**
> 주조 초기 주형 하부를 막아주고 용강이 응고하기 시작하면 주편을 핀치롤까지 인발하는 장치

31 전로 제강법의 특징을 설명한 것 중 틀린 것은?

① 성분을 조절하기 위한 부원료 등의 조절이 필요하다.
② 장입 주원료인 고철을 무제한으로 사용이 가능하다.
③ 강의 최종성분을 조절하기 위하여 용강에 첨가하는 합금철, 탈산제가 있다.
④ 용선 중의 C, Si, Mn 등은 취련 중에 산소와 화학반응에 의해 열을 발생한다.

> 전로 제강법은 반드시 용선이 필요하므로 고철을 무제한 사용할 수 없다.

32 산화정련을 마친 용강을 제조할 때, 즉 응고 시 탈산제로 사용하는 것이 아닌 것은?

① Fe-Mn ② Fe-Si
③ Sn ④ Al

> **탈산제**
> Al, CaC_2, Fe-Si, Fe-Mn

33 산화제를 강욕 중에 첨가 또는 취입하면 강욕 중에서 다음 중 가장 늦게 제거되는 것은?

① Cr ② Si
③ Mn ④ C

> **전기로 산화기 원소의 산화 순서**
> Si → Mn → Cr → P → C

34 아크식 전기로의 작업순서를 옳게 나열한 것은?

① 장입 → 산화기 → 용해기 → 환원기 → 출강
② 장입 → 용해기 → 산화기 → 환원기 → 출강
③ 장입 → 용해기 → 환원기 → 산화기 → 출강
④ 장입 → 환원기 → 용해기 → 산화기 → 출강

> **아크식 전기로 조업 순서**
> 장입 → 용해기 → 산화기 → 환원기 → 출강

35 LD 전로의 노 내 반응 중 저질소 강을 제조하기 위한 관리 항목에 대한 설명 중 틀린 것은?

① 용선 배합비(HMR)를 올린다.
② 탈탄속도를 높이고 종점 [C]를 가능한 높게 취련한다.
③ 용선 중의 티타늄 함유율을 높이고, 용선 중의 질소를 낮춘다.
④ 취련 말기 노안으로 가능한 한 공기를 유입시키고, 재취련을 실시한다.

> 노구에서의 공기 침입을 방지하고 재취련은 금지한다.

정답 30 ④ 31 ② 32 ③ 33 ④ 34 ② 35 ④

36 비열이 0.6kcal/kg℃인 물질 100g을 25℃에서 225℃까지 높이는 데 필요한 열량은(kcal)?

① 10 ② 12
③ 14 ④ 16

> 열량 = 비열×온도차×무게
> = 0.6Kcal/kg℃×(225−25℃)×0.1kg
> = 12kcal

37 전기로의 산화기 정련작업에서 산화제를 투입하였을 때 강욕 중 각 원소의 반응 순서로 옳은 것은?

① Si → P → C → Mn → Cr
② Si → C → Mn → P → Cr
③ Si → Cr → C → P → Mn
④ Si → Mn → Cr → P → C

> 전기로 산화기 원소의 산화 순서
> Si → Mn → Cr → P → C

38 전로설비에서 출강구의 형상을 경사형과 원통형으로 나눌 때 경사형 출강구에 대한 설명으로 틀린 것은?

① 원통형에 비해 슬래그의 유입이 많다.
② 원통형에 비해 출강류 퍼짐방지로 산화가 많다.
③ 원통형에 비해 출강구 마모는 사용수명이 길다.
④ 원통형에 비해 출강구 사용초기와 말기의 출강 시간 편차가 적다.

> 경사형은 원통형에 비해 슬래그의 유입이 적다.

39 염기성 전로 및 산성 전로 제강법의 특징으로 틀린 것은?

① 염기성 전로는 황(S)의 제거가 거의 되지 않는다.
② 산성, 염기성의 구분은 전로 내장 연와의 종류에 따라 구분한다.
③ 염기성 전로는 인(P)의 제거가 잘된다.
④ 염기성 전로의 내장 연와로 마그네시아, 돌로마이트가 사용된다.

> 전로 제강로의 구분은 산성 내화물을 사용하면 산성 제강법, 염기성 내화물을 사용하면 염기성 제강법으로 구분한다. 염기성 전로는 마그네시아나 돌로마이트의 염기성 내장 연와를 사용하며, 탈인 및 탈황이 가능하다.

40 저취전로법의 특징을 설명 중 틀린 것은?

① 극저탄소(0.04%C)까지 탈탄이 가능하다.
② 직접반응 때문에 탈인, 탈황이 양호하다.
③ 교반이 강하고, 강욕의 온도 및 성분이 균질하다.
④ 철의 산화손실이 많고, 강중 산소가 비율이 높다.

> **저취전로법의 특징**
> ① 극저탄소인 0.04%까지 탈탄이 가능하다.
> ② 교반이 강하고, 강욕의 온도 및 성분이 균일하다.
> ③ 산소와 용강이 직접 반응하므로 탈인, 탈황이 양호하다.
> ④ 철의 산화손실이 적고, 강중 산소 비율이 낮다.

41 탈인을 촉진시키기 위한 조건으로 틀린 것은?

① 강욕의 온도가 낮을 것
② 강재의 유동성이 좋을 것
③ 강재 중의 P_2O_5가 낮을 것
④ 강재의 산화력과 염기도가 낮을 것

> **탈인의 조건**
> ① 강재 중 CaO가 많을 것(염기도가 높을 것)
> ② 강재 중 FeO가 많을 것(산화력이 큼)
> ③ 온도가 낮을 것
> ④ 강재 중 P_2O_5가 낮을 것
> ⑤ 강재의 유동성이 좋을 것

42 레이들 바닥의 다공질 내화물을 통해 캐리어 가스(N)를 취입하여 탈황 반응을 촉진시키는 탈황법은?

① HR법
② 인젝션법
③ 레이늘 탈황법
④ 포러스 플러그법

> **탈황법**
> ① 레이들 탈황법: 레이들 바닥에 탈황제를 넣고 용강을 주입하여 탈황하는 방법
> ② 포러스 플러그법: 레이들 바닥에 다공질 내화물을 사용하고 이곳으로 기체를 취입하여 탈황하는 방법
> ③ 인젝션법: 용강 상부에서 취입관을 이용하여 취입하는 방법
> ④ 교반법: 탈황제를 넣고 용강을 교반하여 탈황하는 방법(KR법, 라인슈탈법, 데마크-오스트베르그법)
> ⑤ 요동레이들법: 레이들에 편심을 주어 회전을 하면서 탈황하는 방법(DM전로법, 회전드럼법)

43 전기로에 환원철을 사용하였을 때의 설명으로 틀린 것은?

① 제강시간이 단축된다.
② 철분의 회수가 용이하다.
③ 다량의 산화칼슘이 필요하다.
④ 전기로의 자동조작이 필요하다.

> **환원철 사용시 장·단점**
> ① 장점: 제강시간 단축, 생산성 향상, 취급이 용이, 자동조업이 용이
> ② 단점: 맥석분이 많음, 다량의 촉매(석회석 또는 산화칼슘)가 필요, 철분 회수가 불량, 가격이 고가

44 전로에서 분체 취입법(Powder Injection)의 목적이 아닌 것은?

① 용강 중 황을 감소시키기 위하여
② 용강 중의 탈탄을 증가시키기 위하여
③ 용강 중의 개재물을 저감시키기 위해서
④ 용강 중에 남아 있는 불순물을 구상화하여 고급강제조를 용이하게 하기 위하여

> **분체 취입법의 장점**
> ① 용강 중 탈황 효율 향상
> ② 비금속 개재물 생성 감소
> ③ 불순물 제거 용이

45 외부로부터 열원을 공급받지 않고 용선을 정련하는 제강법은?

① 전로법   ② 고주파법
③ 전기로법 ④ 도가니법

> 전로법은 용선의 현열 및 산소와 불순물 원소 사이의 산화열을 이용한다.

46 LD 전로에서 슬로핑(slooping)이란?

① 취련압력을 낮추거나 랜스 높이를 높게 하는 현상
② 취련 중기에 용재 및 용강이 노 외로 분출되는 현상
③ 취련 초기 산소에 의해 미세한 철 입자가 비산하는 현상
④ 용강 용제가 노 외로 비산하지 않고 노구 근방에 도넛 모양으로 쌓이는 현상

> ① 슬로핑은 취련 중기에 용융물(슬래그)이 취련 시 노구 밖으로 분출하는 현상이다. 장입량이 많을 경우는 취련 초기에 스피팅이 일어날 수 있다.
> ② 스피팅은 취련 초기에 용강이 노구 밖으로 분출하는 현상
> ③ 베렌현상은 용강 용제가 노 외로 비산하지 않고 노구 근방에 도넛 모양으로 쌓이는 현상

47 용선의 탈황반응 결과 일산화탄소가 발생하고 이것의 끓음 현상에 의해 탈황 생성물을 슬래그로 부상시키는 탈황제는?

① 탄산나트륨(Na_2CO_3)
② 탄화칼슘(CaC_2)
③ 산화칼슘(CaO)
④ 플르오르화칼슘(CaF_2)

> Na_2CO_3 탈황 반응식
> • $(FeS)+(Na_2CO_3)+[Si]$
> $= (Na_2S)+(SiO_2)+[Fe]+CO$
> • $(FeS)+(Na_2CO_3)+2[Mn]$
> $= (Na_2S)+2[MnO]+[Fe]+CO$
> 생성된 Na_2S는 CO 가스에 의한 용선의 비등으로 부상하여 슬래그화 한다.

48 전로 취련 중 공급된 산소와 용선 중의 탄소가 반응하여 무엇을 주성분으로 하는 전로가스가 발생하는가?

① CO
② O_2
③ H_2
④ CH_4

> 전로가스 주성분 : CO

49 연주작업 중 주형 내 용강표면으로부터 주편의 Core(내부)부가 완전 응고될 때까지의 길이는?

① 주편응고 길이(Metallugical Length)
② 주편응고 Taper 길이
③ AMCL(Air Mist Colling Length)
④ EMBRL(Electromagnetic Mold Brake Ruler Length)

> 주편응고 길이
> 주편의 표면부터 내부까지 완전히 응고되는 길이
> ※ 매니스커스 : 주형 내 주편이 응고가 시작되는 지점

50 비금속 개재물에 대한 설명 중 옳은 것은?

① 용강보다 비중이 크다.
② 제품의 강도에는 영향이 없다.
③ 압연 중 균열의 원인은 되지 않는다.
④ 용강의 공기 산화에 의해 발생한다.

> 비금속 개재물
> ① 용강보다 비중이 가볍다.
> ② 압연 중 균열의 원인이 된다.
> ③ 제품의 품질에 영향을 준다.
> ④ 용강이 공기와 접하여 산화에 의해 발생한다.

정답 46 ② 47 ① 48 ① 49 ① 50 ④

51 전로의 반응속도 결정요인과 관련이 가장 적은 것은?

① 산소 사용량
② 산소 분출압
③ 랜스 노즐의 직경
④ 출강 시 알루미늄 첨가량

> 알루미늄은 탈산제로 첨가하는 것이다.

52 LF(ladle furnace) 조업에서 LF 기능과 거리가 먼 것은?

① 용해기능　② 교반기능
③ 정련기능　④ 가열기능

> LF로는 가열기능은 있지만 용해기능은 없다.

53 다음 VOD(Vacuum Oxygen Decaburization)법에 대한 설명으로 틀린 것은?

① boiling이 왕성한 초기에 급 감압하여 용강을 안정화 시킨다.
② 스테인리스강의 진공 탈산법으로 많이 사용한다.
③ VOD법을 Witten법이라고도 한다.
④ 산소를 탈탄에 사용한다.

> **VOD법(Witten법)의 특징**
> ① 진공실 상부에 산소 취입용 랜스가 있어서 탈탄이 활발
> ② 전로, 전기로와 조합하여 사용이 가능
> ③ 스테인리스강 제조에 적합
> ④ Ar 가스를 저취하면서 감압하여 탈가스 처리
> ⑤ 보일링이 왕성한 초기에 급감압하면 용강이 넘칠 수 있다.

54 롤러 에이프런의 설명으로 옳은 것은?

① 수축공의 제거
② 턴디시의 교환역활
③ 주조 중 폭의 증가 촉진
④ 주괴가 부푸는 것을 막음

> **롤러 에이프런**
> 주편이 인발되어 주형에 나올 때 주편 내 미응고 용강에 의한 철정압으로 주편이 부푸는 것을 방지하는 롤러이다.

55 RH법에서는 상승관과 하강관을 통해 용강이 환류하면서 탈가스가 진행된다. 그렇다면 용강이 환류되는 이유는 무엇인가?

① 상승관에 가스를 취입하므로
② 레이들을 승·하강하므로
③ 하부조를 승·하강하므로
④ 레이들 내를 진공으로 하기 때문에

> RH법은 상승관으로 아르곤 가스를 취입하여 용강이 상승하게 되며 하강관으로 하강을 하게 된다. 상승관으로 가스를 취입하지 않으면 용강이 상승관, 하강관에서 한꺼번에 진공조로 올라오게 된다.

56 강괴 내에 있는 용질 성분이 불균일하게 존재하는 현상을 무엇이라고 하는가?

① 기포　② 백점
③ 편석　④ 수축관

> **편석**
> 강괴에서 일정 부분의 품위가 높은 부분

정답 51④ 52① 53① 54④ 55① 56③

57 연속주조의 주조 설비가 아닌 것은?

① 턴디시
② 더미바
③ 주형이송대차
④ 2차 냉각 장치

> 주형이송대차는 조괴 설비에 해당한다.

58 전극재료가 갖추어야 할 조건을 설명한 것 중 틀린 것은?

① 강도가 높아야 한다.
② 전기전도도가 높아야 한다.
③ 열팽창성이 높아야 한다.
④ 고온에서의 내산화성이 우수해야 한다.

> 흑연전극의 구비조건
> ① 전기저항이 작을 것
> ② 열팽창계수가 작을 것
> ③ 기계적 강도가 클 것
> ④ 화학반응에 안정할 것
> ⑤ 전기전도도가 우수할 것
> ⑥ 탄성률이 너무 크지 않을 것
> ⑦ 고온 내산화성이 우수할 것

59 재해율 중 강도율을 구하는 식으로 옳은 것은?

① $\dfrac{\text{총 근로시간수}}{\text{근로손실일수}} \times 1{,}000$

② $\dfrac{\text{근로손실일수}}{\text{총 근로시간수}} \times 1{,}000$

③ $\dfrac{\text{근로손실일수}}{\text{총 근로시간수}} \times 1{,}000{,}000$

④ $\dfrac{\text{총 근로시간수}}{\text{근로손실일수}} \times 1{,}000{,}000$

> 강도율 = $\dfrac{\text{근로손실일수}}{\text{총 근로시간수}} \times 1{,}000$

60 주조의 생산능률을 높이기 위해서 여러 개의 레이들 용강을 계속해서 사용하는 방법은?

① Oscillation mark법
② Gas bubbling법
③ 무산화 주조법
④ 연-연주법(漣-蓮鑄法)

> 연-연주법
> 연속주조의 능률을 향상시키기 위해 여러 개의 레이들을 사용하여 연속해서 주조하는 방법

정답 57 ③ 58 ③ 59 ② 60 ④

2023년 1회 제강기능사 CBT 복원문제

01 원표점거리가 50mm이고, 시험편이 파괴되기 직전의 표점거리가 60mm일 때 연신율(%)은?

① 5
② 10
③ 15
④ 20

> 연신율 = $\dfrac{\text{시험후 거리} - \text{시험전 거리}}{\text{시험전 거리}} \times 100$
> = $\dfrac{60-50}{50} \times 100 = 20\%$

02 철강에서 철 이외의 5대 원소로 옳은 것은?

① C, Si, Mn, P, S
② H_2, S, P, Cu, Si
③ N_2, S, P, Mn, Cr
④ Pb, Si, Ni, S, P

> **철강의 불순물 5원소**
> C, Si, Mn, P, S

03 어떤 재료의 단면적이 40mm²이었던 것이, 인장시험 후 38mm²로 나타났다. 이 재료의 단면수축률(%)은?

① 5
② 10
③ 25
④ 50

> 단면수축률 = $\dfrac{\text{초기 단면적} - \text{시험 후 단면적}}{\text{초기 단면적}} \times 100$
> = $\dfrac{40-38}{40} \times 100 = 5\%$

04 다음 중 불변강의 종류가 아닌 것은?

① 플래티나이트
② 인바
③ 엘린바
④ 아공석강

> **불변강의 종류**
> ① 인바: Fe-Ni(36%) 합금, 탄성계수가 작고 내식성이 우수
> ② 초인바: Fe-Ni(36%)-Co(15%) 합금, 인바보다 열팽창계수가 작음
> ③ 엘린바: Fe-Ni(36%)-Cr(12%) 합금, 상온에서 탄성계수가 거의 변하지 않음
> ④ 플래티나이트: Fe-Ni(45%) 합금, 열팽창계수가 유리나 백금과 동일

정답 01 ④ 02 ① 03 ① 04 ④

05 금속표면에 스텔라이트(Stellite, Co-Cr-W 합금), 초경합금 등의 금속을 융착시켜 표면 경화층을 만드는 방법은?

① 금속 용사법 ② 하드 페이싱
③ 숏 피닝   ④ 금속 침투법

> ① 금속 용사법 : 금속 표면에 용융 또는 반용융 상태의 미립자를 고속으로 분사시키는 방법
> ② 하드 페이싱 : 금속 표면에 스텔라이트나 초경 합금을 용착시키는 방법
> ③ 숏 피닝 : 금속 표면에 강이나 주철의 작은 입자를 고속으로 분사시켜 가공경화에 의한 표면경화를 하는 방법
> ④ 금속 침투법 : 금속 표면에 다른 종류의 금속을 피복시키는 방법

06 원자 충전율이 68%이며, 배위수가 8인 결정구조를 가지고 있는 격자는?

① 조밀육방격자 ② 체심입방격자
③ 면심입방격자 ④ 정방격

> 결정구조
>
> | | 기호 | 배위수 | 원자수 | 충진율 |
> |---|---|---|---|---|
> | 체심입방격자 | BCC | 8 | 2 | 68% |
> | 면심입방격자 | FCC | 12 | 4 | 74% |
> | 조밀육방격자 | HCP (CPH) | 12 | 6(2) | 74% |

07 주석-구리-안티몬의 합금으로 주석계 화이트 메탈이라고 하는 것은?

① 인코넬   ② 배빗메탈
③ 콘스탄탄 ④ 알클래드

> 배빗메탈
> Sn-Cu-Sb계 베어링용 화이트메탈

08 다음 중 Mn을 2% 정도 함유한 저Mn강은?

① 해드필드강
② 듀콜강
③ 고속도강
④ 스테인리스강

> • 저망가니즈강(듀콜강) : 망가니즈 함유량 2% 이하, 강하고 연신율도 양호하여 조선, 차량, 건축, 교량 등 일반 구조용 강으로 사용
> • 고망가니즈강(해드필드강) : 망가니즈 함유량 10~14%, 내마멸성과 내충격성이 우수하고 조직이 오스테나이트인 강

09 원자로용 재료에 해당하는 것은?

① Ti 합금, Cu 합금
② 우라늄(U), 토륨(Th)
③ 순철, 고합금강
④ 마그네슘 합금, 두랄루민

> 원자로용 핵연료
> 우라늄(U), 토륨(Th)

10 열간가공에서 마무리 온도(Finishing Temperature)란?

① 전성을 회복시키는 온도를 말한다.
② 고온가공을 끝맺는 온도를 말한다.
③ 상온에서 경화되는 온도를 말한다.
④ 강도, 인성이 증가되는 온도를 말한다.

> 마무리 온도
> 열간가공에서 열간가공(고온가공)을 끝내는 온도

정답 05 ② 06 ② 07 ② 08 ② 09 ② 10 ②

11 인장시험 중 응력이 적을 때 늘어난 재료에 하중을 제거하면 원위치로 되돌아가는 현상을 무엇이라 하는가?

① 탄성변형 ② 상부항복점
③ 하부항복점 ④ 최대하중점

> • 탄성변형 : 재료에 외력을 가한 후 하중을 제거하면 재료가 늘어난 것이 원위치로 돌아가는 현상
> • 소성변형 : 재료에 외력을 가한 후 하중을 제거해도 재료가 늘어난 것이 원위치로 돌아가지 않는 현상

12 Cu를 환원성 분위기에서 가열하면 연성이나 전성이 감소되는 현상은 무엇 때문인가?

① 풀림취성 ② 수소취성
③ 고온취성 ④ 상온취성

> Cu에 수소가 존재하면 가공 시 전연성이 떨어지는 현상이 수소취성이 발생한다.

13 다음 중 형상기억합금으로 가장 대표적인 것은?

① Fe - Ni ② Fe - Co
③ Cr - Mo ④ Ni - Ti

> Ni-Ti (니티놀)
> 형상기억합금, 마르텐사이트 변태에 의해

14 그림과 같은 조밀육방격자에서 배위수는 몇 개인가?

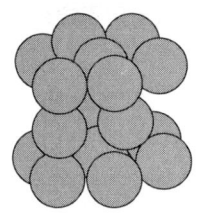 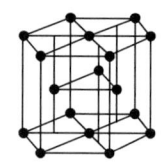

① 2개 ② 4개
③ 8개 ④ 12개

결정구조	기호	배위수	원자수	충진율
체심입방격자	BCC	8	2	68%
면심입방격자	FCC	12	4	74%
조밀육방격자	HCP (CPH)	12	6(2)	74%

15 다음 중 슬립(slip)에 대한 설명으로 옳은 것은?

① 원자 밀도가 가장 큰 격자면과 최대인 방향에서 잘 일어난다.
② 원자 밀도가 가장 큰 격자면과 최소인 방향에서 잘 일어난다.
③ 원자 밀도가 가장 작은 격자면과 최대인 방향에서 잘 일어난다.
④ 원자 밀도가 가장 작은 격자면과 최소인 방향에서 잘 일어난다.

> 슬립은 원자의 이동으로 원자 밀도가 큰 격자면과 최대 방향을 따라서 원자가 이동한다.

16 정면, 평면, 측면을 하나의 투상도에서 동시에 볼 수 있도록 그린 것으로 직육면체 투상도의 경우 직각으로 만나는 3개의 모서리가 각각 120°를 이루는 투상법은?

① 등각투상도법
② 사투상도법
③ 부등각투상도법
④ 정투상도법

> **등각투상도**
> 인접한 두 축 사이의 각이 120°인 면을 이루는 것으로 입체도에 많이 사용한다.

17 제도 용지 A3는 A4 용지의 몇 배 크기가 되는가?

① $\frac{1}{2}$배 ② $\sqrt{2}$배
③ 2배 ④ 4배

> A3는 297mm×420mm, A4는 210mm×297mm 이므로 2배이다.

18 구멍의 치수가 $\phi 50^{+0.025}_{+0.001}$, 축의 치수가 $\phi 50^{+0.042}_{+0.026}$ 일때 최대 죔새(mm)는?

① 0.001 ② 0.017
③ 0.041 ④ 0.051

> **최대 죔쇄**
> = 축의 최대허용치수 − 구멍의 최소허용치수
> = 50.042 − 50.001
> = 0.041mm

19 다음 도면에 [보기]와 같이 표시된 금속재료의 기호 중 330이 의미하는 것은?

> KS D 3503 SS 330

① 최저인장강도
② KS 분류기호
③ 제품의 형상별 종류
④ 재질을 나타내는 기호

> KS D 3503 SS 330
> 일반구조용 압연강재로 최저인장강도가 330N/mm²

20 제품의 최대 허용 한계 치수와 최소 허용 한계 치수의 차이 값은?

① 실치수 ② 기준 치수
③ 치수 공차 ④ 치수 허용차

> ① 실치수(actual size) : 어떤 부품에 대하여 실제로 측정한 치수이다.
> ② 기준 치수(basic size) : 허용 한계 치수의 기준이 되며 호칭 치수라고도 한다.
> ③ 치수 허용차(deviation) : 허용 한계 치수에서 기준 치수를 뺀 값으로서 허용차라고도 한다.

21 동력전달 기계요소 중 회전 운동을 직선 운동으로 바꾸거나, 직선 운동을 회전 운동으로 바꿀 때 사용하는 것은?

① V벨트 ② 원뿔키
③ 스플라인 ④ 래크와 피니언

> **래크와 피니언**
> 직선운동을 회전운동으로 또는 회전운동을 직선운동으로 바꾸는 기계요소

22 다음과 같이 물체의 형상을 쉽게 이해하기 위한 도시한 단면도는?

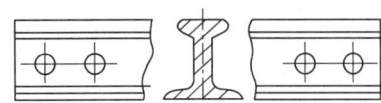

① 반 단면도 ② 부분 단면도
③ 계단 단면도 ④ 회전 단면도

> **회전 단면도**
> 핸들이나 바퀴 등의 암 및 림, 축, 구조물의 부재 등의 절단면은 90도 회전하여 표시한다.

23 그림의 물체를 제3각법으로 투상했을 때 평면도는?

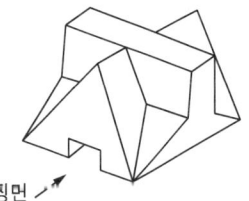

> 평면도는 위에서 본 도면이므로 ②와 같다.

24 제품의 구조, 원리, 기능, 취급방법 등의 설명을 목적으로 하는 도면으로 참고자료 도면이라 하는 것은?

① 주문도 ② 설명도
③ 승인도 ④ 견적도

> ① 주문도 : 주문서에 첨부되어 주문하는 물품의 모양, 정밀도 등의 개요를 주문받는 사람에게 제시하는 도면
> ② 승인도 : 주문자 또는 기타 관계자의 승인을 얻은 도면
> ③ 설명도 : 제품의 구조, 원리, 기능 등의 설명이 목적인 도면
> ④ 견적도 : 제작자가 견적서에 첨부하여 주문자에게 주문품의 내용을 설명하는 도면

25 다음 중 정투상법에 대한 설명으로 틀린 것은?

① 물체의 특징을 가장 잘 나타내는 면을 정면도로 한다.
② 제3각법은 정면도와 측면도를 대조하는데 편리하다.
③ 정면도의 위치를 먼저 결정하고 이를 기준으로 평면도, 측면도 위치를 정한다.
④ 제1각법으로 투상도를 얻는 원리는 "눈 → 투상면 → 물체"의 순서이다.

> 제1각법은 눈 → 물체 → 투상도의 순서이다.

26 제도 시 도면의 길이를 재어 옮기는 경우나 선을 등분할 때 가장 적합한 제도 기구는?

① 디바이더 ② 컴퍼스
③ 운형자 ④ 형판

> **디바이더**
> 물체의 길이를 측정하여 도면으로 옮기는 경우나 선을 등분할 경우 사용

27 다음 중 나사의 리드(lead)를 구하는 식으로 옳은 것은? (단, 줄수 : n, 피치 : P)

① $L = \dfrac{n}{P}$ ② $L = n \times P$

③ $L = \dfrac{P}{n}$ ④ $L = \dfrac{n \times P}{2}$

> 피치 = $\dfrac{\text{리드}}{\text{줄수}}$
> ∴ 리드(L) = 피치(P)×줄수(n)

28 LD 전로용 용선 중 Si 함유량이 높았을 때의 현상과 관련이 없는 것은?

① 강재량이 많아진다.
② 고철 소비량이 줄어든다.
③ 산소 소비량이 증가한다.
④ 내화재의 침식이 심하다.

> 용선 중 Si이 많아지면 산화를 위한 산소가 많이 필요하며, SiO_2가 많이 생성됨에 따라 슬래그 염기도가 낮아지고, 석회석이 많이 필요하고, 내화물을 침식할 수 있다.

29 제강작업에서 탈인(P)을 유리하게 하는 조건으로 틀린 것은?

① 강재의 염기도가 높아야 한다.
② 강재 중의 P_2O_5가 낮아야 한다.
③ 강재 중의 FeO가 높아야 한다.
④ 강욕의 온도가 높아야 한다.

> **탈인의 조건**
> ① 강재 중 CaO가 많을 것(염기도가 높을 것)
> ② 강재 중 FeO가 많을 것(산화력이 큼)
> ③ 온도가 낮을 것
> ④ 강재 중 P_2O_5가 낮을 것
> ⑤ 강재의 유동성이 좋을 것

30 전로정련 시 고철 장입량에 의한 폭발 발생에 대하여 설명한 것으로 가장 올바른 것은?

① 캔고철은 폭발로부터 안정한 고철이지만 불순원소 상승 때문에 사용이 제한된다.
② 고철 중 수분함량이 높은 경우 고온에서 급격한 수증기 발생으로 폭발이 가능하다.
③ 산화철은 폭발 가능성이 거의 없기 때문에 폭발이 우려되는 경우 산화철 사용을 증가시킨다.
④ 전로에서 HBI를 사용하는 경우 폭발을 방지하기 위해 가능한 슬래그로 코팅하는 것이 필요하다.

> 고철 장입 중 폭발의 원인은 고철 표면에 부착된 수분이 고온에 의해 급격히 수증기를 발생하면서 일어난다.

31 순산소 상취 전로법에 사용되는 밀 스케일(Mill scale) 또는 소결광의 사용 목적으로 옳지 않은 것은?

① 슬로핑(Slooping) 방지제
② 냉각효과 기대
③ 출강 실수율 향상
④ 산소 사용량의 절약

> **전로제강에서 밀 스케일이나 소결광 투입 효과**
> ① 냉각제
> ② 산소 공급원
> ③ 생석회 슬래그화 촉진(매용제)
> ④ 철강 실수율 향상

32 제강의 주원료로 사용되지 않는 것은?

① 고철   ② 선철
③ 주강   ④ 코크스

> 제강에서 코크스는 가탄제인 부원료로 사용한다.

정답 27 ② 28 ② 29 ④ 30 ② 31 ① 32 ④

33 LD 전로의 열정산에서 출열에 해당하는 것은?

① 용선의 현열 ② 복염의 생성열
③ 강재의 현열 ④ 산소의 현열

> **전로 열정산**
> ① 입열 항목
> • 불순물 원소(C, Si, Mn, P 등) 연소열
> • 강재의 복염 생성열
> • Fe_3C 분해열
> • 고철 및 부원료의 현열
> • 순산소의 현열
> ② 출열 항목
> • 용강 및 슬래그의 현열
> • 연진(철진) 및 폐가스의 현열
> • 석회석의 분해열
> • 밀 스케일, 철광석의 분해 흡수열
> • 냉각수의 현열
> • 노외 방산열

34 전기로 제강법의 특징을 설명한 것 중 틀린 것은?

① 열효율이 좋다.
② 용강의 온도조절이 용이하다.
③ 합금철을 직접 용강 중에 첨가하여 실수율이 좋다.
④ 용강 중의 인, 황, 기타의 불순원소를 제거할 수 없어 특수강 제조에는 사용하지 않는다.

> **전기로의 장점**
> ① 고온용해가 가능하고 온도 조절이 용이
> ② 노 내 분위기 조절이 자유롭게 조절이 가능
> ③ 열효율이 우수하여 열손실 최소화
> ④ 사용원료에 대한 제약이 적고, 모든 강종의 정련이 가능
> ⑤ 합금철 실수율이 좋고, 분포도 양호
> ⑥ 장소가 적고, 설비가 저렴하여 소량 강종에 유리
> ※ 단점 : 전력소비가 많고, 불순물 혼입이 많음

35 전기로 제강법의 장점으로 틀린 것은?

① 열효율이 좋다.
② 용탕의 성분 조절이 쉽다.
③ 불순물 혼입이 많다.
④ 주조용 금속의 용해손실이 크다.

> **전기로의 장점**
> ① 고온용해가 가능하고 온도 조절이 용이
> ② 노 내 분위기 조절이 자유롭게 조절이 가능
> ③ 열효율이 우수하여 열손실 최소화
> ④ 사용원료에 대한 제약이 적고, 모든 강종의 정련이 가능
> ⑤ 합금철 실수율이 좋고, 분포도 양호
> ⑥ 장소가 적고, 설비가 저렴하여 소량 강종에 유리
> ※ 단점 : 전력소비가 많고, 불순물 혼입이 많음

36 아크식 전기로 조업 중에 환원기 작업의 주 목적은?

① 탈산과 탈황 ② 탈이
③ 탈규소   ④ 탈질소

> • 전기로 환원기 목적 : 탈황, 탈산
> • 산화기 : 탈인, 탈탄

37 단위시간에 투입되는 전력량을 증가시켜 장입물을 용해시키는 것은?

① HP법   ② RP법
③ UHP법 ④ URP법

> **UHP(초고전력) 조업**
> 단위 시간에 투입되는 전력량을 증가시켜서 장입물의 용해 시간을 단축하여 생산성을 높이는 방법

정답 33 ③ 34 ④ 35 ③ 36 ① 37 ③

38 다음 중 UHP 조업에 대한 설명으로 틀린 것은?

① 용해와 승열시간을 단축하여 생산성을 높인다.
② 초고전력 조업이라고도 한다.
③ 동일 용량인 노에서는 PR조업보다 많은 전력이 필요하다.
④ 고전압 저전류의 투입으로 노벽소모를 경감하는 조업이다.

> **UHP(초고전력) 조업의 특징**
> ① 단위 시간에 투입되는 전력량을 증가시켜서 장입물의 용해 시간을 단축하여 생산성을 높이는 방법
> ② 종전의 RP 조업에 비해 2~3배의 큰 전력을 투입하고 저전압, 고전류의 저역률에 의한 굵고 짧은 아크에 의해 조업을 실시
> ③ 짧은 아크는 장입물의 용락 전후에 노벽의 내화물에 주는 영향이 감소
> ④ 아크가 안정되고 명멸 현상이 감소
> ⑤ 용락 이후 용강의 열전달 효율이 증가
> ⑥ 아크 부근의 용탕의 교반 운동이 커져 균일한 승온 가능
> ⑦ 용해 시간이 단축되어 생산성과 열효율이 높아 전력 원단위 감소

39 고주파 유도로에서 유도 저항 증가에 따른 전류의 손실을 방지하고 전력 효율을 개선하기 위한 것은?

① 노체 설비   ② 노용 변압기
③ 진상 콘덴서 ④ 고주파 전원 장치

> • 진상 콘덴서 : 전류 손실을 줄이고 전력효율을 개선하기 위한 장치
> • 고주파 전원장치 : 고주파를 발생하기 위한 전원 장치

40 정상적인 전기아크로의 조업에서 산화 슬래그의 표준 성분은?

① MgO, Al_2O_3, Cr_2O_3
② CaO, SiO_2, FeO
③ CuO, CaO, MnO
④ FeO, P_2O_5, PbO

> **전기로 슬래그 조성**
> CaO+SiO_2+FeO

41 순환탈가스법(RH법)에서 상승관에 취입하는 가스는?

① 수소   ② 질소
③ 부탄   ④ 아르곤

> RH법의 순환용 취입가스는 불활성가스인 Ar을 사용한다.

42 침지노즐을 사용하는 대형 연주기에서는 Powder를 사용한다. 이 파우더의 기능을 설명한 것 중 틀린 것은?

① 열방산을 도와준다.
② 공기와의 산화를 방지한다.
③ 용융된 파우더가 주형벽에 흘러 윤활제 역할을 한다.
④ 용강 중에 함유된 알루미나 등의 개재물을 용해하여 청정도를 높인다.

> **몰드 파우더의 기능**
> 용강산화방지, 열손실방지, 개재물 부상, 윤활 작용

정답 38 ④ 39 ③ 40 ② 41 ④ 42 ①

43 레이들 용강을 진공실 내에 넣고 아크 가열을 하면서 아르곤 가스 버블링하는 방법으로 Finkel-Mohr법이라고도 하는 것은?

① DH법 ② VOD법
③ RH-OB법 ④ VAD법

> **VAD법(Finkel-Mohr법)**
> 진공실 내에서 아크 가열이 가능하고, Ar가스로 교반하는 정련법

44 연속주조 설비에서 주조를 처음 시작할 때 주형의 밑을 막는 것은?

① 핀치롤(Pinch Roll)
② 턴디시(Tundish)
③ 더미바(Dummy Bar)
④ 전단기(Shear)

> **더미바**
> 주조 초기 주형 하부를 막아주고 용강이 응고하기 시작하면 주편을 핀치롤까지 인발하는 장치

45 주형과 주편의 마찰을 경감하고 구리판과의 융착을 방지하여 안정한 주편을 얻을 수 있도록 하는 것은?

① 주형
② 레이들
③ 슬라이딩 노즐
④ 주형 진동장치

> **주형 진동장치(오실레이션)**
> 주입된 용강이 주형벽에 부착되는 것을 방지

46 주조 중 투입되는 파우더 역할로 틀린 것은?

① 용강탕면 산화방지
② 주편의 용강 유출방지
③ 강의 청정도 향상
④ 용강탕면 열 방산방지

> **몰드 파우더의 기능**
> 용강산화방지, 열손실방지, 개재물 부상, 윤활작용

47 전기로 환원기 조업에서 제재 직후 가장 먼저 투입하는 탈산제는?

① Al ② Ca-Si
③ Fe-Mn ④ Fe-Si

> 전기로 환원기 조업에서 산화기 슬래그를 제거한 후 환원 슬래그 형성에 의해 탈산을 하기 위해 Fe-Mn을 가장 먼저 투입하여 슬래그에 의한 강욕을 탈산한다.

48 연속주조 작업 중 턴디시로부터 주형에 주입되는 용강의 재산화, splash 방지 등을 위하여 턴디시로부터 주형 내에 잠기는 내화물은?

① Shroud Nozzle
② 침지 Nozzle
③ Long Nozzle
④ Top Nozzle

> **침지 노즐**
> 턴디시에서 주형(몰드)에 주입할 때 용강의 재산화, 스플래시 등을 방지하기 위하여 용강 중에 노즐이 잠기게 하는 침지노즐을 사용한다.

정답 43 ④ 44 ③ 45 ④ 46 ② 47 ③ 48 ②

49 연속 주조법이 강괴-분괴법에 비하여 유리한 점을 설명한 것으로 틀린 것은?

① 제품 사이즈의 다양화를 기할 수 있다.
② 실수율이 향상된다.
③ 에너지 절감을 기할 수 있다.
④ 제조 원가가 절감된다.

> **연속주조의 장점**
> ① 실수율 및 생산성 향상
> ② 자동화 기계화가 용이
> ③ 공장의 소요 면적이 감소
> ④ 작업 환경 개선 및 위험요인 제거
> ⑤ 강재의 균질화 및 품질향상
> ⑥ 빌렛, 슬래브, 블룸 제조

50 전로의 특수조업법 중 강욕에 대한 산소 제트 에너지를 감소시키기 위하여 취련 압력을 낮추거나 또는 랜스 높이를 보통보다 높게 하는 취련 방법은?

① 소프트 블로우(Soft blow)
② 스트랭스 블로우(Strength blow)
③ 더블 슬래그(Double slag)
④ 2단 취련법

> **소프트 블로우**
> ① 산소 압력을 낮추어 조업
> ② 랜스 높이를 높여서 조업
> ③ 산소량을 줄여서 조업
> ④ 탈탄보다 탈인이 주목적

51 용강에 탈산제를 전혀 첨가하지 않거나 소량 첨가해서 주입하여 강괴 내에 많은 기포가 함유되어 강괴두부에 수축관을 생성하지 않고 강괴 전부를 쓸 수 있는 강종은?

① 캡드강(Capped Steel)
② 림드강(Rimmed Steel)
③ 킬드강(Killed Steel)
④ 세미킬드강(Semi-killed Steel)

> **림드강**
> 탈산을 하지 않은 강으로 회수율이 높지만, 기포와 편석이 심하다.

52 이중표피(Double skin) 결함이 발생하였을 때 예상되는 가장 주된 원인은?

① 고온고속으로 주입할 때
② 탈산이 과도하게 되었을 때
③ 주형의 설계가 불량할 때
④ 상주 초기 용강의 스프래쉬(Splash)에 의한 각이 형성되었을 때

> 이중표피는 용강의 스플래시에 의해 발생한다.

53 연속 주조작업 중 몰드에 투입하는 파우더의 역할이 아닌 것은?

① 산화방지
② 윤활제 역할
③ 주편냉각 촉진
④ 강의 청정도 향상

> **몰드 파우더의 기능**
> 용강산화방지, 열손실방지, 개재물 부상, 윤활 작용

정답 49① 50① 51② 52④ 53③

54 다음 중 혼선로의 기능에 대한 설명으로 틀린 것은?

① 용선을 균일화한다.
② 용선의 저장 역할을 한다.
③ 용선의 보온 역할을 한다.
④ 용선에 인(P)의 양을 높인다.

> 혼선로의 기능
> ① 열방산 방지 및 가열 가능
> ② 용선의 성분 균일화
> ③ 용선의 임시 저장
> ④ 탈황이 가능

55 LD 전로에서 슬로핑(Slooping)이란?

① 취련압력을 낮추거나 랜스 높이를 높게 하는 현상
② 취련 중기에 용재 및 용강이 노외로 분출 되는 현상
③ 취련 초기 산소에 의해 미세한 철 입자가 비산하는 현상
④ 용강 용재가 노외로 비산하지 않고 노구 근방에 도넛 모양으로 쌓이는 현상

> 슬로핑은 취련 중기에 용융물(슬래그)가 취련 시 노구 밖으로 분출하는 현상이다.

56 취련 초기 미세한 철입자가 노구로 비산 하는 현상은?

① 스피팅(Spitting)
② 슬로핑(Slopping)
③ 포밍(Foaming)
④ 행깅(Hanging)

> 스피팅(spitting)
> 취련 초기 산소압력에 의해 미세한 철입자가 노구로 비산하는 현상

57 제강작업에 사용되는 합금철이 구비해야 하는 조건 중 틀린 것은?

① 용강 중에 있어서 확산속도가 클 것
② 산소와의 친화력이 철에 비하여 작을 것
③ 화학적 성질에 의해 유해원소를 제거시킬 것
④ 용강 중에 있어서 탈산 생성물이 용이하게 부상 분리될 것

> 합금철의 구비조건
> ① 산소와의 친화력이 철보다 클 것
> ② 용강 중에서 확산속도가 클 것
> ③ 유해한 불순물 원소를 제거할 것
> ④ 탈산 생성물의 부상을 용이하게 할 것

58 탈산도에 따른 강괴의 면 조직을 표시한 것 중 림드강괴의 형상은?

① 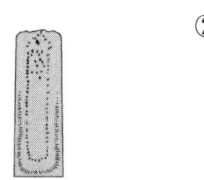   ②

③    ④

> ① 림드강, ② 킬드강, ③ 세미킬드강

59 전로 내 관찰 시 안전사항으로 가장 관계가 먼 것은?

① 앞면 보호구를 착용한다.
② 전로 경동시 노구 정면에서 정확히 관찰한다.
③ 노 경동을 여러 번 한 후 정밀 점검한다.
④ 슬래그 자연낙하 위험을 없앤 후 점검한다.

> 전로 경동 시 노구 앞에 있으면 용융물에 의한 재해를 입을 가능성이 있으므로 노구 정면에 있으면 안된다.

60 다음 중 금속화재의 종류는?

① A　　② B
③ C　　④ D

화재의 종류				
구분	A급	B급	C급	D급
명칭	일반화재	유류화재	전기화재	금속화재

2023년 3회 제강기능사 CBT 복원문제

01 주조 상태 그대로 연삭하여 사용하며, 단조가 불가능한 주조경질합금 공구 재료는?

① 스텔라이트
② 고속도강
③ 퍼멀로이
④ 플래티나이트

> ① 스텔라이트 : Co-Cr-Cr-W-C계 주조경질합금으로 단련이 불가능하여 주조에 의해 만든다.
> ② 퍼멀로이 : Ni(75%)-Fe계 전자기용 특수강
> ③ 플래티나이트 : Fe-Ni(45%)계 불변강

02 액체 금속이 응고할 때 응고점(녹는점)보다는 낮은 온도에서 응고가 시작되는 현상은?

① 과냉 현상
② 과열 현상
③ 핵 정지 현상
④ 응고 잠열 현상

> **과냉**
> 금속이 응고 시 응고점보다 낮은 온도에서 응고가 시작되는 현상으로 냉각속도가 빠를때 심하게 일어난다.

03 Cr-Ni강이라고도 하며, Cr_2O_3라는 치밀하고도 일정한 산화피막을 형성하여, 칼·식기·취사 용구·화학 공업장치 등의 용도에 적합한 것은?

① 주강
② 규소강
③ 저합금강
④ 스테인리스강

> **18-8스테인리스강의 특징**
> ① Cr 18%, Ni 8%인 강이다.
> ② 내식성 및 내열성이 우수하다.
> ③ 조직이 오스테나이트이다.
> ④ 비자성체이다.
> ⑤ 강도, 인성, 가공성이 우수하다.

04 문쯔메탈(Muntz metal)이라 하며 탈아연 부식이 발생하기 쉬운 동합금은?

① 6-4 황동
② 주석 청동
③ 네이벌 황동
④ 애드미럴티 황동

> 문쯔메탈은 6-4황동으로 열교환기나 열간단조용으로 사용한다.

정답 01 ① 02 ① 03 ④ 04 ①

05 다음 중 불변강의 종류가 아닌 것은?

① 플래티나이트
② 인바
③ 엘린바
④ 아공석강

불변강의 종류
① 인바 : Fe-Ni(36%) 합금, 탄성계수가 작고 내식성이 우수
② 초인바 : Fe-Ni(36%)-Co(15%) 합금, 인바보다 열팽창계수가 작음
③ 엘린바 : Fe-Ni(36%)-Cr(12%) 합금, 상온에서 탄성계수가 거의 변하지 않음
④ 플래티나이트 : Fe-Ni(45%) 합금, 열팽창계수가 유리나 백금과 동일

06 황동 합금 중에서 강도는 낮으나 전연성이 좋고 금색에 가까워 모조금이나 판 및 선에 사용되는 합금명은?

① 톰백
② 7-3 황동
③ 6-4 황동
④ 주석 황동

톰백
Cu-Zn(8~20%) 합금으로 전연성이 좋고 색이 금색에 가까운 황동

07 금속을 냉간가공할 때 결정입자가 가공방향으로 늘어나는 성질은?

① 등방성
② 결정성
③ 이방성
④ 가공성

금속을 냉간가공하면 이방성에 의해 결정입자가 가공방향으로 늘어나게 된다.

08 연성이 우수하고 내식성, 내마모성, 내피로성이 우수한 형상기억합금은?

① Cu-Zn-Fe계
② Cu-Sn-Ni계
③ Ni-Ti계
④ Ti-Zn계

형상기억합금은 Ni-Ti계(니티놀), Cu-Al-Ni계, Cu-Al-Zn계의 3가지가 종류가 많이 사용되며, 니티놀이 가장 우수한 내식성, 내마모성, 형상기억 효과를 가지고 있다.

09 소성변형이 일어나면 금속이 경화하는 현상을 무엇이라 하는가?

① 가공경화
② 탄성경화
③ 취성경화
④ 자연경화

가공경화
금속이 소성변형에 의하여 강도가 증가하는 현상

10 금속에 관한 다음 설명 중 틀린 것은?

① 전기전도율은 일반적인 경우 순수한 금속보다 합금이 우수하다.
② 열전도율은 일반적인 경우 합금보다 순수한 금속일수록 우수하다.
③ 금속을 가열시키면 녹아서 액체가 되는 지점의 온도를 용융온도 또는 용융점이라 한다.
④ 금속의 비열은 물질 1g의 온도를 1℃만큼 높이는 데 필요한 열량으로 cal / g℃로 표시한다.

전기전도율은 순금속이 합금보다 우수하다.

11 자기변태를 설명한 것 중 옳은 것은?

① 고체상태에서 원자배열의 변화이다.
② 일정온도에서 불연속적인 성질변화를 일으킨다.
③ 일정 온도구간에서 연속적으로 변화한다.
④ 고체 상태에서 서로 다른 공간격자 구조를 갖는다.

> 자기변태는 원자배열과는 관계없이 자기적 성질이 변화하는 것으로 일정온도에서 연속적으로 일어난다.

12 그림은 A, B 두성분으로 되어 있는 합금의 농도 표시이다. 임의의 점 P가 점 B에 가까워지면 농도는?

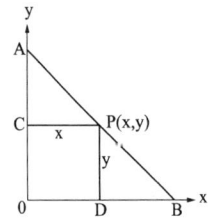

① A의 농도는 증가하고 B의 농도는 감소한다.
② A의 농도는 감소하고 B의 농도는 증가한다.
③ A, B의 농도 둘 다 증가한다.
④ A, B의 농도 둘 다 감소한다.

> 점 P가 B에 가까워지면 B의 성분이 증가하는 것이다. 따라서 B의 농도는 증가하고 A의 농도는 감소한다.

13 다음 중 비정질 합금의 특징에 대한 설명으로 틀린 것은?

① 구조적으로 규칙성을 가지고 있다.
② 열에 강하며, 결정 이방성을 갖는다.
③ 균질한 재료이며, 전기 저항성이 크다.
④ 고온에서 결정화하여 완전히 다른 재료가 된다.

> **비정질의 특징**
> ① 전기저항이 크고 온도 의존성이 적다.
> ② 열에 약하고 고온에서 결정화한다.
> ③ 구조적으로 결정의 방향성이 없다.
> ④ 경도가 높고 연성이 양호하며 가공경화 현상이 나타나지 않는다.
> ⑤ 용접이 불가능하다.

14 다음 중 Ni-Cr 강에 대한 설명으로 옳은 것은?

① Ni-Cr 강은 강인하나, 점성과 담금질성이 나쁘다.
② 봉, 핀, 선재, 판재, 볼트, 너트 등에 널리 사용한다.
③ 뜨임 취성을 생성시키기 위해 Mo, Li, V 등을 첨가한다.
④ Cr은 페라이트를 강화하고, Ni은 탄화물을 석출하여 조직을 치밀하게 한다.

> Ni-Cr강은 점성이 크고 강인하며 담금질성이 우수하여 봉, 핀, 볼트, 너트 등에 사용한다. Mo, V 등을 첨가하면 뜨임취성을 방지할 수 있으며, Cr은 탄화물을 형성하고, Ni은 조직을 치밀하게 하며 인성을 좋게 한다.

정답 11 ③ 12 ② 13 ② 14 ②

15 절삭공구용으로 사용되고 있는 18-4-1형 고속도 공구강의 주성분으로 옳은 것은?

① 텅스텐(W) – 몰리브덴(Mo) – 아연(Zn)
② 텅스텐(W) – 바나듐(V) – 베릴듐(Be)
③ 텅스텐(W) – 크롬(Cr) – 바나듐(V)
④ 텅스텐(W) – 알루미늄(Al) – 코발트(CO)

> **고속도강**
> W(18%)-Cr(4%)-V(1%)형,
> W(14%)-Cr(4%)-V(1%)형

16 다음 중 공차값이 가장 작은 치수는?

① $50^{+0.02}_{-0.01}$ ② 50 ± 0.01
③ $50^{+0.03}_{0}$ ④ $50^{0}_{-0.03}$

> ②는 +0.01, -0.01 이므로 공차값이 0.02가 된다.

17 투상도법에서 원근감을 나타낸 투상도법은?

① 정 투상도   ② 부등각 투상도
③ 등각 투상도   ④ 투시도

> 투시도는 원근감을 나타낸 그림으로 건축물, 다리 등의 도면에 사용한다.

18 제품 사용상 실용적으로 허용할 수 있는 범위의 차이는?

① 데이텀   ② 공차
③ 죔쇠   ④ 끼워맞춤

> **공차**
> 제품의 치수의 허용되는 범위는 나타내는 척도로 최대 허용치수와 최소 허용치수와의 차를 말함

19 그림과 같은 겨냥도를 3각법으로 나타낼 때 우측면도는?(단 화살표 방향이 정면도임)

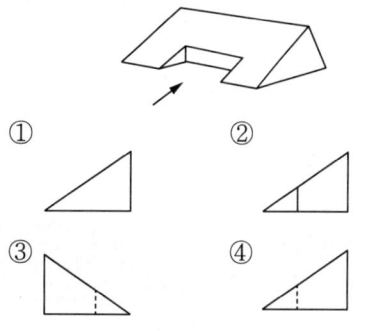

> 우측면도는 물체를 오른쪽에서 바라본 그림이다.

20 다음 그림과 같은 단면도는?

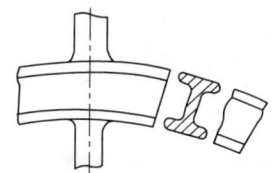

① 부분 단면도   ② 계단 단면도
③ 한쪽 단면도   ④ 회전 단면도

> **회전 단면도**
> 핸들이나 바퀴 등의 암 및 림, 리브, 축, 구조물의 부재 등의 절단면은 90도 회전하여 표시한다.

21 구멍 φ50±0.01일 때 억지끼워맞춤의 축 지름의 공차는?

① $\phi50^{+0.01}_{0}$ ② $\phi50^{0}_{-0.02}$
③ $\phi50\pm0.01$ ④ $\phi50^{+0.03}_{+0.02}$

> 억지끼워맞춤은 구멍보다 축이 항상 클 때이므로 ④가 항상 구멍보다 크다.

정답 15③ 16② 17④ 18② 19④ 20④ 21④

22 아래와 같은 도형의 테이퍼 값은?

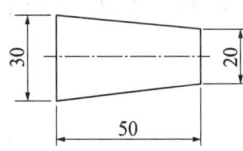

① 1 / 5
② 1 / 10
③ 2 / 5
④ 3 / 10

> 테이퍼 값 = $\dfrac{a-b}{l} = \dfrac{30-20}{50} = \dfrac{10}{50} = \dfrac{1}{5}$

23 KS의 부문별 분류 기호 중 틀리게 연결된 것은?

① KS A – 전자
② KS B – 기계
③ KS C – 전기
④ KS D – 금속

> KS A 기본, KS B 기계, KS C 전기, KS D 금속

24 다음 그림에서 표시된 부분을 절단하면 단면도의 종류로 옳은 것은?

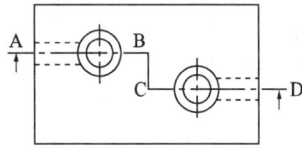

① 회전 단면도
② 구의 반지름
③ 한쪽 단면도
④ 계단 단면도

> **계단 단면도(조합에 의한 단면도)**
> 2개 이상의 평면 또는 곡면을 계단 모양으로 조합한 합성면의 절단을 나타낸 도면

25 다음 재료 기호 중 고속도 공구강은?

① SCP
② SKH
③ SWS
④ SM

> 고속도강 SKH, 일반탄소강 SM, 탄소공구강 STC, 합금공구강 STS, 다이스강 STD, 스프링강 SPS

26 15mm 드릴 구멍의 지시선을 도면에 옳게 나타낸 것은?

① 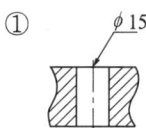   ②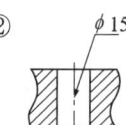

③ 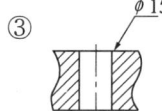   ④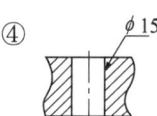

> 드릴 구멍의 치수는 중심선에 맞추고 외형선에 지시선으로 나타낸다.

27 2N M50×2-6h이라는 나사의 표시 방법에 대한 설명으로 옳은 것은?

① 왼나사이다.
② 2줄 나사이다.
③ 유니파이 보통 나사이다.
④ 피치는 1인치당 산의 개수로 표시한다.

> **2N M50×2-6h**
> 오른나사 2줄, 미터 가는 리드 50 피치 2, 수나사 등급 6h

정답 22 ① 23 ① 24 ④ 25 ② 26 ① 27 ②

28 혼선차(Torpedo car)의 장점으로 틀린 것은?

① 온도강하가 적고 철 손실이 적다.
② 작업인력이 적게 들며 레들크레인을 감소시킨다.
③ 레들을 포함한 혼선로의 건설비가 싸다.
④ 출선구가 커서 slag가 전혀 유출되지 않는다.

> 토페도카의 특징
> ① 용강의 보온 및 온도 강하가 적고 전로에 직접 장입할 수 있다.
> ② 혼선로에 비해 건설비가 싸다.
> ③ 작업 인원 및 장비가 많지 않다.
> ④ 부착금속이 되는 선철 손실이 적다.
> ⑤ 성분 조정 및 탈황, 탈인이 가능하다.
> ⑥ 용선 장입 및 출강이 하나의 입구로 가능하다.
> ※ 입구가 넓어 출강시 슬래그가 혼입될 수 있는 단점이 있다.

29 LD 전로의 OG 설비에서 IDF(Induced Draft fan)의 기능을 가장 적절히 설명한 것은?

① 취련 시 외부공기의 노 내 침투를 방지하는 설비
② 후드 내의 압력을 조절하는 장치
③ 취련 시 발생되는 폐가스를 흡인, 승압하는 장치
④ 연도 내의 CO 가스를 불활성가스로 희석시키는 장치

> OG 설비에서 IDF는 취련 시 발생되는 폐가스를 흡인, 승압하는 장치이다.

30 LD 전로 조업 시 용선 95톤, 고철 25톤, 냉선 2톤을 장입했을 때 출강량이 110톤 이었다면 출강실수율(%)은 약 얼마인가?

① 80.6 ② 85.6
③ 90.2 ④ 95.6

> 출강실수율 = $\dfrac{출강량}{전장입량} \times 100$
> = $\dfrac{110}{95+25+2} \times 100 = 90.2$

31 LD 전로 제강법에 사용되는 랜스 노즐의 재질은?

① 내열 합금강   ② 구리
③ 니켈   ④ 스테인리스강

> • 전로 랜스 재질 : 구리
> • 전기로 산소 취입관 재질 : 스테인리스강

32 출강량이 300톤이고 출강실수율이 95%라면 전장입량(톤)은?

① 306 ② 316
③ 326 ④ 336

> 실수율 = $\dfrac{출강량}{전장입량}$ 이므로
> 전장입량 = $\dfrac{출강량}{실수율} = \dfrac{300}{0.95} = 316$

정답 28 ④ 29 ③ 30 ③ 31 ② 32 ②

33 LD 전로제강법은 산소가스를 전로의 어느 부분에서 취입하여 강을 제조하는가?

① 하면 ② 상면
③ 옆면 ④ 옆 + 하면

> LD 전로는 산소를 용강 상부의 랜스를 통해서 불어 넣는다.

34 용강의 합금첨가법 중 Ca 첨가법의 장점이 아닌 것은?

① 강재 개재물의 형상은 변화가 없으며, 이방성을 갖지 않는다.
② Ca를 탄형상으로 용강 중에 발사하므로 실수율이 높고 안정하다.
③ 어떠한 제강공장에서 적용이 가능하다.
④ 청정도가 높은 강을 얻을 수 있다.

> Ca이 첨가되면 강의 청정도가 높아지므로 개재물이 제거된다.

35 전기로 산화정련 작업에서 일어나는 화학 반응식이 아닌 것은?

① $Si + 2O \rightarrow SiO_2$
② $Mn + O \rightarrow MnO$
③ $2P + 5O \rightarrow P_2O_5$
④ $O + 2H \rightarrow H_2O$

> 전기로 산화정련 반응
> $Si + O_2 = SiO_2$
> $2Mn + O_2 = 2MnO$
> $2C + O_2 = CO_2$
> $2P + \frac{5}{2}O_2 = P_2O_5$
> $4Cr + 3O_2 = 2Cr_2O_3$

36 전기로의 노외 정련작업의 VOD 설비에 해당되지 않는 것은?

① 배기 장치를 갖춘 진공실
② 아르곤 가스 취입 장치
③ 산소 취입용 랜스
④ 아크 가열 장치

> VOD법은 진공실 상부에 산소 취입용 랜스가 있어 정련하지만, 가열할 수 있는 가열장치는 없다.
> ※ 가열장치가 있는 노외 정련법 : LF법

37 전기로 정련 시 산화기의 가장 큰 목적은?

① 탈인 ② 보온
③ 배재 ④ 냉각

> • 산화기 : 탈인, 탈탄
> • 환원기 : 탈황, 탈산

38 환원철을 전기로에 사용할 때의 장점으로 옳은 것은?

① 제강시간이 길다.
② 생산성이 향상된다.
③ 형상 품위 등이 일정하여 취급이 어렵다.
④ 자동조업이 쉬운 장점이 있으나, 맥석분이 많으므로 석회가 필요하고 가격이 고철보다 비싸다.

> 환원철 사용시 장·단점
> ① 장점 : 제강시간 단축, 생산성 향상, 취급이 용이, 자동조업이 용이
> ② 단점 : 맥석분이 많음, 다량의 촉매(석회석 또는 산화칼슘)가 필요, 철분 회수가 불량, 가격이 고가

정답 33 ② 34 ① 35 ④ 36 ④ 37 ① 38 ②

39 전기로 제강법에서 전극의 구비조건으로 틀린 것은?

① 온도의 급변에 견뎌야 할 것
② 열팽창 속도가 클 것
③ 화학반응에 안정해야 할 것
④ 전기전도도가 양호할 것

흑연전극의 구비조건
① 전기저항이 작을 것
② 열팽창계수가 작을 것
③ 기계적 강도가 클 것
④ 화학반응에 안정할 것
⑤ 전기전도도가 우수할 것
⑥ 탄성률이 너무 크지 않을 것
⑦ 고온 내산화성이 우수할 것

40 아크식 전기로의 작업순서를 옳게 나열한 것은?

① 장입 → 산화기 → 용해기 → 환원기 → 출강
② 장입 → 용해기 → 산화기 → 환원기 → 출강
③ 장입 → 용해기 → 환원기 → 산화기 → 출강
④ 장입 → 환원기 → 용해기 → 산화기 → 출강

아크식 전기로 조업 과정
장입 → 용해기 → 산화기 → 환원기 → 출강

41 연속 주조에서 주형에 들어가는 용강의 양을 조절하여 주는 것은?

① 턴디시   ② 핀치로울
③ 더미바   ④ 에이프런

턴디시의 역할
① 주입량 조절
② 주형에 용강 분배
③ 용강 중의 비금속 개재물 부상 분리

42 레이들 바닥의 다공질 내화물을 통해 캐리어 가스(N)를 취입하여 탈황 반응을 촉진시키는 탈황법은?

① HR법
② 인젝션법
③ 레이들 탈황법
④ 포러스 플러그법

탈황법
① 레이들 탈황법 : 레이들 바닥에 탈황제를 넣고 용강을 주입하여 탈황하는 방법
② 포러스 플러그법 : 레이들 바닥에 다공질 내화물을 사용하고 이곳으로 기체를 취입하여 탈황하는 방법
③ 인젝션법 : 용강 상부에서 취입관을 이용하여 취입하는 방법
④ 교반법 : 탈황제를 넣고 용강을 교반하여 탈황하는 방법(KR법, 라인슈탈법, 데마크-오스트베르그법)
⑤ 요동레이들법 : 레이들에 편심을 주어 회전을 하면서 탈황하는 방법(DM전로법, 회전드럼법)

43 다음 그림은 DH법(흡인탈가스법)의 구조이다. (   )의 구조 명칭은?

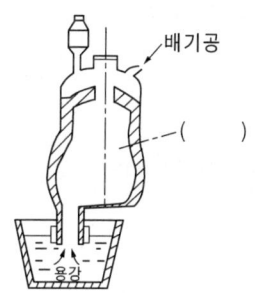

① 레이들   ② 취상관
③ 진공조   ④ 합금 첨가장치

DH법(흡인탈가스법)은 진공조를 레이들 내의 용강에 직접 담가서 배기공으로 진공을 하면서 탈가스하는 방법이다.

44 다음 중 산성 전로 제강법에 대한 설명이 틀린 것은?

① 탈인 및 탈황이 촉진된다.
② 용선을 주원료 사용한다.
③ 내화물을 산성인 규석질 내화물을 사용한다.
④ 열원으로 용선의 현열과 불순물의 산화열을 이용한다.

> 산성 내화물을 사용한 산성 전로에서는 슬래그의 분위기도 산성으로 해야 하므로, 탈인, 탈황이 어렵다.

45 조괴법에 비하여 연속주조법의 장점이 아닌 것은?

① 강괴 실수율이 높다.
② 생산성이 향상된다.
③ 다품종 강종 생산이 가능하다.
④ 열 손실이 적다.

> 연속주조의 장점
> ① 실수율 및 생산성 향상
> ② 자동화 기계화가 용이
> ③ 공장의 소요 면적이 감소
> ④ 작업 환경 개선 및 위험요인 제거
> ⑤ 강재의 균질화 및 품질향상
> ⑥ 빌렛, 슬래브, 블룸 제조
> ⑦ 소품종 대량생산에 적합

46 다음 중 탄소강에서 가장 편석을 심하게 일으키는 원소는?

① 황(S)   ② 실리콘(Si)
③ 크롬(Cr)   ④ 알루미늄(Al)

> 편석 조장 원소
> S, P 특히 S가 가장 심하게 발생

47 Mold Flux의 주요 기능을 설명한 것 중 틀린 것은?

① 주형 내 용강의 보온작용
② 주형과 주편 간의 윤활작용
③ 부상한 개재물의 용해흡수작용
④ 주형 내 용강표면의 산화 촉진작용

> 몰드 파우더의 기능
> 용강산화방지, 열손실방지, 개재물 부상, 윤활작용

48 노즐로부터 유출되는 용강량을 구하는 식은? (단, V : 단위시간당 용강 유출량(g/s), α : 노즐의 단면적(cm^2), ρ : 용강의 밀도(g/cm^3), h : 레이들 내 용강의 높이(cm), g : 중력가속도(cm/s^2))

① $V = \sqrt{\alpha\rho \cdot 2gh}$
② $V = \sqrt{\dfrac{\alpha\rho}{2gh}}$
③ $V = \dfrac{\alpha\rho}{\sqrt{2gh}}$
④ $V = \alpha\rho \cdot \sqrt{2gh}$

> $V = \alpha\rho \cdot \sqrt{2gh}$

49 턴디시의 역할로 틀린 것은?

① 주형에 들어가는 용강의 성분조정
② 주형에 들어가는 용강의 양 조절
③ 용강 중의 비금속 개재물 부상
④ 각 스트랜드에 용강을 분배

> 턴디시의 역할
> ① 주입량 조절
> ② 주형에 용강 분배
> ③ 용강 중의 비금속 개재물 부상 분리

정답 44 ① 45 ③ 46 ① 47 ④ 48 ④ 49 ①

50 상주법으로 주입 시 용강의 비산에 의해 강괴 하부에 생기는 이중 표피(Double skin)의 원인 및 방지법으로 틀린 것은?

① 상주초기에 용강의 splash(비말)에 의한 각의 형성 및 강괴하부에 생긴다.
② Splash can을 사용한다.
③ 주형내부에 도료를 바른다.
④ 볼록정반을 사용한다.

> **2중 표피(double skin)의 원인 및 방지책**
> ① 원인
> • 스플래시 발생
> • 킬드강의 과도한 압탕으로 인하여
> • 림드강의 탕면이 일시적으로 저하할 때
> • 강괴의 파단
> • 정반 불량 및 사고
> ② 방지책
> • 스플래시 캔 설치
> • 적정압탕 실시
> • 적정탈산 및 주입속도 유지
> • 요철 정반 사용
> • 주형 내부 도포

51 가스교반(Bubblling) 처리의 목적이 아닌 것은?

① 용강의 청정화
② 용강성분의 조정
③ 용강온도의 상승
④ 용강온도의 균일화

> **버블링의 목적**
> ① 용강의 온도 균일화
> ② 용강의 성분 균일화
> ③ 비금속 개재물 부상분리
> ④ 용강의 청정도 향상
> ⑤ 아르곤, 질소 가스를 사용

52 주입 작업 시 하주법에 대한 설명으로 틀린 것은?

① 주형 내 용강면을 관찰할 수 있어 주입속도 조정이 쉽다.
② 용강이 조용하게 상승하므로 강괴 표면이 깨끗하다.
③ 주형 내 용강면을 관찰할 수 있어 탈산 조정이 쉽다.
④ 작은 강괴를 한꺼번에 많이 얻을 수 있으나, 주입 시간은 길어진다.

> **하주법의 장점**
> ① Splash가 없어 표면이 양호
> ② 작은 강괴를 일시에 많이 얻을 수 있음
> ③ 주입속도 및 탈산속도 조정이 양호
> ④ 주입시간 단축
> ⑤ 고급강 및 표면을 중요시하는 강괴 생산용

53 다음 중 강괴의 편석 발생이 적은 상태에서 많은 순서로 나열한 것은?

① 킬드강 – 캡드강 – 림드강
② 킬드강 – 림드강 – 캡드강
③ 캡드강 – 킬드강 – 림드강
④ 캡드강 – 림드강 – 킬드강

> **편석이 적은 강괴 순서**
> 킬드강 → 세미킬드강 → 캡드강 → 림드강

54 다음 중 전로 공정에서 주원료에 해당되지 않는 것은?

① 용선   ② 고철
③ 생석회   ④ 냉선

> 전로 주원료는 용선, 냉선, 고철이며, 생석회는 부원료에 해당한다.

정답 50 ④ 51 ③ 52 ④ 53 ① 54 ③

55 LD 전로의 노 내 반응은?

① 환원 반응   ② 배소 반응
③ 산화 반응   ④ 황화 반응

> 전로는 산소와 불순물의 산화반응이다.

56 전로작업 중 노체 수명에 대한 설명으로 옳은 것은?

① 용강의 온도가 높게 되면 노체 수명이 길어진다.
② 산소의 사용량이 적으면 노체 수명이 감소한다.
③ 용선 중에 Si 양이 증가하면 노체 수명은 감소한다.
④ 형석의 사용량이 증가함에 따라 노체 수명이 길어진다.

> **노체 수명 감소 요인**
> ① 연속적인 고온 조업을 할 때
> ② 산소 사용량이 많을 때
> ③ 용선 중의 Si 함유량이 많을 때
> ④ 형석의 사용량이 많을 때

57 다음 중 탈인(P)을 촉진시키는 것으로 틀린 것은?

① 강재의 산화력과 염기도가 낮을 것
② 강재의 유동성이 좋을 것
③ 강재 중 P_2O_5가 낮을 것
④ 강욕의 온도가 낮을 것

> **탈인의 조건**
> ① 강재 중 CaO가 많을 것(염기도가 높을 것)
> ② 강재 중 FeO가 많을 것(산화력이 큼)
> ③ 온도가 낮을 것
> ④ 강재 중 P_2O_5가 낮을 것
> ⑤ 강재의 유동성이 좋을 것

58 다음 중 전로작업의 일반적인 작업순서로 옳은 것은?

① 출강작업 → 취련작업 → 장입작업 → 배재작업
② 출강작업 → 배재작업 → 취련작업 → 장입작업
③ 장입작업 → 취련작업 → 출강작업 → 배재작업
④ 장입작업 → 출강작업 → 배재작업 → 취련작업

> **전로 조업순서**
> 장입 → 취련(정련) → 측온(시료채취) → 출강 → 배재 → 슬래그 코팅

59 재해사고 조사의 주된 목적은?

① 비슷한 재해의 재발 방지를 위하여
② 산재 통계 작성을 위하여
③ 인진사고를 알리기 위하여
④ 품질관리 계획을 수립하기 위하여

> 재해사고 조사는 유사한 종류의 재해에 대한 예방 및 재발방지 차원에서 한다.

60 제강의 고소 작업에서 추락의 재해를 방지하기 위한 것은?

① 방진마스크   ② 안전벨트
③ 면장갑   ④ 운동화

> 고소 작업자는 반드시 안전벨트를 착용해야 추락 사고를 예방할 수 있다.

정답 55 ③ 56 ③ 57 ① 58 ③ 59 ① 60 ②

2024년 1회 제강기능사 CBT 복원문제

01 가공한 재료를 고온으로 가열 시 일어나는 현상의 단계가 바르게 된 것은?

① 재결정-회복-결정성장
② 회복-결정성장-재결정
③ 결정성장-재결정-회복
④ 회복-재결정-결정성장

> **풀림(고온가열)의 3단계**
> 회복-재결정-결정성장

02 텅스텐의 원소 기호는?

① W   ② V
③ P   ④ N

> V : 바나듐, P : 인, N : 질소

03 다음 중 퀴리점이란?

① 동소변태점
② 결정격자가 변하는 점
③ 자기변태가 일어나는 온도
④ 입방격자가 변하는 점

> **퀴리점**
> 자기변태가 일어나기 시작하는 온도

04 다음 중 중금속에 해당되는 것은?

① Al   ② Mg
③ Cu   ④ Be

> 비중 8.9인 Cu는 중금속에 속한다. 비중 4.5 이상을 중금속이라 한다.

05 주석청동에 Pb를 3.0 – 26% 첨가한 것은?

① 연청동   ② 규소청동
③ 인청동   ④ 알루미늄청동

> ① 연청동 : Cu-Sn-Pb
> ② 규소청동 : Cu-Si
> ③ 인청동 : Cu-Sn-P
> ④ 알루미늄청동 : Cu-A

06 탄소 2.11%의 γ고용체와 탄소 6.68%의 시멘타이트와의 공정조직으로서 주철에서 나타나는 조직은?

① 펄라이트   ② 오스테나이트
③ α고용체   ④ 레데뷰라이트

> 레데뷰라이트는 γ철(오스테나이트)과 Fe_3C(시멘타이트)의 공정조직으로 펄라이트가 점상으로(호피모양) 형성되어 있는 것으로 주철에서만 나타난다.

정답 01 ④ 02 ① 03 ③ 04 ③ 05 ① 06 ④

07 Ni-Fe계 합금으로서 36%Ni, 12%Cr, 나머지는 Fe로서 온도에 따른 탄성률 변화가 거의 없어 고급시계, 압력계, 스프링 저울 등의 부품에 사용되는 것은?

① 인바(invar)
② 엘린바(elinvar)
③ 퍼멀로이(permalloy)
④ 플래티나이트(platinite)

> **불변강의 종류**
> ① 인바 : Fe-Ni(36%) 합금, 탄성계수가 작고 내식성이 우수
> ② 초인바 : Fe-Ni(36%)-Co(15%) 합금, 인바보다 열팽창계수가 작음
> ③ 엘린바 : Fe-Ni(36%)-Cr(12%) 합금, 상온에서 탄성계수가 거의 변하지 않음
> ④ 플래티나이트 : Fe-Ni(45%) 합금, 열팽창계수가 유리나 백금과 동일

08 금속을 자석에 접근시킬 때 자석과 동일한 극이 생겨서 반발하는 성질을 갖는 금속은?

① 철(Fe)   ② 금(Au)
③ 니켈(Ni) ④ 코발트(Co)

> ① 강자성체 : 자계를 접근시키면 강하게 자화되고 자계가 사라져도 자계가 남아있는 물질로 자석에 잘 달라붙는 성질을 갖는다. (Fe, Co, Mn 등)
> ② 상자성체 : 자계를 접근시키면 약하게 자계 방향으로 약하게 자화되고, 자계가 제거되면 자화되지 않는 물질 (Al, Pt, Sn, Ir 등)
> ③ 반자성체 : 자계를 접근시키면 자계와 반대 방향으로 자화되는 물질 (Bi, Si, Au, Ag, Cu 등)
> ④ 비자성체 : 자계를 접근시켜도 자화되지 않는 물질 (스테인리스강, 플라스틱, 고무 등의 비금속)

09 소성변형이 일어난 재료에 외력이 더 가해지면 재료가 단단해지는 것을 무엇이라고 하는가?

① 침투경화   ② 가공경화
③ 석출경화   ④ 고용경화

> ① 가공경화 : 재료에 외력을 가하면 점점 더 단단해져 경화되는 현상
> ② 석출경화 : 제2상의 석출물(탄화물, 질화물 등)에 의해 경화되는 현상
> ③ 고용경화 : 모재에 용질원자가 고용되면서 경화되는 현상

10 분산 강화금속 복합재료에 대한 설명으로 틀린 것은?

① 고온에서 크리프 특성이 우수하다.
② 실용 재료로는 SAP, TD Ni이 대표적이다.
③ 제조방법은 일반적으로 단접법이 사용된다.
④ 기지 금속 중에 0.01~0.1μm 정도의 미세한 입자를 분산시켜 만든 재료이다.

> 제조방법은 일반적으로 혼합법, 열분해법, 내부 산화법 등이 있다.

11 다음 중 경합금에 해당되지 않는 것은?

① 마그네슘(Mg) 합금
② 알루미늄(Al) 합금
③ 베릴륨(Be) 합금
④ 텅스텐(W) 합금

> 텅스텐(W)은 중금속에 속한다. 비중 4.5 이상을 중금속, 이하를 경금속이라 한다.

정답 07 ② 08 ② 09 ② 10 ③ 11 ④

12 아공석강의 탄소 함유량(%C)으로 옳은 것은?

① 0.025~0.8　　② 0.8~2.0
③ 2.0~4.3　　　④ 4.3~6.67

- 아공석강 : 0.025~0.8%
- 공석강 : 0.8%
- 과공석강 : 0.8~2.0%

13 스프링강(spring steel)의 기호는?

① STS　　② SPS
③ SKH　　④ STD

고속도강 SKH, 일반탄소강 SM, 탄소공구강 STC, 합금공구강 STS, 다이스강 STD, 스프링강 SPS

14 금속의 소성에서 열간가공(hot working)과 냉간가공(cold working)을 구분하는 것은?

① 소성가공률　　② 응고온도
③ 재결정온도　　④ 회복온도

재결정온도 이상에서의 가공을 열간가공, 이하에서의 가공을 냉간가공이라 한다.

15 다음 중 주철에서 칠드층을 얇게 하는 원소는?

① Co　　② Sn
③ Mn　　④ S

- 칠드층을 얇게 하는 원소(흑연화 조장 원소) : C, P, Co, Ni, Ti, Si, Al 등
- 칠드층을 두껍게 하는 원소(흑연화 방해 원소) : W, Mn, Mo, Cr, Sn, V, S 등

16 그림과 같은 물체를 제3각법으로 그릴 때 물체를 명확하게 나타낼 수 있는 최소 도면 개수는?

① 1개　　② 2개
③ 3개　　④ 4개

정면도와 우측면도만 있으면 된다. 평면도는 정면도와 유사하므로 생략할 수 있다.

17 수면이나 유면 등의 위치를 나타내는 수준면선의 종류는?

① 파선　　　② 가는 실선
③ 굵은 실선　④ 1점 쇄선

수준면은 가는 실선으로 나타낸다.
※ **가는 실선** : 치수선, 치수보조선, 지시선, 수준면선

18 투상도 중에서 화살표 방향에서 본 투상도가 정면도이면 평면도로 적합한 것은?

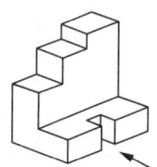

평면도는 위에서 바라본 도면이므로 ②와 같다.

정답　12① 13② 14③ 15① 16② 17② 18②

19 다음 중 도면의 크기와 양식에 대한 설명으로 틀린 것은?

① 도면의 크기 A2는 420×594mm이다.
② 도면에서 그려야 할 사항 중에는 윤곽선, 중심마크, 표제란 등이 있다.
③ 큰 도면을 접을 때에는 A0의 크기로 접는 것을 원칙으로 한다.
④ 표제란은 도면의 오른쪽 아래에 표제란을 그린다.

> 도면을 접을 때에는 A4 크기를 기준으로 접는다.

20 도면의 치수기입에서 "□20"이 갖는 의미로 옳은 것은?

① 정사각형이 20개이다.
② 단면 지름이 20mm이다.
③ 정사각형의 넓이가 20mm²이다.
④ 한 변의 길이가 20mm인 정사각형이다.

> □는 정사각형을 나타내므로 □20은 한변의 길이가 20mm인 정사각형을 나타낸다.

21 다음 그림 중에서 FL이 의미하는 것은?

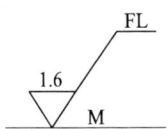

① 밀링가공을 나타낸다.
② 래핑가공을 나타낸다.
③ 가공으로 생긴 선이 거의 동심원임을 나타낸다.
④ 가공으로 생긴 선이 2방향으로 교차하는 것을 나타낸다.

> FL은 가공방법의 의미 중 래핑을 의미한다.

22 KS의 부문별 분류 기호 중 틀리게 연결된 것은?

① KS A – 전자
② KS B – 기계
③ KS C – 전기
④ KS D – 금속

> KS A 기본, KS B 기계, KS C 전기, KS D 금속

23 치수기입 시 치수 숫자와 같이 사용하는 기호의 설명 중 틀린 것은?

① ∅ : 지름
② R : 반지름
③ C : 구의 지름
④ t : 두께

> φ 지름, R 반지름, □ 사각형, t 두께, C 모따기

24 제작물의 일부만을 절단하여 단면 모양이나 크기를 나타내는 단면도는?

① 온 단면도
② 한쪽 단면도
③ 회전 단면도
④ 부분 단면도

> **단면도의 종류**
> ① 온 단면도 : 기본 중심선에서 반으로 전부 절단해서 도시한 것
> ② 계단 단면도 : 단면의 위치가 다른 것을 하나의 도면으로 나타낸 것
> ③ 회전 단면도 : 핸들이나 바퀴 등의 암 및 림, 리브, 축, 구조물의 부재 등의 절단면은 90도 회전하여 표시한다.
> ④ 반 단면도 : 물체의 외형도의 절반과 온 단면도의 절반을 조합한 단면도로 내부와 외부를 동시에 표시할 수 있는 도면이다.
> ⑤ 한쪽 단면도 : 단면도 중 한쪽이 대칭일 때 나타내는 도면

정답 19 ③ 20 ④ 21 ② 22 ① 23 ③ 24 ④

25 척도 1 : 2인 도면에서 길이가 50mm인 직선의 실제 길이(mm)는?

① 25 ② 50
③ 100 ④ 150

> 척도 1 : 2는 축척이므로 도면 길이가 50mm이면 실제 길이는 100mm이며 치수 기입은 100mm로 표시한다.

26 정면, 평면, 측면을 하나의 투상도에서 동시에 볼 수 있도록 그린 것으로 직육면체 투상도의 경우 직각으로 만나는 3개의 모서리가 각각 120°를 이루는 투상법은?

① 등각투상도법 ② 사투상도법
③ 부등각투상도법 ④ 정투상도법

> **등각투상도**
> 인접한 두 축 사이의 각이 120°인 면을 이루는 것으로 입체도에 많이 사용한다.

27 다음 기호 중 치수 보조기호가 아닌 것은?

① C ② R
③ t ④ △

> C : 모따기, R : 반지름, t : 두께

28 제선공장에서 용선을 제강공장에 운반하여 공급해주는 것은?

① 디엘카 ② 오지카
③ 토페도카 ④ 호트스토브카

> **토페도카(Toperdo car)**
> 고로에서 나온 용선을 제강공장으로 운반하는 설비

29 LD 전로의 주원료인 용선중에 Si 함량이 과다할 경우 노 내 반응의 설명이 틀린 것은?

① 강재량이 증가한다.
② 이산화규소량이 증가한다.
③ 산화반응열이 감소한다.
④ 출강 실수율이 감소한다.

> 용선 중 Si이 많아지면 산화를 위한 산소가 많이 필요하며, SiO_2가 많이 생성됨에 따라 슬래그 염기도가 낮아지고, 석회석이 많이 필요하고, 내화물을 침식할 수 있다.

30 다음과 같은 경우에 선철 배합률은 약 얼마인가? (용선 장입량 : 280톤, 냉선 장입량 : 10톤, 고철 장입량 : 60톤)

① 80.4% ② 82.9%
③ 85.5% ④ 89.0%

> $$선철배합률 = \frac{용선량}{전장입량} \times 100$$
> $$= \frac{280}{280+10+60} \times 100 = 82.9\%$$

31 냉각제로 사용하는 고철, 석회석, 철광석의 냉각 효과로 맞는 것은?

① 고철 : 석회석 : 철광석 = 1.0 : 2.2 : 2.7
② 고철 : 석회석 : 철광석 = 1.5 : 1.4 : 3.0
③ 고철 : 석회석 : 철광석 = 1.8 : 1.5 : 3.2
④ 고철 : 석회석 : 철광석 = 1.2 : 1.5 : 2.6

> **냉각제 냉각능**
>
> | 냉각제 | 고철 | 석회석 | 철광석, 밀스케일 |
> |---|---|---|---|
> | 냉각능 | 1 | 2.2 | 2.7 |

정답 25 ③ 26 ① 27 ④ 28 ③ 29 ③ 30 ② 31 ①

32 중간 정도 탈산한 강으로 강괴 두부에 입상 기포가 존재하지만 파이프양이 적고 강괴 실수율이 좋은 것은?

① 캡드강　　② 림드강
③ 킬드강　　④ 세미킬드강

> **세미킬드강**
> 탈산을 중간 정도 진행한 강으로 림드강과 킬드강의 중간 성질을 가진다.

33 LD 전로 공장에 반드시 설치해야 할 설비는?

① 산소 제조설비
② 질소 제조설비
③ 코크스 제조설비
④ 소결광 제조설비

> LD 전로는 순산소를 사용하므로 산소 제조설비가 필수이다.

34 연속주조작업에서 주로 생산되는 것은?

① 박판　　② 핫코일
③ 빌릿　　④ 틴바

> 연속주조에서 블래브, 빌릿 등의 강괴를 생산한다.

35 전로 내화물이 손상되는 요인이 아닌 것은?

① 기계적 마모
② 화학적 침식
③ 스폴링
④ 슬래그 중 MgO 성분

> 슬래그 중 MgO성분은 내화물과 같은 성분이므로 침식을 일으키지 않는다.

36 취련 초기 미세한 철입자가 노구로 비산하는 현상은?

① 스피팅(spitting)
② 슬로핑(slopping)
③ 포밍(foaming)
④ 행깅(hanging)

> • 스피팅(spitting) : 취련 초기 산소압력에 의해 미세한 철입자가 노구로 비산하는 현상
> • 슬로핑(slopping) : 취련 중기에 용융물(슬래그)가 취련 시 노구 밖으로 분출하는 현상

37 킬드강에서 편석을 일으키는 원인이 되는 가장 큰 원소는?

① P　　② S
③ C　　④ Si

> **편석 조장 원소**
> S, P 특히 S가 가장 심하게 발생

38 전기로 제강법의 장점으로 틀린 것은?

① 열효율이 좋다.
② 용탕의 성분 조절이 쉽다.
③ 불순물 혼입이 많다.
④ 주조용 금속의 용해손실이 크다.

> **전기로의 장점**
> ① 고온용해가 가능하고 온도 조절이 용이
> ② 노 내 분위기 조절이 자유롭게 조절이 가능
> ③ 열효율이 우수하여 열손실 최소화
> ④ 사용원료에 대한 제약이 적고, 모든 강종의 정련이 가능
> ⑤ 합금철 실수율이 좋고, 분포도 양호
> ⑥ 장소가 적고, 설비가 저렴하여 소량 강종에 유리
> ※ 단점 : 전력소비가 많고, 불순물 혼입이 많음

정답 32 ④ 33 ① 34 ③ 35 ④ 36 ① 37 ② 38 ③

39 노외 정련법에 해당되지 않는 방법은?

① Rotor법 ② RH법
③ DH법 ④ AOD법

로터(Rotor)법
고인선 처리를 목적으로 개발된 특수전로법으로 원통형의 전로를 수평 상태에서 저속 회전시키면서 취련하는 방법

40 제강작업에 필요한 탈산제의 선택시 고려하여야 할 조건이 아닌 것은?

① 탈산 생성물의 분리성
② 회수율
③ 압축과 인성
④ 불순물의 함량

탈산제의 구비조건
① 산소와의 친화력이 클 것
② 용강 중에 급속히 용해할 것
③ 탈산 생성물의 부상속도가 클 것
④ 가격이 저렴하고 소량만 사용할 것
⑤ 회수율이 양호할 것

41 비금속 개재물에 대한 설명 중 옳은 것은?

① 용강보다 비중이 크다.
② 제품의 강도에는 영향이 없다.
③ 압연 중 균열의 원인은 되지 않는다.
④ 용강의 공기 산화에 의해 발생한다.

비금속 개재물
① 용강보다 비중이 가볍다.
② 압연 중 균열의 원인이 된다.
③ 제품의 품질에 영향을 준다.
④ 용강이 공기와 접하여 산화에 의해 발생한다.

42 슬래그의 주역할로 적합하지 않은 것은?

① 정련작용 ② 가탄작용
③ 용강보온 ④ 용강산화방지

제강 중 슬래그의 역할
① 정련 작용(불순물 제거)
② 용강의 산화 방지
③ 외부 가스 흡수 방지
④ 보온(열의 방출 차단)

43 다음 중 UHP 조업에 대한 설명으로 틀린 것은?

① 용해와 승열시간을 단축하여 생산성을 높인다.
② 초고전력 조업이라고도 한다.
③ 동일 용량인 노에서는 PR조업보다 많은 전력이 필요하다.
④ 고전압 저전류의 투입으로 노벽소모를 경감하는 조업이다.

UHP(초고전력) 조업의 특징
①단위 시간에 투입되는 전력량을 증가시켜서 장입물의 용해 시간을 단축하여 생산성을 높이는 방법
②종전의 RP 조업에 비해 2~3배의 큰 전력을 투입하고 저전압, 고전류의 저역률에 의한 굵고 짧은 아크에 의해 조업을 실시
③짧은 아크는 장입물의 용량 전후에 노벽의 내화물에 주는 영향이 감소
④아크가 안정되고 명멸 현상이 감소
⑤용락 이후 용강의 열전달 효율이 증가
⑥아크 부근의 용탕의 교반 운동이 커져 균일한 승온 가능
⑦용해 시간이 단축되어 생산성과 열효율이 높아 전력 원단위 감소

정답 39① 40③ 41④ 42② 43④

44 연속주조 가스절단장치에 쓰이는 가스가 아닌 것은?

① 산소　　② 프로판
③ 아세틸렌　　④ 발생로가스

> 발생로 가스는 열량이 적어서 주편 절단에 사용할 수 없다.

45 LD 조업에서 하드 블로우(hard blow)법은?

① 탈탄과 탈인반응이 동시에 진행된다.
② 취련압력을 높인다.
③ 가스와 용강간의 거리가 멀다.
④ 산소 이용율이 저하된다.

> **하드 블로우(Hard Blow)**
> 탈탄 반응을 촉진시키고 산화철(FeO)의 생성을 억제하기 위하여 산소의 취입 압력을 크게 하고 랜스 거리를 낮게 하는 방법

46 전기로 전극으로서 구비하여야 할 성질로 틀린 것은?

① 고온에서 산화도가 높아야 한다.
② 열팽창계수가 작아야 한다.
③ 화학반응에 안정해야 한다.
④ 온도의 급변에 잘 견딜 수 있어야 한다.

> **흑연전극의 구비조건**
> ① 전기저항이 작을 것
> ② 열팽창계수가 작을 것
> ③ 기계적 강도가 클 것
> ④ 화학반응에 안정할 것
> ⑤ 전기전도도가 우수할 것
> ⑥ 탄성률이 너무 크지 않을 것
> ⑦ 고온 내산화성이 우수할 것

47 순 산소 상취 전로의 조업 시 취련종점의 결정은 무엇이 가장 적합한가?

① 비등현상　　② 불꽃상황
③ 노체경동　　④ 슬래그형성

> 종점판정은 불꽃의 상황(모양, 색, 크기 등)으로 판정한다.

48 내화물의 요구조건으로 틀린 것은?

① 고온에서 강도가 클 것
② 열팽창, 수축이 작을 것
③ 연화점과 융해점이 높을 것
④ 화학적으로 슬래그와 반응성이 좋을 것

> **내화재료의 구비조건**
> ① 높은 온도에서 용융하지 않을 것
> ② 높은 온도에서 쉽게 연화하지 않을 것
> ③ 온도 급변에 잘 견딜 것(내스폴링성 우수)
> ④ 높은 온도에서 형상이 변화하지 않을 것
> ⑤ 용제 및 기타 물질 등에 대해서 침식저항이 클 것(내식성 우수)
> ⑥ 마멸에 잘 견딜 것(내마멸성 우수)
> ⑦ 높은 온도에서 전기 절연성이 클 것
> ⑧ 열전도율과 열팽창이 낮을 것

49 연주 조업 중 주편표면에 발생하는 블로홀이나 핀홀의 발생 원인이 아닌 것은?

① 탕면의 변동이 심한 경우
② 윤활유 중에 수분이 있는 경우
③ 몰드 파우더에 수분이 많은 경우
④ Al선 투입 중 탕면 유동이 있는 경우

> Al선 투입은 탈산을 목적으로 하는 것이므로 블로홀이나 핀홀을 감소시킨다.

정답 44 ④　45 ②　46 ①　47 ②　48 ④　49 ④

50 LF(ladle furnace) 조업에서 LF 기능과 거리가 먼 것은?

① 용해기능 ② 교반기능
③ 정련기능 ④ 가열기능

> LF로는 가열기능은 있지만 용해기능은 없다.

51 연주주편에 발생하는 내부 결함이 아닌 것은?

① 중심 편석 ② 중심 수축공
③ 대형 개재물 ④ 방사선 균열

> 방사선 균열은 표면결함이다.

52 다음 중 금속화재의 종류는?

① A ② B
③ C ④ D

화재의 종류

구분	A급	B급	C급	D급
명칭	일반화재	유류화재	전기화재	금속화재

53 유도식 전기로의 형식에 속하는 전기로는?

① 스타사노로
② 노상 가열로
③ 에루식로
④ 에이작스 노드럽로

> 에이작스 노드럽식 로는 고주파 유도로이다.

54 전기로 조업에서 산화정련기의 목적이 아닌 것은?

① 탄소량을 조정한다.
② 용강 중의 산소를 제거한다.
③ Si, Cr, P 등을 산화 제거한다.
④ 강욕 온도의 균일화 및 온도를 상승한다.

> **산화 정련기의 목적**
> ① 품질이 좋은 강을 만들기 위하여 환원기에서 제거할 수 없는 유해 원소(S, P, 불순물, 가스, 수소 등)를 산소나 철광석에 의한 산화 정련으로 제거
> ② 탄소량을 조정
> ③ 강욕 온도의 균일화 및 온도 상승
> ④ 환원 조작을 용이하게 할 수 있도록 강욕을 만든 작업

55 일관 제철법을 설명한 것 중 옳은 것은?

① 제강, 압연의 전공정을 가진 제철법
② 주선과 제선의 전공정을 가진 제철법
③ 제선, 제강, 압연의 전공정을 가진 제철법
④ 조괴, 냉간압연의 전공정을 가진 제철법

> **일관제철소**
> 고로(제선)공장, 제강공장, 압연공장의 전공정이 갖추어져있는 제철소

56 연속주조의 주조 설비가 아닌 것은?

① 턴디시 ② 더미바
③ 주형이송대차 ④ 2차 냉각 장치

> 주형이송대차는 조괴 설비에 해당한다.

정답 50 ① 51 ④ 52 ④ 53 ④ 54 ② 55 ③ 56 ③

57 제강에 사용하는 고체 연료의 발열량의 단위는?

① cal/L ② kcal/cm²
③ kcal/kg ④ cal/m³

> 고체 및 액체 연료의 발열량은 kcal/kg으로 나타낸다.

58 연속주조법에서 고온 주조 시 발생되는 현상으로 주편의 일부가 파단되어 내부 용강이 유출되는 것은?

① Over Flow
② Break out
③ 침지노즐 폐쇄
④ 턴디시 노즐에 용강부착

> **브레이크 아웃**
> 고온주조 또는 고속주조 시 주편의 표면 일부가 파단되어 내부의 용강이 유출되는 현상

59 염기성 전로 및 산성 전로 제강법의 특징으로 틀린 것은?

① 염기성 전로는 황(S)의 제거가 거의 되지 않는다.
② 산성, 염기성의 구분은 전로 내장 연와의 종류에 따라 구분한다.
③ 염기성 전로는 인(P)의 제거가 잘된다.
④ 염기성 전로의 내장 연와로 마그네시아, 돌로마이트가 사용된다.

> 전로 제강로의 구분은 산성 내화물을 사용하면 산성 제강법, 염기성 내화물을 사용하면 염기성 제강법으로 구분한다. 염기성 전로는 마그네시아나 돌로마이트의 염기성 내장 연와를 사용하며, 탈인 및 탈황이 가능하다.

60 대차 연결부 지금부착 점검 시 필히 착용하지 않아도 되는 보호 장비는?

① 안전모 ② 보안경
③ 방진 마스크 ④ 방독 마스크

> 방독 마스크는 아황산가스 등의 유해가스가 발생하는 곳에서 착용한다.

정답 57 ③ 58 ② 59 ① 60 ④

2024년 3회 제강기능사 CBT 복원문제

01 금속의 비열이란?

① 1g의 물질의 온도를 1℃ 올리는데 필요한 열량
② 1kg의 물질의 온도를 1℃ 올리는데 필요한 열량
③ 금속 1g을 용해시키는데 필요한 열량
④ 금속 1kg을 용해시키는데 필요한 열량

> 금속의 비열은 1g의 물질의 온도를 1℃ 올리는데 필요한 열량을 의미한다.

02 소성가공한 금속재료를 고온으로 가열할 때 일어나는 현상이 아닌 것은?

① 내부응력제거
② 재결정
③ 경도의 증가
④ 결정입자의 성장

> 금속을 고온가열하면 내부응력제거, 회복, 재결정, 결정입자 성장의 단계를 거치면서 경도와 강도는 떨어지게 된다.

03 강에 탄소량이 증가할수록 증가하는 것은?

① 경도
② 연신율
③ 충격값
④ 단면수축률

> 탄소량이 증가하면 경도나 강도는 증가하고, 연신율이나 충격값 등은 떨어진다.

04 다음 중 불변강의 종류가 아닌 것은?

① 플래티나이트
② 인바
③ 엘린바
④ 아공석강

> **불변강의 종류**
> ① 인바 : Fe-Ni(36%) 합금, 탄성계수가 작고 내식성이 우수
> ② 초인바 : Fe-Ni(36%)-Co(15%) 합금, 인바보다 열팽창계수가 작음
> ③ 엘린바 : Fe-Ni(36%)-Cr(12%) 합금, 상온에서 탄성계수가 거의 변하지 않음
> ④ 플래티나이트 : Fe-Ni(45%) 합금, 열팽창계수가 유리나 백금과 동일

05 재료에 대한 포아송 비(poisson's ratio)의 식으로 옳은 것은?

① $\dfrac{\text{가로 방향의 하중량}}{\text{세로 방향의 하중량}}$

② $\dfrac{\text{세로 방향의 하중량}}{\text{가로 방향의 하중량}}$

③ $\dfrac{\text{가로 방향의 변형량}}{\text{세로 방향의 변형량}}$

④ $\dfrac{\text{세로 방향의 변형량}}{\text{가로 방향의 변형량}}$

> **포아송 비**
> 탄성한계 내에서 가로변형과 세로변형비가 항상 일정하다.
> $\nu = \dfrac{\text{가로 변형량}}{\text{세로 변형량}}$

정답 01 ① 02 ③ 03 ① 04 ④ 05 ③

06 청동의 합금원소는?

① Cu-Zn   ② Cu-Sn
③ Cu-B   ④ Cu-Pb

> 청동 Cu-Sn, 황동 Cu-Zn

07 다음 중 반도체 제조용으로 사용되는 금속으로 옳은 것은?

① W, Co   ② B, Mn
③ Fe, P   ④ Si, Ge

> 반도체 재료
> Si, Ge

08 다음 중 비중(specific gravity)이 가장 작은 금속은?

① Mg   ② Cr
③ Mn   ④ Pb

> Mg은 비중이 1.74로 실용 금속 중 가장 가벼운 금속이다.

09 인장시험 중 응력이 적을 때 늘어난 재료에 하중을 제거하면 원위치로 되돌아가는 현상을 무엇이라 하는가?

① 탄성변형   ② 상부항복점
③ 하부항복점 ④ 최대하중점

> • 탄성변형 : 재료에 외력을 가한 후 하중을 제거하면 재료가 늘어난 것이 원위치로 돌아가는 현상
> • 소성변형 : 재료에 외력을 가한 후 하중을 제거해도 재료가 늘어난 것이 원위치로 돌아가지 않는 현상

10 전위 등의 결함이 없는 재료를 만들기 위하여 휘스커 섬유에 Al, Ti, Mg 등의 연성과 인성이 높은 금속을 합금중에 균일하게 배열시킨 재료는 무엇인가?

① 클래드 재료
② 입자강화 금속 복합재료
③ 분산강화 금속 복합재료
④ 섬유강화 금속 복합재료

> ① 입자강화 금속 복합재료 : 1μm 이상의 비금속 입자(TiC, SiC 등)를 분산시킨 복합재료
> ② 분산강화 금속 복합재료(PSM) : 1μm 이하의 미세한 산화물입자(산화알루미늄, 산화토륨)를 균일하게 분포시킨 복합재료
> ③ 섬유강화 금속 복합재료(FRM) : 휘스커나 섬유상의 물질을 분산시킨 복합재료
> ④ 클래드 재료 : 두 종류 이상의 금속 또는 합금을 서로 합쳐(주로 층상으로) 만든 복합재료

11 4%Cu, 2%Ni 및 1.5%Mg이 첨가된 알루미늄 합금으로 내연기관용 피스톤이나 실린더 헤드 등에 사용되는 재료는?

① Y합금
② 라우탈(lautal)
③ 알클래드(alclad)
④ 하이드로날륨(hydronalium)

> Y합금은 Al-Cu-Mg-Ni계 합금으로 내연기관용으로 사용한다.

정답 06 ② 07 ④ 08 ① 09 ① 10 ④ 11 ①

12 Ti 금속의 특징을 설명한 것 중 옳은 것은?

① Ti 및 그 합금은 비강도가 높다.
② 저용융점 금속이며, 열전도율이 높다.
③ 상온에서 체심입방격자의 구조를 갖는다.
④ Ti은 화학적으로 반응성이 없어 내식성이 나쁘다.

> Ti
> 용융점 1,670℃, 비강도 우수, 내식성 우수, 열전도율 낮음

13 구상흑연주철이 주조상태에서 나타나는 조직의 형태가 아닌 것은?

① 페라이트형 ② 펄라이트형
③ 시멘타이트형 ④ 헤마타이트형

> 헤마타이트는 적철광이다.

14 응고범위가 너무 넓거나 성분 금속 상호간에 비중의 차가 클 때 주조 시 생기는 현상은?

① 붕괴 ② 기포수축
③ 편석 ④ 결정핵 파괴

> 응고범위가 넓을 경우 또는 합금원소간 비중 차가 클 경우 편석이 심하게 발생한다.

15 다음 중 초초두랄루민(ESD)의 조성으로 옳은 것은?

① Al – Sl계 ② Al – Mn계
③ Al – Cu – Si계 ④ Al – Zn – Mg계

> • 두랄루민 : Al-Cu-Mg-Mn
> • 초두랄루민(SD) : Al-Cu-Mg-Mn
> • 초초두랄루민(ESD) : Al-Cu-Mg-Zn

16 얇은판으로 된 입체의 표면을 한 평면 위에 펼쳐서 그린 것은?

① 입체도 ② 전개도
③ 사투상도 ④ 정투상도

> 전개도
> 구조물, 물품 등의 표면을 평면으로 나타내는 도면

17 제도 용지 A3는 A4 용지의 몇 배 크기가 되는가?

① $\frac{1}{2}$배 ② $\sqrt{2}$배
③ 2배 ④ 4배

> A3는 297mm×420mm, A4는 210mm×297mm이므로 2배이다.

18 어떤 기어의 피치원 지름이 100mm이고, 잇수가 20개일 때 모듈은?

① 2.5 ② 5
③ 50 ④ 100

> 모듈 = $\frac{\text{피치원 지름}}{\text{잇수}} = \frac{100}{20} = 5$

19 대상물의 좌표면이 투상면에 평행인 직각투상법은 어느 것인가?

① 정투상법 ② 사투상법
③ 등각투상법 ④ 부등각투상법

> 정투상법은 좌표면이 투상면에 평행하고, 정면도와 평면도 또는 측면도가 직각으로 배열되어 있다.

정답 12① 13④ 14③ 15④ 16② 17③ 18② 19①

20 나사의 일반도시에서 수나사의 바깥지름과 암나사의 안지름을 나타내는 선은?

① 가는 실선 ② 굵은 실선
③ 1점 쇄선 ④ 2점 쇄선

> 수나사의 바깥지름과 암나사의 안지름은 외형선에 해당하므로 굵은 실선을 사용한다.

21 도면에 치수를 기입할 때 유의해야 할 사항으로 옳은 것은?

① 치수는 계산을 하도록 기입해야 한다.
② 치수의 기입은 되도록 중복하여 기입해야 한다.
③ 치수는 가능한 한 보조 투상도에 기입해야 한다.
④ 관련되는 치수는 가능한 한 곳에 모아서 기입해야 한다.

> **치수기입**
> 계산하지 않도록 하고, 중복기입하지 않으며, 가급적 주투상도에 모아서 기입한다.

22 도면의 크기에 대한 설명으로 틀린 것은?

① 제도 용지의 세로와 가로의 비는 1 : 2 이다.
② 제도 용지의 크기는 A열 용지 사용이 원칙이다.
③ 도면의 크기는 사용하는 제도 용지의 크기로 나타낸다.
④ 큰 도면을 접을 때는 앞면에 표제란이 보이도록 A4의 크기로 접는다.

> **제도 용지의 가로**
> 세로 비는 1 : $\sqrt{2}$ 이다.

23 다음 중 선의 굵기가 가장 굵은 선은?

① 치수선 ② 지시선
③ 외형선 ④ 해칭선

> • 굵은 실선 : 외형선
> • 굵은 일점쇄선 : 기준선, 특수지정선

24 자동차용 디젤엔진 중 피스톤의 설계도면 부품표란에 재질 기호가 "AC8B"라고 적혀 있다면, 어떠한 재질로 제작하여야 하는가?

① 황동 합금 주물
② 청동 합금 주물
③ 탄소강 합금 주강
④ 알루미늄 합금 주물

> AC8B는 주조용 Al-Si합금이다.

25 다음 물체를 3각법으로 표현할 때 우측면도로 옳은 것은? (단, 화살표 방향이 정면도 방향이다)

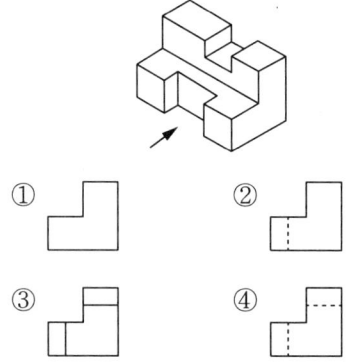

> 우측면도는 오른쪽에서 본 그림이므로 ④와 같다.

정답 20 ② 21 ④ 22 ① 23 ③ 24 ④ 25 ④

26 기계구조용 탄소강재를 "SM10C"로 표기하였을 때 "10C"가 의미하는 것은?

① 연신율 ② 탄소함유량
③ 주조응력 ④ 인장강도

> **SM10C**
> 탄소가 0.10%인 기계구조용 탄소강

27 최대허용치수와 최소허용치수의 차는?

① 위치수허용차 ② 아래치수허용차
③ 치수공차 ④ 기준치수

> **치수공차**
> 최대허용치수−최소허용치수

28 전기로의 분류로 맞는 것은?

① 간접 아크로에는 스테사노(Stassano)식 로가 있다.
② 직접 아크로에는 레너펠트(Rennerfelt)식 로가 있다.
③ 저주파 유도로에는 에이젝스-노드럽(Ajax-Northrup)식 로가 있다.
④ 고주파 유도로에는 에이젝스-위야트(Ajax-Wyatt)식 로가 있다.

아크식	간접 아크	간접식 : 스테사노식
		직간접식 : 페너펠트식
	직접 아크	비노상가열식 : 에루식
		노상가열식 : 지로드식
유도식		저주파 유도로 : 에이젝스-위야트식
		고주파 유도로 : 에이젝스-노드럽식

29 연속주조에서 사용되는 몰드 파우더의 기능이 아닌 것은?

① 개재물을 흡수한다.
② 용강의 재산화를 방지한다.
③ 용강의 성분을 균일화시킨다.
④ 주편과 주형 사이에서 윤활작용을 한다.

> **몰드 파우더의 기능**
> 용강산화방지, 열손실방지, 개재물 부상, 윤활작용

30 용선 100Kg 중 Si 함량이 0.5%라 한다. LD전로에서 제강한 결과 Si 전량이 산화 제거 된다면 Si 산화에 필요한 산소량은 약 몇 kg 인가? (단, Si원자량은 28)

① 0.47 ② 0.57
③ 0.67 ④ 0.77

> Si량이 0.5%이므로 0.5kg이다.
> 따라서 28 : 32 = 0.5 : x 에서 구할 수 있다.
> X = (32 X 0.5) / 28 = 0.57kg

31 단조나 열간 가공한 재료의 파단면에 은회색의 반점이 원형으로 집중되어 나타나는 결함은 주로 강의 어떤 성분 때문인가?

① 수소 ② 질소
③ 산소 ④ 이산화탄소

> **백점**
> 재료의 파단면에 은회색 반점이 원형으로 집중되는 결함으로 수소에 의해 발생한다.

정답 26 ② 27 ③ 28 ① 29 ③ 30 ② 31 ①

32 아크식 전기로 조업에서 탈수소를 유리하게 하는 조건은?

① 대기 중의 습도를 높게 한다.
② 강욕의 온도를 충분히 높게 한다.
③ 끓음이 발생하지 않도록 탈산속도를 낮게 한다.
④ 탈가스 방지를 위해 슬래그의 두께를 두껍게 한다.

탈수소를 유리하게 하는 조건
① 강욕 온도가 충분히 높을 것
② 강욕 중의 규소, 망간, 크롬 등의 탈산 원소를 적게 함유할 것
③ 적당히 탈가스가 되도록 슬래그의 두께가 두껍지 않을 것
④ 탈산 속도가 클 것(비등이 활발할 것)
⑤ 산화제와 첨가제에 수분을 함유하지 않을 것
⑥ 대기 중의 습도가 낮을 것

33 턴디시(tundish)의 역할이 아닌 것은?

① 용강의 탈산작용을 한다.
② 용강 중에 비금속 개재물을 부상시킨다.
③ 주형에 들어가는 용강의 양을 조절해 준다.
④ 용강을 각 스트랜드(strand)로 분배하는 역할을 한다.

탈산작용은 제강로나 2차 정련에서 이루어진다.

34 연속주조시 사용되는 몰드 파우더(Mould Powder)의 사용 목적으로 틀린 것은?

① 부상한 개재물의 용해흡수
② 응고수축율의 확대방지
③ 용강의 보온
④ 주형과 주편과의 윤활

몰드 파우더의 기능
용강산화방지, 열손실방지, 개재물 부상, 윤활작용

35 고순도강 제조를 위한 레이들 기능으로 진공탈가스법(탈수소)이 아닌 것은?

① DH법   ② LF법
③ RH법   ④ VOD법

LF법
가열장치는 있고 진공장치는 없는 노 외 정련법

36 용선을 운반하여 전로 제강에 공급하는 것은?

① 에어커튼   ② 슬로트링
③ 주선기   ④ 토페도카

토페도카(Toperdo Car)
고로에서 나온 용선을 제강공장으로 운반하는 설비

37 아크식 전기로의 주 원료로 가장 많이 사용되는 것은?

① 고철   ② 철광석
③ 소결광   ④ 보크사이트

• 전기로의 주원료 : 고철
• 전로의 주원료 : 용선

38 스테인리스강 제조에 쓰이는 방법으로 전로 또는 전기로와도 조합하여 사용할 수 있는 노외정련법은?

① ASEA-SKF법   ② VOD법
③ VAD법   ④ OD법

VOD법
주로 스테인리스강을 제조할 때 사용하는 방법으로 용해 후 진공탈탄의 정련을 거치는 2차정련 방법으로 전로 또는 전기로와 조합하여 사용할 수 있다.

정답 32 ② 33 ① 34 ② 35 ② 36 ④ 37 ① 38 ②

39 전기로 제강에서 산화정련의 목적과 관련이 가장 적은 것은?

① Si를 산화제거한다.
② C를 적당한 곳까지 떨어뜨린다.
③ P를 제거한다.
④ 용강중의 산소를 제거한다.

> **산화 정련기의 목적**
> ① 품질이 좋은 강을 만들기 위하여 환원기에서 제거할 수 없는 유해 원소(S, P, 불순물, 가스, 수소 등)를 산소나 철광석에 의한 산화 정련으로 제거
> ② 탄소량을 조정
> ③ 강욕 온도의 균일화 및 온도 상승
> ④ 환원 조작을 용이하게 할 수 있도록 강욕을 만든 작업

40 용강을 기계적 방법 또는 탈산제를 첨가하여 뚜껑을 덮어 리밍 작용을 강제로 억제시켜서 중심부의 편석을 줄인 것은?

① 킬드강　　② 림드강
③ 세미킬드강　④ 캡드강

> **캡드강**
> 림드강의 리밍작용을 억제하기 위해 뚜껑을 덮은 강으로 림드강과 세미킬드강의 중간 성질을 가진다.

41 아크식 전기로제강에서 산소사용의 목적이 아닌 것은?

① 용해촉진　　② 산화탈탄
③ 산화정련　　④ 박판제조

> 박판제조는 압연 공정에서 이루어진다.

42 용선 예비처리에서 회전드럼법(Kalling)법에 대한 설명으로 옳은 것은?

① 회전로에서 탈탄하는 방법
② 회전로에서 산화 반응으로 탈규, 탈질하는 방법
③ 회전로에서 소석회에 의해 탈황하는 방법
④ 회전로에서 Fe-Si에 의해 탈산하는 방법

> **회전드럼법(Kalling법)**
> 용선 예비처리방법으로 회전로에서 탈황제(분석회, 분코크스)를 넣고 회전하여 교반력에 의해 탈황을 촉진하는 방법

43 일반 전로의 송풍 풍구 풍함은 LD전로에서는 무엇으로 대치하여 설치되어 있는가?

① 노상　　② 출강구
③ 슬래그홀　④ 산소랜스

> 일반 전로의 취련은 풍구로 하고, LD전로에서는 산소랜스에서 한다.

44 취련중 전로에서는 산화칼슘이 많이 함유한 염기성 강재가 형성되므로 형석을 첨가하는데 이때 형석 첨가의 영향을 기술한 것 중 관계가 먼 것은?

① 온도를 상승시키지 않고도 유동성이 좋은 강재를 얻는다.
② 전체 철분을 증가 시킨다.
③ 탈인반응을 촉진 시킨다.
④ 포밍(foaming)에 의한 분출현상을 감소 시킨다.

> 형석을 다량 투입하면 슬래그 유동성이 급격히 증가하여 분출 현상(슬로핑)이 증가하므로 사용 시 최소한으로 해야 한다.

정답 39 ④　40 ④　41 ④　42 ③　43 ②　44 ④

45 순산소 상취 전로 제강법에서 슬로핑(slopping)이 일어날 때의 대책 중 틀린 것은?

① 취련초기 산소압력의 증가
② 용선을 추가로 대량 첨가
③ 취련중기에 형석, 석회석 등의 투입
④ 취련중기에 과대한 탈탄속도의 방지

> 슬로핑은 정련에 의해 생성된 슬래그가 많을 때 발생하므로 용선을 다량 추가하면 용선 중 Si성분으로 인해 슬래그량이 더 증가하여 슬로핑이 더 많이 발생한다.

46 연속주조 설비에서 주조를 처음 시작할 때 주형의 밑을 막는 것은?

① 핀치롤(Pinch Roll)
② 턴디시(Tundish)
③ 더미바(Dummy Bar)
④ 진단기(Shear)

> **더미바**
> 주조 초기 주형 하부를 막아주고 용강이 응고하기 시작하면 주편을 핀치롤까지 인발하는 장치

47 연속주조 작업 중 주편의 일부가 파단되어 내부 용강이 유출되는 현상은?

① 주편절단
② 주편인출
③ 브레이크 아웃(break-out)
④ 벌징(bulging)

> **브레이크 아웃**
> 고온주조 또는 고속주조 시 주편의 표면 일부가 파단되어 내부의 용강이 유출되는 현상

48 혼선차(Torpedo car)의 장점으로 틀린 것은?

① 온도강하가 적고 철 손실이 적다.
② 작업인력이 적게 들며 레들크레인을 감소시킨다.
③ 레들을 포함한 혼선로의 건설비가 싸다.
④ 출선구가 커서 slag가 전혀 유출되지 않는다.

> **토페도카의 특징**
> ① 용강의 보온 및 온도 강하가 적고 전로에 직접 장입할 수 있다.
> ② 혼선로에 비해 건설비가 싸다.
> ③ 작업 인원 및 장비가 많지 않다.
> ④ 부착금속이 되는 선철 손실이 적다.
> ⑤ 성분 조정 및 탈황, 탈인이 가능하다.
> ⑥ 용선 장입 및 출강이 하나의 입구로 가능하다.
> ※ 입구가 넓어 출강시 슬래그가 혼입될 수 있는 단점이 있다.

49 전기로와 전로의 가장 큰 차이점은?

① 열원
② 취련 강종
③ 용제의 첨가
④ 환원제의 종류

> 전기로와 전로는 열원의 차이이다. 전기로 열원은 아크열, 전로 열원은 산소와 불순물의 반응열이다.

50 연속주조 용강 처리시 버블링(Bubbling)용 가스로 가장 적합한 것은?

① BFG
② Ar
③ COG
④ O_2

> 버블링에는 불활성 가스인 Ar, N_2 가 사용된다.

정답 45② 46③ 47③ 48④ 49① 50②

51 Soft Blow법에 대한 설명으로 틀린 것은?

① 고탄소강의 용제(溶劑)에 효과적이다.
② Soft Blow를 하면 T·Fe가 높은 발포성 강재(foaming slag)가 생성되어 탈인이 잘 된다.
③ 산화성 강재와 고염기도 조업을 하면 탈인, 탈황을 효과적으로 할 수 있다.
④ 취련압력을 높이거나 랜스 높이를 보통보다 낮게 하는 취련하는 방법이다.

> 소프트 블로우
> ① 산소 압력을 낮추어 조업
> ② 랜스 높이를 높여서 조업
> ③ 산소량을 줄여서 조업
> ④ 탈탄보다 탈인이 주목적

52 제강조업에서 고체 탈황제로 탈황력이 우수한 것은?

① CO_2 ② KOH
③ CaC_2 ④ NaCN

> • 고체 탈황제 : CaC_2, CaO, Fe-Mn
> • 액체 탈황제 : KOH, NaCN

53 LD 전로의 1회 취련시간은 약 어느 정도인가?

① 20분   ② 40분
③ 50분   ④ 1시간

> 제강 조업시간
> • LD 전로 조업시간 : 20분
> • 전기로 조업시간 : 40분~90분

54 복합 취련조업에서 상취산소와 저취가스의 역할을 옳게 설명한 것은?

① 상취산소는 환원작용, 저취가스는 냉각작용을 한다.
② 상취산소는 산화작용, 저취가스는 교반작용을 한다.
③ 상취산소는 냉각작용, 저취가스는 산화작용을 한다.
④ 상취산소는 교반작용, 저취가스는 환원작용을 한다.

> • 상취 : 산화정련
> • 저취 : 교반

55 제선, 제강, 압연 전 분야의 현대 일관제철 기술에 해당되지 않은 것은?

① 대형화 및 고속화
② 고속화 및 연속화
③ 자동화 및 컴퓨터화
④ 기계화 및 수동화

> 일관세철 기술은 고도의 기계화, 고속화, 자동화가 가능하다.

56 연속주조 조업에서 주형의 진동으로 인하여 강편 표면에 횡방향으로 발생하는 줄무늬는?

① Capping Mark
② Oscillation Mark
③ Roll Mark
④ Reel Mark

> **Oscillation Mark**
> 주형 진동으로 생긴 강편 표면의 횡방향 줄무늬

정답 51 ④ 52 ③ 53 ① 54 ② 55 ④ 56 ②

57 산소 전로법에서 조재제가 아닌 것은?

① 소결광 ② 석회석
③ 생석회 ④ 연와설

> 소결광은 전로법에서 매용제나 냉각제로 사용한다.
> ※ 조재제 : 생석회, 석회석, 규사, 연와설

58 LD 전로 조업에 요구되는 생석회의 요구 성질로 틀린 것은?

① 연소성으로 반응성이 좋을 것
② 입자가 클 것
③ 흡습성이 작을 것
④ S, Slag, P가 적게 함유될 것

> **생석회의 요구 조건**
> ① 소성이 잘 되어 반응성이 우수할 것
> ② 입자가 세립 및 정립되어 있을 것
> ③ 풍화작용 및 흡습성이 적을 것
> ④ 회분 및 유해불순물(S, P 등)이 적을 것

59 강괴 표피의 일부가 2중으로 된 결함은?

① 칠(Chill)
② 스플래시(Splash)
③ 균열(Crack)
④ 더블스킨(Double Skin)

> **이중표피(Double Skin)**
> 림드강의 경우 주형 탈산 부적당할 경우, 급속 주입할 경우 표피 일부가 2중으로 겹쳐지는 결함

60 정전이 발생되어 수리작업시 지켜야 할 안전수칙에 어긋나는 것은?

① 정전을 확인하고 접지한 후 작업에 임한다.
② 필요한 보호구를 착용한 후 작업에 임한다.
③ 복구작업일 때는 지휘명령 계통에 따라 작업을 한다.
④ 작업원이 판단하여 단독작업을 하여도 된다.

> 정전이 발생하면 지휘계통에 보고하고 지휘를 받아서 작업을 해야한다.

정답 57 ① 58 ② 59 ④ 60 ④

M·E·M·O

PART 05 실기 NCS 기준 예상문제 & 기출문제

변경된 실기 NCS 기준 예상문제입니다.

반드시 이론 학습과 병행하여, 유형별로 문제를 파악하여 공부하세요.

1. 용선예비처리
2. 전로조업
3. 전기로조업준비
4. LF 정련
5. 연속주조준비
6. 제강 품질검사
7. 제강 환경안전관리
8. 제강 원료, 부원료 입고관리
9. 제강 설비관리
10. 실기[필답형] 기출문제

PART 5 실기 NCS 기준 예상문제 & 기출문제

1. 용선예비처리

용선 준비하기

001 전로에 장입되는 용선 배합비를 쓰시오.

정답: 70~90%

002 고로에서 출선 후 용선예비처리를 하는 설비를 두 가지 쓰시오.

정답: 혼선로, 용선차(토페토카, TLC)

003 용선의 5대 성분에 해당하는 원소를 모두 쓰고, 전로 제강에서 가장 큰 영향을 미치는 원소 두가지를 쓰시오.

정답:
- 5대 원소 : C, Si, Mn, P, S
- 가장 큰 영향 : Si, S

004 용선 중 S 성분이 많을 경우와 적을 경우 어떻게 처리하는지를 각각 쓰시오.

정답:
- 적을 때 : 제강공장에서 수입
- 많을 때 : 주선처리

005 고로에서 출선된 용선의 온도 및 전로에서 취련 가능 온도를 쓰시오.

정답:
- 출선 온도 : 1,480~1,550℃
- 취련 가능 온도 : 1,200~1,300℃

006 혼선로의 용도를 3가지 이상 쓰시오.

정답
- 저선
- 보온
- 성분 균일화
- 탈황

007 다음 그림은 혼선로의 구조를 나타낸 것이다. ( )에 해당하는 명칭을 쓰시오.

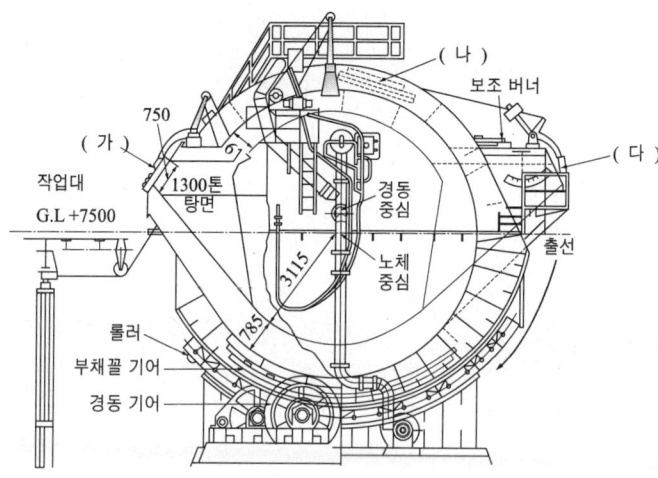

- (가) : 배재구
- (나) : 수선구
- (다) : 출선구

008 혼선로 내화벽돌이 손상되는 기구를 3가지 쓰시오.

- 열적 스폴링(Spalling)에 의한 붕괴
- 수선 및 출선 시 용선이나 슬래그의 유동에 의한 기계적 손상
- 슬래그 접촉 부분에서의 화학적 침식(Penciling)

009 혼선로에서 천정부와 같이 용선이 직접 닿지 않는 곳에 사용하는 연와는 열적 스폴링(Spalling)을 고려하여 어떤 재질의 연와를 사용하는가?

고 알루미나(Alumina) 연와 또는 샤모트(Chamotte) 연와

010 혼선로에서 슬래그 라인(Slag Line)이나 출선구와 같이 유동하는 슬래그 및 용선이 접촉하는 곳에는 어떤 재질의 연와를 사용하는가?

고온소성 마그네시아(Magnesia) 연와 또는 다이렉트 본드(Direct Bond) 연와

011 Open Top형 용선 Ladle보다 개구부가 작기 때문에 열방산이 적고 용선온도의 강하가 적다고 하는 장점 때문에 최근 대형 고로와 연계된 대형 전로법의 일관 제철소에서 혼선로를 설치하지 않고 사용하는 설비를 쓰시오.

정답
- 용선차(토페도카 : Torpedo Car, TLC(Torpedo Ladle Car, TLC))

012 다음 그림은 용선차(TLC)의 구조를 나타낸 것이다. 물음에 답하시오.

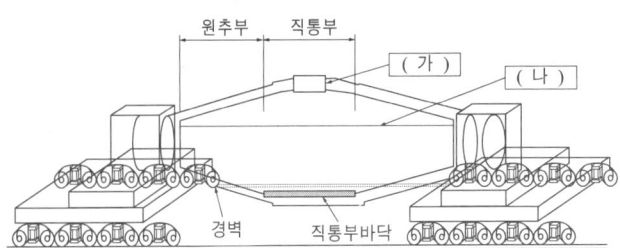

(가) : (가)는 용선이 수선과 출선이 동시에 되는 곳이다. 이곳의 명칭을 쓰시오.
(나) : (나)는 용선이 닿는 최상부를 표시한 것이다. 이 부분의 명칭을 쓰시오.

정답
(가) 수선구
(나) 슬래그 라인(Slag Line)

013 혼선차(TLC)의 내화물 수명에 미치는 인자를 3가지 쓰시오.

정답
- 혼선차 바닥에 용선이 낙하되는 거리
- 혼선차의 운반거리
- 용선의 저장기간
- 혼선차의 용선 출탕회수
- 용선중의 슬래그 양
- 탈황작업

014 혼선차(TLC)의 보수작업의 목적을 2가지 쓰시오.

정답
- 작업능률 향상
- 수명연장

015 혼선차(TLC) 수선구 지금 제거 작업은 무엇으로 하는지 2가지 쓰시오.

정답 *Answer*
- 제트 랜스(Zet Lance)
- 버너(Burner)

016 혼선차의 노내 점검에서 점검 결과 불량개소가 있을 경우 무엇으로 보수하는가?

캐스터블 스프레이(Castable Spray)

017 용선 중 포함된 C, Si, P 등의 원소 및 온도가 용강 대비 탈황에 미치는 영향을 쓰시오.

- C, Si, P 등의 원소의 영향 : 용강보다 성분이 높으므로 탈황 반응이 유리
- 온도 : 용강보다 온도가 낮으므로 탈황 반응이 불리
- 따라서 용선에서의 탈황반응이 용강보다 3배 정도 유리

018 예비 탈황법에서 다음이 설명하는 방법을 쓰시오.

가. 고로 탕도에 와류기 또는 와류판를 설치하여 출선 중에 탈황제를 첨가하는 방법
나. 미분체의 탈황제를 가스와 함께 랜스를 통하여 용선 중에 취입하여 탈황시키는 방법
다. 소형 회전로에서 용선과 탈황제 장입 후 회전시키는 방법
라. 탈황봉을 용선중에 완전히 침적시킨 후 회전하여 용선과 탈황제를 혼합 교반해서 탈황반응을 촉진시키는 방법
마. 탈황제를 용선의 표면에 첨가하여 놓고 용선 중에 기체를 취입하여 탈황효과를 얻는 방법

가. 와류법
나. 주입법(Inject Method)
다. 회전드럼법
  (칼링법 : Kalling Method)
라. 교반법
마. 기체취입 교환법

019 노외 탈황법 중 기체취입 교환법에서 용탕을 교반하기 위해 취입하는 가스, 방법 및 내화재 재질을 쓰시오.

- 가스 : 질소
- 방법 : 포로스 플러그법 (Porous Plug)
- 내화재 재질 : Al_2O_3, MgO, Mg-Cr, Zircon

020 노외 탈황법 중 주입법에서 취입하는 탈황제를 쓰시오.

- Na_2CO_3 10%와 CaO 90%를 1.1~1.2atm의 공기와 혼합하여 취입

021 다음 그림은 용선예비처리 관련 설비이다. 설비의 명칭을 쓰시오.

(가)   (나)

가. OLC(Open Ladle Car)
나. TLC(Torpedo Ladle Car)

탈규 작업하기

001 용선 중의 Si 함유량이 많을 때 전로 조업에 미치는 문제점을 3가지 쓰시오.

- Si제거에 필요한 산화제나 산소가 많이 필요하다.
- 염기도가 낮아지므로 보정을 위한 산화 칼슘이 필요하다.
- 슬래그 량이 증가하여 제강시간이 길어진다.

002 용선 예비처리 공정에서 [Si]이 높을 경우 문제점을 쓰시오.

- 고점도 슬래그 다량 생성으로 처리 중 발생하는 CO가스가 슬래그 내에 포집되어 포밍이 발생하여 슬로핑이 발생
- 레이들 지금 부착으로 예비처리 작업성 악화

003 다음 그림은 용선의 탈규처리 과정을 나타낸 것이다. 물음에 답하시오.

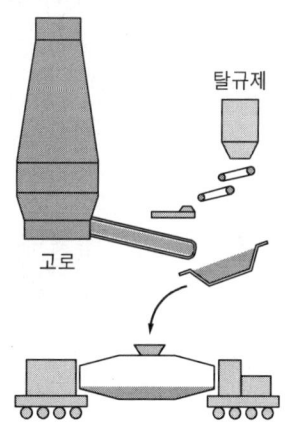

가. 그림과 같은 탈규방법은?
나. 탈규제로 사용하는 산화제를 고체와 기체로 각각 쓰시오.
다. 고체 산화제를 사용하였을 때의 문제점과 기체 산화제를 사용했을 때의 문제점을 각각 쓰시오.

가. 주상 탈규법
나. • 고체 산화제 : 철광석, 소결광
  • 기체 산화제 : 산소
다. • 고체 산화제 문제점 : 온도강하가 매우 크다.
  • 기체 산화제 문제점 : 반응 효율이 낮다

004 용선의 탈규처리 방법을 분류할 때 연속식과 배치식으로 구분한다. 각각 형식의 처리 장소를 2가지씩 쓰시오.

- 연속식 : 고로 용선통, 고로 경주통, 통형 연속 정련로
- 배치식 : 토페도카, 레이들, 제강로

005 탈규 처리한 용선을 탈황 처리할 경우 탈황률이 감소하는 원인을 쓰시오.

- 탈규 과정에서 취입된 산소가 강중에 일부 잔존하여 발생되는 용선 중의 산소 포텐셜의 증가
- CaO 분체 취입 시 분체 표면에 고융점 화합물의 생성

006 탈규 용선에 탈황률을 향상시키려고 Al을 첨가할 경우 탈황은 양호하나, 복규(Si)의 문제점이 있다. 이것을 해결하기 위한 방법을 3가지 쓰시오.

- TLC 내에 Al을 투입하여 용선 중의 산소 포텐셜을 저하시키는 방법
- 고 CaO계 탈황제를 사용 시 초기에 생석회를 투입 후 가탄제를 투입하는 방법
- 예비처리에서 탈황제를 시분체에 첨가하여 취입하는 방법

탈인 작업하기

001 용선 예비처리에서 주로 사용하는 탈인법을 3가지 쓰시오.

- TLC 탈인법
- OLC 탈인법
- 전로 탈인법

002 OLC 탈인법에서 OLC 상부의 여유 공간을 확보하기 위해 레이들 상부에 설치한 것의 명칭을 쓰고, 처리 중 발생하는 탈인 슬래그가 배출되는 경로를 설명하시오.

- 장치 : 스커드(Skirt)
- 슬래그 배출 경로 : 스커트와 레이들 사이의 홈을 통하여 배출

003 용선 예비처리에서 슬래그의 슬로핑이나 용선의 비산이 없는 상태에서 대량의 산소를 고속으로 취입하는 것이 가능하고, 노저로부터 가스나 분체의 공급를 이용하여 강교반 조건을 얻는 것이 가능한 탈인법은?

정답 *Answer*

전로탈인법

004 용선의 예비처리에서 탈인제로 가장 많이 사용하는 것을 쓰시오.

CaO 분

005 용선예비처리에서 탈인을 촉진하기 위한 조건을 3가지 쓰시오.

- 반응온도를 낮게 유지
- 슬래그 중 적정 CaO확보
- 재화촉진
- 슬래그 유동성 향상
- 슬래그 중 FeO농도 높게 유지

탈황 작업하기

001 고로에서 나오는 용선을 탕도에서 연속적으로 탈황하는 방식 2가지를 쓰고, 그림과 같은 설비의 명칭을 쓰시오.

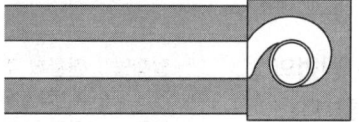

- 방식 2가지 : 와류법, 평면 유농법
- 설비 명칭 : 터뷸레이터(Turbulator)

002 용선 레이들 안에 탈황제를 넣고 용선을 주입하여 탈황하는 간단한 방법을 쓰시오.

레이들 탈황법(치주법)

003 다음은 요동 레이들에 의한 탈황법을 설명한 것이다. 각각의 방법을 쓰시오.

가. 편심 및 일반 회전의 요동 레이들법을 개조한 것으로 정회전-역회전을 반복하여 용선의 와류 운동의 효율을 높인 것이며, 레이들의 회전 속도가 증가하면 탈황률은 증가한다.

나. 소형 회전로에 용선과 탈황제를 넣고 밀폐한 다음 노를 회전하여 용선에 탈황제를 혼합 교반하여 탈황 반응을 촉진시키는 방법이다.

정답 *Answer*
가. DM(Duotical Mixing) 전로법
나. 회전 드럼법(Kalling-Dommartvet Method)

004 다음 그림은 용선에 탈황제를 넣고 T자 또는 파이프 모양의 내화재로 회전시켜 탈황하는 방법을 나타낸 것이다. 각각의 방법의 명칭을 쓰시오.

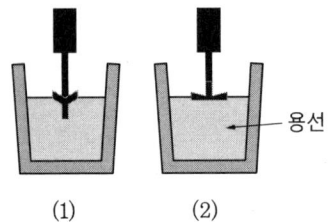

(1)   (2)

(1) : 데마크-오스트베르그 (Demag-Ostberg)법
(2) : 라인슈탈(Rheinstahl)법

005 가스와 함께 탈황제로 취입하여 탈황하는 방법의 명칭을 쓰고, 여기에 사용하는 미분상 탈황제를 쓰고, 이 방법의 가장 큰 단점을 하나만 쓰시오.

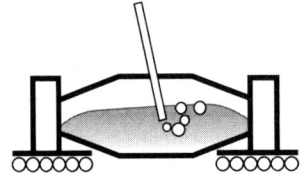

• 탈황법 : 탈황제 주입법
  (인젝션(Injection)법)
• 분말 : 탄화칼슘(CaC_2)
• 단점 : 탈황 효과가 떨어진다.
※ 참고 : 탈황 효과를 개선하기 위해 반응 촉진제를 투입하며, 토페도카(TLC) 상취 주입 시에 주로 사용한다.

006 다음은 용선예비처리에서 탈황법에 대한 설명이다. ( )에 알맞은 용어를 쓰시오.

> (①)법은 미리 탈황제를 용선 표면에 첨가하여 놓고 용선 속에 기체를 취입하여 기포의 상승 작용에 의한 용선의 교반 운동을 이용하는 방법으로 다음의 두가지 방법이 있다.
> (②)법은 다공질의 내화법(포러스 플러그)을 써서 레이들 저부에서 취입하는 방법이다.
> (③)법은 취입관(Lance)을 이용하여 상부에서 취입하는 방법이다.

정답
- ① : 기체취입법
- ② : 저취법
- ③ : 상취법

007 다음은 용선예비처리에서 탈황법에 대한 설명이다. ( )에 알맞은 용어를 쓰시오.

> (①)법은 Mg이 S와 친화력이 큰 것을 응용하는 방법으로 다음의 두가지 방법이 있다.
> (②)법은 흑연 또는 내화재로 만든 플런징을 용선 중에 담가 마그네슘(Mg)을 취입하며 코크스 또는 강판에 Mg을 침투시킨 Mg Cokc, Mg-Steel을 사용한다.
> (③)법은 무기염류로 표면을 피복시킨 Mg 입자를 취입관에 의하여 운반 가스로 취입하는 방법으로 Mg 처리에 따른 결심한 용선의 비산 및 처리시간이 길어지면 복황이 발생하는 단점이 있다.

- ① : 마그네슘에 의한 탈황법
- ② : 플런징 벨(Plunging Bell) 법
- ③ : 주입법

008 용선 레이들에 임펠러를 회전시켜 와류에 탈황제를 투입하여 탈황하는 방법의 명칭과 이 방법의 장단점을 각각 하나씩 쓰시오.

- 명칭 : KR법
- 장점 : 탈황 효율이 좋다.
- 단점 : 교반봉의 수명이 문제

009 고로-전로 공정에 의하여 저황강을 제조할 때 탈황법의 종류를 3가지 쓰고, 그 중 가장 유리한 방법을 쓰시오.

정답 *Answer*
- 3가지 방법 : 고로내 탈황, 노외 탈황, 전로내 탈황
- 가장 유리한 방법 : 노외 탈황

010 용선예비처리에서 사용하는 탈황제의 종류에 대한 물음에 답하시오.

가. 탈황제의 종류를 3가지만 쓰시오.
나. 단독으로 사용하는 경우 탈황속도가 늦어 탄소나 형석 등과 배합하여 사용하는 탈황제는?
다. 1,000℃ 부근의 온도에서 분해되어 CO_2 가스가 발생하여 이 가스에 의한 교반작용으로 탈황효율을 증가시키는 탈황제는?
라. 융점이 2,450℃로 용선온도에서는 고체상태로 존재하고, 첨가되면 Ca와 탄소로 분해되는 탈황제는?
마. 반응에 의해 다량의 CO가스가 발생하여 환경공해가 심하고, 용철과 슬래그 비산이 심하고, 내화물 용손이 심한 탈황제는?
바. 기화 온도가 낮아 취입 즉시 기화되어 기체 상태로 탈황반응이 일어나는 탈황제는?

가. CaO, $CaCO_3$, CaC_2, Na_2CO_3, Mg
나. CaO
다. $CaCO_3$
라. CaC_2
마. Na_2CO_3
바. Mg

011 용선 예비탈황 작업에서 탄화칼슘에 의한 탈황 반응식을 S와 직접반응하는 경우와 FeS와 반응하는 경우를 구분하여 쓰시오.

- S와 반응식
  $CaC_2 + S = CaS + 2C$
- FeS와 반응식
  $CaC_2 + FeS = CaS + 2C + Fe$

▶ 용선 예비처리 종료하기

001 용선예비처리 종료 후 측온 및 샘플링 시 프로브가 장착된 랜스를 하강시킬 때 침적 깊이가 얕을 경우와 깊을 경우 영향을 쓰시오.

- 침적깊이가 얕을 때 : 시료 상태불량으로 성분분석 불가
- 침적깊이가 깊을 때 : 랜스 홀더 용손 발생

002 용선예비처리가 종료된 용선 중의 슬래그 중에 다량 포함되어 있는 산화물을 3가지 쓰시오.

- CaS
- P_2O_5
- SiO_2

003 그림과 같이 용선예비처리 TLC에서의 탈규 작업에서 취입하는 가스와 취입 중 발생하는 용선이나 슬래그의 비산을 방지하기 위한 장치를 쓰시오.

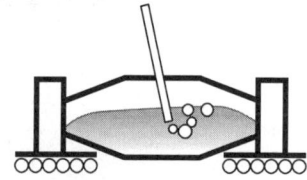

- 취입 가스
- 장치

- 취입 가스 : 산소(O_2)
- 장치 : 스플래시 커버(Splash Cover)

2 전로조업

원료장입하기

001 전로의 주원료를 쓰시오.

정답: 용선, 냉선, 고철

002 용선 중 규소의 함유량이 많고, 적음에 따른 조업에 미치는 영향을 각각 쓰시오.
가. 함유량이 적을 경우
나. 함유량이 많을 경우

정답:
가. 산화 반응열이 적고 용선의 유동성이 나빠진다.
나. 산화 반응열이 많지만 SiO_2의 양이 증가하여 염기도 조정용으로 사용하는 석회석이나 생석회의 사용량이 증가하여 슬로핑을 유발한다.

003 전로에서 원료를 장입할 때 용선보다 고철을 먼저 장입하는 이유를 3가지 쓰시오.

정답:
- 폭발 방지
- 용강의 넘침 방지
- 노저 내화물 손상 방지

004 다음은 전로 조업에 사용되는 부원료를 나타낸 것이다. 표안의 빈칸을 채우시오.

분류	역할	부원료 명칭
조재제		
매용제		
냉각제		철광석, 석회석, 밀스케일, 사철, 소결광
기타	전로 내화물 보호	

정답:

분류	역할	부원료 명칭
조재제	슬래그 형성	생석회, 석회석, 규사
매용제	슬래그 생성 촉진	밀스케일, 사철, 소결광, 철광석, 형석
냉각제	용강 온도 조정	철광석, 석회석, 밀스케일, 사철, 소결광
기타	전로 내화물 보호	돌로마이트(백운석), 경소돌로마이트

005 전로 조업 중 부원료인 생석회(CaO), 형석(CaF₂), 밀스케일(Mill scale)의 투입하는 시기를 쓰시오.

　가. 석회석(CaO)
　나. 형석(CaF₂)
　다. 밀스케일

정답 *Answer*
가. 착화 후
나. 취련 개시 후 착화 전
다. 취련 개시와 동시

006 백운석의 주성분, 용도, 투입시기를 각각 쓰시오.

　가. 성분
　나. 용도
　다. 투입시기

가. $CaCO_3$, $MgCO_3$
나. 염기성 강재 형성 및 노내 연와 용손을 줄이기 위해
다. 착화 후 1분에서 8분 사이에 500g 단위로 분할 투입

007 전로용 부원료로 사용되는 생석회의 구비조건을 3가지 쓰시오.

• 연소되어 반응성이 양호할 것
• 입자의 크기는 5~35m/m 정도일 것
• 가루가 적고 운반 중 부서지지 말 것
• 수송, 저장 중 풍화현상이 적을 것
• P, S, SiO_2 등의 불순물이 적을 것

008 다음 그림은 전로 조업 시 고철 장입을 위한 슈트 적치 방법을 나타낸 것이다. 물음에 답하시오.

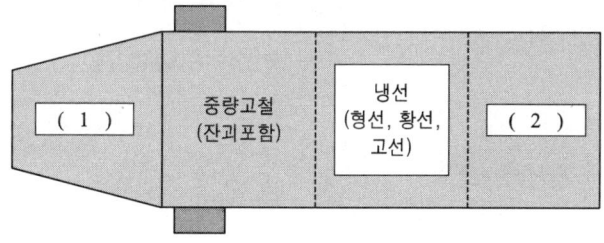

　가. (1)과 (2)에 공통으로 들어갈 고철의 명칭을 쓰시오.
　나. 형선, 황선, 고선에 대하여 각각 설명하시오.

가. 경량고철
나. • 형선 : 고로 주선기에서 처리하여 일정한 형으로 제조된 것
　 • 황선 : 고로 탕도에 부착된 것, 용선 레이들과 TLC 등에 부착된 것
　 • 고선 : 폐주형, 폐정반 파쇄품, 기계품으로 가공된 후 파손 및 노후로 사용 못하는 것

009 전로 조업에 사용하는 석회석의 용도를 3가지 쓰시오.

- 탈인, 탈황의 목적으로 염기성 슬래그 형성(조재 효과)
- 냉각제로서 냉각 효과
- 스피팅(spitting) 방지

010 전로 조업에서 전용선 조업을 실시하는 경우를 3가지 쓰시오.

- 탕면 측정 시
- 신로 축조 후 첫 Ch 작업 시
- 고철 장입 크레인 고장 시
- 영구장 연와가 돌출되어 보수가 필요할 경우

011 전로 조업에서 저용선조업의 의미와 문제점 및 대책을 쓰시오.

가. 저용선조업
나. 문제점
다. 대책

가. 용선 부족 시 용선 배합률을 평상 시 조업치보다 저하시켜 조업을 하는 것
나. 열원에 대한 보상책이 필요
다. • 발열제(Fe-Si, Si-C, 코크스, 흑연, Al 등) 첨가
  • 현열(용선온도) 증가
  • 고철온도 상승
  • 형선의 이용

012 다음에 설명하는 부원료 수송에 사용하는 설비의 명칭을 쓰시오.

가. 부원료를 지상에 임시 저장하는 장치
나. 저장된 부원료를 절출하는 장치
다. 노상까지 수송하는 장치
라. 이송된 부원료를 노상 호퍼에 저장하는 장치
마. 노상 호퍼에 설치되어 원료 중의 큰 덩어리나 이물질의 혼입을 방지하는 장치

가. 호퍼(Hopper)
나. 수동 Gate 및 진동 피더(Vibrator Feeder)
다. 컨베이어(Conveyor)
라. 트리퍼카(Tripper Car)
마. 스크린(Screen)

▶ 노 보수하기

001 각종 공업로의 고온조업에 쓰이는 것으로 고온에서 쉽게 녹지 않는 비금속 무기재료를 무엇이라 하는가?

정답 Answer

내화물

002 내화물의 기본적인 성질을 3가지 쓰시오.

- 고온에서 견딜 것
- 슬래그에 의한 침식에 견딜 것
- 불꽃의 작용에 견딜 것
- 충격에 견딜 것

003 내화물을 제조방법에 따라 3가지로 분류할 때 각각의 종류를 쓰고 간단한 제조과정을 쓰시오.

- 소성 내화물 : 높은 온도에서 구워서 만든 내화물
- 용융 내화물 : 원료를 녹여서 그릇에 부어서 만든 내화물
- 불소성 내화물 : 굽지 않고 만들고 싶은 모양으로 만들어 건조만 하여 만든 내화물

004 내화물을 화학적 조성에 분류할 때 다음 세가지로 분류된다. 각각에 해당하는 내화물의 종류와 화학성분을 쓰시오.

가. 산성 내화물
나. 중성 내화물
다. 염기성 내화물

가. • 종류 : 규석질, 반규석질, 납석질, 샤모트질
　　• 주성분 : SiO_2
나. • 종류 : 알루미나질, 탄소질, 탄화규소질, 크롬질
　　• 주성분 : Al_2O_3, C, SiC, Cr_2O_3
다. • 종류 : 크롬마그네시아질, 마그네시아질, 돌로마이트질, 포오스터라이트질
　　• 주성분 : MgO, CaO

005 LD 전로의 내화물에 요구되는 성질을 3가지만 쓰시오.

- 화학적인 내식성이 우수할 것
- 용강류에 대한 내마모성이 우수할 것
- 온도 급변에 따른 내스폴링성이 우수할 것
- 장입 및 출강에 따른 내충격성이 우수할 것

006 다음에 설명하는 내화재의 종류를 쓰시오.

가. 주성분이 MgO, CaO이고, 환원성 분위기에서 강한 슬래그 내식성이 있으며, 내 스폴링성이 좋지만 내소화성이 약해서 공기중에서 풍화되고, 열간강도가 약해서 기계적 충격에 약한 내화물은?

나. 돌로마이트 클링커에 클링커를 분쇄한 미분이나 마그네시아 분말을 혼합한 것에 바인더(Binder)를 첨가하여 가압 성형하여 소성한 것으로 슬래그에 대한 내식성이 불소성 연와보다 크고, 열간강도가 크지만, 내스폴링성이 떨어지는 내화물은?

다. 소화성이 거의 없어 제조가 용이하고, 내화도가 높고, 염기성 슬래그에 대한 내식성이 강하지만, 고온강도가 약하고 온도의 급변 및 수증기에 약한 단점이 있는 내화물은?

라. 돌로마이트 연와와 같으며 부정형 내화재로써 연와 축조 시 연와 사용이 불가능한 곳이나 레벨 조정 시 사용하는 내화물은?

마. 연와를 축조할 때 연와 사이에 생기는 틈을 메울 때, 레벨 조정할 때 사용하는 분말 내화재는?

바. 열간 보수재로써 Kneader재로 보수할 수 없는 곳에 사용하며, 스프레이 머신을 이용하여 전로 노벽에 부착시켜 사용하는 내화재는?

정답 Answer
가. 타르 돌로마이트(Tar Dolomite) 또는 소성 돌로마이트
나. 소성 돌로마이트
다. 타르 마그네시아(Tar Magnesia)
라. 스템프(Stamp)재
마. 모르타르(Mortar)
바. 스프레이(Spray)재

007 전로 내장연와의 손상기구에 대한 원인을 쓰시오.

가. 화학적 침식
나. 구조적 스폴링
다. 기계적 스폴링
라. 열적 스폴링
마. 기계적 마모
바. 산화탈탄

가. 슬래그에 의한 용해
나. 연와내의 슬래그 침투
다. 승열 시에 생기는 기계적 응력
라. 간헐조업 및 조업 중의 온도변화
마. 용강의 교반, 원료의 투입 충격
바. 비취련 시의 카본 본드(Carbon Bond) 손실

008 전로 내화물의 수명을 감소시키는 데 영향을 주는 제요인을 설명하시오.

- 용선중의 Si가 높을 때
- 염기도가 낮을 때
- 슬래그 중의 전철(T-Fe) 높을 때
- 산소 사용량이 많을 때
- 재취련 횟수가 많을 때
- 형석(CaF_2) 사용량이 증가할 때
- 종점온도가 높을 때
- 용강중의 탄소 함유량이 저하할 때
- 휴지시간이 증가할 때
- 냉각제로 사용되는 철광석의 투입량이 많을 때

009 노구에 지금이 부착되는 원인과 조업에 미치는 영향을 각각 쓰시오.
- 원인
- 영향

- 원인 : 취련 중 슬로핑이나 스피팅에 의해 노구가 용강이 부착
- 영향 : 출강 중 낙하로 설비 사고, 샘플링이나 측온 시 사고, 취련종료 시 불꽃판정 불확실

010 다음 그림은 전로 조업에서 슬래그 코팅 기술을 나타낸 것이다. 이 방식의 명칭 및 장점 3가지를 쓰시오.

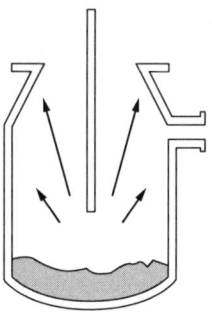

가. 방식
나. 장점

가. 질소 스플래시 코팅 방식
나. 코팅 효율 향상, 코팅 시간 단축, 노체 수명 연장

011 다음 그림은 전로 본체 설비이다. 물음에 답 하시오.

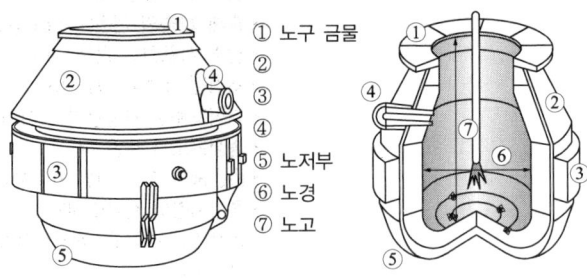

① 노구 금물
②
③
④
⑤ 노저부
⑥ 노경
⑦ 노고

가. ②, ③, ④ 부위의 명칭을 쓰시오.
나. ③ 부위의 기능을 쓰시오.
다. 전로 내 분출물에 의한 노구를 보호하기 위한 설비를 위 그림에서 골라서 번호로 쓰시오.

정답 Answer

가. ② 슬래그 커버, ③ 트러니언링, ④ 출강구
나. 노체를 지지하고 경동한다.
다. ①(노구금물, 마우스링)

012 다음 그림은 취련 설비에 관한 것이다. 물음에 답 하시오.

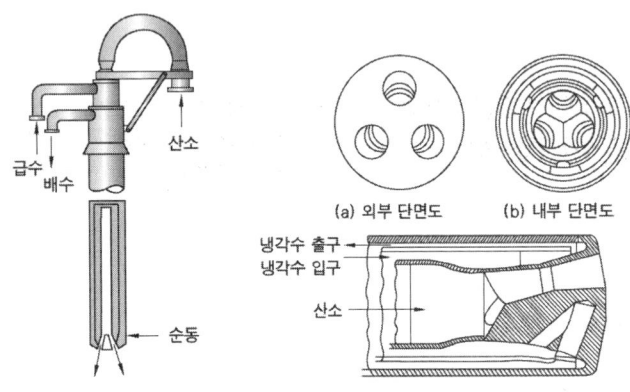

가. 설비의 명칭을 쓰시오.
나. 재질을 순동으로 하는 이유를 쓰시오.
다. 오른쪽 그림과 같은 노즐의 명칭을 쓰시오.
라. 그림과 같이 노즐을 하는 이유를 쓰시오.

가. 산소랜스(메인랜스)
나. 열전도율이 좋아서
다. 다공 노즐
라. 용강 교반촉진, 용강 분출량 감소, 용강 실수율 향상

013 다음 그림은 전로 폐가스 처리 설비이다. 물음에 답 하시오.

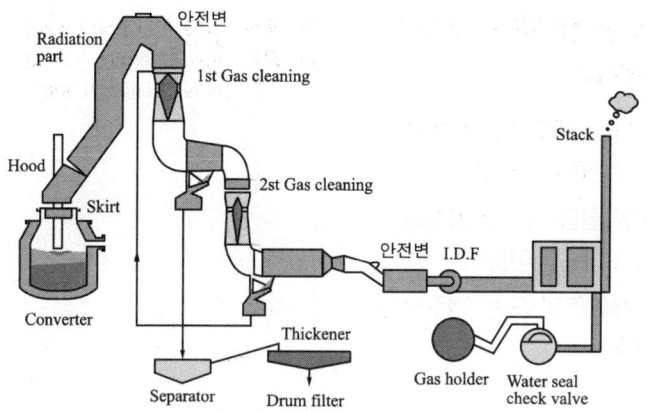

가. 그림과 같은 설비의 명칭을 쓰시오.
나. 이 설비의 장점을 한가지만 쓰시오.
다. 위 설비 중 폐가스를 흡인하여 유입하는 설비의 명칭을 골라 쓰시오.
라. 위 설비 중 Gas Holder에 포집되는 가스의 명칭을 쓰시오.

정답 Answer

가. OG 설비
나. 비연소방식으로 전로가스를 회수한다.
다. IDF
라. LDG

레이들 준비하기

001 전로에 사용되는 레이들에 대한 설명이다. 각각이 설명하는 레이들의 명칭을 쓰시오.

가. 고로에서 출선된 용선을 다음 제조공정인 제강 또는 주선기(냉선처리)로 운반하는 레이들
나. 혼선로 및 혼선차에서 탈류(탈황)처리된 용선을 전로에 운반 또는 장입시켜주는 레이들
다. 전로에서 취련완료된 용강을 조괴 또는 연주공정으로 운반시켜 주는 레이들

정답
가. 용선 Ladle (Pig Iron Ladle)
나. 장입 Ladle (Charging Ladle)
다. 수강 Ladle (Teeming Ladle)

002 전로 조업에서 사용하는 수강 레이들의 내화물 특성 및 사용 연와 재질에 대하여 각각 2가지씩 쓰고, 염기성 내화물을 사용하지 않는 이유를 쓰시오.

가. 내화물 특성
나. 연와 재질
다. 염기성 내화물 사용하지 않는 이유

정답
가. • 급열 및 급랭에 견딜 것
  • 슬래그에 대한 내침식성이 있을 것
나. • 샤모트(Chamotte)질
  • 지르콘(Zircon)질
  • 알루미나(Alumina)질
다. 내침식성은 강하지만 급열 및 급랭에 약하기 때문

003 다음 레이들의 구조를 나타낸 것이다. (가)의 명칭과 내화물 설계 시 반영되어야할 사항을 쓰시오.

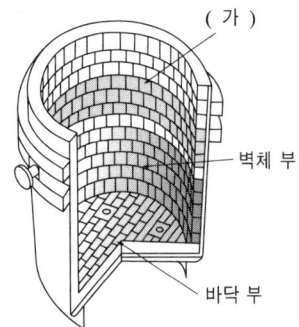

• 명칭
• 반영사항

정답
• 명칭 : 슬래그 라인
• 반영사항 : 슬래그 탈산에 의해 내화물 용손에 견디어야 한다.

004 용강 수강 레이들의 예열 온도, 시간, 이유를 각각 쓰시오.
- 예열온도
- 예열시간
- 예열이유

정답
- 예열온도 : 1,100~1,200℃
- 예열시간 : 10시간
- 예열이유 : 출강된 용강의 온도 강하 방지

005 전로 조업에서 사용하는 레이들 노즐 필러재의 용도와 성분을 쓰시오.
- 용도
- 성분

- 용도 : 노즐부를 고온의 용강으로부터 보호하기 위하여
- 성분 : SiO_2, Al_2O_3

006 전로 수강 레이들의 사용 중 및 보수 시 점검사항을 각각 3가지 쓰시오.
가. 사용 중 점검사항
나. 보수 시 점검사항

가. • 목지(Joint)의 침식 정도
  • 국부 용손부위
  • 연와의 탈락
  • 영구장 노출
나. • 목지(Joint)의 침식
  • 국부 용손
  • 잔존치수를 부위별로 체크

007 레이들의 사용중지 판정 기준을 2가지 쓰시오.

- 노즐 연와 교체 시 두께 10mm 이하일 때
- 바닥이 50mm정도의 잔존일 때
- 노벽 준영구장 노출 시

008 용선 레이들과 장입 레이들의 수리 기준을 각각 쓰시오.
- 용선 레이들
- 장입 레이들

- 용선 레이들 : 소수리는 60ch, 중수리는 400ch
- 장입 레이들 : 소수리는 160ch, 내장 전면수리 200ch

3 전기로조업준비

노체 및 설비 점검하기

001 전기로의 주원료 및 주연료를 쓰시오.

- 주원료 : 고철
- 주연료 : 전기 아크 에너지

002 전기로의 특징을 3가지 쓰시오.

- 고온을 얻기 쉽다.
- 온도 조절이 용이하다.
- 노내 분위기를 산화 또는 환원으로 조절이 자유롭다.
- 탈인, 탈황 작업이 용이하다.
- 열효율이 좋고 조업의 탄력성이 있다.
- 사용 원료의 제약이 적다.
- 모든 강종의 정련이 가능하다.

003 교류(AC) 및 직류(DC) 전기로의 아크 전달 방식의 순서를 쓰시오.

- AC : 한쪽 전극 → 슬래그 → 용강 → 다른 전극
- DC : 상부 전극 → 슬래그 → 용강 → 하부 전극

004 AC와 DC 전기로의 특징을 3가지씩 쓰시오.

가. AC 전기로
나. DC 전기로

가.
- 3상 교류를 이용하여 3개의 전극을 양극과 음극으로 초당 50~60회 바꿀 수 있다.
- 전압을 간단히 올릴 수 있다.
- 변압기로 교류 전기의 전압을 높여 송전하면 전선을 굵게 하지 않아도 된다.
- 고온이 필요한 스테인리스강 제조에 주로 사용한다.

나.
- 3상 교류로부터 변환한 직류를 이용한다.
- 양극인 노저 전극과 음극인 상부 전극 사이에 스크랩과 용강을 개입하여 아크를 발생시킨다.
- AC에 비해 소음이 적고 교반력이 우수하다.
- AC에 비해 전력은 10%, 내화벽돌은 30% 감소된다.

005 전기로 천장을 지지하고 회전시키는 설비의 방식을 2가지 쓰시오.

- 유압 램 상승 방식
- 킹 핀에 의한 역선회 방식

정답
- 유압 램 상승 방식 : 노천장, 전극승강 기구를 일체로 상승 선회
- 킹 핀에 의한 역선회 방식 : 노천장만 상승, 지지기구와 전극승강기구는 설치된 레일을 따라 이동

006 전극 장치를 구성하는 설비를 쓰시오.

원형 모선, 전극 홀더, 전극 마스트 아므 전극 마스트, 전극 수랭관

007 다음에 설명하는 전기로 부대설비의 명칭을 쓰시오.

가. 전기로에서 발생하는 분진을 외부로 방출하지 않도록 하는 장치는?

나. 전기로 공장에서 발생하는 분진 포집 방식으로 수집 능률이 좋고 간편한 집진 방식은?

다. 각부원료 저장 호퍼에서 나온 부원료를 사용처에 따라 컨베이어를 통해 이송하는 설비 3가지는?

라. 부원료를 투입하는 위치에서 투입 호퍼에 저장했다가 투입할 때 여는 장치는?

마. 스크랩을 노내에 장입하기 위해 사용하는 장치는?

바. 노내에서 용강 및 슬래그와 접촉하는 부위의 내화물 부분에 손상된 곳을 노즐을 통해 분사하여 소결시키는 작업하는 장치는?

사. 용해 촉진을 위해 산소를 취입하는 설비는?

아. 전극에서 발생하는 아크 에너지로만 용해에 부족할 때 이를 극복하기 위해 노체에 설치하는 장치는?

자. 출강 전 용강의 온도와 성분 등을 측정하는 설비는?

가. 집진 설비
나. 백 필터 방식
다. 피더, 컨베이어, 계량호퍼
라. 게이트
마. 장입대차 및 버킷
바. 열간 보수기
사. 수랭 랜스
아. 조연 버너
자. 측온 샘플링 장치

008 다음에 설명하는 전기 설비의 명칭을 쓰시오.

가. 전기로에 주 에너지원을 공급하기 위한 전원 공급 장치는?

나. 아크 전류의 변동을 될 수 있는 한 최소화해 전력을 일정하게 유지하기 위해 전류가 상승하면 전극이 상승하고 전류가 적으면 내려가는 장치는?

다. 개폐 스크랩과 전극과의 단락에 의한 과전류를 차단하는 장치는?

정답 Answer
가. 변압기
나. 자동 전극조정 장치
다. 차단기

▶ 열간 보수하기

001 전기로 노벽 수랭 판넬의 종류를 2가지 쓰시오.

- 동 판넬
- 철제 판넬

002 전기로 수랭 판넬의 손상 요인을 2가지 쓰시오.

- 열응력 반복에 의한 피로
- 국부적 돌발 파손
※ 돌발 판손의 원인 : 아크 섬광(Arc flare), 용강과 접촉, 산소 커팅 시 미스 블로잉(Miss blowing)

003 열간 보수재의 기능을 3가지 쓰시오.

- 조업의 안정성 확보
- 내화물 원단위 절감
- 생산성 향상

004 열간 보수재로 사용하는 바인더의 특징을 설명하시오.

- 입자 크기별로 분리된 입자들이 고르게 분포되도록 한다.
- 혼련물과 보수 표면의 부착성을 양호하게 한다.
- 마그네시아 결정성장을 촉진하여 내침식성을 향상시킨다.

005 열간 보수재로 사용하는 바인더의 종류와 역할을 쓰시오.

- 규산소다 : 부착 경화(부착 경화 속도가 크고, 강도가 크다)
- 제1인산칼륨 : 부착 경화(부착 경화 속도는 느리나 고온 강도가 높다)
- 팽윤성 점토(Clay) : 부착 소결(부착성 향상, 소결 촉진시켜 중온에서 강도 향상)
- 핵사메타인 소다 : 투사(미립을 분사시켜 투사성을 향상)

006 열간 보수용 일반적인 스프레이(Spray)재의 최적 입도 분포를 쓰시오.

- 대립 : 중립 : 미립 = 50 : 30 : 20

007 열간 보수재 시공 조건에 따라 다음의 특성을 설명하시오.

가. 부착률과 노즐각도 관계
나. 노즐 길이와 도출 각도 관계
다. 에어 압력에 따른 부착률과 거리와 관계
라. 초기 부착률과 온도의 관계

가. 보수기 노즐 각도가 45°에서 가장 떨어지고, 90°에서 부착률이 가장 높다.
나. 노즐 길이와 토출 각도는 반비례한다.
다. 보수기 에어 압력이 높으면 거리가 멀어야 부착률이 높아진다. 가장 적정한 압력은 2kg/cm², 거리는 0.5m일 때 부착률이 가장 크다.
라. 열간 상태 온도가 1,000~1,100℃일 때 부착률이 가장 높고 그 이상 온도에서는 부착률이 점점 떨어진다.

008 내화물을 형태에 따라 정형 내화물과 부정형 내화물로 나누는데 각각에 대하여 정의를 하시오.

가. 정형 내화물
나. 부정형 내화물

가. 노에 쌓기 좋게 형상을 갖춘 내화물
나. 일정한 형상 없이 크고 작은 입자로 된 재료를 혼합시켜 분말 상태로 된 내화물

009 전기로에 요구되는 내화물의 특성을 3가지 쓰시오.

정답
- 높은 열의 변화에 견디어야 한다.
- 용적이 안되고 기계적 강도가 커야한다.
- 가스, 용융체 또는 고체 등과 접촉할 때 서로 반응하지 않아 침식되지 않아야 한다.
- 가스, 용융체 또는 고체 등과 접촉할 때 내마모성이 있어야 한다.

010 다음에 설명하는 부정형 내화물의 용도를 쓰시오.

가. mortar
나. castable
다. plastic
라. spray재
라. ramming
마. 코팅재
바. 경량 castable

정답
가. 내화물 축조 시 접착시키는 것
나. 분말상으로 물 등을 첨가, 혼련하여 사용하는 것
다. 연토상으로 가소성이 있고 타입 시공하는 것
라. gunning 머신을 이용하여 냉간 또는 열간에서 구조물 표면에 분사하여 소결시키는 것
라. 열의 영향에 의해 세라믹 본드가 형성되어 강도를 발현하는 내화물
마. 내화 벽돌이나 castable로 시공할 수 없는 두께가 얇은 시공 부위에 사용
바. 물을 혼합하여 유입 시공하면 일정 시간 경과 후 경화하는 내화물

011 전기로 부위별로 사용하는 내화물 쓰시오.

가. 노 천장부
나. 소 천장부
다. 노벽부
라. 노상부

정답
가. 고알루미나질(Al_2O_3), 크로-마그네시아($MgO-Cr_2O_3$) 연와
나. Al_2O_3가 80~95%인 고알루미나질 부정형 내화물
다. 고열부는 MgO-C계 연와, 저열부는 비소성 $MgO-Cr_2O_3$ 연와
라. 소성 마그네시아(MgO) 연와를 축조하고 그 위에 부정형 MgO를 스탬핑한다.

012 내화물의 특성 중 물리적 특성을 좌우하는 요인을 3가지 쓰시오.

정답
- 부피 비중
- 기공률
- 흡수율
- 압축강도

013 마그네시아 스탬프(Stamp) 재와 돌로마이트 스탬프 재의 특성을 쓰시오.

가. 마그네시아질 스탬프 재
나. 돌로마이트질 스탬프 재

정답 Answer

가.
- 수분 침투 시 수화 반응이 늦고 냉각 시 다량의 수분 투입이 가능
- 슬래그 성분 침투가 용이하여 구조적 스폴링 발생이 증가
- 스폴링에 의한 노상재 부상 및 박리, 해제 작업성 저하
- 보수 부위 및 보수 물량 증가

나.
- 수분 침투 시 수화 반응이 빠르고, 냉각 시 수분 투입이 제한
- 소결층을 신속하게 형성하고 적정 소결층 두께를 확보
- 소결층이 슬래그 침투 억제
- 구조적 스폴링 발생 억제
- 해체성 향상에 따른 보수시간 절감 및 보수 부위 절감

014 내화물의 화학적 특성에 대한 설명이다. 해당하는 화학 물질을 쓰시오.

가. 400~800℃ 온도에서 내화물의 Fe_2O_3와 반응하여 탄화철을 생성하고 이것이 재분해하여 내화물 조직에 카본 침적을 유발하고 조직을 붕괴시키는 것은?
나. 1,200℃ 이상에서 내화물의 성분인 Al_2O_3, SiO_2와 반응하여 체적 팽창을 유발하여 내화물 조직을 붕괴시키는 것은?
다. 1,100℃ 이상에서 내화물의 SiO_2 성분이 환원 증발을 일으키게 하는 것은?
라. 내화물 성분 중 CaO와 MgO 등과 반응하여 저융점 물질을 생성하는 것은?
마. 200℃ 이하 저온에서 노점 상승을 일으켜 산액으로 내화물을 침식시키고, 600~1,000℃ 고온에서 내화물의 CaO, MgO와 반응하여 유산염을 생성시켜 조직 팽창에 따른 붕괴를 유발하는 것은?
바. 내화물 중의 SiO_2와 반응하여 내화물을 팽창시키고 조직을 파괴시키는 것은?
사. 제강 조업 시 발생하여, SiO_2, CaO를 함유한 다성분계 물질로 조업 온도에서 용융 침식 손상을 유발하는 것은?

가. CO 가스
나. 알칼리 기체(Alkali vapour)
다. 수소 가스(H_2 gas)
라. 염소(Cl) 가스
마. SOx gas
바. 불소(F_2) 가스 또는 불화수소 가스
사. 슬래그

015 내화물의 열적 특성에 대한 설명이다. 해당하는 열적 성질의 명칭을 쓰시오.

가. 열의 작용에 견디는 성능만을 기준으로 하여 내화물을 비교할 때 쓰이는 것으로 가열할 때 자중에 의해 연화 변형 상태를 나타낸 표준 온도 콘의 번호로 나타나는 성질은?

나. 고온에서 내화물이 사용될 때 하중을 받으면서 고온 작용을 받아 연화되며, 일정 하중하에서 최초 높이의 2%가 연화되어 압축되는 온도를 나타내는 성질은?

다. 가혹한 온도 변화에 의해 내화물이 파괴되거나 박리되는 것에 견디는 성질은?

라. 온도차에 의해 열이 전달될 때 고체 내에 있는 어느 점에서의 온도 변화의 속도를 나타내는 성질은?

정답 Answer
가. 내화도
나. 하중 연화점
다. 열충격 저항
라. 열전도율

016 내화물의 손상기구에 대한 설명이다. 해당하는 손상기구 명칭을 쓰시오.

가. 단순한 온도 변화(급열 또는 급랭)에 의해 재료의 강도를 초월하는 응력 발생 시 파괴되는 현상은?

나. 내화물이 기계적 힘에 의해 박리되는 현상은?

다. 내화물이 고온에서 사용되는 도중에 가열 면에 변질층이 생겨서 변질층의 수축, 변질층의 팽창 계수의 차이, 외부압력, 온도 변화 등이 작용되어 균열 발생으로 박리되는 현상은?

라. 슬래그 등의 용액의 화학적 작용에 의한 내화물의 손상은?

마. 내화물 중에 함유된 흑연(graphite)이 대기중의 산소, 용강 중의 용존 산소, 슬래그 중의 금속 산화물 등과 접촉 반응하여 벽돌(brick)의 손상이 진행되는 것은?

가. 열적 스폴링
나. 기계적 스폴링
다. 구조적 스폴링(화학적 스폴링)
라. 침식(corrosion)
마. 흑연(graphite)의 산화

▶ 전극 연결하기

001 전기로 전극에 사용되는 원료를 쓰시오.

정답: 인조흑연전극, 천연흑연전극, 탄소전극

002 전극재료로 천연흑연전극보다 인조흑연전극을 많이 사용하는 이유를 쓰시오.

정답: 천연흑연전극에 비해 전기저항이 작아서 직경이 작아지는 장점이 있다.

003 인조흑연전극의 결합제로 사용하는 재료와 전극의 품질을 좌우하는 코크스의 특성을 쓰시오.
- 결합제
- 코크스 특성

정답:
- 결합제 : 타르 피치
- 코크스 특성 : 높은 전도성과 낮은 열팽창성이 요구되므로 흑연화가 용이한 석유계 또는 석탄계 침상 코크스 사용

004 전극 소모의 원인을 3가지 쓰시오.

정답:
- 아크의 발생에 따른 승화
- 아크에 의한 열충격 스폴링
- 용강과 슬래그에 의한 침식

005 전극에 요구되는 품질특성을 쓰시오.
- 내열 충격성
- 내절손성
- 내산화 및 내침식성

정답:
- 내열 충격성 : 전기 저항의 저감, 열전도율의 저감, 열팽창성의 저감
- 내절손성 : 재료 강도의 up, pole과 nipple의 balance 유지, 접속부의 가공성 향상
- 내산화 및 내침식성 : 고밀도화, 조직의 균질화

006 전극의 구비 조건을 3가지 쓰시오.

정답:
- 전기 전도도가 우수하고 열전도도가 낮아야 한다.
- 불순물이 적어야 한다.
- 기계적 강도가 크고 온도 변화에 잘 견뎌야 한다.
- 고온 산화도가 낮아야 한다.

007 전극 절손의 원인을 3가지 쓰시오.

정답
- 스크랩과 전극의 충돌
- 과대전류에 의한 열응력 증대
- 접속부 내외의 니플(Nipple)과 소켓(Socket)의 온도차에 의한 열응력 증대
- 부정확한 전극 연결

008 전극 절손의 대책을 쓰시오.

정답
- 철 스크랩 장입 순서를 준수한다.
- 부도체(내화물, 폐기물) 등이 전극 직하부에 장입되지 않도록 한다.
- 초기에 설정된 값을 가능한 변경치 않는다.
- 전극 연결 작업의 표준을 준수한다.
- 각 전극의 물성을 수시로 체크 검수한다.

009 전극이 절손되었을 때 조치사항을 쓰시오.

정답
전원을 차단하고 전극을 들어낸 다음 새로운 전극으로 연결하여 통전 후 작업한다.

▶ 자재 및 기기 확인하기

001 전기로 부원료로 사용하는 석회석의 역할을 쓰시오.

정답
- $CaCO_3$의 분해 반응에 의한 용강 교반 효과
- CaO 공급원으로 조재제 역할
- 열분해 반응이 흡열반응이므로 열손실에 유의

002 전기로 부원료로 사용하는 생석회의 특징을 쓰시오.

정답
- 석회석을 소성하여 탄산가스(CO_2)를 제거하여 CaO가 90% 이상 포함
- 강재의 주성분을 이루어 슬래그를 형성
- 흡습성이 있어 수분을 흡수하면 소석회로 변하여 분화되기 쉬우므로 운반 및 보관에 유의
- 환원기에 사용할 때는 수분의 분해에 의해 수소 함량을 증가시키므로 충분히 건조된 것을 사용

003 전기로 부원료로 사용하는 형석의 특징을 쓰시오.

- CaF_2가 주성분으로 용융점이 930℃ 정도로 낮음
- 생석회의 용융점을 낮추어 슬래그 유동성을 향상
- 탈인 및 탈황 반응 촉진
- 많이 사용하면 내화물 침식이 심하므로 적정량 사용

004 전기로 부원료로 사용하는 경소 돌로마이트의 특징을 쓰시오.

- 주성분이 MgO 50% + CaO 35%로 구성
- 전기로 내 MgO계 내화물 노상 보호를 위해 투입

005 합금철 구비 조건을 3가지 쓰시오.

- 산소와 친화력이 철에 비해 클 것
- 용강에서의 확산 속도가 클 것
- 용강에서 탈산 생성물이 용해하지 않을 것
- 용강에서 탈산 생성물의 부상 분리 속도가 클 것

006 전기로 제강에서 사용되는 탈산제의 종류를 쓰시오.

Al, Fe-Si, Fe-Mn, Si-Mn

007 전기로 제강에서 강의 성질을 개선하기 위해 성분 첨가용으로 사용되는 부원료를 쓰시오.

Mn-metal, Fe-Nb, Fe-Cr, Fe-Mo, Fe-V, Fe-B, Fe-Ti, Ti-sponge, Fe-Ni, Fe-P, Fe-S, 가탄제 등

008 주성분이 탄소로 강의 %C 조정 및 전기로 작업에서의 야금학적 효과를 부여하기 위하여 사용하는 부원료를 쓰시오.

괴탄(코크스)

009 전기로에서 사용하는 프로브(probe)의 용도를 3가지 쓰시오.

- 용강의 온도 측정
- 샘플 채취
- 용존 산소 측정

010 전기로 제강에 사용하는 프로브의 종류 및 용도를 쓰시오.

- T형 : 온도 측정
- S형 : 샘플 채취
- TS형 : 온도측정 및 샘플 채취
- TO형 : 온도 및 용존 산소 측정

▶ 레이들 준비하기

001 다음 그림은 레이들의 구조를 나타낸 것이다. 물음에 답하시오.

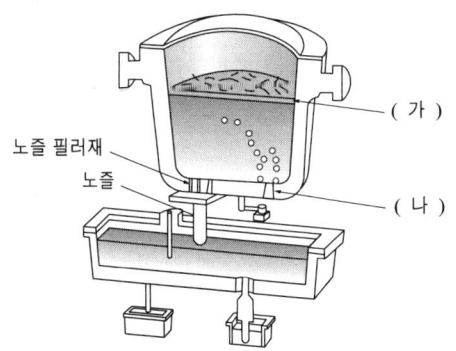

가. (가) 부분은 내화물 용손이 가장 심한 부분이다. 이 부분의 명칭을 쓰시오.

나. (나) 부분에 취입되는 가스를 한가지 쓰시오.

다. (나)에 사용하는 다음 그림과 같은 설비의 명칭을 쓰시오.

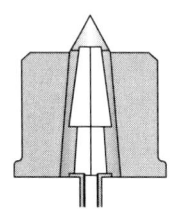

라. 레이들의 예열 온도 및 시간을 쓰시오.

가. 슬래그 라인
나. 아르곤(Ar)
다. 다공질 플러그(Porous Plug)
라. • 온도 : 1,100~1,200℃
　　• 시간 : 10시간 이상
※ 출강된 용강의 온도 저하 방지를 위해 예열

002 다음 그림은 레이들 노즐 필러재 충진 개략도이다. 물음에 답하시오.

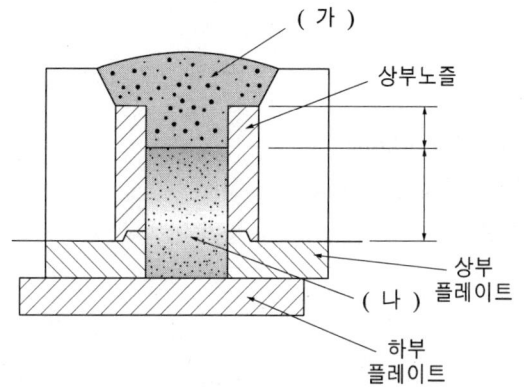

가. 노즐 필러재의 역할을 쓰시오.
나. (가)에 충진되는 재료를 쓰시오.
다. (나)에 충진되는 재료를 쓰시오.

정답 Answer

가. 노즐부 시스템을 열적으로 보호
  (플레이트 내화물 보호)
나. 그릿(Grit)
다. 규사

4. LF 정련

용강 준비하기

001 전기로에서 미리 환원슬래그를 만들고 Ladle에 용강과 함께 출강하여 Arc 가열함으로써 전기로의 환원기를 생략하는 Ladle 정련법은?

정답: LF 정련

002 LF 정련의 주요기능

정답:
- 승온
- 탈황, 탈산
- 청정강 제조(개재물 제어)
- 온도, 성분 미세조정
- 합금철 용해
- 일반강 대량생산 공정

003 LF 정련의 슬래그는 어떤 분위기인가?

정답: 강환원성

004 다음 그림은 LF 정련의 개략도를 나타낸 것이다. 물음에 답하시오.

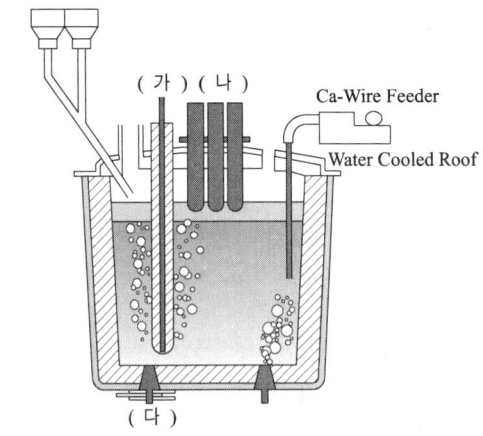

가. (가)에 해당하는 명칭을 쓰시오.
나. (나)에 해당하는 명칭을 쓰시오.
다. (다)로 취입되는 가스 2가지를 쓰시오.

정답:
가. Top Lance
나. 전극봉
다. 아르곤, 질소

005 다음 그림과 같은 진공정련법의 명칭을 쓰시오.

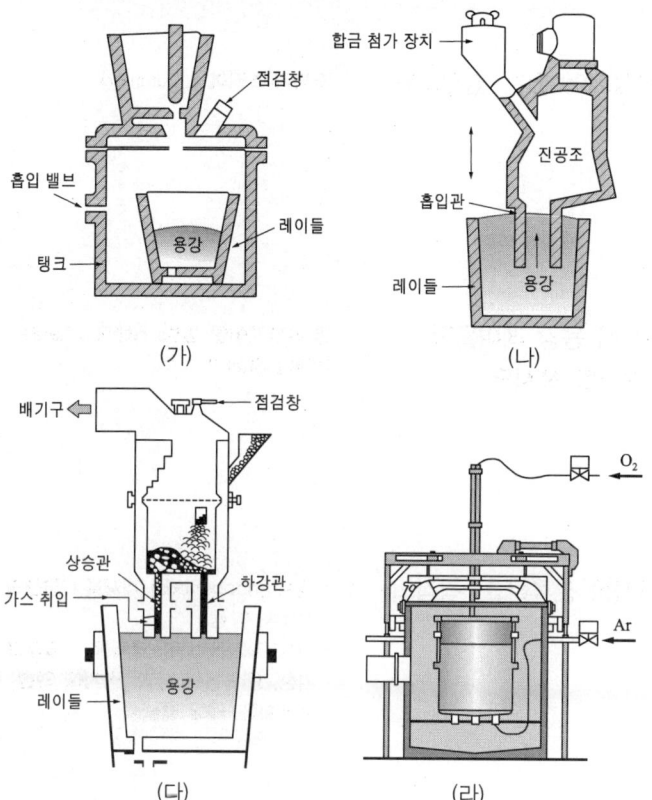

정답 Answer

가. 유적탈가스법(BV법)
나. 흡인탈가스법
    (DH법, 도르트문트법)
다. 순환탈가스법(RH법)
라. 레이들칼가스법(LD법)

배재하기

001 수강 레이들 내의 표면에 부상되어 있는 슬래그를 제거하는 설비를 쓰시오.

정답: 배재기(스키머 : Skimmer)

002 배재기로 용강 슬래그를 제거 시 용강 레이들의 경동을 위해 설치되어 있는 설비를 쓰시오.

정답: 경동대(레이들 틸팅 스탠드 : Ladle Tilting Stand)

003 LF 정련에서 개재물을 두 가지로 분류하고, 각각의 생성 원인을 쓰시오.

정답:
- 내성(Endogenous) 개재물 : 탈산과정에서 발생
- 외성(Exogenous) 개재물 : 슬래그 거둠, 내화물의 파피, 공기에 의한 재산화에 의해 발생

004 개재물이 존재할 때 문제점을 2가지 쓰시오.

정답:
- 연주 노즐 막힘의 주 원인
- 최종제품 가공 시 각종 크랙의 원인

005 개재물 부상 분리에 의한 제거 순서의 3단계를 쓰시오.

정답:
- 1단계 : 개재물의 슬래그/메탈 표면으로 이동
- 2단계 : 계면으로의 개재물 분리
- 3단계 : 개재물로부터의 용해에 의한 개재물의 제거

006 보온재의 투입 목적을 3가지 쓰시오.

정답:
- 용강 보온
- 재산화 방지
- 비금속 개재물 흡수

007 고규산질 플럭스(Flux)의 특징을 쓰시오.

정답 *Answer*
- 주성분 : SiO_2
- 왕겨가 대표적
- 보온성은 우수하나 재산화 방지 및 개재물 흡수능은 없음

008 고염기성 플럭스(Flux)의 특징을 쓰시오.

- 주성분 : CaO
- 보온 작용은 없으나, 용강의 재산화 방지, 개재물 흡수능이 우수
- 고청정성이 요구되는 강종에 주로 사용

009 고규산질 플럭스의 제조 공정을 쓰시오.

왕겨 → 소각로 → 혼합기 → 성형기 → 건조로 → 냉각시설 → 포장시설

010 A-Flux 및 B-Flux의 주요 성분 2가지를 쓰시오.

- A-Flux : CaO, SiO_2
- B-Flux : CaO, Al_2O_3

▶ 합금철 준비하기

001 LF 정련 제강공정에서 사용되는 합금철의 요구 특성을 3가지 쓰시오.

- 쉽게 용해되고 빠른 확산이 필요하다.
- 합금철 내 불순물이 적어야 한다.
- 형상, 가격 등 사용성이 확보되어야 한다.

002 부원료 중 Al의 용도를 쓰시오.

- 용강 및 슬래그 탈산
- 합금철 성분으로 S-Al 확보

003 다음 그림을 보고 각각에 설명하는 LF 정련 부원료 수송 설비의 명칭을 쓰시오.

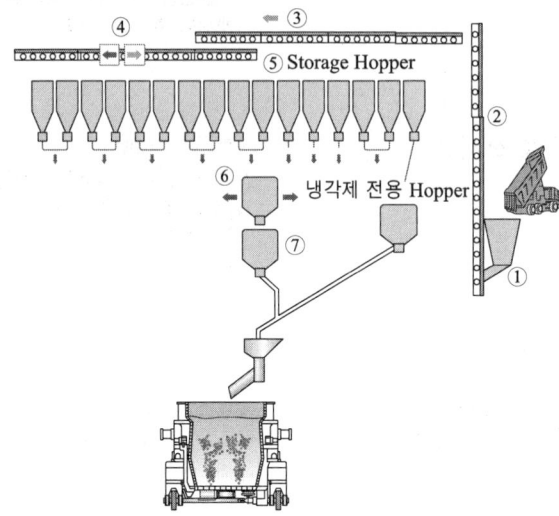

가. LF에서 사용되는 합금철을 Storage Hopper로 이송하기 위해 지상에 저장하는 Hopper로 ①의 설비 명칭을 쓰시오.

나. 합금철 수입 Hopper(Under Receiving Hopper)에 저장 불출된 합금철을 Vibrating Feeder로부터 받아 High Level Hopper 상부의 Conveyor Belt로 이송하는 설비로 ②의 설비 명칭을 쓰시오.

다. Inner Bucket Conveyor에서 수송된 합금철을 Storage Hopper로 이송하는 설비로 ③의 설비 명칭을 쓰시오.

라. Inner Bucket Conveyor로 부터 합금철을 받아서 Storage Hopper로 분배 저장하는 설비로 ④의 설비 명칭을 쓰시오.

마. Storage Hopper에 저장된 각 합금철을 Weighing Scale Car로 배출하는 설비로 ⑤의 설비 명칭을 쓰시오.

바. 각각의 Storage Hopper(16개소)의 Dischage Point로 옮겨가며 Vibrator Feeder로부터 절출된 합금철을 받아 설정량을 평량후 Vibrator Feeder를 작동시켜 Relay Hopper로 배출하는 설비로 ⑥의 설비 명칭을 쓰시오.

사. 평량된 합금철을 일시 저장하는 설비로 ⑦의 설비 명칭을 쓰시오.

정답 Answer

가. 합금철 수입 호퍼 (Under Receiving Hopper)
나. Inner Bucket Conveyor
다. Transfer Belt Conveyor
라. Shuttle Conveyor
마. Storage Hopper
바. Weighing Scale Car
사. Relay Hopper

004 Al에 의한 탈산에 의한 생성물을 쓰고, 제거과정, 제거가 되지 않았을 때의 문제점 및 그에 대한 대책을 쓰시오.
- 생성물
- 제거과정
- 문제점
- 대책

정답 Answer
- 생성물 : Al_2O_3
- 제거과정 : Al_2O_3 개재물이 슬래그 층으로 부상 분리된다.
- 문제점 : 부상하지 않은 Al_2O_3 개재물이 노즐의 막힘을 유발한다.
- 대책 : 버블링(Bubbling)을 통하여 충분히 분리 부상시킨다.

005 탈산 시 생석회(CaO)의 용도를 쓰시오.

- 탈산 생성물인 Al_2O_3 개재물과 합쳐 저융점의 슬래그를 형성
- 탈황능 향상

006 탈산 슬래그의 C/A의 상태에 따른 탈황능을 설명하시오.
- C/A가 1.3~1.7일 경우
- C/A가 1.3~1.8을 벗어날 경우

- C/A가 1.3~1.7일 경우 : 가장 저온의 슬래그 상태를 만들며 높을수록 탈황능이 좋다.
- C/A가 1.3~1.8을 벗을날 경우 : 고융점 슬래그 상태를 만들어 재화 불량 및 탈황능 저하된다.

007 융용점이 가장 낮으며, SiO_2의 연결고리를 끊어 점도 및 융점을 하락시키는 슬래그 매용재 역할을 하는 것은?

형석

008 Ca 와이어(wire)의 사용 상 특징을 쓰시오.

- Al 탈산 생성물인 Al_2O_3를 저융점화 시킨다.
- 산소와 가장 반응성이 우수하여 가장 늦게 투입한다.
- Ca 성분이므로 탈황능은 우수하나 가격이 비싸 비효율적이다.
- CaS에 의한 노즐 막힘 가능성이 있다.

009 용강 탈린, 탈황용으로 사용하는 부원료 합금철을 쓰시오.

정답: 생석회, 형석, B-Flux

010 다음은 주요 합금철이 강에 미치는 영향을 기술한 것이다. 해당하는 원소를 쓰시오.

원소	영향
①	용강의 탈산 및 Austenite 입도 미세화를 통한 강도 및 항복점을 상승시키고 질소[N]가 고정되어 시효성이 감소, 저온에서 가공성이 나빠진다.
②	강의 Austenite 영역을 확대하고 인성을 증가시키며 특히 저온에서 인성을 향상시킨다.
③	개재물의 부상분리 및 중심편석을 억제한다.
④	강의 인장 성질 및 내마모성을 향상시킨다.
⑤	상온 및 고온에서 강도를 증가시키며, 특히 항복점을 증가시킨다.
⑥	Cu석출에 의하여 시효경화를 부여하고, 일반적으로 인장강도, 경도, 항복점은 Cu 함유량과 함께 상승하고, 연신율과 단면감소율은 감소한다.

정답: ① : Al, ② : Ni, ③ : Ca, ④ : Cr, ⑤ : Nb, ⑥ : Cu

정련하기

001 LF 정련 설비의 목적을 3가지 쓰시오.

정답:
- 전로 출강온도 다운(Down)
- 합금철 실수율 증대
- 인(P)의 Reblowing율 감소
- 아크에 의한 용강 온도 상승

002 LF 정련 설비에서 3개의 전극봉을 슬래그에 침적시키고, 유압에 의해 용강과 일정한 거리를 유지하게 하는 장치의 명칭을 쓰시오.

정답: 암(Arm)과 마스트(Mast)

003 전극봉 승강장치는 3가지로 구성되어 있다. 각각의 명칭을 쓰시오.

- 전극봉 리프팅 기구
- 지주 가이드 롤러 (Column Guide Roller)
- 전극봉 리프팅 실린더

004 전극 설비인 암(Arm)의 재질을 쓰시오.

알루미늄

005 전극봉 서포트 부분은 고온 및 전기 아크로부터 보호하기 위해 무엇으로 코팅을 하였는가?

세라믹

006 LF 설비에서 수냉 커버의 역할을 쓰시오.

용강과 공기가 접촉하지 못하게 한다.

007 LF 에서 전극봉을 이용하여 용강 가열을 하는 경우는 언제인가?

연속주조를 실시하기 어려울 정도로 용강 온도가 낮을 때

008 LF에서 탄소 전극봉의 침지 위치를 쓰시오.

슬래그에 침지

009 LF에서 슬래그의 역할을 2가지 쓰시오.

- 아크열의 대기 방산 방지
- 불순성분의 제거

010 LF에서 슬래그 층을 형성하기 위한 조업상의 특징을 쓰시오.

- 적정 슬래그 층 확보가 필요
- 굵고 짧은 아크가 열효율이 우수
- 저전압 대전류 형성이 필요
- 대용량의 변압기가 필요

011 아크 발열의 기본 순서를 쓰시오.

고전압 전류 변압기 → 저전압 고전류로 변환 → 수냉 케이블과 흑연 전극봉에 전달 → 슬래그 층에서 전극봉의 전류가 용강 층으로 전도 → 전극 상호 간의 극성에 의해 아크 발생 → 용강 표면 및 슬래그층 가열

012 LF에서 다음의 위치에 해당하는 온도를 쓰시오.

가. 음극점
나. 음극부근의 아크 기둥
다. 아크 기둥 내에서 외측

가. 3,500~4,000℃
나. 5,000~20,000℃
다. 6,000℃

013 아크 기둥 내에서 분자가 원자로 해리되고 전이한 상태로 고체 → 액체 → 기체의 전이와는 다른 상태의 물질로 제4의 상태라고 불리워지는 것은?

플라즈마

014 LF에 사용하는 전극봉의 재질을 쓰시오.

인조흑연

015 LF에 사용하는 인조흑연 전극봉의 제조순서를 쓰시오.

원료 → 파쇄 → 배합 → 압출 → 성형 → 소성 → 함침 → 흑연화 → 가공 → 제품

016 전극봉 소모의 5가지 요소를 쓰시오.

산화(Oxidation), 승화(Sublimation), 흡수(Absorption), 스폴링(Spalling), 파손(Breakage)

017 전극봉 소모의 5가지 요소 중 연속적 소모에 해당하는 것을 4가지 쓰시오.

정답 *Answer*

산화(Oxidation), 승화(Sublimation), 흡수(Absorption), 스폴링(Spalling)

018 다음은 연속적 소모의 요소를 설명한 것이다. 각각에 해당하는 것을 쓰시오.

가. 흑연이 일산화탄소 또는 이산화탄소가 되기 위하여 산소와 반응하기 때문에 쉽게 고온에서 소모되는 것을 무엇이라 하는가?
나. 고온에서 흑연은 증발하므로 전극봉 상부에서 가동 중에 승화작용이 일어나서 소모되는 것을 무엇이라 하는가?
다. 흑연이 쇳물에 의해 쉽게 녹는 성질에 의해 소모되는 것을 무엇이라 하는가?
라. 열의 압력에 의해 열 방출이 확대됨에 따라 압력이 증가하여 소모되는 것을 무엇이라 하는가?

가. 산화에 의한 소모
나. 승화에 의한 소모
다. 흡수에 의한 소모
라. 스폴링에 의한 소모

019 산화에 의한 소모를 감소시키기 위한 방법을 쓰시오.

흑연 전극봉에 직접 물로 쿨링을 실시하면 5~15% 소모율 감소

020 승화에 의한 소모의 원인을 쓰시오.

과도한 전류

021 흡수에 의한 소모의 원인을 쓰시오.

짧은 아크(Short Arc) 가동이 진행되거나 전극봉을 담갔을 때

022 스폴링에 의한 소모의 원인을 쓰시오.

과도한 전류, 짧은 아크

023 인조흑연의 장점을 쓰시오.

정답 *Answer*
- 내마모성이 강하다.
- 가공속도가 빠르다.
- 기계가공성이 좋다.
- 가볍다.
- 내열성이 좋다.
- 열팽창계수가 작다.
- 접착이 가능하다.
- 표면 다듬질이 쉽다.

024 용강 중 f[O]가 존재할 때의 문제점을 쓰시오.

- 성분조정 시 합금철의 실수율 저하
- 연속주조 시 주편 품질 열위(균열, 표면결함, 내식성 저하)

025 다음 원소들을 탈산력이 큰 순서대로 나열하시오.

> Mg, Ti, Mn, Ca, Al, Si

Ca 〉 Mg 〉 Al 〉 Ti 〉 Si 〉 Mn

026 탈산제를 사용할 때 단독 탈산할 때보다 복합탈산할 때 탈산 효율은 어떻게 되는가?

탈산 효율이 증가한다.

027 탈산전 산소가 380ppm이고, 보정량을 145kg으로 할 때 Al투입량을 계산하시오.

Al 투입량 = 탈산전 산소(ppm)×0.5 + 보정량 = 380×0.5+145 = 335kg

028 버블링(Bubbling) 작업의 목적을 쓰시오.

- 불순물(비금속 개재물)을 부상 분리
- 용강온도 균일화
- 용강성분 균질화
- 용강과 슬래그 간의 반응 효율 향상 (탈인, 탈황)

029 용강의 버블링 작업에 사용되는 가스를 쓰시오.

정답 *Answer*
아르곤(Ar)

030 버블링 가스의 취입 방법을 2가지 쓰시오.

- Top bubbling(레이들 상부로부터 가스 취입)
- Bottom bubbling(레이들 하부로부터 가스 취입)

031 버블링 가스의 취입 시기를 4가지 쓰시오.

- 전 버블링(LF 도착 직후 실시)
- 조정 버블링(부원료, 합금철 투입 후 실시)
- 후 버블링(정련말기 실시)
- 린스(Ca처리 후 LF 출발 직전)

032 버블링에 의한 개재물의 제거 기구 4가지를 쓰시오.

- 개재물과 용강의 비중차에 의한 부상분리
- 개재물의 합체에 의한 부상분리
- 버블에 의한 부상분리
- 레이들 내화물에 의한 개재물 제거

033 버블링에 의한 개재물의 제거에 적용되는 법칙을 쓰시오.

스토크 법칙(Stoke's Law)

034 버블링에 의해 강 교반이 발생되는 조건을 3가지 쓰시오.

- 가스 유량이 클수록
- 용강온도가 높을수록
- 취입(Injection) 깊이가 깊을수록

온도, 성분 확인하기

001 fp이들 상부 Floor에 설치되어 레이들 내의 용강의 측온 측산 및 성분 분석용 샘플 채취를 자동으로 수행하는 장치의 명칭을 쓰시오.

> 샘플링(Sampling) 장치

002 측온 샘플링 장치에서 각 격납별로 설치되며 회전 실린더의 구동으로 선택된 프로브를 한 개씩 반송 장치로 낙하시키는 장치이며, 위치 제어는 회전 실린더 부착형 근접 스위치로 하는 장치의 명칭을 쓰시오.

> 프로브(Probe) 절출장치

003 측온 샘플링 장치에서 낙하된 Probe를 Probe Attaching 장치로 보내주며 기어 모터로 구동하는 장치의 명칭을 쓰시오.

> 프로브(Probe) 반송장치

004 측온 샘플링 장치에서 모터 실린더로 구동되며 공급된 프로브를 홀더 직하로 직립시키는 장치의 명칭을 쓰시오.

> 기도장치(Attaching Device)

005 측온 샘플링 장치에서 에어 실린더에 의해 프레임을 전후진하여 프로브를 탈착하고 탈착된 프로브를 회수 위치로 옮기는 장치의 명칭을 쓰시오.

> 프로브 탈착(Probe Detaching) 장치

006 측온 샘플링 장치에서 장착된 프로브를 용강 내에 침적시키는 승하강 장치의 명칭을 쓰시오.

정답 Answer

랜스 승강 가이드 프레임 및 승강대차

007 측온 및 샘플링 장치에서 랜스를 프로브 장탈착 시 수직으로, 측온시는 15도로 틸팅하여 레이들 내에 침적하는 장치의 명칭을 쓰시오.

랜스 틸팅 장치

008 측온 샘플링 장치에서 사용이 끝난 프로브를 회수하기 위한 장치로서 랜스가 회수 위치에 정지하면 프로브를 클램핑하고 랜스가 상승 후 후진하여 회수하는 장치의 명칭을 쓰시오.

Unloading Clamper 장치

009 턴디시 목표 온도 구하는 식을 쓰시오.

턴디시 목표 온도 = 용강 이론 응고온도 + 용강 과열도

010 정련출발 목표온도 구하는 식을 쓰시오.

정련출발 목표온도 = 턴디시 목표온도 + 이송시간 보정온도 + 기타보정

011 이송시간 보정온도란 무엇을 의미하는지 쓰시오.

정치시간에 따른 보정 온도

012 기타 보정에 해당하는 경우를 3가지 쓰시오.

- 연연주 순서
- 레이들 상태
- 주조 시간

5 ▶ 연속주조준비

▶ 용강 준비하기

001 조괴분괴법에 대신해서 용강을 직접 강제로 냉각, 응고시켜 반제품인 Slab, Bloom, Billet를 생산하는 방법을 무엇이라 하는가?

정답: 연속주조법(연주법)

002 연주법의 특징을 쓰시오.

정답:
- 실수율 향상
- 생산 능률 향상
- 소비성 에너지 절감
- 자동화 및 기계화가 용이하여 작업 환경 개선

003 연속주조에서 생산성 및 주편 품질 향상을 위한 기술을 쓰시오.

정답:
- 생산성 및 주편 실수율을 높이기 위한 연연주 기술
- 제강 정련로와의 Matching을 위한 고속주조 기술
- Ladle-Tundish-Mold 간 Total Shrouding System의 채용에 의한 용강 청정도 향상
- 전자교반(Electro Magnetic Stirring), Air Mist Cooling, Mold Flux등의 개발에 의한 주편 품질 향상
- 각종 자동제어기술의 개발 및 Computer의 공정 사용에 의한 자동화 실현

004 Metallurgical Length의 정의를 쓰시오.

정답: 주형 내 용강 탕면으로부터 응고 완료 위치까지의 거리

005 다음은 연속주조기의 형식을 그림과 함께 나타낸 것이다. 각각에 해당하는 형식의 명칭을 쓰시오.

구조	특징	명칭
	초기에 스테인리스강 등의 특수강을 대상으로 채용된 것으로, 연주기 높이가 높아져서 설비비가 많이 든다.	①
	용강이 몰드내에서 응고가 시작되고 Bending Roll에 의해 소정의 곡률로 수평방향으로 굽혀지고, 교정 Roll에서 평면으로 교정되면서 인발되는 것으로 소단면의 주편 주조에 많이 이용한다.	②
	주형으로부터 곡률을 갖는 연주기로, 대단면 슬래브용 고속 연주기의 주류를 이루고 있다.	③
	Bending Point를 수 개의 점으로 나눈 방식으로 고속 연주기에 주로 채용한다.	④
	주편을 횡으로 인발하는 것으로 주로 비철금속에 적용된다.	⑤

정답
① 수직형, ② 수직만곡형, ③ 만곡형, ④ 다점교정 만곡형, ⑤ 수평형

006 만곡형 연주기 문제점을 2가지 쓰시오.

- 급격한 굽힘 응력으로 인해 주편 내부에 크랙이 발생
- 주형 내 주입된 용강 중에 혼입된 개재물이 응고과정에서 주편 응고 셸(Shell) 중심부보다 상부층에 개재물이 집적된다.

007 다음 그림은 연속주조기의 구조를 나타낸 것이다. 물음에 답하시오.

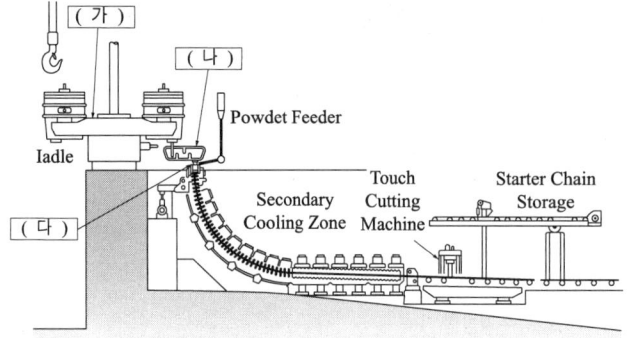

가. (가) 설비의 명칭과 기능을 쓰시오.
나. (나) 설비의 명칭과 기능을 쓰시오.
다. (다) 설비의 명칭과 재질을 쓰시오.
라. 주편의 절단 방식 4가지를 쓰시오.
마. TCM(Touch Cutting Machine)의 기능과 사용하는 연료 가스를 3가지 쓰시오.

정답 Answer

가. • 명칭 : 레이들 터렛
   • 기능 : 레이들을 교환하는 장치
나. • 명칭 : 턴디시
   • 기능 : 레이들에서 용강을 받아서 주형(Mold)에 공급한다.
다. • 주형(Mold)
   • 재질 : 동합금
라. • 가스 절단, 기계식, 유압 전단식, 파우더 절단
마. • 기능 : 주조된 주편을 소정의 길이로 절단하는 장치
   • 연료 가스 : 산소, 아세틸렌, 프로판

008 연주기가 턴디시 1대에 독립된 몰드 및 2차 냉각대 등을 갖춘 것을 무엇이라 하는가?

스트랜드(Strand)

009 레이들에서 턴디시로 용강을 공급할 때 용강의 산화 방지를 위해 사용하는 노즐의 명칭을 쓰시오.

쉬라우드 노즐(Shroud Nozzle) 또는 롱 노즐(Long Nozzle)

010 레이들에서 용강 온도저하 방지를 위해 사용하는 설비의 명칭을 쓰시오.

레이들 커버(Ladle Cover)

011 연속주조에서 용강의 응고가 시작되는 지점을 무엇이라 하는가?

메니스커스부(Meniscus Level)

012 더미바의 역할을 쓰시오.

- 연주 개시 시 주형 내에 용강을 채울 수 있도록 몰드 바닥을 막아준다.
- 주편을 핀치롤까지 인발 유도한다.

013 주편을 인발하는 장치의 명칭을 쓰시오.

핀치롤(Pinch Roll), 드리븐롤(Driven Roll)

014 주형(Mold)의 형식을 3가지 쓰고, 주형 표면을 무엇으로 도금하는지 쓰시오.

- 형식 : 튜브형(Tubular), 블록형(Block), 플레이트형(조립형)
- 도금 : Cr, Ni, Cr-Ni

015 턴디시에서 주형으로 공급되는 용강 량을 조절하기 위해 설치되어 있는 설비를 쓰시오.

스토퍼(Stopper) 또는 슬라이드 게이트(Slide Gate)

016 턴디시에서 주형에 용강을 공급할 때 나탕 주입에 의한 산화를 방지하기 위하여 사용하는 노즐의 명칭을 쓰시오.

침지노즐

017 몰드와 주편 사이가 구속되는 현상을 쓰고, 이것을 방지하기 위한 방법을 쓰시오.

- 구속 현상 : 스티킹(Sticking)
- 방지 방법 : 주형(Mold)을 수직방향으로 진동, 오일 또는 몰드 플럭스를 사용하여 주편의 마찰력 감소

018 1차 냉각대와 2차 냉각대에 대하여 쓰시오.
- 1차 냉각대
- 2차 냉각대

정답 Answer
- 1차 냉각대 : 주형에서의 냉각 (간접 냉각)
- 2차 냉각대 : 물에 의해 주편을 냉각 (직접 냉각)

019 연속주조에서 용강의 철정압에 의해 주편이 부풀리는 현상을 쓰시오.

벌징(Bulging)

020 연속주조 후 대기시간의 단축 및 에너지의 절약을 위해 연주기를 빠져나온 주편을 압연공정에 곧바로 전달하는 방식을 2가지 쓰시오.

- HCR(Hot Charged Rolling)
- HDR(Hot Direct Rolling)

▶ 턴디시 준비하기

001 턴디시(Tundish)의 주요 기능을 3가지 쓰시오.

- 레이들의 용강을 주형에 연속적으로 공급
- 개재물 부상분리
- 용강 재산화 방지
- 용강 보온
- 용강 유동제어

002 턴디시에서의 용강의 온도를 측정하고 성분을 판정하기 위한 샘플을 채취하는 설비의 명칭을 쓰시오.

자동 샘플러(Auto Sampler)

003 그림은 레이들에서 턴디시에 용강을 공급하는 형태를 나타낸 것이다. (가)의 명칭을 쓰시오.

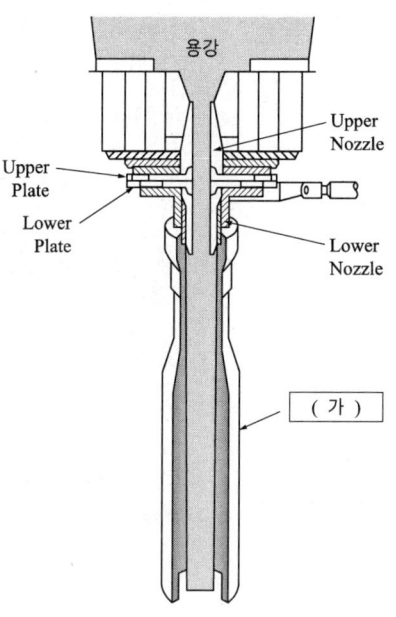

정답 Answer

쉬라우드 노즐(Shroud Nozzle) 또는 롱 노즐(Long Nozzle)

004 턴디시의 형태 5가지를 쓰시오.

스트레이트(Straight)형, T형, V형, 보트(Boat)형, H형

005 턴디시의 슬라이딩 게이트 노즐 방식의 장점 및 단점을 쓰시오.

가. 장점

나. 단점

가. • 용강량의 미세조절이 용이
 • 경제적이며 이상 시 조치방법이 용이
 • 장치가 단순하고, 점유공간이 작아 타설비와 간섭이 없음
나. • 주조 중 에어 혼입 취약
 • Close Start를 위해서는 별도의 방법이 필요
 • 노즐 내 및 몰드 내 편류 발생이 빈번
 • 와류(Vortex) 발생이 빈번

주형 준비하기

001 용강을 소정의 단면 형상으로 응고시키는 틀을 무엇이라 하는가?

주형(Mold)

002 주형에서의 1차 냉각에 대하여 쓰시오.

수냉 자켓을 설치하여 주편을 간접 냉각한다.

003 그림은 턴디시에서 몰드로 용강을 주입하는 경로를 나타낸 것이다. (가)의 명칭을 쓰시오.

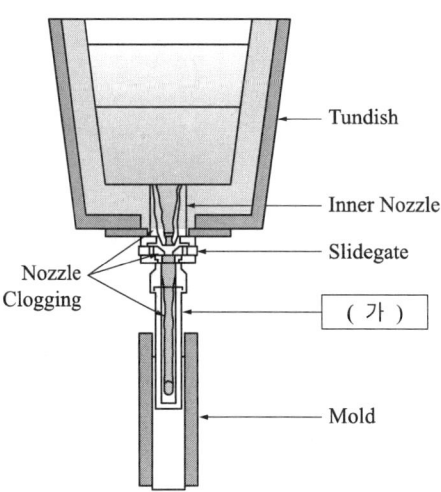

침지노즐(SEN : Submerged Entry Nozzle)

004 비교적 큰 동 Block을 깎아 만든 일체형 주형의 명칭을 쓰시오.

블록(Block) 주형

005 두께 6~12mm 정도의 동판을 소정의 주편 사이즈로 프레스 가공한 것으로 구조가 간단하고 동 두께가 얇기 때문에 냉각능이 높아서 고속주조에 적합한 주형의 명칭을 쓰시오.

정답: Tubular 주형

006 장변 2개와 단변 2개의 동판을 조립해서 주형으로 사용하는 주형의 명칭을 쓰시오.

정답: 조립 주형

007 조립 주형의 특징을 쓰시오.

정답: 한 개의 주형으로 여러 가지 폭의 주편을 주조할 수 있다.

008 회전운동을 상하 왕복운동으로 주형을 진동시키는 장치의 명칭을 쓰시오.

정답: 주형 오실레이션 장치 (Mold Oscillation Device)

009 몰드를 오실레이션하는 이유를 쓰시오.

정답:
- 주형 동판과 응고 셀간의 스티킹(Sticking)을 방지
- 몰드 플럭스의 유입을 원활히 하여 구속성 브레이크 아웃(Break Out)을 예방

010 주형 파우더(Mold Flux)의 역할을 쓰시오.

정답:
- 주형 내 용강 표면의 산화방지
- 주형과 주편 간의 윤활작용
- 부상분리 된 개재물의 용해 흡수
- 주형 내 용강의 보호

011 주형 파우더(Mold Flux)의 선택 시 고려할 사항을 쓰시오.

정답: 용융 속도, 점도, 융점, 알루미나, 흡수능, 강종, 주조 속도

012 1차 냉각에 사용하는 물의 종류와 방식제로 사용하는 것을 쓰시오.

정답:
- 물의 종류 : 연수
- 방식제 : 인산염

013 주형 내부에 침전물이 생길 경우 연주조업에 미치는 영향을 쓰시오.

정답: 동판의 열전도율이 나빠져서 주형의 변형을 일으킨다.

014 2차 냉각수를 주형에 직접 분사하는 장치의 명칭을 쓰시오.

정답: 스프레이 노즐

015 스프레이에 의한 냉각(2차 냉각)의 중요한 역할을 2가지 쓰시오.

정답:
- 응고 조직의 조정
- 주편의 크랙 방지

016 2차 냉각대에서 노즐의 분사각 제한이라는 단점을 보완하여 균일한 냉각을 유도하는 설비의 명칭을 쓰시오.

정답: 분극 스프레이 노즐 (Mist Spray Nozzle)

더미바 준비하기

001 연주기의 주형에는 바닥이 없으므로 주조 개시 시 주형의 밑바닥을 만들어서 용강의 누출을 방지하는 설비의 명칭을 쓰시오.

정답: 더미바(Dummy Bar)

002 더미바의 기능을 2가지 쓰시오.

정답:
- 주조 개시 시 주형의 아래쪽을 막아준다.
- 핀치롤까지 주편을 인발

003 더미바와 주형과의 간격을 완전 밀폐하여 용강이 새는 것을 방지하는 하기 위하여 사용하는 것을 쓰시오.

정답: 페이퍼 와이어(Paper Wire), 석면

004 더미바의 형식을 2가지 쓰시오.

정답: 체인식, 스리드식

005 더미바 끝부분에 주형 바닥에 상당하는 부분으로, 더미바 이동과 주편이 함께 끌려가도록 고리형 구조로 되어 있으며, 주편이 용이하게 분리되도록 되어 있는 곳의 명칭을 쓰시오.

정답: 더미바 헤드(Dummy Bar Head)

006 더미바 삽입 방식을 2가지 쓰시오.

정답 Answer
- 하부 역송 방식
- 상부 Feeding 방식

007 더미바 삽입 방식 중 하부 역송 방식의 단점을 쓰시오.

- 주조가 완료되어도 주편이 핀치롤로부터 완전히 인발될 때까지는 더미바 작업을 할 수 없다.
- 핀치롤대가 긴 대형 연주기의 경우 삽입 대기시간이 연주기 가동률에 영향을 미친다.

008 더미바의 인발 시기를 쓰시오.

용강이 몰드에 250~300mm 채워졌을 때

009 다음은 더미바 설비에 대한 설명이다. 각각에 해당하는 설비의 명칭을 쓰시오.

가. 주상에 위치하며 Dummy Bar Hoist Winch System으로서 Dummy Bar를 인계 받고 보관하며 Mold로 운반하는 장치이다.

나. Dummy Bar Winch 장치에서 인계 받아 Mold Side로 이동하여 Mold에 삽입해 주는 설비이다.

다. 주조 초기 Dummy Bar가 주편을 인도하면서 Segment Roll을 통과하면 Dummy Bar를 주상으로 끌어올려 Dummy Bar Chain Conveyor에 인계하여주는 장치이다.

가. 더미바 카(Dummy Bar Car)
나. 더미바 체인 컨베이어 (Dummy Bar Chain Conveyor)
다. 더미바 호이스트 윈치 장치 (Dummy Bar Hoist Winch Device)

6 제강 품질검사

수입 검사하기

001 수요자의 요구에 맞는 품질의 제품을 경제적으로 만들어내기 위한 모든 수단의 체계를 무엇이라 하는가?

품질관리

002 품질관리의 기능을 계획 기능과 통제 기능으로 나누어 각각의 주요 내용을 3가지 씩 쓰시오.
가. 계획 기능
나. 통제 기능

가. • 품질 목표 및 정책의 수립
• 제품의 설계 및 평가
• 품질 비용 분석
나. • 수입 자재의 검사 및 관리
• 공구 및 측정 기기 조정
• 공정 관리 및 검사, 시험

003 품질 관리 업무를 4가지 분류하여 쓰시오.

• 신제품 관리
• 수입 자재 관리
• 제품 관리
• 특별 공정 조사

004 표준 설정의 단계로 제품에 대한 바람직한 비용, 기능 및 신뢰성에 대한 품질 표준을 확립하여 규정하는 동시에 본격적인 생산을 시작하기 전에 품질상의 문제가 될 만한 근원을 파악하거나 제거하는 것을 무엇이라 하는가?

신제품 관리

005 시방의 요구에 알맞은 자재나 부품을 가장 경제적인 품질 수준으로 수입 및 보관하는 것을 무엇이라 하는가?

수입 자재 관리

006 불량품이 만들어지기 전에 품질 시방으로부터 벗어나는 것을 시정하고, 시장에서의 제품 서비스를 원활히 하기 위해 생산 현장이나 시장의 서비스를 통해 제품을 관리하는 것을 무엇이라 하는가?

제품 관리

007 원료나 제품의 성분이나 중량 등 품질을 표시하는 데이터를 비롯하여 불량품의 발생 수, 생산량, 공수 등 다양한 데이터를 기초로 하여 품질의 개선이나 관리 활동을 무엇이라 하는가?

품질 관리 데이터

008 불량 개수, 흠의 수, 결점 수, 사고 건수 등과 같이 개수 혹은 횟수 등으로 헤아릴 수 있는 이산적인 데이터를 무엇이라 하는가?

계수치의 데이터

009 길이, 무게, 두께, 눈금, 시간, 온도, 수분, 강도, 수율, 순도, 함유량 등과 같이 연속량으로 측정하여 얻어지는 품질 특성치를 무엇이라 하는가?

계량치의 데이터

010 신뢰성 있는 데이터의 확보 방안을 4가지 쓰시오.

- 샘플링은 랜덤하고 합리적이어야 한다.
- 샘플의 조사나 측정이 정확해야 한다.
- 검사원의 정확도가 높아야 한다.
- 측정 기기의 정밀도가 높아야 한다.

011 제품에 대한 품질 관리 부서에 속하는 검사 업무로 입고 전에 제품이 제대로 제작되었는지, 부품이나 재료가 조건에 맞게 사용되었는지를 평가하는 것을 무엇이라 하는가?

수입 검사

012 수업 검사가 시행되며 제품의 합격과 불합격 여부를 판정할 때 어떤 기준서를 근거로 작성하는가?

정답 수입 검사 기준서

013 샘플링의 목적을 쓰시오.

정답 대상이 되는 모집단에 대한 특정치를 추정하고, 필요한 조치를 위하기 위함

014 낱개로 셀 수 있는 경우의 샘플링 단위를 무엇이라 하는가?

정답 단위체

015 액체, 기체, 광석 등과 같이 그 일부를 샘플링하는 경우로 낱개로 세어 볼 수 없다. 이 경우는 1회 채취한 샘플링의 단위 분량을 인크리먼트(increment)라 하고 이 분량을 샘플링 단위의 크기를 무엇이라 하는가?

정답 집합체

016 샘플링 오차를 품질 관리 차원에서 3개념을 쓰시오.

정답
- 신뢰도
- 정밀도
- 정확도

017 시간의 경과에 관계없이 반복 가능하며 일관성 있는 측정 결과를 도출할 수 있어야 하는 오차를 무엇이라 하는가?

정답 신뢰도

018 여러 번 측정하거나 계산한 결과나 값이 서로 얼마만큼 가까운지 나타내는 기준을 무엇이라 하는가?

정답 정밀도

019 계산이나 측정된 값이 실제와 얼마나 일치하는지 나타내는 기준을 무엇이라 하는가?

정확도

020 샘플링 채취 시 모집단의 어느 부분을 채취하더라도 같은 확률로 동일하게 채취되도록 하는 샘플링 방법을 무엇이라 하는가?

랜덤 샘플링

021 랜덤 샘플링의 방법을 3가지 쓰시오.

- 단순 랜덤 샘플링
- 계통 샘플링
- 지그재그 샘플링

022 난수표, 주사위, 숫자를 써 넣은 룰렛, 제비뽑기 등의 방법을 통해 크기 N의 모집단으로부터 크기 n의 시료를 랜덤하게 뽑는 방법을 무엇이라 하는가?

단순 랜덤 샘플링

023 모집단으로부터 시간적 또는 공간적으로 일정 간격을 두고 샘플링하는 방법으로 모집단에 주기적인 변동이 있는 것이 예상될 경우에는 사용하지 않는 것을 무엇이라 하는가?

계통 샘플링

024 계통 샘플링에서 주기성에 의한 치우침이 들어갈 위험성을 방지하도록 고안된 것으로서 처음의 구획에서는 계통 샘플링과 같이 랜덤으로 시작하지만 다음 구획부터는 하나를 걸러서 일정 간격으로 행하는 것을 무엇이라 하는가?

지그재그 샘플링

번호	문제	정답
025	모집단을 몇 개의 서브로트(1차 샘플링 단위)로 나누고, 먼저 1단계로 그 중에서 몇 개의 부분을 시료(1차 시료)로 뽑고, 다음에 2단계로 그 부분 중에서 몇 개의 단위체 또는 단위량(2차 시료)을 뽑는 방법을 무엇이라 하는가?	2단계 샘플링
026	모집단을 층으로 나누는 일이다. 즉, 모집단에 영향을 주는 공통의 요인, 공통의 성질, 공통의 버릇을 가지고 있는 것으로 모집단을 나누는 일로, 시간, 작업자, 기계 장치, 작업 방법, 원재료, 측정 검사 등으로 층별 구분할 수 있는 방법은 무엇인가?	층별 샘플링
027	모집단을 여러 개의 집락으로 나누고 그 중에서 몇 개의 집락을 랜덤하게 샘플링하고 뽑힌 집락의 제품을 모두 시료로 취하는 방법을 무엇이라 하는가?	집락 샘플링
028	제선 공정에서 생산되어 이송된 쇳물인 용선의 5대 원소를 쓰시오.	탄소(C), 규소(Si), 인(P), 황(S), 망간(Mn)
029	용선의 특징을 쓰시오.	• 불순물이 다량 함유되어 있다. • 잘 부서지고 깨지기 쉽다. • 가공이 어렵다.
030	용선을 주선기에 넣어 일정한 형상(형선)으로 응고시켜 제강용이나 주물용으로 사용하는 것으로, 용선과 비슷한 성분을 가지고 있으므로 전로에서 용선이 부족할 경우 열원의 보조용으로 사용하는 것은?	냉선

031 슬래브나 블룸 등 불량 제품이나 압연 제품 결함으로 발생되는 환원철 스크랩과 노후 설비나 폐롤 등과 같이 시설이나 장비가 폐기되어 발생되는 회수철 스크랩이 있다. 환원철 스크랩은 품질이 양호하고 발생량도 안정되어 있어 제강용으로 가장 좋은 철 스크랩을 무엇이라 하는가?

정답: 자가 발생 고철(Scrap)

032 기계 공장 및 철강재 가공 공장, 조선, 자동차 공장 등에서 철강재를 사용하여 공업용 또는 소비자용 제품을 제조하는 과정에서 발생하는 철 스크랩을 무엇이라 하는가?

정답: 가공 고철(Scrap)

033 이미 유용성이 소멸되어 소유자가 처리한 철강 폐기물로 재사용에 적합하도록 가공 처리되는 철 스크랩을 무엇이라 하는가?

정답: 노폐 고철(Scrap)

034 철광석 중 이론 Fe(%)가 가장 높은 것을 쓰시오.

정답: 자철광(Fe_3O_4)

035 제강 조업에서 철광석의 용도를 2가지 쓰시오.

정답: 매용제, 냉각제

036 탄산칼슘을 주성분으로 하는 백색이나 흑회색의 광석을 무엇이라 하는가?

정답: 석회석($CaCO_3$)

037 석회석을 소성로에서 900~1,300℃에서 소성한 것을 쓰시오.

생석회

038 제강이나 압연 공정의 전처리나 후처리 과정에서 나오는 것으로 슬래그의 용융점을 저하시키고, 석회의 반응성을 양호하게 하여 매용제로 사용하는 것을 쓰시오.

밀 스케일

공정 검사하기

001 생산 공정의 유형을 흐름에 따라, 주문에 따라, 기술에 따라 어떻게 분류하는지 쓰시오.

　가. 흐름에 따른 분류
　나. 주문에 따른 분류
　다. 기술에 따른 분류

가. • 단속 공정
　　• 연속 공정
　　• 프로젝트 공정
나. • 주문 생산 공정
　　• 계획 생산 공정
다. • 가공 공정
　　• 조립 공정

002 흐름이 끊어지는 공정으로 주로 다품종 소량 생산 시스템에 적용되는 공정으로, 이 공정은 공정 중심으로 배치되어 제품의 종류에 따라 공정의 순서가 달라지는 공정을 무엇이라 하는가?

단속 공정(Intermittent Process)

003 흐름이 연속적인 공정으로 소품종 대량 생산 시스템에 적용되고, 원료가 투입되면 제품의 제작순으로 공정이 진행되어 완제품이 생산되는 형태의 공정을 무엇이라 하는가?

연속 공정

004 1회 대규모 공사에 적용되며 장비, 인원, 물자 등이 특정한 장소로 이전되어 실행되는 것으로 고도의 일정계획이 요구되며 단속 공정과 유사한 공정을 무엇이라 하는가?

정답 프로젝트 공정

005 작업자, 공정, 기계, 설비, 공장 또는 조직이 일정 기간 동안 달성할 수 있는 최대 생산량을 무엇이라 하는가?

정답 생산 능력

006 생산 능력을 나타내는 단위를 쓰시오.

정답 단위 시간당 산출률 또는 연간 산출량

007 생산 공정에 관계되는 모든 작업을 대상으로 설비 기계의 개선과 배치, 인원의 배치, 작업의 흐름 등을 분석하는 일을 무엇이라 하는가?

정답 공정 분석

008 다음의 공정 분석 기호의 명칭을 쓰시오.

정답 ① 가공, ② 운반, ③ 수량검사, ④ 품질검사, ⑤ 저장, ⑥ 정체, ⑦ 품질/수량 검사, ⑧ 수량/품질 검사, ⑨ 가공/수량 검사, ⑩ 수량 검사

009 공정 분석의 목적을 쓰시오.

정답 *Answer*
- 생산 기간의 단축
- 재공의 절감
- 공정의 개선
- 레이아웃 개선
- 공정 관리 시스템의 개선

010 다음 그림은 공정 검사 프로세스를 나타낸 것이다. (가), (나)에 해당하는 명칭을 쓰시오.

- 가 : 공정 검사 실시
- 나 : 공정 검사 기록

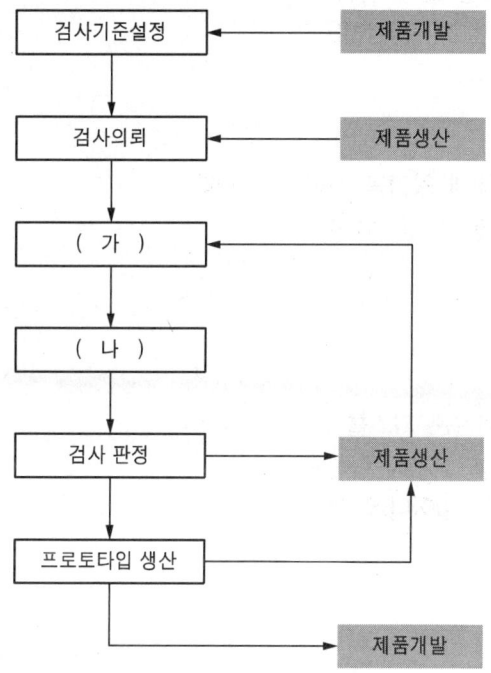

011 전기로 공정에서 탈탄과 탈인과 같은 산화 정련이 일어나는 시기를 쓰시오.

산화기

012 전기로 공정에서 탈황 반응과 성분 및 온도 조정이 이루어는 시기를 쓰시오.

환원기

문제	정답
013 용강의 2차 정련법에서 레이들 내의 용강을 버블링 작업에 의해 교반을 하고 Ca-Si를 투입하여 탈황 등의 정련을 하는 방법은?	PI법
014 전기로에서 실시하던 환원 정련을 레이들에 옮겨 정련함으로써 전기로 생산량을 증가시키는 방법으로, 정련비가 싸고 탈산, 탈황, 성분 조정 등이 쉬워 전기로와 전로의 조합 조업도 가능한 2차 정련법은?	LF법
015 용강 레이들 위에 설치된 진공조 내에 용강을 끌어 올려 탈가스 처리하는 방법으로 순환탈가스법이라고도 하는 2차 정련법은?	RH법
016 스테인리스강 정련법으로 산소와 아르곤 가스를 취입하는 풍구를 노저 근방의 측면에 설치해 희석된 가스 기포가 상승할 때 탈탄 반응이 일어나게 하는 2차 정련법은?	AOD법
017 진공 탈탄법으로 진공 탱크 내에 용강 레이들을 넣고 진공실 상부에 산소를 취입하는 랜스가 있는 2차 정련법은?	VOD법
018 전로 제강의 매용제로서 생석회의 사용 목적과 투입 방법을 쓰시오. 가. 사용 목적 나. 투입 방법	가. 탈인, 탈황, 탈규, 염기성 슬래그 형성 나. 착화 직후 일괄 투입

019 전로 제강의 매용제로서 백운석의 사용 목적과 투입 방법을 쓰시오.

가. 사용 목적
나. 투입 방법

가. 높은 냉각효과
나. • 전로 슬래그 코팅용으로 사용 시 코팅 실시 전 투입
    • 슬래그 조정용으로 투입 시 착화 후 일괄 투입

020 전로 제강의 부원료인 철광석의 사용 목적을 쓰시오.

• 냉각제로서 용강 온도 조정
• 산소 및 철의 공급

021 전로 제강의 부원료인 HBI가 철광석보다 좋은 점을 쓰시오.

청정 철원으로 조강 생산량 증대

022 전기로 제강 공정에서 고철의 장입 순서를 쓰고, 그 이유를 쓰시오.

• 장입 순서
• 이유

• 장입 순서 : 경량 고철 → 중량 고철 → 중간 중량 고철 → 경량 고철
• 이유 : 노체 및 전극보호

023 전기로 제강 공정에서 용해기 조업 중 고철을 신속하게 용해시키기 위해 취입하는 가스를 쓰시오.

산소

제품 검사하기

001. 연속주조 주편의 형상에 따른 용도를 쓰시오.

가. 슬래브
나. 블룸
다. 빌릿
라. 빔 블랭크

가. 후판, 박판 열연 코일 등의 판재용
나. 대형 형강 제조용
   (각종 형강, 레일 등)
다. 중소 형강, 철근, 선재 제조용
라. H 형강 제조

002 주편의 단면이 정사각형 또는 직사각형이 아니고 다이아몬드형으로 변형되는 것으로 블룸 또는 빌릿에 주로 발생하는 변형의 명칭과 발생 원인을 쓰시오.

　　가. 결함 명칭
　　나. 발생 원인

정답
가. 능형 변형
나. • 주형의 변형 또는 주형 내 불균일 냉각에 의한 초기 응고 불균일
　　• 2차 냉각 불균일
　　• 탄소 농도가 포정점 근처일 경우 발생 확률이 높아짐

003 주편의 결함 중 고액 계면 근방에서 응고 진행 방향과 수직인 방향으로 인장력이 가해질 경우에 응고셸이 찢어지면서 공극이 생성되거나, 그 공극 내부로 용질 원소가 농축된 용강이 흡입된 상태로 응고하여 발생하는 결함의 명칭과 발생 원인을 3가지 쓰시오.

　　가. 결함 명칭
　　나. 발생 원인

정답
가. 내부 크랙
나. • 주조 속도의 증가에 따른 변형률 속도의 증가
　　• 부적절한 2차 냉각에 의한 주편의 벌징 또는 열응력
　　• C, S의 농도 증가에 따른 변형 저항률 저하
　　• 부적절한 롤 간격, 롤의 변형과 롤 정렬의 부정합 등

004 주편의 결함 중 주편 길이 방향으로 표면이 도랑 형태로 함몰되는 결함의 명칭과 발생 원인을 쓰시오.

　　가. 결함 명칭
　　나. 발생 원인

정답
가. 함몰 변형
나. • 주형이 노후화된 경우
　　• 2차 냉각 노즐 위치 및 냉각수량이 부적절한 경우

005 주편의 결함 중 주조 방향과 수직 방향으로 인장력이 작용하여 수지상정을 따라 주편의 표면에서 발생하는 결함의 명칭과 발생 원인을 쓰시오.

　　가. 결함 명칭
　　나. 발생 원인

정답
가. 면세로 크랙
나. • 포정 반응을 수반하는 강종에서 상 변태에 따른 부피 변화가 주형 내에서 응고 불균일을 일으킴
　　• S, P이 수지상정 사이에 농축되어 액상 필름을 형성하거나 고온 인장 강도 저하
　　• 부적절한 주형의 냉각, 몰드 파우더의 불균일한 유입, 탕면 불안정 등
　　• 과냉각에 의한 응고 수축

006 주편의 결함 중 주편의 폭 또는 두께 방향으로 진동주름을 따라 선상 또는 잔금 형태로 찢어지는 결함의 명칭과 발생 원인을 쓰시오.

가. 결함 명칭
나. 발생 원인

정답 *Answer*

가. 면가로 크랙
나. • 아포정 반응 영역의 용강이 응고할 때 조대한 오스테나이트 결정 입계가 파괴되며 발생한다.
• Al 함량이 높은 용강에서 AlN이 결정 입계에 석출되면 주편의 교정 영역을 통과할 때 응력을 받아 발생한다.
• 강 중 Nb, V 함량이 증가할수록 발생이 쉽다.

007 주편의 결함 중 주편의 표면에 잔금이 여러 방향으로 생성되는 결함으로 주편 표면을 스카핑하거나 또는 산세한 후에 관찰할 수 있는 결함의 명칭과 발생 원인을 쓰시오.

가. 결함 명칭
나. 발생 원인

가. 스타 크랙(Star crack)
나. 주형 재료인 Cu가 주편의 결정립에 침투하여 결정 입계의 고온 강도를 열화시켜 발생한다.

008 주편의 결함 중 주편의 표층하 1~5mm 사이에서 발생하는 기공 형태의 결함의 명칭과 발생 원인을 쓰시오.

가. 결함 명칭
나. 발생 원인

가. 핀홀
나. 용강에 용해되어 있는 산소, 질소, 수소 등이 응고 과정에서 용해도 차에 따라 생성되는 가스와 아르곤 가스가 외부로 배출되지 못하고 표층하에 집중되어 발생한다.

009 주편의 결함 중 내부 크랙의 발생 원인을 쓰시오.

• 주조 속도의 증가에 따른 변형률 속도의 증가
• 부적절한 2차 냉각에 의한 주편의 벌징 또는 열응력
• C, S의 농도 증가에 따른 변형 저항률 저하
• 부적절한 롤 간격, 롤의 변형과 롤 정렬의 부정합 등

010 주편에서 나타나는 중심 편석의 형태를 쓰시오.

정답 Answer
- 벌징(bulging)에 의한 편석
- 응고 수축에 따른 용강 유동에 의한 편석
- 블룸 및 빌릿에 발생하기 쉬운 브리징에 의한 편석
- 고탄소강에서 발생하기 쉬운 V 편석

011 초음파를 피검체에 전달시켜 피검체 내부 혹은 외부에 위치한 결함으로부터 반사되어 나온 신호를 스코프상에 나타내어 결함을 탐지하는 비파괴 시험방법은?

초음파 탐상 시험

012 초음파 탐상 장치를 구성하는 부분을 쓰시오.

탐상기, 탐촉자, 케이블, 접촉 매질, 시험편

013 초음파 탐상 시험에서 진동자가 진동을 하도록 진동자에 전기적 펄스를 보내는 회로 부분을 무엇이라 하는가?

송신부

014 초음파 탐상 시험에서 증폭부라고도 하며 수 mV 정도의 반사 음파의 전압을 수 V 단위로 증폭시키는 역할과 그 증폭 정도를 조절함에 따라 CRT상에 에코 높이가 변화하도록 하는 부분을 무엇이라 하는가?

수신수

015 초음파 탐상 시험에서 송신부와 시간축부가 작동하도록 각 회로에 일정 시간 간격으로 전기 신호를 보내 주는 역할을 하는 부분을 무엇이라 하는가?

동기부

016 초음파 탐상법을 분류할 때 진동 방식에 따라 4가지로 분류하여 쓰시오.

종파, 횡파, 판파, 표면파

017 초음파 탐상법을 분류할 때 표시방법에 따라 3가지로 분류하여 쓰시오.

A-스코프(Acope), B-스코프, C-스코프

018 어떤 재료의 성분 검사를 하는 기기로 기체 상태의 중성 원자가 특정 파정의 복사선 에너지를 흡수하는 정도로 성분을 측정하는 장치의 명칭을 쓰시오.

분광분석기

019 다음의 버어니어 캘리퍼스의 눈금을 읽으시오.

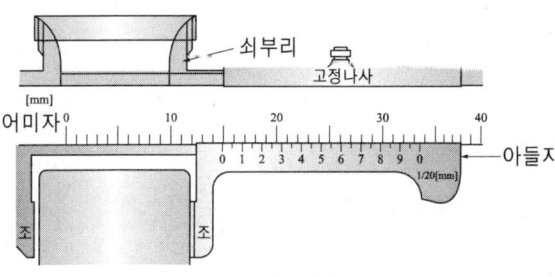

14.75mm

020 다음의 마이크로미터 눈금을 읽으시오.

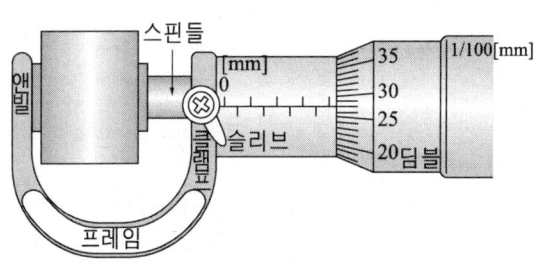

4.28mm

021 다음 그림은 연속주조 주편의 표면 결함을 나타낸 것이다. 각각의 결함에 대한 명칭, 원인 및 대책을 각각 쓰시오.

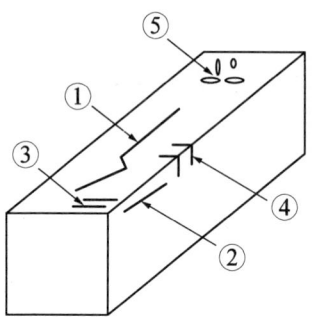

정답

번호	명칭	원인	대책
①	면세로 균열	• 주편의 초기 응고 시에 발생하는 주편의 인장 변형	• 포정점 근처의 탄소 농도 회피 • 주조 속도 점검 • 2차 냉각수 점검
②	모서리 세로 균열	• 모서리 부근의 불균일한 냉각	• 주형의 변형 또는 마멸 점검 • 주형 모서리 냉각 불균일 여부 점검
③	면가로 균열	• 기계적 응력 • 교정점에서 주편의 온도가 취성 온도를 통과한 경우	• 주형과 주형 하부 장치의 기계적 정렬 상태 점검 • 열간 강도를 저하시키는 원소의 함량 하향 조정
④	모서리 가로 균열	• 기계적 응력 • 교정점에서 주편의 온도가 취성 온도를 통과한 경우	• 주형과 주형 하부 장치의 기계적 정렬 상태 점검 • 열간 강도를 저하시키는 원소의 함량 하향 조정
⑤	기포 결함	• 각종 가스(수소, 질소, 일산화탄소)	• 용강 중의 산소 농도가 높을 경우 Al 첨가로 용강의 탈산 강화 • 턴디쉬 내화물 건조 상태 점검

022 다음 그림은 연속 주조 주편의 내부 결함을 나타낸 것이다. 각각의 결함에 대한 명칭, 원인 및 대책을 쓰시오.

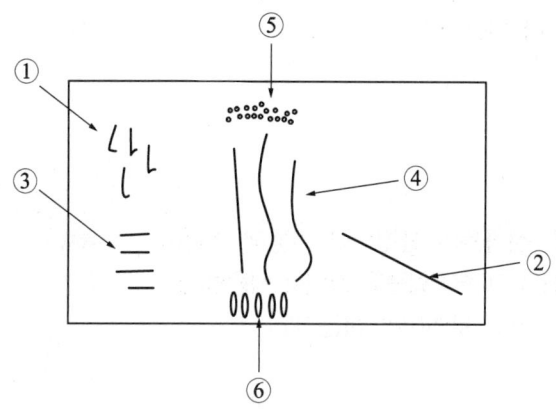

정답

번호	명칭	원인	대책
①	모서리 부근의 표층 하부 균열	• 불균일한 주형 냉각	• 10mm 이내는 양호 • 표층하 2mm까지 전파: 몰드 변형 및 몰드 부착물 유무 점검
②	대각선 균열	• 능형 변형 시 발생	• 대각선 길이 차 9.5mm 이상이면 몰드 교체
③	표층 하부 수직 균열	• 표면 직하 20~25mm에서 시작하여 길이 20mm 크기로 여러 개 발생 • 과도한 2차 냉각	• 2차 냉각 점검 • 압연 시 압착될 수 있음
④	중심부 균열	• 빠른 주조 속도 • 교정기 압력이 높은 경우	• 주조 속도 점검
⑤	밴드형 개재물	• 윗면의 1/4 두께 지점에 집중	• 만곡형 연주기에서 특히 나타남
⑥	표면 기공	• 표면 하부에 기공 발생	• 심각한 경우 탈산 강화 • 대부분 압연 시 압착됨

부적합품 처리하기

001 규정된 요구 조건을 만족시키지 못하는 자재 및 성과품을 무엇이라 하는가?

정답: 부적합품

002 부적합품이 최종 성과품의 품질이나 기능에 영향이 없다고 판단될 경우 그 부적합품을 그대로 사용하거나 또는 진행시키는 것을 무엇이라 하는가?

정답: 특채

003 부적합품이 재작성이나 수정으로도 규정된 사용 요구 사항을 만족시킬 수 없을 때 그 작업을 무효화하는 것을 무엇이라 하는가?

정답: 폐기

004 부적합품 처리 및 관리 절차 프로세스를 쓰시오.

정답: 부적합품 발생 → 부적합품 발견 및 격리 → 부적합품 보고서 작성 → 부적합품 관리대장 작성 → 협의 및 검토 → 판정 → 부적합품 처리방안 결정 → 작업진행 또는 반품 및 폐기

005 부적합품의 처리에서 특채 선정 기준을 3가지 쓰시오.

정답:
- 불합격 제품 중 긴급 투입되지 않으면 다음 공정이 중지되어 고객 납기에 심각한 영향이 있을 때
- 대상 제품의 납기가 촉박하여 재투입할 시간이 없을 때
- 고객의 요청 사항이 있을 때
- 기타 부득이 경우 해당 제품을 사용해야 할 때

7 제강 환경안전관리

위험성 평가하기

001 유해, 위험 요인을 사전에 찾아내어 그것이 어느 정도로 위험한지를 추정하고, 그 추정한 위험성의 크기에 따라 대책을 세우는 것을 무엇이라 하는가?

위험성 평가

002 위험성 평가의 가장 중요한 목적을 쓰시오.

사고의 방지

003 위험성 평가 5단계를 쓰시오.

- 1단계 : 사전 준비
- 2단계 : 유해위험요인 파악
- 3단계 : 위험성 추정
- 4단계 : 위험성 결정
- 5단계 : 위험성 감소대책 수립 및 실행

004 위험성 평가가 종료되면 그 결과를 문서로 보존하는 것을 무엇이라 하는가?

기록

005 위험성 평가 규정에 포함되어야 할 사항을 쓰시오.

- 안전보건 방침 및 추진목표 설정
- 위험성 평가 실시 조직 구성
- 위험성 평가 담당자의 역할과 책임
- 위험성 평가 평가대상, 실시시기, 방법 및 추진절차
- 위험성 평가 실시의 주지 방법
- 위험성 평가 실시상의 유의사항
- 위험성 평가 기록

006 유해 위험요인 조사방법을 4가지 쓰시오.

- 사업장(작업장, 현장) 순회점검에 의한 방법
- 청취조사에 의한 방법
- 안전보건 자료에 의한 방법
- 안전보건 점검표에 의한 방법

007 다음은 재해 유형에 대한 설명이다. 각각에 해당하는 재해 유형을 쓰시오.

가. 높이가 있는 곳에서 사람이 떨어지는 사고는?
나. 사람이 미끄러지거나 넘어지는 사고는?
다. 물체가 쓰러지거나 뒤집히는 사고는?
라. 물체에 부딪히는 사고는?
마. 물건이 날아오거나 떨어지는 물체에 맞는 사고는?
바. 건축물이나 쌓여진 물체가 무너지는 사고는?
사. 기계설비에 끼이거나 감기는 사고는?
아. 전기가 흐르고 있는 설비의 충전부에 직접 접촉하거나 누설전류에 의해 인체에 전류가 흘러 사람에게 전기적인 충격이 가해지는 사고는?
자. 가연물에 점화원이 가해져 불이 일어나는 사고는?
차. 유해물질과 관련 없이 산소가 부족한 상태 및 환경에 노출되거나 이물들에 의해 신체의 기도가 막힌 경우의 사고는?

정답 *Answer*

가. 추락
나. 사람의 전도
다. 물체의 전도
라. 충돌
마. 비래
바. 붕괴
사. 협착
아. 감전
자. 화재
차. 산소결핍

008 어느 정도 위험한지, 즉 위험한 정도를 말하는 것으로 부상 또는 질병이 발생한 가능성(확률)과 부상 또는 질병이 발생하였을 때 초래되는 중대성의 조합을 무엇이라 하는가?

위험성(Risk)

009 위험성 평가에서 수시평가를 하는 경우를 3가지만 쓰시오.

• 공정을 신설한 경우
• 새로운 설비 도입 및 공정, 작업의 변경이 필요한 경우
• 새로운 물질을 사용할 경우
• 산업사고 또는 재해가 발생한 경우
• 산업사고 또는 재해가 발생한 경우
• 그밖에 안전보건 확보를 위해 필요한 경우

안전수칙 이해하기

001 산업재해의 방지를 위해 근로자 개개인이 착용하고 작업하는 것으로써 유해·위험상황에 따라 발생할 수 있는 재해를 예방하고 그 영향이나 부상의 정도를 경감시키기 위한 용구를 무엇이라 하는가?

> 안전보호구

002 안전 보호구의 구비조건을 3가지만 쓰시오.

> • 착용이 편해야 한다.
> • 작업에 방해되지 않아야 한다.
> • 유해 위험요소에 대한 방호성능이 충분해야 한다.
> • 재료의 품질이 양호해야 한다.
> • 구조와 끝마무리가 양호해야 한다.
> • 외양과 외관이 양호해야 한다.

003 분진, 미스트 및 흄 등을 호흡 중 흡입하지 못하도록 얼굴 전체나 입과 코를 덮을 수 있는 구조로 된 마스크로 산소 농도 18% 이상이며 유독성 가스 및 유독성 물질이 존재하지 않는 장소에서 착용하는 안전 보호구를 쓰시오.

> 방진 마스크

004 작업자가 고열작업에서 화상과 고열에 의한 열사병이나 열 경련 등 열이 체내에 축적되어 일어나는 장해를 방지하기 위하여 사용하는 보호구를 쓰시오.

> 방열복

005 생산현장에서 정해진 품질의 제품을 안전하게 생산하기 위해 제품 또는 부품의 각 제조공정을 대상으로, 작업 조건, 작업방법, 관리방법, 사용재료, 사용설비, 작업 요령 등에 관한 기준을 규정한 것을 무엇이라 하는가?

> 작업 표준

006 작업표준을 규정화하는 것을 통해 나타낼 수 있는 효과를 3가지만 쓰시오.

- 제품품질의 안정화, 작업미스의 방지
- 재료 원가의 유지
- 작업효율의 향상, 작업자의 피로, 작업부하의 유지
- 작업의 안정성 및 적정한 작업환경 유지
- 납기의 준수, 필요 생산량의 확보
- 계획생산의 수행과 정확한 생산통제의 실현

007 근로자가 작업장의 유해·위험요인 등 안전보건에 관한 지식을 습득하고, 적절한 대응능력을 배양함으로써 작업장의 유해위험요인으로 인한 근로자의 건강장해를 예방하는 데 의의가 있는 것을 무엇이라 하는가?

안전보건교육

008 안전보건교육의 종류를 4가지 쓰시오.

- 정기교육
- 채용 시 교육
- 작업내용 변경 시 교육
- 특별교육

009 신규채용에 대한 교육을 일용 근로자 및 일용 근로자 외 근로자의 교육 시간을 각각 쓰시오.
- 일용 근로자
- 일용 근로자외 근로자

- 일용 근로자 : 1시간 이상
- 일용 근로자외 근로자 : 8시간 이상

010 정기교육의 교육 대상자를 3가지 쓰고 각각의 교육 시간을 쓰시오.

- 생산직 종사 근로자 : 매월 2시간 이상
- 사무직 종사 근로자 : 매월 1시간 이상
- 관리감독자의 지위에 있는 자 : 연간 16시간 이상

011 안전보건교육의 방법 3가지를 쓰시오.

• 집합 교육 : 교육 전용시설 또는 그 밖에 교육을 실시하기에 적합한 시설에서 실시하는 교육
• 현장 교육 : 산업체의 생산시설 또는 근무 장소에서 실시하는 교육
• 인터넷 원격 교육 : 전산망을 이용하여 교육실시자가 격지 간에 있는 근로자에게 실시하는 교육

산업안전보건기준 이해하기

001 산업안전 보건의 기준을 확립하고 그 책임의 소재를 명확하게 하여 산업재해를 예방하고 쾌적한 작업환경을 조성하고자 1981년 제정된 법률은?

산업안전보건법

002 산업안전보건법의 목적을 쓰시오.

근로자의 안전과 보건을 유지 및 증진한다.

003 대기오염으로 인한 국민건강 및 환경상의 위해를 예방하고 대기환경을 적정하게 관리, 보전함으로써 모든 국민이 건강하고 쾌적한 환경에서 생활할 수 있게 할 목적으로 1990년 제정된 법률은?

대기환경보전법

004 자원의 개발로 인한 자연의 파괴와 각종 교통수단, 공장의 생산활동, 냉난방, 취사 등의 일상생활에서 유발되는 가스, 분진, 악취 등으로 인간의 신체나 정신에 유해하거나 나쁜 영향을 끼치는 물질을 무엇이라 하는가?

대기오염물질

005 대기오염물질을 고정 입자와 가스체로 나누어 각각 3가지 쓰시오.
　가. 고정 입자
　나. 가스체

정답
가. • 강하분진
　　• 매연
　　• 검댕
나. • 황산화물
　　• 질소산화물
　　• 일산화탄소

006 물질이 연소·합성·분해될 때에 발생하거나 물리적 성질로 인해 발생하는 기체상물질은 무엇인가?

정답 가스

007 물질이 파쇄, 선별, 퇴적, 이적될 때, 그 밖에 기계적으로 처리되거나 연소, 합성, 분해될 때에 발생하는 고체상 또는 액체상의 물질은 무엇인가?

정답 입자상 물질

008 대기오염물질 중 「대기환경보전법」 제7조에 따른 심사, 평가 결과 사람의 건강이나 동식물의 생육(生育)에 위해를 끼칠 수 있어 지속적인 측정이나 감시, 관찰 등이 필요하다고 인정된 물질은 무엇인가?

정답 유해성 대기 감시물질

009 유해성 대기감시물질 중 「대기환경보전법」 제7조에 따른 심사, 평가 결과 낮은 농도에서도 장기적인 섭취나 노출에 의해 사람의 건강이나 동식물의 생육에 직접 또는 간접으로 위해를 끼칠 수 있어 대기 배출에 대한 관리가 필요하다고 인정된 물질은 무엇인가?

정답 특정 대기유해 물질

010 국소배기장치의 주성 부분을 5가지 쓰시오.

정답
- 후드(hood)
- 덕트(duct)
- 공기청정장치
- 팬(fan)
- 배기구

011 근로자가 작업하고 있는 옥내 직장 영역 안에 유해한 분진, 가스, 증기 등의 발생원이 존재하고 있을 때, 이것을 실내에 확산되지 않도록 후드(hood) 기타에 의해서 둘러싸고, 그 유해오염물질을 그 발생원의 국부에서 포착하여, 이것을 덕트(duct)에 의해 송풍기(fan)로 이끌어 옥외로 배출하는 장치를 무엇이라 하는가?

국소배기장치

012 오염물이 발생하는 근원을 되도록 포위하도록 설치되어 있는 설비는?

후드(hood)

013 오염공기를 후드로부터 공기청정장치를 통해 fan까지 반송하는 도관 및 fan으로부터 배기구까지 반송하는 도관을 무엇이라 하는가?

덕트(duct)

014 후드, 흡입 덕트에서 수집한 오염공기를 외기(外氣)에 방출하기 전에 청정하게 하는 장치를 무엇이라 하는가?

공기청정장치

015 오염된 공기를 덕트를 통해서 배기하기 위해 필요한 에너지를 주는 기계를 무엇이라 하는가?

팬(Fan)

016 덕트 안의 공기를 대기로 방출하는 부분을 무엇이라 하는가?

> 배기구

017 중대재해란 무엇인가?

> • 사망자가 1인 이상 발생한 재해
> • 3월 이상의 요양을 요하는 부상자가 동시에 2인 이상 발생한 재해
> • 부상자 또는 직업성 질병자가 동시에 10인 이상 발생한 재해

018 화학물질의 유해위험성, 응급조치요령, 취급방법 등을 설명해 주는 자료를 무엇이라 하는가?

> MSDS

019 MSDS에 적용되는 물질 중 물리적 위험물질을 쓰시오.

> 폭발성 물질, 산화성 물질, 극인화성 물질, 고인화성 물질.

8 제강 원료, 부원료 입고관리

계량, 검수하기

001 고로에서 생산되는 선철의 탄소 함유량은 대략 얼마인가?

4.0~4.5%C

002 고로 조업의 반응은 어떤 반응인가?

환원 반응

003 철광석을 환원로에서 H_2/CO 가스로 환원시킨 청정 철원으로 사용되는 것은 무엇인가?

HBI (Hot Briquette Iron)

004 제강 조업 시 정련 반응으로 불순물을 제거하기 위한 슬래그 생성을 목적으로 투입되는 원료를 무엇이라 하는가?

조재제

005 석회석을 소성하여 만들며 CaO를 85% 이상 함유하고 있는 원료는 무엇인가?

생석회(소석회)

006 $CaMgCO_3$의 화학성분을 가지고 있으며, 내화물의 용손을 감소시키고, 노체 수명 연장용으로 사용하는 것은 무엇인가?

백운석(돌로마이트)

007 백운석을 소성하여 제공 공정에서 내화물의 수명을 연장하기 위하여 코팅제로 사용하기도 하고, 취련 중에는 MgO 보정용으로 사용하는 부원료는 무엇인가?

정답: 경소 백운석(경소 돌로마이트)

008 제강 조업 시 슬래그의 생성을 촉진시키기 위하여 사용하는 원료를 무엇이라 하는가?

정답: 매용제

009 압연 과정에서 발생된 산화철 가루를 모아 제강에서 사용하기 적합하도록 덩어리 형태로 만들어 사용하는 것은 무엇인가?

정답: 밀스케일(Mill scale)

010 화학 성분은 불화칼슘(CaF_2)이며 930℃에서 용해하여 제강로에서 슬래그의 염기도를 저하시키지 않고 용융 온도를 낮추어 슬래그의 유동성을 증가시키는 것은 무엇인가?

정답: 형석

011 분광석을 고로에서 사용하기 위해 소성 과정을 거쳐 생산되는 광석으로, 전로에서는 철광석 대용으로 사용되고 있으며 Fe 함유량은 약 58% 정도인 것은 무엇인가?

정답: 소결광

		정답 Answer
012	철과 니켈의 합금으로 스테인리스강의 니켈 성분 조정용으로 많이 사용하는 합금철은 무엇인가?	페로 니켈(Ferro-Nickel)
013	Fe-Mn 합금이며, 망가니즈강, 망가니즈 청동을 만들 때, 합금의 탈산 또는 Mn 첨가용으로 사용하는 것은 무엇인가?	페로 망가니즈(Ferro-Maganese)
014	Cr을 다량 함유한 Fe-Cr 합금이며, 강에 Cr을 첨가하기 위하여 사용하는 것은 무엇인가?	페로 크로뮴(Ferro-Chromium)
015	Mo와 Fe의 합금이다. Mo는 보통 85% 정도 함유되어 있고 강에 Mo를 첨가할 때 사용하는 것은 무엇인가?	페로 몰리브데넘 (Ferro-Molybdenum)
016	강에 Si를 첨가하기 위하여 사용하는 Fe-Si 중간 합금으로, 규석과 설강과 탄소 등을 전기로에서 녹여 만들며, 탈산제로 주로 사용하는 것은 무엇인가?	페로 실리콘(Ferro-Silicon)
017	용선 중 황(S)의 성분이 높을 때 전로 제강에서 문제되는 것을 2가지 쓰시오.	• 탈황 시간 증가 • 탈황제 사용량 증가

018 고로 출선 용선의 온도는 몇 ℃ 정도이며, 용선 예비 처리 후 장입온도는 최소 몇 ℃ 이상 되어야 하는가?

- 용선 온도 : 1,500℃
- 장입 온도 : 1,200℃ 이상

019 고철의 선별 방법을 3가지만 쓰시오.

- 육안으로 선별
- 자석으로 비철재료 제거
- 해체로 이물질 분류
- 기계장치를 이용하여 선별
- 소각으로 불순물 제거

020 원료 입고 시에 원료 보관 담당자 등이 인수 현장에서 납품사 입회하에 검수하는 것을 무엇이라 하는가?

인수 검사

021 시험 대상 원료 중 원료 관리 부서에서 시험할 수 없어 의뢰된 원료의 외관, 물성 검사 등 이화학 분석을 실시하는 것을 무엇이라 하는가?

이화학 검사

022 원료 중 철 원료 등 원료 사용 부서에서 외관, 물성 검사 업무를 수행하는 것을 무엇이라 하는가?

외관 물성검사

▶ 하역, 적재하기

001 하역의 6원칙을 쓰시오.

- 쓸데없는 작업 배제
- 이동 거리의 최소화
- 단위화 원칙
- 기계화의 원칙
- 중력 이용 원칙
- 인터페이스 원칙

002 대형 선박을 통해 해상으로 운송되어 온 철광석과 유연탄 등의 제철 원료를 밀폐형 원료 처리 시설까지 운반하는 데 사용되는 설비는 무엇인가?

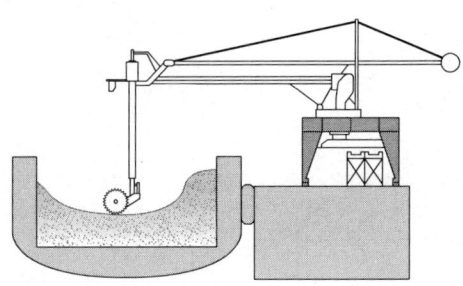

정답 Answer

연속식 하역기
(CSU : Continuous Ship Unloader)

003 석탄 광석 등 벌크(bulk) 물건의 양육을 실시하는 크레인을 무엇이라 하는가?

하역기(언로더 : Unloader)

004 석탄 화력 발전소·제철소 등에 설치하여 옥외에 쌓여 있는 석탄이나 광석을 컨베이어 위로 옮기는 데 사용하는 것은 무엇인가?

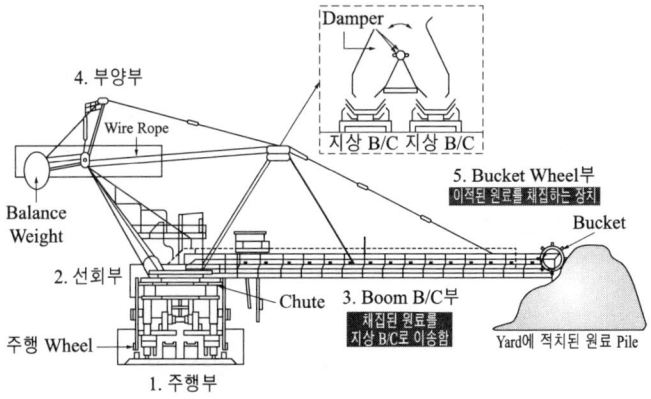

불출기(리클레이머 : Reclaimer)

005 석탄이나 석회 등 가루로 된 짐을 받아 선회하거나 추켜올릴 수 있는 팔 속에 갖추어진 컨베이어를 거쳐 저탄장 등의 장소로 방출하는 기계를 무엇이라 하는가?

정답 *Answer*

적재기(스태커 : Stacker)

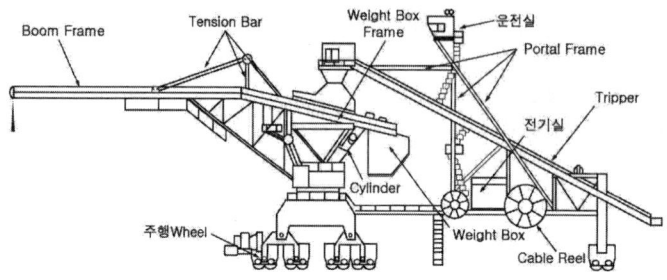

006 공장 내 혹은 창고 내부에서 원재료나 제품을 운반하거나 철광석을 단거리로 수송할 때 널리 사용하는 기계는 무엇인가?

벨트 컨베이어(Belt Conveyor)

007 제강 공정에 사용하는 원료를 저장하는 방법 2가지를 쓰시오.

- 창고 저장
- 호퍼 저장

008 이동 타입으로 장소의 이동이 용이하고 높낮이 조절은 유압 방식으로 손쉽게 조절할 수 있으며 패키지 벨트를 사용하는 것은 무엇인가?

이동 표준형 컨베이터

009 직선에서 360°까지 자유롭게, 길이는 접은 길이의 4배까지 활용할 수 있고, 몸체가 가벼운 재료로 만들어져 손쉽게 설치·철거할 수 있으며, 좁은 공간에서 여유롭게 활용하여 상하차할 수 있는 것은 무엇인가?

정답 아코디언 컨베이어

010 상자는 물론 지대나 부정형의 제품 등 다양한 반송물을 운반하는 데 적격이며 시스템 레이아웃(layout)에서 라인(line)화가 용이한 것은 무엇인가?

정답 플랫 벨트 컨베이어

011 롤러를 운반 방향으로 배열하여 화물을 이동시키는 컨베이어로 공장 자동화 시스템의 기본형으로 사용하는 것은 무엇인가?

정답 롤러 컨베이어

012 각종 제품의 조립 라인에 최적인 컨베이어로 팰릿 위에 운반물을 적재하고 진행하면서 필요한 위치에 정지시켜 조립, 검사, 수리, 포장 등을 할 수 있는 컨베이어 시스템을 무엇이라 하는가?

정답 프릭션 롤러 컨베이어 (friction roller conveyor)

013 각종 제품의 조립 라인에 최적인 컨베이어로 팰릿 위에 운반물을 적재하고 진행하면서 필요한 위치에 정지시켜 조립, 검사, 포장 등을 할 수 있는 컨베이어 시스템을 무엇이라 하는가?

정답 프리 플로 컨베이어 (free flow conveyor)

014 AMS(Automatic Monorail System)는 rail conveyor로 공실의 천장 공간을 자유롭게 이용하며, 이에 따라 물류 흐름을 극대화시킬 수 있는 무인 자동의 머티리얼 핸들링 시스템을 무엇이라 하는가?

정답: 오버 헤드 컨베이어 (over head conveyor)

015 벨트(Belt)를 회전시켜주는 원통체로 컨베이어의 구동부(머리부)와 꼬리부의 원통체에 감긴 벨트를 구동력으로 원활히 돌아가게 하는 회전체를 무엇이라 하는가?

정답: 풀리(Pulley)

016 일반 벨트의 교체 기준을 3가지 쓰시오.

정답:
- 러버 노후로 플라이 노출 시
- 러버와 플라이 분리 현상이 전장에 걸쳐 발생 시
- 러버 경화로 전장에 걸쳐 크랙 발생 시

017 스틸 코드 벨트의 교체 기준을 3가지 쓰시오.

정답:
- 러버 마모로 두께가 코드 경의 1/2 잔존 시
- 코드 단선이 전장에 걸쳐 발생 시
- 러버와 러버 분리 현상이 전장에 발생 시

018 버킷 벨트의 교체 기준을 3가지 쓰시오.

정답:
- 벨트 두께 기준 30% 마모 시
- 벨트 폭 기준 20% 마모 시
- 플랜지(Flange) 전장 20% 손상 시

▶ 전처리 가공하기

001 고철의 전처리 목적을 3가지 쓰시오.

정답:
- 원료 밀도 증대로 생산성 향상
- 스크랩 중 불순성분 제거로 품질 향상
- 스크랩 검수 방법 개선으로 낭비 요인 제거

002 고철의 전처리 방법 2가지를 쓰시오.

정답 Answer
- 압축
- 파쇄

003 고철의 전처리에서 압축의 장단점을 쓰시오.
- 장점
- 단점

- 장점 : 원료 형상 제약이 적음
- 단점 : 스크랩 붕락 시 전기로 전극 절손 발생

004 고철의 전처리에서 파쇄의 장단점을 쓰시오.
- 장점
- 단점

- 장점 : 이물질, 불순 성분 및 400계 스크랩 분리 가능
- 단점 : 투자비 고가

005 장척의 중·경량 고철을 원하는 사이즈로 압축, 절단하여 세강로에 두입할 수 있게 가공하는 설비로 작업의 효율성을 높여주는 것은 무엇인가?

기요틴 시어(Guillotine shear)

006 기요틴 시어의 사용 배경을 2가지 쓰시오.

- HMR 하향 대비 저급 스크랩 사용비 확대
- 저급 스크랩을 기요틴 시어 가공을 통해 중고급 스크랩으로 품질 향상

007 고철의 절단 기준을 길이와 무게로 각각 쓰시오.

- 길이 1.5m 이상 장척물 절단
- 무게 500kg 이상 중량물 절단

008 모재로써 수명이 다한 폐차를 해체, 압축, 슈레더, 선별 작업을 통해 발생된 재활용 고철을 무엇이라 하는가?

정답: 슈레더 고철

009 슈레더 고철의 장점을 3가지 쓰시오.

정답:
- 장입성이 좋다.
- 충진율이 좋다.
- 용해성이 좋다.
- 전극 봉, 노벽 손상을 방지한다.

010 버켓(Bucket)의 적열 및 열화에 의한 보수비의 증가와 백열, 악취 등의 환경 문제가 있는 고철 예열기는 무엇인가?

정답: 장입 버켓식 고철 예열기 (SPH : Scrap Pre-Heater)

011 버켓식 고철 예열기의 문제점인 환경 문제를 개선한 고철 예열기는 무엇인가?

정답: 트윈(Twin)로 예열기

▶ 재고 관리하기

001 능률적이고 계속적인 생산 활동을 위해 필요한 원재료 · 반제품 · 제품 등의 최적 보유량을 계획 · 조직 · 통제하는 시스템을 무엇이라 하는가?

정답: 재고관리 시스템

002 재고 관리의 의의(동기)를 3가지 쓰시오.

정답 *Answer*
- 거래 동기 : 공급을 일치시키기 어려운 경우를 대비한 재고 보유
- 예방 동기 : 돌발 사항으로 인한 위험 방지
- 투기 동기 : 가격 변동이 큰 물품을 저렴할 때 보유 후, 유리한 시기에 출하

003 재고 관리의 목적을 3가지 쓰시오.

- 안정적 생산과 고용에 기여
- 고객 서비스 향상
- 원활한 운전 자금 확보

004 재고 관리의 기능 4가지를 쓰시오.

- 수급 적합의 기능 : 품절 방지 기능. 판매와 생산 간 수급 조절 가능
- 생산의 계획·평준화 기능 : 재고로 수요 변동 완충
- 수공(手工) 합리화 기능 : 긴급 발주에 따른 추가 비용 방지 및 최소화
- 유통 가공 기능 : 조립 및 포장 기능 담당

005 재고 과다 시 문제점을 3가지만 쓰시오.

- 자금의 사장화
- 품질 열화 증대
- 인력과 장비의 낭비
- 재고(자금) 회전율 약화
- 창고 시설 증대

006 재고 과소 시 문제점을 3가지만 쓰시오.

- 품절 및 결품의 증대
- 구매 비용의 증대
- 업무의 번잡
- 운반비 증가

007 재고 비용의 종류를 3가지 쓰시오.

- 주문 비용(발주 비용) : 구매 시의 하역비, 통관료 등. 주문량과 관계없이 일정
- 재고 유지 비용 : 저장비, 보험료, 세금, 감가상각비 등
- 재고 부족 비용 : 판매 기회 상실에 따른 기회비용 및 신용 상실, 조업 중단 등

008 재고의 형태를 3가지만 쓰시오.

정답 *Answer*
- 수송 중 재고 : 이동 중인 재고
- 투기성 재고 : 재무 부문 관리에 더 집중, 가격이 낮을 때 매입
- 순환 재고 : 재고 보충 시점 간의 기간 동안 평균 수요를 충족시키는 데 필요한 재고
- 수요 및 조달 기간 대응을 위한 재고 (안전 재고)
- 불용 재고 : 재고 기간 동안 손상, 분실, 사용 및 판매 중지된 재고

009 재고 조사의 목적을 3가지만 쓰시오.

- 재고 기록 균형 확인
- 재고 기록, 저장 분배 기록부의 조정
- 잉여품 및 사장품 파악과 대책 마련
- 자산의 양, 적정 재고량 보유 확인
- 사용 불가품에 대한 거래 시정

010 구매 요구(=발주)부터 계약, 검사, 납품, 입고를 거쳐 저장까지의 시간을 무엇이라 하는가?

조달 소요 시간

011 조달 소요 시간 3가지를 쓰시오.

- 행정 소요 시간(ALT: Administrative Lead Time) : 구매 요구 ~ 계약 체결
- 생산 소요 시간(PLT: Production Lead Time) : 계약 체결 ~ 최초 납품
- 납품 소요 시간(DLT(DT): Delivery Lead Time) : 최초 납품 ~ 불출 가능

012 재고 관련 비용을 3가지만 쓰시오.

- 발주 비용
- 준비 비용
- 재고 유지 비용
- 재고 부족 비용

013 재고 관리 기법을 3가지 쓰시오.

- ABC 분석법(파레토 법칙을 이용)
- 정량 발주 시스템
- 투빈(Two-Bin) 시스템
- 장기 발주 시스템

014 장기 발주 시스템을 적용하는 품목을 3가지만 쓰시오.

정답 *Answer*
- 단가가 높은 품목
- 수용 변동이 큰 품목
- 리드타임(배송시간)이 긴 품목
- 유행에 민감한 품목

015 자재 관리, 판매 관리, 인사 관리, 품질 관리, 회계 관리 등의 데이터를 통합 관리함으로써 조직 운용의 효율성을 극대화하려는 경영 혁신 기법의 하나인 시스템은 무엇인가?

전사적 관리 시스템(ERP : Enterprise Resources Planning)

016 ERP 사상을 3가지만 쓰시오.

- 통합성(Integrity)
- 확장성(Scalability)
- 유연성(Flexibility)
- 투명성(Transparency)

017 보관의 기능 4가지를 쓰시오.

- 고객 서비스의 최전선 기능
- 운송과 배송 사이의 윤활유 기능
- 생산과 판매와의 조정 및 안충 기능
- 집산, 분류, 구분, 조합, 검사 장소의 기능

018 물품 창고 내 입출고가 용이하고 창고 내 원활한 화물의 흐름과 활성화를 위하여 통로에 접하여 보관하는 원칙으로 창고 설계의 기본 보관 원칙을 무엇이라 하는가?

통로 대면 보관의 원칙

019 물품을 높게 적재하면 용적 효율이 향상되는 보관 원칙은 무엇인가?

높이 쌓기의 원칙

020 먼저 보관한 물품을 먼저 출고하는 것으로 상품의 life cycle이 짧은 경우에 적용한다. 형식의 변경이 많은 상품, 보관 시 파손이나 마모가 발생하기 쉬운 상품에 적용되는 보관 원칙은 무엇인가?

선입 선출(FIFO: First In First Out)

021 보관 물품의 장소를 회전 정도에 따라 정하는 것으로 입·출하의 빈도에 따라 보관 장소를 결정하는 원칙으로, 출입구가 동일한 창고의 경우 입·출하 빈도가 높은 화물은 출입구에 가까운 장소에 보관하고 낮은 경우에는 먼 곳에 보관하는 보관 원칙을 무엇이라 하는가?

회전 대응 보관의 원칙

022 창고의 구조 기준에 따른 분류 방법을 3가지 쓰시오.

- 보통 창고
- 기계화 창고
- 자동화 창고

023 창고의 기능에 따른 분류 방법을 3가지만 쓰시오.

- 저장 창고 기능
- 보세 창고 기능
- 유통 창고 기능

024 호퍼 또는 탱크(Tank), 빈(Bin) 내 내용물의 레벨을 측정하는 계측기를 무엇이라 하는가?

레벨(Level)계

025 레벨계의 종류를 3가지만 쓰시오.

- 차압식 레벨계
- 초음파 레벨계
- 방사선 레벨계
- 정전 용량식 레벨계
- 중량식 레벨계
- 레이다식 레벨계

9 ▶ 제강 설비관리

▶ 설비 점검하기

001 유형고정자산의 총칭인 설비를 활용하여 기업이 목적으로 하는 수익성을 높이는 활동을 무엇이라 하는가?

정답: 설비관리

002 설비관리의 목적을 쓰시오.

정답: 최고의 설비를 선정 도입하여 설비의 기능을 최대한으로 활용, 기업의 생산성 향상을 도모하는 데 있다.

003 설비 관리 목적을 달성하기 위한 6요소를 쓰시오.

정답:
- 생산 계획 달성
- 품질 향상
- 원가 절감
- 환경 개선
- 새해 에빙
- 납기 준수

004 설비관리의 필요성을 3가지 쓰시오.

정답:
- 제품 불량에 의한 손실
- 품질 저하에 따른 손실
- 가동 중 원재료의 손실
- 돌발 고장의 수리비의 지출
- 생산 정지시간의 감산에 의한 손실
- 정지 기간 중 작업자의 작업이 중지되어 대기 시간에 의한 손실
- 생산계획 착오로 인한 납기 연장, 신용의 저하 등에서 오는 유형, 무형의 손실
- 고장수리 후부터 평상 생산에 들어가기까지의 복구 기간 중의 저 능률 조업에 따른 복구 손실

005 전로의 주기별 점검의 종류를 5가지 쓰시오.

정답 *Answer*
- 일상정기점검(1일)
- 주간점검(1~2주)
- 월간 점검(1달~6주)
- 분기 점검
- 연간 점검

006 수강대차, 서브랜스(Sub-Lance), 부원료설비 (벨트컨베이어) 등은 어떤 주기별 점검을 해야 하는가?

일상 정기 점검(1일)

007 수강대차(감속기), 서브랜스(오일펌프), 부원료설비 (Vibrator Feeder) 등은 어떤 주기별 점검을 해야 하는가?

주간점검(1~2주)

008 저취가스설비 등은 어떤 주기별 점검을 해야 하는가?

월간점검(달~6주)

009 어떤 목적에 필요한 기계, 기구 등을 설치하거나 설치한 것의 상태를 점검하기 위한 표를 무엇이라 하는가?

점검표

010 부서 또는 기업 내의 활동 기준이나 업무 수속 등을 문서로 기록한 것이며, 흔히 표준화 할 수 있는 일의 작업지시서를 말하며, 작업의 순서, 수준, 방법 등을 순서에 따라 자세하고 구체적으로 문서화 한 것을 무엇이라 하는가?

매뉴얼

		정답 Answer
011	국가 간의 원활한 산업 교류와 공동의 이익을 추구하기 위하여 국제적으로 적용하는 표준을 무엇이라 하는가?	국제표준
012	국제 표준에는 통일된 표준 제정과 실천의 촉진을 위해 1947년 설립된 국제 기구를 무엇이라 하는가?	국제 표준화 기구(ISO)
013	한 국가 내의 모든 이해 관계자들이 일반적으로 국제표준에 준하여 규정해 놓은 것으로, 한 국가 내에서 적용되는 표준을 무엇이라 하는가?	국가표준
014	서로 다른 방향에서 투상된 몇 개의 투상도를 조합하여 3차원 물체를 2차원 평면 위에 정확하게 표현하는 방법을 무엇이라 하는가?	정투상법

▶ 설비 관리하기

001	어떤 목적에 적합하도록 되어 있는 대상에 필요한 조작을 가하는 것을 무엇이라 하는가?	제어
002	제어의 대상, 즉 장치, 기계, 물체 등에 대하여 제어하고자 하는 양을 계측하여 목표값과 비교하고, 그 양자에 차이가 있으면 자동적으로 정정조작을 하는 일을 무엇이라 하는가?	자동제어

003 제어량의 성질에 따른 분류에서 제어량이 온도, 압력, 유량, Level Gas 분석, PH등 Process 공업의 공업량에 대한 자동제어를 말하며, 철강, 화학, 석유정제, 섬유, 제지등에 이용되고 있는 제어 방법을 무엇이라 하는가?

정답: 프로세스(Process) 제어

004 제어량의 성질에 따른 분류에서 제어량이 위치나 각도를 제어량으로 하는 것을 말하며, 항공기, 선박 등의 자동조종 및 각종의 추적 장치에 이용되고 있는 제어 방법을 무엇이라 하는가?

정답: Servo-Mechanism

005 제어량의 성질에 따른 분류에서 속도, 장력, 전기량 등을 제어량으로 하는 것을 말하며, 속도제어는 수차, 증기 Turbine 등의 원동기 제어, 생산 공업이나 금속 공업에 있어서의 압연기와 전선 공업에 있어서 신연기 등에 사용되는 제어 방법을 무엇이라 하는가?

정답: 자동조정(Automatic Regulation)

006 목표량의 성질에 따른 분류에서 제어량을 어떤 일정의 목표값에 유치하는 것을 목적으로 하는 제어이며 Process 제어의 대부분을 차지하는 제어 방법을 무엇이라 하는가?

정답: 정치제어

007 목표량의 성질에 따른 분류에서 목표 값을 미리 정한 프로그램에 따라 변화시키는 것을 목적으로 하는 제어 방법을 무엇이라 하는가?

정답: Program 제어

008	목표량의 성질에 따른 분류에서 비주기적인 시간으로 변화를 하는 목표 값에 제어량을 추종시키는 것을 목적으로 하는 제어이며 Servo-Mechanism의 대부분이 이에 속하는 제어 방법을 무엇이라 하는가?	추종제어
009	측정 대상의 물리량 혹은 화학량을 선택적으로 포착하여 유용한 신호로 변환, 출력하는 장치를 무엇이라 하는가?	센서
010	서로 다른 두 금속으로 폐회로를 구성하고 양 접합부에 온도차를 주었을 때 양 접합부에는 접촉 전위차 불평형이 발생하면서 저온측 접합점으로부터 고온 측으로 열전류가 이동하게 되는 효과를 무엇이라 하는가?	제백 효과(Seebeck effect)
011	제백 효과를 이용한 온도계를 무엇이라 하는가?	열전온도계
012	금속 또는 반도체에 열을 가하면, 전기저항률은 온도에 따라 변화된다는 성질을 이용한 것으로, 변화되는 전기저항은 브릿지회로를 이용해서 신호를 검출하여 온도를 측정하는 것을 무엇이라 하는가?	측온저항계
013	공기의 운동이나 현상에 대한 학문이란 뜻이며, 그리스어인 "Pneuma(호흡, 바람)에서 유래한 것으로 어느 공간 내의 공기를 작게 압축시켰을 때, 이 압축된 공기가 원상태로 복귀하려는 힘을 이용하는 것을 의미하는 것을 무엇이라 하는가?	공압

014 공압제어 시스템은 신호감지요소, 제어요소, 최종제어요소, 작업요소 등으로 구성되어 있으며, 이 중 신호감지요소와 제어요소, 최종제어요소를 무엇이라 하는가?

정답 Answer

공압제어 밸브

015 공압제어 밸브의 구성요소를 2가지 쓰시오.

- 신호감지요소
- 제어요소

016 공압제어 밸브별 기능을 각각 쓰시오.
  가. 압력제어밸브
  나. 방향제어밸브
  다. 유량제어밸브

가. 조절 기능, 릴리프 기능, 시퀀스 기능
나. 공기 흐름방향을 전환하는 기능
다. 작업요소의 속도를 제어하는 기능

017 생산자동화 장치에서 사람의 안전을 위하여 사용되는 "비 접촉식 감지장치"를 무엇이라 하는가?

근접센서

018 공압 근접센서의 종류를 2가지 쓰시오.

- 에어베리어
- 반향감지기

019 유압의 장점을 3가지 쓰시오.

- 작으면서 힘이 강하다.
- 과부하 방지가 간단하고 정확하다.
- 힘의 조정이 쉽고 정확하다.
- 무단변속이 간단하고 작동이 원활하다.

020 유압의 단점을 3가지 쓰시오.

- 배관이 복잡하고 까다롭다.
- 기름의 누유에 염려가 있다.
- 온도변화에 영향을 받기 쉽다.
- 오일은 연소하므로 위험하다.

021 유압유의 점도가 클 경우 영향을 3가지 쓰시오.

- 유동저항이 크다.
- 마찰손실로 동력소모가 크다.
- 배관 내의 압력 손실이 크다.
- 마찰에 의한 열이 발생된다.

022 유압유의 점도가 작을 경우 영향을 2가지 쓰시오.

- 작동체의 누유 손실이 크다.
- 윤활 불량으로 마모가 발생한다.

023 기어펌프의 종류를 4가지 쓰시오.

- 외접 기어 펌프
- 내접 기어 펌프
- 환형 기어 펌프
- 나사 기어 펌프

024 회전자 부분이 들어있는 케이싱 속에 여러 장의 날개(베인)을 설치하여 회전시켜 유체를 흡입하고 송출하는 펌프를 무엇이라 하는가?

베인펌프

025 펌프로부터 공급되는 유압유를 작동기(Actuator)로 보내 원하는 일을 수행할 수 있도록 관로의 개폐를 통하여 유압시스템의 압력, 유량, 방향을 제어할 목적으로 사용되는 유압기기를 무엇이라 하는가?

유압제어밸브

| 정답 Answer |

026 유압펌프에 의하여 공급되는 유체의 압력에너지를 이용하여 기계적인 에너지로 변환 하는 기기를 무엇이라 하는가?

유압 엑추에이터(Actuator)

027 유압 엑추에이터의 에너지 변환 3단계를 순서대로 쓰시오.

유압적 에너지 → 유압 엑추에어터 → 기계적 에너지

028 유압 엑추에이터의 종류를 3가지 쓰시오.

- 유압 실린더
- 유압 요동 실린더
- 유압 모터

029 유압 탱크의 기능을 4가지 쓰시오.

- 유압 작동유의 저장
- 유압 작동유의 냉각
- 공기, 물, 고체 이물질의 분리
- 펌프, 전동기 등 각종 유압 부품의 설치 장소 제공

030 오염물질로부터 유압시스템을 보호하기 위하여 사용되는데 그 성능에 따라 유압기기의 수명이 좌우되는 것을 무엇이라 하는가?

필터

031 필터의 설치 위치를 3가지 쓰시오.

- 복귀관 필터
- 흡입관 필터
- 압력관 필터

10 ▶ 실기[필답형] 기출문제

001 AOD법에서 노의 측면 풍구에 취입하는 가스의 명칭 3가지는?

> 정답 Answer
>
> 질소, 산소, 알곤

002 스푼 샘플(Spoon sample)에 의해 시료를 채취할 경우 스푼을 건조하는 이유는?

003 용강 중 탄소량이 목표치보다 낮을 때 첨가하는 가탄제 2가지는?

> 분코크스, 전극부스러기(전극설)

004 전로에 원료를 장입할 때 용선보다 고철을 먼저 장입하는 이유를 쓰시오.

> 폭발 방지, 용강의 넘침 방지, 노저 내화물 손상 방지

005 전로조업 중 부원료인 생석회(CaO)와 형석(CaF_2)의 투입시기를 쓰시오.

> • 생석회 : 착화 후
> • 형석 : 착화 전

006 용선 중 탈황(S)을 촉진시키기 위해서 염기도와 용선온도 조정은 어떻게 하는가?

> 고염기, 고온도

007 전로직상 폐가스 처리관에 설치된 스커트의 기능 2가지는?

- 외부공기차단
- 용강비산방지
- 후드 압력유지

008 전로조업 중 정전이 발생되면 노체가 자동으로 직립하는 이유는?

전로의 하부가 무겁기 때문에

009 전로조업시 재취련을 하는 경우 2가지는?

온도저하, 탄소량이 높을 경우

010 전로작업에서 취련말기 용강온도가 고온일 경우 불꽃색과 저온일 경우 불꽃색은?

- 고온 : 백색
- 저온 : 적색

011 용선레이들 내 용강 상부에서 제거된 슬래그(Slag)를 담는 용기의 명칭을 쓰시오.

- 슬래그 포트(Slag Pot)
- 슬래그 팬(Slag Pan)

012 복합취련전로의 저부에서 취입하는 불활성가스는?

질소, 알곤

013 전로조업 중 슬래그를 다량으로 남기고 용선을 장입하면 어떻게 되는가?

정답 *Answer*

폭발, Boiling

014 전로 내화물 열간보수용 보수재(내화물)은?

돌로마이트, 백운석

015 용선탈규(Si) 처리를 통해 슬래그 발생을 최소화한 SMP법의 장점 2가지는?

- Fe 회수율 증가
- Mn 회수율 증가
- 노내화물 수명연장

016 전로조업에서 재취련을 하는 경우는?

- 탄소함량이 높을 때
- 온도가 낮을 때
- 목표치보다 인성분이 높을 때

017 전로조업에서 종점을 판정하는 기준은?

- 불꽃의 현상
- 산소 사용량
- 취련시간

018 전로스커트와 노구 간격이 클 때와 작을 때 조업에 미치는 영향은?

- 클 때 : 외부공기 침입
- 작을 때 : 불꽃판정 곤란

019 취련종료 후 출강하지 않고 노를 2~3회 경동하는 이유는?

정답: 용강온도 강하

020 전로 취련중기에 슬래그 포밍(Slag Foaming)에 의해 용강이 노구로 분출되는 현상을 무엇이라 하는지 쓰시오.

정답: 슬로핑(Slopping)

021 일반적인 전로조업에서 랜스 높이는 1~3m이다. 높이는 어디에서 어디까지인가?

정답: 랜스선단에서 강욕면까지의 거리

022 전로정련을 마친 용강을 출강할 때 출강구가 지나치게 크면 발생하는 문제 2가지는?

정답:
- 슬래그 다량 혼입
- 합금철 또는 탈산제 실수율 저하

023 전로정련에서 중요하게 다루고 있는 탈인(P)을 촉진하기 위한 조건을 2가지만 쓰시오.

정답:
- 강재의 염기도가 높을 때
- 산화력이 클 때
- 용강온도가 낮을 때
- 강재중에 P_2O_5가 낮을 때
- 강재량이 많을 때
- 강재의 유동성이 좋을 때

024 제강 정련 중 노 내에 형석을 투입하는 이유 2가지는?

정답:
- 탈황
- 슬래그 유동성 향상
- 반응성 향상

		정답 Answer
025	황이 많이 함유된 용선을 전로에 장입했을 때 염기도 조정을 위해 사용량이 증가하는 원료는?	생석회, 석회석
026	전로 폐가스 내 분진을 제거하는 1차 집진기 내부에 이상 압력 발생 시 안전사고 방지 설비는?	상부안전변
027	전로 내 용강 출강 후 2~3회 노를 경동시켜 슬래그를 노벽에 부착시키는 이유는?	노수명연장
028	전로내화물 신축에 따른 신로 사용 시 탕면을 측정하는 이유는?	정확한 패턴 유지
029	전로조업 중 발생하는 베렌(Baren)이 무엇인지 설명하시오.	용강과 슬래그가 노외로 비산하지 않고 노구 근방에 도우넛 모양으로 쌓인 것
030	석회석($CaCO_3$)에서 분해되어 생성된 것으로 용선 탈황(S)과 탈인(P)을 위하여 많이 사용되는 원료의 명칭이 무엇인지 쓰시오.	생석회(CaO)

031 전로조업에서 취련 시 미착화의 원인 3가지는?

- 경량고철을 다량 장입하여 고철이 용선 표면을 덮고 있을 때
- 역장입을 하였을 때
- 취련개시전 HBI(환원철)을 노 내에 다량 투입하였을 때

032 취련 중 노 내 온도 및 탄소함량을 알기 위해 측정하는 장치는?

서브랜스

033 저취가스의 패턴 중 유량과 압력이 높은 패턴으로 조업할 경우 탈인과 탈황에 미치는 영향은?

탈황은 잘되고 탈인은 잘안된다.

034 전로와 전기로를 구분하는 것은?

열원(에너지원)

035 전로정련초기 산화제거되면서 발열하는 것으로 주요 열원이 되는 원소는?

규소

036 전로에서 열원으로 사용되는 것 2가지는?

- 용선의 현열
- 불순물의 연소열

	정답 Answer
037 전로의 노체를 지지하고 경동하는 역할을 하는 장치는?	트러니온 링(Trunion Ring)
038 용강온도나 성분측정을 생략하고 출강하는 QDT(Quick Direct Tapping)의 목적을 쓰시오.	생산성 향상, 노저 수명 연장
039 전로제강용 주원료인 용선을 100% 장입해야 하는 경우를 2가지만 쓰시오.	신로 축로 시, 탕면 측정 시, 영구연와 돌출 시, 장입크레인 고장으로 고철 장입이 안 될 때
040 전로를 승열한 후 가동 전에 전로 경동 테스트를 하는 이유는?	• 고속, 저속 경동 범위 및 방향 확인 • 비상버튼 작동 상태 확인 • 브레이크 개방시 경동 상태 확인
041 캐치 카본법의 장점 2가지는?	• 출강 실수율 향상 • 합금제 투입량 감소시킴 • 탈산제 투입량이 적어 탈산생성물(비금속개재물) 발생이 적다.
042 전로조업에서 탕면 측정이란?	전로에 장입된 용선의 레벨 측정

043 전로 취련작업에 의한 노내 반응으로 탈탄(C)이 최대로 되는 시기를 쓰시오.

정답 취련 중기

044 염기도란?

정답
- $\dfrac{CaO}{SiO_2}$
- $\dfrac{염기성\ 성분의\ 총합}{산성\ 성분의\ 총합}$

045 취련 시 노 내에 형석을 투입하는 이유는?

정답
- 슬래그의 융점을 낮추어 재화속도를 촉진
- 유동성을 향상시킨다.

046 전로조업 초기에 용강이 노구를 통해 노외로 분출되는 현상은?

정답 스피팅(Spitting)

047 전로 조업에서 고철을 장입할 때 중량물을 사용하지 않는 이유를 쓰시오.

정답 성분조정 불균일, 온도 조절 불균일, 노저 내화물 손상

048 전로조업에서 출강 후 슬래그를 일부 노내에 남기고 노를 경동하는 작업은 무엇이며 그 목적은?

정답
- 작업 : 슬래그 코팅
- 목적 : 노 내화물을 보호하여 노체 수명연장

문제	정답
049 전로조업에서 배가스관과 연결하여 외부 공기를 차단하고 후드압을 조정하기 위한 설비는?	스커트
050 전로 조업에서 용선 장입 레이들의 슬래그를 제거하는 설비의 명칭을 쓰시오.	스키머
051 전로 조업에서 트러니언의 기능을 쓰시오.	노체 지지 및 경동
052 전로조업 중 베렌(Baren)이 발생하는 위치는?	노구
053 전로조업 중 베렌(Baren)이 발생하는 원인은?	용강과 용재가 비산되어
054 전로 취련용 산소 랜스 노즐의 재질을 순동으로 하는 이유는?	열전도 우수, 내식성 우수
055 전로 취련용 랜스 노즐로 다공 노즐을 주로 사용하는 이유는?	용강교반 촉진, 용강 분출량 감소, 실수율 향상

번호	문제	정답
056	전로 조업중 발생하는 슬로핑을 방지하기 위한 대책 2가지는?	산소량 감소, 산소분압 감소, 소프트 블로우, 진정제 투입
057	용강중에 불순물이 많은 강종의 출강온도는 어떻게 변하는가?	낮아진다.
058	전로 조업에서 2중 강재법의 효과를 2가지 쓰시오.	• 용강중 인과 황의 함유량 저하 • 고탄소, 저인강 제조에 적합 • 취련 말기 복인 작용 억제
059	고철장입 크레인 고장으로 고철장입이 불가능할 경우 조치사항은?	All 용선 조업, All 용선 장입
060	TLC의 개구부를 덮어 취입 작업 중 발생하는 용선 및 슬래그의 비산을 방지하는 장치는?	스프레시 커버(Splash Cover)
061	집진기에서 청정된 전로 가스를 회수하거나 방산 라인으로 전환하여 주는 설비는?	삼방변(3-Way Damper Switch Over)

062 전로의 스커트 외부에 설치되어 주변 설비의 열화를 방지하는 설비는?

정답 냉각링(Cooling Ring)

063 다음의 전로 취련작업을 순서대로 나열하시오.

> 예 환원기, 취련조정기, 산화기

산화기 → 환원기 → 취련조정기

064 전로 출강 작업 시 출강구로 나오는 슬래그의 유출을 방지하기 위해 노 내에 투입하여 사용하는 것은?

슬래그 체크볼(Slag Check Ball)

065 용선 레이들에 임펠러(Impeller)를 회전시켜 와류에 탈황제를 투입하여 탈황하는 방법은?

KR법(SL법)

066 용선교반용 임펠러(Impeller)를 T자형 내화물재 교반봉으로 제조하여 탈황하는 방법은?

DS법(데마크-오스트베르그법)

067 제강실수율을 구하는 식을 쓰시오

> 예 용선량, 제출강량, 냉선량, 고철량

$$\frac{제출강량}{용선량+냉선량+고철량}$$

068 용선 성분 중 Si를 확인하는 이유는?

정답: 염기도 및 열배합 계산을 정확하게 하기 위해

069 용선 불순물 5대 원소 중 가장 먼저 산화되는 원소와 그 이유는?

- 원소 : Si
- 이유 : 산소와의 친화력이 좋아서

070 전로의 정련반응은 어떤 반응이며 이 반응에 따른 전로의 온도 변화는?

- 반응 : 산화
- 온도 : 올라간다.

071 전로 내부 내화물을 슬래그로 코팅하는 이유는?

노 내화물 보호에 의한 수명연장

072 전로 작업 중 산로 랜스에 의해 고압의 산소가 취입될 때 산소제트와 강욕과의 충돌면은?

화점

073 전로 작업 시 서브랜스의 3가지 역할은?

- 강욕레벨측정(탕면측정)
- 탄소농도측정
- 샘플링
- 산소농도측정
- 온도측정
- 성분측정
- 슬래그레벨측정

074 전로 내화물의 구비조건은?

- 염기성 슬래그에 대한 화학적 내식성
- 용강이나 용재의 교반에 대한 내마모성
- 급격한 온도변화에 대한 내스폴링성
- 장입물 충격에 대한 내충격성

075 전로조업에서 착화되지 않은 상태에서 생석회 등 부원료를 투입하면 어떻게 되는가?

생석회가 착화를 방해하여 취련이 지연된다.

076 전로조업에서 노 내 탈산을 하지 않고 출강 중 레이들 내에서 탈산을 하는 이유는?

복인 방지

077 전로 출강구의 직경이 작아 출강시간이 지연될 경우 조업에 미치는 영향은?

- 트랙타임(TT)증가로 생산성 저하
- 노체수명 감소
- 용강온도 저하

078 전로조업에서 취련 초기 노구로부터 용강이 비산하는 이유와 조치사항은?

- 원인 : 슬래그 양이 적어서(슬래그가 형성되지 않아서)
- 대책 : 부원료(조재제, 석회석, 형석 등)를 투입하여 슬래그 형성

079 노 내 탈인반응을 촉진하기 위해 취련압력을 낮추거나 랜스 높이를 높여 산소가 용강에 충돌하는 압력을 적게하는 방법은?

소프트 블로우
(Soft blow, 연취련)

문제	정답
080 전로조업에서 사용하는 주원료 3가지는?	용선(선철), 냉선(형선), 고철
081 전로 정련과정에서 발생된 폐가스를 승입하고 유인하는 장치는?	IDF (유인송풍장치)
082 취련종료 후 성분과 온도가 어떻게 되었을 때 재취련하는가?	• 성분 : 강중 탄소성분이 목표치보다 높을 때 • 온도 : 용강온도가 목표치보다 낮을 때
083 전로제강에서 용선을 100% 장입하는 경우는?	• 신로 축조 후, 탕면측정 시 • 고철크레인 고장 시 • 고철이 없을 경우 • 영구연와 돌출 시
084 전로조업에서 다이나믹 컨트롤(Dynamic Control)이란 무엇인가?	온도와 성분을 자동으로 제어하는 기술
085 혼선로에 용선을 저장하였을 때의 효과는?	• 성분 균일, 온도 균일 • 탈황, 보온 • 고로와 전로와의 생산능력 완충

		정답 Answer
086	전로의 OG 설비 순서는?	노구 → 스커트 → 하부 후드 → 상부 후드 → 복사부 → IDF → 삼방변 → Holder, Stack
087	전로가스회수 설비 중 수봉변의 기능은?	물을 채워 가스의 역류방지
088	제강효율을 높이기 위해 전로상부에 산소가스를 취입하고 전로하부에 질소, 알곤 가스를 취입하는 취련법은?	복합취련법
089	전기로 장입물인 고철장입 시 경고철을 먼저 장입하는 이유는?	노저 내화물 보호
090	전기로 조업을 용해, 산화, 환원, 출강기로 나눌 때 전력사용량이 가장 많은 시기는?	용해
091	전기로 조업 시 환원정련기에 슬래그 유동성 개선하기 위해 투입하는 것은?	형석

092 전기로 제강공정 중 산화정련기의 작업내용은 무엇인지 쓰시오.

정답 산소를 불어넣어 불순물원소를 산화시켜 제거하는 작업

093 전기로 제강공정 산화정련 중 용강이 노외로 끓어 넘치는 경우 조치방법은?

- 산소취입중단
- 진정제 또는 보온재 투입

094 전기로 출강구에 사용하는 연와는?

돌로마이트

095 전기로 조업 시 고철용해 시간을 단축하기 위해 첨가하는 상입불은?

산소, 가탄제

096 전기로 클리닝조업 시 노내 지금 부착이 많아진다. 아크(Arc) 길이 조정 작업방법을 쓰시오.

아크 길이를 길게 한다.

097 전기로 출강구 내화물의 구비조건 3가지는?

- 내마멸성이 클 것
- 내열성이 좋을 것
- 내식성이 높을 것

098 전기로 조업에서 정련작업 시 탈인작업이 가능한 시기는?

산화정련기

099 전기로 점검작업 중 노상연와 국부용손 시 조치 방법은?

노상보수재를 투입하여 보수한다.

100 전기로 장입물 중 부도체가 있을 때의 아크(Arc) 소리는 어떠한지 쓰고, 어떤 위험이 있는지 쓰시오.

아크 소리가 나지 않고 전극 절손의 위험이 있다.

101 전기로의 주원료는?

고철

102 전기로 작업에서 슬래그의 역할 3가지는?

보온, 외부가스침입방지, 산화방지

103 전기로 조업전 설비점검 시 전극 절손사고가 발생했다. 조치방법을 쓰시오.

전원을 차단하고 전극을 들어낸 다음 새로운 전극으로 연결하여 통전 후 작업한다.

104 전기로 용해 작업 전력 투입 시 아크(Arc) 길이를 바르게 조절하는 방법을 쓰시오.

전압이 높으면 아크 길이를 길게, 낮으면 짧게 조절한다.

105 전기로 제강공정 중 용강이나 용탕이 담겨진 용기에서 슬래그를 제거하는 설비는?

스키머

106 전기로 정련작업 시 탈황을 촉진하기 위한 조건 3가지는?₩

정답 Answer

고온도조업, 고염기도 조업, 환원성분위기 조업, Mn 첨가조업

107 전기로 출강 중에 용강이 레이들에서 끓어 넘치고 있을 때 진정시키기 위해 투입하는 합금철은?

- Fe-Si
- Al

108 전기로 노체 하부로 냉각수가 떨어질 때 점검해야 할 곳이 어디인지 쓰시오.

Roof, Panel, WCP

109 전기로 전극이 갖추어야 할 조건 3가지는?

- 전기전도도가 우수해야 한다.
- 열전도도가 낮아야 한다.
- 기계적 강도가 커야 한다.
- 급격한 온도변화에 견뎌야 한다.
- 고온산화도가 낮아야 한다.
- 접합부 열손실과 전류손실이 적어야 한다.
- 불순물이 적어야 한다.

110 전기로 배제 시 슬래그 포트에 습기 존재여부를 확인하는 이유는?

폭발 방지

111 전기로 환원기의 목적 3가지는?

- 탈산작용
- 탈황작용
- 성분조정작용

112 다음의 전기로 작업의 순서를 나열하면?

> 용해, 환원, 배재, 출강, 산화, 장입

정답 *Answer*

장입 → 용해 → 산화 → 배재 → 환원 → 출강

113 전기로 장입물 장입 시 과다장입으로 장입물이 노 밖으로 튀어나왔을 때의 조치 방법을 쓰시오.

크레인으로 누르면서 평탄하게 조정

114 전기로 고철 용해작업 시 저전압 고전류 조업을 하는 이유를 쓰시오.

노체 용손 방지, 용해 효율 향상

115 전기로 출강 후 레이들에서 P의 상승을 방지하기 위한 조업법 2가지는?

- 저온 조업
- 고염기도 조업
- 출강 시 슬래그 침입 방지

116 직류 아크로의 출강온도가 낮을 때와 높을 때 나타나는 현상은?

- 낮을 때 : 노벽에 지금이 부착, 출강 시간이 길어짐
- 높을 때 : 전력사용량 증가, 노벽 손상

117 전기로 조업에서 산화제를 강욕 중에 첨가하면 강욕 중 원소와 반응을 일으키는 순서는?(C, Cr, Si)

Si → Cr → C

118 전기로 제강에서 고철을 예열하였을 때의 장점 3가지는?

정답 *Answer*
- 에너지 절감
- 용해시간 단축
- 고철내 수분 제거
- 노내 폭발 방지
- 강욕 내 수소 증가 방지

119 전기로 산화기 조업에서 산소 취입관을 삽입하는 각도는?

20~30°

120 전기로 출강구가 측면에 수직 하향으로 설치하여 외측에 설치한 스토퍼를 열어 출강하는 방식은?

EBT 방식

121 전극지지장치 중 홀더의 안전성 점검사항은?

절연상태 확인

122 전기로 2차 장입 시 1차 장입물을 완전히 용해하지 않고 남기는 이유는?

고철 장입 시 장입물 낙하에 의한 노 내 내화물 파손 방지, 용융물의 비산 방지

123 전기로 조업 시 노벽의 침식을 방지하기 위한 전압과 전류의 조정 방법은?

전류는 높고 전압은 낮게 유지

124 전기로의 용해시간을 단축하기 위한 방법 2가지를 쓰시오.

- 산소 취입
- 가탄제(분탄, 괴탄) 투입
- 용선 사용
- 환원철 사용

125 전기로 조업에서 탈산은 어느 시기에 행하여지는가?

환원기

126 전기로 조업의 환원기에 화이트 슬래그를 형성시키기 위해 투입하는 것은?

페로실리콘(Fe-Si)

127 전기로에 사용하기 위해 무연탄, 피치, 코크스, 오일 등을 혼합하여 제조한 전극은?

인조흑연 전극

128 전기로 내화물을 산성 내화물로 축조를 할 경우 발생하는 문제점은?

염기성 슬래그에 의한 내화물의 침식 및 용손

129 전기로에서 스테인리스강 용해작업 시 용탕과 강재를 동시에 출강하는 이유는?

공기중 질소 혼입 최소화

130 전기로 제강공정 중 산화기 작업은?

산소나 철광석 등의 산화제를 투입하여 불순물을 제거하는 공정

	문제	정답 Answer
131	전기로 작업 시 조재제, 합금철 등의 수분을 제거하는 이유는?	용강의 수소 증가를 막기 위해
132	전기로 출강 후 레이들 중 인의 상승을 방지하기 위한 전기로 조업 방법 2가지는?	• 저온 • 고염기도
133	직류 아크로 하부전극에 착화 빌레트(Contact Billet) 설치 목적은?	미통전 방지
134	전기로 조업 중 전압이 너무 높거나, 너무 낮을 경우 미치는 영향은?	• 높을 때 : 노벽이 손상되거나 천정 연와가 용손 • 낮을 때 : 전극소모가 증가
135	아크로 제강공장 전체의 전력이 일정 제한량을 넘지 않도록 전력을 감시하고 각 전기로에 배분제어 하는 자동제어 장치는?	디맨드 제어기 (Demand controller)
136	전기로 환원정련작업에서 만들어지는 슬래그의 종류는?	• 화이트 슬래그 • 카바이트 슬래그

| 정답 Answer | |

137 화이트 슬래그의 성분은?

석회석 : 형석 : 탄소 = 12 : 2 : 1

138 직류식 전기로에서 전기의 흐름도는?

상부전극 → 슬래그(강재) → 용강 → 하부전극

139 전기로 조업에서 환원기에 제거되는 것은?

황(S)

140 전기로 고철 용해작업 시 저전압 고전류 조업을 하는 이유?

미용융물의 용해효율을 높이고, 노벽의 국부 용손을 방지

141 전기로 출강 후 레이들에서 인(P)의 성분을 낮추기 위한 조업법은?

저온 조업, 고염기도 조업
출강시 슬래그 침투방지
산화성분위기 조업

142 전기로 조업에서 단위시간당 전력투입량을 최대로 하여 생산성을 향상시키는 저전압 대전류의 굵고 짧은 아크 조업방법은?

초고전력 조업(UHP 조업)

143 전기로 클리닝조업에서 아크 길이 조정방법은?

아크 길이를 길게 조정

#	문제	정답
144	전기로 조업 시 환원정련기에 슬래그 유동성 향상을 위해 투입하는 것은?	형석(CaF_2)
145	전기로 조업 시 노벽침식을 방지하기 위한 전압과 전류 조정방법은?	전압은 낮게 전류는 높게 (저전압 대전류)
146	용강 중 탄소량이 낮을 때 첨가하는 가탄제는?	분코크스, 분탄, 전극설 (전극부스러기, 전극가루)
147	연주작업 중 주편 벌징의 원인 2가지는?	고속주조, 고온주조, 냉각수부족, 주편폭이 넓을 때
148	연주작업으로 생산되는 대형 슬래브를 절단하는 장치는?	TCM(주편절단장치)
149	턴디시 용강의 온도강하 방지 등 보온을 목적으로 투입하는 물질은?	왕겨, 탄화왕겨
150	연주설비 중 더미바를 삽입하는 방법 2가지는?	상부삽입, 하부삽입

151 주형냉각수 중 1차 냉각수 입·출측 온도차가 10℃ 이상으로 급격히 증가할 때 계속조업하면 발생하는 문제는?

정답: Break Out 발생

152 연속주조설비 중 주편을 동력롤(Pinch Roll, Driven Roll)까지 인발 유도하는 장치는 무엇인지 쓰시오.

정답: 더미바

153 연속주조 주편 냉각방식을 2가지만 쓰시오.

정답: 간접방식(몰드에 의한 방식)
직접방식(수냉에 의한 방식)

154 연주작업에서 캡핑 작업이란?

정답: 주편냉각

155 연주개시 시 용강의 유출을 막고 용강 초탕을 응고시키기 위해 주형내에서 행하는 작업은?

정답: 실링

156 연속주조용 용강 처리작업 중 버블링(Bubbling) 작업의 목적을 쓰시오.

정답: 용강의 성분 균일화, 용강의 온도 균일화, 가스의 제거, 불순물의 분리 부상

#	문제	정답
157	연주작업 중 적용되는 실링가스인 불활성가스 2가지는?	알곤, 질소
158	연주작업 중 미처리 회송작업이 발생하는 이유 2가지를 쓰시오.	성분온도저하 성분량 이상
159	연주작업에서 더미바의 기능은?	몰드의 구멍을 막음 주편을 인발 유도
160	연속주조작업 중 후속 용강 레이들 공급이 지연되고 있다. 조치방법을 쓰시오.	용강온도를 확인하며 주조속도를 늦춘다.
161	연주작업 중 주편에 벌징 현상이 발생하였을 때 조치방법 2가지는?	• 주조속도 감속 • 냉각수량 증량
162	주조작업 중 슬래그 라인을 변경하는 이유는?	침식에 의한 침지노즐 절단 방지
163	연주 준비작업에서 더미바 점검작업 시 중요한 점검사항 2가지는?	• 더미바 헤드손상여부 • 링크의 굴곡 정도정상여부 • 링크핀의 이상여부

문제	정답 Answer
164 연속주조생산 현장에서 적용되고 있는 무산화주조 작업요령을 2가지만 쓰시오.	침지노즐 사용, 롱노즐(Shroud) 사용, 아르곤 가스 실링, TSG SEN, ONQC SEN, 몰드 플럭스, 턴디시 플럭스
165 연속주조 주편에 횡방향으로 나타나는 무늬는?	오실레이션 마크 (Oscillation mark)
166 주형, 벤더 또는 설비 가이드롤 내에서 주편 내 용강을 교반하는 장치는?	EMS(전자교반장치)
167 연주작업을 위한 주형 내 더미바의 삽입위치는?	매니스커스 부에서 300mm 이하 지점
168 연주작업에서 말하는 비수량이란?	2차냉각수량/주편량 (용강 Kg당 뿌려지는 냉각수량)
169 연주조업에서 주편의 중심부편석을 방지하기 위한 설비는?	전자교반장치 (EMS : Electro Magnetic Stirrer)

170 연주조업에서 주형을 순동으로 하는 이유는?

- 열전도도 우수
- 내식성 우수

171 연주공정에서 스카핑이란 주편 어느 부위의 결함을 제거하는 것인가?

표면, 표면결함

172 주조작업 중 슬래그 라인을 변경하는 이유는?

침식에 의한 침지노즐 절손 방지

173 연속주조작업 완료 후 주편이 주형을 빠져 나간 후 주조속도를 어떻게 해야하는지 쓰시오.

정상속도로 한다.

174 연속주조작업 중 침지노즐을 예열하지 않고 주조작업을 개시하면 어떤 현상이 일어나는지 쓰시오.

침지노즐 막힘, 용강이 나오지 않음

175 연주작업 중 주편 내 미응고용강을 교반하는 목적은?

- 개재물 제거
- 편석 방지
- 등축정 생성 촉진

176 연주조업에서 주편의 벌징원인은?

정답 Answer
- 고온주조, 고속주조,
- 냉각수 부족, 냉각 불량
- 롤간격이 넓음, 주편폭이 넓음

177 연속주조 준비작업 시 주형 테이퍼(Taper) 조정 기준이 되는 수치는 어느 것인지 쓰시오.

주형 상단 폭과 하단 폭
(최상단 너비와 최하단 너비)

178 연주작업 시 용강의 온도가 낮을 경우 노즐에 미치는 영향은?

노즐이 막힘

179 연주작업 시 생산 제품이 열간상태에서 면가로터짐이나 코너터짐이 발생할 때 조치사항은?

주조 속도를 감속한다.

180 연속주조작업용 조립식 주형의 폭 조정방법은 어떻게 하는지 쓰시오.

동판을 밖으로 벌린 후 안으로 밀어 넣으면서 조정한다.

181 연속주조작업 중 주형 내 용강 높이를 제어하는 설비는 무엇인지 쓰시오.

주형용강 높이 제어장치, EMLI, MLAC, ECLM

182 연주 결함으로 이중표피의 방지법 3가지는?

- 오목 정반을 사용
- 스플래시 캔을 사용
- 주형 내부에 도료를 바른다.

183 연주작업에서 주형내 용강이 1차 냉각에 의해 응고 표면을 형성하면서 수축이 되어 동판과 응고막 사이에 틈이 발생하는 것은?

에어 갭

184 턴디시 용강을 몰드 내로 주입을 완료하여 몰드 내에 있는 주편 테일부를 완전히 응고시키기 위해 소요되는 시간은?

캐핑 시간(Capping Time)

185 연주에서 주형의 진동에 의해 주편 표면에 발생하는 결함은?

오실레이션 마크

186 턴디시에서 몰드에 용강 주입 시 재산화에 의한 용강 오염 방지 및 용강 유동을 제어하는 노즐은?

침지노즐
(SEN : Submerged Entry Nozzle)

187 연주에서 용강을 응고시키는 작업 중 1차 냉각과 2차 냉각은?

- 1차 냉각 : 주형에 의한 냉각(간접 냉각)
- 2차 냉각 : 주편과 기계를 수냉에 의한 냉각(직접 냉각)

	정답 Answer
188 연속주조조업에서 연연주비란 무엇인가 쓰시오.	연주수/몰드
189 연속주조조업에서 주형을 진동하는 이유를 쓰시오.	용강의 몰드 용착 방지
190 연속주조조업에서 캡핑 시 살수하지 않는 이유를 쓰시오.	폭발 현상 방지
191 연속주조작업 중 용강유출 사고가 발생하였다. 조치 사항은?	연속주조작업을 중지하고 냉각수를 증량 공급한다.
192 연속주조설비 중 동력롤(pinch roll, driven roll)의 기능은?	주편 지지, 주편 인발, 주편 고정
193 연속주조 주편의 면가로터짐의 원인 2가지는?	주형진동조건 이상, 롤 정렬 불량, 주형정렬 이상, 용강화학성분 이상 2차 냉각 부적정

194 연속주조설비 2차 냉각 방식 2가지는?

- 스프레이(Spray) 냉각
- 에어미스트(Air mist) 냉각

195 몰드 파우더에 사용하는 합성 슬래그의 주성분 3가지는?

Al_2O_3, SiO_2, CaO

196 주형진동장치에서 저속진동장치와 고속진동장치의 각각의 진동수는?

- 저속 : 60~80cpm
- 고속 : 100~300cpm

197 연속주조작업에서 1차냉각, 2차냉각, 3차냉각은 각각 무엇인가?

- 1차 냉각 : 몰드에 의한 냉각
- 2차 냉각 : 수냉에 의한 직접 냉각
- 3차 냉각 : 기계에 의한 냉각

198 연주공정에서 공정의 흐름을 방해하지 않고 주조 중에 주조폭을 확대 축소할 수 있는 장치는?

폭가변장치(AWCM : Automatic Width Control Mold)

199 주상에서 주조완료된 턴디시를 수리하기 위해 수리장으로 운반하는 설비는?

턴디시 크레인(Tundish Crane)

#	문제	정답
200	턴디시를 싣고 주조위치로 이동해주는 대형 운반차는?	턴디시카(Tundish Car)
201	용강 중 개재물 및 불순물 등의 부상분리시키고 강의 청정도를 향상시키기 위해 분말 취입을 하는데 이때 사용하는 분말 재료는?	Ca-Si
202	연속주조조업에서 한 개의 주형으로 여러 개의 폭의 주편을 주조할 수 있는 주형의 형태는?	조립식 주형
203	연주완료된 주편 표면에 발생된 결함 등을 고압 산소와 가스를 이용하여 표면을 용융히여 결함을 제거하는 것은?	열간 스카핑(Hot Scrfing)
204	연속주조조업에서 핀치롤의 기능은?	• 주편 지지 • 일정한 속도로 주편을 인발 • 주편 고정
205	주편표면에 나타나는 스키드마크의 원인은?	롤의 회전이 불량하므로

206 턴디시에서 주형으로 주입되는 용강량을 제어하는 장치는?

- 슬라이드 게이트
- 턴디시 스토퍼

207 연주기의 형식 3가지는?

- 수직형
- 수평형
- 전만곡형
- 수직만곡형

208 연주조업에서 Open 노즐보다 침지노즐을 사용하는 할 때 장점은?

- 용강의 재산화방지
- 용강의 스플래시 방지
- 고품질강 제조
- 용강비산에 의한 화상예방

209 연속주조에서 용강 과열도란?

턴디시온도 − 이론응고온도

210 연주주조에서 몰드 하단에 더미바를 삽입하고 몰드와의 틈을 냉각제 등 철원료로 봉하는 작업은?

실링(몰드 실링, Sealing)

211 연속주조 조업의 순서는?

레이들 → 턴디시 → 턴디시 스토퍼 → 침지노즐 → 몰드 → 핀치롤

212 연주조업으로 생산되는 주편의 열편직송압연(HDR) 작업 시 주편 모서리 부분의 열보상을 하는 것은?

에지히터(Edge heater)

213 최종 제품이 요구하는 품질의 용강을 생산하기 위하여 진공 탈가스법을 통하여 제거되는 유해 가스의 명칭을 3가지만 쓰시오.

산소, 수소, 질소

214 노외정련에 사용하는 RH법에서 중처리하는 목적은?

- 가스 제거
- 비금속 개재물 제거

215 제강에서 출강한 레이들내 용강 상부에 전극을 설치하여 정련하는 LF(Ladle Furnace)의 주요 목적을 2가지만 쓰시오.

승온, 탈황, 비금속개재물 제거, 불순물 제거

216 제강작업 중 용강 온도가 목표치보다 높을 경우 냉각제로 사용되는 부원료를 2가지 쓰시오.

철광석, 석회석, 밀스케일, 고철, 소결광

217 염기도란?

- $\dfrac{CaO}{SiO_2}$
  $\dfrac{염기성\ 성분의\ 총합}{산성\ 성분의\ 총합}$

218 용강 중의 P은 강재에 어떤 취성을 일으키는가?

> **정답** *Answer*
> 상온취성(저온취성)

219 노외정련법 중 PI법(Powder Injection)에서 탈황과 개재물 제어를 위하여 랜스를 통해 용강 중에 취입되는 분체는?

> Ca–Si, CaO–CaF$_2$

220 2차 정련의 목적을 3가지 쓰시오.

> • 강의 불순물제거에 의한 청정도 향상
> • 가스 성분의 제거(탈가스)
> • 합금원소의 첨가
> • 강의 성분 및 온도의 균일화

221 주로 스테인리스강을 제조할 때 사용하는 방법으로 용해 후 진공탈탄의 정련을 거치는 2차정련 방법은?

> VOD법

222 제강 정련작업에서 슬래그의 역할 3가지는?

> • 유해성분(S, P) 제거
> • 용강보온
> • 가스흡수방지(N, H)
> • 유용성분손실방지

223 2차 정련법에서 순환탈가스의 목적은?

> 탈수소, 탈질소, 탈산소, 비금속개재물 제거

224 2차 정련법으로 레이들 내 진공조로 순환시켜 탈가스 하는 방법은?

정답: 순환탈가스법(RH법)

225 회전하는 임펠러에 의해 용선을 교반하며, CaC_2를 투입하여 용선 내의 탈황(탈유)처리법은?

정답: KR법

226 2차 정련작업에서 버블링 작업의 목적은?

정답:
- 강의 청정도향상
- 용강온도 조절
- 성분 균일화
- 온도 균일화
- 비금속개재물 부상분리
- 기계적 성질 향상

227 제강소업에서 발생된 폐가스를 집진하는 방법의 종류는?

정답:
- 전기 집진(EP 집진)
- 살수 집진(습식 집진, LT 집진)
- 여과식 집진(백필터 집진)
- 건식 집진(OG 집진)

228 탈인 반응을 촉진하기 위한 슬래그의 산화도는?

정답: 슬래그의 산화도가 커야한다.

229 용강 레이들 내 슬래그 중에 전극을 침지하여 아크를 발생시키고, 저부에서 불활성가스를 취입하여 교반하는 노외정련법은?

정답: LF (레이들 정련)

[산업안전보건법 시행규칙 별표 6]

안전·보건표지의 종류와 형태

1. 금지표지	101 출입금지	102 보행금지	103 차량통행금지	104 사용금지	105 탑승금지	106 금연
107 화기금지	108 물체이동금지	2. 경고표지	201 인화성물질 경고	202 산화성물질 경고	203 폭발성물질 경고	204 급성독성물질 경고
205 부식성물질 경고	206 방사성물질 경고	207 고압전기 경고	208 매달린 물체 경고	209 낙하물 경고	210 고온 경고	211 저온 경고
212 몸균형 상실 경고	213 레이저광선 경고	214 발암성·변이원성·생식독성·전신독성·호흡기 과민성 물질 경고	215 위험장소 경고	3. 지시표지	301 보안경 착용	302 방독마스크 착용
303 방진마스크 착용	304 보안면 착용	305 안전모 착용	306 귀마개 착용	307 안전화 착용	308 안전장갑 착용	309 안전복 착용
4. 안내표지	401 녹십자표지	402 응급구호표지	403 들것	404 세안장치	405 비상용기구	406 비상구
407 좌측비상구	408 우측비상구	5. 관계자외 출입금지	501 허가대상물질 작업장 관계자외 출입금지 (허가물질 명칭) 제조/사용/보관 중 보호구/보호복 착용 흡연 및 음식물 섭취 금지	502 석면취급/해체 작업장 관계자외 출입금지 석면 취급/해체 중 보호구/보호복 착용 흡연 및 음식물 섭취 금지	503 금지대상물질의 취급 실험실 등 관계자외 출입금지 발암물질 취급 중 보호구/보호복 착용 흡연 및 음식물 섭취 금지	
6. 문자추가시 예시문	휘발유화기엄금	▶ 내 자신의 건강과 복지를 위하여 안전을 늘 생각한다. ▶ 내 가정의 행복과 화목을 위하여 안전을 늘 생각한다. ▶ 내 자신의 실수로써 동료를 해치지 않도록 안전을 늘 생각한다. ▶ 내 자신이 일으킨 사고로 인한 회사의 재산과 손실을 방지하기 위하여 안전을 늘 생각한다. ▶ 내 자신의 방심과 불안전한 행동이 조국의 번영에 장애가 되지 않도록 하기 위하여 안전을 늘 생각한다.				

[GHS 유해화학물질 분류표시에 따른 표시사항]

국립환경과학원 자료

205
부식성물질 경고

M·E·M·O

PART 06 필답형 기출 복원문제

2023년
- 제1회 필답형 기출 복원문제
- 제3회 필답형 기출 복원문제

2024년
- 제1회 필답형 기출 복원문제
- 제3회 필답형 기출 복원문제
- 제4회 필답형 기출 복원문제

2023년 1회 필답형 기출 복원문제

01 다음 그림은 레이들 노즐 필러재 충진 개략도이다. 물음에 답하시오.

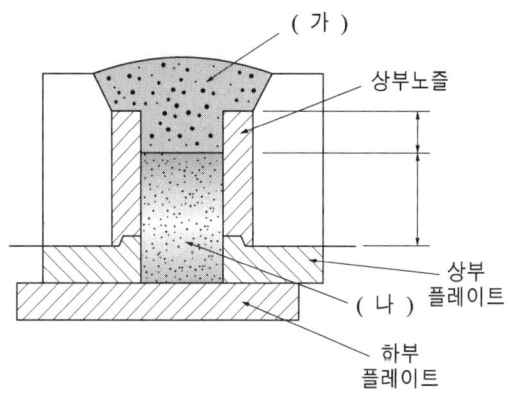

가. 노즐 필러재의 역할을 쓰시오.
나. (가)에 충진되는 재료를 쓰시오.
다. (나)에 충진되는 재료를 쓰시오.

정답 Answer
가. 노즐부 시스템을 열적으로 보호 (플레이트 내화물 보호)
나. 그릿(Grit)
다. 규사

02 고로에서 나온 용선이 용선 탕도를 거쳐 용선 운반차에 수선하는 역할을 하는 주상 설비는?

경주통

03 탈산제를 사용할 때 단독 탈산할 때보다 복합탈산할 때 탈산 효율은 어떻게 되는가?

탈산 효율이 증가한다.

04 다음의 제강용 부원료의 화학기호를 쓰시오.

　가. 석회석
　나. 생석회
　다. 자철광

정답
가. $CaCO_3$
나. CaO
다. Fe_3O_4

05 염기도를 구하는 식을 쓰시오.

정답
$$염기도 = \frac{CaO\%}{SiO_2\%}$$

06 산업안전 보건의 기준을 확립하고 그 책임의 소재를 명확하게 하여 산업재해를 예방하고 쾌적한 작업환경을 조성하고자 1981년 제정된 법률은?

정답
산업안전보건법

07 다음은 위험성 평가 5단계를 나타낸 것이다. ( )안에 알맞은 내용을 보기에서 골라 쓰시오.

사전준비 → (가) → (나) → (다) → 위험성 감소대책수립

　　위험성 추정, 위험성 결정, 위험성 요인 파악

정답
가. 위험성 요인 파악
나. 위험성 추정
다. 위험성 결정

08 연속주조에서 EMS 설비에 대하여 물음에 답하시오.

　가. EMS의 정의를 쓰시오.
　나. EMS의 기능을 2가지 쓰시오.

정답
가. 주형, 벤더, 설비 가이드롤 내에서 주편 내 용강을 교반하는 장치
나. 개재물 분리부상, 편석 방지, 용강의 균일화, 핀홀 저감

09 다음 그림은 연속주조 주편의 형상을 나타낸 것이다. 알맞은 형태의 소재를 보기에서 골라 쓰시오.

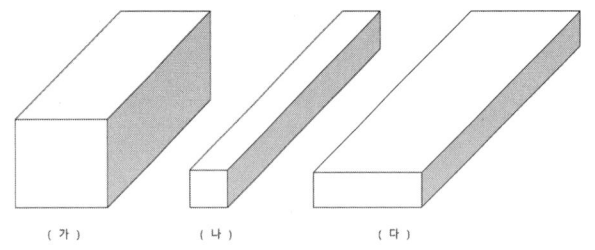

(가)   (나)   (다)

스켈프, 슬래브, 블룸, 스트립, 빌릿

정답 Answer
가. 블룸
나. 빌릿
다. 슬래브

10 다음은 내화물이 갖추어야 할 조건을 나타낸 것이다. ( )의 용어에 알맞은 것을 골라 ○표시를 하시오.

가. 고온에서의 강도가 (높다 / 낮다)
나. 내마모성이 (높다 / 낮다)
다. 열진노노가 (높다 / 낮다)
라. 열팽창률이 (높다 / 낮다)

가. 높다
나. 높다
다. 낮다
라. 낮다

11 다음은 하드블로와 소프트블로에 대한 설명이다. 옳은 것을 골라 쓰시오.

가. 소프트 블로는 T-Fe가 (1 : 높은, 낮은) 발포성 강재가 형성되어 탈인 반응은 (2 : 촉진, 억제) 되고, 탈탄 반응은 (3 : 촉진, 억제) 된다.
나. 하드 블로는 탈탄 반응을 (4 : 촉진, 억제)시키고, FeO(산화철)의 생성을 (5 : 촉진, 억제) 한다.

1 : 높은
2 : 촉진
3 : 억제
4 : 촉진
5 : 억제

12 전로 내화물 보호용으로 사용하는 부원료를 2가지 쓰시오.

돌로마이트, 마그네시아

13 다음 그림과 같은 진공탈가스법의 명칭을 쓰시오.

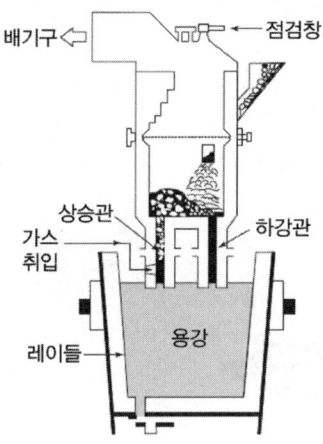

정답 Answer

순환탈가스법(RH법, 라인스탈법)

14 연속주조에서 주형의 재질은 무엇이며, 주형의 기능을 쓰시오.

가. 주형의 재질
나. 주형의 기능

가. 구리(순동)
나. 용강을 소정의 단면 형상으로 응고시킨다.

15 LF 정련에서 보온재의 투입 목적을 3가지 쓰시오.

• 용강 보온
• 재산화 방지
• 비금속 개재물 흡수

16 연속주조 주편의 내부결함을 3가지 쓰시오. (단, 내부균열(Carck)은 제외)

• 중심편석
• 수소성 결함
• 개재물

17 LD 전로 조업시 용선 95톤, 고철 25톤, 냉선 2톤을 장입했을 때 출강량이 110톤이었다면 출강실수율(%)은 약 얼마인가?

출강실수율
$= \dfrac{출강량}{전장입량} \times 100$
$= \dfrac{출강량}{용선+고철+냉선} \times 100$
$= \dfrac{110}{95+25+2} \times 100 = 90.2\%$

18 다음 그림은 연속주조 공정을 나타낸 것이다. ( )에 해당하는 설비 명칭을 쓰시오.

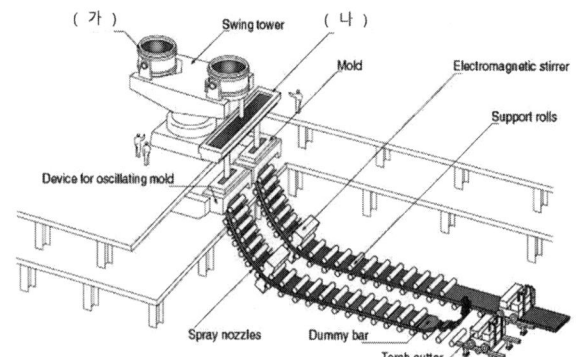

정답
가. 레이들(Ladle)
나. 턴디시(Tundish)

19 출강량 100톤, 주조속도 1.5m/min, 주조크기 200mm×1,000mm, 용강비중 7.3g/cm일 때 주조시간을 산출하시오.

주조시간
$$= \frac{출강량(t/CH)}{주편량(t/CH) \times 주조속도(m/min)}$$
$$= \frac{100}{(0.2 \times 1 \times 7.3) \times 1.5}$$
$$= 45.67(min/CH)$$

20 다음의 염기도를 계산하시오.

CaO 60%, SiO₂ 35%, MgO 0.6%, MnO 4.4%

염기도 $= \dfrac{CaO + MgO + MnO}{SiO_2}$
$= \dfrac{60 + 0.6 + 4.4}{36} = 1.867$

2023년 3회 필답형 기출 복원문제

01 다음에 설명하는 탈산법의 명칭을 쓰시오.

> 슬래그 중의 FeO 농도를 감소시키면 슬래그와 접촉하고 있는 용강이 탈산 반응이 일어나며, 일정 비율에 도달할 때까지 진행 즉, 용강 중의 산소는 FeO로 되어 슬래그로 확산이 진행된다.

정답 *Answer*

확산탈산법

02 다음 그림을 보고 제강 설비의 명칭을 쓰시오.

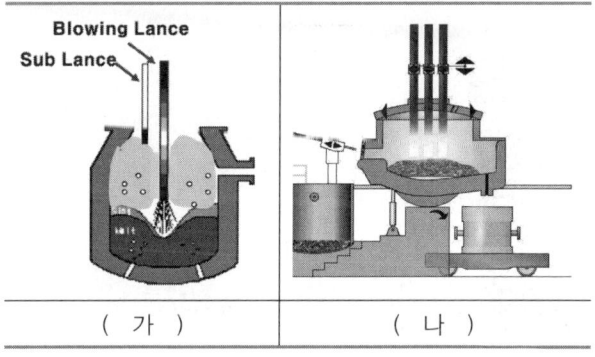

(가)   (나)

가. 전로
나. 전기로

03 AOD법에서 노의 측면 풍구에 취입하는 가스의 명칭 3가지는?

질소, 산소, 알곤

04 전극 소모의 원인을 3가지 쓰시오.

• 아크의 발생에 따른 승화
• 아크에 의한 열충격 스폴링
• 용강과 슬래그에 의한 침식

05 다음 그림은 연속주조 공정을 나타낸 것이다. ( )에 해당하는 설비 명칭을 쓰시오.

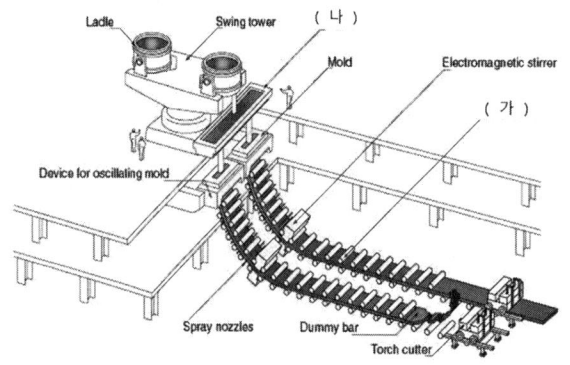

정답 Answer
가. 핀치롤(Pinch Roll)
나. 턴디시(Tundish)

06 다음 그림은 저취법을 나타낸 것이다. ( )에 해당하는 설비의 명칭을 쓰고, 취입하는 가스를 1가지 쓰시오.

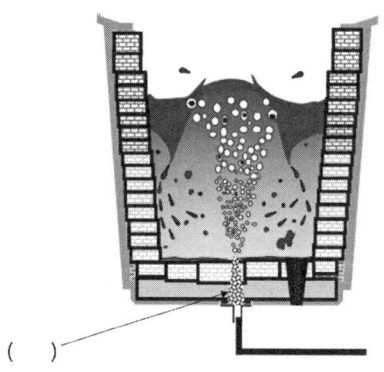

• 포러스 플러그
• 아르곤(Ar)

07 탈황처리에서 슬래그 중 산소 이온 활동도와 용선 중 산소 활동도의 영향을 3가지 쓰시오.

• 슬래그 중 산소 이온 활동도는 높을수록 탈황에 유리하다.
• 용선 중 산소 활동도는 낮을수록 탈황에 유리하다.

08 다음 빈칸에 화학식을 완성하시오.(단 FeO는 전부 환원된다.)

$$2FeO + Si \rightarrow (\ 가\ ) + (\ 나\ )$$

정답
가. 2Fe
나. SiO_2

09 다음은 산업안전에 관한 것이다. 알맞은 것끼리 연결하시오.

가. 비래 •　　• ① 고정된 물체에 신체가 끼인 것

나. 협착 •　　• ② 세워져 있는 물체가 넘어진 것

다. 전도 •　　• ③ 날아오는 물체에 의해 사람이 맞은 것

가 - ③
나 - ①
다 - ②

10 전기로 작업에서 슬래그의 역할 3가지는?

보온, 외부가스침입방지, 산화방지

11 제강에서의 탈산제의 구비조건을 쓰시오.

• 산소친화력이 클 것
• 부상분리가 용이할 것
• 용강 속에서 확산 속도가 클 것
• 가격이 저렴할 것
• 미반응량이 강질을 해치지 않을 것

12 화학 성분은 불화칼슘(CaF_2)이며 930℃에서 용해하여 제강로에서 슬래그의 염기도를 저하시키지 않고 용융 온도를 낮추어 슬래그의 유동성을 증가시키는 것은 무엇인가?

형석

13 다음 보기에서 염기성 내화물을 모두 골라 쓰시오.

> 샤모트질, 탄화규소질, 마그네시아질, 크롬질,
> 돌로마이트질, 알루미나질, 크롬마그네시아질, 규석질

정답 Answer

마그네시아질, 돌로마이트질, 크롬마그네시아질

14 가스와 함께 탈황제로 취입하여 탈황하는 방법의 명칭을 쓰고, 여기에 사용하는 미분상 탈황제를 쓰고, 이 방법의 가장 큰 단점을 하나만 쓰시오.

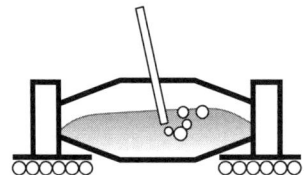

- 탈황법 : 탈황제 주입법
  (인젝션(Injection)법)
- 분말 : 탄화칼슘(CaC_2)
- 단점 : 탈황 효과가 떨어진다.
※ 참고 : 탈황 효과를 개선하기 위해 반응 촉진제를 투입하며, 토페도카(TLC) 상취 주입 시에 주로 사용한다.

15 전로정련에서 중요하게 다루고 있는 탈인(P)을 촉진하기 위한 조건을 2가지만 쓰시오.

- 강재의 염기도가 높을 때
- 산화력이 클 때
- 용강온도가 낮을 때
- 강재중에 P_2O_5가 낮을 때
- 강재량이 많을 때
- 강재의 유동성이 좋을 때

16 다음 그림은 LF정에서 정련작업이 끝나고 행해지는 작업을 나타낸 것이다. 이 작업의 명칭을 쓰시오.

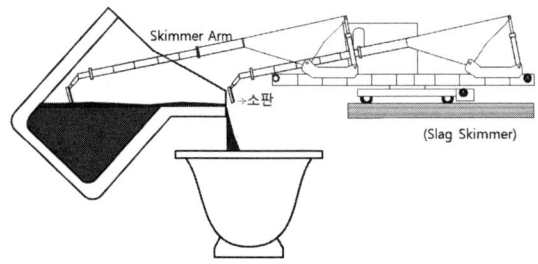

배재 작업(슬래그 제거 작업)

17 제철소에서 코크스, 부생가스, 천연가스와 반응에 의해 발생하는 것으로 지구온난화의 주범인 물질을 쓰시오.

정답 이산화탄소(CO_2)

18 주형, 벤더 또는 설비 가이드롤 내에서 주편 내 용강을 교반하는 장치는?

정답 EMS(전자교반장치)

19 연주에서 주형의 진동에 의해 주편 표면에 발생하는 결함은?

정답 오실레이션 마크

20 LD 전로 조업시 용선 95톤, 고철 25톤, 냉선 2톤을 장입했을 때 출강량이 110톤이었다면 출강실수율(%)은 약 얼마인가?

정답 출강실수율
$= \dfrac{출강량}{전장입량} \times 100$
$= \dfrac{110}{95+25+2} \times 100 = 90.2$

2024년 1회 필답형 기출 복원문제

01 다음 그림은 레이들의 구조를 나타낸 것이다. 물음에 답하시오.

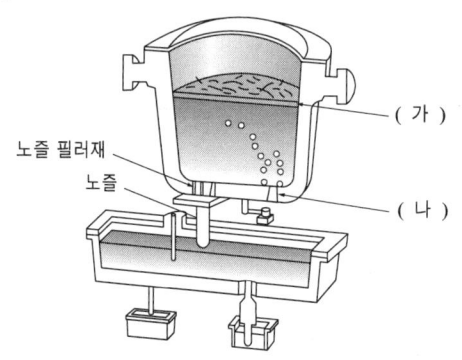

가. (가) 부분은 내화물 용손이 가장 심한 부분이다. 이 부분의 명칭을 쓰시오.
나. (나) 부분에 취입되는 가스를 한가지 쓰시오.

정답 Answer
가. 슬래그 라인
나. 아르곤(Ar)

02 전로 출강 작업 시 출강구로 나오는 슬래그의 유출을 방지하기 위해 노 내에 투입하여 사용하는 것은?

슬래그 체크볼(Slag Check Ball)

03 LF 정련 설비의 목적을 3가지 쓰시오.

- 전로 출강온도 다운(Down)
- 합금철 실수율 증대
- 인(P)의 Reblowing율 감소
- 아크에 의한 용강 온도 상승

04 그림은 레이들에서 턴디시에 용강을 공급하는 형태를 나타낸 것이다. (가)의 명칭을 쓰시오.

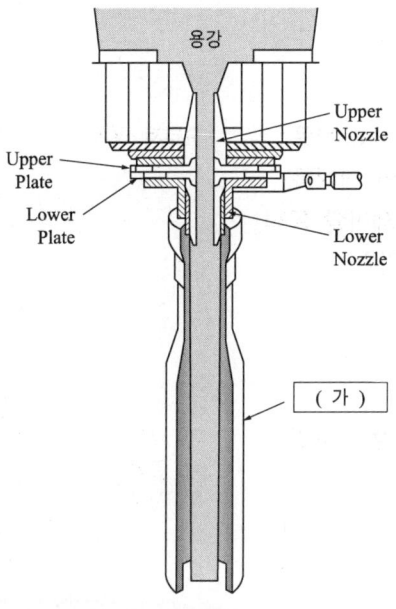

정답 *Answer*

쉬라우드 노즐(Shroud Nozzle) 또는 롱 노즐(Long Nozzle)

05 버블링(Bubbling) 작업의 목적을 쓰시오.

- 불순물(비금속 개재물)을 부상 분리
- 용강온도 균일화
- 용강성분 균질화
- 용강과 슬래그 간의 반응 효율 향상 (탈인, 탈황)

06 용강의 불순물 성분에 대한 다음 물음에 답하시오.

가. 적열취성의 원인이 되는 원소를 쓰시오.
나. 상온취성의 원인이 되는 원소를 쓰시오.

가. 황(S)
나. 인(P)

07 전로 조업에 사용되는 부원료 중 조재제를 3가지 쓰시오.

생석회, 석회석, 규사

08 취련 중 노 내 온도 및 탄소함량을 알기 위해 측정하는 장치는?

정답: 서브랜스

09 펌프로부터 공급되는 유압유를 작동기(Actuator)로 보내 원하는 일을 수행할 수 있도록 관로의 개폐를 통하여 유압시스템의 압력, 유량, 방향을 제어할 목적으로 사용되는 유압기기를 무엇이라 하는가?

정답: 유압제어밸브

10 다음의 안전표지 중 해당하는 색상의 용도를 쓰시오.
  가. 빨강 :
  나. 노랑 :
  다. 파랑 :

정답:
가. 금지
나. 경고
다. 지시

11 대형 선박을 통해 해상으로 운송되어 온 철광석과 유연탄 등의 제철 원료를 밀폐형 원료 처리 시설까지 운반하는 데 사용되는 설비는 무엇인가?

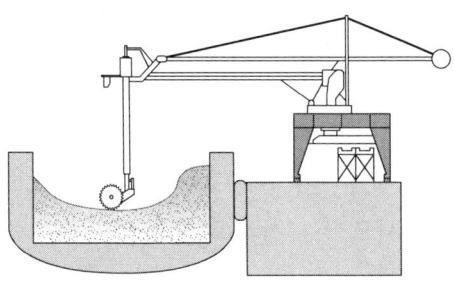

정답: 연속식 하역기
(CSU : Continuous Ship Unloader)

12 스테인리스강 정련법으로 그림과 같이 산소와 아르곤 가스를 취입하는 풍구를 노저 근방의 측면에 설치해 희석된 가스 기포가 상승할 때 탈탄 반응이 일어나게 하는 2차 정련법은?

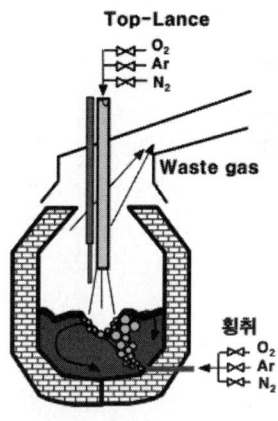

정답

AOD(Argon Oxygen Decarburization)

13 전기로 제강 공정에서 고철의 장입 순서를 쓰고, 그 이유를 쓰시오.

가. 장입 순서 :
나. 이유 :

가. 경량 고철 → 중량 고철 → 중간 중량 고철 → 경량 고철
나. 노체 및 전극보호

14 다음 그림은 연속주조 주편의 형상을 나타낸 것이다. 알맞은 형태의 소재를 보기에서 골라 쓰시오.

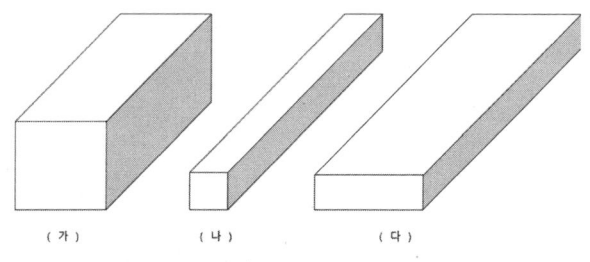

스켈프, 슬래브, 블룸, 스트립, 빌릿

가. 블룸
나. 빌릿
다. 슬래브

15 다음 그림은 제강 공정을 나타낸 것이다. (   )에 해당하는 공정의 명칭을 쓰시오.

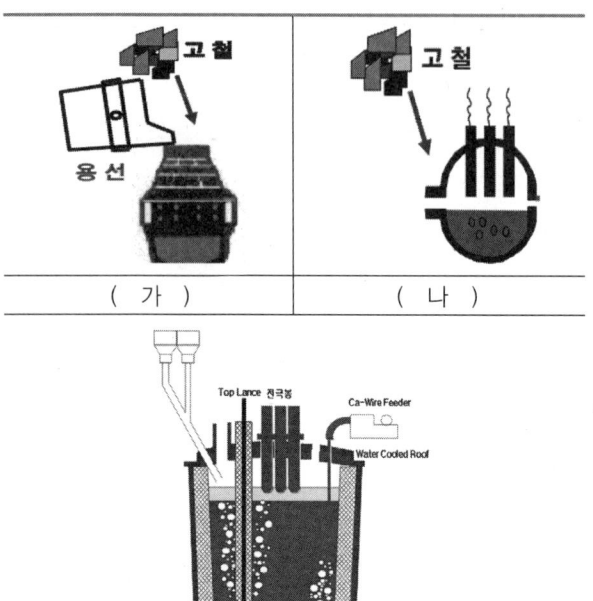

가. 전로
나. 전기로
다. 2차정련

16 다음 그림은 연속주조 주편의 표면 결함을 나타낸 것이다. 각각의 결함의 명칭을 쓰시오.

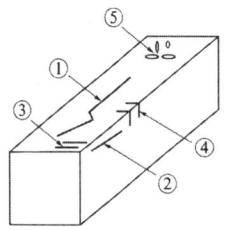

① - 면세로 균열
② - 모서리 세로 균열
③ - 면가로 균열
④ - 모서리 가로 균열
⑤ - 기포 결함

17 전로 조업중 발생하는 슬로핑을 방지하기 위한 대책 2가지는?

산소량 감소, 산소분압 감소, 소프트 블로우, 진정제 투입

18 다음 보기를 보고 염기성 산화물과 산성 산화물을 각각 찾아 쓰시오.

SiO₂, CaO, Al₂O₃, MgO, P₂O₅, Cr₂O₃, CaF

가. 산성 산화물
나. 염기성 산화물

정답
가. CaO, MgO, CaF
나. SiO₂, P₂O₅

19 슬래그 중의 성분이 다음과 같을 때 염기도를 구하시오.

SiO₂ 25%, CaO 55%, Al₂O₃ 15%,

$$염기도 = \frac{CaO\%}{SiO_2\%} = \frac{55}{25} = 2.2$$

20 연주작업 중 주편 벌징의 원인 2가지는?

고속주조, 고온주조, 냉각수부족, 주편폭이 넓을 때

2024년 3회 필답형 기출 복원문제

01 전기로 조업에서 탈수소에 유리한 조건을 3가지만 쓰시오.

정답
- 강욕 온도가 충분히 높을 것
- 탈산성 원소를 과도히 함유하지 않을 것
- 슬래그 층이 너무 두껍지 않을 것
- 탈산 속도가 클 것(비등이 활발할 것)
- 탈산제나 첨가제에 수분을 포함하지 않을 것
- 대기 중의 습도가 낮을 것

02 연속주조 조업에서 몰드 파우더(플럭스)의 기능을 2가지만 쓰시오.

정답
- 용강면을 덮어 공기산화 방지, 열반산 방지
- 윤활제 역할
- 강의 청정도 향상
- 부상한 개재물의 용해 흡수
- 주형 내 용강의 보호

03 연속주조 작업 중 침지노즐 막힘의 원인을 2가지 쓰시오.

정답
- 저온주조에 의한 용강 온도 저하에 따른 용강의 응고
- 석출물이 용강 중에 섞여 노즐이 좁아지고 막히게 되는 경우
- 턴디시 및 침지노즐 예열 불충분할 때

04 용선 20톤, 고철 8톤을 장입하였을 때 용강 중 황이 몇 kg 들어있는가? (고철 중 S% 0.021, 용선 중 S% 7ppm 이다.)

정답
용강중 S%
= 고철중 S% + 용선중 S%
= (8,000×(0.021/100))
　　　　+(20,000×0.000007)
= 1.694kg

05 제강에 사용하는 고체 탈황제의 종류를 3가지 쓰시오.

정답 Answer

CaC2, CaO, CaF$_2$, Fe-Mn

06 다음은 전기로 조업에서의 탈산에 관한 사항이다. 물음에 답하시오.

> 산화기 강재를 제거한 후 바로 Fe-Si-Mn, Fe-Si, 금속 Al 등을 용강 중에 직접 첨가한다. 이때에 생긴 탈산 생성물을 부상 분리함과 동시에 조제재를 투입하여 신속하게 환원성 슬래그를 만들어 환원 정련을 진행시키는 방법이다. 이방법의 장점은 환원기의 슬래그를 만들기 쉽고 용강 성분의 변동이 적으며, 탈산 및 탈황이 신속하여 환원 시간이 짧은 것 등이다.

가. 위에서 설명하는 탈산법은 무엇인가?
나. 사용하는 탈산제의 종류를 1가지만 쓰시오.

가. 강제탈산법(석출탈산법)
나. Fe-Si, Al

07 다음 그림은 전로의 구조이다. (   )에 해당하는 설비의 명칭을 쓰시오.

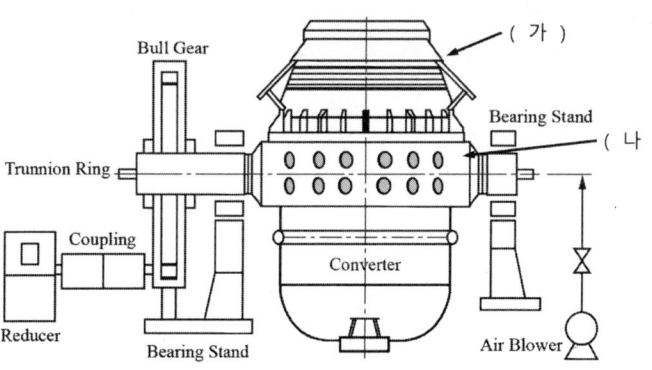

가. 스커트(Skirt)
나. 트러니언링(Trunning Ring)

08 다음 그림은 LF 설비의 개략도를 나타낸 것이다. ( )에 해당하는 설비의 명칭을 쓰시오.

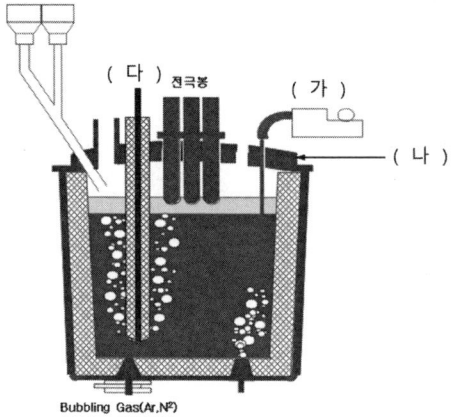

정답
가. 와이어 공급기(Wire feeder)
나. 수냉 루프(Water cooled Roof)
다. Top Lance

09 다음은 전기로 설비에 관한 사항이다. ( )에 해당하는 설비의 명칭을 쓰시오.

> UHP 전기로가 많이 건설되어 투입 전력 밀도 증가에 의한 노벽 hot spot 부위가 발생했고 이에 견딜 수 있는 노벽으로 수랭 판넬(panel)이 등장했다. 당초에는 hot spot부만 (_____)이(가) 설치되고 그 외 부분은 내화물 구조였으나 서서히 수랭화율이 높아져 현재는 용강면의 상 방향 100~150mm 이상의 부분의 거의 100% 수랭화되었다.

정답
수냉 패널(Water cooling panel)

10 연속주조 설비의 순서를 보기에서 골라 순서대로 쓰시오.

> 핀치롤, 턴디시, 레이들, TCM, 주형, 침지노즐

정답
레이들 → 턴디시 → 침지노즐 → 주형(몰드) → 핀치롤 → TCM

11 다음은 제강 환경안전관리에 관한 사항이다. 물음에 답하시오.

가. 유해, 위험 요인을 사전에 찾아내어 그것이 어느 정도로 위험한지를 추정하고, 그 추정한 위험성의 크기에 따라 대책을 세우는 것을 무엇이라 하는가?

나. 다음의 안전보건 표지에 대하여 쓰시오.

정답 Answer

가. 위험성 평가
나. ① 사용금지, ② 고온경고

12 주편의 표면결함을 2가지 쓰시오.

- 면세로 균열
- 면가로 균열
- 방사상 균열

13 용선 75톤, 고철 20톤, 형선 5톤을 장입하여 조업한 결과 양괴 86톤이 생산되었을 때 용선 배합률을 구하시오.

용선배합률 = $\dfrac{용선량}{전장입량} \times 100$

$= \dfrac{75}{75+20+5} \times 100 = 75\%$

14 전기로 집진설비 중 여러 개의 자루에 연진을 포집하여 자루의 섬유 사이로 통과시켜 청정하는 방식의 집진기는?

백필터(Bag filter)

15 전기로 조업에서 보조열원인 LNG나 산소를 취입하는 설비의 명칭을 쓰시오.

수랭랜스

16 다음 그림은 철강의 생산공을 나타낸 것이다. ( ) 안에 해당하는 공정 명칭을 쓰시오.

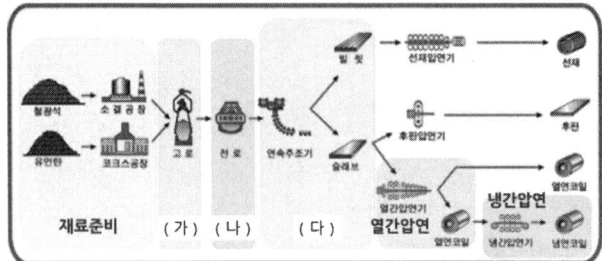

정답
가. 제선
나. 제강
다. 연속주조

17 다음은 연속주조 조업에 관한 내용이다. 물음에 답하시오.

가. 연속주조의 능률을 향상시키기 위해 여러 개의 레이들을 사용하여 연속해서 주조하는 방법은?

나. 연주주조에서 몰드 하단에 더미바를 삽입하고 몰드와의 틈을 냉각제 등 철원료로 붙히는 작업은?

정답
가. 연연주조업
나. 실링(Sealing)

18 다음은 주괴에 대한 설명이다. ( )에 해당하는 주괴의 명칭을 쓰시오.

( )은(는) 연속 주조에 의해 직접 주조하거나 편평한 강괴 또는 블룸을 조압연한 것으로서 단면은 장방형이고, 모서리는 약간 둥글다. 치수는 여러 가지 제품 형상을 얻을 수 있도록 다양하며, 보통 두께가 50~350mm까지이며, 폭은 350~2000mm, 길이 1~12m이다. 강편, 강판 및 강대의 압연 소재로 사용한다.

정답
슬래브(Slab)

19 전로 조업에서 전용선 조업을 실시하는 경우를 3가지 쓰시오.

정답 *Answer*
- 탕면 측정 시
- 신로 축조 후 첫 Ch 작업 시
- 고청 장입 크레인 고장 시
- 영구장 연와가 돌출되어 보수가 필요할 경우

20 펌프로부터 공급되는 유압유를 작동기(Actuator)로 보내 원하는 일을 수행할 수 있도록 관로의 개폐를 통하여 유압시스템의 압력, 유량, 방향을 제어할 목적으로 사용되는 유압기기를 무엇이라 하는가?

유압제어밸브

2024년 4회 필답형 기출 복원문제

01 다음 그림은 연속주조 공정을 나타낸 것이다. (   )에 해당하는 설비의 명칭과 기능을 쓰시오.

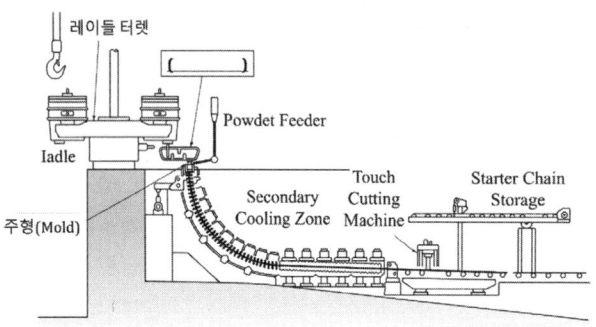

가. 설비의 명칭
나. 설비의 기능

정답 Answer

가. 턴디시(Tundish)
나. 레이들에서 용강을 받아서 주형(Mold)에 공급

02 용선을 전로에 장입하기 전에 황(S)을 미리 제거할 때 효과를 2가지 쓰시오.

- 제강시간 단축
- 용강의 고순도화에 의한 전로강 품질 향상

03 연주기의 주형에는 바닥이 없으므로 주조 개시 시 주형의 밑바닥을 만들어서 용강의 누출을 방지하는 설비의 명칭을 쓰시오.

더미바(Dummy Bar)

04 다음 그림은 LF정에서 정련작업이 끝나고 행해지는 작업을 나타낸 것이다. 이 작업의 명칭을 쓰시오.

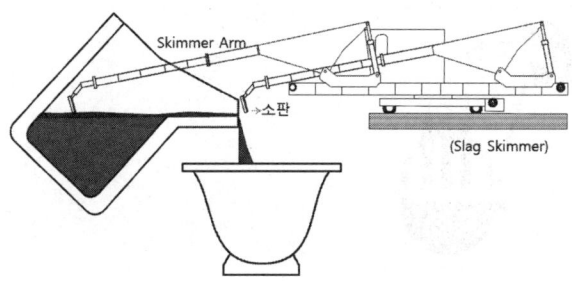

정답: 배재 작업(슬래그 제거 작업)

05 용선 2톤, 고철 9톤을 장입하였을 때 용강 중 황이 몇 kg 들어있는가? (고철 중 S% 0.035, 용선 중 S% 10ppm 이다.)

정답:
용강중 S%
= 고철중 S% + 용선중 S%
= (9,000×(0.035/100))
　　　　+(20,000×0.000010)
= 3.17kg

06 전로조업에서 염기도를 높이기 위해 사용하지만 너무 많이 사용할 경우 슬로핑을 유발하는 부원료의 명칭을 쓰시오.

정답: 형석

07 출강 중 합금철 투입 시 출강량이 140ton이고, 용강 중에 Mn이 없다고 판단될 때, 목표 Mn이 0.25%라면 Mn의 투입량(kg_f)은?

정답:
투입량 = 출강량×합금성분
= 140,000kg×0.0025
= 350kg

08 연주작업 중 주편에 벌징 현상이 발생하였을 때 조치 방법 2가지는?

정답:
• 주조속도 감속
• 냉각수량 증량

09 다음 그림은 제강 공정을 나타낸 것이다. ( )에 해당하는 공정의 명칭을 쓰시오.

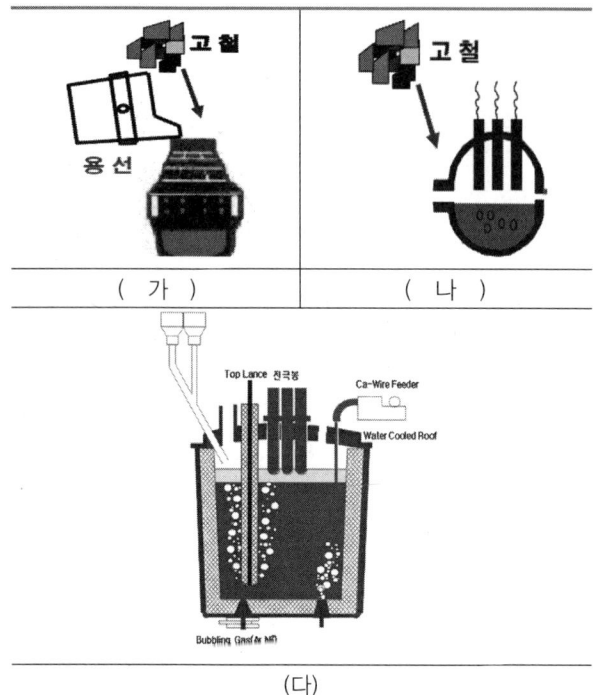

(가)   (나)

(다)

가. 전로
나. 전기로
다. 2차정련

10 용선 95톤, 고철 10톤, 형선 5톤을 장입하여 조업한 결과 양괴 88톤이 생산되었을 때 용선 배합률을 구하시오.

$$용선배합률 = \frac{용선량}{전장입량} \times 100$$
$$= \frac{95}{95+10+5} \times 100 = 83.36\%$$

11 LF정련에서의 슬래그의 기능을 2가지 쓰시오.

• 정련 작용(불순물 제거)
• 용강의 산화 방지
• 외부 가스의 흡수 방지
• 열방산 방지(보온)

12 전극 절손의 원인을 3가지 쓰시오.

- 스크랩과 전극의 충돌
- 과대전류에 의한 열응력 증대
- 접속부 내외의 니플(Nipple)과 소켓(Socket)의 온도차에 의한 열응력 증대
- 부정확한 전극 연결

13 AOD 조업에 사용하는 가스를 3가지 쓰시오.

산소, 질소, 아르곤

14 다음 그림은 전기로 출강방식을 나타낸 것이다. ( )에 해당하는 방식의 명칭을 쓰시오.

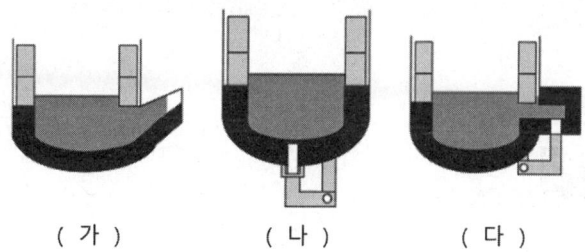

(가)   (나)   (다)

가. Tea spout 방식
나. CBT 방식
다. EBT 방식

15 다음은 제강용 부원료이다. 각각의 화학식을 보기에서 골라 쓰시오.

CaO, Fe_2O_3, CaF_2, MgO, Fe_3O_4, SiO_2, $CaCO_3$

가. 마그네시아 :
나. 자철광 :
다. 석회석 :

가. MgO
나. Fe_3O_4
다. $CaCO_3$

16 용강 수강 레이들의 예열 온도, 시간, 이유를 각각 쓰시오.

가. 예열온도 :
나. 예열시간 :
다. 예열이유 :

정답 *Answer*

가. 1,100~1,200℃
나. 10시간
다. 출강된 용강의 온도 강하 방지

17 다음 그림은 용선예비처리 공정으로 CaO, CaF_2를 산소와 함께 취입하여 예비 탈인 및 탈황처리하는 방법이다. 이 방법의 명칭을 쓰시오.

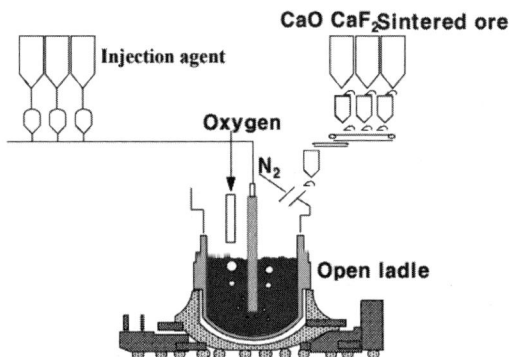

HMPS(Hot Metal Pretreatment Station) 법

18 다음은 안전사고 유형에 대한 설명이다. 해당하는 사고 명칭을 보기에서 골라 쓰시오.

> 추락, 파열, 전도, 폭발, 비래, 협착, 충돌

가. 사람이 건축물, 비계, 기계, 사다리, 경사면 등의 높은 장소에서 떨어지는 것을 말한다.
나. 사람이 거의 평면 또는 경사면, 층계 등에서 구르거나 넘어지는 경우를 말한다.
다. 재해자 자신의 움직임, 동작으로 인하여 기인물에 접촉 또는 부딪히거나, 물체가 고정부에서 이탈하지 않은 상태로 움직임 등에 의하여 부딪히거나, 접촉한 경우를 말한다.

가. 추락
나. 전도
다. 충돌

19 다음의 공정 분석 기호의 명칭을 쓰시오.

○	⇨	□	◇	▽
①	②	③	④	⑤

정답 *Answer*
① 가공, ② 운반, ③ 수량검사,
④ 품질검사, ⑤ 저장

20 전극의 구비 조건을 3가지 쓰시오.

- 전기 전도도가 우수하고 열전도도가 낮아야 한다.
- 불순물이 적어야 한다.
- 기계적 강도가 크고 온도 변화에 잘 견뎌야 한다.
- 고온 산화도가 낮아야 한다.

제강기능사 필기+실기 무료특강

무료특강 신청방법

신규 무료특강은 교재 출간 후 순차적으로 촬영 및 편집되어 업로드 됩니다.

▲ 카페 바로가기

1 나합격 카페 가입
cafe.naver.com/napass1

2 사진 촬영
하단 공란에 닉네임 기입

3 카페 게시물 작성
등업 후 영상 시청 가능

카페 닉네임

- 가입한 카페 닉네임과 동일하게 기입
- 지워지지 않는 펜으로 크게 기입
- 화이트 및 수정테이프 사용 금지
- 중복기입 및 중고도서는 등업 불가능

처음이신가요?

자세한 등업방법은 QR 코드 참조

모바일 등업방법

PC 등업방법

나합격 제강기능사 필기 + 실기 + 무료특강

2018년 3월 5일 초판 발행 | 2020년 1월 5일 2판 발행 | 2021년 2월 5일 3판 발행 | 2023년 1월 5일 4판 발행 | 2024년 1월 5일 5판 발행
2025년 3월 5일 6판 발행

지은이 나합격콘텐츠연구소 | 발행인 오정자 | 발행처 삼원북스 | 팩스 02-6280-2650
등록 제2017-000048호 | 홈페이지 www.samwonbooks.com | ISBN 979-11-93858-52-3 13500 | 정가 30,000원
Copyright©samwonbooks.Co.,Ltd.

- 낙장 및 파손된 책은 구입한 서점에서 바꿔드립니다.
- 이 책에 실린 모든 내용, 디자인, 이미지, 편집 형태에 대한 저작권은 삼원북스와 저자에게 있습니다. 허락없이 복제 및 게재는 법에 저촉을 받습니다.